混凝土外加剂原理与应用

（第二版）

陈建奎　著

中 国 计 划 出 版 社

图书在版编目（CIP）数据

混凝土外加剂的原理与应用／陈建奎著．—2版
—北京：中国计划出版社，2011.4（2011.4重印）
ISBN 978-7-80058-500-5

Ⅰ.①混…　Ⅱ.①陈…　Ⅲ.①水泥外加剂　Ⅳ.
①TU528.042

中国版本图书馆CIP数据核字（2011）第046022号

混凝土外加剂原理与应用
（第二版）
陈建奎　著
☆
中国计划出版社出版
（地址：北京市西城区木樨地北里甲11号国宏大厦C座4层）
（邮政编码：100038　电话：63906433　63906381）
新华书店北京发行所发行
世界知识印刷厂印刷

850×1168毫米　1/32　19.75印张　547千字
2004年4月第2版　2011年4月第3次印刷
印数　7001—9000册
☆
ISBN 978-7-80058-500-5
定价：32.00元

序

水泥混凝土是当代最大宗的人造建筑材料。我国水泥年产量已超过4亿吨，约占世界年产水泥的1/3；混凝土用量也为世界各国之冠，从国家重点建设工程到村镇建筑，都大量采用。

自从1824年波特兰水泥问世以来，混凝土与钢筋混凝土应用愈来愈广泛，混凝土科学技术也不断地取得进步。20世纪30年代开始采用的以引气剂与塑化剂为主的混凝土外加剂技术，对优质混凝土的四大要素，即耐久性、强度、工作性与经济性，产生了十分明显甚至是决定性的作用。时至今日，外加剂已成为现代混凝土不可缺少的组分；掺加优质外加剂已成为混凝土改性的一条必经的技术途径。

在60多年的混凝土外加剂发展过程中，引气剂的使用对提高混凝土的耐久性起到最显著的作用，掺加极小剂量（0.002%～0.01%）的引气剂，在混凝土中引入大量微气泡，在最佳含气量（约4%～6%）的情况下，混凝土抗冻融循环破坏的能力可提高10倍以上，从而大大增加混凝土的耐久性；同时对工作性和均匀性也有明显改善，有利于工程质量的提高。20世纪60年代初问世的高效减水剂（或称超塑化剂）给混凝土的改性带来了重大的突破。掺加少量（1%左右）的高效减水剂，采用常规的混凝土工艺，就能配制得到28d抗压强度达60～120MPa的高强度混凝土。70年代初出现了以超塑化剂配制的流态混凝土，已广泛应用。进入90年代，由美国首先提出的高性能混凝土（High Performance Concrete，简称HPC）的新概念，其基本要求是混凝土应具有良好的耐久性、工作性和强度。促使高强度混凝土向高性能混凝土发展的动力是建筑工程发展的需要，如高层化、大荷载、大跨度、大体积、快速、经济、节能以及特种工程的特性要求等。因此，高性能混凝土作为跨世纪的新型高效建筑材料被大量采用。

在混凝土材料发展的同时，也促进了混凝土外加剂向高效、多功能和复合化的方向发展。采用复合外加剂能够改善新拌混凝土的工作性（如增加流动性、减少流动性经时损失等）和稳定性（如匀质性、不离析、不泌水等），调节水泥的水化硬化过程（如延缓水化放热、早强、高强等），改善混凝土的孔结构（如达到轻质、高强、耐久等），提高混凝土体积稳定性（补偿收缩、防渗、抗裂等），以及赋予混凝土某些特殊性能。因此，高效、多功能、复合外加剂的开发与应用，必将推动混凝土制备工艺和新型混凝土材料的发展，例如流态混凝土、自流平自密实混凝土、水下浇筑混凝土、无宏观缺陷水泥材料、高性能混凝土等。

本书作者陈建奎教授，长期从事混凝土外加剂的有关理论研究和外加剂新产品的研制、开发和应用工作。本书根据作者的研究和具体实践的成果，综合国内外文献资料编著而成。从外加剂的作用机理、特性来源、生产方法直到应用技术，均作了较详细的论述；对于高强度、流态、高性能等混凝土的性能及其应用，以及冬季施工、蒸汽养护与补偿收缩等，也进行了讨论；这在类似的专著中是不常见的；对混凝土外加剂的合理使用，能够起到指导作用。

希望本书的出版对我国水泥混凝土科学技术和混凝土外加剂的开发应用，能起到有益的促进作用，为我国跨世纪建设高潮作出应有的贡献。

吴中伟

1996 年春节

前　言

（第二版）

从20世纪90年代初到21世纪初的10年期间，混凝土技术的新进展得益于外加剂的发展和有效应用。在此期间，高性能混凝土经历了从研发到广泛应用的发展过程，并且成为21世纪工程结构材料。推动这一进展的，主要是新型超塑化剂和复合超塑化剂的研发为高性能混凝土提供了高效能、多功能的外加剂。当前，高性能混凝土不仅是混凝土的品种，而且成为现代混凝土的一种“概念”或“理念”。因此，所有的现代混凝土都应满足“高工作性、高早强增强和高耐久性”的基本要求。

《混凝土外加剂原理与应用》自1997年出版以来，受到科技界、教育界和工程界读者的欢迎和好评，取得了良好的社会效益、技术效益和经济效益，并获得1999年国家建材局部级科技进步三等奖。科技专著不同于基础理论教材，它应反映学科（或专业分支）前沿的最新进展，所以内容更新速度快。为此重新编著了《混凝土外加剂原理与应用》（第二版）。

本著作是将混凝土和外加剂作为有机整体进行描述的，可能出现内容考虑不周，甚至论点错误的地方，敬请广大读者指教。

作　者

2004年1月11日于北京

目　录

第一章　混凝土外加剂的发展概况

混凝土外加剂（Concrete Additives）是现代混凝土不可缺少的组分之一，是混凝土改性的一种重要方法和技术。掺少量外加剂可以改善新拌混凝土的工作性能，提高硬化混凝土的物理力学性能和耐久性。同时，外加剂的研究和应用促进了混凝土生产和施工工艺及新型混凝土品种的发展。20 世纪 90 年代初出现的高性能混凝土（High Performance Concrete，以下简称 HPC）就是新型超塑化剂与混凝土材料科学相结合的成功范例。许多国家将 HPC 作为跨世纪的新材料，投入大量人力、物力进行研究和开发，部分国家已开始用于一些重要工程。本书作者从 1993 年开始从事 HPC 及其使用复合超塑化剂（CSP）的研究，并且实现了 HPC 配合比全计算法设计和 CSP 配方设计。与此同时，国内外学者研发了多种非萘系的新型超塑化剂。为 21 世纪现代混凝土及其施工工艺的发展开辟了广阔的前景。

第一节　混凝土外加剂的历史和发展过程

一、历史和发展过程

作为近代胶凝材料的波特兰水泥，自 1824 年英阿斯普丁(I. Aspdin)首先获得专利以来，水泥混凝土得到了广泛的应用，成为主要的建筑材料之一。从广义上讲，早在合成的胶凝材料之前，以天然的胶凝材料配制的混凝土就已使用外加剂进行改性。公元前，在当时的胶凝材料石灰中就混有猪油的迹象。在罗马时代，也曾经把牛血、牛油、牛奶和尿之类的东西混入火山灰里。我国劳动人民早在秦代（公元前 221 年）修建万里长城时就掺用糯米汁。宋代（公元1170年）建筑和州城曾采用糯米—石灰。明代《天工开物》中记载用石灰1份加黄土河砂2份，外加糯米、羊桃藤汁拌匀制贮水池。

波特兰水泥具有实用性，与石膏作调凝剂有关。1885年人们就已知掺用硬化调节剂氯化钙。1895年开始有疏水剂、塑化剂，到1910年成为工业产品。混凝土的流化剂（超塑化剂）在1935年就取得了专利。

近代混凝土外加剂的发展有70多年的历史。20世纪30年代初，美国、英国、日本等已经在公路、隧道、地下工程中使用防冻剂、引气剂、塑化剂和防水剂。早期使用的外加剂主要是氯化钙、氯化钠、松香酸纳、木质素磺酸盐和硬脂酸皂等化学物质。20世纪60年代，混凝土外加剂得到较快发展。1962年，日本的服部健一等首先将萘磺酸甲醛高缩合物（聚合度$n≈10$核体）用于混凝土分散剂，在1964年已作为商品销售（日本花王石碱公司）。几乎与此同时，1963年，联邦德国研制成功三聚氰氨磺酸盐甲醛缩聚物。同时出现的还有多环芳烃磺酸盐甲醛缩合物。由于这三种外加剂对水泥有强的分散作用，减水率高达20%～30%，而不同于普通的塑化—减水剂，当时称为高效减水剂或超塑化剂，此名称一直沿用到现在。高效减水剂的问世，是继钢筋混凝土、预应力钢筋混凝土之后，在混凝土改性上的第三次突破。当时，日本首先将高效减水剂用于高强度混凝土，掺1%～2%的高效减水剂，在普通工艺条件下，配制抗压强度80～120MPa高强混凝土。日本首先应用高强混凝土，1966年开始生产预应力混凝土桩柱（强度75MPa），1969年开始大量生产AC桩柱（强度95MPa）。特别是由于铁桥的噪音公害，需要超高强混凝土（90MPa），建造桁架结构大跨度的混凝土桥（如日本的岩鼻桥），以混凝土代替钢铁的事例，已引起世界的重视。当时就有人预言，如果混凝土的抗压强度达到100MPa，其预应力钢筋混凝土结构在比强度上可以与钢结构相抗衡。理由是，钢材的抗压强度约为300MPa、密度为7.8，而高强混凝土抗压强度100MPa、容重2.4，则二者的比强度相近（即300/ 7.8≈100/2.4）。而目前用高效减水剂配制的超高强混凝土的28d强度最高达到152MPa，其比强度远超过钢材，使其成为轻质高强的材料。

1971年至1973年，德意志联邦共和国首先将超塑化剂（“Melment”——三聚氰胺系）研制成功流态混凝土，即坍落度6～8cm的基准混凝土掺流化剂后变成坍落度18～22cm的流态混凝土，这样使新拌混凝土能“自流”或进行泵送，垂直泵送的最高高度为310m。流态混凝土的应用，改善了混凝土的工作性能和施工工艺，方便了混凝土拌合、运输、浇灌、振捣等操作，具有节能、省工、省力、高效的效果。同时还促进了集中搅拌的商品混凝土的发展。

20世纪70年代到80年代，针对高强混凝土存在的问题（如抗冻融性、体积稳定性等）以及流态混凝土存在的问题（如坍落度损失及解决办法、泌水与离析、耐久性等），许多国家（包括我国）进行了大量基础研究，同时在应用技术方面也进行了大量的工作，并积累了大量实际工程应用的经验。事物的发展总是从量变到质变，当高强混凝土和流态混凝土的规律研究清楚之后必然产生质的飞跃。20世纪90年代初由美国首先提出高性能混凝土的新概念，其基本内容是研究和开发具有早强、高强、工作性好和耐久性好的混凝土。同时，美国、加拿大、日本、英国、法国等相继制定了研究和开发HPC的计划，并认为HPC将成为跨世纪的新材料。毫不夸张地说，如果把高效减水剂看成是混凝土改性的第三次突破，那么HPC是传统混凝土迈向现代化的重大变革。随着建筑向高层化、大型化的发展，HPC的应用将成为混凝土应用的主流。

在混凝土发展过程中，引气剂也起到了十分重要的作用。由于使用引气剂才使混凝土成为耐久性好的建筑材料。掺入少量引气剂(0.002%～0.006%)，将使混凝土的抗冻融性提高十几倍，因而使混凝土构筑物的使用寿命可达100年。过去人们认为由于掺入引气剂使混凝土含气量达到3%～5%左右，这样必然会降低混凝土的强度。但是，引气减水剂在引气的同时，并未降低混凝土强度。特别应当指出的是，20世纪80年代末在日本出现的高效引气减水剂有很好的减水作用，能满足日本标准 JASS 5 中所规定的混凝土单位用水量必须小于 185kg/m^3 的要求，提高混凝土耐久性，并且能取代流化剂以满足商品混凝土搅拌站直接生产流态混凝土的要求，即不用后掺法，解决坍落度损失。此外，还能配制高强混凝土。因此，高效引气减水剂同新型复合超塑化剂一样，成为配制 HPC 不可少的组分之一。

20 世纪 80 年代之前，单一成分的外加剂还有一定的市场，进入 90 年代几乎所有的商品外加剂都是复合外加剂。因此，高效能、多功能复合外加剂的研究、开发和应用是今后的发展方向。

20 世纪 90 年代初，高性能混凝土的研发需要更高减水率的超塑化剂，因此，在日本和欧美市场上出现了以聚丙烯酸盐及其接枝共聚物一类新型超塑化剂。其具有分散作用强、对水泥适应性好、坍落度损失小、早强高强和耐久性好等特性，其综合性能显著优于传统超塑化剂。下表中列举了 1985～1995 年美国化学文摘中摘录的全世界发表的新型超塑化剂专利的统计数目。由此说明，20 世纪 90 年代初聚羧酸盐系新型超塑化剂得到快速发展。

1985～1995 年超塑化剂的专利数

年份	1985	1986	1987	1988	1989	1990	1991	1992	1993	1994	1995
专利数	14	4	7	26	38	9	6	38	66	51	55

当前，世界一些先进国家混凝土外加剂的应用情况大体可分为三类。第一类是广泛应用的国家，掺外加剂的混凝土量占混凝土总量的 75%～90%，这些国家有日本、挪威、美国、澳大利亚等。第二类是有一定程度的应用，占混凝土总量的 40%～75%的国家，有丹麦、瑞典、德国、俄罗斯等。第三类是少量应用的国家，占混凝土总量的 10%～40%，这些国家有英国、法国、意大利、芬兰等。我国掺外加剂的混凝土量为混凝土总量的 20%。

我国 20 世纪 50 年代初开始使用混凝土外加剂，主要品种有松香热聚物和松香皂类的引气剂、纸浆废液（木质素磺酸钙）塑化剂、防冻剂（以氯盐为主）等，主要用于水工、港工混凝土工程以及建筑工程冬季施工。20 世纪 60 年代，我国外加剂的研究和应用几乎处于停顿，只有速凝剂和糖钙研制成功并通过了有关技术鉴定。20 世纪 70 年代，由原建材部建筑材料科学研究院、清华大学、原建材部江西水泥制品研究所等单位率先研制萘系和三聚氰胺系高效减水剂。此后，许多科研单位也从事高效减水剂的研究和应用。20 世纪 70 年代到 80 年代初的 10 年间，是我国研制高效减水剂的高潮时期，国外典型的三类高效减水剂，即萘系、多环芳烃和三聚氰胺都在我国研制成功并投入工业生产，相继通过技术鉴定的产品达 10 多种。这时，高效减水剂与日本的差距只相差 10 年，而早于前苏联 5 年。由于商品化、产品的标准化、系列化，应用技术落后等原因，外加剂的推广应用较慢。进入 20 世纪 80 年代，改革开放，经济发展，推动了混凝土外加剂向产业化和商品化发展。同时制定了外加剂的国家标准和行业标准，促进了外加剂的推广使用，外加剂的各个品种也发展较快。20 世纪 80 年代是我国外加剂迅速发展的时期，外加剂的应用占混凝土总量约 10%。随着建筑向高层化、大型化发展，以及混凝土生产向集中搅拌的商品混凝土发展，在我国的大城市（如北京、上海、天津、广州、深圳等）和沿海开放地区，外加剂使用率在 70%以上，和发达国家相差不大，但从全国利用外加剂的平均水平来看，外加剂的应用还是较落后的。

二、21 世纪混凝土外加剂的发展方向

进入 21 世纪，随着我国基础建设的发展，中西部的开发，以及“十五计划”的实施，在今后 5 年，混凝土外加剂的生产将进入高速发展期。其用量将从现在占混凝土总量的 20%提高到 50%，总产量由 200 万吨提高到 500 万吨（不包括膨胀剂）。混凝土外加剂发展方向：

1. 高效减水剂

（1）萘系和三聚氰胺系高效减水剂的改性；

（2）聚丙烯酸盐超塑化剂；

（3）聚丙烯酸接支共聚物；

（4）对胺基苯磺酸系超塑化剂；

(5) 磺化酮醛缩聚物；

(6) 木质素磺酸盐的高效化；

(7) 工业废料生产超塑化剂。

2. 复合外加剂

(1) 低碱低掺量液体复合外加剂；

(2) 复合超塑化剂及其配方设计；

(3) 引气缓凝高效减水剂；

(4) 低碱低掺量液体复合防冻剂；

(5) 微膨胀多功能防水剂；

(6) 液体膨胀剂；

(7) 液体速凝剂；

(8) 超缓凝剂。

3. 其他外加剂：

(1) 减缩剂；

(2) 碱骨料反应抑制剂；

(3) 表面硬化剂；

(4) 高效脱模剂。

第二节　混凝土外加剂的定义、分类和作用

一、混凝土外加剂的定义和分类

根据我国现行国家标准《混凝土外加剂分类、命名与定义》CB 8075—87，凝土外加剂是在拌制混凝土过程中掺入，用以改善混凝性能的物质，掺量不大于水泥质量的5%（特殊情况除外）。

混凝土外加剂按其主要功能分为四类：

1. 改善混凝土拌合物流变性能的外加剂。包括各种减水剂、引气剂和泵送剂等。

2. 调节混凝土凝结时间、硬化性能的外加剂。包括缓凝剂、早强剂和速凝剂等。

3. 改善混凝土耐久性的外加剂。包括引气剂、防水剂和阻锈剂等。

4. 改善混凝土其他性能的外加剂。包括加气剂、膨胀剂、防冻剂、着色剂、防水剂和泵送剂等。

具体到每种外加剂的名称和定义参见国家标准《混凝土外加剂分类、命名与定义》GB 8075—87。标准中所包括的内容是基本的，而不是所有的，实际生产和应用的外加剂往往超过标准的范围，但都应符合标准的基本要求。

现将外加剂品种分类列举如下：

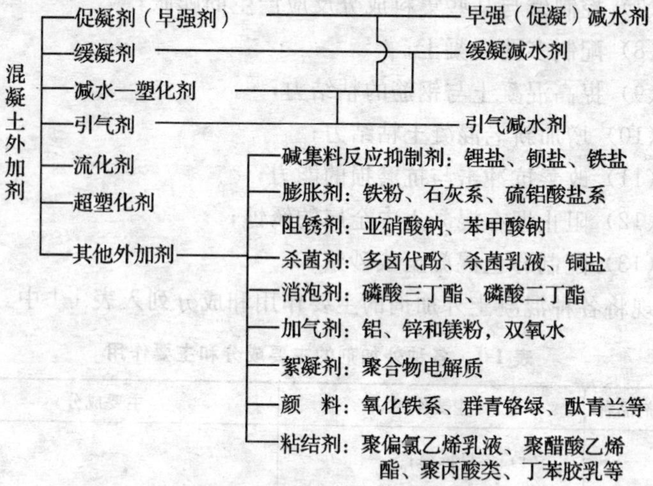

二、使用外加剂的主要目的

1. 改善新拌混凝土、砂浆、水泥浆的性能

(1) 不增加用水量而提高和易性，或和易性相同时减少用水量；

(2) 缩短或延长初凝时间；

(3) 减少或避免沉陷或产生微小裂缝；

(4) 改变泌水率或泌水量，或两者同时改变；

(5) 减小离析；

(6) 改善抗渗性和可泵性；

(7) 减小坍落度损失。

2. 改善硬化混凝土、砂浆、水泥浆的性能

(1) 延缓或减少水化热；

(2) 加速早期强度增长率；

(3) 提高强度（压、拉和弯曲）；

(4) 提高耐久性或抵抗严酷的暴露条件，包括防冻盐的浸蚀；

(5) 减小毛细管水的流动；

(6) 降低液相渗透力；

(7) 控制碱与某些集料成分反应产生的膨胀；

(8) 配制多孔混凝土；

(9) 提高混凝土与钢筋的粘结力；

(10) 增加新老混凝土粘结力；

(11) 改善抗冲击与抗磨损的能力；

(12) 阻止埋在混凝土中金属的锈蚀；

(13) 配制彩色混凝土或砂浆。

现将各种混凝土外加剂的主要作用和成分列入表 1-1 中。

表 1-1 各种外加剂的主要成分和主要作用

外加剂品种	主要作用	主要成分
早强剂	(1) 提早拆模； (2) 缩短养护期使混凝土不受冰冻或其他因素的破坏； (3) 提前完成建筑物的建设与修补； (4) 部分或完全抵消低温对强度发展的影响； (5) 提前开始表面抹平； (6) 减少模板侧压力； (7) 在水压下堵漏效果好	可溶性无机盐：氯化物、溴化物、氟化物、碳酸盐、硝酸盐、硫代硫酸盐、硅酸盐、铝酸盐和碱性氢氧化物 可溶性有机物：三乙醇胺、甲酸钙、乙酸钙、丙酸钙和丁酸钙、尿素、草酸 、胺与甲醛缩合物

续表 1-1

外加剂品种	主要作用	主要成分
速凝剂	喷射混凝土、堵漏或其他特殊用途	铁盐、氟化物、氯化铝、铝酸钠和碳酸钾
引气剂	引气、提高混凝土工作度和粘聚性、减少离析与泌水、提高抗冻融性和耐久性	木材树脂盐、合成洗涤剂、木质素磺酸盐、蛋白质的盐、脂肪酸和树脂酸及其盐
减水剂和调凝剂	减水、缓凝、早强、缓凝减水、早强减水、高效减水、高效缓凝减水	（1）木质素磺酸盐； （2）木质素磺酸盐的改性或衍生物； （3）羟基羧酸及其盐类； （4）羟基羧酸及其盐的改性或衍生物； （5）其他物质： ①无机盐：锌盐、硼酸盐、磷酸盐、氯化物； ②铵盐及其衍生物； ③碳水化合物、多聚糖酸和糖酸； ④水溶性聚合物，如纤维素醚、密胺衍生物、萘衍生物、聚硅氧烷和磺化碳氢化合物
高效减水剂（超塑化剂）	高效减水；提高流动性；或二者结合	（1）萘磺酸盐甲醛缩合物； （2）多环芳烃磺酸盐甲醛缩合物； （3）三聚氰胺磺酸盐甲醛缩聚物； （4）对胺基苯磺酸甲醛缩聚物； （5）磺化酮醛缩聚物； （6）聚丙烯酸盐及其接枝共聚物； （7）其他
加气剂（起泡剂）	在新拌混凝土浇注时或浇注后水泥浆凝结前产生气泡，减少混凝土沉陷和泌水，使混凝土更接近浇注时的体积	过氧化氢、金属铝粉、吸附空气的某些活性炭

续表 1-1

外加剂品种	主要作用	主要成分
灌浆外加剂	油井增粘，油井中远距离泵送	缓凝剂、凝胶、粘土、凝胶淀粉和甲基纤维素、膨润土、增稠剂、早强剂、加气剂
膨胀剂	减小混凝土干燥收缩	细铁粉或粒状铁粉与氧化促进剂、石灰系、硫铝酸盐系
粘结剂	增加混凝土粘结性	合成乳胶、天然橡胶胶乳
泵送剂	提高可泵性、增加水的粘度，防止泌水、离析、堵塞	（1）合成或天然水溶性聚合物，增加水的粘度； （2）有机絮凝剂； （3）高比表面无机材料：膨润土、二氧化硅、石棉粉、石棉短纤维等； （4）水泥外掺料：粉煤灰、水硬石灰、石粉等
着色剂	各种颜色的混凝土和砂浆	灰到黑：氧化铁黑、矿物黑、碳黑； 蓝：群青、酞青蓝； 浅红到深红：氧化铁红； 棕：氧化铁棕、富锰棕土、烧褐土； 绿：氧化铬绿、酞商姆； 白：二氧化钛
絮凝剂	增加泌水速度、减少泌水能力、减小流动性、增加粘度、早强	聚合物电解质
灭菌剂和杀虫剂	阻止和控制细菌和霉菌在混凝土墙板和墙面上生长	多卤化物、狄氏剂乳液和铜化合物
防潮剂	减小水渗入混凝土的速度或减小水在不饱和混凝土内从湿到干的传导速度	皂类、丁基硬脂酸、某些石油产品
防渗剂	减小混凝土的渗透性	减水剂、氯化钙
碱集料反应抑制剂	减小碱—集料反应的膨胀	锂盐、钡盐，某些引气剂、减水剂、缓凝剂、火山灰
阻锈剂	防止钢筋锈蚀	亚硝酸钠、苯甲酸钠、木质素磺酸钙、磷酸钠、氟硅酸钠、氟铝酸钠

参考文献

1. 吴中伟. 水泥基本复合材料科学导论. 武汉工业大学北京研究生部“讲义”, 1984

2. 陈建奎. 混凝土外加剂概论. 武汉工业大学北京研究生部“讲义”, 1983

3. 中华人民共和国国家标准. 混凝土外加剂的分类、命名与定义. GB 8075—87

4. 中华人民共和国国家标准. 混凝土外加剂应用技术规范. GBJ 119—88

5. 美国混凝土学会 212 委员会报告. 混凝土外加剂. 混凝土外加剂应用指南. 中国建筑科学研究院混凝土研究所印, 1983

6. [日] 材料学会编. 混凝土化学外加剂, 唐必豪译, 中国建筑工业出版社, 1980

7. 陈嫣兮, 陈建奎. 中国大百科全书. 土木工程卷. 混凝土外加剂. 条目. 中国大百科全书出版社, 1987

8. 黄大能等编著. 混凝土外加剂应用指南. 中国建筑工业出版社, 1989

9. 陈建奎. 混凝土外加剂的原理与应用. 第一版. 北京: 中国计划出版社, 1997

10. V. S. Ramachandran, Superplastcizers: Properties and applications in concrete. March 1998

第二章　表面活性剂和水泥分散剂

混凝土外加剂中，多数是表面活性剂。表面活性剂的基本作用是降低分散体系中两相间的界面自由能，提高分散体系的稳定性。作为混凝土外加剂的表面活性剂，在考虑它们的表面活性作用的同时，还要注意它们对水泥水化反应的影响。因此，要研究表面活性剂的分子结构与性能的关系。

第一节　表面活性剂

表面活性物质是能够吸附在相间的界面上并且能显著降低其界面能（表面张力）的物质。

大多数有机化合物的分子中含有极性亲水基团和非极性亲油基团。但是表面活性物质一词的含意是比较窄的。能够在某种界面，如气-液、液-液、液-固界面表现吸附能力的有机化合物属于表面活性物质。典型的表面活性剂的分子中非极性基团为 C_{12}～C_{18} 的脂肪烃基。这类化合物的吸附能力相当大，它们的溶液浓度相当小时表面张力急剧下降。例如水-空气界面，温度 20℃时，表面张力为 72.8mN/m，水溶液中有适当的表面活性剂时，表面张力可降到 28～30mN/m，另外在水溶液-烃界面，可从 50mN/m（烷烃）或从 35mN/m，（芳烃）降到几 mN/m，甚至到千分之几 mN/m。

表面活性物质分子的特点是一端含有极性基团（亲水基团），另一端含有非极性（亲油）基团。根据极性基团的种类表面活性物可分为两大类：离子型和非离子型。而离子型又分为阳离子型、阴离子型和两性型。

- 表面活性剂
  - 离子型
    - 阳离子型
    - 阴离子型
    - 两性型
  - 非离子型

离子型表面活性剂在水溶液中离解，按照长链离子的特性分为阳离子型、阴离子型和两性型。非离子型表面活性剂在水溶液中不离解，但由于含有某些极性基团，而在水中具有大的溶解度。

一、阴离子表面活性剂

阴离子表面活性剂中羧酸盐 $RCOOM^+$［R 为 C_{12}～C_{18} 烃基，M^+ —Na^+、K^+、NH_4^+、$HN^+(CH_2CH_2OH)_3$ 等］是一大类。肥皂即脂肪酸盐（一般为钠盐），也属于此类，它们在日常生活及生产中大量应用。羧酸盐在酸性溶液中不稳定，易生成不溶的脂肪酸或其他有机酸而失去表面活性。除碱金属盐外，其他金属盐如 Ca、Mg、Fe、Al 皂等皆不溶于水。因此，此类表面活性剂不适于在普通硬水及酸性溶液中应用。硬脂酸钠（$C_{17}H_{35}COONa$）在水泥混凝土中作防水剂，它与水泥中游离 Ca^{2+} 离子生成不溶性钙皂，同时长的烷基使混凝土表面憎水化，提高混凝土的抗渗性。此外，它还用作脱膜剂。松香酸钠也属于此类，它是典型的混凝土引气剂。

烷基芳基磺酸盐 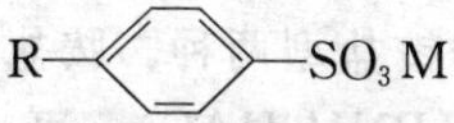，这类表面活性剂是强电解质，完全溶于水中，不同于羧酸盐，它们对 pH 值和硬水不敏感，表面活性比较好，是目前产量最大的一种合成表面活性剂。多数洗衣粉中的主要成分是烷基苯磺酸盐。染料工业中使用的拉开粉“NNO”是萘磺酸盐二聚体，同时“NNO”还是水泥的分散剂。

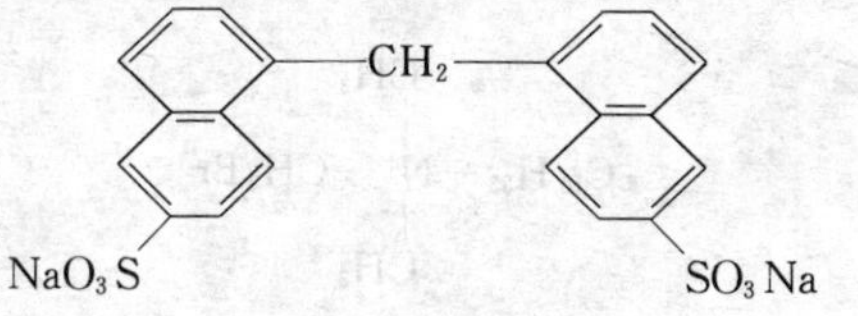

烷基磺酸盐 RSO_3M，此类表面活性剂性能与烷基苯基磺酸盐差不多，价格较贵，工业上应用较少。但是它们毒性小，易于生物降解，对环境污染较小，故近年来产量有所增加。

硫酸酯盐 $RO—SO_3M$，它们与烷基磺酸盐的差别是磺酸盐的碳原子与硫原子直接相连，硫酸酯盐中碳原子与氧原子连接，此类的典型代表是十二烷基硫酸钠（$C_{12}H_{25}OSO_3Na$）有良好的乳化、起泡性能。在水泥混凝土中可用作引气剂和起泡剂，但泡沫的结构没有松香皂好。

磷酸酯盐，此类表面活性剂与硫酸酯盐相似，但可有单酯盐和双酯盐两种。可作乳化剂、抗静电剂及抗蚀剂等。抗电解质及抗硬水性较强，为低泡表面活性剂。

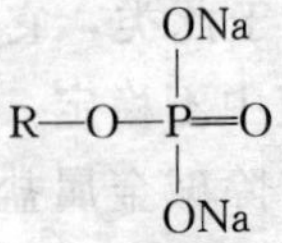

单酯盐

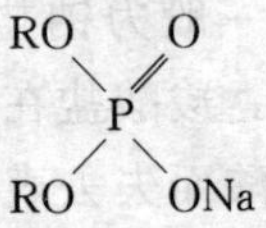

双酯盐

在混凝土中磷酸二丁酯（DBP）和磷酸三丁酯（TBP）用作消泡剂。

二、阳离子表面活性剂

此类表面活性剂中绝大部分是含氮化合物，也就是有机胺的衍生物，可分为胺盐型和季铵盐型两种。胺盐型如有机胺的盐酸盐（RNH_2HCl）和醋酸盐（RNH_2HAC），可在酸性介质中作乳化剂、分散剂、润滑剂，也常用作浮选剂及颜料表面的憎水剂。有机胺盐表面活性剂的缺点是当溶液的 pH 值较高时（$pH>7$）自由胺容易析出，从而失去表面活性。季胺盐型如十六烷基三甲基溴化铵：

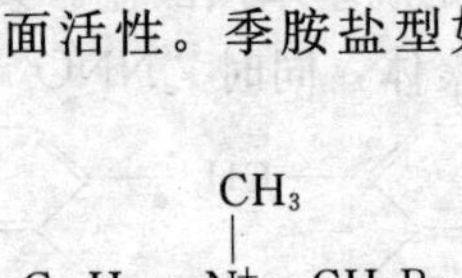

十二烷基吡啶盐酸盐：

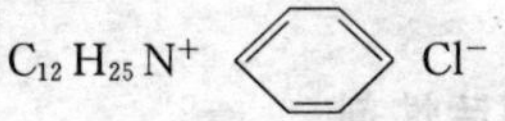

季胺盐与胺盐不同。不受 pH 变化的影响。不论在酸性、中性或碱性介质中，季胺盐皆无变化。季胺盐的另一个特点是其水溶液有很强的杀菌能力。当作为杀菌剂，如“新洁尔灭”杀菌剂是：

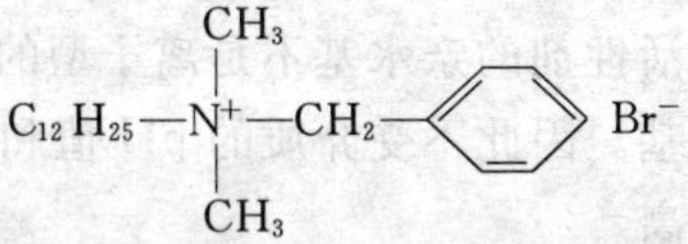

阳离子型表面活性剂的特点是易吸附于固体表面。这主要是由于在水介质中固体表面（固液界面）一般是负电性的，正表面活性离子易于强烈地吸附于其上，从而有效地改变固体表面性质。阳离子表面活性剂常用于矿物浮选剂，沥青乳化剂，颜料分散剂。在配制聚合物水泥混凝土时，考虑到电性的作用，要求聚合物乳液带正电，因此用阳离子型表面活性剂作乳液聚合的乳化剂。阳离子型表面活性剂由于价格较贵，目前应用不广泛。

三、两性型表面活性剂

由阳离子和阴离子组成的两性型表面活性剂，有羧酸盐型和磺酸盐型。羧酸盐型的还可以分为氨基酸型和甜菜碱型两种。如：

$C_{12}H_{25}NH_2CH_2CH_2COONa$　十二烷氨基丙酸钠

$$R-\overset{\displaystyle CH_3}{\underset{\displaystyle CH_3}{\overset{|}{\underset{|}{N}}}}-CH_2COO^-$$ 烷基二甲基甜菜碱（R 为 $C_{12}\sim C_{18}$）

氨基酸型活性剂在等电点可能产生沉淀，而甜菜碱型活性剂在等电点还是易溶解的。此外，就渗透力、去污力以及抗静电性能来说，甜菜碱型的一般要比氨基酸型的好。

目前两性型表面活性剂产量较小，在使用其他有关表面活性剂遇到困难时，可以考虑使用两性型，有时会得到意想不到的效果。

四、非离子型表面活性剂

非离子型表面活性剂在数量上是仅次于阴离子型而被应用的重要品种。最近随着石油化工的发展其原料环氧乙烷的成本不断下降，其产量逐渐增长。

非离子型表面活性剂的亲水基不是离子型的，而是不离解的极性基——羟基和醚基。因此不受介质的 pH 值和电解质的影响，在溶液中的稳定性较高。

非离子型表面活性剂按亲水基分类可分为聚乙二醇型和多元醇型。

聚乙二醇型的非离子型表面活性剂，就是用亲水基原料环氧乙烷同憎水基原料进行加成反应而得到的，如：

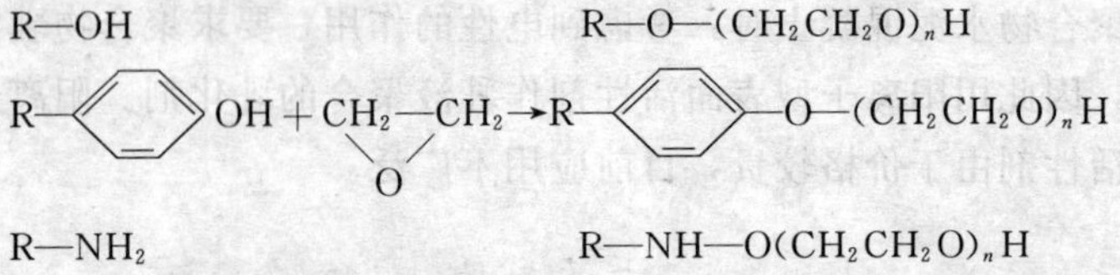

其分子中 n 值越大，含醚键多，亲水性愈大，就易溶于水。有时还用环氧丙烷代替部分环氧乙烷达到调整性能的目的。

多元醇型非离子表面活性剂，是指多元醇中的多羟基部分被高级脂肪酸酯化而得到的多羟基化合物，例如：

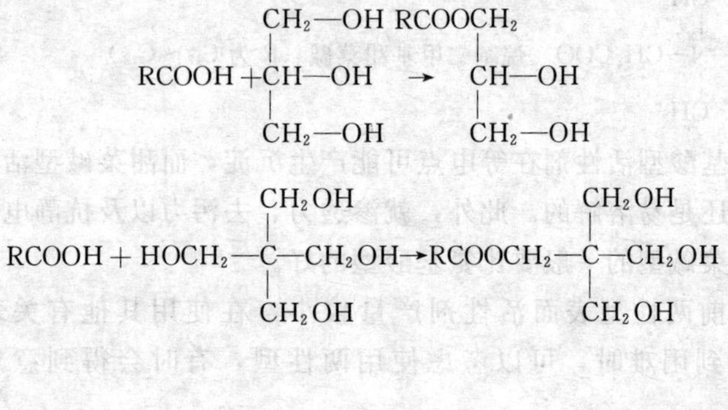

聚乙二醇型和多元醇型性质不相同。聚乙二醇型多易溶于水，主要作洗涤剂、染色助剂、泡沫促进剂、乳化剂、水泥分散剂，很少用作纤维柔软剂。而多元醇型的多不溶于水，主要作纤维柔软剂、乳化剂等使用，只有个别特殊品种才用作洗涤剂和染色助剂。

非离子型表面活性剂中含单羟基或多羟基聚醚可用作混凝土的减缩剂，其目的是减小混凝土的干缩值。通过调整聚醚分子中聚氧乙烯（EO）与聚氧丙烯（PO）的比例（1/3）和分子量（800），得到不同性能的减缩剂。另外，烷基酚聚氧乙烯醚（如 OP-10）可用作混凝土的引气剂。

除上述各类活性剂之外，还有一些特殊的表面活性剂，如氟表面活性剂，硅表面活性剂。它们有极高的表面活性，能使水的表面张力降到 20mN/m 以下。硅表面活性剂用作混凝土外加剂的有甲基硅酸钠、乙基硅酸钠、聚乙基羟基硅氧烷等。它们能使混凝土表面憎水化，用作防水剂，提高混凝土结构的抗冻性和耐久性。

五、高分子表面活性剂

高分子表面活性剂是可溶性的，离子型和非离子型的碳链或杂链的聚合物。其相对分子质量为几千到几十万。离子型的高分子表面活性剂也就是聚合物电解质，是有吸附活性的水溶性的聚合物。

典型的高分子表面活性剂能够明显地分为亲水部分和疏水部分，如上述讨论过的环氧乙烷和环氧丙烷的共聚物，它们是非离子型的。

离子型的高分子表面活性剂是共聚物或均聚物，其分子中有长的疏水基主链，在一定范围内排列有亲水性的侧链和基团。阴离子型的高分子表面活性质的典型代表是聚丙烯酸和聚甲基丙烯酸，它们的盐和其他衍生物，以及聚乙烯醇为原料的含羧基的聚合物，有聚丙烯酰胺、马来酸酐与其他不饱和化合物的共聚物。他们是目前最热门的新型超塑化剂研发和选择的范围。

磺化和硫酸酯化的聚合物，如磺化聚苯乙烯、聚乙烯醇硫酸酯、羟乙基化的对一烷基苯与甲醛缩聚物的硫酸酯。作为混凝土高效减水剂的聚烷基芳基磺酸盐、β-萘磺酸盐甲酸缩聚物、磺化三聚氰胺甲醛树脂、磺化古马隆树脂等也属于这一类。

阳离子型高分子表面活性剂，主要是由聚苯乙烯、聚乙烯基甲苯和其他乙烯基聚合物氯甲基化，然后胺化制得的，聚合物的四级胺盐，如聚乙烯吡啶的盐具有特别高的表面活性。离子型高分子表面活性剂，即可溶性聚合物电解质适于用合成离子交换树脂（三向结构）的方法和原料制备。

高分子表面活性剂在实际应用方面是非常重要的，它们能使高分散体系稳定，使固体粒子、液滴或气泡均匀地分散在分散介质中。高分子稳定剂能在粒子周围产生单分子或多分子保护层，这种保护层具有高的结构粘度，并且产生溶剂化，对分散体系的稳定起重要作用。

另外，离子型高分子表面活性剂在水中离解成多电荷的大分子离子，带有相同电荷产生静电斥力，并且对同时存在的普通离子产生屏蔽作用。弱电解质的高分子表面活性剂还会产生聚合物络合作用，化学力学作用和形成氢键。

第二节 水泥分散剂

混凝土外加剂中，表面活性剂占有极重要的地位。它们用作减水剂或水泥分散剂、引气剂和泡沫形成剂、防水剂、消泡剂、调凝剂等。无论是普通表面活性剂，还是高分子表面活性剂，它们的合成或天然产品大都可用作水泥分散剂。现将它们分类如下：

- 水泥分散表面活性剂
  - 长链
    - 天然产品：木质素；糖（多糖）；蛋白质类
    - 合成产品：乙烯基乳胶；甲醛缩合物
  - 短链
    - 天然产品：树脂（松香）类；糖（单糖）
    - 合成产品：非离子型；阴离子型；阳离子型；两性型

一、用于水泥分散剂的天然的长链和短链表面活性剂

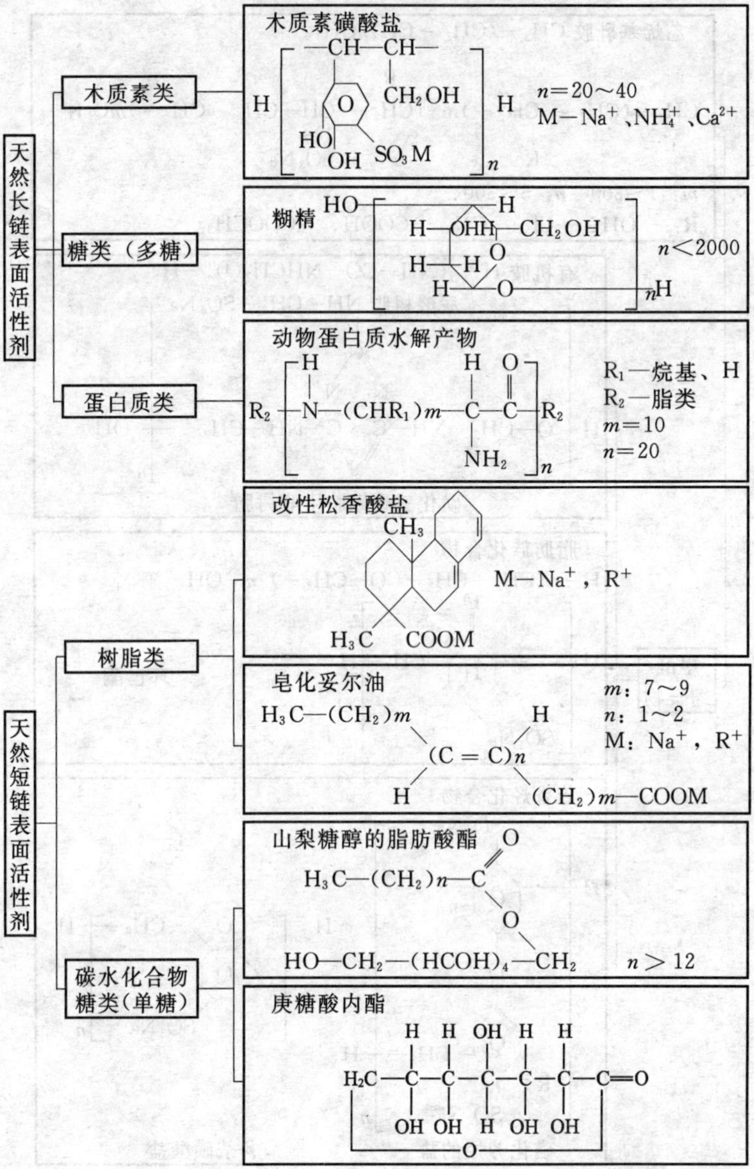

二、用于水泥分散剂的合成长链和短链表面活性剂

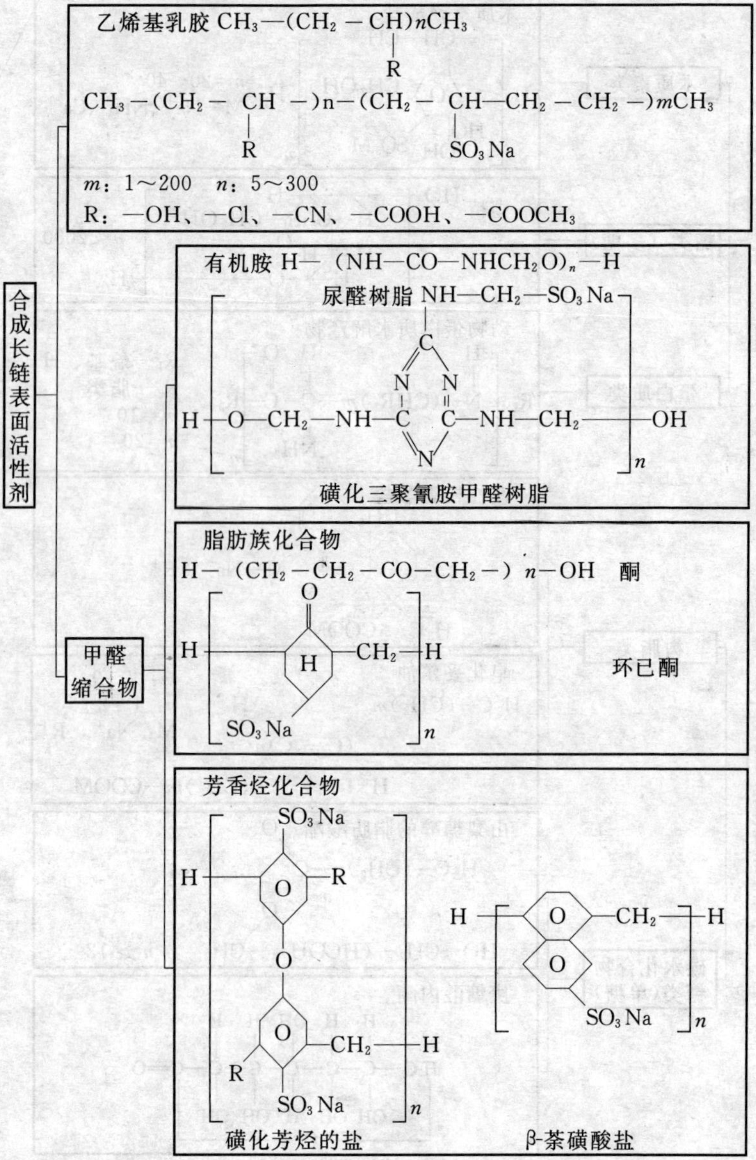

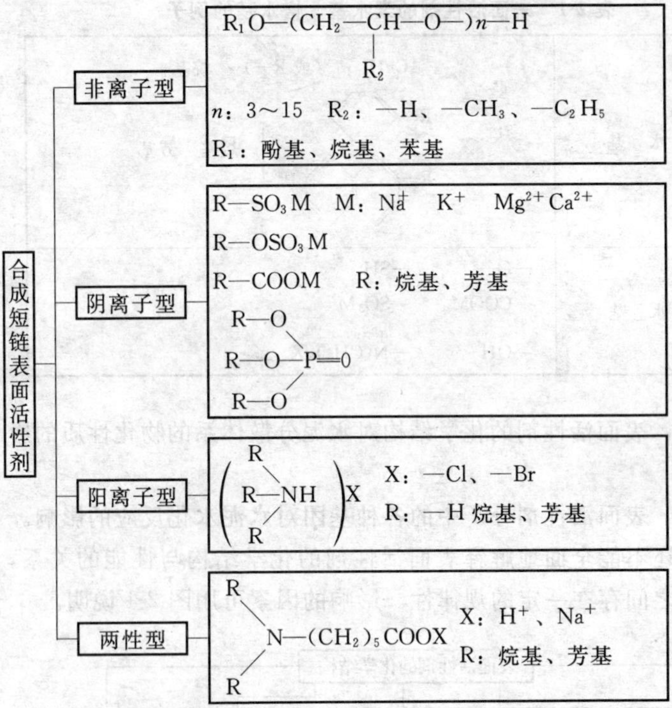

这里短链表面活性剂指普通的表面活性剂，长链的指高分子表面活性剂。特别是高分子表面活性剂其中很多是高效减水剂。以上只是为了分类而举的例子，实际上混凝土用的表面活性剂远不只是这些。

第三节　水泥分散剂的分子结构与性能的关系

表面活性剂的分子中具有亲水基和憎水基，亲水基有阴离子、阳离子、非离子以及两性不同基团。憎水基包括大的烷基、芳基或烷基芳基，因而相应得到不同类型的表面活性剂（表 2-1），其性能也各有差别。这里讨论的问题并不是一般的表面活性剂，而是针对混凝土用的表面活性剂。这种情况下，问题更复杂一些。我们在讨论表面活性剂的分子结构与性能的关系时至少要注意两点：

表 2-1　表面活性剂的亲水基、憎水基的例子

憎　水　基	C_nH_{2n+1}（或 R—）　烷基 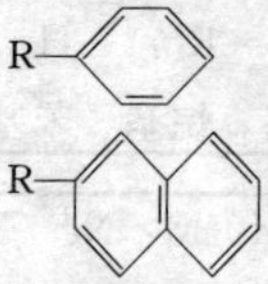 等 ］烷基　芳基
亲　水　基	—O—　　—SH —COOM　　$—SO_3M$ —OH　　$—\overset{\oplus}{N}(CH_3)_3\overset{\ominus}{X}$

第一，表面活性剂的化学结构对水泥分散体系的物化性质的影响。

第二，表面活性剂分子中的各种基团对水泥水化反应的影响。

目前还不能全面地解释表面活性剂的化学结构与性能的关系，但是它们之间存在一定的规律性。影响的因素可用图 2-1 说明。

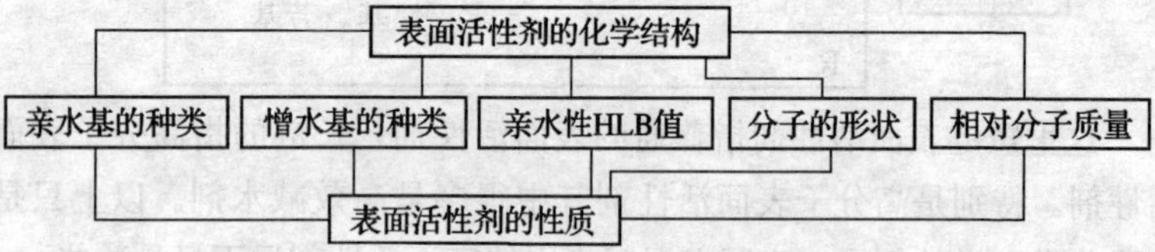

图 2-1　表面活性剂的化学结构与其性质的关系

一、各种基团对水泥水化的影响

表面活性剂掺入水泥分散体系中，在固-液界面产生润湿、吸附作用，形成吸附层或双电层，对体系产生分散作用，同时对水泥水化产生不同的影响。出现这种情况是由于分子结构的不同。为了便于说明问题，下面讨论简单有机化合物的不同基团的作用。

1．羟基（—OH）

典型的羟基化合物是脂肪醇类。简单的一元醇：甲醇、乙醇、丙醇对硅酸盐水泥和硅酸三钙的水化反应在某种程度上有延缓作用，如表 2-2 所示。

表 2-2 一元醇对硅酸盐水泥和 C_3S 水化时间 t_1 的影响

掺量（%）	硅酸盐水泥 t_1（h）			硅酸三钙 t_1（h）		
	CH_3OH	C_2H_5OH	C_3H_7OH	CH_3OH	C_2H_5OH	C_3H_7OH
不加	9.7	9.7	9.7	11.2	11.2	11.2
0.2	12.5	12.2	12.2	12.5	12.1	12.1
0.3	12.5	12.7	12.5	12.7	13.0	12.5
0.4	12.7	13.0	13.2	13.0	13.0	12.7
0.5	13.5	13.5	13.5	13.0	13.0	13.0

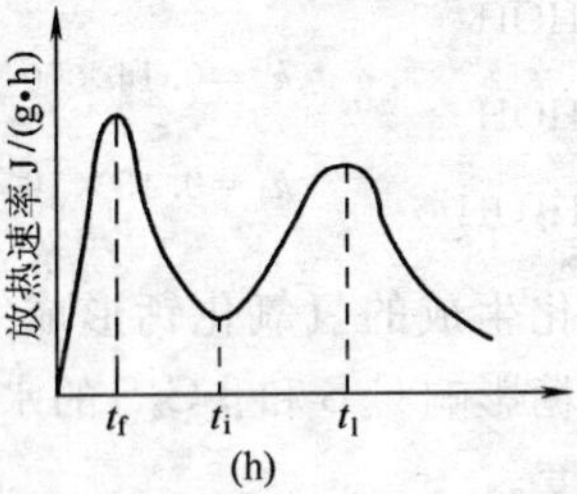

一元醇随着烷基的增加表面活性作用增强，直链的正辛醇能够整齐地吸附在水-空气的界面上成单分子膜，防止水分的蒸发，可用于防止混凝土表面干缩裂缝的产生。

醇类随着羟基数目的增加缓凝作用增强。如丙三醇（甘油）是强的缓凝剂，实际上可使水泥水化过程完全停止。含 5～8 个 C 原子的糖类也具有这种缓凝作用。

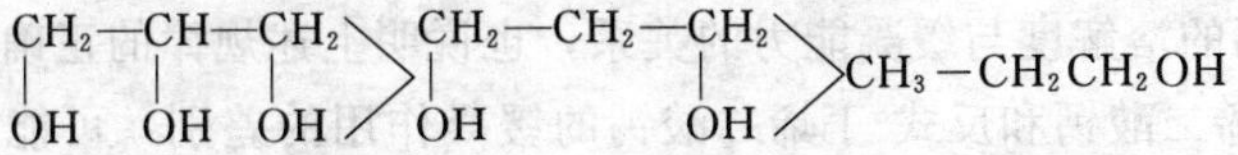

不同的水泥矿物对羟基化合物呈现不同的吸附活动。C_3A 的吸附作用最强。其他的顺序是 C_4AF、C_3S 和 C_2S。

C_3A 是通过水化铝酸三钙产生强的吸附作用。羟基化合物的缓凝作用可以认为：①羟基被水泥粒子表面的 Ca^{2+} 吸附形成吸附膜阻碍水化进行；②羟基与水泥粒子表面的 O^{2-} 形氢键（—O…H—O—），对多羟基化合物倾向后者的解释。

作为多元醇的糖类对水泥水化的影响比较复杂，上述“吸附活性”的观点不够充分的。现在看来糖和许多弱碱酸一样，与悬浮体中由硅酸钙水化生成的氢氧化钙反应生成络合物，因此使溶液的 pH 降低。如葡萄糖具有弱酸性，它的五个羟基的离解常数为：

CHO
|
CHOH
|
CHOH
|
CHOH
|
CHOH
|
CH_2OH

$k_1=2.0\times10^{-13}$；

$k_2=0.19\times10^{-13}$；

$k_3=0.15\times10^{-13}$；

$k_4=0.14\times10^{-13}$；

$k_5=0.13\times10^{-13}$。

它能与硅酸盐水化生成的氢氧化钙形成络合物的复杂正离子 $CaC_{12}H_{21}O_{11}^{+}$。早期糖影响 C_3S 和 β-C_2S 的水化，而在后期一定量糖能提高硬化后的强度。

2. 羧酸（盐）基（—COOM）

含羧酸盐基的最简单的化合物是甲酸钙。它是混凝土的早强剂。实际上低级的羧酸盐都具有早强作用。通过研究离解常数 P_K1.6～2.3 范围内的有机酸，可以选出 P_K 的临界值 $P_K=5$，如丙酸。小于 P_K5 的有机酸有一定的促进作用。如乙酸、草酸、丙酸、苯甲酸等以及它们的盐。有机酸类化合物具有代表性的特征是，随着生成不溶性金属盐（Ca 盐），使水化速度减慢。表 2-3 是羧酸钙的溶解度与缓凝能力的关系，也说明上述规律的正确性。顺式-丁烯二酸钙和反式-丁烯二酸钙的缓凝作用的差别，可能与它们分子构型有关。顺式有利于与 Ca^{2+} 生成分子内络合物，反式只能与 Ca^{2+} 形成分子间的络合物，因此顺丁烯二酸钙缓凝作用强于反丁烯二酸钙。

表 2-3 羧酸钙的溶解度与缓凝能力的关系

钙盐名称	溶解度		缓凝作用
	g/100g	mmol/L	
甲酸钙	35	127	没有（促凝）
乙酸钙	40	220	没有（促凝）
草酸钙	0.006	0.005	没有
丙二酸钙	0.4	2.5	微不足道
顺丁烯二酸钙	2.5	16	适当
反丁烯二酸钙	1.5	10	轻微
已二酸钙	1.3	8	弱
酒石酸钙	0.35	2	很强烈
葡萄糖酸钙	3.5	8	很强烈

日本人大门正儿研究了脂肪酸钠对硅酸盐水泥早期水化反应的影响，说明水化放热量几乎不变化（表 2-4）。不过 R_9COONa 的掺量为 2%时，放热量增大，t_f 推迟。如图 2-2 所示。

表 2-4 脂肪酸盐对硅酸盐水泥水化放热的影响

脂肪酸钠及其掺量（%）	q（cal/g）
不掺	3.3
R_2COONa 0.5	2.7
2.0	3.3
R_3COONa 0.5	3.3
2.0	3.4
R_5COONa 0.5	3.8
2.0	3.0
R_6COONa 0.5	3.4
2.0	3.6
R_9COONa 0.5	3.1
2.0	4.3

注：1 cal/g=4.184J/g。

脂肪酸钠对硅酸盐水泥和硅酸三钙的 t_1 的影响列入表 2-5。

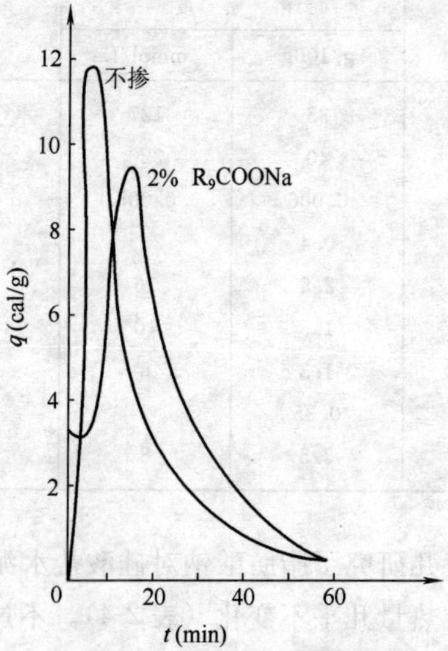

图 2-2 R_9COONa 放热曲线

表 2-5 脂肪酸盐对硅酸盐水泥和硅酸三钙 t_1 的影响

掺 量（%）		硅酸盐水泥 t_1（h）	硅酸三钙 t_1（h）
不加		9.7	11.2
R_1COONa	0.5	10.4	12.8
	1.0	10.9	13.7
	2.0	11.4	15.2
R_2COONa	0.5	10.5	12.5
	1.0	11.5	13.5
	2.0	11.8	15.2
R_3COONa	0.5	11.2	12.7
	1.0	12.7	14.2
	2.0	14.6	15.6
R_5COONa	0.5	10.5	12.7
	1.0	11.0	14.0
	2.0	11.3	15.6

续表 2-5

掺　量 (%)		硅酸盐水泥 t_1 (h)	硅酸三钙 t_1 (h)
R_6COONa	0.5	10.7	12.3
	1.0	10.7	13.0
	2.0	10.7	12.0
R_9COONa	0.5	10.7	11.8
	0.7	10.7	13.5
	0.8	10.9	15.2
	0.9	11.3	15.5
	1.0	11.5	13.5
	2.0	10.7	9.5

由此可看出，随 R_1COONa—R_3COONa 掺量增加，t_1 也增加，而且憎水基链长增加，t_1 也增加。但链长增加到一定的程度，再增加就使 t_1 不再增加了。如 R_9COONa，当掺量超过 1%时，相反 t_1 还会提前。脂肪酸盐随着憎水基链长的增加对延缓水化反应不明显。相反碳链数增加到一定的程度，反而使延缓效果变小，如象 R_6COONa、R_9COONa，它们虽然可以延缓初期水化反应，但 t_1 并不推迟。产生这种现象，主要是 R_9COONa 在水泥粒子表面形成了不溶性的钙。正是这种吸附膜的作用，而使 t_f 延迟了（见图 2-2)。而且这种吸附膜产生“自身疏液”，从而使润湿性变好。如果不能形成不溶性钙盐的脂肪酸，随烷基的增加，润湿性减小。

相对分子质量低的脂肪酸的同系物对水的表面张力的影响符合特洛伯（Traube）规则：脂肪酸的同系物的稀溶液中，欲使表面张力降低得一般多，所需的溶液浓度因分子中每增加一个 CH_2 而减少 1/3（见图 2-3)。特洛伯规则虽是经验规律，但由此可得出颇有意义的结果。朗格缪尔（Langmuir）指出此规则就等于说将 1 克分子 CH_2 自溶液内部移至表面需作功 2.6kJ。即：

$$\lambda_n - \lambda_{n-1} = RT\ln 3$$

其中 λ_n 是将1克分子溶质自溶液内部移至表面时所作之功，n是

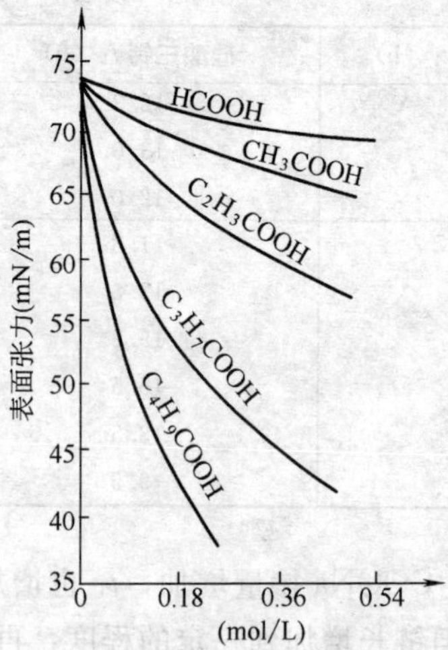

图 2-3 脂肪酸的碳元子数与表面张力的关系

溶质分子的碳原子数。$C_{12}\sim C_{18}$ 的脂肪酸盐（脂肪皂）是典型的表面活性剂。其中硬脂酸盐（$C_{17}H_{35}COOM$），可用作脱模剂和混凝土的防水剂。

3．羟基羧酸（盐）和氨基羧酸（盐）

低级的羧酸（盐）不大延缓水泥水化反应，并有早强作用。如果羧基的α-位或β-位的氢被羟基或胺基取代就产生明显的缓凝作用。例如：

$CH_3—CH_2—COONa$

不大缓凝、早强

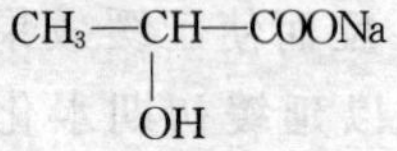

缓 凝

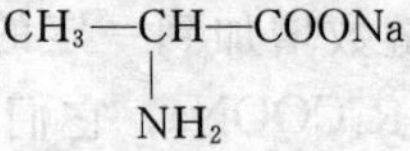

缓 凝

这类缓凝剂包括：乳酸、酒石酸、柠檬酸、苹果酸、葡萄糖酸、α-酮酸或β-酮酸以及它们的盐（Na^+、K^+、NH_4^+、Ca^{2+} 盐）等。

羟基酸、氨基酸及其盐对硅酸盐水泥的缓凝作用主要在于它们的分子中含有络合物形成基（—COOH、—OH、—NH_2），在水泥浆的碱性介质中与游离 Ca^{2+} 生成不稳定的络合物。随着水化进行，它自行分解不影响水化继续下去，只是对水泥初期水化产生抑制作用。这对新拌混凝土混合物的塑化和后期强度的增长是有利的。Ca^{2+} 为正二价的离子，能生成不稳定络合物，配位数为 4，是弱的接受体。只能在碱性介质中（pH 值 11～14）生成不稳定络合物。例如，水杨酸与 Ca^{2+} 生成络合物的反应：

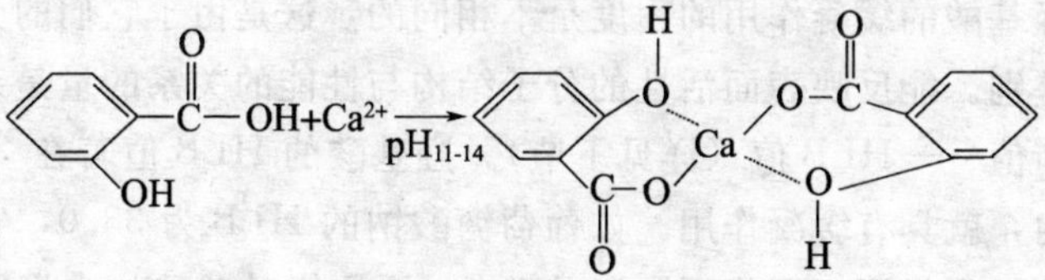

羟基酸和多元醇的缓凝作用与它们在水泥粒子表面吸附作用有关，上述生成不稳定络合的过程，也可能是在吸附的同时发生的。

研究羟基酸和多元醇（碳原子数不少于 4）对硫铝酸钙［$4CaO \cdot 3Al_2O_3 \cdot SO_3$，同时含有 $Ca(OH)_2$、$CaSO_4 \cdot 2H_2O$］的水化反应证明，它们都能延缓水化反应。而且除影响水化速度之外，还会在水化的最初几小时内使参加水化各组成的化学计量稍有改变。但是这些外加剂既不会明显影响得到的钙矾石晶体的尺寸，也不会明显地改变它们的分布情况。硫铝酸钙水化生成钙矾石的反应如下：

$$C_4A_3\bar{S}+6OH+8C\bar{S}H_2+74H=3C_3A \cdot 3C\bar{S}H_{32}$$

羟基酸（柠檬酸、苹果酸、葡萄糖酸）以及多元醇（山梨醇、甘露醇、果糖、葡萄糖）等有机化合物使上述水化反应延缓，酒石酸和乳酸也有同样的缓凝作用。这些对硅酸盐水泥水化影响的规律是一致的。现以柠檬酸为例，说明羟基酸对硫铝酸钙水化反应的影响（见图 2-4）。

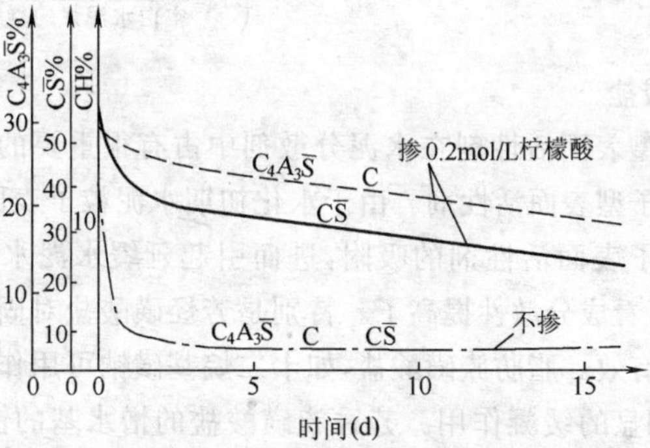

图 2-4 C_4A_3S、CSH_2 及 CH 含量的变化与水化时间的关系

羟基酸的缓凝作用的程度是不相同的，这是由于它们的分子结构的差别。能反映表面活性的分子结构与性能的关系的量是亲水亲油平衡值——HLB值（详见下节）。羟基酸的HLB值若在25～40范围内，就具有缓凝作用。如葡萄糖酸钠的HLB为33.0，它具有明显的缓凝作用。现将不同羟基酸的HLB值对硅酸盐水泥净浆的凝结时间的比率 T 和 t_1 的影响列入图2-5和图2-6中。羟基酸及其盐主要用作缓凝剂和快硬水泥的调凝。

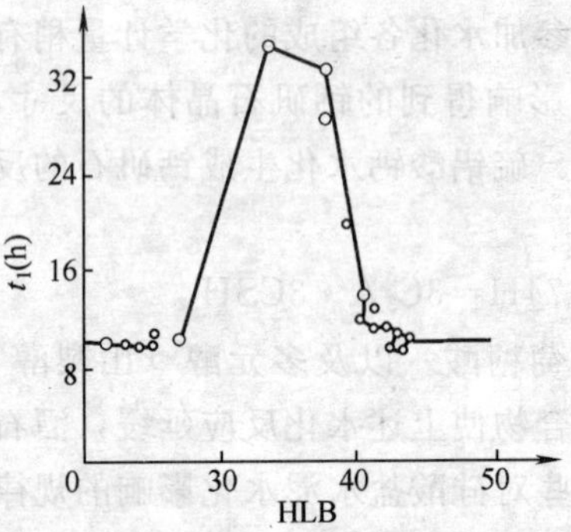

图2-5　HLB与 t_1 的关系

（掺量0.5%）

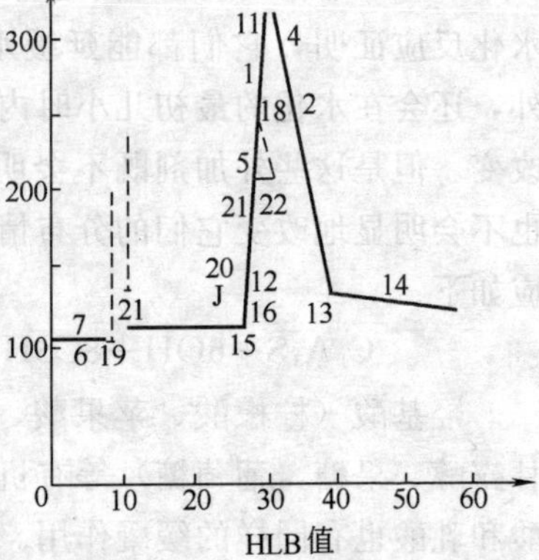

图2-6　HLB值与 T 的关系

$\left(T=\dfrac{\text{掺外加剂水泥凝结时间}}{\text{空白水泥浆的凝结时间}}\right)$

4. 磺酸盐

磺酸盐型表面活性剂在水泥分散剂中占有很重要的地位。它是典型的阴离子型表面活性剂。由于水化初期水泥粒子表面带正电荷，有利于阴离子表面活性剂的吸附，进而引起延缓水泥水化反应的作用，这样也可看成分散性提高了。特别是芳烃磺酸盐对固体粉末的分散作用特别有效。脂肪族磺酸盐，如十二烷基磺钠可用作混凝土的引气剂，具有明显的缓凝作用。芳香族磺酸盐的憎水基的链长较短时，并不延缓水泥的水化反应，只有当其链长达到一定程度时，才能延缓水化反应。能起延缓作用的表面活性剂，当掺量到达某一值后，就会发生致密的吸附，从而使水化反应迅速延缓。物质的分散作用随掺量的增加而发生变化，实际上是表示着凝聚—分散的过程。

研究不同链长的系列芳香族磺酸钠对水泥水化反应和分散的影响，对了解缓凝剂和减水剂的作用机理有重要的意义。表 2-6 中列举了这些芳烃磺酸钠对水泥水化反应迅速和放热量的影响。表中的数据说明这些憎水基链长比较短的芳烃磺酸钠并不延缓水泥水化反应，放热量 Q 没有什么变化。萘磺酸钠甲醛缩聚物（HCNS、LCNS）Q 值有稍弱变小的倾向。与此相反，长链的烷基芳基磺酸钠 12T、12N、BNS，其浓度达到某一值时，便发生急剧的抑制作用，使水化反应延缓（见图 2-7、图 2-8 和图 2-9）。

表 2-6 芳香族磺酸钠对水泥水化反应的影响

简称	分子式	掺量 $Wt\%$	放热 Q（cal/g）	t_1（h）
不 掺	—	0	3.2	9.7
BS	苯磺酸钠	0.5	3.2	9.6
P-TS	对-甲苯磺酸钠	0.5	2.9	10.0
P-EBS	对-乙基苯磺钠	0.5	3.2	9.9
α-NS	α-萘磺酸钠	0.5	3.4	10.0
β-NS	β-萘磺酸钠	0.5	3.2	10.0
HCNS	β-萘磺酸钠甲醛高缩合物（$n\approx50$）	0.5	2.5	22.0
		0.4	2.5	—
		0.3	2.8	—
		0.2	2.9	—
		0.1	3.0	15.5
LCNS	β-萘磺酸钠甲醛低缩合物（$n\approx5$）	0.5	3.0	—
		0.4	2.9	—
		0.3	3.2	—
		0.2	3.0	—
		0.1	2.7	—

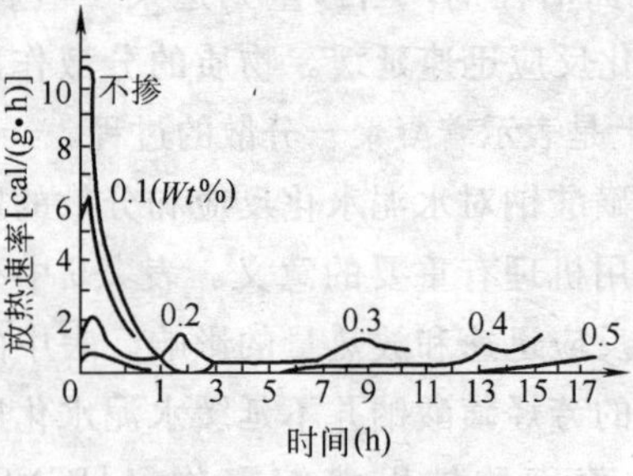

图 2-7 12T 对硅酸盐水泥放热速率的影响

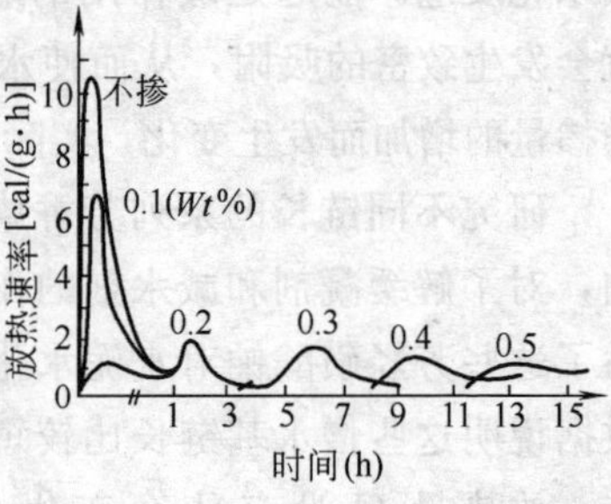

图 2-8 12N 对硅酸盐水泥放热速率的影响

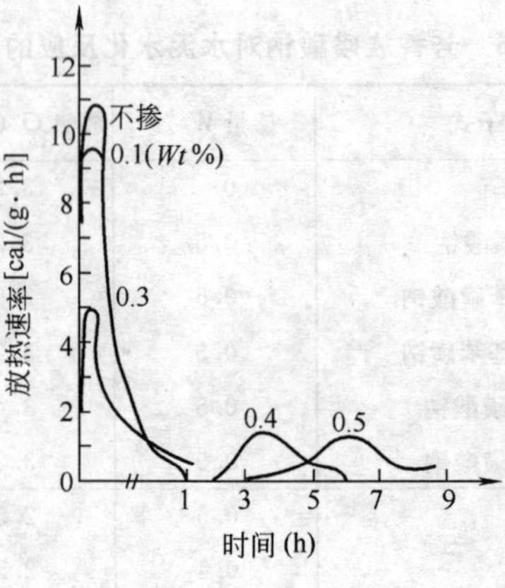

图 2-9 BNS 对水泥放热速率的影响

表面活性剂 12N、12T、BNS 对水泥水化反应的延缓机理是当掺量在某一范围内，分子在粒子表面上横躺似地被泛泛地吸附着。但当掺量超过某一浓度时，分子便在粒子表面垂直地被紧密地吸附着。因而，从这个浓度开始，水泥粒子差不多完全被“疏水化”了，故使水化反应急剧地得到抑制。如果再继续增加浓度，则由单分子吸附变成双分子或多分子吸附。

另外实验证明12N、12T、BNS与氢氧化钙发生反应生成磺酸钙盐沉淀，这样就容易在固体粒子表面产生选择性吸附。这种情况下，Ca^{2+}与能产生不溶性化合物的12N、12T、BNS反应，由于Ca^{2+}的中间作用，在水泥表面上发生选择性吸附。HCNS和LCNS因含较多亲水基，所以不会生成不溶性化合物。而憎水基链短的，如P-EBS不吸附在固体上，不能使粒子“疏水化”，也就不能延缓水化反应。相反，12N、12T完全被硅酸盐水泥和铝酸三钙吸附。而HCNS和LCNS的吸附符合朗格缪尔单分子吸附。

注：BNS：丁基萘磺酸钠（α、β-混合物）；

12T：对-（1、3、5、7-四甲基）辛基苯磺酸钠；

12N：P-十二烷基苯磺酸钠。

5. 胺类化合物

简单胺类化合物包括一级胺、二级胺、三级胺和羟胺。用水泥析热动力学、硫酸钙结合速度和$Ca(OH)_2$析出的速度以及水泥硬化的早期强度研究胺类化合物对硅酸盐水泥凝结和硬化的影响，对表2-7中列举的各种胺类进行研究证明，一级、二级和三级胺、胺基酸开始时都缓凝，而羟胺在某种情况下加速凝结过程。对凝结时间的延缓作用：

$$RNH_2 > R_2NH > R_3N$$

表2-7 用于外加剂的各种胺类化合物

一级胺	二级胺	三级胺	羟胺	胺基酸
乙胺	二乙胺	三乙胺	乙醇胺	2-胺基丙酸
正-丙胺	二丙胺	吡啶	二丁醇胺	3-胺基丙酸
2-胺基丙烷	二异丙胺		三乙醇胺	胺基乙酸
正-丁胺	二丁基胺		甲基乙醇胺	
2-胺基丁烷			二甲基乙醇胺	
异丁胺			3-胺基丙醇	
叔丁胺			异丙醇胺	
			二异丙醇胺	
			三异丙醇胺	

注：掺量为0.025～0.20mol/kg水泥，或0.11～3.5重量%。

对水泥水化放热的影响，胺类化合物能延缓或减少放热量，二乙醇胺和三乙醇胺减少放热特别多。在小剂量时，二异丙醇胺不大影响放热，但三异丙醇胺明显加强放热。

掺胺类化合物的水泥强度，在水灰比为0.50时，所有掺胺类化合物与不加外加剂的水泥相比其强度都下降。但是当水灰比降到0.40时，水泥中掺入某些胺类化合物，特别是掺入二甲基乙醇胺（0.025mol/kg)和三异丙醇胺(0.20mol/kg)，与不掺外加剂的水泥相比强度则有所提高。

四级胺盐的胺正离子，同普通金属阳离子一样具有促凝作用。

胺类化合物中，作为混凝土外加剂最有实际意义的是羟胺，特别是三乙醇胺，它可以用作水泥助磨剂和混凝土的早强剂，因此对三乙醇胺作用机理的研究论文也比较多。

三乙醇胺能持久地加速混凝土的硬化过程，起促硬作用。它不像 $CaCl_2$ 那样加速钢筋锈蚀。三乙醇胺的作用机理在于，它加速 C_3A 的水化（开始形成六方晶相，而后转变为立方晶相的铝酸盐水化物），并能在 C_3A-石膏-水体系中加快钙矾石的生成，同时却延缓了 C_3S 和 β-C_2S 的水化。

但是还发现，三乙醇胺可加速石膏和熟料中的铝酸盐之间的反应，并大量发热，而同时又在一定程度上延缓了混凝土强度的增长。在矿渣波特兰水泥中这种效果就显得弱得多。三乙醇胺与氯盐（$CaCl_2$、NaCl）复合，早强效果更为明显。

从上述对不同基团或含不同基团的有机化合物对硅酸盐水泥水化反应、放热、凝结和硬化的影响的论述中，可以看出化合物的分子结构与性能之间有一定的关系。为了说明这种关系，再举一个简单的例子。

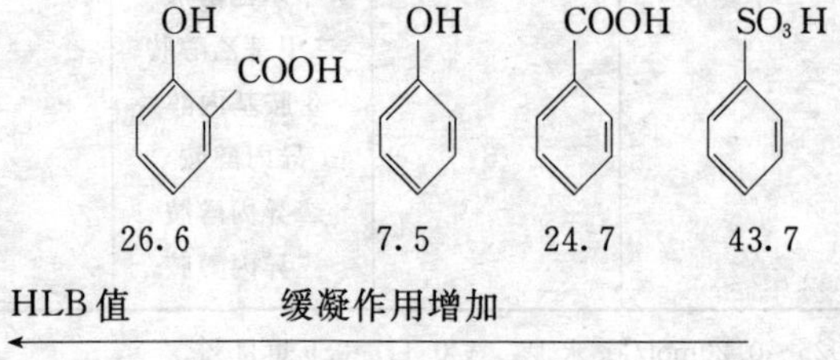

这说明磺酸基和羧酸基的缓凝作用小，羟基有强的缓凝作用，而羧酸基的 α-位有羟基（或胺基）缓凝作用就更强。因此在研究有机化合物对水泥水化反应的影响时要注意两点：

（1）不同基团对水泥水化的影响；

（2）基团的个数和相互位置的影响。

二、HLB 值（Hydrophile-Liphile Balance）对表面活性剂性质的影响

表面活性剂分子中包括亲水基和亲油基，在同系物中必定有一个化合物的亲水性和亲油性平衡值恰到好处时，应用到指定的体系才达到最高效率。即分子中的亲水基的亲水性和亲油基的亲油性配合恰当时，对指定的分散体系具有最佳效果。但这是定性的概念。要使这个概念能定量表示出来，最成功的方案可能是格里芬(Griffin) 所提出的 HLB 方法，即亲水亲油平衡。

按照 HLB 方法，给每一个表面活性剂确定一个 HLB 值（简称亲水值）。而 HLB 值的大小与表面活性剂的性能之间有一定的关系，如图 2-10 所示。这样对选择使用表面活性剂有一定的指导作用。

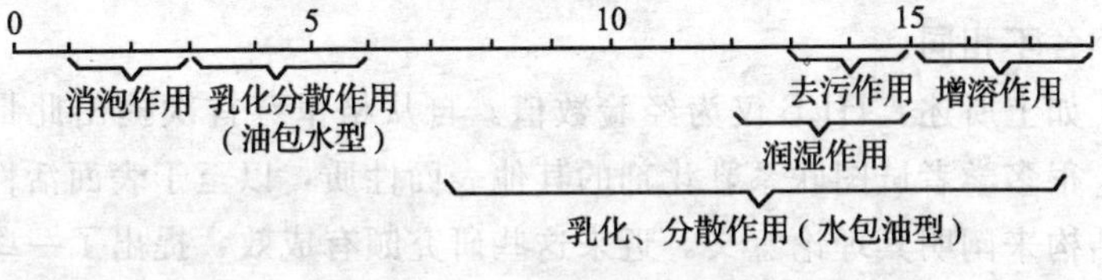

图 2-10 HLB 值与性能的关系

最初，格里芬曾导出计算 HLB 值公式，它主要用于非离子型表面活性剂。聚乙二醇型和多元醇型非离子表面活性剂的 HLB 值计算公式为：

$$\mathrm{HLB}=\frac{E+P}{5}$$

式中 E——(C_2H_4O) 的重量%；

P——多元醇的重量%。

对于只含 C_2H_4O 亲水部分的物质和脂肪醇与 C_2H_4O 的缩合体，上式简化成：

$$HLB=\frac{E}{5}$$

对于多数多元醇的脂肪酸酯可用：

$$HLB=20\ (1-\frac{S}{A})$$

式中 S——酯的皂化值；

A——酸的酸值。

例如甘油单硬脂酸酯：

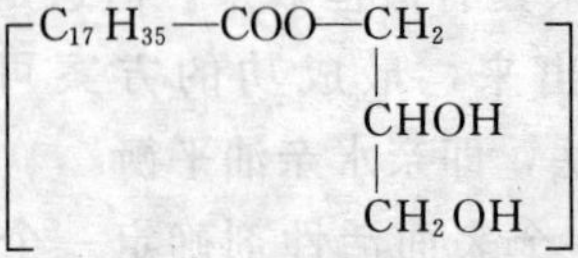

$S=161$，$A=198$，则其 HLB=3.8

非离子表面活性剂的 HLB 值可以用 0～20 之间的数值来表示，至于阴离子和阳离子表面活性剂就不能用以上的 HLB 值的计算方法了。这是因为它们的亲水基的单位重量比起非离子表面活性剂一般大得多，而且由于亲水基的种类不同，单位重量的亲水性的大小各不相同。

如上所述，HLB 仅为经验数值。自从格里芬首次提出此量以来，很多学者试图联系乳化剂的其他表面性质，以至于表面活性分子结构来阐明其理论意义。近来这些研究颇有成效，提出了一些新的、方便的测定 HLB 值的方法。如气-液色谱法、展开系数测定法、介电常数测定法等。

达文斯（Davies）将 HLB 值作为结构因子的总和来处理。从这一观点出发，他试图把乳化剂结构分解为亲水基团和亲油基团，每种基团对 HLB 值有贡献（正或负）。现将一些常见的结构基团的 HLB 值列入表 2-8 中：

表 2-8　基团的 HLB 值

亲水基团的数值		亲油基团的数值	
$-SO_4Na$	38.7	—CH—	−0.475
$-SO_3Na$*	37.4	$—CH_2—$	−0.475
−COOK	21.1	$—CH_3$	−0.475
−COONa	19.1	═CH—	−0.475
−N（叔胺）	9.4	苯环	−1.425
酯（失水山梨醇环）	6.8	衍生的基团的数值	
酯（自由）	2.4	$—(CH_2—CH_2—O—)$	−0.33
−COOH	2.1	$—(CH_2—CH_2—CH_2—O—)$	−0.15
−OH	1.9		
−O−	1.3		
−OH（失水山梨醇环）	0.5		

注：* 原文中磺酸盐基约 11.0，此值偏小。因为$-SO_3Na$基亲水性大，本书作者推算应为 37.4。

根据上表中的数值，可以计算各种类型（包括离子型和非离子型）的表面活性剂的 HLB 值。

HLB=7+∑（亲水基团的数值）−∑（亲油基团的数值）

利用表中数值和上式计算 HLB 值时应注意以下几点：

（1）负值表示基团的亲油性，用公式计算时，应以此数之正值代入才能得正确的结果。

（2）用于实际分散体系时，$R-COOH \xrightarrow{\text{离解}} RCOO^- + H^+$，−COOH 按−COONa（如体系中有 Na）计算。多元羧酸离解常数 $PK_1 > PK_2 > PK_n$。因此，一个—COOH 按—COONa 计算，其他按—COOH 计算。

（3）苯环按 3 个碳计算−0.475×3=−1.425。

（4）羰基（>C=O）按醚基（−O−）计算。

（5）HLB 值与性能的关系是不完全可靠的。因为测定方法很粗糙，但在不知用何种表面活性剂时，可以用 HLB 值来帮助选择。

(6) HLB值对离子型高分子表面活性剂不适用，因为它的性能与聚合度（或分子量）有关系，HLB值不能反映聚合度的因素。

近年日本的山本、大门正几等使用HLB值来研究混凝土外加剂对水泥水化的影响。特别是在研究羟基羧酸的HLB值对水泥水化放热和凝结时间的影响时，得到较好的结果。证明HLB值在25～40范围内的羟基酸使水泥缓凝。实际上表面活性剂作为混凝土外加剂可产生分散作用、引气作用、湿润作用、消泡作用、憎水作用（防水剂）、缓凝作用等。这些表面性能与HLB值无不有关，这需进一步地进行研究。

三、分子形状和分子量对表面活性剂性质的影响

前面论述了表面活性剂的各种基团和HLB值对水泥水化反应的影响，已经涉及到分子结构与性能的关系问题。这里要进一步讨论表面活性剂的分子结构和分子量与乳化、分散、润湿等界面现象的关系问题。佐佐木（日本）将表面活性剂的分子结构分为五类（图2-11）。图中越往左去，越有利于气-液界面的作用；越往右去，越有利于固-液界面的作用。水泥和有机化合物作用时，缓凝作用是在水泥粒子表面形成吸附膜，它可以妨碍与水相接触，因而会使固-液界面上亲和性减少。这对固-液界面来说，是产生了“－”界面活性。相反，分散作用是使固-液界面亲和性变大，所以对固-液界面来说，是产生了“＋”的界面活性。而引气剂则是增大气-液界面的亲和性，对气-液界面来说，也是产生了“＋”的界面活性。根据以上所述，作为缓凝剂，是不利于固-液界面的，一般选择a类较好。凡属a类者，亲水基和亲油基的平衡是比较重要的，HLB值必须在25～40这个范围。假定羟基酸，如葡萄糖钠（HLB＝33.3）与a类具有相同的吸附状态，这样就可以用所求得的HLB值来衡量和评价缓凝作用。

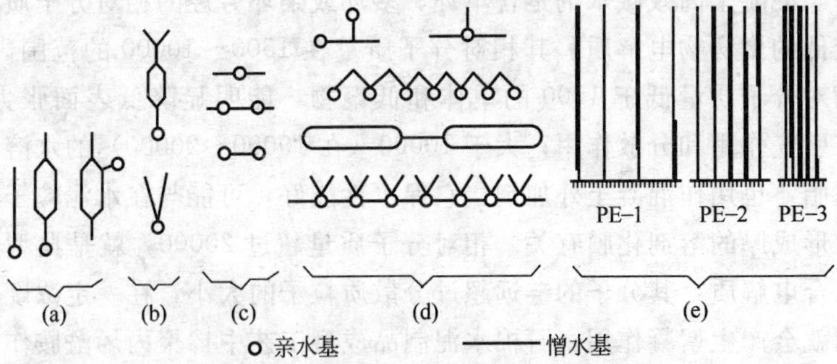

图 2-11　表面活性剂的分子结构分类

对于减水剂来说，一般选择 d 类为好，因为 d 类表现对固-液界面“十”的界面活性，不过必须对相对分子质量有一定要求。

对于引气剂，一般选择 a 类为好，因为 a 类对气-液界面有利。有时候，要考虑到 HLB 及电性等问题，也有可能选择低缓凝作用的引气剂。不过要对气泡的大小进行详细的讨论。

e 类是具有“梳型”结构的新型超塑化剂，它们是一类聚丙烯酸接枝共聚物，其掺量低、综合性能优于传统高效减水剂。

用作混凝土外加剂的表面活性剂的相对分子质量是在一个很广的范围内变化。相对分子质量的大小影响外加剂的性能。本书作者在研究各种外加剂，特别是高分子表面活性剂（阴离子型高效减水剂）的分子结构与性能的关系的基础上，曾提出混凝土用的表面活性剂的相对分子质量与性能的关系，如图2-12所示。

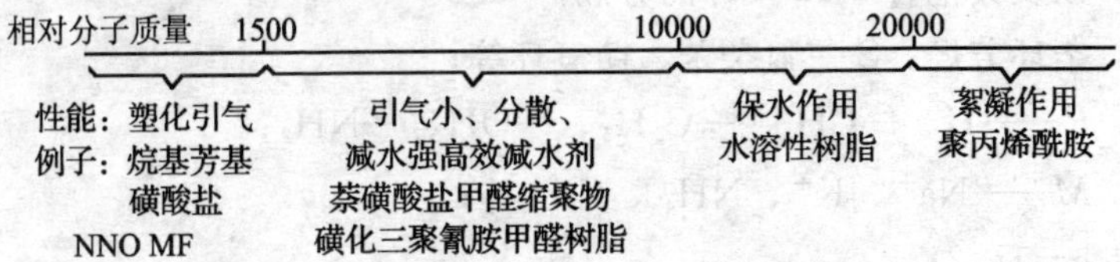

图 2-12　表面活性剂相对分子质量与性能的关系

混凝土高效减水剂是含单环、多环或杂环芳烃的相对分子质量较低的聚合物电解质，其相对分子质量在 1500～10000 的范围内。相对分子质量低于 1500 的单体和低聚物，能明显降低表面张力，有引气作用和分散作用；大于 10000（在 10000～20000）的水溶性树脂，也用作混凝土外加剂。它保水性能好，可能与在水泥粒子表面形成厚的溶剂化膜有关。相对分子质量超过 20000，就是典型的聚合电解质，其分子的链远超过分散质粒子的大小，在一定浓度范围就会产生絮凝作用。石棉水泥制品成型工艺中掺聚丙烯酰胺作絮凝剂可增加水泥浆析水，借以减少水泥浆的流失，提高制品的强度。

高效减水剂在混凝土外加剂中是十分重要的。它的分子结构的共同特点是：含单环、多环或杂环芳烃的聚合物电解质，相对分子质量在 1500～10000 的范围内，其通式为（由本书作者 1977 年提出）：

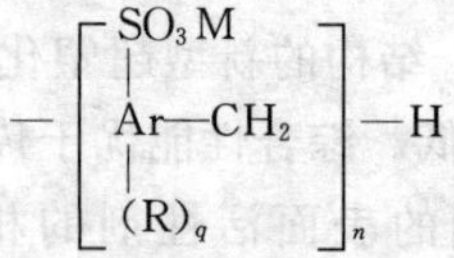

式中

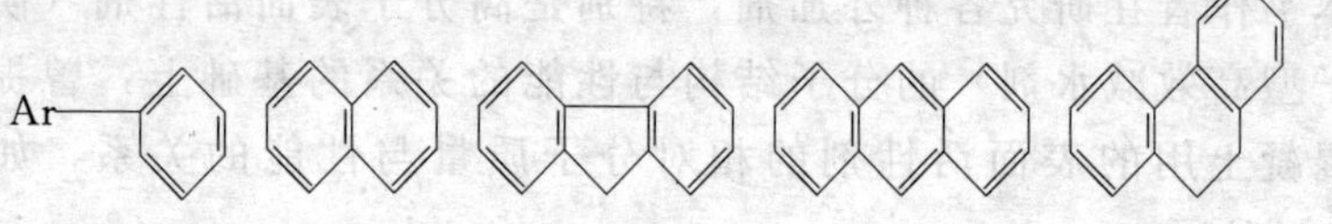

苯　萘　芴　蒽　菲

以及其他含 2-12 苯环的芳烃；

杂环芳烃：S-三氮杂苯、茚氧环等；

R——H、—CH_3、—C_2H_5、—OH、—NH_2；

M——Na^+、K^+、NH_4^+、Ca^{2+} 等；

q=1、2；

n——相对分子质量 1500～10000 的一个整数（聚合度）。

此通式说明在一个很大的范围内，许多芳烃（单环、多环、杂环芳烃）都能合成高效减水剂。其中包括，萘磺酸盐甲醛缩聚物、三聚氰胺磺酸盐甲醛缩聚物、对胺基苯磺酸甲醛缩聚物，以及将要研发的以这些单体为基础的多元共缩聚物新型超塑化剂。例如本书作者首先提出并研发的四元共缩聚新型超塑化剂，他们的基本化学结构为：

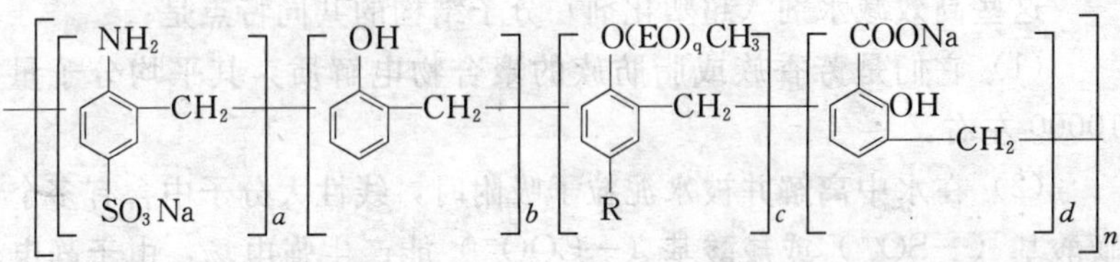

$(EO)_q$—聚氧乙烯链；a、b、c、d、q、n—聚合度；R—H 或 CH_3

这种芳烃四元共缩聚物与聚丙烯酸盐四元接枝共聚物一样，线性大分子中引入了$-SO_3Na$、$-COONa$、$-OH$、$-O-$、α-羟基羧酸以及非离子型的聚氧乙烯链，因此在具有高分散作用的同时，还有一定的缓凝作用和引气作用。并且通过选择不同基团的单体和调整他们之间的克分子比，以及控制共缩聚物一定聚合度（或平均分子量）可以得到各种性能的新型超塑化剂。

近 10 年出现的聚丙烯酸盐系新型超塑化剂是一类“智能型”的水溶性高分子化合物，它反映了超塑化剂的化学合成已达到分子设计的水平。其中最典型的例证是四元共聚丙烯酸盐接枝共聚物，分子式如下：

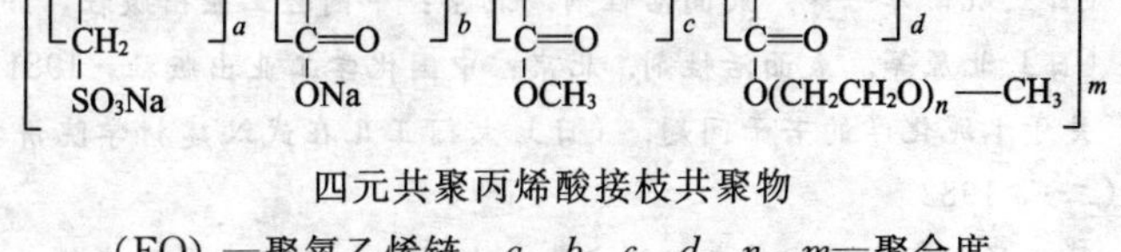

四元共聚丙烯酸接枝共聚物

$(EO)_q$—聚氧乙烯链　a、b、c、d、n、m—聚合度

R=—Hand—CH_3

它具有掺量低、减水率高、缓凝、引气、坍落度损失小、早强增强等特性。其大分子中含有短链的阴离子型基团磺酸基（$-SO_4^{2-}$）和羧酸基（COO^-），同时还含有长的侧链非离子型的聚氧乙烯基，因此形成了“梳形”结构。这种梳形结构的分子在水泥粒子上吸附时形成较厚的吸附层，产生较强的空间位阻防止水泥初期凝聚结构的形成，因此对水泥具有强的分散作用。

这些高效减水剂（超塑化剂）分子结构的共同特点是：

（1）它们是芳香族或脂肪族的聚合物电解质，其平均分子量10000左右。

（2）在水中离解并被水泥粒子吸附时，线性大分子中含有多个磺酸基（$—SO_3^-$）或羧酸基（$—COO^-$）能产生强电场，由于静电斥力对水泥凝聚体产生分散作用。同时，较厚的吸附层对水泥粒子的凝聚产生空间障碍，特别是具有长的聚氧乙烯侧链的超塑化剂，这种空间效应（空间斥力）对分散作用会起到主要作用。

（3）线性大分子中含有—OH、—O—、α-羟基酸等缓凝基团能有效地控制坍落度损失。另外，通过调整聚氧乙烯侧链的长短可以控制超塑化剂的引气性或保水性。因此，根据分子结构与性能的关系，采用分子设计方法，将可以得到多元共缩聚或多元接枝共聚的新型超塑化剂。

参考文献

1. 〔日〕矶田孝一等．表面活性剂．北京：中国轻工业出版社，1973

2. 〔日〕北原等．表面活性剂．北京：中国化学工业出版社，1981

3. 关于水泥化学的若干问题．〔日〕大门正几在武汉建材学院讲学资料(一)，(二)，1982

4. 第六届国际水泥化学会议论文集．中译本．北京：中国建筑工业出版社，1980

5. 第七届国际水泥化学会议论文选集．中译本．北京：中国建筑工业出版社，1985

6. 〔英〕P. BARNES 等．水泥的结构和性能．吴兆琦等译，北京：中国建筑工业出版社，1991

7. 陈建奎．高效减水剂的化学结构及其对水泥混凝土的作用机理．水泥制品．1978 (5)

第三章 水泥分散体系中的吸附现象和动电现象

第一节 水和水膜层的结构和性质

水泥混凝土中水的存在形式有三种，即化学结合水、吸附水和游离水。水泥加水拌和之后，水化初期水化反应特别强烈，5min内约25%的水产生化学结合。而经过5h化学结合水占40%。在拌合物阶段为了满足施工工艺的要求，拌合物应具有好的工作性。因此，在用水量一定的情况下，应尽量减少结合水和吸附水，使游离水的比例增大，提高和易性。掺水泥分散剂及其复合剂就可以达到调整结合水、吸附水和游离水三者比例的目的。即保持相同用水量时提高流动性；或者保持相同流动性情况下减少用水量，从而提高硬化混凝土的强度。

初期水化的抑制作用可减少水泥的结合水量。而分散作用能破坏水泥浆的凝聚结构，减小吸附水膜层的厚度，从而减少吸附水量，提高游离水量。

在一般情况下，水不是完全以单分子形式存在的，由于水分子之间形成氢键，而产生缔合作用，因此存在不同形式的水，详见表3-1。

表3-1 不同温度下水分子存在的形式及比例

水存在形式	水的温度（℃）			
	0	4	38	98
H_2O	19	20	29	36
$(H_2O)_2$	58	59	50	51
$(H_2O)_3$	23	21	21	13

从表中的数据看出，随着水温增高单分子水的成分增多，水结冰时含三分子水最多，冰的体积最大。当加热到4℃时三分子水转化为双分子水，这时水的密度最大。当进一步加热时，单分子水开始愈来愈多，而水的密度就逐渐减小。

单分子水的物理化学和生物活性比较高，水在磁场和电场作用下，单分子水的成分激增，因此用磁化水拌制混凝土可以改善混凝土的性能，可使强度提高10%～30%，降低吸水率12%～28%，可提高抗冻性。如用磁化水和木质素磺配钙配制混凝土可使抗冻融循环在1000次以上。

磁化处理改变了水合离子结构，使离子水化层的水分子排列不均匀，或者可能使水化层变薄。离子水化层受到破坏是由于水通过磁场时，在受到罗伦兹力（F_1）作用下水分子的电子云发生极化。磁场的这种作用可能与谐振现象一样。

磁化使水的活性提高，因而明显提高水泥水化程度，使硫铝酸钙、氢氧化钙的结晶数量增加，晶体尺寸减小。结晶不像一般情况下在颗粒表面产生，而是在整个颗粒中产生细结晶。

在水为分散介质的分散体系中，由于吸附作用在固体粒子界面上形成水的吸附层。吸附层可以是单分子层或多分子层，这主要是受水的偶极子（反离子）的扩散层的厚度所控制。水膜层由吸附层和扩散层构成，其厚度取决于粒子的矿物组成（化学势），粒子的大小和形状，由吸附离子的化学成分以及外部条件（介质的压力和温度）决定。

由于吸附力的作用，在吸附水层中的水所受内压（即表面压）高达2448MPa。因此，这种水不同于普通的水。其性质接近固体（假晶体），但是也不同于冰的结构，而具有整体程度高的特性。

吸附层中的水的密度在1.2～2.0g/cm^{3}之间，介电常数为2～3，冰点195K。吸附水的化学活性低，这样在矿物粒子表面留下了“空间”。因此$Ca(OH)_2$和钙矾石结晶和取向程度增大，并随着离表面距离增大这种程度逐渐减小。这样就形成水泥-集料之间的“过渡层”。过渡层的厚度远比水膜层大，可达几百到一千微米。它的存在成为混凝土的薄弱环节。因此无论从混凝土的工作性，还是从其强度考虑，减少水膜层厚度或减少吸附水量都是必要的。

水泥-水分散体系中水膜层厚度的计算：

通过水泥-水分散体系流变参数的测定，即塑性粘度（η）和动力学切变应力（τ_0）计算水界面层的厚度以及结构。因为流变参数的变化特征很大程度上取决于相的界面上相互作用的特性，特别是界面层的厚度。

根据莫尼（Mooney. M）提出的悬浮体的粘度与分散粒子的体积浓度的关系式：

$$\ln\frac{\eta}{\eta_0}=\frac{K\varphi}{1-S\varphi} \text{ 或 } \varphi=\frac{\ln\eta/\eta_0}{K+S\cdot\ln\eta/\eta_0} \tag{3-1}$$

式中 η——分散体系的塑性粘度；

η_0——分散介质的粘度（通常是水的粘度）；

φ——体系中分散相粒子的浓度（体积）；

K——爱因斯坦系数，对于球形粒子为 2.5；

S——固体粒的结构形成系数（S 值见表 3-2）。

表 3-2 三维稠密堆积的特征常数

点　阵	稠密度	空隙率 φ_r	$S=1/\varphi_r$	配位数
金刚石	0.3401	0.6599	1.5154	4
简单立方	0.5236	0.4764	2.0991	6
体心立方	0.6802	0.3198	3.1267	8
面心立方	0.7405	0.2595	3.8536	12
六方最密堆积	0.6046	0.3954	2.5291	—
水泥-水分散体*	0.47（实测）	0.53	1.88	—

注：*分散体中水泥粒子的表观浓度为 0.39。

对于水泥-水和水泥-乙醇分散体系，在相同表观浓度（0.39）下，测定流变曲线，并分别求出它们的塑性粘度 η_w 和 η_e，再将它们（η_w 和 η_e）代入式（3-1），分别求出这两种分散体系的水泥粒子的体积浓度 φ_w 和 φ_e。

在水泥-水分散体系中，由于水泥粒子表面有水膜层（其厚度为 δ），因此水泥的体积浓度（φ_w）为：

$$\varphi_w=\frac{\frac{4}{3}\pi n_0(\gamma+\delta)^3}{V_0} \tag{3-2}$$

式中　γ——水泥粒子半径；

δ——水泥粒子表面水膜层厚度；

n_0——分散体系中水泥粒子总数；

V_0——分散体系的体积。

对于水泥-乙醇分散体系，水泥粒子的体积浓度（φ_e）为：

$$\varphi_e=\frac{\frac{4}{3}\pi n_0\gamma^3}{V_0} \tag{3-3}$$

式（3-2）除以式（3-3）可以得：

$$\frac{\delta}{\gamma}=\left(\frac{\varphi_w}{\varphi_e}\right)^{1/3}-1 \tag{3-4}$$

水泥水化初期，悬浮体的粘度不同于其他惰性材料的悬浮体的原因，主要是含半径 0.05～0.5 μm 的水泥粒。对于这样大小的粒子，根据式（3-4）计算，其水膜层厚度 δ 为（13.1～131）$\times10^{-10}$m。

水膜层的厚度影响分散体系的流变参数，因此可以掺入化学外加剂改变水的离子成分，或在水泥上吸附，从而减小水膜厚度、减少吸附水量。孙天文硕士根据上述原理，测得温度 20℃时水泥-水分散体系中，水泥粒子表面水膜层厚度约为 0.217μm。掺减水剂后，由于减水剂在水泥粒子表面被吸附，使水膜层厚度变薄，分散体系中游离水增加，其塑性粘度变小。

第二节　表面活性剂在水泥上的吸附

在溶液中，固液界面的吸附过程比较复杂。因为体系中至少有三个组分：固体（吸附剂）、溶剂和溶质（吸附质）。当溶质为表面活性剂时，由于它强烈降低固-液界面张力，在界面上产生最大的正吸附。而溶剂的吸附为最小。

作为固体吸附剂，由于本身的性质和结构的复杂性，其吸附作用可以是物理吸附和化学吸附。并且吸附作用可以发生在毛细孔、裂缝、气孔的所有表面上，因此通常它的实际比表面积比表观比表面积超过好多倍。

水泥分散剂在水泥上的吸附过程要比一般的溶液吸附过程复杂得多。并且在水泥-水分散体系中，水泥粒子吸附表面活性剂的同时，伴随着水泥的水化过程。针对这种复杂的多相分散体系，研究等温吸附过程有许多困难。因为水泥水化过程的水化产物是不断变化的，大量凝胶的产生使比表面积不断增加。在这种动态过程中，研究等温吸附实际上测定的是表观吸附量，而不是真实吸附量。好在各种影响因素综合在一起研究几种主要减水剂（如木质磺酸钙、萘磺酸盐甲醛缩聚物，三聚氰胺磺酸盐甲醛缩聚物）在水泥上的吸附过程都符合朗格缪尔（Langmuir）型的等温吸附。

一、溶液吸附等温线分类

1960 年，贾尔斯（Giles. C. H）将固-液分散体系中固体粒子对溶质的吸附等温线进行了分类。对稀溶液而言，大体分为 S、L、H、C 四大类。每一类中又根据高浓度部分的吸附曲线的特征进一步分成几个小类，其中 S、L、H 型中分为五个小类，C 型分为三个小类。现将贾尔斯的吸附等温线分类列入图 3-1 中。

等温线中水平部分表示形成单分子吸附层。曲线中出现极大值表示形成胶束使吸附量下降。上升部分表示溶质与吸附剂之间的亲合力大。S 型曲线为多分子吸附，如羊毛对苯酚吸附。L 型为单分层吸附。H 型为离子交换吸附。C 型反映吸附量随浓度直线增加，溶质分子比溶剂分子更容易进入粒子内部，溶质在粒子和溶剂间以一定比例分配。

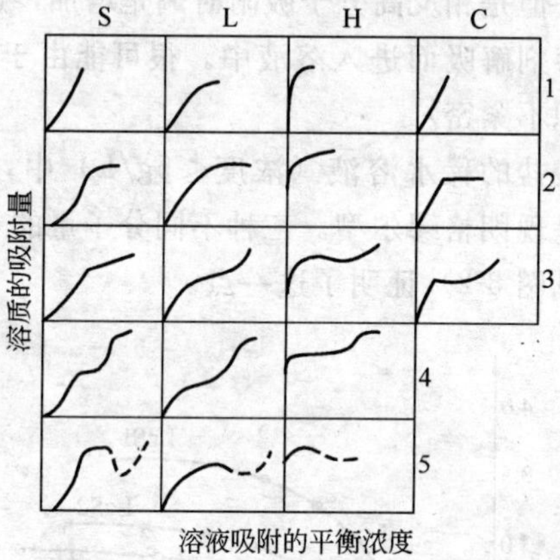

图 3-1　溶液中吸附等温线类型

二、水泥分散剂在水泥上的吸附

作为水泥分散剂的减水剂和高效减水剂，大都是高分子表面活性剂，如木质素磺酸盐、萘磺酸盐甲醛缩合物，三聚氰胺磺酸盐甲醛缩聚物，多环芳烃磺酸盐甲醛缩合物，丁烯二酸苯乙烯共聚物，磺化聚苯乙烯等。它们在水泥上吸附时表现出高分子化合物溶液吸附的特征：

(1) 它们是水溶性的线型高分子化合物，有利于固-液界面吸附，并显著降低其界面张力。

(2) 由于高分子化合物是多分散体（相对分子质量分布宽），故同自多组分体系的吸附相似，吸附时会发生分级效应。通常分子量较低的发生可逆吸附；而分子量较高的产生不可逆吸附。

(3) 吸附达到平衡缓慢，有时要 1～2h，甚至几天。脱附曲线出现滞后现象。固-液界面吸附层的构型复杂，界面层厚度可达几微米。

(4) 高分子化合物的吸附量可随温度升高而提高（也有例外）。因为吸附必是在熵上有利，而不是在能量上有利，所以吸附高分子化合物熵必降。但是相反高分子吸附时熵是增加，这不能简单地解释为被吸附的溶剂解吸而进入溶液中。很可能由于吸附层厚度大，构型复杂（堆积不紧密）。

木质素磺酸盐的稀水溶液（浓度＜5g/L）中，水泥对木质素磺酸盐的吸附呈现朗格缪尔型。三种不同分子量的木质素磺酸盐的吸附等温线（见图 3-2）证明了这一点。

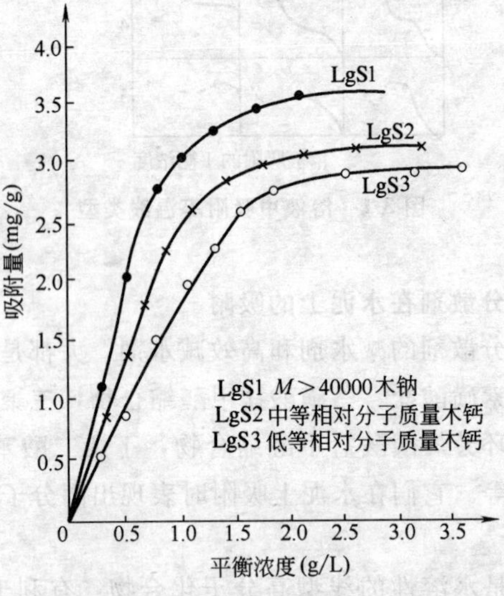

图 3-2 木质素磺酸盐在水泥分散体中的吸附等温线

朗格缪尔型吸附等温线可以用朗格缪尔方程来描述。

$$a = a_{\infty}\frac{Kc}{1+Kc} \tag{3-5}$$

其直线式为：

$$\frac{c}{a} = \frac{1}{a_{\infty}K} + \frac{1}{a_{\infty}}c \tag{3-6}$$

式中 a——吸附量（mg/g）；

a_{∞}——极限吸附量（mg/g）；

c——平衡浓度（g/L）

K——常数，与吸附热有关。

另外根据直线式，用 $c/a \sim c$ 做图得一直线，求出直线的截距和斜率，这样就得到极限吸附量（a_∞）和常数（K）的具体值。通过不同温度下测定的吸附等温线，求出相应的 K 值可计算相关的热力学函数。

$$\Delta G = -RT\ln K \tag{3-7}$$

$$\Delta H = RT^2 \frac{\mathrm{d}\ln K}{\mathrm{d}T} \tag{3-8}$$

$$T\Delta S = \Delta H - \Delta G \tag{3-9}$$

式中　ΔG——自由能变化；

ΔH——热焓变化；

ΔS——熵变；

R——气体常数；

T——绝对温度。

因为常数 K 包含吸附热，计算出 ΔG、ΔH 和 ΔS 的值可以判断吸附类型和被吸附分子在固体粒子表面排列的状况。现将三种减水剂，即木钙、糖钙和萘磺酸盐甲醛缩合物高效减水剂在不同温度条件时的吸附等温线用图 3-3 表示。

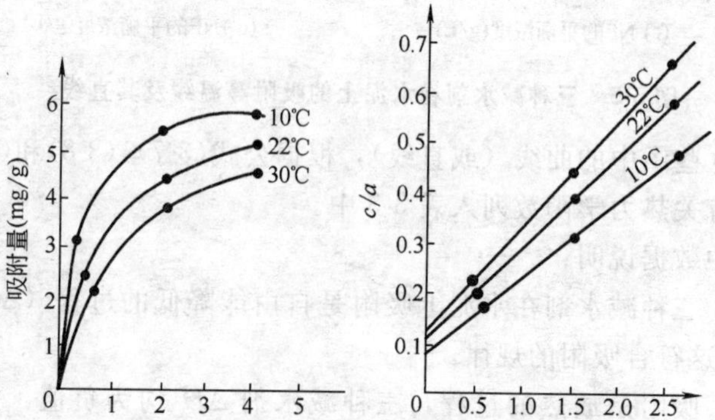

(a) 木钙的平衡浓度(g/L)　　(a′) 木钙的平衡浓度(g/L)

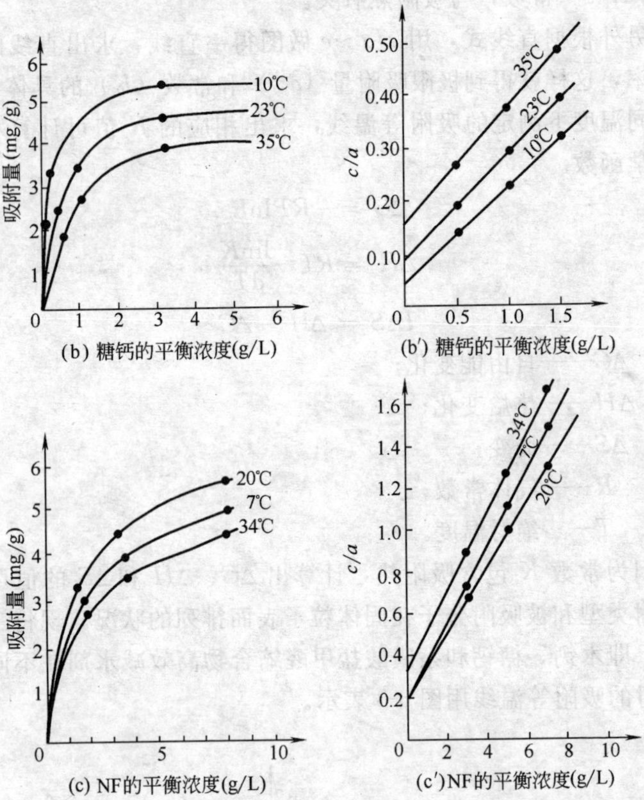

图 3-3　三种减水剂在水泥上的吸附等温线及其直线

由这些图中的曲线（或直线），根据公式(3-7)、(3-8)和(3-9)计算出的有关热力学函数列入表 3-3 中。

表中数据说明：

(1) 三种减水剂在水泥上吸附是自由能降低的过程（ΔG 均为负值），这符合吸附的规律。

(2) 吸附是放热的过程，三种减水剂 ΔH 均为负值，并且随分子量的减小吸附放热量增大，但都在物理吸附放热量之内（≤41.64kJ/mol）。

表 3-3 三种减水剂在水泥上吸附时的 a_∞、K、ΔG、ΔH 和 $T\Delta S$

减水剂种类	温度 (K)	a_∞ (mg/g)	K (L/g)	kJ/mol		
				ΔG	ΔH	$T\Delta S$
木质素磺酸钙（平均相对分子质量15000）	283	6.85	2.00	−24.3	−9.0	+15.3
	295	5.56	1.70	−24.9	−8.9	+16.0
	305	5.00	1.54	−25.5	−10.1	+15.4
糖化钙（相对分子质量454）	283	5.6	4.50	−17.9	−32.6	−14.7
	293	5.0	2.38	−17.1	−33.9	−16.8
	308	4.8	1.40	−16.5	−34.9	−18.4
萘磺酸盐甲醛缩合物（平均相对分子质量1500）	280	5.6	0.95	−16.9	−11.9	+5.6
	293	6.7	0.75	−17.1	−11.8	+5.3
	307	5.3	0.61	−17.9	−11.6	+6.6

（3）表面活性剂在固-液界面吸附时，两亲分子在固体粒子表面取向，形成整齐排列的吸附层，这时熵应减小、ΔS 为负值。相对分子质量低的糖化钙（$C_{12}H_{21}O_{11}\cdot 2CaO$，相对分子质量454）在水泥上吸附，就属这种情况，$T\Delta S$ 为－16kJ/mol 左右，说明糖化钙在水泥粒子上是“立”着紧密排列的（见图 3-5a_2）。相反，两种高分子表面活性剂，即木钙和萘系高效减水剂在水泥粒子上吸附时 $T\Delta S$ 为正值，分别约为＋15.5 和＋5.5kJ/mol，说明它们在水泥粒子表面吸附层构复杂，堆积不紧密，是“躺”着的（见图 3-5b）。

在溶液吸附时，固体粒子表面电性对表面活性剂吸附有较大影响。带正电荷的表面有利于阴离子型表面活性剂吸附；反之有利于阳离子型表面活性剂的吸附。产生这种吸附时，由表面活性剂离子进入吸附层将引起动电电位和扩散层厚度的变化。分散剂在水泥分散体（水泥-水体系）中吸附，与一般的固-液界面吸附相比较，由于水泥发生水化反应，所以更复杂一些。水泥水化初期粒子表面带正电，这是由于加水后铝酸盐矿物

(C_3A)首先发生水化反应，铝酸盐水化物表面带正电。随着水化的进行，硅酸盐矿物(C_3S)开始水化，这样水泥的电性逐渐由正转为负。由于水泥水化初期粒子表面带正电，所以有利于阴离子型表面活性剂的吸附。这也是一般混凝土减水剂为什么是阴离子型表面活性剂的原因。

日本的山中清二和大门正几等研究了芳烃磺酸盐在铝酸盐(C_3A)和水泥上的吸附作用。芳烃磺酸盐采用了苯磺酸钠(BS)、对-乙基苯磺酸钠(P-EBS)、对-十二烷基苯磺酸钠(12N)、对-(1、3、5、7-四甲基)、苯磺酸钠(12T)和高缩合的β-萘磺酸盐甲醛缩合物(HCNS)。实验证明，短链憎水基的表面活性剂(BS、P-EBS)很少或几乎不吸附在C_3A水化产物上(见图3-5a_1)，不能使颗粒“憎水化”，也不能延缓C_3A和水泥的水化反应。具有长链憎水基的12N和12T是典型的表面活性剂，它们在C_3A上吸附达到饱和吸附量时，分子便在颗粒表面垂直紧密排列(图3-5a_2)，这时开始颗粒表面差不多完全被“憎水化”了，使水化反应急剧地受到抑制。如果再增加其浓度，就会在表面上形成胶束(图3-5a_3)，发生双分子吸附。实验还证明，12N和12T等长链表面活性剂与钙离子形成钙盐沉淀，这样它们在固体表面上发生选择性吸附。

β-萘磺酸盐甲醛缩合物(HCNS)具有高分子表面活性剂性质，它的大分子阴离子在C_3A表面上吸附时是平躺在表面上的(图3-5b)。HCNS对初期水化不大延缓，但多电荷大分子阴离子吸附在粒子表面产生强的电场，使固体粒子得到分散。

上述三类芳烃磺酸钠的分子模型见图3-4，它们在水泥和C_3A上的吸附等温线(图3-6)，说明从它们的分子结构来解释吸附作用机理是比较正确的。具有长链憎水基的12N在水泥和C_3A上产生H型吸附(选择吸附)；短链憎水基的P-ENS不产生吸附，仍保留在溶液中；线型高分子表面活性剂HCNS产生朗格缪尔型的单分子层吸附。作者对两种高效减水剂在水泥上的吸附过程进行了研究，也证明萘磺酸盐甲醛缩合物（FDN）和三聚氰胺磺酸盐甲醛缩聚物（SM）在水泥粒子上产生L-型的单分子层吸附，其极限吸附量（a_∞）分别为11mg/g和9.1mg/g，基本符合它们的最佳掺量。

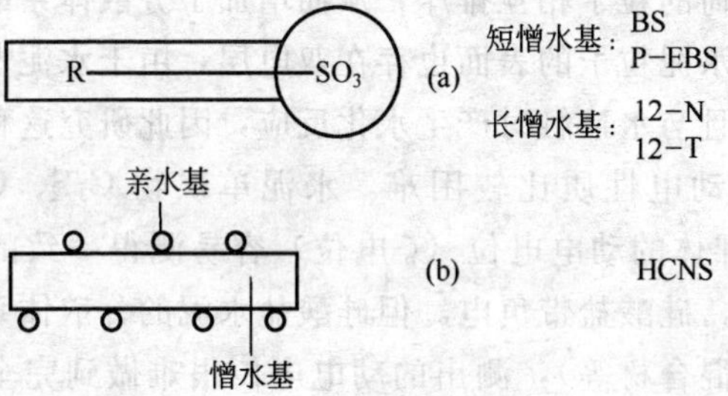

图 3-4 芳烃磺酸盐分子模型

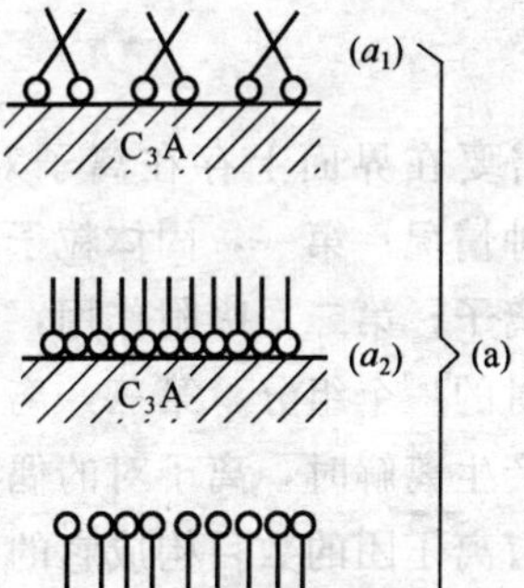

图 3-5 芳烃磺酸盐外加剂在C_3A表面吸附类型图

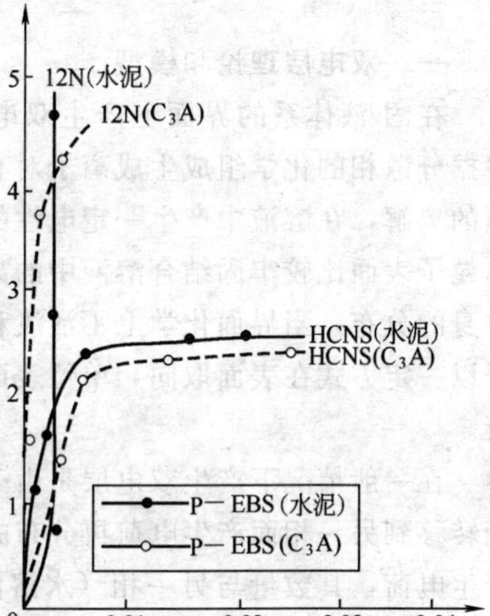

图 3-6 阴离子表面活性剂在水泥和C_3A上的吸附

第三节 水泥分散体系的动电性质

在固液分散体系中，粒子的界面上会产生双电层。双电层的存在使带同电荷的粒子相互排斥，从而增加了分散体系的稳定性。水泥悬浮体中水泥粒子的表面也存在双电层，由于水泥本身的矿物组成复杂，并且与水接触时产生水化反应，因此研究这种复杂的多相分散体系的动电性质比较困难。水泥单矿物 C_3S、C_2S、C_3A 和 C_4AF 的悬浮体的动电电位（ζ-电位）容易测得一致的结果，即铝酸盐带正电，硅酸盐带负电。但硅酸盐水泥的分散体系，由于成分复杂（包括混合材等），测出的动电电位很难做到完全一致。动电电位对水泥浆的流动性、凝结过程是一个重要的影响因素，因此对水泥分散体系电性质的研究比较重要。

一、双电层理论和模型

在固-液体系的界面上产生双电层需要在界面上存在离子对。根据分散相的化学组成生成离子对有三种情况：第一，固体粒子表面的离解，在溶液中产生一定电性的反离子；第二，吸附作用，固体粒子表面比较牢固结合溶液中的离子对的一个组分；第三，离子自身的分布，当界面化学上不活泼和不产生离解时，离子对的偶极子以一定方式在表面取向，单位表面占有离子团的数目构成它的电荷。

在一般情况下产生双电层是由于带电粒子（离子、电子）从一相转移到另一相而产生电荷再分布的结果。这样导致在固相表面上产生电荷，其数量与另一相（水溶液）的电荷相等，但符号相反。结果产生了整个平衡电中性的双电层。

另一种说法是，在固-液界面上产生双电层的机理主要是由于在两相间的界面上存在未补偿体系，即离子从溶液吸附到固体表面上，同时反离子移向溶液中，反过来也是一样。

1879 年赫姆霍兹（Helmholtz）从数学推论了昆克（Quinche）的假说，首先提出了双电层概念。他认为双电层是在固-液界面上形成的，正负离子分别平行地排列在固-液界面上，与平行板电容器相似，两层间的距离约与离子的大小相等。其结构如图 3-7 所示。赫姆霍兹依据平板双电层的概念导出电泳（或电渗）的质点移动速度 u 与单位长度的电位差（电位梯度）E 有以下关系：

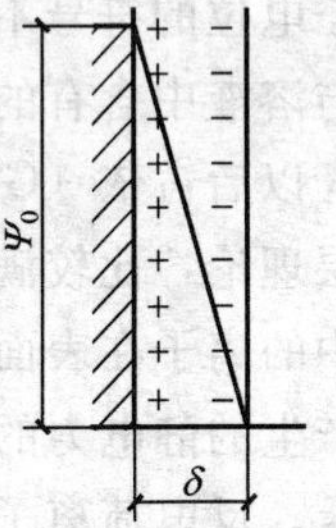

图 3-7　赫姆霍兹平板双电层模型

$$u=\frac{DE\delta}{4\pi\eta}$$

或

$$\zeta=\frac{4\pi\eta u}{DE} \tag{3-10}$$

式中　η——液体的粘度；

D——液体的介电常数；

ζ——双电层电位。

只有在粒子和分散介质做相对移动时才显示出电位，故称动电电位或 ζ-电位。ζ-电位的正负则根据粒子吸附离子的电荷符号来决定，粒子表面吸附正离子则 ζ-电位为正，反之则 ζ-电位为负。

但是，平板双电层理论对有些问题不解释：

（1）液体在管内流动时，紧靠管壁的液层不会流动，只有离管壁较远的流层才能流动，因此用平板双电层的概念解释动电现象不令人满意；

（2）ζ-电位和电极电位有何区别？为何 ζ-电位的绝对值一般小于电极电位绝对值；

（3）电解质为何能影响 ζ-电位大小；

（4）金属浸入任何一种不含金属正离子的液体中必定带负电，

而ζ-电位的符号不但与固相（或分散相）接触的液体种类有关，而且与溶液中含有的过剩离子有关。

以后古依（Gouy）和查普曼（Chapman）研究建立了扩散双电层理论，比较满意地解决了上述几个问题。按照古依的观点，溶液中的离子在表面附近分布受离子的热运动（布朗运动）和固体表面产生的静电力的影响，因此它们是反电荷离子相吸，同电荷离子相斥。反电荷离子（直接处在表面上）过剩量随着从界面到溶液内部的距离增加按古依揭示的定律减小。古依-查普曼的扩散双电层模型（图 3-8）克服了赫姆霍兹模型的缺点，区分了表面电位 Ψ_0 和ζ-电位。在此模型的基础上发展起来的扩散双电层理论成功地解释了ζ-电位的许多实验规律。

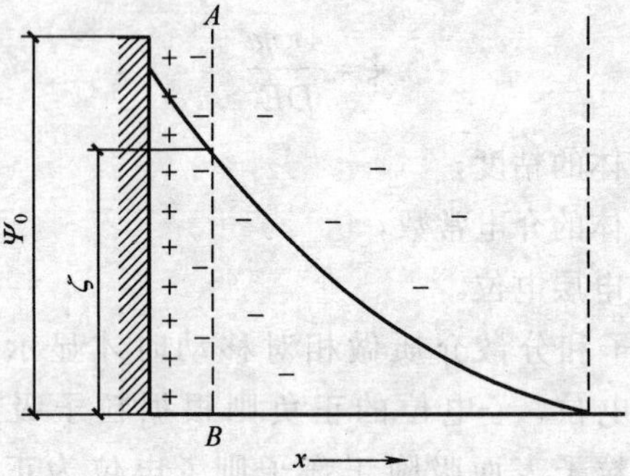

图 3-8　扩散双电层模型

从上述双电层出发，古依-查普曼对扩散双电层内的电荷与电势分布进行了定量处理。其基本假设是：

（1）质点表面是无限大的平面，表面电荷均匀分布；

（2）扩散层内的反离子是服从玻尔兹曼（Boltzmann）分布的点电荷；

（3）溶剂的介电常数到处相同。

为简化计算，还假设溶液中只有一种对称电解质，其正负离子的价数均为 Z。

根据扩散双电层理论，在扩散层内反离子与同号离子的浓度不同，反离子的浓度大于同号离子的浓度，其情形如图 3-9 所示。质点的表面电势越高，距表面越近，这种差别就越明显。由此可知，质点周围的离子氛主要由反离子构成，影响双电层性质的主要是反离子。

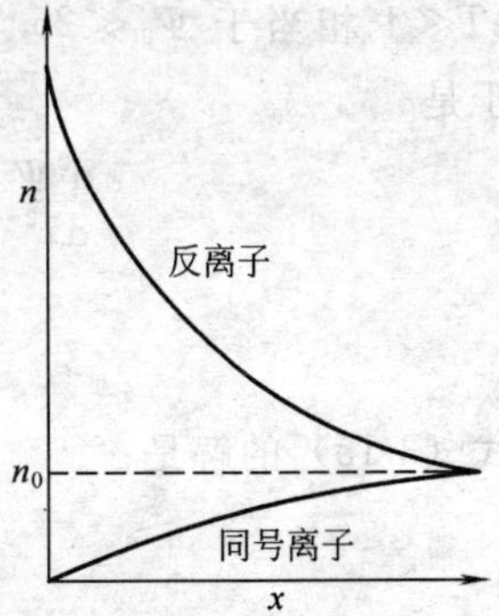

图 3-9　扩散层中的离子分布

在扩散层内任一点的电荷密度为：

$$\rho = Ze(n_+ - n_-)$$
$$= -2n_0 Ze \cdot \sinh(Ze\Psi/kT) \quad (3\text{-}11)$$

式中 ρ——电荷密度；

Z——离子价数；

e——元电荷；

Ψ——溶液中距表面 x 处的电位；

k——波尔兹曼常数；

T——温度；

n_0——浓度。

扩散双电层内的电势分布。根据波松（Poison）公式，空间电场中电荷密度与电势 Ψ 之间有以下关系：

$$\nabla^2 \Psi = -\frac{\rho}{\varepsilon} \quad (3\text{-}12)$$

式中 ε 为介质的介电常数；∇^2 是拉普拉斯算符，代表 $\partial^2/\partial x^2 + \partial^2/\partial y^2 + \partial^2/\partial z^2$。对于平板质点，$\nabla^2\Psi = \mathrm{d}^2\Psi/\mathrm{d}x^2$，于是：

$$\frac{\mathrm{d}^2\Psi}{\mathrm{d}x^2} = -\frac{\rho}{\varepsilon} \quad (3\text{-}13)$$

将式（3-11）的结果代入式（3-13），得到：

$$\frac{\mathrm{d}^2\Psi}{\mathrm{d}x^2} = \frac{2n_0 Ze}{\varepsilon} \cdot \sinh(Ze\Psi/kT) \quad (3\text{-}14)$$

此式是二阶微分方程，不易求解。但若表面电势很低，$Z\Psi_0/$

$kT \ll 1$ 相当于 $\Psi_0 \ll 25.7\text{mV}$，此时 $\sinh(Ze\Psi/kT) = Ze\Psi/kT$，于是

$$\frac{d^2\Psi}{dx^2} = \frac{2n_0 Z^2 e^2}{\varepsilon kT} \cdot \Psi = \kappa^2 \Psi$$

$$\kappa = \left(\frac{2n_0 Z^2 e^2}{\varepsilon kT}\right)^{\frac{1}{2}} \tag{3-15}$$

式（3-15）的解是：

$$\Psi = \Psi_0 \cdot \frac{a}{r} e^{-kx} \tag{3-16a}$$

对于球形质点，相应的表达式为：

$$\Psi = \Psi_0 \cdot \frac{a}{r} e^{-k(r-a)} \tag{3-16b}$$

式中 a——质点半径；

r——距球心的距离。

式（3-16a）是个很重要的结果。它表明，扩散层内的电势随离表面的距离按指数下降，下降的程度由 κ 的大小决定。κ 是一个很重要的物理参数，其倒数 κ^{-1} 相当于双电层的等效平板电容器的板距。因此常将 κ^{-1} 称为双电层的厚度。

由 κ 的定义知道，电解质浓度或价数增加，使 κ 增大，双电层变薄。结果使电势随距离下降更快，ζ-电位降低。此情形如图 3-10 所示。电动现象实验中常常观察到的 ζ-电位随电解质浓度与价数的增加而减小，也可由此得到解释。

式（3-16a）是在 Ψ_0 很低的前提得出的结果。对于 Ψ_0 不是很低的一般情形，必须从式（3-14）出发求解。其结果是：

$$\gamma = \gamma_0 e^{-kx} \tag{3-17}$$

此式中 γ 和 γ_0 分别是 Ψ 与 Ψ_0 的复杂函数：

$$\gamma = \frac{\exp(Ze\Psi/2kT) - 1}{\exp(Ze\Psi/2kT) + 1}; \gamma = \frac{\exp(Ze\Psi_0/2kT) - 1}{\exp(Ze\Psi_0/2kT) + 1} \tag{3-18}$$

由式（3-16a）不易直接看出 Ψ 与 Ψ_0 之间的关系，但在几种特定条件下，此关系变得相当简单：

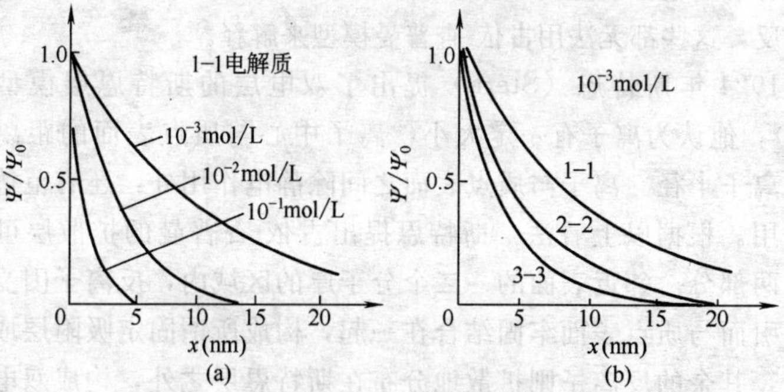

图 3-10　离子浓度（a）与价数(b)对双电层 Ψ-x 关系的影响

（1）若 Ψ_0 很小，则 exp（$Ze\Psi_0/kT$）$\approx 1 + Ze\Psi_0/2kT$，$\gamma_0 \approx Ze\Psi/4kT$。同理 $\gamma \approx Ze\Psi/4kT$，于是式（3-17）转化为式（3-16a）。实际上，只要 Ψ_0 不是很高，式（3-16a），尤其是式（3-16b）的近似程度相当好。

（2）Ψ_0 不很小，但在距表面较远处（$kx>1$），Ψ 必很小，因此，式（3-17）中的 γ 可以用 $Ze\Psi/4kT$ 近似代替。于是：

$$\Psi = \frac{4kT}{Ze}\gamma_0 e^{-kx} \tag{3-19}$$

此式表明，不管表面电势 Ψ_0 多大，在双电层的外缘部分，Ψ 总是随离表面的距离增加而使指数下降。

（3）若 Ψ_0 很高，$Ze\Psi_0/2kT \gg 1$，则 $\gamma_0 \doteq 1$，式（3-19）进一步简化成：

$$\Psi = \frac{4kT}{Ze}e^{-kx} \tag{3-20}$$

远离表面处的电势不再与 Ψ_0 有关。

古依-查普曼的理论对稀溶液的扩散双电层的场合是正确的。但在高电位和大浓度的电解质溶液的场合不能应用。这个理论的主要缺点是把离子看成不考虑体积和吸附性的点电荷，显然区分了 ζ-电位和表面电位，但并未给出 ζ-电位的明确的物理意义。在实验中发现，有时 ζ-电位会随离子浓度增加而增加，有时会变得与原来的符号相反，这些都无法用古依-查普曼模型来解释。

1924 年斯特恩（Stern）提出了双电层的斯特恩层模型（图 3-11）。他认为离子有一定大小，离子中心与质点表面的距离不能小于离子半径。离子与质点表面之间除静电作用外，还有范德华引力作用。根据以上看法，斯特恩提出古依-查普曼的扩散层可以再分成两部分。邻近表面的一二个分子厚的区域内，反离子因受到强烈吸引而与质点表面牢固结合在一起，构成所谓固定吸附层或斯特恩层，其余的反离子则扩散地分布在斯特恩层之外，构成双电层的扩散部分。在斯特恩层内，反离子的电性中心构成所谓斯特恩平面，斯特恩层内电势变化情形与赫姆霍兹平板模型中相似，由表面处的 Ψ_δ 直线下降到斯特恩平面 Ψ_δ，Ψ_δ 称斯特恩电势。在扩散层中电势由 Ψ_δ 降至零，其变化规律服从古依-查普曼理论，只需用 Ψ_0 代替 Ψ_δ。由以上的说明可知，斯特恩模型实际上是赫姆霍兹模型与古依-查普曼模型的结合（图 3-11）。

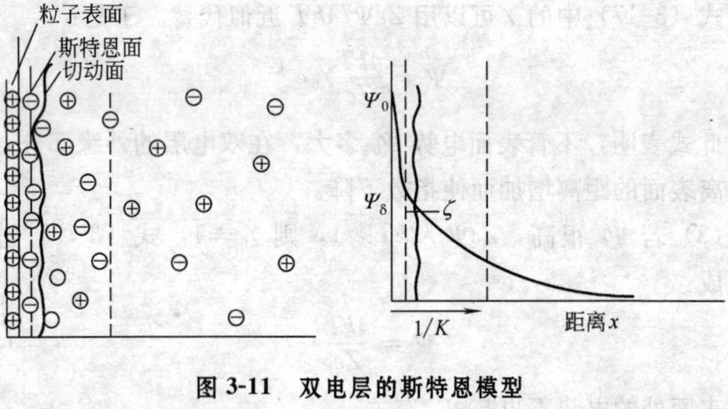

图 3-11 双电层的斯特恩模型

从斯特恩模型知道，除了斯特恩层内的离子外，还有一定数量的溶剂分子也与质点表面紧密结合，在电动现象中作为一个整体运动。因此，切动面的准确位置虽然不知道，但可以认为切动面略比斯特恩平面靠外，ζ-电位也因此比 Ψ_δ 略低（见图 3-12）。只要离子浓度不是很高，一般情况下可以认为二者相等，而不致引起大的误差。Ψ_δ 是斯特恩平面与溶液内部的电位差，某些高价反离子或大的反离子（如表面活性离子），由于高的吸附量而大量进入固定吸附层，可能使斯特恩电势反号。同理，同号大离子因强裂的范德华引力可能克服静电斥力而进入斯特恩层，从而使斯特恩电势高于表面电势（见图 3-12）。

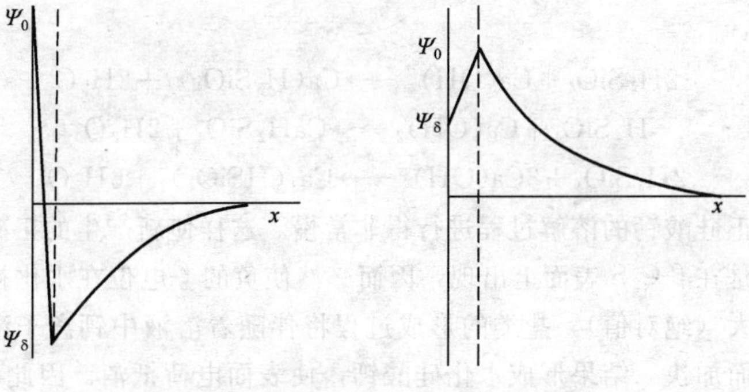

(a) 高价或大的反离子使ζ－电位反号　　(b) 同号大离子的吸附

图 3-12　表面电势图

二、水泥熟料单矿物水化时双电层形成过程

1. 硅酸二钙（C_2S）

表面热力学比较稳定的 Ca_2SiO_4 分子（$\Delta H_{2980}=2194$ kJ/mol）与水接触时开始缓慢水化，形成离解度低的正硅酸和氢氧化钙：

$$Ca_2SiO_4+4H_2O \longrightarrow H_4SiO_4+2Ca(OH)_2 \qquad (1)$$

此时，酸分子部分遗留在熟料粒子表面，其余的转移入溶液中。在溶液中所形成的羟基离子（HO^-）加速了正硅酸的离解，结果在粒子表面留下复合的硅酸阴离子，就使其有负电荷，而氢离子成为双电层的外层。水化刚开始时，Ca_2SiO_4 的胶团结构是与 SiO_2 相类似的。可用下式表示：

$$\left\{[Ca_2SiO_4]_m nSiO_4^{4-}\cdot 4(n-x)H^+\right\}^{4x^-}_{4xH^+}$$

与正硅酸钙水解的同时，非常不稳定的正硅酸进行聚合，形成也带负电荷的新相。

$$nH_4SiO_4 \rightleftharpoons (SiO_2)_n(OH)_m + \frac{4n-m}{2}H_2O \quad (2)$$

Ca^{2+}半径比H^+大，电价也高，所以随着其浓度的增大，由于离子交换作用将氢离子排挤出扩散层和吸附层，形成水化硅酸钙，而使ζ-电位降低。这些盐类的形成过程可综合地用下列反应表示：

$$2H_4SiO_4 + Ca(OH)_2 \longrightarrow Ca(H_3SiO_4)_2 + 2H_2O \quad (3)$$

$$H_4SiO_4 + Ca(OH)_2 \longrightarrow CaH_2SiO_4 + 2H_2O \quad (4)$$

$$2H_4SiO_4 + 3Ca(OH)_2 \longrightarrow Ca_3(HSiO_4)_2 + 6H_2O \quad (5)$$

正硅酸钙的溶解过程进行得非常慢。这样使新产生的正硅酸分子总是在β-C_2S表面上出现，因而必然使负的ζ-电位在水化初期不断增大（绝对值）。盐类的形成过程将伴随着溶液中钙离子浓度的增高而加快，结果形成水化硅酸钙，使表面电荷抵消。因此，ζ-电位减小（绝对值）。

2. 硅酸三钙（C_3S）

在碱式正硅酸钙C_3S表面上的水化方式和动电性质则有所不同。$Ca_2SiO_4 \cdot CaO$属于有规律的、相互交替的层状结构，这种结构由两个独立的空间单元组成，其中一个单元是由钙离子隔开的硅氧四面体，另一个则为氧化钙间隔层。

当与水接触时，首先应该是为硅酸三钙主要成分的CaO最易发生的水化反应：

$$Ca_2SiO_4 \cdot CaO + H_2O \longrightarrow Ca_2SiO_4 + Ca(OH)_2 \quad (6)$$

此时就暴露出正硅酸盐这个组分，其电价由于与CaO层脱开而处于不平衡状态。在这样的条件下，由C_3S析出的CaO进入溶液，从而形成活化中心，即按上述反应式（1）的机理迅速与水反应。表面上的负电荷在短时间内很快达到最大值，并开始按反应式(3)、(4)和（5）进行盐类形成过程。

3. 铝酸三钙（C_3A）

C_3A 的结构是由多聚铝氧链（—O—Al—O—Al—O—Al—）所组成的，而铝氧链又为固定于链间的钙离子和氧离子所隔开。同时，与硅酸三钙的水化情况相同，“多余”的 CaO 分子与水相互作用非常活泼，进入溶液，从而暴露出偏铝酸盐结构。即：

$$Ca(AlO_2)\cdot 2CaO+2H_2O \longrightarrow Ca(AlO_2)_2+2Ca(OH)_2 \quad (7)$$

上述水化反应随着不稳定化合物 $Ca(AlO_2)_2\cdot 10H_2O$ 的形成而加快。该不稳定化合物可以看作具有下列结构的络合物：

$$Ca(AlO_2)+10H_2O \longrightarrow [Ca(H_2O)_2]^{2+}[Al(OH)_4(H_2O)_2]_2^- \quad (8)$$

$[Al(OH)_4(H_2O)_2]^-$ 离子根据其尺寸和结构是与稳定的六方水化铝酸钙 $Ca_3[Al(OH)_6]$（C_3AH_6）中的 $[Al(OH)_6]^{3-}$ 离子相近似的。因此，钙离子可以在 $[Al(OH)_4(H_2O)_2]^-$ 离子的周围，以类似于 $Ca_3[Al(OH)_6]_2$ 结构的型式进行配位。同时，正因为这个缘故，未水化的 C_3A 表面具有过剩的正电荷。

随着羟基离子浓度的增长，羟基就可以依下列过程，将铝酸盐配位体内的水分子置换出来：

$$[Al(OH)_4(H_2O)_2]^- +OH^- \rightleftharpoons [Al(OH)_5(H_2O)]^{2-}+H_2O \quad (9)$$

$$[Al(OH)_5(H_2O)]^{2-} +OH^- \rightleftharpoons [Al(OH)_6]^{3-}+H_2O \quad (10)$$

配位钙离子所产生的正电荷被抵消，ζ-电位值相应减小。

在研究水泥凝胶体硬化过程中的ζ-电位值和符号变化时，采用水泥熟料单矿物 C_3A、C_4AF、C_3S 和 C_2S，结果证明 C_3S 和 C_2S 水化时产生的水化硅酸钙具有负电荷（ζ-电位为负值），而 C_3A 和 C_4AF 水化产物是带正电荷的水化铝酸盐（ζ-电位为正值）。水化铝酸盐具有比以胶体分散形式生成的托勃莫来石类的水化硅酸盐小得多的ζ-电位绝对值（见图 3-13a）。

氧化物表面之间的主要差别是它们的酸碱性，而这种酸碱性又依赖于金属-氧（M-O）键的离解特性。Al_2O_3 具有碱性表面，并且在吸附表面的某些位置析出 OH^- 离子，因此可能带正电荷。SiO_2 酸性表面特性较大，可能带负电荷，但是溶液的 pH 值较高时，表面是阴离子；反之 pH 值较低时，表面是阳离子。所以表面的 OH^- 和 H^+ 离子决定了表面的动电电位，它们称为决定电位离子。对于硅酸盐，Ca^{2+} 离子起决定电位离子的作用。当表面电位等于零时的 pH 值或离子浓度称等电点（ZPC）。表 3-4 中列出了晶体结构和 CaO/SiO_2 比值不同的硅酸盐的 ZPC 值。图 3-14 列举了 Ca^{2+} 离子的浓度对 α-$CaSiO_3$ 的 ζ-电位的影响，$CaCl_2$ 的浓度 1.4×10^{-3}mol/L 时为等电点。大于此浓度时 α-$CaSiO_3$ 的 ζ-电位为正值；小于此浓度则为负值。ZPC 值是随结晶结构或表面不规则状态而有所不同，但对 NaOH 浓度的变化是一定的。表面电荷也是固体表面水化膜厚度的大体标准，表面电荷大，悬浮体的分散度高。此外，在等电点时，凝聚体材料获得最大的显微硬度（见图 3-15）。

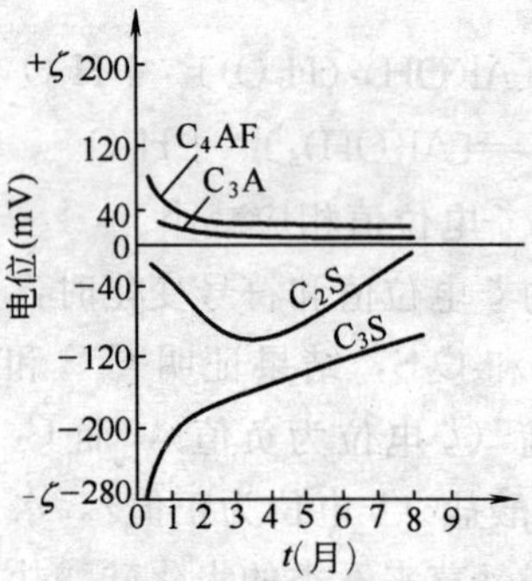

(a) 熟料单矿物的ζ-电位动力学曲线

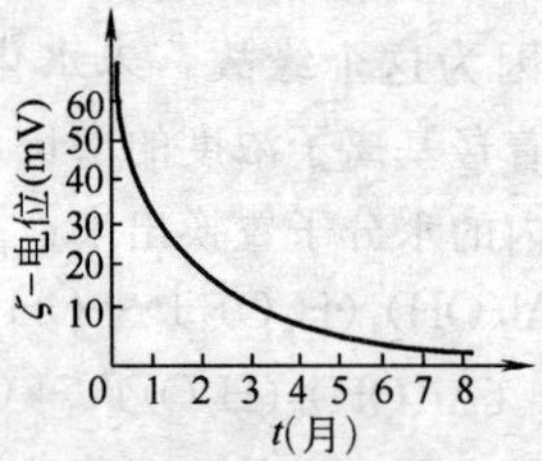

(b) 相变对ζ-电位变化的影响

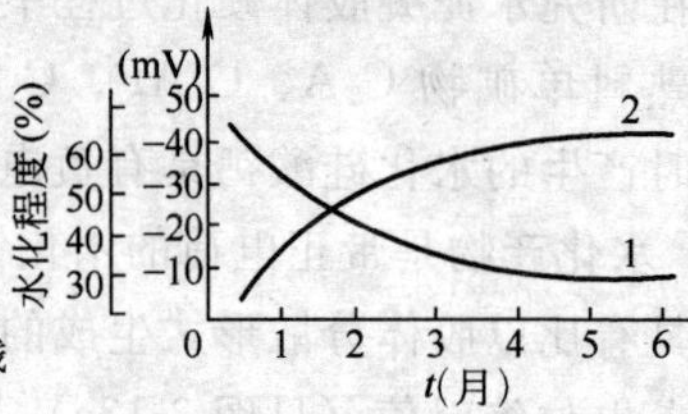

(c) 水泥在ζ'-电位与水化时间的关系

图 3-13 水泥凝胶体硬化过程中 ζ-电位值和符号的变化

曲线 1—ζ-电位变化；曲线 2—水化程度变化；ζ'—动电电位总的效果

表 3-4　硅酸盐和水化硅酸盐等电点浓度

试　样	Ca^{2+}浓度（ZPC）(mol/L)
α-$CaSiO_3$	$1.3 \sim 1.9 \times 10^{-3}$
α-$CaSiO_3$ *	3.1×10^{-3}
β-$CaSiO_3$	2.5×10^{-3}
$CaSiO_3$（玻璃）	3.3×10^{-3}
α-$Ca_3Si_2O_7$	1.3×10^{-3}
γ-Ca_2SiO_4	1.8×10^{-3}
硬硅钙石 $Ca_6Si_6O_{18}(OH)_2$	4.3×10^{-3}
托勃莫来石 $Ca_5Si_6(OH)_2 \cdot 4H_2O$	4.4×10^{-3}

注：* 球磨机粉磨在 0.1NNaOH 溶液中（N 为当量浓度）。

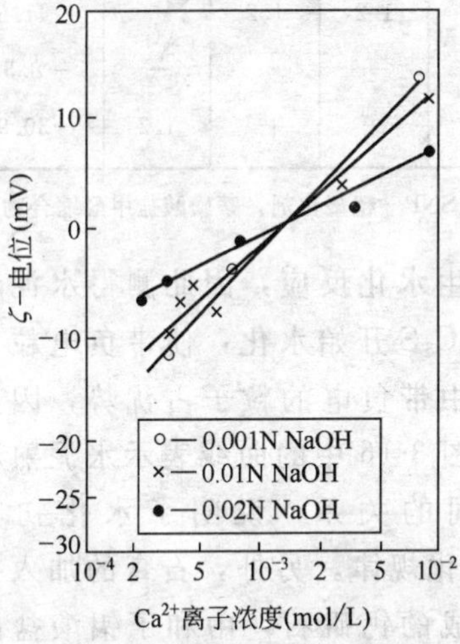

图 3-14　α-$CaSiO_3$ 的动电性能

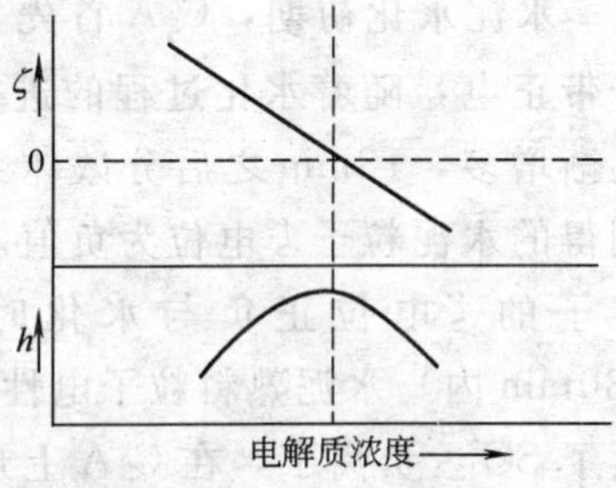

图 3-15　显微硬度 h 与 ζ-电位的关系

三、水泥分散体系的动电电位以及外加剂的影响

水泥的主要矿物成分是 C_3S、C_2S、C_3A 和 C_4AF，其中硅酸盐矿物的粒子在水分散体系中带负电，而铝酸盐粒子带正电。石膏是作为调凝剂在熟料粉磨时加入的，无论是单矿物，还是水泥熟料

加入石膏后会使ζ-电位值变得更负一些。例如石膏使 C_3A 的ζ-电位从+37.4mV 变成−8.5mV（见表 3-5）。水泥凝聚体的ζ-电位的大小和符号，取决于水泥的矿物组成，并且水泥ζ-电位是随水化进行时间而变化的动力学过程。在一定条件下，水化产物覆盖在熟料粒子的表面，使水化速度减慢，ζ-电位逐渐降低（绝对值），6 个月之后ζ-电位可趋于零（见图 3-13c）。

表 3-5　塑化剂对 C_3A-水分散体ζ-电位的影响

拌合物	Ca（OH)₂ 饱和水溶液（g）	C_3A（g）	二水石膏（g）	NC（g）	LgS（g）	SNP（g）	ζ-电位（mV）
A	100	10	—	—	—	—	+37.4
B	100	10	—	1.2	1.2	—	−41.5
C	100	10	2	—	—	—	−8.5
D	100	10	2	—	—	1.2	−30.9

注：NC—碳酸盐，LgS—木质素磺酸钠，SNP—超塑化剂，萘磺酸盐甲醛缩合物。

水泥水化初期，C_3A 首先发生水化反应，因此测得水泥粒子带正电，随着水化过程的进行 C_3S 开始水化，使带负电粒子逐渐增多，18min 之后分散体系中带负电的粒子占优势，因此测得的水泥粒子ζ-电位为负值。图 3-16 中的曲线表示水泥熟料粒子的ζ-电位正负与水化时间的关系，说明了水化初期（30min 内）水泥熟料粒子电性变化规律。另外，石膏的加入提供了 SO_4^{2-} 负离子，在 C_3A 上形成的钙矾石，中和了铝酸盐的正电性，因此加快了熟料粒子正负电性比例的转变速率，水化 10min 后负电粒子占优势，25min 后分散体系中几乎全部是带负电的粒子。

图 3-17 中曲线 1 是水泥熟料粒子在水分散体系中的ζ-电位的变化过程，从加水开始到水化 18min，ζ-电位从+8mV 降到零，以后从零降到−10mV（30min）。这反映了熟料粒子水化初期随着水

化进行，ζ-电位从正值变为负值的全过程。曲线 3 是在饱和 $Ca(OH)_2$溶液中，熟料粒子的动电电位变化的动力学曲线，由于 Ca^{2+}离子浓度大大超过 ZPC（等电点）值，所以 ζ-电位的变化在正值的范围，并且随着水化时间的增长，ζ-电位逐渐增大。曲线 2 是 $Ca(OH)_2$ 饱和溶液中同时加有石膏和熟料。这时，虽然 ζ-电位也在正值的范围，但比曲线 3 低，并且随着水化进行 ζ-电位逐渐降低。

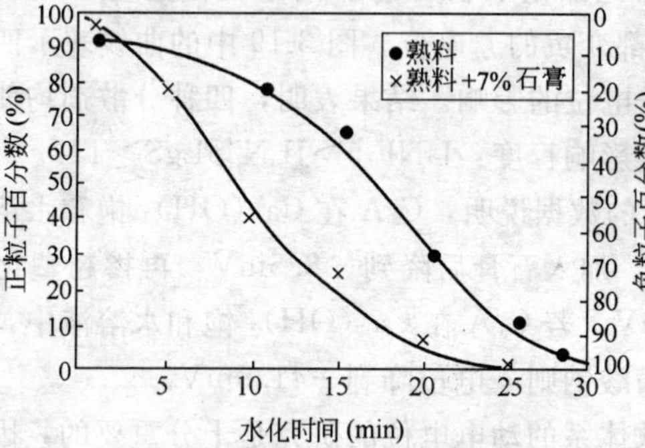

图 3-16 熟料粒子的 ζ-电位正负性和初期水化时间的关系（*W*/*C*=800，22℃）

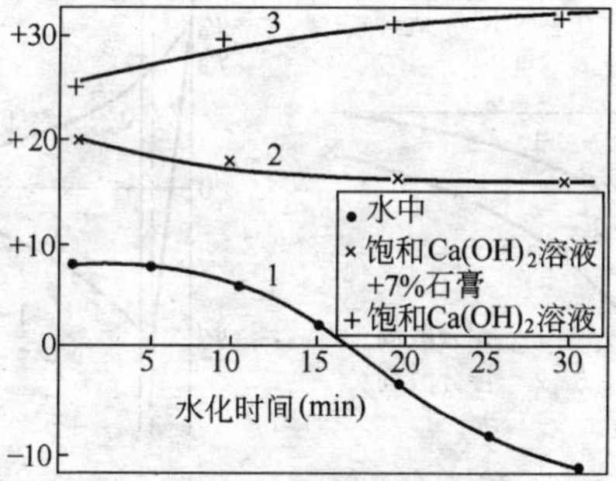

图 3-17 水泥熟料粒子在水和 $Ca(OH)_2$ 饱和溶液中 ζ-电位平均值（*W*/*C*=800，21.5℃）

在固液分散体系中加入阴离子型高分子表面活性剂时，由带多电荷的大分子阴离子强烈吸附在固体粒子表面，进入双电层的紧密层（斯特恩层），起到决定电位离子的作用，因此ζ-电位皆降低为负值。图 3-18 中的曲线表示，掺分散剂（即超塑剂）前后水泥熟料单矿物硅酸盐（C_3S）和铝酸盐（C_3A）在水分散体系中ζ-电位的变化。由于超塑剂在水中离解成带多电荷的阴离子和金属阳离子（Na^+离子），并且大分子阴离子吸附在矿物粒子上产生朗格缪尔型的吸附层，因此无论矿物粒的表面电位是正值（C_3A）还是负值（C_3S），最终都变负的ζ-电位。图 3-19 中的曲线表示四种分散剂的掺量对熟料ζ-电位的影响。结果表明，四种分散剂均使熟料ζ-电位绝对值提高，影响程度：UNF-5＞JLN＞LgS＞TM。

表 3-5 中的数据说明，C_3A 在 Ca（OH）$_2$ 饱和水溶液中ζ-电位为＋37.4mV，加入石膏后降到－8.5mV，再掺超塑化剂进一步降低到－30.9mV。若 C_3A 在 Ca（OH）$_2$ 饱和水溶液中，同时掺碳酸盐和木质素磺酸钠则ζ-电位降到－41.5mV。

水泥分散体系的动电电位的研究是十分重要的，因为它影响分散体系的稳定性、流变性以及水泥的凝结和硬化过程。而通过外加剂可以改变水泥分散体系的动电电位，从而改变上述性能。

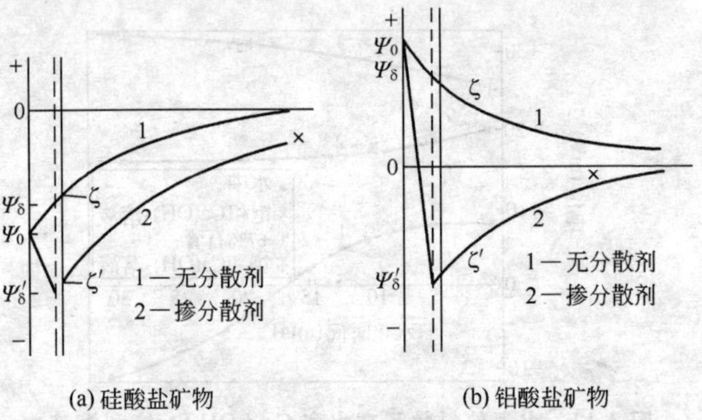

图 3-18　分散剂对硅酸盐矿物和铝酸盐矿物 ζ-电位的影响

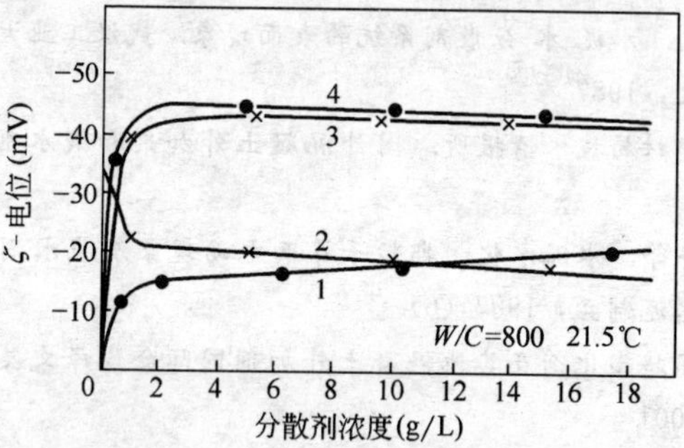

图 3-19　分散剂掺量对水泥熟料 ζ-电位的影响

曲线 1—糖化钙（TM）；曲线 2—木质素磺酸钙（LgS）；

曲线 3—焦磷酸钠（JLN）；曲线 4—萘磺酸盐甲醛缩合物（UNF-5）

参考文献

1. ［美］P. 贝歇尔著. 乳状液理论与实践. 科学出版社，1978

2. 伊·恩·阿赫维也多夫. 混凝土的物理基础. 1981

3. 孙天文. 水泥表面吸附水层厚度的研究. 武汉工业大学学报，1989（4）：437

4. C. H. Giles etal. J. Chem. Soc. Part. 1960. Vol：3973

5. 杨硕. 不同分子量木质素磺酸盐减水剂的性能研究. 武汉工业大学北京研究生部硕士学位论文，1988

6. 物理化学. 第六章化学平衡. 人民教育出版社，1961

7. 关于水泥化学的若干问题. ［日］大门正几在武汉建材院讲学资料（一），（二），1982

8. 陈建奎，谢松亮. 高效减水剂对水泥悬浮体分散机理探讨. 冶金建筑，1981（七）：9～13

9. 周祖康等. 胶体化学. 北京大学出版社，（1987）：240～251

10. 第六届国际水泥化学会议论文集（中译本）. 中国建筑工业出版社，

1980

11. 孙天文. 水泥-水-分散剂系统的表面现象. 武汉工业大学北京研究生部硕士学位论文，1987

12. 国家建材局技术情报所. 国外混凝土外加剂和减水剂. 1977：42～48

13. 吴中伟等. 水泥水化初期粒子界面电动现象及减水剂后掺作用的研究. 混凝土与水泥制品，1987（6）

14. 第六届超塑化剂及其他混凝土外加剂国际会议译文集. 中国混凝土外加剂协会，2001

第四章　分散剂对水泥分散体系性质的影响

第一节　水泥分散剂的分散作用

水泥分散体系中掺入分散剂(减水剂、超塑化剂、引气剂等表面活性剂),由于其分散作用使水泥分散体获得好的流动性和稳定性。

一、分散作用的热力学原理

在固-液分散体系中，分散过程体系自由能的变化 ΔG 为：

$$\Delta G = \sigma \Delta A - T \Delta S \tag{4-1}$$

式中 ΔA——粒子表面积的增量；

ΔS——体系的熵变；

σ——固-液界面张力；

T——温度。

固体粒子分散时，粒子的比表面积增加使体系的自由能增加。要获得相对稳定性，必须降低分散体系的自由能。因此，根据式(4-1)必须用表面活性剂降低固-液界面张力。

当 N_1 克分子固体物质分散在 N_2 克分子液体中时，其混合熵变 ΔS 为：

$$\Delta S = -kN_A(N_1+N_2)\left(\frac{N_1}{N_1+N_2}\ln\frac{N_1}{N_1+N_2} + \frac{N_2}{N_1+N_2}\ln\frac{N_2}{N_1+N_2}\right) \tag{4-2a}$$

当 $N_1 \ll N_2$（浓度低）时，式(4-2a)变为：

$$\Delta S = kN_A N_1 \ln\frac{N_2}{N_1} \tag{4-2b}$$

式中 N_A——阿佛加德洛常数；

k——玻尔兹曼常数；

$N_A N_1 = n$——固体粒子数目。

对数项取决于固相与液相的相对数量，若为 10～15 时，则式（4-2b）变为：

$$\Delta S \approx (10 \sim 15)nk \tag{4-3}$$

体系自由能的变化为：

$$\Delta G = n\sigma\delta_m^2 - n(10 \sim 15)kT \tag{4-4}$$

若要得到稳定的胶体体系，$\Delta G \leqslant 0$，则：

$$n\sigma\delta_m^2 \leqslant n(10 \sim 15)kT$$

$$\sigma \leqslant (10 \sim 15)kT/\delta_m^2 \tag{4-5}$$

常温下得到：

$$\sigma \leqslant 0.5 \times 10^{-12}/\delta_m^2 \quad (mJ/m^2)$$

因此，为了保证固体分散成粒径 $\delta_m = 10^{-6}$ cm 的粒子的过程在热力学上有利，固-液界面张力 σ 应小于 0.1mJ/m²。

式（4-5）是分散体系稳定的必要条件，但不是充分条件。实际上在粒子非常小，即 δ_m 接近分子尺寸时，在 $\Delta G \sim \delta_m$ 曲线（图 4-1）上所存在的变化要考虑胶粒和处于真溶液状态的物质之间的平衡，以及粒子表面电荷的存在。

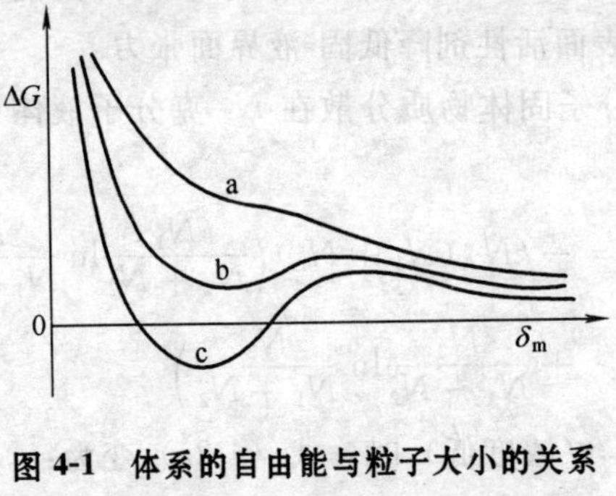

图 4-1 体系的自由能与粒子大小的关系

注：当粒子直径小时，其表面积可近似为粒子直径的平方 δ_m^2，因此 n 个粒子总表面积 $\Delta A = n\delta_m^2$。

由图 4-1 中的随着 δ_m 减小，ΔG 不断增长。可能 ΔG 始终没有最小值，在此情况下胶体状态不存在（曲线 a）。另一种情况，尽管不满足 $\Delta G=0$ 的条件，但曲线上有最小值 $\Delta G=\Delta G$（δ_m）是正值，这样存在亚稳态胶体（曲线 b）。仅在满足 $\Delta G=0$ 条件时，δ_m 再小一点，应有负的最小值，此时为稳定的胶体状态（曲线 c）。

从以上分散过程的热力学分析，可以认为降低固-液界面张力对提高分散体系的稳定性是必要条件。水泥分散剂对水泥的分散作用只是这种不稳定的体系获得相对稳定性，阻止水泥水化初期形成凝结构而得到分散。作为水泥分散剂大都是固-液界面活性大的活性剂，如木质素磺酸盐、萘磺酸盐甲醛缩聚物、三聚氰胺磷酸盐甲醛缩聚物等。它们都能吸附在水泥粒子表面，降低固-液界面张力，改善水泥粒子表面的润湿性（指亲水性表面活性剂）。目前对固-液界面张力还不能直接测定，但是吸附前后固-液界面张力的变化是可以计算得到的。

二、水泥分散剂的分散作用

水泥与水接触立即发生水化反应。机械搅拌过程能使水泥分散成碎片。但水泥分散体是极不稳定的体系，特别是小粒径的粒子更容易成絮凝（或凝聚）状态。水泥分散度越大，本身的持水量就越大，这是因为一部分游离水被包裹在絮凝水泥粒子团中间。实验证明，水泥的极限持水量取决于水泥的物理和物理化学性质、水泥的矿物组成和水泥的分散度，它能在很大范围内变化。

水泥分散剂能够提高水泥凝聚体的分散度，改变结合水、吸附水和游离水的比例，提高游离水量，从而提高水泥浆的流动性和稳定性。水泥分散剂的主要作用机理如下：

（1）在固-液界面产生吸附，降低表面能，使水泥分散体的热力学不稳定性降低，获得相对稳定性；

（2）增大水泥粒子表面的动电电位（ζ-电位），增大水泥粒子之间的静电斥力，从而破坏水泥粒子的絮凝（或凝聚）结构使水泥粒子分散；

（3）吸附在粒子的表面形成溶剂化（或水化）膜阻止凝聚结构的形成，产生空间保护作用；

（4）由于在水泥粒子表面形成吸附层，产生对水泥初期水化的抑制作用，从而提高游离水量，提高水泥浆的流动性；

（5）引入稳定均匀的微小气泡，减小水泥粒子之间的摩擦，从而提高水泥浆的分散性和稳定性；

（6）掺入固体粉末（如粉煤灰、矿渣、硅藻土等）吸附在水泥粒子表面，改变表面电位，产生稳定作用。

水泥分散体系是固-液分散体系，同时伴随着水泥水化过程和相变过程，上述的分散作用因素都是随水化过程的进行处在变动状态。分散体系的分散和凝聚处在相对的矛盾之中。水泥水化的初期（几十分钟或1～2h）要求分散体系具有相对的分散稳定性，而后又期望较快的凝结和硬化，获得高的水泥石强度。这样就要求外加剂具有强的分散作用，而又不能过于阻碍水泥水化，给水泥石的物理力学性质带来不利的影响。因此，对水泥分散剂的分子结构和掺量有一定要求。

水泥分散体系的分散度可以用沉降分析法、过滤法、测定粘度等方法测定。用沉降分析法可以观测分散体系粒子的沉降速度，沉降愈慢，分散度愈高。同时，测得的沉降曲线可以计算粒子大小的分布曲线、平均粒径和比表面积。实际的分散体系，如水泥分散体系还有表示分散度的简便方法，如粘度和稠度、扩散度和流动度、坍落度和工作度等。这些量虽然不直接或不完全表示分散度，但都是与分散度有关的物理量。

高效减水剂对水泥分散体有强的分散作用。这是由于减水剂分子在水中离解成大分子的阴离子吸附在水泥粒子上降低其表面能，并且在水泥粒子表面形成强电场的吸附层，使 ζ-电位绝对值提高（$-40mV$）。这样，粒子之间就产生强的静电斥力阻碍或破坏水泥凝胶体的凝聚结构形成，使游离存在的水量相对增多，产生分散作用。另外，高分子的吸附层对粒子凝聚形成空间障碍。高效减水剂对水泥凝聚体的分散作用可用图 4-2 和图 4-3 说明。

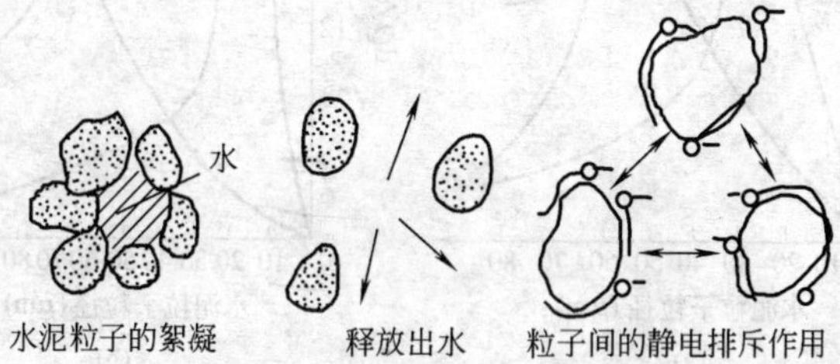

图 4-2　表面活性剂对水泥粒子絮凝体的分散作用

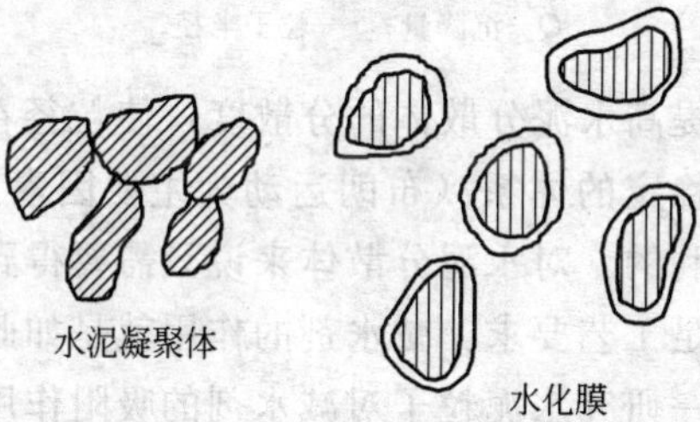

图 4-3　抗凝聚作用示意图

以上示意图分别说明表面活性剂吸附在水泥粒上形成吸附层，产生电保护作用（静电斥力）和空间保护作用（水化膜）使水泥凝胶体分散的机理。

由于分散作用提高了水泥分散体系的分散度。沉降分析测得的水泥悬浮体中水泥粒子的颗粒分布曲线（图 4-4）说明，不掺外加剂的水泥悬浮体中粒子直径大部分在 50μm 以上。而掺 2%的高效减水剂萘磺酸盐甲醛缩聚物（UNF-2）和磺化三聚氰胺甲醛树脂（SM）后，由于分散作用使水泥悬浮体大部分粒子直径在 40μm 以下（主要是 10～20μm）。

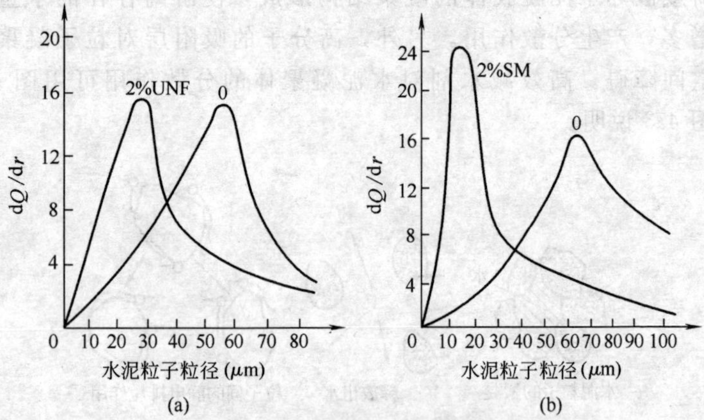

图 4-4 水泥颗粒分布曲线

UNF—萘系高效减水剂；SM—三聚氰胺系高效减水剂；

Q—沉降量；*r*—粒子半径

如果进一步提高水泥分散体的分散度，使粒径在 0.1μm 以下，那么得到动力学稳定的体系（布朗运动为主要因素），这对水泥的凝结和硬化是不利的。对水泥分散体来说只需要得到暂时的相对分散稳定性，以满足工艺要求。减水剂的作用就是如此。

根据服部健一研究水泥粒子对减水剂的吸附作用以及ζ-电位与水泥分散体系的粘度的关系证明，掺一定量（水泥重量 0.75%以上）萘系高效减水剂就能使水泥浆的粘度下降到稳定的值（见图 4-5）。这时，大分子的阴离子在水泥粒子上产生单分子层吸附（见图 4-6）使水泥的ζ-电位从+9.7mV 变到－35mV（见图 4-7）。其最佳掺量都接近极限吸附量 0.75%（水泥重量），进一步增加掺量并不能明显提高分散效果。

减水剂的品种和掺量对水泥浆的流动性影响各不相同。普通减水剂的掺量为水泥重量的 0.1%～0.3%，高效减水剂为 0.5%～1.0%。图 4-8 中列举了各种减水剂及其掺量对水泥净浆流动度的影响。

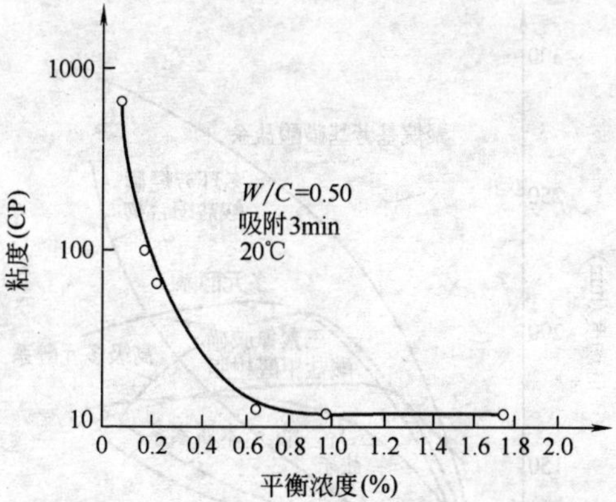

图 4-5　高效减水剂对水泥浆粘度的影响

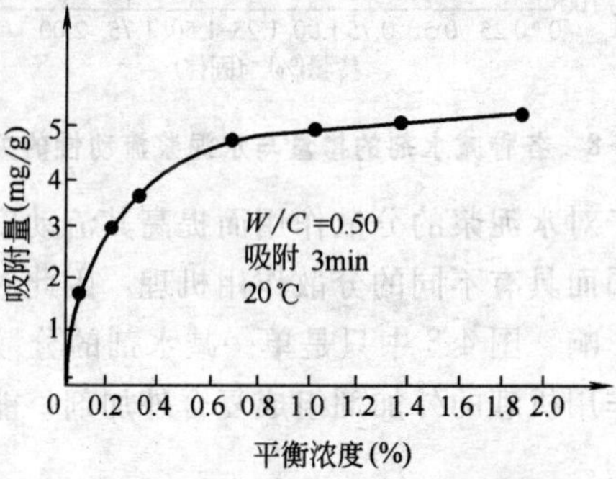

图 4-6　高效减水剂-水泥吸附等温线

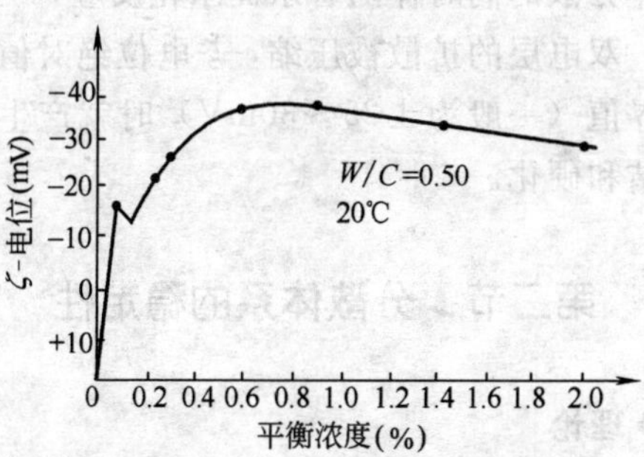

图 4-7　高效减水剂对水泥 ζ-电位的影响

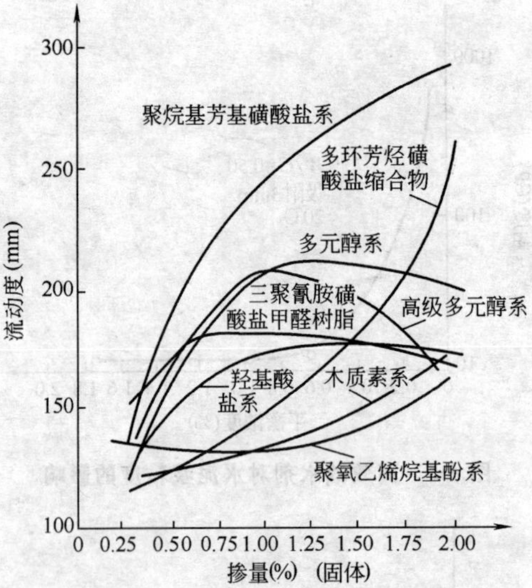

图 4-8 各种减水剂的掺量与水泥浆流动性的关系

减水剂由于对水泥浆的分散作用而提高其流动度。由于减水剂的分子结构不同而具有不同的分散作用机理，因此对水泥浆的流动度呈现不同的影响。图 4-8 中只是单一减水剂的分散作用效果，若采用不同分散作用机理的外加剂组成复合外加剂，能进一步提高对水泥的分散作用。

水泥分散体分散的同时伴随着水泥水化反应，当液相的离子过饱和程度提高，双电层的扩散被压缩，ζ-电位绝对值下降。当 ζ-电位达到一定临界值（一般为±25～30mV）时就产生凝聚，从而使水泥浆发生凝结和硬化。

第二节　分散体系的稳定性

一、DLVO 理论

DLVO 理论是研究带电胶粒稳定性的理论。它是 1941 年由前苏联学者德查金和朗道（Derjaguin 和 Landan），以及 1948 年由荷兰学者维韦和奥弗比克（Verwey 和 Overbeek）分别独立地提出来的。这一理论认为带电胶粒之间存在两种相互作用力：双电层重叠时的静电斥力和粒子之间范德华引力（长程力），它们相互作用决定了胶体的稳定性。当吸引力占优势时，溶胶发生聚沉；而当排斥力占优势时，并大到足以阻碍由于布朗运动发生碰撞聚沉时，则胶体处于稳定状态。由此可见，DLVO 理论（由四位学者姓名词头组成 DLVO）研究带电胶粒稳定性的基础是研究这两种力及其相互作用。

1. 胶粒双电层重叠产生的静电排斥力

当两个带电的粒子相互靠近时，两粒子周围的双电层就相互重叠，使扩散层不能在两者所夹的液层内充分扩展，这种双电层的变形必须作功。因此，相互重叠的区域越大，排斥力就越大。根据 DLVO 理论，比较大的粒子被薄的双电层包围时（$\kappa a \leqslant 1$）两粒子间排斥能 U_R 可以用下式（4-6）表示。

$$U_{\mathrm{R}} = \frac{64\pi n_0 akT}{\kappa^2}\gamma_0^2 e^{-\kappa \mathrm{H}} \tag{4-6}$$

式中　a——粒子半径；

H——粒子间距；

$$\kappa = \left(\frac{2n_0 Z^2 e^2}{\varepsilon kT}\right)^{1/2}$$

$$\gamma_0 = \frac{\exp\ (Ze\Psi_0/2kT)\ -1}{\exp\ (Ze\Psi_0/2kT)\ +1}$$

2. 粒子间的长程范德华吸引力

两球形粒子由于范德华引力所产生的相互作用能 U_A 为：

$$U_{\mathrm{A}} = -\frac{Aa}{12H} \tag{4-7}$$

式中　A——哈马克（Hamaker）常数，其值通常为 $10^{-5} \sim 10^{-6}$J。

DLVO 理论是从胶粒间斥力位能与引力位能相互作用的角度来研究胶体的稳定与聚沉。由此可求出两个憎液性粒子间相互作用

的总势能 U 为：

$$U = U_R + U_A \tag{4-8}$$

由图 4-9 中的势能曲线可以看出，曲线 I 表示 $U=U_R+U_A$，存在有极大值 U_{max}，它是两个粒子聚沉时必须越过的势垒，其大小受聚沉速度支配，势垒越高胶体越稳定。当 $U_{max}=0$（曲线Ⅱ：$U=U'_R+U_A$）时，聚沉速度只受布朗运动所产生的碰撞频率支配，即为急速聚沉。当 $U_{max}>0$ 时（曲线Ⅰ）聚沉速度缓慢，即为缓慢聚沉。对于普通溶胶，如果 $U_{max}/kT=15\sim25$ 时，一般就相当稳定（半衰期在一周以上）。

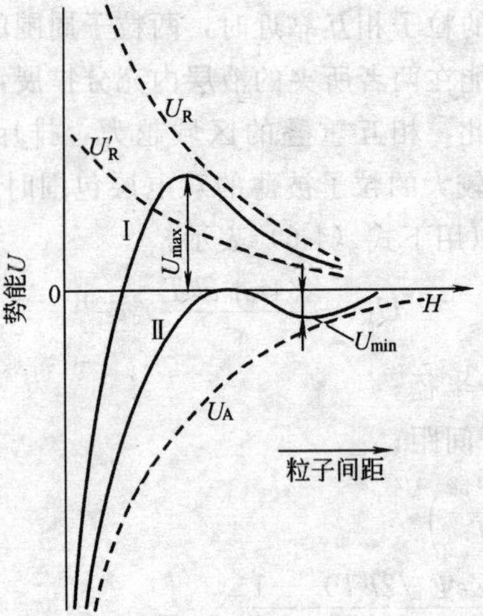

图 4-9 粒子间作用的势能曲线

3. 电解质浓度对胶体稳定性的影响

很早以前人们已经知道电解质能引起胶体聚沉，并于 1900 年从实验中总结出叔尔采-哈迪（Schulze-Hardy）规则。DLVO 理论最重要的贡献之一就是能从理论上证明这一规则。

当电解质加入胶体中时，使粒子的扩散双电层被压缩，ζ-电位降低，粒子之间排斥力减小。因此，粒子相互靠近，当引力占优势时会产生急速聚沉。势能曲线（Ⅱ）处负方向，并有势垒 V_{max} 的最大值。这时势能曲线与横坐标的交点符合两个条件，即是：

$$U = 0 \tag{4-9a}$$

$$\mathrm{d}U/\mathrm{d}H = 0 \tag{4-9b}$$

符合这两个条件时，双电层的临界电位，对于许多溶胶是在25～40mV。并且由此可以求出溶胶产生急速聚沉所需电解质的临界浓度。

当 $U=0$ 且 $\mathrm{d}U/\mathrm{d}H=0$ 时，由式（4-8）可得：

$$\frac{64\pi n_0 akT}{\kappa^2}\gamma_0^2 e^{-\kappa H_0} = \frac{Aa}{12H_0} \tag{4-10a}$$

与

$$64\pi n_0 akT\gamma_0^2 e^{-\kappa H_0} = \frac{Aa}{12H_0^2} \tag{4-10b}$$

式（4-10a）除以式（4-10b），得出 $\kappa H_0=1$。将此条件（$\kappa H_0=1$）和式（3-15）代入式（4-10a），即可得发生临界聚沉所需电解质临界浓度 n_0 为：

$$n_0 = \frac{\varepsilon^3 (KT)^5 \gamma_0^4}{A^2 Z^6}\cdot C \quad 或 \quad n_0 = \frac{\mathrm{const}}{Z^6} \tag{4-11}$$

由此看出，溶胶产生聚沉所需电解质的临界浓度 n_0 与反离子价数（Z）的6次方成反比。对于1、2和3价反离子为：

$$1 : \left(\frac{1}{2}\right)^6 : \left(\frac{1}{3}\right)^6 = 100 : 1.6 : 0.13$$

这与实验得到的叔尔采-哈迪经验规则基本一致。即：

$$C_K^{\mathrm{I}} : C_K^{\mathrm{II}} : C_K^{\mathrm{III}} = 500 : 3 : 1$$

电解质对水泥凝结时间的影响也基本符合这个规则。

影响分散体系稳定性的另一个重要因素是溶剂化层的厚度。很多实验表明固体粒子表面的液膜具有定向排列的结构。质点凝聚时必须使这种定向排列变形，而引起定向排列的引力将力图恢复这种排列。这样溶剂化层就构成粒子凝聚的机械阻力，成为溶胶稳定的一个因素。

二、吸附高聚物胶体的稳定——HVO理论简介

在粒子表面吸附非离子型高分子表面活性剂时形成具有一定厚度的吸附层。具有这种吸附层的两个粒子相互接近时若引起吸附层的碰撞重叠，则体系的自由能发生变化。这种自由能的变化ΔG，若是正值则起排斥作用，若是负值则起凝聚作用。相同物质所形成的吸附层由于条件不同可显示分散作用，也可显示出凝聚作用。

吸附层呈紧密状的场合表现出两种效果，即由于吸附层重叠而使渗透压上升的效果或反溶剂化效果(ΔG_1)，以及妨碍形成吸附分子的微布朗运动的熵效果(ΔG_2)。ΔG_1是费希尔(Fischer)、奥特威尔(Ottewill)等根据赫西林克(Hesselink)等的计算得到的，其表示为：

$$\Delta G=\frac{4\pi KTC_{\delta}^{2}}{3v_1\rho^2}(\Psi_1-K_1)(\delta-\frac{h}{2})^2(3a+2\delta+\frac{h}{2}) \quad (4\text{-}12)$$

式中 C_{δ}——吸附层内的高分子或活性剂的浓度；

v_1——溶剂分子的体积；

(Ψ_1-K_1)——将吸附层看作溶液时，由于吸附层重叠而使溶液混合时热力学参数；

δ——吸附层的厚度；

h——粒子间距；

a——粒子半径。

(Ψ_1-K_1)可以根据溶液的粘度实际测出，强溶剂时为正值，弱溶剂时为负值。在强溶液中由于吸附层的互相作用，$\Delta G_1>0$时则表现排斥作用。对于ΔG_2像（4-12）式那样的解析公式现在还没有提出过。但是根据数值的计算，已知ΔG_2是和ΔG_1相同的。

根据（4-12）式可以得出吸附层防止凝聚的效果是：强溶剂的(Ψ_1-K_1)越大，吸附层物质的分子量越大，吸附量越大；粒子越小，阻止凝聚（分散）效果越大。

此外，介质的粘度对分散体系的稳定性也是一个重要因素。特

别是悬浮体、乳状液中粒子在介质中不溶解。

综上所述，现代的观点认为分散体系稳定的原理分为三类：

（1）离子氛相互交联时产生带电粒子之间的静电斥力；

（2）粒子表面由分散介质的分子组成的溶剂化层所产生的非静电的斥力；

（3）粒子表面生成机械强度高的吸附溶剂化层。

分散体系的稳定是一个十分复杂的现象，DLVO 理论在讨论电解质的凝聚作用方向得到一些与实际的定量结果。但不能解决分散体系的所有问题。在分散体系中，凝聚的倾向总是大于分散的倾向。稳定剂（分散剂、乳化剂、泡沫形成剂、固体粉末）的存在虽然能使分散体系获得相对稳定性，但是不能根本改变分散体系的热力学不稳定性的特性。

水泥混凝土混合物这种特定的分散体系，在浇灌之前要求有很好的工作性（包括流动性、稳定性等）。因此掺减水剂、超塑化剂、引气剂等使混合物获得相对的稳定性。而在浇灌之后要求尽快地凝结和硬化，达到足够高的强度。

第三节　水泥凝胶体的流变性质

流变学是研究材料流动和变形的一门学科，属于力学的分支。与力学不同的是它联系到物体本身的结构和因结构的差异而导致性能上的不同。

流动和变形实际都反映了物体变形和应力的关系随时间而发展的规律。不同的是流动的对象是液体，变形的对象是固体。用流变学的观点解释，流动和变形实际上是一回事。所谓流动，是物体在不变的剪切应力下随时间产生的连续变形，因此是一种特殊的变形。

一、流变模型

粘度是表征流体流动的阻力或称内摩擦力。在平稳流动的流体中，设有面积等于 A，距离为 dx 的两流层，以恒定的相对速度 dv 作相对运动。如图 4-10 所示。为了保持两流层恒定的流动速度差，必须施以剪切应力 F，其值为：

$$F = \eta A \frac{dv}{dx} \tag{4-13}$$

对于单位面积，上式即变成：

$$\tau = F/A = \eta D \tag{4-14}$$

式中之比例常数 η 称作粘度系数，一般不严格地称作粘度；$D=\frac{dv}{dx}$，是各流层的速度不同时产生的速度梯度。若以 σ 代表切变，则 $D=\frac{d\sigma}{dt}$，因此（4-14）式可写成：

$$\tau = \eta \frac{d\sigma}{dt} \tag{4-15}$$

只要是层流状态，绝大多数的简单液体的切变应力 τ 与切变速度 D 成正比，而粘度系数 η 是一个常数，不受速度梯度的影响，此种液体称作牛顿（Newton）型液体。

但是多数乳状液和悬浮体一般为非牛顿型，其粘度 η 是切变速度的函数。根据切变应力与切变速度的关系，液体可能表现的四种流型见图 4-11。

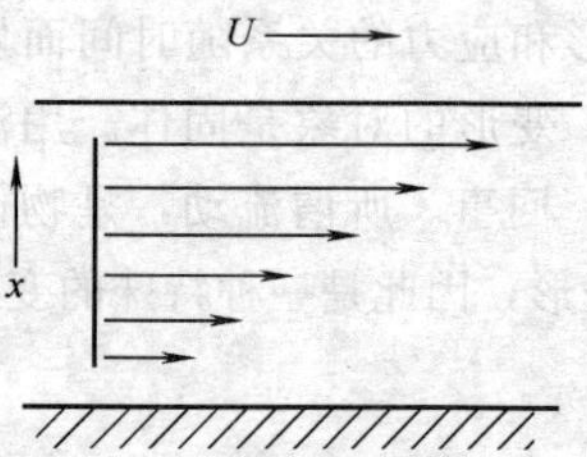

图 4-10 两平面间的粘性流体

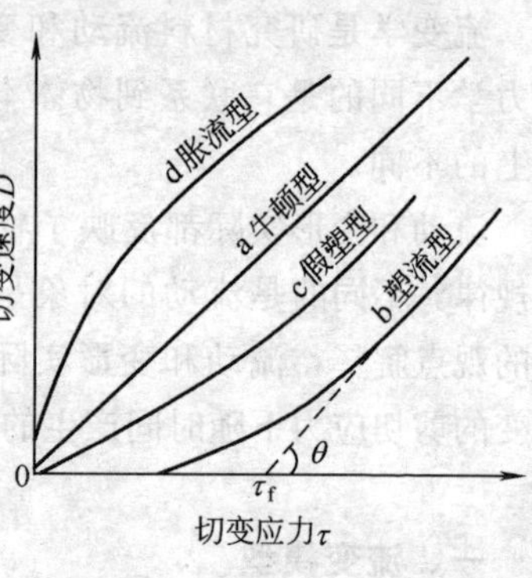

图 4-11 四种流型示意图

在塑性流体（或 Bingham 流体）中物质组成结构对抗剪力，只有切变应力达到 τ_f，即所谓极限切变应力（屈服值）之后，流体才会流动。这时流体的结构完全破坏，经过一小段弯曲部分后流线成直线，直线斜率的倒数为塑性粘度 η_{p1}。因此塑流型流体的流变公式为：

$$\tau = \tau_f + \eta_{p1} D \tag{4-16}$$

$$\eta_{p1} = \frac{\tau - \tau_f}{D} = \text{ctg}\theta \tag{4-17}$$

水泥净浆和钻井泥浆都具有此种流动性质。

事实上，塑性流动是与分散相中粒子的相互接触有关，在一定切变应力作用下，粒子间的拆散与重新结合两者速度处于某种平衡状态，此时呈稳定流动。当切变应力增加以后，又达到另一平衡点。当切变应力超过某一数值（τ_f）以后，其拆散速度大于结合速度，D 与 τ 即呈直线关系。当切变应力移出之后，粒子又重新结合，又恢复到原来的状态。

假塑型流体（图 4-11 中曲线 c）的特点是体系没有屈服值，流变曲线从原点开始，表现粘度（切变应力与切变速度之比）随切速的增加而减小，所以粘度不是常数，而是切速的函数。

若以粘度的对数值与切速的对数值作图，可得一直线，其斜率在 0～1 之间。因此可以用指数关系来描述假塑型流体的流变性能。

$$\tau^n = KD \tag{4-18}$$

式中 n 是常数，K 和 n 数值视不同液体而异。K 是液体稠度的量度，K 值愈大则液体愈粘，对假塑型流体 $n>1$。当 $n=1$ 时为牛顿型流体。

假塑型流体中表现粘度 η_a 与切速关系为：

$$\eta_a = \frac{d\tau}{dD} = \frac{K}{n}\tau^{1-n} \tag{4-19}$$

此式中 $n>1$，所以表现粘度（η_a）随 τ 的增加而减小。这种现象可解释为：如甲基纤维素这一类大分子是不对称性粒子，液体在静止时粒子可以有各种取向，当切速增加时，粒子将长轴转向流动方向，切速越大则这种定向也越彻底，流动阻力也随之而降低，最终就完全定向排列，粘度就不会再变化了，D 与 τ 之间又成直线关系。此外，粒子的溶剂化层在切速作用下产生变形也会引起阻力减小。絮凝的溶胶也是假塑型流体，絮凝结构为切力所拆散，因而粘度降低。

胀流型流体（图 4-11 曲线 d）与假塑型相反，表现粘度随切变速度的增加而升高，将二者数值的对数作图，其结果也是直线关系，所以式（4-18）的指数方程也能适用胀流型流体，但是 $n<0$。产生胀性的原因是体系中粒子间排列很紧密，静止时粒子间液体占有空隙体积最小，搅动时粒子发生重排，使空隙的体积增加，所以体系的总体积有所膨胀。由于空隙增大，粒子接触处的液层量减少，液层间原有的润滑作用相应减少，于是增加了流动阻力。如木质素磺酸钠水溶液（1%）、甲基纤维素水溶液（1.95%）等属于胀流型。

除了上述四种流型之外还有所谓触变体系和震凝体系，此类体系的流动性质不但是切速的函数，而且与施加切变应力的时间长短有关，在触变流型中，粘度随时间减小，震凝流型则正相反。具有触变性质的体系并不少见，水泥和混凝土拌合物就是此种体系。

虽然很难用数学概念给触变性和震凝性下一个严格的定义，但这并不降低它们的重要性。

对于触变性和震凝性体系的研究常用双线法。这个方法是在转筒式粘度计中从最低转速开始，在一定时间内均衡地逐渐升高转速，到达某一最高值，在升高过程中记录相应切变应力数据，就得如图 4-12 中的 ABC 曲线。到达 C 点后，逐渐降低转速，再记录下降低切速过程中的切变应力的读数，得到 CA 直线，上升线和下降线并不重合，成为一个月牙形的圈，叫“滞后圈”，用此圈的面积可以衡量“触变拆散”的程度，即触变性大小的度量。下降线的直线部分的延长线与横轴的交点为屈服值 τ_f，直线的斜率的倒数为塑性粘度 η_{p1}（$\eta_{p1}=\text{ctg}\theta$）。具有震凝性的体系与触变性体系正相反，$AC$ 为上升线（直线），ABC 为下降曲线（见图 4-13 的流变曲线），并根据上升值求相应的 τ_f 和 $\eta_p l$。因此，综上所述，具有触变性或震凝性的体系其流变性可用三个参数来描述，即 τ_f、$\eta_p l$ 和滞后圈的面积。滞后圈的面积大小表示拆散体系中粒子间的某种结构（指触变性）或形成某种结构的程度（指震凝性）。

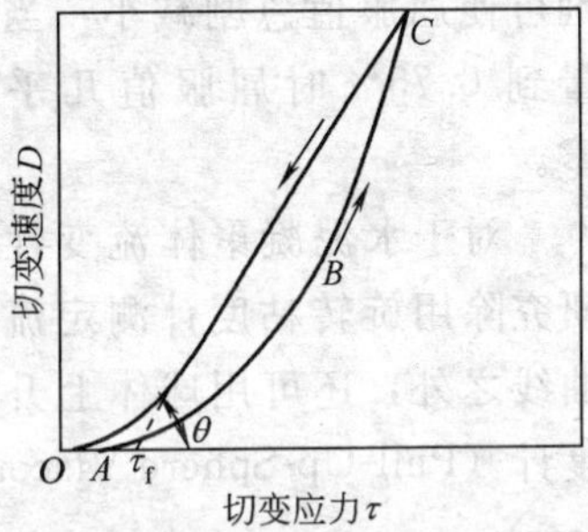

图 4-12　触变性流体的流变曲线

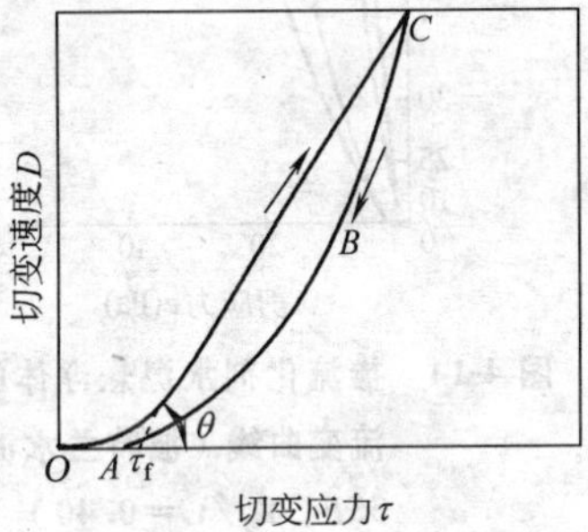

图 4-13　震凝性流体的流变曲线

二、水泥凝胶体的流变性质

水泥凝胶体是非匀质结构的多相分散体系，其流变过程比较复杂。一般认为新拌水泥浆可以看作宾汉姆（Bingham）塑流体，也有些学者认为应看作“假塑性体”或“带有屈服应力的假塑性体”。用旋转粘度计测定水泥浆的流变曲线（图 4-14）表明，水泥浆在剪应力作用下出现了滞后圈，这表示存在不可逆的结构破坏现象，并且水灰比 0.3～0.7 的水泥浆具有内粘性和触变性。掺流化剂后，图中的曲线向左移动，滞后圈的面积缩小。这表示掺流化剂使水泥浆的屈服值和塑性粘度减小，而流型趋向牛顿流体，并且几乎失去了内粘性和触变性。

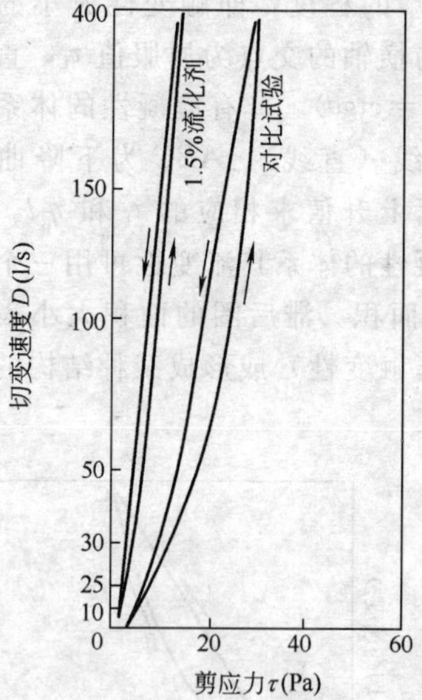

图 4-14 掺流化剂水泥悬浮体的流变曲线（波特兰水泥 35F，W/C=0.40）

图 4-15 中列举了不同类型的减水剂对水泥浆的塑性粘度的影响，当转速低时，不掺外加剂的水泥浆的粘度为掺减水剂的 3 倍。这说明流化剂使水泥悬浮体的粘度降低。

许多研究证明，水灰比 0.25～0.40 的水泥砂浆中掺水泥重量 0.25%～0.5% 的流化剂可使屈服值急剧减小，当掺量到 0.75% 时屈服值几乎为零。

对于水泥凝聚体流变性的研究除用旋转粘度计测定流变曲线之外，还可用球体上升粘度计（Pull-Up-Sphere Viscometer）。

球体上升粘度计的原理是新拌混凝土在振动或不振动的情况下，混合物使球体浮起或下沉是根据它的净重，而球体的净重是由球所受的浮力和其重量决定的。在牛顿流体中，球体运动的阻力符合斯托克（Stokes）方程：

$$F = 6\pi r v \eta \qquad (4\text{-}20)$$

式中 F——动力应取决球的净重；

r——球的半径；

v——球移动速度；

η——粘度。

在宾汉姆塑流体中，球体运动的阻力，应将方程（4-20）变为：

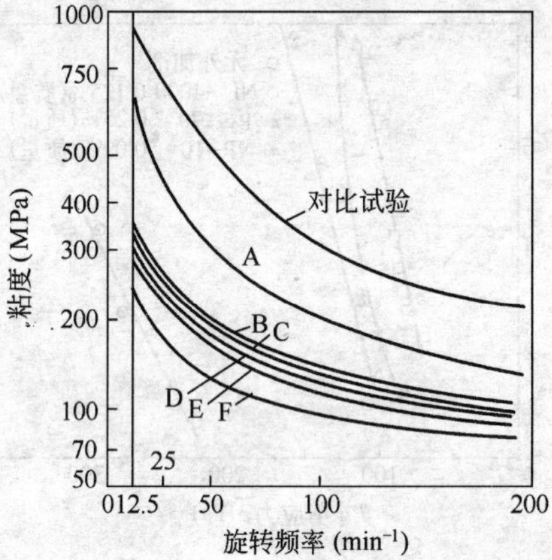

图 4-15　掺流化剂的水泥悬浮体的粘度

A—木质素磺酸胺 0.7%；B—改性木质素磺酸钠 1.0%；

C—木质素磺酸钠与三聚氰胺的混合物 0.8%；

D、E、F—均系三聚氰胺为基材的流化剂 1.5%

$$F = 4\pi r^2 \left(\frac{3\eta_{p1}}{2r}v + \tau_f\right) \tag{4-21}$$

式中　η_{p1}是塑性粘度，τ_f 是屈服值。令 $\tau = F/4\pi r^2$ 和 $D = 3v/2r$，那么式（4-21）变为：

$$D = \frac{1}{\eta_{pl}}(\tau - \tau_f) \tag{4-22}$$

此式表示球体上升粘度计的流变公式。

若以切变应力 τ 和切变速度 D 作图就得到流变曲线。图 4-16 和图 4-17 是用球体上升粘度计在振动和不振动的情况下，测得掺和不掺超塑化剂的水泥砂浆的流变曲线。图中的流变曲线表明，掺超塑化剂使水泥砂浆的屈服值 τ_f 减小，塑性粘度 η_{p1} 降低，并且不同的超塑化剂中以 NL-4000（即磺化三聚氰胺甲醛树脂）的效果最佳。

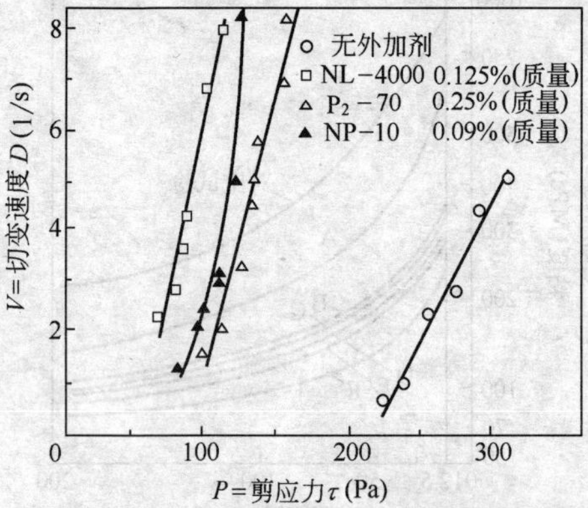

图 4-16 掺超塑化剂的水泥砂浆的流变曲线
（*P*-*V* 曲线，不振动）

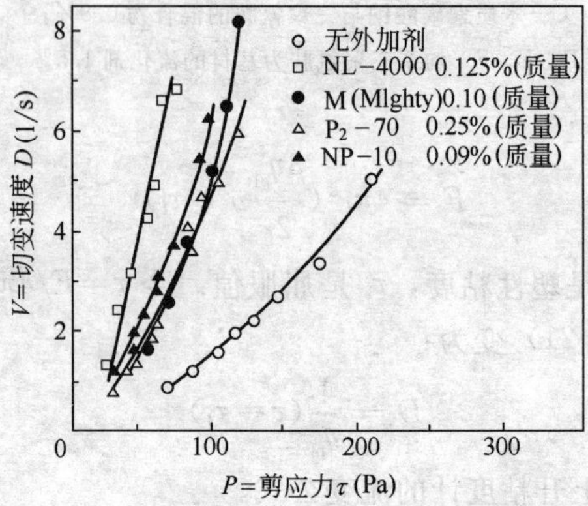

图 4-17 掺超塑化剂的水泥砂浆的流变曲线
（*P*-*V* 曲线，加振动：4g 120Hz）

参考文献

1. 弗·伊·利赫曼伊果. 金属的物理化学机制. 1962：231～236
2. 姆·鲁·里松. 混凝土外加剂的用途与使用. M. R. Rixom. Concrete Admixtures：Use and applications，1980
3. 〔日〕北原等. 表面活性剂. PP419～435，中国化工出版社，1984
4. 周祖康等. 胶体化学. PP239～279，北京大学出版社，1984
5. 陈宗淇等. 胶体化学. PP363～401，高等教育出版社，1984
6. 建材部山东水泥制品研究所，高效塑化剂的研究与应用之一. 1979
7. 2th International Conference on Superplasticizers in Concrete. 1981

第五章 水泥混凝土凝结和硬化的调节

化学外加剂能调节水泥水化过程，影响水泥的凝结和硬化时间。掺不同的外加剂可以使硅酸盐水泥混凝土的凝结时间控制在几分钟到几十小时。其中包括：速凝剂、促凝剂、早强剂、缓凝剂和超缓凝剂等。因此，通过掺这些外加剂能调节水泥的凝结和硬化过程，以满足不同的工程应用要求。

第一节 水泥凝结的物理本质

水泥水化之后，由于溶剂化固相粒子靠近时发生相互作用立即生成水泥凝胶体的凝聚结构。初始复杂结构的稳定性主要取决于与粒子间距有关的粒子相互作用力。在这种情况下，相互作用力可看成固相粒子表面上分子之间的范德华引力和由粒子周围的双电层中的离子之间的静电斥力的代数和。

水泥凝胶体凝聚过程的发展取决于水泥的矿物组成和分散度，同时还取决于水泥中电解质外加剂的存在。电解质能在水泥粒子表面形成同电荷的双电层，并阻止粒子的相互结合。如果同电荷双电层不存在，这时接近开始凝聚，而水泥凝胶体很快（经几分钟）硬化将会转变成假凝体。通常在波特兰水泥中不存在石膏时就可观察到这种情况，这导致水泥凝胶体快凝。

分散的石膏作为调凝剂掺入水泥，不直接进入熟料粒子的矿物组成中。在固相溶剂化时，石膏生成双电层并有屏蔽引力的作用，即会产生阻碍凝聚的能垒。在双电层的扩散层的液相被水泥矿物离子饱和过程中，首先是铝酸三钙的三价离子离解。它与石膏的离子相遇，化合并生成不溶性的二元复盐硫铝酸钙从溶液中沉淀下来。

水泥凝胶体的初始凝聚结构状态的稳定性取决于组成水泥凝胶体粒子的相互作用。如果粒子之间存在相当强的斥力，体系将是稳定的，如果不是这样或具有引力，这时体系不稳定，凝聚过程很快完成，即水泥凝胶体发生凝结。

在电解质过量的情况下，双电层被压缩、动电电位（ζ-电位）降低。当粒子间距达到引力大于斥力时，体系的凝聚接近开始。根据 DLVO 理论电解质产生凝聚作用的临界浓度（C_K）可用下式表示：

$$C_K = \frac{\mathrm{const}}{Z^6}$$

这里，Z 是凝聚作用的反离子价数，const 为常数（见式 4-11）。由此可见，临界浓度与反离子的价数的 6 次方成反比。具有不同价数（Ⅰ—Ⅱ—Ⅲ价）的反离子得到下列顺序的 C_K：

$$C_K^{\mathrm{I}} : C_K^{\mathrm{II}} : C_K^{\mathrm{III}} = 1 : \left(\frac{1}{2}\right)^6 : \left(\frac{1}{3}\right)^6$$

由此式得到的顺序非常接近叔尔采-哈迪的价数规则：

$$C_K^{\mathrm{I}} : C_K^{\mathrm{II}} : C_K^{\mathrm{III}} = 500 : 8 : 1$$

化学外加剂对水泥凝结时间的影响规律也符合这一价数规则（图 5-1）。

根据叔尔采-哈迪规则用电解质使胶体凝聚时，凝聚作用的离子应具有与胶粒相反的电荷：带负电的胶体，在阳离子的作用下产生凝聚；带正电的胶体在阴离子作用下产生凝聚。在此情况下，凝聚作用离子的价数愈高凝聚作用愈强。同价的阳离子和阴离子的凝聚性能也不同。凝聚性能的顺序，即所谓感胶离子序为：

阳离子顺序：

$Al^{3+} > Ba^{2+} > Ca^{2+} > Mg^{2+} > K^+ > Na^+ > Li^+$

阴离子顺序：

$SO_4^{2-} > F^- > IO_3^- > BrO_3^- > Cl^- > ClO_3^- > Br^- > NO_3^- > ClO_4^- > I^- > CNS^-$

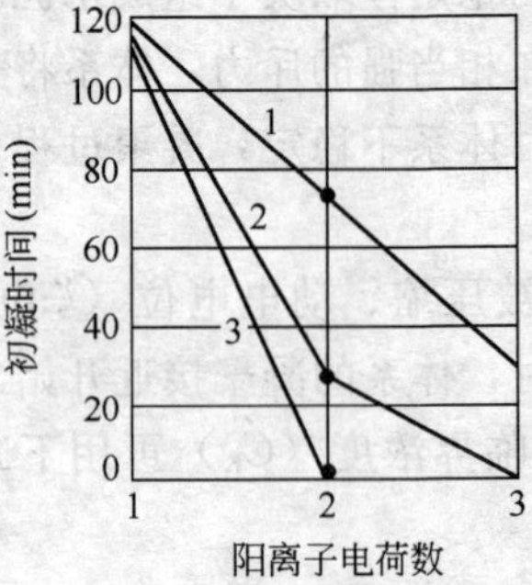

图 5-1 水泥凝结时间与溶液中电解质阳离子电荷数和浓度的关系

1—0.1N；2—0.5N；3—1N

不同离子的这种不同的作用与它们的水合能和水合程度有关。水合能和水合程度取决于离子半径的大小和离子极化度，即取决于原子外电子层的变形性。如未水合状态的离子半径从 Li 到 Cs 增加，那么水合状态时，发现相反的结果，即水合离子半径从 Li 到 Cs 减小。

不同离子的吸附能力不同，离子电荷越多和它的水合半径愈小，则由自由溶液和扩散层移向吸附层的几率越大，也就愈能排挤同电荷的离子。因此使扩散层压缩，ζ-电位下降。当 ζ-电位下降到临界值（通常为±30mV）时，就会由分散转为凝聚。

离子的感胶离子序取决于它们使胶体溶液产生凝聚的能力和凝聚时间的不同，特别是对带负电胶粒这种效果是非常明显的。在此情况下，同价阳离子的凝聚作用随离子的水合离子半径减小而增大(或随离子半径增大而增大)，因此凝聚作用：

$$Cs^{+}>Rb^{+}>K^{+}>Na^{+}>Li^{+}$$

$$Ba^{2+}>Sr^{2+}>Ca^{2+}>Mg^{2+}$$

感胶离子序中离子的位置不是严格不变的，而是随溶液的 pH、盐的浓度、温度等条件而变化。因此我们在引用这方面的资料时要注意这种变化。

多价阳离子（Al^{3+}、Fe^{3+}、Th^{4+} 等）不仅具有降低 ζ-电位和产生凝聚作用的能力，而且使 ζ-电位的符号变反。这是因为多价阳离子具有大的吸附势，能产生超当量吸附。所以过量的多价离子静电吸引扩散分布的反离子，使动电电位的符号变反。

研究可溶性的无机盐对 C_3S 水化影响表明，在 C_3S 的水化加速期，可溶盐的阴、阳两种离子的性质起决定水化速率的作用。离子的电荷和原子的大小，这两个因素是很重要的。荷电多、原子尺寸小的离子作用最强，对于氯化物，其阳离子加速水化作用的大致顺序为：

$Y^{3+} \sim La^{3+} \sim Ce^{3+} \sim Ca^{2+} > Ni^{2} > Mg^{2+} > Sr^{2+} > Ba^{2+} \sim Li > K^{+} > Rb^{+} \sim Cs^{+} > Na^{+}$

对于钾盐，其阴离子的顺序为：

$CrO_4^{2+} > SO_4^{2-} \sim S_2O_3^{2+} > Cl^{-} \sim Br^{-} > I^{-} > NO_3^{-} \sim NO_2^{-} \sim CNS^{-} > CeO_3^{-} > F^{-}$

柯达（Kondo）等认为，其作用大小与离子的迁移率和扩散特征有关。离子的扩散速率决定了水化的加速，而加入电解质，则提供了扩散的反离子。但是无论阳离子和阴离子，对双电层的影响都是密切相关的。凡能强烈加速水化的离子，均有利于压缩双电层和降低 ζ-电位，因此可以促进胶态的 C—S—H 形成（或凝聚）。较薄的双电层可以允许固体颗粒靠得更近，从而获得孔隙率小的、致密的水化产物，使 C—S—H 有较小的扩散系数。

碱溶液对 C_3S 水化影响：氢氧化物溶液浓度低时水化缓慢，浓度高时水化加速。

在水泥硬化早期（1～3d）用酸性水硬化比用碱性水硬化强烈。随着硬化龄期增长这种差别不大，而接近 28d 时发现相反的结果。

第二节　水合离子对水泥分散体塑性和凝结的影响

水泥与水混合之后胶凝体系立刻出现周期性的胶体结构，其中相当大部分水由体相状态转变成特殊的膜层状态。众所周知，这与相的界面上和水泥石的细毛细孔中存在液体的过渡层有关，它的厚度超过几个分子层。体相的水与膜层水的区别在于后者具有更大的堆积密度的结构和一些特殊的性质。

电解质在水溶液中离解，其离子是以水合离子存在的。当波特兰水泥矿物在电解水溶液中水化硬化时，卡普钦斯基（Капустинский）

和萨莫依洛夫（Самойлов）发现离子的正和负水合现象，存在这种现象时水合离子必然影响水泥浆的塑性和凝结硬化。

根据萨莫依洛夫的建议，离子正负水合之间的界限是阳离子的结晶化学半径为 1.11×10^{-10} m。半径超过这个值的阳离子为负的水合，即减小水的粘度；而小于这个值的为正水合，增加水的粘度。按照离子的水合特性所有电解质溶液分为四类：

（1）阳离子和阴离子均为正水合。如：

$Al_2(SO_4)_3$、$Cr_2(SO_4)_3$、$Fe_2(SO_4)_3$、$FeSO_4$、$ZnSO_4$、Na_2SO_4。

（2）阳离子是强的正水合（半径≪1.11×10^{-10} m），而阴离子是负水合。如：

$AlCl_3$、$CrCl_3$、$FeCl_3$、$MnCl_2$、$ZnCl_2$、$Al(NO_3)_3$、$Cr(NO_3)_3$、$Fe(NO_3)_3$、$Mn(NO_3)_2$。

（3）阳离子是弱的正水合（半径略小于 1.11×10^{-10} m），而阴离子是负水合。如：

NaCl、NaBr、NaI、$NaNO_2$、$NaNO_3$、$CaCl_2$、$CaBr_2$、CaI_2、$Ca(NO_2)_2$、$Ca(NO_3)_2$。

（4）阳离子和阴离子均为负水合。如：

KCl、KBr、KI、KNO_2、KNO_3、NH_4Cl、NH_4Br、NH_4I、NH_4NO_3、NH_4NO_2、RbCl、CsCl。

表 5-1 中列举了浓度 0.9 mol/L 的各种电解质溶液对液/固＝0.27 的水泥浆的物理力学性质的影响。从此表中的数据可以看出，与标准相比 1 和 2 类电解质溶液使水泥浆的塑性（扩散度）降低，凝结时间缩短。在此情况下，在相同阴离子的盐溶液中水泥浆的塑性按阳离子的结晶化学半径的减小而降低。如：

$MnCl_2 > ZnCl_2 > FeCl_3 > CrCr_3 > AlCl_3$

$Mn(NO_3)_2 > Fe(NO_3)_3 > Cr(NO_3)_3 > Al(NO_3)_3$

$Na_2SO_4 > ZnSO_4 > FeSO_4 > Fe_2(SO_4)_3 > Cr_2(SO_4)_3 > Al_2(SO_4)_3$

表 5-1 电解质溶液对水泥浆的物理力学性质的影响

电解质溶液	溶液的 pH	扩散度 (mm)	凝结时间（min）		抗压强度（MPa）龄期	
			初凝	终凝	1d	28d
标准	7.00	126	225	360	22.0	73.0
Na_2SO_4	7.00	117	180	330	29.3	70.5
NaCl	7.30	125	120	275	31.6	73.8
NaBr	7.85	134	160	315	30.6	70.1
NaI	8.45	142	165	325	18.0	72.4
$NaNO_2$	7.50	137	170	315	27.5	61.0
$NaNO_3$	7.15	130	150	280	24.5	58.5
KCl	7.35	142	170	305	34.0	74.0
KBr	7.90	150	205	340	33.0	68.9
KI	8.60	159	225	330	20.7	63.5
KNO_2	7.50	154	210	335	28.1	66.3
KNO_3	7.25	145	180	320	23.2	60.1
NH_4Cl	6.40	146	140	270	33.6	82.8
NH_4Br	6.65	154	155	300	29.0	77.1
NH_4I	7.35	165	180	325	20.3	70.2
NH_4NO_2	6.90	159	160	295	22.2	68.7
NH_4NO_3	6.25	151	170	300	14.8	56.2
RbCl	7.65	150	150	310	28.4	71.2
CsCl	7.90	157	175	335	28.9	73.0
$CaCl_2$	7.05	130	110	220	37.2	90.3
$CaBr_2$	7.10	140	135	235	33.1	81.4
CaI_2	7.95	148	150	250	18.9	70.5
$Ca(NO_2)_2$	6.65	144	160	250	20.0	76.0
$Ca(NO_3)_2$	6.80	135	120	230	18.2	71.8
$Al_2(SO_4)_3$	6.25	84	10	50	16.3	56.2
$AlCl_3$	6.90	88	15	60	35.5	84.5
$Al(NO_3)_3$	6.50	90	15	60	21.0	66.7
$Cr_2(SO_4)_3$	5.05	87	20	70	18.1	71.5

续表 5-1

电解质溶液	溶液的 pH	扩散度 (mm)	凝结时间 (min)		抗压强度 (MPa) 龄期	
			初凝	终凝	1d	28d
$CrCl_3$	5.60	92	15	55	35.0	86.2
$Cr(NO_3)_3$	5.45	95	20	60	20.2	68.5
$MnCl_2$	5.85	113	35	75	3.7	78.3
$Mn(NO_3)_2$	5.45	117	30	60	2.1	53.4
$Fe_2(SO_4)_3$	5.10	89	10	45	12.7	62.7
$FeSO_4$	5.75	91	10	50	8.5	54.2
$FeCl_3$	5.50	96	15	45	35.2	82.9
$Fe(NO_3)_3$	5.35	99	10	45	18.3	64.0
$ZnSO_4$	6.40	95	15	50	2.7	12.4
$ZnCl_2$	6.90	102	20	60	3.5	65.7

同样具有相同阳离子的电解质溶液的水泥浆的塑性按阴离子半径减小而降低，虽然这种降低的程度不大。如：

$$Al(NO_3)_3 > AlCl_3 > Al_2(SO_4)_3$$

$$Cr(NO_3)_3 > CrCl_3 > Cr_2(SO_4)_3$$

$$Fe(NO_3)_3 > FeCl_3 > Fe_2(SO_4)_3$$

由此证明阳离子明显表现出离子对水的结构的改变。因为水分子在阳离子和阴离子上取向不同（图 5-2）。水分子用自己的差不多位于分子中心的氧与阳离子相吸引，而用自己的一个分布在外围的氢与阴离子相吸引。后者类似于水分子之间的氢键，可能靠拢得更紧密。因此不同阴离子的水合半径变化小一些，对水泥浆塑性的影响程度小一些。

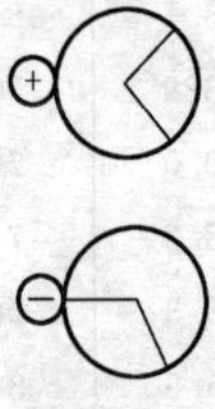

图 5-2 水分子取向示意图

第 3 类电解质溶液是这种现象好的例证。NaCl 和 $CaCl_2$ 中阳离子半径比正水合和负水合的界线（$r=1.11\times10^{-10}$m）低不了多少（r_{Na^+}

$=0.98\times10^{-10}$ m，$r_{Ca^{2+}}=1.04\times10^{-10}$ m)，而阴离子半径大大超过 1.11×10^{-10} m。但是具有钠盐的水泥与标准相比塑性提高非常小（而有 NaCl 的水泥浆一般不增加塑化）。钙盐溶液比相应的钠盐有稍大的塑化效果，如：$CaCl_2>NaCl$，$CaBr_2>NaBr$ 等。阴离子对水泥浆塑性影响严格符合阴离子水合半径的顺序，即水合半径小水泥浆塑性大。如：

$$NaI>NaNO_2>NaBr>NaNO_3>NaCl$$

$$CaI_2>Ca(NO_2)_2>CaBr_2>Ca(NO_3)_2>CaCl_2$$

第 4 类电解溶液与标准相比表现为本质上提高水泥浆的塑性。在此情况下，具有相同阴离子的水泥浆的流动性在所有场合其变化都符合阳离子的结晶化学半径的规律。如：$CaCl_3>RbCl>NH_4Cl>KCl$、$NH_4Br>KBr$、$NH_4NO_3>KNO_3$ 等。

在阳离子相同时水泥浆的塑性随阴离子的半径减小而减小。如：

$$KI>KNO_2>KBr>KNO_3>KCl$$

$$NH_4I>NH_4NO_2>NH_4Br>NH_4NO_3>NH_4Cl$$

从上述研究可得出结论，在水泥分散体系中显然存在离子的正负水合现象。因此可能用电解质水溶液的这种性质配制具有一定性质的水泥-水组成物。例如，将具有负水合离子的电解质用于胶凝组成物中影响它的塑化效果，改善混凝土和砂浆混合物的和易性。相反，利用具有正水合离子的电解质（如氟化物，具有小的结晶化学半径的金属硫酸盐）可期望减小水泥胶凝材料的流动性和缩短凝结时间。这样可用于喷射混凝土、修补施工等。

第三节　促凝剂和早强剂

促凝剂是减少砂浆或混凝土由塑性变为固态所需时间的外加剂；而早强剂是提高砂浆或混凝土早期强度的外加剂。

在混凝土工程应用中，有时要求混凝土较快地凝结和硬化，或者要求较高的早期强度。在低温气候条件下要求加速水泥水化和混凝土硬化、提高强度，这些场合需要使用促凝剂和早强剂。

作为混凝土促凝剂和早强剂大多数是无机电解质，如：氯盐、硫酸盐、碳酸盐、硝酸盐、亚硝酸盐、硅酸盐、铝酸盐等。少数有机化合物，如：三乙醇胺、甲酸钙等也具有早强作用。在实际使用中，要掌握它们的性能，并经过试验确定它们的应用要求。

一、氯化钙和其他氯盐

氯化钙是众所周知的促凝剂和早强剂，它能加速水泥混凝土的凝结和硬化。对于普通混凝土，氯化钙的掺量为水泥重量的2%，钢筋混凝土为1%。在预应力钢筋混凝土中，考虑到氯化钙对钢筋的锈蚀作用，则禁止使用氯化钙和其他氯盐。如果氯化钙的掺量为4%，会引起混凝土瞬时凝结。掺量达到9%时，就会在水泥凝结之前产生膨胀。

在混凝土中，氯盐的掺量与水泥中的 C_3A 的含量有关。因为 $CaCl_2$ 与 C_3A 反应生成不溶性氯铝酸钙。掺量大时，生成高氯型氯铝酸钙，它具有膨胀性，使混凝土强度降低。不溶性氯铝酸钙对钢筋不产生锈蚀作用，由于它的生成可使硬化28d的混凝土中可溶性氯盐的含量减少一半。

$$CaCl_2+C_3A+10H_2O \rightarrow C_3A \cdot CaCl_2 \cdot 10H_2O$$

$$3CaCl_2+C_3A+30H_2O \rightarrow C_3A \cdot 3CaCl_2 \cdot 30H_2O$$

考虑到氯盐对钢筋的锈蚀作用，各国的有关标准和规范中对氯盐的用量的限制趋于严格。美国混凝土协会ACI 201委员会的文件规定，在潮湿非侵蚀性介质中使用的钢筋混凝土，其水溶性氯盐含量应小于等于0.15%；在侵蚀性介质中应小于0.1%；预应力钢筋混凝土中应小于0.06%。美国ASTMC 114标准中规定，在预应力钢筋混凝土中水溶性氯盐含量应小于0.08%。但是长期实际考察结构物和实验室试验结果证明，预应力和非预应力钢筋混凝土中氯盐的允许含量可以相同。如果在氧气能扩散的条件中（混凝土不密实、有裂缝时)，无论氯盐初始含量多少都会加速钢筋锈蚀。对低水灰比密实性好的混凝土，氯化钙的允许量可达 2%。在美国许多预应力钢筋混凝土结构掺氯化钙使用 25～30 年也不破坏，其原因是水灰比不超过 0.40，并且仔细振实，因此氯盐存在所产生的锈蚀的危险性不大。掺氯盐与阻锈剂（如 $NaNO_2$）配合可防止钢筋锈蚀。其比例理论上是 1∶1，但实际应为 1∶2。

氯化钙对混凝土的促凝和早强作用随着掺量、温度和硬化时间的不同而发生变化（图 5-3)。在自然养护条件下，氯化钙外加剂增加混凝土的强度，龄期 1d 为 1.6～2.5 倍、3d 为 1.3～1.8 倍、7d 为 1.2～1.3 倍，28d 强度提高 10%～20%。此外，$CaCl_2$ 对矿渣水泥和火山灰水泥混凝土的增强效果比普通硅酸盐水泥混凝土好。

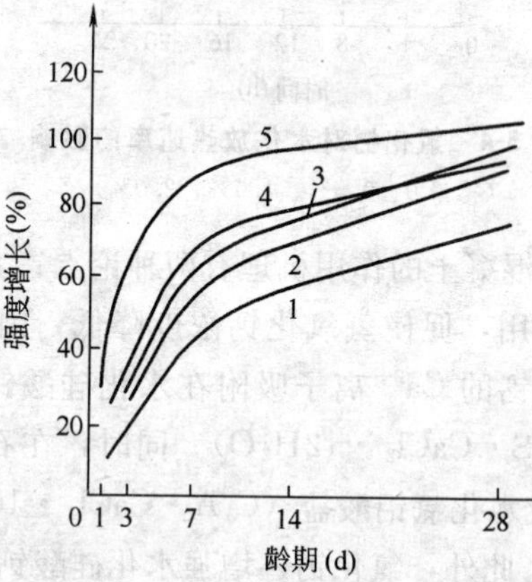

图 5-3 不同温度 $CaCl_2$ 对混凝土强度增长率的影响

1—5℃，无 $CaCl_2$；2—5℃，1.0%$CaCl_2$；3—5℃，2.0%$CaCl_2$；4—21℃，无 $CaCl_2$；5—21℃，2.0%$CaCl_2$

氯化钙在加速混凝土凝结和硬化的同时也促进水化放热，所以在水化的前几小时使混凝土温度升高，但对水化热的总量几乎没有影响。图 5-4 中的曲线说明氯化钙对水泥水化放热速度的影响。掺氯化钙会使混凝土含气量减少，使大气泡增多，因此引气剂用量要相应增多一些。此外，它还会增加混凝土的收缩，以及降低混凝土抗冻融性和抗硫酸盐性。虽然氯化钙具有锈蚀作用，但在混凝土促凝剂和早强剂中还是占有重要地位。

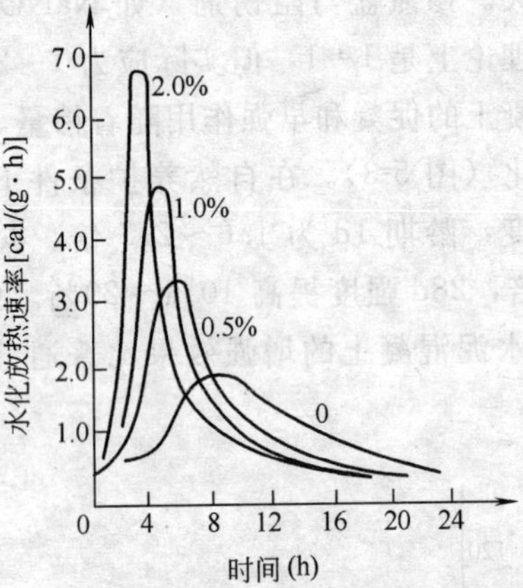

图 5-4 氯化钙对水化放热速率的影响

（掺量 0、0.5%、1.0%、2.0%）

氯化钙对水泥混凝土的作用机理有两种论点：其一是氯化钙对水泥水化起催化作用，促使氢氧化钙浓度降低，因而加速 C_3A 的水化；其二是氯化钙的 Ca^{2+} 离子吸附在水化硅酸钙表面，生成复合水化硅酸盐（$C_3S \cdot CaCl_2 \cdot 12H_2O$）。同时，在石膏存在下与水泥中 C_3A 作用生成水化氯铝酸盐（$C_3A \cdot CaCl_2 \cdot 10H_2O$ 和 $C_3A \cdot 3CaCl_2 \cdot 30H_2O$）。此外，氯化钙还增强水化硅酸钙缩聚过程。

各种元素的氯盐对水泥水化动力学的影响具有明显的周期性。元素周期表中第一主族元素的氯化物随着阳离子的离子半径增加对水泥水化促进作用增强，其顺序是：

NH_4^+（1.46×10^{-10}m）$>K^+$（1.33×10^{-10}m）$>Na^+$（0.98×10^{-10}m）$>Li^+$（0.68×10^{-10}m）

其中氯化钠在早强剂和防冻剂中具有实用价值。特别是氯化钠和氯化钙组成复合外加剂能阻止高氯型水化氯铝酸钙的生成。当水泥中 C_3A 含量少时这种效果更为明显。

周期表中第二主族元素的氯盐对水泥水化的促进作用与第一主族元素相同，即：

$$BaCl_2 > CaCl_2 > MgCl_2$$

其他二价阳离子的氯化物，如 Ni^{2+} $(0.74\times10^{-10}\,m)$、Co^{2+} $(0.78\times10^{-10}\,m)$、Cd^{2+} $(0.97\times10^{-10}\,m)$在硅胶上吸附随着离子半径减小而增加，而凝聚作用增强，它们的氯化物对水泥硬化过程呈现不同的影响。氯化镉、氯化钴和氯化镍外加剂能增加水泥石的后期强度。但开始 3d 龄期硬化减慢。第一天随着氯化镉浓度增加强度下降，而掺氯化钴和氯化镍是增加强度。产生这种效果是由于 Co^{2+} 和 Ni^{2+} 的凝聚作用。水泥浆中掺氯化钴和氯化镍不同于氯化镉，它们在硬化早期凝聚作用超过抑制水泥水化的成膜作用。

氯化锌和氯化铜外加剂使水泥硬化减慢。掺这些外加剂的水泥浆经 3d 实际上不硬化，28d 强度也不改善。对于重金属的盐使水泥硬化减慢的作用机理的解释有各种不同理论。最普遍的理论认为它们在原水化产物表面生成难溶性屏蔽膜抑制了水泥的水化反应。

第四周期中的金属元素的氯化物对水泥硬化的研究最有代表性。因为第四周期在元素周期表中是典型的长周期，它们的氯化物作外加剂对水泥硬化产生促进或延缓的不同作用也证明，它们的不同作用机理。第四周期中的金属氯化物对水泥硬化的影响与它们的原子结构有关：

元素：	K、	Ca、	Sc、	Ti、	V、	Cr、	Mn、	Fe、	Co、	Ni、	Cu、	Zn
轨道状态：	$3d^0$、	$3d^0$、	$3d^1$、	$3d^2$、	$3d^3$、	$3d^5$、	$3d^5$、	$3d^6$、	$3d^7$、	$3d^8$、	$3d^{10}$、	$3d^{10}$

根据络合物理论，d 层未充满电子称为接受体，d 层充满电子 (d^{10}) 称为给予体。电子接受体对水化具有活化作用，而电子给予体具有抑制作用。如 Cu、Zn 氯化物有缓凝作用。以前认为氯化物

的作用与阳离子的离子半径和电负性有关，但是在此情况下重要的是阳离子的给予性和接受性。

二、硫酸盐

碱金属硫酸盐能促进水泥水化，具有早强作用。其中以硫酸钠使用最普遍。在水泥硬化时，硫酸钠较快地与氢氧化钙作用生成石膏和碱。掺硫酸钠提高自然养护和蒸汽养护的混凝土强度是因为新生成的细粒二水石膏比在水泥粉磨时加入的石膏对水泥的反应快得多，水化反应生成硫铝酸盐：

$$Na_2SO_4+Ca(OH)_2+2H_2O \longrightarrow CaSO_4 \cdot 2H_2O+2NaOH$$

$$CaSO_4 \cdot 2H_2O+C_3A+12H_2O \longrightarrow 3CaO \cdot Al_2O_3 \cdot CaSO_4 \cdot 12H_2O$$

硫酸钠的掺量为水泥重量的1%～2%，用于蒸养混凝土时掺量不超过1%。掺量过多时，由于生成大量高硫型水化硫铝酸钙(钙矾石)，使混凝土膨胀而产生破坏。

$$3CaSO_4 \cdot 2H_2O+C_3A+26H_2O \longrightarrow C_3A \cdot 3CaSO_4 \cdot 32H_2O$$

研究证明硫酸钠和硫酸钾外加剂用于蒸养混凝土时破坏水泥石结构，并发现使大孔（$r>1000\times10^{-10}$m）的含量提高，对水泥石抗气渗性和耐腐蚀性有坏的影响。

掺硫酸钠外加剂可提高混凝土的抗硫酸盐性，这是由于硫酸钠提高了液相中硫酸根离子的浓度，并且比较完全地结合了水化硫铝酸钙中的铝酸根离子和减少了在硫酸盐侵蚀性介质中不稳定的铝酸四钙的成分。

硫酸钠对矿渣水泥和火山灰水泥混凝土的早强作用和增强作用比较明显。虽然硫酸钠不是矿渣的活化剂，但在NaOH、KOH、$Ca(OH)_2$活化剂存在时有显著活化作用。

硫酸钾使混凝土早期强度随掺量增加（2%）而增加。7d强度不增加，28d强度随掺量增加而减小。硫酸钾虽然能使混凝土早期强度较快地增长，但是其缺点是可能与混凝土集料中活性SiO_2产生碱性膨胀（碱集料反应）。硫酸钾具有促凝和早强作用。

硫酸铝可用作水泥混凝土的速凝剂。它是由粘土、高岭土或霞石与硫酸反应制得。掺硫酸铝外加剂时水泥液相的 pH 值应保持不变，否则 pH 值从 13.4 降低到 12.5，并且 $C_3A \cdot CaSO_4 \cdot 12H_2O$ 可能会转化成钙矾石 $C_3A \cdot 3CaSO_4 \cdot 32H_2O$。大量钙矾石形成使水泥速凝，但后期强度降低较多。

在泡沫混凝土中，硫酸铝的最佳掺量为水泥重量的 3%～5%，它可以缩短制品的压蒸时间。

此外，铁、铜、锌和铅的硫酸盐都具有缓凝作用。它们在水泥粒子表面形成难溶性膜，阻止水化反应的进行。

三、碳酸盐

碳酸钾和碳酸钠是弱酸强碱盐，它们对水泥混凝土的作用与掺量有关。当浓度不大时，能起促凝作用；而在较高浓度时，却又起缓凝作用。这是由于从铝酸盐所析出的氢氧化铝溶解，并又重新形成铝酸盐所造成的。当它们与水泥水化生成的 $Ca(OH)_2$ 作用时，生成难溶性的碳酸钙和碳酸氢钙，大大缩短水泥的凝结时间：

$$2Na_2CO_3 + 2Ca(OH)_2 \longrightarrow CaCO_3 + Ca(HCO_3)_2 + 4NaOH$$

$$CaCO_3 + C_3A + 11H_2O \longrightarrow C_3A \cdot CaCO_3 \cdot 11H_2O$$

这个反应一直进行到组分（碳酸钠或氢氧化钙）消耗完为止。当水泥的氢氧化钙全部参加反应后，多余的碳酸钠（或碳酸钾）继续与水化硅酸钙的氢氧化钙作用，而明显降低混凝土强度。

掺碳酸钠会使水泥产生假凝，而碳酸钾不会产生假凝。它们都能促进水泥水化反应。为了防止钾碱与水泥水化物反应破坏水化硅酸钙，要控制其掺量。根据水泥中铝酸盐的含量，它的掺量在 0.3%～1.25%的范围。钾碱对钢筋不产生锈蚀。但是钾碱与水泥作用生成苛性钾，它对混凝土中的活性集料有破坏作用。由于碳酸钾能降低水的冰点和促进水泥低温水化，因此碳酸钾是很好的防冻剂。

四、硝酸盐和亚硝酸盐

碱金属和碱土金属的硝酸盐和亚硝酸盐在研究不含氯的促凝剂、早强剂和防冻剂方面具有重要的意义。它们往往组成复合外加剂用于加速自然养护、蒸汽养护或负温下混凝土的水化过程。前苏联在这方面进行了大量的研究。如：亚硝酸钙-硝酸钙（HHK）、硝酸钙-尿素（HKM）、亚硝酸-硝酸钙-尿素（HHKM）、亚硝酸钙-硝酸钙-氯化钙（HHKK）及其与尿素的复合外加剂（HHXKM）等。这些复合剂外加剂的作用机理能够用硝酸钙-尿素（HKM）复合外加剂为例子说明。HKM 在与水泥的作用过程中生成组成为 $(Ca \cdot nCONH_2)(NO_3)_2$ 的络合物（其中 $n=1\sim4$）。在混凝土液相中有与尿素结合的钙离子和硝酸根离子和相当少量未结合的钙离子和尿素。络离子和尿素分子能使混凝土混合物塑化，同时使盐—水化物中钙离子的结合减慢，这样在−20℃（特别是−10℃时）能促进强度的增长。

氯化钙-硝酸铵复合外加剂对加速混凝土硬化，提高混凝土的密实性和抗渗性都有好影响，它是高效的促进剂。它们在合理掺量时，即氯化钙 1%～1.2%和硝酸铵 0.6%～1%，能明显加速混凝土早期硬化。5～8h 强度增加 7～8 倍；28d 强度增加 20%～30%。在不降低强度的情况下使水泥用量减少 $6kg/m^3$。掺这种外加剂时，能增加混凝土液相的离子强度。因此导致水泥矿物水化过程的强化，并且增加凝胶态物质的体积，使气孔和毛细孔封闭。此外，液相中电解质的存在使吸附水层变厚而导致流动性降低。掺这种外加剂使自然养护混凝土收缩增加 6%，弹性模量不变，长期混凝土强度（3 年）提高 5%～8%。

亚硝酸钠对水泥水化有促进作用。无机盐复合外加剂只要达到等离子强度（$\mu=1.08$）时，促进作用相同。掺亚硝酸钠可以减少大孔的含量，改善水泥石结构。推荐用于蒸养混凝土的外加剂。此外，亚硝酸钠是常用的阻锈剂。它对钢筋锈蚀的阳极反应有抑制作用，因此它往往与氯盐复合使用。

亚硝酸钠的复合外加剂 $CaO\text{-}CaCl_2\text{-}NaNO_2$ 能加速混凝土的硬化和提高混凝土的强度。其掺量为氧化钙 1.5%、盐酸 1.5%和亚硝酸钠 1%的外加剂用于混凝土真空振动成型时，可以得到快硬高强混凝土。在勿需湿热处理的情况下，与不掺促进剂的振捣密实混凝土相比 7h 抗压强度提高 41.3%，24h—99.3%，3d—125%和 28d—165%。复合外加剂中的亚硝酸钠可防止钢筋锈蚀。此外，这种外加剂可以制得无收缩和膨胀水泥，依靠在硬化过程中混凝土的自应力增加试模（坚固的钢模）中硬化混凝土的强度。在此情况下混凝土强度为无外加剂真空密实混凝土强度的 1.63 倍，为振动密实混凝土的 2.67 倍。

硝酸铁 $Fe(NO_3)_3$ 掺入混凝土中时，与熟料矿物水解和水化生成的石灰反应生成氢氧化铁和硝酸钙。研究证明，混凝土密实是依靠在水泥石结构形成过程中具有胶体性质的氢氧化铁以最大的几率填充气孔。硝酸铁的阴离子活性低，不会使混凝土中的钢筋锈蚀。因此，硝酸铁可作为混凝土的密实剂。

五、其他促凝剂和早强剂

硅酸钠曾广泛用作促硬剂，但由于它在相当程度上降低混凝土强度，并且使体积安定性不良，所以目前已不再使用。但是水玻璃作为密实剂和防水剂还是有可取之处。掺硅酸钠提高混凝土液相的 pH 值，溶解度改变使水化产物转移到液相中可改变水泥石结构的收缩效应，使得大于 0.01mm 气孔和毛细孔显著降低。因此提高混凝土的抗渗性。

前面对各种无机盐对水泥混凝土的影响的论述只是考虑阳离子的作用，而有些阴离子对水泥水化过程的影响超过阳离子。因为有些阴离子的扩散系数比阳离子大，如 Cl^-、$S_2O_3^{2-}$、CrO_4^{2-} 等。它们的碱金属盐有强的促进作用。这些阴离子通过内部水化物的层间进行浸透，而引发 OH^-，使氢氧化钙的渗透性提高。

有机物的扩散系数很小，很难有促进水化作用。但是个别的有机化合物，如：甲酸、草酸、丙酸等小分子有机酸盐，三乙醇胺，8-羟基喹啉等具有早强作用。

三乙醇胺作为混凝土早强剂，其掺量为0.03%～0.05%。但是三乙醇胺对水泥水化作用影响的确切作用机理还不清楚，也不知道它到底是促凝还是缓凝。从目前的研究来看，三乙醇胺对水泥水化的影响有如下几点：

（1）掺三乙醇胺使水泥石中形成钙矾石，而且掺量越多，钙矾石转变成单硫型硫铝酸钙的速度愈快。在水化的任何阶段，掺三乙醇胺的试体在同样水化程度时形成$Ca(OH)_2$数量较少。可见它能促进高c/s比的C—S—H的形成。

（2）三乙醇胺能与水化的水泥形成复杂的化合物。因为从水化的试体中，水可以萃取80%的三乙醇胺，而有乙醇存在时则几乎一点也不能萃取出来。

（3）三乙醇胺在水泥熟料表面等温吸附近似于朗格缪尔型，第一层是络合吸附、第二层是物理吸附。

（4）掺三乙醇胺使水泥水化放热加快，掺量越多放出的热量也相应增多。这证明三乙醇胺能加速C_3A和石膏之间形成钙矾石的反应。但三乙醇胺掺量提高使C_3S的水化速度减慢。

（5）三乙醇胺掺量在水泥重量的0.05%以下时，使初凝时间略有推迟，C_3S水化的诱导期也稍微延长。但掺量在0.1%～0.3%时，反而发生快凝现象。

（6）掺三乙醇胺时，对于任何龄期强度都比标准试件小，而且强度随掺量增加而降低。其原因可能是：形成高c/s比的C—S—H；C_3S水化的延缓；迅速初凝同时又放出大量热量等。

单独使用三乙醇胺外加剂的早强效果不明显，只有当它与无机盐（特别是氯盐）一起使用时，才能发挥好的早强作用。

研究不含氯盐的促凝剂和早强剂是一个重要的问题。通常

加速 C_3S 和 C_3A 水化的外加剂能提高混凝土的早期强度。酸性外加剂能加速 CaO 的溶解；碱性外加剂加速 SiO_2 和 Al_2O_3 的溶解。

大多数碱性促进剂是 NaOH、KOH 以及碱金属的铝酸盐和硅酸盐，但是它们使混凝土后期强度降低。市售不含氯的促进剂选用甲酸钙和它与亚硝酸盐、苯甲酸盐、铬酸盐的混合物。甲酸钙能加速 C_3S 和 C_3A 的水化反应。

许多硬化促进剂都使水化放热增加、加速水化，使混凝土早期和后期强度提高。但掺硬化促进剂会增加混凝土的收缩。

现将常用的无机盐对水泥凝结、强度和收缩的影响列入表 5-2 中。

表 5-2　无机盐对水泥性能的影响

盐的品种	凝　结	强　度	收　缩
NaCl	稍有促凝	后期强度降低	大
$CaCl_2$	促凝	早期强度提高	大
NH_4Cl	促凝	早期强度提高	大
Na_2CO_3	显著促凝、假凝	后期强度降低	大
K_2CO_3	促凝不大	强度提高不大	小
$CaSO_4$	促凝	后期强度降低	大
$Pb(NO_3)_2$	显著缓凝	早期强度降低	—
$Zn(NO_3)_2$	显著缓凝、假凝	早期强度显著降低	—
硼砂	有异常凝结倾向	全部降低	大
胡敏酸钠	显著缓凝	全部降低	稍大

注：溶液浓度约 1%。

各种不同类型的水泥硬化促进剂在作用机理和效果方面有很多共性。良洛夫（У. С. Лянов）在总结资料的基础上归纳水泥促进剂的主要作用机理，并将其分成 10 类（表 5-3）。

表 5-3 促硬剂主要作用机理及其效应特性

编号	作用机理	效应特性			
		水灰比	凝结速度	硬化速度	强度等级
1	中和水泥所含的碱	—	—	—	+
2	提供晶胚，降低溶液的石膏过饱和度	—	—	—	+
3	形成铝酸钙的复盐	—	—	—	+
4	加速水化铝酸盐的形成	—	—	—	+
5	改变六方 C_3AH_8 的结晶过程	—	—	—	+
6	提高 pH 值（>12）	+	+	+	—
7	形成石膏的过饱和溶液	+	+	+	—
8	在石膏颗粒表面形成不溶性化合物	+	+	+	—
9	改变六方 C_3AH_6 的结晶过程	+	+	+	—
10	加速 CSH（β）和 $CaCO_3$ 的形成反应	尚未确定			

由表中明显可知，第 1～3 和第 6～8 的作用机理对水泥硬化过程有着非常重要的影响。不难看到，第 1～3 的作用机理是使溶液中 Al^{3+}、Ca^{2+} 等凝结阳离子的浓度大大降低；而第 6～8 的作用机理却相反，是提高这些凝结阳离子的浓度。由此可知，外加剂能加速水泥凝结和硬化的主要原因是提高了溶液中 Al^{3+}、Ca^{2+} 和其他凝结阳离子的浓度。

单独使用无机盐类的促凝剂和早强剂存在一些缺点，如混凝土的收缩增大、影响后期强度等。为了克服这些不足往往采用无机盐与有机表面活性剂或聚合物电解质组成复合外加剂。这样能较为全面改善混凝土的物理力学性质。

第四节 喷射混凝土速凝剂

喷射混凝土所用的各种外加剂都是用来提高喷射混凝土的强度、粘接性、粘聚性、抗冻融和耐磨损性，减少回弹率。速凝剂在干、湿工艺中的应用不断增加。速凝剂在干法施工中通常能增加早期强度，减少混凝土起灰和回弹，在湿法施工中能加速混凝土凝结和硬化。速凝剂的种类和剂量取决于喷射工程对混凝土凝结的要求。各种可溶性的碱金属盐都可以加速水泥的凝结，目前大多数的速凝剂是碱的铝酸盐、复合碳酸盐、氢氧化物的产物，有液体和粉质两种。这些速凝剂的作用效果取决于水泥的组成、细度以及水泥中所掺加的粉煤灰和粒化高炉矿渣量。特别值得注意的是一种新型的无碱性喷射混凝土液体促凝剂，它能提高混凝土的初期强度而其后期强度无损失。

1. 概述

喷射混凝土用于地下施工时，其性能应满足工程的一些基本要求，如具有早期强度、厚层施工时不产生位移等。为满足这些要求，干混或湿混喷射混凝土都应加入速凝剂。目前，市场有不同种类的速凝剂，这些速凝剂具有各自不同的化学组成，对混凝土的凝结时间和早期强度具有不同的作用。不考虑其他的应用，对于如何评价速凝剂的作用目前还没有一致的意见。水泥浆方法的效果目前还存在争议。

使用速凝剂掺入干混或湿混喷射混凝土中进行厚的衬板，特别是顶板施工，其目的是提高混凝土的早期强度以满足设计要求。但是，也会间接影响混凝土的其他性能，如：

(1) 直接参与水泥凝结的反应，防止产生稠度的突然变化。

(2) 直接与拌合水反应，促使拌合物变稠。

(3) 增加拌合物的触变性。

(4) 在新拌浆体中没有流变反应，但使硬化相会有所改变。

(5) 影响回弹和起灰量（干混）及最终强度。

(6) 在干混施工中选择特殊的速凝剂间接影响回弹和起灰量，促凝剂增加了拌合物触性。例如提高了混凝土的塑性，减少了回弹，增加喷射颗粒的附着力。

速凝剂对混凝土的早期强度的影响主要取决于其本身的化学组

分、使用剂量、胶凝材料的化学成分、所含的矿物添加剂和使用温度。由于它们是在水泥化学组分的一定范围内发生作用，为了检验速凝剂的适应性和确定合理掺量，在每种情况下确定水泥与促凝剂的相容性是必要的。

传统速凝剂的副作用是降低水泥的最终强度，与空白混凝土（不加速凝剂）相比较，28d 强度明显下降（下降幅度是 20%～50%）。用量越大，副作用越大。但是，新一代的速凝剂（无碱型）能够克服这一缺点，也减轻了碱的危害。因此，了解喷射混凝土速凝剂的性能和评价其性能最合理的试验方法是非常重要的。

国内外地下工程中最常用的传统速凝剂是硅酸钠（水玻璃、改性硅酸钠）、铝酸盐速凝剂（两种都是液体形式）和碱土金属碳酸盐（或其氢氧化物）（粉状），目前市场上也有一些新的速凝剂。所有这些外加剂的特征和性能将在后面介绍。

2. 碱土金属碳酸盐和碱土金属的氢氧化物

粉状的碱土金属碳酸盐或氢氧化物以前在喷射混凝土施工中很少应用。现在，它们已成为这类混凝土最常用的速凝剂，其常规用量为水泥总量的 2.5%～6%，它们主要是促进 C_3S 的水化。一般加入少量的碳酸铝，可以影响水泥的凝结时间。但是，只有当大剂量掺入时，其影响才能被观察到。图 5-5 表示采用两种掺量的速凝剂的喷射混凝土的早期强度，以及与加铝酸钾类速凝剂的喷射混凝土性能的比较。图 5-5 中 J_1、J_2、J_3 曲线是摘自奥地利混凝土协会规范，用以参考。

由图 5-5 可知，增加碳酸盐促凝剂的量，可以在喷射后 20min 内提高混凝土的强度。

这种速凝剂与水泥的反应主要受水泥化学成分、细度和矿物添加剂以及环境温度的影响。例如，在 Cotapata-SantaBasbara（玻利维亚 1996）高速公路工程中，一些坡道需用干混喷射混凝土覆盖。根据工程的要求和预算，使用的是火山灰水泥，速凝剂是碳酸盐基粉末，环境温度是 5～13℃。第一次试验，没有测到促凝作用，即使加量高达6%。当加热拌合水的水温时，这个问题才解决，试验得到适宜的水温是35℃。采用这一措施，混凝土的早期强度达到了设计要求（24h为10MPa），甚至当水温超过70℃时产生了闪凝（这个温度导致最终强度严重下降超过50%）。

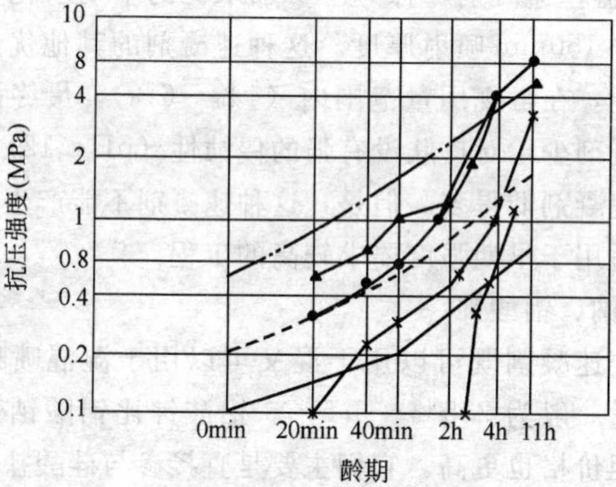

图5-5 碳酸盐/其氢氧化物促凝剂与铝酸盐促凝剂的性能比较

这种速凝剂的特点是水泥的最终强度大幅下降，与空白混凝土相比，28d强度明显下降（一般是30%～40%），有一些工程甚至下降50%。

3. 硅酸碱（水玻璃）

硅酸钠、硅酸钾类速凝剂主要用于湿拌喷射混凝土，它们通常都是液体，而且掺量很大（>10%单位胶凝材料重量）。可溶性的硅酸盐由于反应生成硅酸钙沉淀而加速凝结。当大剂量使用时，这些速凝剂降低了与基底的粘结力，最终导致混凝土强度的下降和严重的干缩。一些报道说这些问题已被列入奥地利混凝土学会出版的

《喷射混凝土指南》中，规定这种速凝剂最大掺量不超过15％，最终的强度损失限制在30％以内。

Melbye认为改性的硅酸钠用量在4％～6％时，它们在很短时间内（＜10s）使喷射混凝土产生胶结作用（也许是由于坍落度损失），与铝酸盐基速凝剂一样，不参加水泥的早期水化作用。它们可以施工80～150mm喷射厚度。这种速凝剂的其他优点：与各种水泥都可相配，在常规用量范围内（4％～6％），最终的强度损失比铝酸盐速凝剂少，对皮肤没有强的侵蚀性（pH＜12），碱的含量比铝酸盐基速凝剂低得多。但是，这种速凝剂不能产生较理想的初始强度，不适用于早期强度要求较高的工程。

4. 铝酸钠、铝酸钾

铝酸盐类速凝剂既可以用干混又可以用于湿混喷射混凝土工程，常用剂量一般为2.5％～5.5％。铝酸钾比铝酸钠速凝剂有更好的效果，但价格也更高。它们主要是直接参与硅酸盐水泥水化而加速水泥的凝结，与石膏结合，阻止水泥颗粒表面形成钙矾石，而使C_3A立即反应，产生大多数喷射混凝土所需要的初始强度。

它们的作用通常受水泥的化学成分、细度以及所含的矿物添加剂的影响，但这种影响比所看到的碳酸盐类外加剂的影响要小。最终强度将损失20％～25％。

图5-6是无碱性促凝剂和铝酸钠速凝剂的性能比较。

毫无疑问，铝酸盐速凝剂在湿混喷射混凝土工程中应用效果最好，对厚的衬板甚至顶板都具有好的施工效果。其高碱含量在地下施工中对健康的危害是限制其应用的主要因素。另外，它们在含硫酸根的工程和含活性集料的工程应用中都存在问题，后者可能发生碱集料反应。

5. 非碱性粉末状速凝剂

20世纪90年代初开始使用非碱性速凝剂粉末。一般它们主要是铝酸钙外加剂，用量在6％～12％，其化学作用不同于碱基外加剂。速凝作用是直接参与与水的反应，而不是直接参与水泥的水化反应。

低于7%的掺量不会影响混凝土早期强度。对于顶部凹道厚衬板的施工，一般需大剂量。这会导致后期强度的下降，但这种下降小于碱性促凝剂。潮湿条件会影响这种速凝剂的灵敏度，这就要求在干燥设备中贮存。

无碱速凝剂的应用才刚刚开始，新产品主要是氢氧化铝或与硫酸铝复合的产品，在少量使用时（4%）就能产生足够的早期强度。当掺量高达8%时，后期强度没有损失。但用量大于10%时，会出现明显的后期强度损失。

虽然这类速凝剂有上述优点，但应用中也存在一些问题。使用剂量和均匀性要求与之相适应的特殊设备。此外，Melbye 指出，掺这种粉状速凝剂比掺非碱性液体速凝剂，回弹率要大10%～15%。

6. 无碱液体速凝剂

最近在国际市场上出现了液体无碱速凝剂，目前有关其应用报导还十分罕见。这类速凝剂可以解决一些碱性速凝剂常见的问题，如对地下施工环境的危害、碱集料反应的危害、使用过程中高 pH 值的危害以及对喷射混凝土后期强度的损失等。

这类速凝剂的化学成分既没有有关的文章报道，生产商又没有任何透露。1996年1月，英国的一个试验室对掺入这类速凝剂的混凝土的微观结构进行了研究，没有发现水泥的水化产物有任何改变。

这种外加剂的 pH 值在3～5.5之间，碱含量少于0.3%，它们的常规掺量为胶结料的3%～10%，当掺量恰当时，它能够产生较高的早期强度，其强度曲线可与奥地利《喷射混凝土指南》中的曲线 J2 和 J3 相比。可以采用这种速凝剂进行顶棚施工，施工衬里厚可达300mm。这种外加剂最重要的特性是其后期强度不损失（与空白样相比）。

Florianopalis 高速公路的南部在进行遂道施工时，使用了无碱液体速凝剂和一般铝酸钠速凝剂进行比较，铝酸盐速凝剂的掺量是4%，无碱液体速凝剂是4%和6%，试验结果见表5-4和图5-6。

表 5-4 不同龄期的喷射混凝土强度

龄期	抗压强度（MPa）			
	空白	铝酸盐 4%	非碱性 4%	非碱性 6%
15min		0.44		0.51
30min		0.54		0.55
1h		0.75		0.58
1h30min		0.93		0.72
2h30min				0.84
3h40min			0.74	
4h		4.15		
5h	0.76			
6h		7.03		4.38
6h40min			3.05	
8h	5.97	17.12	5.80	8.52
1d	28.3	20.9	24.8	23.9
5d	31.8	25.2	34.2	36.4
7d	40.3	36.5	42.7	48.02
8d	50.1	41.7	43.5	53.8

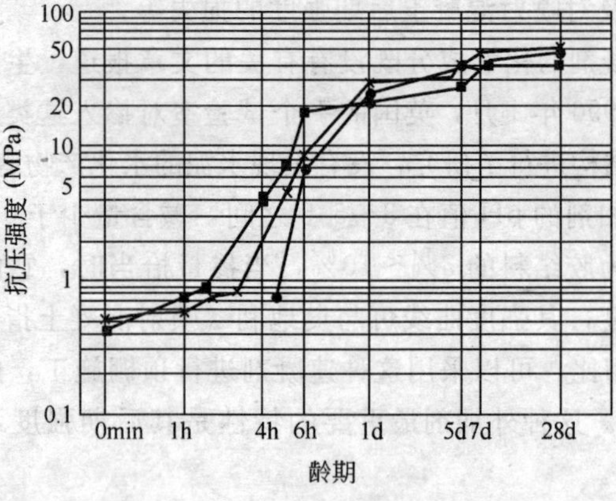

图 5-6 无碱性促凝剂和铝酸钠促凝剂的性能比较

—●—空白；—■—铝酸盐 4%；—×—非碱性 6%
非碱性 4%

表 5-4 中的数据显示铝酸盐速凝剂的早期强度高于无碱液体速凝剂，但是 30min 后的强度则为 6%的无碱速凝剂稍高于铝酸盐速凝剂。

4%的无碱速凝剂的早期强度不甚理想，但 6%的掺量则符合工程设计要求（8h　4.7MPa；24h　11.8MPa；7d　17.6MPa；28d　21.2MPa)。

掺 6%无碱速凝剂 28d 后的强度明显高于铝酸钠速凝剂，甚至高于空白混凝土。

其他使用者也通过对这种速凝剂的试验得出了相同的结论，但是昂贵的价格影响了这种材料的广泛使用。

7. 近来的发展和新趋势

最近，在喷射混凝土速凝剂领域有一些新的发展趋势，主要是针对改善干湿拌混凝土的性能。用外加剂控制水泥的水化、延长初凝时间，这有利于商品混凝土远距离的输送。采用速凝剂破坏塑化剂的反应，在湿拌工艺中突然增加水泥浆的硬度这是一个新的市场发展方向。

喷射混凝土用特殊胶结料的发展是这一领域一个新的趋向，如低硫酸盐含量胶结料、快硬胶结料。并且用硫酸盐含量加添加剂控制凝结，这样可降低速凝剂用量或干脆免去速凝剂。

在喷射混凝土中其他特殊的胶结料近来也被开发。如 Schimidt 介绍的一种特殊的胶结料，活性矿渣掺小剂量的波特兰熟料再加半水石膏；另一种是不含 C_3A 的火山灰水泥，具有较强的抵抗纯水和含硫酸盐水的性能。

最后，硅灰是一种喷射混凝土中广泛使用的材料，虽然它不能被认为是外加剂。它是一种具有很强火山灰活性的物质，既可以提高厚层衬里的粘结性，又可获得较高的早期强度。在许多施工中，使用硅灰可以减小速凝剂的用量。在一些工程应用中，没有明确规定早期强度的值，使用硅灰就可以替代速凝剂，甚至在顶棚施工中。

喷射混凝土，原是一种用量较少的特殊混凝土，现在广泛用于地下基础设施的支护和修复。因此，得到了研究和使用上的高度重视。为提高混凝土的早期强度和环境适应性，速凝剂的研究者开发新的产品和研究新的检测方法对其进行精确评定。目前，市场上有大量的各类产品，但是还需要进一步的研究，开发出既能满足喷射混凝土施工要求又与传统产品成本相差不大的产品，研究成果将毫无疑问地加强干或湿混喷射混凝土施工应用，特别是有助于增强地下工程的安全性和经济性。

第五节 缓 凝 剂

缓凝剂是用来延长凝结时间，使新拌混凝土较长时间保持塑性，以便灌注，提高施工效率。在夏季混凝土施工和大体积混凝土施工中掺用缓凝剂可延缓混凝土的凝结，延长可捣实混凝土时间，延缓水泥水化放热，减少因放热产生的温度应力而使混凝土产生裂缝。除了在大跨度高架桥等预应力混凝土和大坝混凝土中使用它之外，还在填石灌浆施工法或管道施工法的水下混凝土施工、滑模施工的混凝土中使用。在流化混凝土中，缓凝剂与超塑化剂复合使用可以减少坍落度损失。

图 5-7 中，表示各种外加剂对水泥初凝时间的影响，其中二水石膏用作硅酸盐水泥的调凝剂（曲线Ⅰ）；而作为缓凝剂在掺量很少的情况下，初凝时间大大延缓（曲线Ⅳ）；而促凝剂和早强剂随着掺量的增加初凝时间变短（曲线Ⅱ、Ⅲ）。

缓凝剂可分为无机和有机两大类。有机缓凝剂包括：木质素磺酸盐、羟基羧酸及其盐，多元醇及其衍生物，糖类及碳水化合物。其中多数兼有减水作用，故称为缓凝减水剂。它们在延缓凝结时间的同时，还改善新拌混凝土的工作度。图 5-8 中说明缓凝减水剂对混凝土工作度的影响。

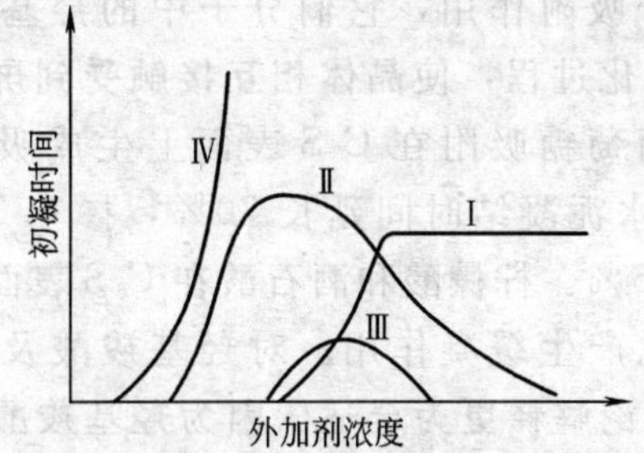

图 5-7　各种外加剂对初凝时间的影响

Ⅰ—$CaSO_4 \cdot 2H_2O$；Ⅱ—亚硫酸钠和硅酸钠；

Ⅲ—硝酸钙和氯化钙；Ⅳ—磷酸盐，酒石酸盐

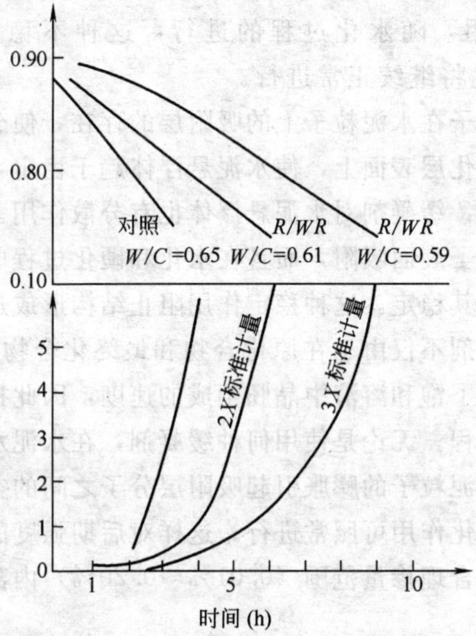

图 5-8　缓凝减水剂（*R*/*WR*）对工作度的影响

缓凝剂对水泥缓凝的理论有：吸附理论，生成络盐理论，沉淀理论和控制氢氧化钙结晶生长理论。多数有机缓凝剂有表

面活性，它们在固-液界面产生吸附，改变固体粒子表面性质，即亲水化。由于吸附作用，它们分子中的羟基在水泥粒子表面，阻碍水泥水化过程，使晶体相互接触受到屏蔽，改变了结构形成过程。葡萄糖吸附在 C_3S 表面上生成吸附膜，因此掺 0.1%葡萄糖使水泥凝结时间延长 70%，掺 0.015%使 C_3S 的凝结时间延长 65%。柠檬酸和酒石酸在 C_3S 表面生成不溶性钙盐的膜层，因此产生缓凝作用。对羟基羧酸及其盐的缓凝作用，用络合物理论解释更为合适。因为羟基羧酸盐是络合物形成剂。它们能与过渡金属离子形成稳定的络合物，而与碱土金属离子（如 Ca^{2+}，Mg^{2+}）只能在碱性介质中形成不稳定的络合物。正因如此，羟基羧酸及其盐能与水泥中的 Ca^{2+} 离子形成不稳定络合物，在水化初期控制了液相中的 Ca^{2+} 离子的浓度，产生缓凝作用，随水化过程的进行，这种不稳的络合将会破坏，这样水化将继续正常进行。

缓凝剂分子在水泥粒子上的吸附层的存在，使分子间的作用力保持在厚的水化层表面上，使水泥悬浮体趋于稳定，并阻止水泥粒子凝聚。因此，缓凝剂对水泥悬浮体也有分散作用。它们不但在原胶凝物质的粒子表面吸附，而且在水化和硬化过程中吸附在新相的晶胚上，并使其稳定。这种稳定作用阻止结构形成过程，并降低早期强度。缓凝剂不仅由于在原化合物和最终化合物上的吸附作用，而且由于改变了饱和溶液中晶胚生成的速度，因此控制了胶凝物的水化和硬化过程。无论是使用何种缓凝剂，在水泥水化继续进行过程中，由于水泥粒子的膨胀引起吸附层分子之间的空隙扩大或膜层破裂，因此水化作用可照常进行。这样对后期强度的发展几乎没有坏的影响，在合理掺量范围（0.01%～0.20%）内甚至可以增加后期强度。

缓凝作用的机理另一观点认为，缓凝剂吸附在 $Ca(OH)_2$ 的核上，抑制了其继续生长，在达到一定过饱和度之前，$Ca(OH)_2$ 的生长将停止。这个理论中重点放在缓凝剂在 $Ca(OH)_2$ 上的吸附，而不是在水化产物上吸附。但是，研究表明仅仅抑制或改变 $Ca(OH)_2$ 生长和状态不足引起缓凝，而更重要的是缓凝剂在水化的 C_3S 上的吸附。

有机缓凝剂主要是使 C_3A 水化减慢，木质素磺酸盐更使 C_4AF 的水化延缓。但木质素磺酸盐的成分不相同，具有不同性质，有时会使水泥浆发生假凝现象。有的学者认为，木质素磺酸盐并不阻碍 C_3A 的水化，只是在六方晶相和六方晶相的水化铝酸钙与木质磺酸盐的接触界面发生不可逆的吸附现象，而各晶相的吸附程度又不尽相同。但是，木质素磺酸盐对 C_3S 的作用就不一样，它阻碍 C_3S 的水化，特别是在其浓度较高时更是如此。不过，如果同时还有 C_3A 存在时，C_3S 又会重新水化，并还会发生不可逆吸附。

有机缓凝剂中，特别是各种羟基羧酸及其盐，如：酒石酸、柠檬酸、苹果酸、水杨酸、葡萄糖酸及它们的盐是常用的缓凝剂，它们往往与促凝剂或速凝剂一起复合用于快凝快硬水泥的调凝，其中以葡萄糖酸盐的效果最佳。

根据以上论述和有关文献资料，现将三种类型的缓凝剂或缓凝减水剂，即木质素磺酸钙、葡萄糖和葡萄糖酸盐对不同的水泥矿物体系水化过程的影响列入表 5-5 中。由此看出，三种缓凝剂对不同矿物体系水化反应过程的影响各不相同，影响的程度也有差异。

无机缓凝剂包括：硼砂、氯化锌、碳酸锌、铁、铜、锌和镉的硫酸盐，磷酸盐和偏磷酸盐等。由于缓凝作用不稳定，因此不常使用，它们的作用机理在于在水泥粒子表面形成难溶性膜，阻碍水泥水化过程。

值得提出的是各种磷酸盐缓凝剂近年来研究得比较多。图 5-9 为水泥浆掺和不掺磷酸盐时水化放热情况。混合物中外加剂掺量相当于水泥重量 0.3% 的 P_2O_5。由图可见，正磷酸（H_3PO_4）的缓凝作用不大，而各种磷酸盐的缓凝作用却较强，对于铝酸盐含量高的水泥，当掺入的外加剂由磷酸二氢钠改变为磷酸氢二钠或磷酸钠时，会出现瞬凝现象。

表 5-5 缓凝剂对不同水泥矿物体系的水化过程的影响

体系	木质素磺酸钙（Ⅰ）	葡萄糖（Ⅱ）	葡萄糖酸盐（Ⅲ）
C_3S	使 C_3S 水化减慢	碳水化合物使 C_3S 水化减慢发生在新生的水化最终产物的结晶阶段。蔗糖、葡萄糖分子吸附在晶胚上，阻晶胚继续增长	对 C_3S 水化延缓在水化的前几分钟的 C_3S 溶解和水解阶段，在带正电粒子上形成吸附层，阻碍 C_3S 继续溶解和水解。浓度低时，在新生物结晶阶段减缓 C_3S 水化
C_3A	不影响 C_3A 水化速度及六角型水化铝酸盐相重结晶成立方型	对 C_3A 水化速度影响小，但晶体转化过程稍有减慢	明显影响 C_3A 水化速度和转化过程
$C_3S-C_4AF-\overline{CS}H_2$	延缓 C_3S 水化，但比（Ⅱ）（Ⅲ）差	加速钙矾石形成，延缓 C_3S 水化	加速钙矾石形成，明显延缓 C_3S 水化
$C_4AF-CSH-H$	使钙矾石形成和转化成单硫铝酸盐，减慢延缓效果：（Ⅲ）＞（Ⅰ）＞（Ⅱ）		
$C_3A-\overline{CS}H_2$ $-CH-H$	不影响钙矾石生成和转化速度	减慢钙矾石生成和转化速度	不影响钙矾石生成和转化速度
对硅酸盐水泥的缓凝作用	（Ⅱ）＞（Ⅲ）＞（Ⅰ）		

注：此表由作者根据有关资料整理而成。

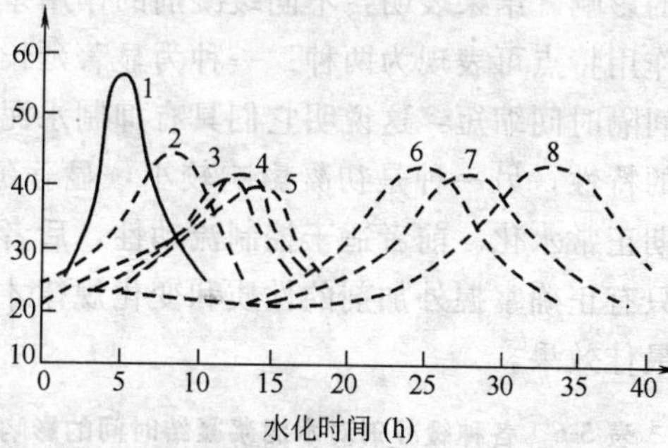

图 5-9 各种磷酸盐对水泥水化热的延缓作用

(450LN 波特兰水泥)

1—不掺；2—H_3PO_4；3—$NaH_2PO_4 \cdot 2H_2O$；4—$Na_2HPO_4 \cdot 2H_2O$；5—$Na_3PO_4 \cdot 10H_2O$；6—$Na_6P_4O_{13}$；7—$Na_5P_3O_{10}$；8—$Na_4P_2O_7$；2～8 掺量以 P_2O_5 计为水泥重量 0.3%

二聚磷酸、三聚磷酸盐以及多聚磷酸盐都能大大延缓凝结时间，其中最强的缓凝剂是中性的焦磷酸钠（$Na_4P_2O_7$）。不仅阴离子影响凝结时间，而且阳离子也会影响凝结时间。磷酸二氢钾的缓凝作用比磷酸二氢钠和磷酸二氢钙强得多，而且最高温度峰也有所降低。研究证明，各种磷酸盐都能使 C_3S 大大缓凝，其显著的缓凝作用可能是在熟料相表面形成了“不溶性”磷酸钙的缘故，从而阻碍了正常水化的进行。

此外，研究证明磷酸三钠（掺量 0.5%）和它的复合外加剂（Na_3PO_4＋СДБ）掺入混凝土中能改善混合物的和易性和使 28d 强度提高 15%～40%。这种外加剂能降低开放孔的数量，而增加封闭孔的数量，因此大大提高混凝土的抗渗性和抗冻融性。掺磷酸盐使诱导期延长，因此它们是有效的缓凝剂。

作为性能好的缓凝剂应当在掺量少的情况下具有显著的缓凝作用，而在一定掺量范围（0.01%～0.2%）内凝结时间可调整性强，并且不产生异常凝结。另外，最理想的是使初凝时间延缓较长，而初凝与终凝之间时间间隔要短。表 5-6 中列举了各种缓凝剂对水泥浆凝结时间的影响。结果表明，不同缓凝剂的作用差别较大。在较低掺量下其作用特点可表现为两种：一种为显著延长初凝时间，但初凝和终凝间隔时间缩短，这说明它们具有抑制水泥初期水化和促进早期水化的特性；另一种是初凝影响较小，显著延长终凝时间，但不影响后期正常水化。前者适于控制流动性，后者适于控制水化热。因此，只有正确掌握外加剂的性质和变化规律才能合理使用外加剂，达到最佳效果。

表 5-6 各种缓凝剂对水泥浆凝结时间的影响

外加剂种类	掺量(%)	$W/C=0.29$		$W/C=0.245$ 掺 UNF-51%	
		初凝（min）	终凝（min）	初凝（min）	终凝（min）
空白	0	125	190	160	210
水杨酸	0.05	170	218	—	—
柠檬酸	0.05	170	265	240	397
	0.10	295	475	415	590
蔗糖	0.05	255	288	357	395
	0.10	465	520	—	—
三乙醇胺	0.05	205	260	340	375
聚乙烯醇	0.10	225	356	240	475
甲基纤维素	0.05	145	240	200	355
	0.10	170	350	—	—
羧甲基纤维素钠盐	0.05	125	240	188	345
	0.10	175	265	282	405
磷酸	0.05	262	298	340	410
	0.10	350	430	410	470

注：冀东 525# 水泥。

研究温度对缓凝剂与硅酸三钙（C_3S）作用的影响表明，有机缓凝剂醇、酮、酯和羟基羧酸（如乳酸、柠檬酸等）及其盐在不同温度（20℃、40℃、60℃和 80℃）时对 C_3S 水化放热的影响呈现不同的结果。醇、酮、酯在高温时，保持对 C_3S 水化过程的缓凝作用；而有机酸及其盐在高温时，缓凝效果明显降低。为了增强缓凝效果，即保证有机酸及其盐在高温时对 C_3S 水化过程的相同缓凝作用，必需增加它们的掺量。

常用的缓凝剂和缓凝减水剂的掺量（按水泥重量的百分数计）为：糖蜜类掺量为 0.1%～0.3%；木质素磺酸盐类为 0.2%～0.3%；羟基羧酸及其盐类为 0.01%～0.10%；无机缓凝剂为 0.1%～0.2%。

现将各种缓凝剂对水泥砂浆各龄期强度的影响的试验结果列入表 5-7 中。从表中的数据可以看出：随着缓凝剂掺量增加，缓凝作用增强；在合理的掺量范围内，掺缓凝剂不会影响后期（28d）强度，甚至有所提高；超剂量使用缓凝剂不但产生严重缓凝，而且使后期强度明显降低。因此，在使用缓凝剂和缓凝减水剂时，应根据水泥品种和等级强度，混凝土配比和水泥用量，对缓凝时间的要求以及环境温度，通过实验确定缓凝剂的最佳掺量。超剂量掺用将产生工程质量事故，甚至造成严重的后果。

表 5-7　掺缓凝剂砂浆的抗压强度（*CS*）和抗弯强度（*FS*）（MPa）

缓凝剂种类	掺量（%）	1d		2d		7d		28d		90d	
		CS	*FS*	*CS*	*FS*	*CS*	*FS*	*CS*	*FS*	*CS*	*FS*
无	0	11.8	3.5	21.6	4.8	37.8	7.6	45.3	8.6	53.9	8.8
蔗　糖	0.5	10.0	2.9	21.6	5.0	47.1	7.8	59.8	8.1	62.8	8.2
蔗　糖	1.0	1.3	0.4	11.8	2.8	43.2	7.6	53.2	7.9	60.3	9.4
葡萄糖	1.0	7.1	2.0	23.7	4.9	36.8	6.7	53.4	7.5	58.8	7.9
葡萄糖	2.0	1.0	0.1	8.3	2.5	27.9	5.5	45.6	7.4	51.5	7.9
磷　酸	0.5	7.1	1.8	18.1	4.2	48.1	7.6	60.8	8.3	71.1	8.1
磷　酸	1.0	2.2	0.5	14.7	3.3	45.1	7.6	64.7	8.5	74.0	8.6
磷　酸	2.0	1.2	0.2	12.3	3.2	44.1	7.7	60.3	7.5	69.6	8.0

参考文献

1. 郑忠. 胶体科学导论. 305～381，高等教育出版社，1989

2. 第六届国际水泥化学会议论文集（中译本）. 中国建筑工业出版社，1980

3. 同济大学科技情报站. 速凝剂机理探讨，1980

4. 德国专利 №3537274

5. 日本特许公开　昭 61－40853

6. M. Collepar. J. Amer. ceram. soc. 68，PP126～133，1985

7. Monosi saveria. Cem and concr Rec. 13，№4，PP168～174，1983

8. 美国混凝土学会 212 委员会报告. 混凝土外加剂. 混凝土外加剂应用指南. 中国建筑研究院混凝土研究所印，1982

9. V. S. Ramachandran 等著. 混凝土化学外加剂国际研究最新进展. 王栋民等译，中国建材研究院，2000

第六章　引气剂和引气减水剂

引气剂是在搅拌混凝土过程中能引入大量均匀分布、稳定而封闭的微小气泡的外加剂。引气剂的掺量通常在 0.002%～0.01%，使混合物中引气量达到 3%～5%。据估计，在此情况下，每立方米混凝土中将引入 5000 亿～8000 亿个小气泡，因此改善了新拌混凝土的和易性，使硬化混凝土的抗融性、耐久性得到显著提高。

在 20 世纪 30 年代，美国、日本、英国等就开始使用引气剂。在美国，引气混凝土的应用得到很大的发展。这是由于美国公路交通的发展，混凝土公路路面破坏严重。尤其是冬天用食盐或氯化钙溶化公路路面冰雪时，对混凝土路面破坏更为严重。于是在调查中发现，普通混凝土抗冻融性较差，而用油脂类物质（如牛脂、鱼脂、松树脂）作助磨剂的水泥，其混凝土路面抗冻融性很好。由于含有这些表面活性物质，降低了水的表面张力，在混凝土搅拌过程中产生均匀、稳定的小气泡，从而提高了混凝土的抗冻融性和耐久性。后来，由使用这种“引气水泥”发展到在混凝土搅拌时掺入引气剂。而木松香精制过程中的副产品——文沙（Vinsol）树脂成为最早获得专利权的混凝土引气剂，一直沿用到现在。

第一节　气泡的形成和稳定

混凝土引气剂是一类表面活性物质，按照它们的分子结构可分为离子型和非离子型两大类。其中离子型引气剂又分为阴离子型、阳离子型和两性型。常用的引气剂有：松香皂及改性松香皂、烷基磺酸盐和烷基苯磺酸盐、饱和或不饱和脂肪酸钠、木质素磺酸盐、烷基酚聚氧乙烯醚、蛋白质水解物、皂角粉等。

引气剂实际上是气泡形成剂。在水中产生泡沫时，形成气液分散体系，要得到稳定泡沫必须有起泡剂存在，它吸附在气-液界面上并降低其表面张力。当单个气泡在毛细管中形成时，它受到两种力的作用。一种是气泡所受到的浮力 f_1，其大小为：

$$f_1 = \frac{4}{3}\pi R^3 g\rho \tag{6-1}$$

式中 R——所形成气泡的半径；

g——重力加速度；

ρ——液体的密度（严格来说应为液-气之间的密度差）。

另一种力是在毛细管上形成的气泡所受到的表面引力 f_2，它是阻碍气泡离开毛细管的力。其大小可近似为：

$$f_2 = 2\pi r\sigma \tag{6-2}$$

式中 r——毛细管半径；

σ——液体表面张力。

当两种作用力相等时，即 $f_1 = f_2$，则得：

$$R^3 = \frac{3r\sigma}{2g\rho} \tag{6-3}$$

（6-3）式表示气泡刚能离开毛细管时的半径，故称为临界半径。这就是说，只有气泡的半径大于 R 值时，它才能形成泡沫中的气泡。由此得出，形成气泡的大小取决于 r、ρ 和 σ。要形成稳定的小气泡必须降低表面张力 σ。此外还受气体的流速和液体粘度的影响。

从表面活性剂溶液中生成泡沫首先应使空气进入溶液中。为此可以使用某些机械方法使进入溶液中的空气被周围的溶液包围形成气泡。此时，瞬间生成憎水基朝气泡内部，亲水基朝向液相的吸附膜。形成的气泡由于溶液的浮力而上升，冲向溶液的表面。如满足适当条件，当气泡正在从表面向外部空气相中逸出时，便形成双分子膜。被双分子膜包围起来的气泡释入空气中的状态如图 6-1 所示。

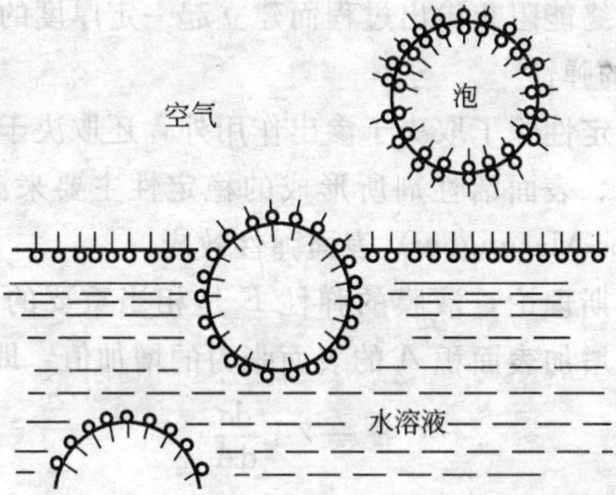

图 6-1 气泡形成示意图

所形成泡沫的双分子膜之间含有大量活性剂溶液，因重力作用而产生压力差，使溶液向稳定的方向流动，膜的厚度则随时间而变薄，由于溶液从膜排出（脱水），最后导致气泡破灭。

影响泡沫稳定的因素有：

1. 水化表面活性剂的膜层的厚度

气泡的液膜中液体渗出的平均速度取决于液体的粘度、密度及液膜层的厚度，其关系式如下：

$$v_{平均} = \frac{\rho g \delta^2}{8\eta} \tag{6-4}$$

式中 $v_{平均}$——液体渗出的平均速度；

ρ——液体密度；

g——重力加速度；

η——液体粘度；

δ——液膜层厚度。

在室温下水从膜渗出的平均速度为：

$$v_{平均} = 1.2 \times 10^6 \delta^2 (\text{m/s})$$

如果膜厚为 10^{-6} m，则液体向下流动的平均速度大约为 10^{-6}

m/s。此时渗出的过程已极为缓慢。起泡剂溶液可形成亚稳定的泡沫，因为它最终能阻止渗出过程而建立起一定厚度的平衡膜。

2. 液膜的弹性

泡沫的稳定性除了取决于渗出作用外，还取决于膜的抗破坏能力。加入皂类、表面活性剂所形成的稳定性主要来源于吉布斯-马林高里（Gibbs-Marungoni）表面弹性效应。

根据吉布斯理论，液膜的弹性 E 是相当重要的性质。它被定义为每个粒子增加表面积 A 的表面张力的增加值，即：

$$E = 2A\frac{\mathrm{d}\sigma}{\mathrm{d}A} \tag{6-5}$$

对于二组分体系，则：

$$E = 4(\Gamma_2)^2\left(\frac{\mathrm{d}\mu_2}{\mathrm{d}m_2}\right) \tag{6-6}$$

式中 E——膜的弹性；

Γ_2——组分 2 在液面上的过剩浓度；

μ_2——组分 2 的化学势；

m_2——组分 2 在单位面积膜上的数量。

从（6-6）式看出，吸附量 Γ_2 越大，形成的泡沫越稳定。对于纯液体（如水）$\Gamma_2=0$，故 $E=0$，所以纯液体不能形成稳定的泡沫。当加入表面活性剂后，使 Γ_2 增加，E 值增大。E 很大时，得到大而稳定的泡沫，这对引气混凝土是不合适的。通常 $E=10\sim40\mathrm{mJ/m^2}$。

3. 液体粘度及表面粘度

从式（6-4）可见，液体粘度提高会减慢液膜中液体渗出的平均速度，使液膜不容易变薄。另一方面，提高液体粘度会减慢表面活性剂分子的扩散速度，提高了“马林高里”效应，对泡沫稳定有利。而提高表面粘度会促使牢固的表面膜的形成，增加泡沫的稳定性。加入保护胶体或固体粉末，它们可以浓集在界面上或定向排列，或相互交织而提高膜的机械强度，这都有利于形成稳定的泡沫。

4. 液膜表面电荷

如果液膜的上下表面带有相同电荷，液膜受到外力挤压时，则表面上有相同电荷的排斥作用，可以防止液膜排液变薄。用离子型表面活性剂作起泡剂就有此特点，如十二烷基硫酸钠作起泡剂时，$C_{12}H_{25}SO_4^-$的基团排列在液膜的两边表面，使液膜带负电。Na^+离子则分散在液膜的中间，与$C_{12}H_{25}SO_4^-$离子组成了表面扩散双电层。当液膜变薄时，两边表面的静电斥力起重要作用。当然这种作用也仅在液膜较薄时才有，因为液膜较厚时是觉察不到的。此外，液膜中的电荷排斥力会受到溶液中电解质浓度的影响，因为电解质浓度能影响表面电位的分布，直接影响到液膜斥力。电解质浓度提高，使液膜变薄，这是由于双电层斥力减弱的缘故。

作为多相体系，泡沫的稳定性似应随液体表面张力的降低而增加。事实上，许多表面张力很低的纯有机液体根本不能起泡，而表面活性不算很高的蛋白质却能形成很稳定的泡沫，这说明表面张力并非是决定泡沫稳定性的重要因素。实验证明，决定泡沫稳定的关键因素是液膜的表面粘度与弹性。在起泡剂溶液中加入少量极性有机物（稳泡剂），二者形成表面粘度很大的混合膜，可以大大提高泡沫的稳定性。例如，月桂酸钠溶液中加入少量月桂酰异丙醇胺，其表面粘度增加，形成的泡沫寿命也相应提高。常用的稳泡剂是尼纳尔（月桂酰二乙醇胺）。在十二烷基苯磺钠，或十二醇硫酸钠中加入少量尼纳尔，可以得到相当稳定的泡沫。十二烷基二甲基胺的氧化物［$C_{12}H_{25}N(CH_3)_2=0$］也是常用的稳泡剂，其效率超过尼纳尔。此外，蛋白质、明胶、骨胶等，对泡沫也是良好的稳定剂。例如，松香皂溶液中加入少量骨胶，能形成稳定的泡沫，用于生产泡沫混凝土。

与起泡剂的作用相反，还有一类消泡剂。消泡剂能抑制泡沫的形成和能破坏已形成的泡沫。消泡剂的作用机理是它们进入液膜中降低液体的粘度，形成新的低表面粘度界面，使液膜失去弹性，加速液体渗出过程，最终使液膜变薄而破裂。常用的消泡剂有：具有分支结构的醇（如异丙醇、异戊醇）、高碳醇（二异丁基甲醇）、脂肪酸及脂肪酸酯类（如豆油、蓖麻油等）、酰胺类（如二硬酯酸酰乙二胺等）、磷酸酯类（磷酸三丁酯）、有机硅化合物（烷基硅油）、含氟有机物等。有时将消泡剂与起泡剂配合使用，借以控制起泡的程度。

第二节　混凝土含气量及气泡分布

不掺引气剂的混凝土，由于搅拌过程中带入了空气，使混凝土有1%～2%的含气量。在此情况下，带入的气泡很不均匀，形状也不规则，对提高混凝土的抗冻性不会产生有利的影响。如果掺适量的引气剂或引气减水剂，使混凝土中的含气量达到3%～5%（体积百分数），并且在硬化混凝土中形成均匀、稳定的小气泡（约20～1000μm），其中大多是200μm以下的溶胶性气泡，大量的小气泡存在对提高混凝土的抗冻性、抗渗性及耐久性是十分有利的。问题的关键是如何控制引气量以及硬化混凝土中的气泡结构。

混凝土中掺入引气剂，在搅拌过程中由于引气剂的表面活性作用能显著降低气液表面张力，导致拌合物中产生大量均匀、稳定的小气泡，构成固-液-气多相分散体系。根据拉普拉斯（Laplace）公式：$\Delta P=2\sigma/r$，气泡越小（r越小），内外压差（ΔP）越大。在拌合物运输、放置、浇注等过程中，气泡受搅动而产生气体迁移，小泡并成大气泡，最后气泡破灭。这个过程是在不断进行着的，而影响迁移速度的因素十分复杂，这给控制含气量带来困难。在水泥水化过程中，气泡膜和周围液相中的分子（或离子）产生交换，表面活性剂的溶解度也在不断地变化。许多文献指出，一些阴离子表面活性剂在含钙离子（Ca^{2+}）高的水泥浆溶液中形成不溶性钙盐，并吸附在细小的水泥粒子周围和气泡膜上，因此提高了气泡稳定性，防止气泡破灭。由试验结果（表6-1）可以看出，在饱和氢氧化钙溶液中，松香皂所产生的气泡的稳定时间大大延长。由此证明了上面的观点。

表 6-1　气泡稳定性试验结果

松香皂溶液浓度（%）	泡沫存在时间（min）	
	纯　水	$Ca(OH)_2$ 溶液
0.02	31	380
0.04	54	410
0.08	103	390

产生气泡（或泡沫）的过程，体系的气液界面增大，因此表面自由能增加，是热力学不稳定体系。要获得一定的稳定性，必须存在表面活性剂，降低其表面张力。现将松香皂的浓度与表面张力的关系曲线绘于图 6-2 中。

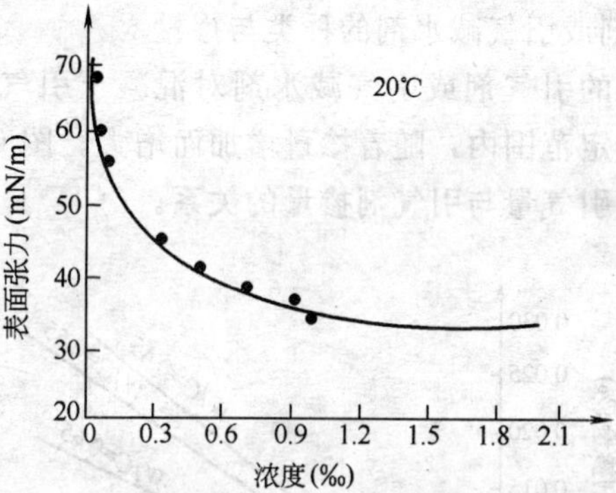

图 6-2　松香皂溶液浓度与表面张力的关系

但是气泡的稳定性与静表面张力不是简单关系，还需要有其他条件，包括在气泡周围形成牢固的膜层，这层膜要有一定的机械强度（这是使气泡稳定的重要因素）；要有适当膜表面粘度，使液膜不易流失；膜的动电电位，即加入离子型起泡剂，使气泡膜带电能阻止气泡的聚结，使气泡稳定。

混凝土中的气泡处在多相体系中，情况更为复杂。目前认为测定外加剂的密度、pH 值、表面张力、起泡能力等物性指标能判定其质量，其实这些指标与掺外加剂混凝土的性能并没有直接的关系，由此鉴定外加剂的品质是困难的。因此，必须根据掺外加剂混凝土的特性来间接判定外加剂品质的优劣。

新拌混凝土中气泡的性质，包括含气量、气泡的大小及其分布，在拌和后的运输、操作、浇注、捣实和抹平各阶段的变化过程和变化机理还没有被人们认识清楚。因此有必要发展快速准确测定这个变化的方法及与此有关的物理化学方面的研究。

掺引气剂（或引气减水剂）以后，混凝土在搅拌时会引进大量微气泡，这是众所周知的。但是引气量的大小对任何一种引气剂来说，绝不是一个定值，它受诸多因素的影响，变化很大。

一、影响含气量的因素

1. 引气剂或引气减水剂的种类与掺量

不同种类的引气剂或引气减水剂对混凝土引气量的影响不一样，但都在一定范围内，随着掺量增加而增大。图 6-3 表示不同水灰比情况下，引气量与引气剂掺量的关系。

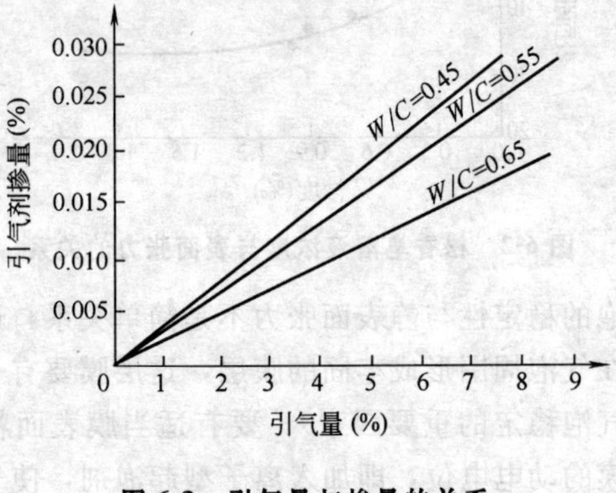

图 6-3 引气量与掺量的关系

通常，高级直链表面活性剂，如十二烷基磺酸钠和十二烷基苯磺酸钠具有很好的起泡能力，但泡沫稳定性差，形状不规则（大泡呈多面体）。非离子型表面活性剂气泡稳定性差，引气效果不好。皂类表面活性剂起泡能力和稳定性都很好，特别是松香皂类能产生均匀、稳定的微气泡，因此是首选的引气剂。美国的文沙（Vinsol）树脂引气剂沿用到现在的原因就在此。

2. 混凝土的组成材料及配合比

（1）水泥品种与细度。水泥品种对含气量的影响如图6-4所示，由此看出，相同的外加剂对矿渣水泥和粉煤灰水泥的引气量小一些。另外，水泥细度大，引气量减少。换句话说，要达到一定的引气量（3%～5%）需增加剂量。

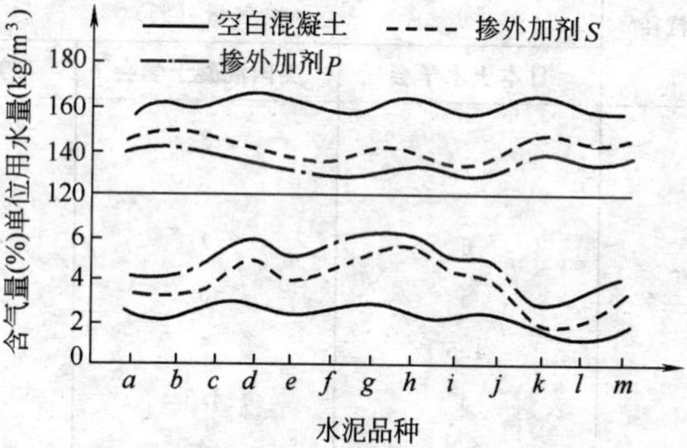

图6-4　水泥品种和单位用水量、含气量的关系

a～*i* 普通水泥；*j*～*k* 矿渣水泥；*l*～*m* 粉煤灰水泥

（2）粉煤灰的性质。粉煤灰对表面活性剂有较强的吸附作用，因此混凝土掺粉煤灰后，引气剂或引气减水剂的剂量要加大几倍。

（3）集料的种类。卵石混凝土的含气量一般大于碎石混凝土的含气量，采用人工砂比天然砂需多一倍的引气剂。

（4）集料最大粒径。粗集料最大粒径越大，在相同掺量下引气量越小，如图6-5所示。因此随着最大粒径的变化，要选择相适宜的引气量（见表6-2）。

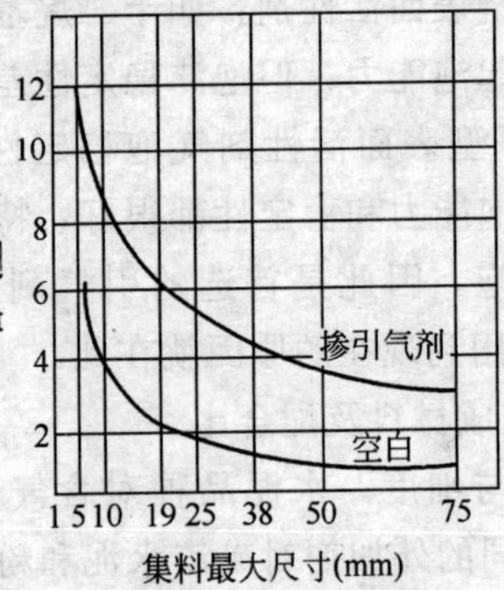

图 6-5 粗集料最大粒径与含气量的关系

表 6-2 粗集料最大粒径与含气量的关系

粗集料最大粒径(mm)	含气量(%)		
	日本土木学会	美国混凝土学会	美国垦务局
10	—	8	—
13	—	—	6±1
15	6	7	—
20	5	6	5±1
25	4.5	5	4.5±1
40	4	4.5	4±1
50	3.5	4	4±1
86	3	3.5	3.5±1
100	—	3	3±1

(5) 细集料粒径与级配。如表 6-3 所示，粒径为 0.15～0.59mm 的细集料使砂浆中引入的空气量较大。

表 6-3 细集料粒径与砂浆含气量的关系

砂的粒径(mm)	1.17～0.59	0.59～0.30	0.30～0.15	0.15
砂浆含气量(%)	15～20	30～35	45～50	0～1

(6) 集料中的杂质。可能增加或降低含气量。

(7) 拌合水。在相同引气剂剂量下，拌合水量增大，引气量增加。水的硬度大，混凝土含气量减小。

(8) 砂率。图 6-6 表示砂量与含气量的关系，当砂量减少时，含气量减少。减小程度与是否掺引气剂无关。

(9) 单位水泥用量。图 6-6 中的曲线表明，单位水泥用量（334 和 279kg/m³）对含气量影响不大。

(10) 坍落度。图 6-7 表示不同坍落度下，引气剂掺量与含气量的关系。由此可以看出，为了引入所需的空气量，坍落度越大，则引气剂掺量越小。

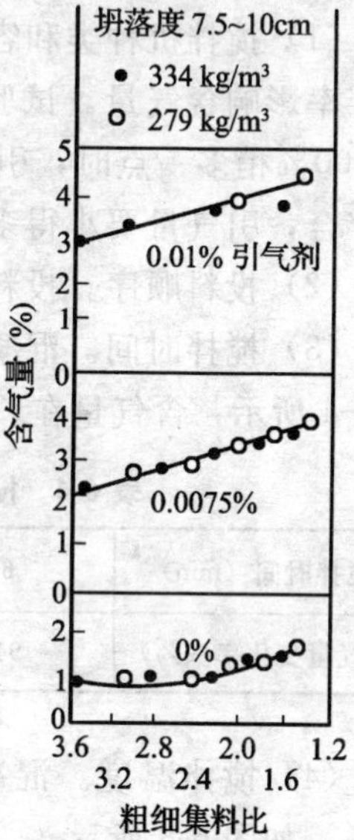

图 6-6 砂量与含气量关系

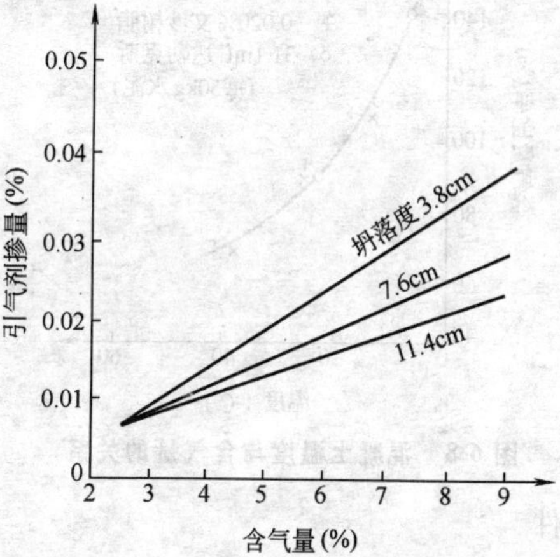

图 6-7 引气剂量、含气量与坍落度的关系

3. 拌合条件

(1) 搅拌机种类和容量。不同搅拌机种类、搅拌的混凝土量和搅拌率影响含气量。试验发现，从搅拌量为搅拌能力的40%增大到100%稍多一点时，引气量从4%增加到8%。试验时若采用人工拌合，引气量要小得多。

(2) 投料顺序。投料顺序不同，含气量也变化。

(3) 搅拌时间。混凝土搅拌时间过长，一般是含气量减小。如表6-4所示，含气量在12min时最大，延长后含气量减小。

表6-4 搅拌时间与含气量变化率的关系

搅拌时间（min）	6	12	30	90
含气量变化率（%）	94	100	86	58

(4) 搅拌温度。混凝土温度增高10℃，含气量减小20%～30%，如图6-8所示。

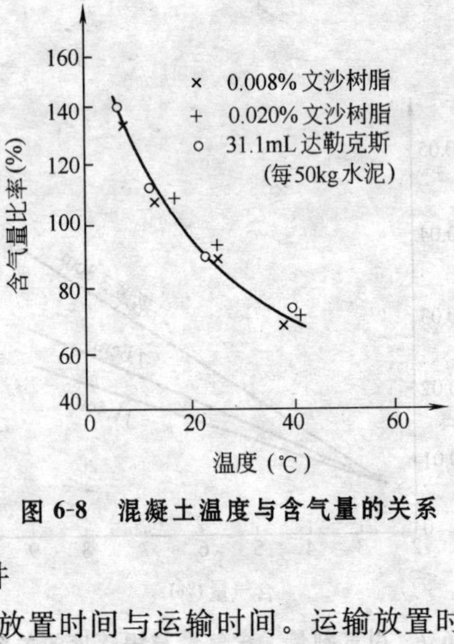

图6-8 混凝土温度与含气量的关系

4. 浇灌条件

(1) 搅拌后放置时间与运输时间。运输放置时间越长，含气量损失越大。但条件（如剂种）不同时，含气量损失率不同。

(2) 振捣方法与振捣时间。图 6-9 表示在不同振捣方法的情况下，振捣时间与含气量的关系。图 6-10 是在不同坍落度下，振捣时间与含气量的关系。两图中的曲线表明，振动时间越长含气量减少越多。用振捣器对混凝土进行内部振捣比在运输过程中的外部振动含气量下降得多。尤其是采用高频振捣，含气量损失更为显著。

(3) 泵送施工。在泵压作用下，含气量降低。但损失率也因剂种不同而变化。

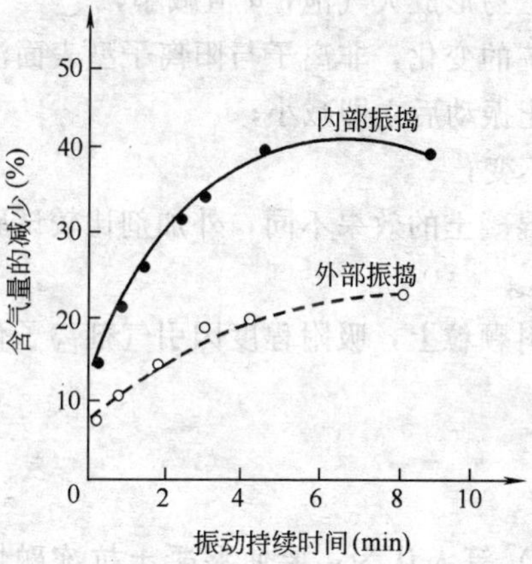

图 6-9 振动方法和时间对含气量的影响

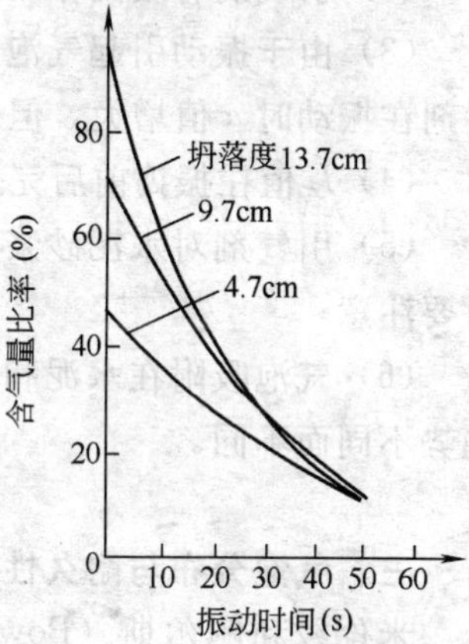

图 6-10 坍落度、振动时间对含气量的影响

二、气泡的分布及其影响

硬化混凝土中气泡的分布对其强度、抗冻性和耐久性有直接影响。因气泡结构，即气泡直径及其分布状态的不同而影响程度不同。一般使用优质的引气剂或引气减水剂后，混凝土中的气泡呈球形，泡径多在 20～200μm，而1m^3混凝土中有 5000～8000 亿个这种微气泡。为了定量表示引气剂所引进的气泡形态，采用泡径大小及分布、气泡比表面积 α 以及气泡间隔系数 L 来描述。这些数据是通过取硬化混凝土试样的一定部位的试样，经磨抛处理后，用读数显微镜在一定线长（通常为2m）内观测气泡大小、个数、气泡间距经统计计算得到的。α 是气泡的表面与体积之比值。L 表示气泡间距大小，用平均值表示。一般来说，气泡小，α 值则大、而 L 值就小。关于引气剂引进气泡的规律，米伦兹（Mielenz）论述如下：

（1）掺引气剂的混凝土硬化后的含气量比新拌混凝土大。这与测定方法不同有关；

（2）引气剂有缓凝作用时，易形成大气泡，α 值减小；

（3）由于振动引起气泡系统的变化，非离子与阳离子型表面活性剂在振动时 α 值增大，但停止振动后立即减小；

（4）L 值在振捣前后完全不变；

（5）引气剂对水泥砂浆和混凝土的效果不同，外加剂比较试验时要注意；

（6）气泡吸附在水泥和集料颗粒上，吸附程度因引气剂离子化趋势不同而不同。

三、气泡分布与耐久性

米伦兹和鲍尔斯（Powers）等人认为：要使混凝土抗冻融性良好，气泡间隔系数最好控制在200μm以下。从图 6-11 可以清楚看到混凝土因冻融作用产生膨胀，在 L 值大于250μm时变化较显著，小于200μm具有好的抗冻融性。表 6-5 中的数据表明，在含气几近相同时，随着水灰比减小气泡间隔系数变小，α 值变大。因此对于抗冻融循环有效的微气泡增加，耐久性提高。实践证明，采用 $ASTMC_{457}$ 所规定的方法测定硬化混凝土的含气量、气泡比表面积和间融系数，并与混凝土配合比的研究相结合，在评定混凝土抗冻融耐久性上有很大的把握。

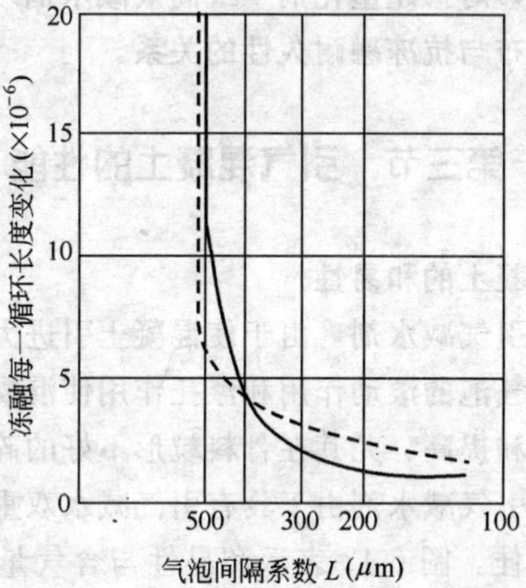

图 6-11 间隔系数与长度变化的关系

表 6-5 引气混凝土抗冻性有关数据

水灰比	引气剂掺量 (mL/m³)	含气量 (%)	比表面积 α (cm⁻¹)	间隔系数 L (μm)	冻融循环一次膨胀率 (%)
0.35	2900	4.8	543	110	0.00004
0.45	1300	4.7	375	140	0.00014
0.55	800	5.2	315	150	0.00021
0.65	600	4.9	260	185	0.00026
0.75	500	5.3	195	225	0.00035

注：引气剂为天然树脂系；水中快速冻融法。

但是，这些方法也有一定的局限性，因此早就有人又从其他角度，如从保护浆体的概念出发，采用不同的计算方法来表示混凝土的气泡分布与耐久性的关系。

尤其是掺超塑化剂，通常使引气混凝土的平均间隔系数远超过上述限制值（200μm），但还是有良好的抗冻融耐久性。有资料指出，对抗冻融性的提高主要是0.3～2μm孔的含量提高，掺超塑化剂使大孔含量增多，但0.3～2μm的孔含量保持不变，及保持高的抗冻融性。因此，对掺超塑化剂（或高效减水剂）的混凝土，有必要找出新的孔分布与抗冻融耐久性的关系。

第三节　引气混凝土的性能

一、新拌混凝土的和易性

掺引气剂和引气减水剂，由于使混凝土引进大量微小且独立的气泡，这些球状气泡的滚动作用和浮托作用使混凝土和易性和稳定性得到大大改善和提高。尤其在骨料粒形不好的碎石或人工砂混凝土中更为显著。引气减水剂由于具有引气减水双重作用，所以在相同情况下效果更佳。图 6-12 表示和易性与含气量的关系，和易性随含气量的增加而提高。

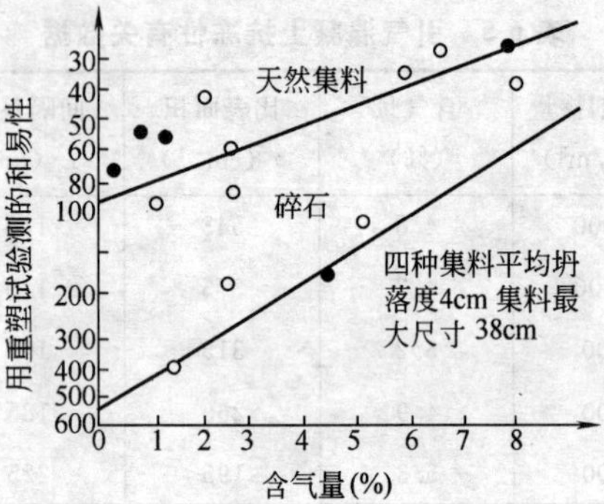

图 6-12　和易性与含气量的关系

二、泌水沉降收缩

由于引气剂或引气减水剂的引气减水作用，使拌合物的泌水和沉降收缩显著减小。克雷杰格（Kreijger）提出，对于 $W/C=0.50$ 的水泥浆，掺阴离子型减水剂时，相对泌水速度为：

$$\frac{Q_x}{Q}=1-10x \qquad (6\text{-}7)$$

而对阴离子型引气剂和非离子减水剂为：

$$\frac{Q_x}{Q} = 1 - 4x \qquad (6\text{-}8)$$

式中　Q_x、Q——不掺或掺外加剂的水泥浆的泌水速度；

x——外加剂浓度。使用相同浓度的外加剂时，由水泥浆泌水速度可以计算混凝土的泌水速度。

泌水和沉降与水泥浆的粘度有密切关系，而水泥浆的粘度又与其微粒对表面活性剂的吸附及气泡在粒子表面的附着有关。由于气泡的存在，整个体系的表面积增大，比不引气时的粘度大得多。尤其当有将粒子憎水化的阴离子表面活性剂（如松香皂类）存在时，由于粒子间引力增大，使水泥浆的粘度进一步增大，这样泌水和沉降就减小。另外，引气减水剂对水泥颗粒表面的润湿分散作用也具有类似的效果。

未硬化水泥浆中气泡的迁移和气泡再分布，有人认为这也是减小泌水沉降的原因。

由于泌水和沉降会造成混凝土各组分材料的离析，并在粗集料颗粒下方形成水囊。而几十年前艾布拉姆斯（Abrams）提出的水灰比定则的前提就是认为混凝土集料周围的水泥浆中，水灰比是完全均匀的。而泌水沉降的重要恶果就在于使水灰比不均匀。由于混凝土从干硬化向塑性比、流态化发展，上述水灰比不均匀的现象就更为严重。

日本的樋口芳朗在一篇文章中指出，混凝土结构物中水灰比未能均匀分布，这是当前混凝土工学基础理论急需解决的问题。他通过试验，发现坍落度为7.5cm的混凝土中粗集料下方集中泌出水，使抗拉强度的下降令人吃惊。他指出，掺有引气剂（或引气减水剂）的混凝土，由于增大浇注的稠度，材料分离的现象显著减小，这是在日本全国，即使气候温暖的地区也常用引气混凝土的原因。在日本，把引气混凝土以外的混凝土称为特殊混凝土，由此可见其在日本应用的普遍程度。

三、减水作用

在稠度和单位水泥用量固定时，由于掺引气剂或引气减水剂，可减少单位用水量。一般来说，引气剂的减水率为7%～9%，引气减水剂由于双重作用，减水率在12%～15%。以引气剂与不引气的减水剂复合时，往往可收到二者减水率叠加的效果。

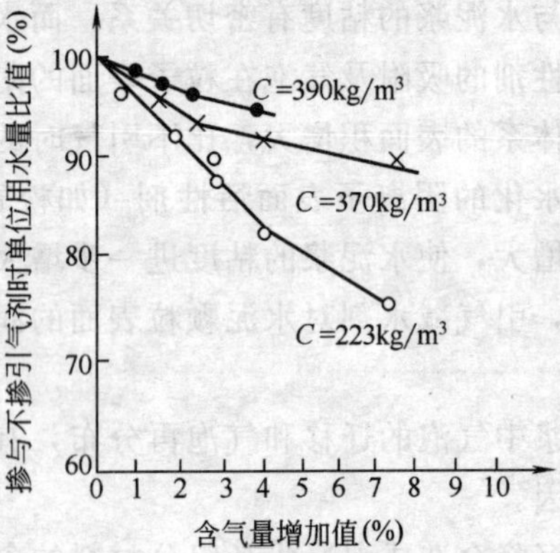

图 6-13 混凝土含气量与单位用水量的关系

引气剂的减水率常因集料大小及配比，水泥种类和用量不同而变化。图 6-13 中表示，在不同水泥用量的情况下，相对用水量与含气量变化的关系，即含气量增加，单位用水量减少。

四、引气混凝土的强度

在单掺引气剂时，与不掺的基准混凝土相比，水泥用量不变时，每增加1%含气量，28d抗压强度下降2%～3%；水灰比不变时，下降4%～6%。掺引气减水剂时，由于减水率增大，强度可以不降低或有所提高。

关于掺外加剂混凝土的强度与减水率、含气量之间的关系，可以用冈田和西林提出的经验公式表示：

$$\sigma=\sigma_0(1-0.05\Delta A+\alpha\Delta\frac{W}{C})\qquad(6\text{-}9)$$

式中　σ——掺外加剂混凝土强度；

σ_0——基准混凝土强度；

ΔA——增加的含气量（掺与不掺外加剂的混凝土含气量差值）；

$\Delta\frac{W}{C}$——水灰比降低值（不掺与掺外加剂的混凝土水灰比差值）；

α——减水能力系数（水灰比减少1%，强度的增长系数）。

把单位水泥用量固定为300kg/m^{3}作混凝土实验，掺各种外加剂所得各龄期的α平均值如表6-6所示。由此表数据可以看出，靠减水和引气这两个原因来减小水灰比，混凝土强度增加较多，当由于减水的增强作用大于引气而降低强度时，引气混凝土的强度不但不降低，而且会有所提高。当前发展高效引气剂的原理就在于此。

表6-6　水灰比减少1%时强度增长系数α

外加剂		不掺	A	B	C	D	E
水灰比减少的%		0	4.4	7.5	7.3	5.5	5.4
含气量增加的%		0	3.3	2.6	3.1	3.2	3.0
α（%）	σ_3	0	3.1	7.7	6.4	3.9	3.5
	σ_7	0	2.4	5.6	4.6	3.2	3.2
	σ_{28}	0	2.1	4.2	2.9	2.8	2.6

注：A—AE剂（引气剂）；B、C、D、E—减水剂。

此外，外加剂的减水作用强，W/C减少越多，能力系数α越大，则强度越大；龄期增长α值小；水泥用量越少，α值增大。

当含气量一定时，混凝土强度的降低受集料最大粒径的影响；最大粒径越大，强度降低率越小。在贫水泥混凝土中，因引气引起的强度降低可以忽略不计。

五、干缩

引气作用会加大干缩，而减水作用又可减小干缩，一般来说掺引气剂后，混凝土的干缩要增大，但增大不多。而引气减水剂由于减水率较大，基本不影响干缩，或稍有增减。认为掺引气性的外加剂一定增大干缩是不对的，日本 JIS 中规定它们的干缩率都小于 120%。

六、抗渗性

由于掺引气剂或引气减水剂使混凝土用水量减少和泌水沉降率降低，这都使混凝土中的大毛细孔减少（在水泥石与集料的界面区产生的毛细孔比水泥石内的毛细孔至少大 10 倍），这样使混凝土中水分迁移的主要通路减少，即混凝土中最薄弱和易受破坏的部分减少。同时，引入大量微气泡占据了混凝土中的自由空间，破坏了毛细管的连续性，这样就使混凝土抗渗性得到改善。尤其是引气减水剂还使水泥颗粒分散，改善了混凝土的匀质性，提高密实性，这样使抗渗性提高更为显著。此外，与抗渗性有关的混凝土的抗化学侵蚀作用和抗中性化作用也同时得以改善。

七、抗冻融性

掺引气剂或引气减水剂能使混凝土的抗冻融性得到显著改善，其改善程度不是百分之几十，而通常是几倍，甚至十几倍地提高。这样大大延长混凝土在受冻融情况下的使用寿命。

图 6-14 表示引气混凝土的含气量与耐久性指数的关系，含气量为 3%～6%时有好的耐久性，超过 6%时耐久性下降。引气减水剂由于减水作用强，则混凝土的单位用水量更少，对抗冻融性，特别是对初期的抗冻融性提高更为有利。例如，掺由萘磺酸盐甲醛缩合物（90.9%～97.6%）和中性树脂起泡剂（9.1%～2.4%）组成

的引气减水剂，使混凝土的含气量从2.0%～5.0%增加到3.8%～18%；30min后的含气量从1.2%～3.3%增加到2.9%～17%，泌水率从0.87～0.68下降到0～0.020%，抗冻性从23～24次提高到64～350次冻融循环。表6-7中列举了掺外加剂的蒸汽养护后混凝土的抗冻性，由此看出，掺复合引气减水剂（СДБ＋NaOH＋CHB）的混凝土抗冻性高达445次冻融循。非常有把握地说，适当组成的引气减水剂可以使混凝土抗冻性提高到500次冻融循环以上。

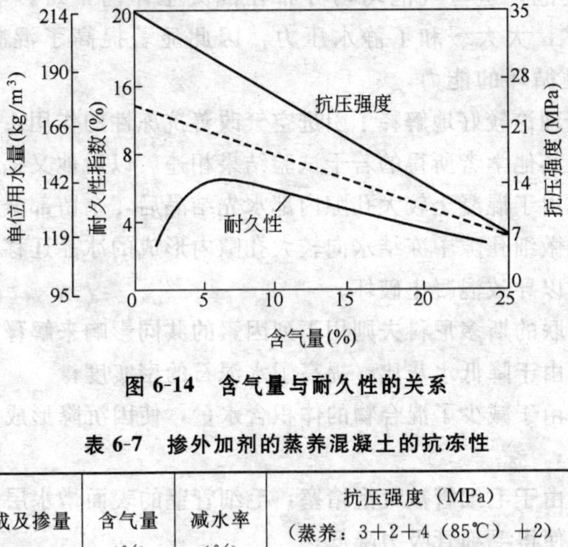

图6-14 含气量与耐久性的关系

表6-7 掺外加剂的蒸养混凝土的抗冻性

外加剂组成及掺量（%）	含气量（%）	减水率（%）	抗压强度（MPa）（蒸养：3＋2＋4（85℃）＋2）			抗冻性（冻融循环次数）
			蒸后	R28	R90	
0	2.4	0	22.5	42.5	46.0	175
СДБ 0.2	3.2	10	10.5	40.5	48.0	150
СДБ 0.15＋NaOH 0.2＋CHB 0.01	5.1	15	33.6	44.2	48.1	445

注：СДБ：脱糖木质素磺酸盐；CHB：中性树脂引气剂。

掺引气剂或引气减水剂能显著提高混凝土的抗冻融性，对这个问题存在几种不同的解释。美国的鲍尔斯（T. C. Powers）提出的静水压力说是最有代表性的，现在还有不少人在引用。

当混凝土表面处于冰点以下时，靠近表面的孔隙中的非结晶水和渗进的水冻结，产生约9％的体积膨胀，产生膨胀压使没有冻结的自由水不得不迁移，当迁移受约束时就形成静水压，混凝土薄弱部分由此造成裂缝，如此反复循环，裂缝发展最后造成破坏。当混凝土中掺引气剂或引气减水剂后，引入大量微细气泡，这些气泡均匀分布在混凝土体内，可以容纳自由水的迁移，大大缓和了静水压力，因此显著提高了混凝土承受反复冻融循环的能力。

这个理论较好地解释了引进空气改善抗冻性的作用，但和后来他自己及其他学者所得的若干试验结果相违。以后他又提出渗透压说，认为由于混凝土较大孔隙内部水先结晶后，余留部分碱浓度提高，造成微细孔隙中冻结水向较大孔隙内形成的冰晶迁移，形成的渗透压可以导致混凝土破坏。

前苏联的斯多尼科夫则用下列因素的共同影响来解释：

（1）由于降低水灰比，提高了水泥石的密实度；

（2）由于减少了混合物的体积含水量，使因沉降形成的毛细管体积减小；

（3）由于毛细管被气泡堵塞，毛细管壁的表面憎水层及开孔变封闭孔，使得毛细管吸力降低；

（4）气泡对水分冻结的局部压力增大起缓冲作用。

第四节 引气剂和引气减水剂的应用

表6-8和6-9中列举了引气剂、引气减水剂和减水剂的各项性能及其在各种混凝土中的应用效果。

表 6-8　表面活性剂主要效果一览表

主要效果		AE剂	减水剂			AE减水剂		
			标准型	缓凝型	促凝型	标准型	缓凝型	促凝型
未凝结的混凝土	单位用水量减少	○	△	△	△	◎	◎	◎
	单位水泥量减少	—	◎	◎	◎	◎	◎	◎
	引气性	◎	—	—	—	◎	◎	◎
	和易性改善	◎	○	○	○	◎	◎	◎
	泌水性减少	◎	△	△	△	◎	◎	◎
	凝结的延缓	—	—	◎	×	—	◎	×
	凝结的促进	—	—	×	○	—	×	○
	可泵性改善	○	◎	◎	◎	○	○	○
	抹面性改善	○	○	○	○	○	○	○
	坍落度下降的防止	—	○	◎	—	○	◎	—
已硬化的混凝土	初期强度的增大	—	○	—	◎	○	—	◎
	水化热的降低	—	○	◎	×	○	◎	×
	抗渗性的增大	○	○	○	○	◎	◎	◎
	抗中性化的增大	○	○	○	○	◎	◎	◎
	抗冻融性增大	◎	—	—	—	◎	◎	◎
	抗化学侵蚀增大	○	○	○	○	◎	◎	◎
	耐磨损作用增大	—	○	○	○	○	○	○

注：◎最希望采用；○希望采用；△可以用；×不可使用。

表 6-9　各种混凝土推荐用外加剂一览表

条件	混凝土种类	AE剂	减水剂			AE减水剂		
			标准型	缓凝型	促凝型	标准型	缓凝型	促凝型
材料	砂浆	◎		○			◎	
	碎石、碎砂、高炉碎石混凝土	◎		○			◎	
	轻质混凝土	◎		○			◎	

续表 6-9

条件	混凝土种类	AE 剂	减水剂			AE 减水剂		
			标准型	缓凝型	促凝型	标准型	缓凝型	促凝型
结构	大体积混凝土	○	○	◎	×	○	◎	×
	高强度混凝土	△	○	○	○	◎	◎	◎
施工	冬季混凝土	◎	×	×	×	◎	×	◎
	夏季混凝土	○	○	◎	×	○	◎	×
特殊条件	抗海水作用混凝土	○	○	○	○	◎	◎	◎
	抗渗混凝土	○	○	○	○	◎	◎	◎
	抗冻融混凝土	◎	×	×	×	◎	◎	◎
	防护混凝土	○	△	△	×	◎	◎	×
工法	预应力混凝土	○	○	○	×	◎	◎	×
	滑模施工用混凝土	◎	△	△	△	◎	◎	◎
	预填混凝土	△	○	◎	×	○	◎	×

注：◎最希望采用；○希望采用；△可以用；×不可使用。

一、应用范围

引气剂的主要作用是改善混凝土的和易性，减小泌水和离析以及提高抗冻性和耐久性，因此它是最早广泛应用的外加剂之一。特别是在提高混凝土抗冻性和耐久性方面具有显著的效果，所以至今在水工、港口、公路等混凝土工程中必须使用引气剂。随着外加剂的发展，引气减水剂的应用更为普遍。这是由于引气减水剂克服单独使用引气剂降低混凝土强度的缺点，改变了人们认为引气必然降低强度的错误观念。更主要的是引气减水剂具有较为全面的优异性能。在日本出售的100多种外加剂中，引气剂有10多种，而引气减水剂达30多种。近年来又出现了高效引气剂。可见耐久性是混凝土的首要问题。

二、应用中需注意的问题

1. 含气量的控制

如前所述，混凝土含气量受诸多因素影响，变化很大，而引气剂或引气减水剂符合要求时，引气量的大小通常就反映了气孔的性质，与耐久性改善有直接关系。因此控制含气量在一定范围内（3%～5%）是必要的，然而也是困难的问题。需要注意的是：

（1）制备混凝土材料的性质、配合比及拌合，运输、浇注等各方面都要尽可能保持稳定，使含气量的波动尽量小；

（2）施工时需要有规律地间隔时间进行现场测试，控制含气量，并且以在浇注时检测的结果为准，这样就避免了运输、装卸等过程含气量损失产生的误差；

（3）在施工中采用高频插入式振捣器作业时，由于强大的高频（12000～19000 次/min）振动作用使混凝土中的气泡大量逸出，致使含气量降低（振捣 2s 和 50s 时，含气量从 7%减少到 6.6%和 1.2%）。因此在施工中应保持不同部位振捣时间均匀，并且要求试验室与现场实测含气量的振捣方法和时间应保持一致。

2. 拌合物体积变化

掺引气剂或引气减水剂使混凝土含气量增大，必然引起混凝土体积变化，这应在配合比设计方面予以考虑（在掺减水剂时，由减水引起的体积变化也应考虑），以保证所制备的混凝土与作对比试验的混凝土单位水泥用量不变。因此，在用假设容重法或绝对体积法计算配合比时，可分别从湿容重或含气量的变化来调整配合比得到正确数据。

三、我国的应用情况及存在问题

自 20 世纪 50 年代初，国内仿美国的文沙树脂制成了松香热聚物，这是最早的引气剂，并在安徽梅山、佛子岭等水库工程中应用，取得良好的效果。以后又在港口混凝土和其他水工混凝土工程中应用至今。松香热聚和后来的松香皂引气剂在改善混凝土抗冻融耐久性上起着重要的作用。

引气减水剂在我国开始应用比引气剂稍晚一些，50 年代末直接使用亚硫酸盐法造纸厂的纸浆废液作外加剂，因此无法形成商品化的产品，限制了推广应用。60 年代末，开山屯化学纤维浆厂为了处理纸浆废液，采用发酵法脱糖生产酒精，同时将亚硫酸盐酒糟废液经浓缩、喷雾干燥，最后得到粉末状的木质素磺酸钙产品。这种性能稳定的工业化产品，推动了引气剂减水剂的广泛应用。木质素磺酸钙至今已在许多重大工程中应用。如葛洲坝水利工程中使用 1925t，浇注混凝土 $4.5\times10^6m^3$。目前，木质素磺酸钙是我国产量最大，应用最普遍的外加剂。

其他类型的引气剂和引气减水剂，如烷基苯磺酸盐、烷基磺酸盐、聚氧乙烯烷基酚醚等应用不广泛。

在我国引气剂和引气减水剂使用不够广泛的主要原因是对混凝土耐久性不够重视。通常混凝土构筑物的使用年限在 50～100 年。当然影响耐久性的因素比较复杂，总体来说是材料自身的抵抗力和环境介质的作用。我国五、六十年代的许多混凝土工程都存在耐久性问题而产生了部分结构破坏。片面追求速度而忽视质量，特别是内在质量的现象应当改变。耐久性问题，短时期（几年或十几年）看不出来，一旦发现就很难补救。发达国家的有关标准和规范中要求普通混凝土都要使用引气剂或引气减水剂，主要目的是提高混凝土的耐久性，延长建筑物的服务年限。影响我国引气混凝土广泛应用的另一个问题是工程界存在一个观点，即引气必然降低强度，针对这种情况，应开发和应用引气减水剂以及高效引气减水剂。

第五节　高效引气减水剂

一、高效引气减水剂概况

高效引气减水剂是近几年刚开发的一种减水率高，坍落度损失小，并有一定引气作用的减水剂。它与以往的高效减水剂相比，不仅保持了高效减水剂分散作用强，减水率高的优点，而且克服了高效减水剂坍落度损失大的缺点。它与普通引气减水剂相比，不仅具有引气减水剂坍落度损失较小的特点，而且由于减水率远高于普通引气减水剂，使混凝土的各项性能得到进一步改善。因此，高效引气减水剂特别适用于长距离输送的商品混凝土、用于配制高强混凝土、泵送混凝土、半干硬混凝土及其他优质混凝土制品。

日本在高效引气减水剂的研究、开发及应用方面居世界领先地位。其原因是为了发展商品混凝土，解决长距离运输时的坍落损失，大流动性泵送混凝土也存在此问题。另一个原因是日本的集料资源缺乏，集料质量劣化，使混凝土单位用水量大增，这样对混凝土耐久性带来了不良影响。为了保证混凝土的耐久性，1986 年日本建筑学会制定 JASS5 中对单位用水量作了限制（$<185kg/m^3$）。所以在采用劣质集料的，必须大幅度降低用水量。在此情况下采用普通引气减水剂已不能满足减水率的要求，过量添加不但不会提高减水率，反而使引气量过大及过于缓凝。

鉴于上述原因，日本于 1985 年研究开发了高效引气减水剂，这类减水剂的减水率一般达 18%～20%。

日本采用高效引气减水剂的目的有以下四方面：

(1) 为了满足 JASS5 中所规定的混凝土单位用水量必须小于 $185kg/m^3$；

(2) 为了提高混凝土耐久性，尽量减少用水量；

(3) 为了取代流化剂（或泵送剂），以满足在商品混凝土搅拌站直接制备流态化混凝土的需要；

(4) 为了配制高强度混凝土、高性能混凝土（HPC）。

二、高效引气减水剂的主要化学成分

日本的高效引气减水剂的主要化学成分有四种：

(1) 改性木质素磺酸盐及其衍生物；

(2) 改性萘磺酸盐甲醛缩合物、烷基苯磺酸盐及烷基萘磺酸盐；

(3) 羧酸盐及聚羧酸盐；

(4) 徐放型特殊高分子表面活性剂。

通常，高效引气减水剂具有高减水率及坍落度损失小两大特点。以上四种主要成分中，1 和 2 为改性高效减水剂，具有高减水率的特点；而 3 和 4 则具有坍落度损失小的特点。所以高效引气减水剂一般由以上具有不同特点的几种成分复合而成。其中高分子化合物由于含有憎水基和亲水基，所以可以通过两种基团的平衡来调节其引气量。此外，在以上两种或几种成分复合时，还需复合高分子引气剂。这种合成的高分子引气剂是能降低表面张力的阴离子表面活性剂，可以直接复合在产品中，也可以在使用时另行加入。

归纳起来，高效引气减水剂的主要化学成分可表示如下：

高效引气减水剂
- 高减水部分
  - 改性木质素磺酸盐及其衍生物
  - 改性萘磺酸盐缩合物，烷基萘磺酸盐缩合物
  - 改性密胺树脂
- 低坍落度损失部分
  - 羟基羧酸盐系
  - 聚羧酸盐系
  - 反应性高分子及特殊高分子表面活性剂
- 引气部分
  - 合成高分子引气剂（如十二烷基磺酸钠）等阴离子表面活性剂
  - 松香类引气剂

木质素磺酸盐改性的方法：氧化聚合，成为相对分子质量的高分子化合物，用化学方法除掉其中的低分子部分及糖类；用超滤法进行分子量分离。这样能提高木质素磺酸盐的减水作用。

羧酸盐类和聚羧酸盐类物质，最大特点是能较长时间保持坍落度。一般采用葡萄糖酸、柠檬酸、酒石酸等羟基羧酸及其盐。另

外，用丙烯酸、α-甲基丙烯酸与能聚合的单体一起进行共聚反应，制备聚羧酸盐。这类聚羧酸盐可根据其单体种类不同及聚合度的不同而制得多种共聚物。它们的性能差异很大，必须根据使用目的来选择适当的单体和聚合度。这是一类新发展的减水剂。

三、高效引气减水剂的作用机理

高效引气减水剂对水泥分散体系的作用机理中有关分散减水作用机理在前面讨论过，现在着重论述与防止坍落度损失有关的机理，即反应性高分子徐放机理和特殊高分子表面活性剂作用机理。

1. 反应性高分子徐放机理

高效引气减水剂中含有反应性高分子化合物，它能减少或防止新拌混凝土的坍落度损失。其防止坍落度损失的作用机理见模拟图(图 6-15)。

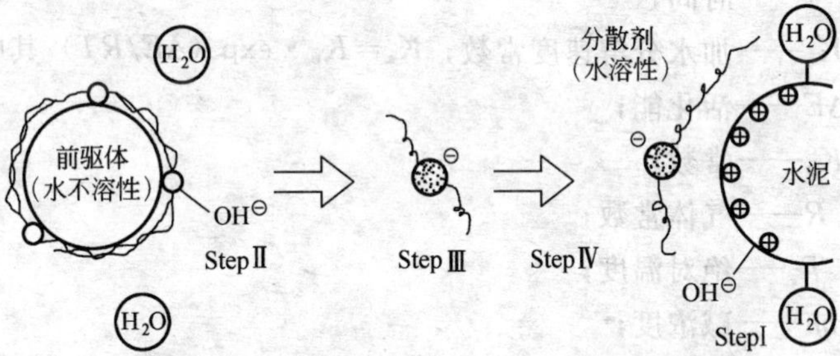

图 6-15　反应性高分子分散作用机理模拟图

采用一种不溶于水的反应性微细粒子，作为减水剂的前驱体。反应性高分子在混凝土碱性介质中，在 OH^- 离子作用下分解，慢慢转化为水溶性高分子化合物。这种水溶性高分子被吸附在水泥粒子表面，使水泥粒子表面电极电位增加，由于相同电荷的排斥作用，使水泥粒子不断处于被分散状态，从而维持其分散性。

这种分散机理分四个阶段（step）进行：

(1) 由于水泥水化反应，产生氢氧根离子（OH^-）；

(2) OH^-离子攻击反应性高分子表面的憎水部分；

(3) 憎水部分加水分解为羧酸型分散剂而溶于水；

(4) 被水泥粒子表面吸附，使之带负电荷，从而因同性电荷相斥，而起到分散作用。

这种反应性高分子的徐放速度可以根据反应性高分子的基团种类、粒径及掺量任意调节，因此使混凝土坍落度在一定时间内（90min 内）得以控制。

为了防止坍落度损失，在考虑最适合的反应性高分子的连续缓慢发挥作用时，必须知道影响加水分解反应的因素。这种反应在固-液界面进行，是非均相反应。根据无反应中心模型，水解速度可用下式（6-10）表示：

$$xrp = 1 - \left[1 - \frac{b \cdot t \cdot K_s \cdot coh}{r \cdot prp}\right]^3 \tag{6-10}$$

式中 t——时间；

K_s——加水分解速度常数；$K_s = K_o \cdot \exp(\Delta E/RT)$ 其中：

ΔE——活化能；

K_o——常数；

R——气体常数；

T——绝对温度；

coh——碱浓度；

r——反应性高分子的初始粒径；

prp——反应性高分子的克分子浓度。

由式 6-10 可知，反应性高分子的水解反应受碱浓度、温度和反应高分子的粒径支配。但在混凝土中温度和碱度是取决于试验条件的特定值，因此反应性高分子的粒径变成决定缓慢发挥量的主要因素。也就是说，调节反应性高分子的粒径大小，就能控制坍落度损失的程度。当然分子结构和聚合度的影响也很重要。

反应性高分子是含烯基的单体与顺-丁烯二酸酐的共聚物，其中含烯基的单体是苯乙烯磺酸盐、丙烯酸、甲基丙烯酸等。它们的结构式为：

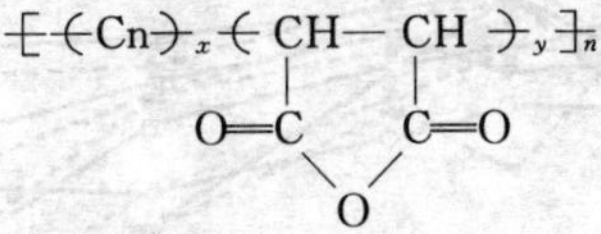

Cn的体积大小对水解速度有明显影响，它能改变羰基上的电子密度，同时还产生立体障碍。

2. 特殊高分子阴离子表面活性剂作用机理

特殊高分子阴离子表面活性剂（包括聚羧酸盐系分散剂）是分散作用很强的聚合物电解质，具有立体晶体结构。它被水泥吸附后，在形成带多电荷的强电场吸附层的同时，在水泥粒子之间形成一层立体障碍，以阻止粒子的碰撞和凝聚，从而保持了分散性。

此外，这些多元聚合物由不同相对分子质量组成。相对分子质量不同，亲水性不同，被水泥粒子吸附的情况也就不同。相对分子质量大的先被水泥吸附，相对分子质量较小的则滞后吸附，这样整个吸附过程缓慢地不断进行，从而就不断地补偿了吸附作用而消耗的分散剂，以较长时间内使水泥分散体系保持分散性。这样就防止了坍落度损失。

四、掺高效引气减水剂的混凝土性能

掺高效引气减水剂的新拌混凝土和硬化混凝土的性能如下：

（1）减水率。比普通引气减水剂高5%～10%，而且不出现离析现象。

（2）坍落度。随着高效引气减水剂掺量增加，坍落度几乎成正比例增加，而坍落度损失较小。图6-16表示掺用各种高效引气减水剂的混凝土坍落度的经时变化，十种外加剂中有五种在90min内坍落度变化很小，只有两种（A、G）损失较大一些。

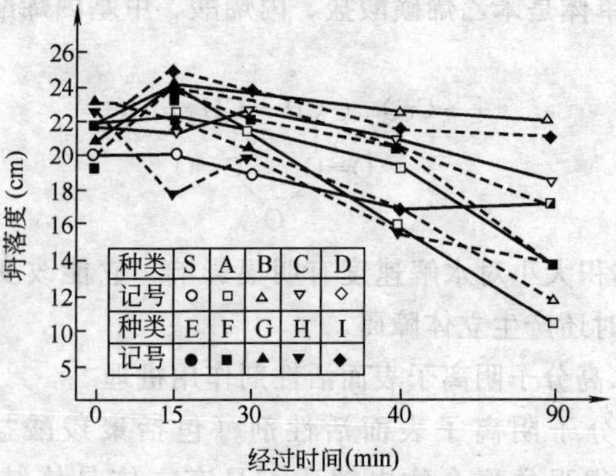

图 6-16 用各种高性能 AE 减水剂的混凝土坍落度的经时变化

（$W/C=25\%$，$W=165\text{kgf/cm}^3$，空气量$=3\%\sim4\%$）

（3）凝结时间。随着高效引气减水剂掺量的增加，通常会出现缓凝现象。图 6-17 表示各种高效引气减水剂的混凝土的凝结时间，剂种不同，凝结时间的差别很大，有的缓凝超过 10h。

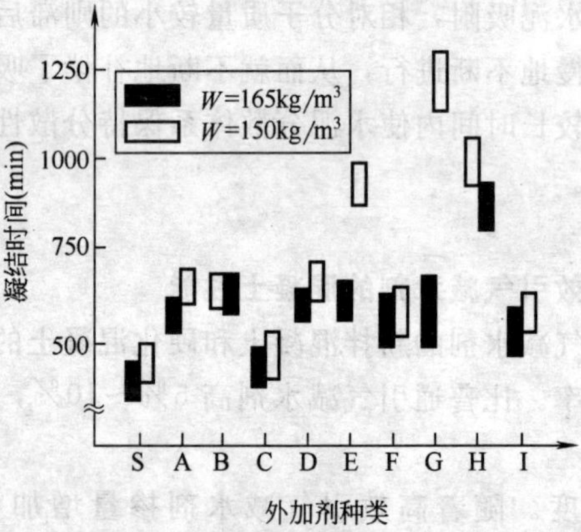

图 6-17 用各种高性能 AE 减水剂的混凝土的凝结时间（$W/C=25\%$）

（4）泌水性。由于单位用水量大幅度减少，以及水溶性高分子化合物增加液相的粘度，所以提高了新拌混凝土抗离析性，泌水量显著减少。

（5）硬化混凝土的性能。高效引气减水剂的减小率较高，因此不但能补偿引气作用的强度损失，而且还能显著提高混凝土的强度。与普通引气减水剂不同，高效引气减水剂可用于配制高强混凝土（60～80MPa），并且能解决高强混凝土的抗冻融性的问题。图6-18表示用各种高效引气减水剂的高强混凝土的抗压强度，由此看出28d强度均超过80MPa。

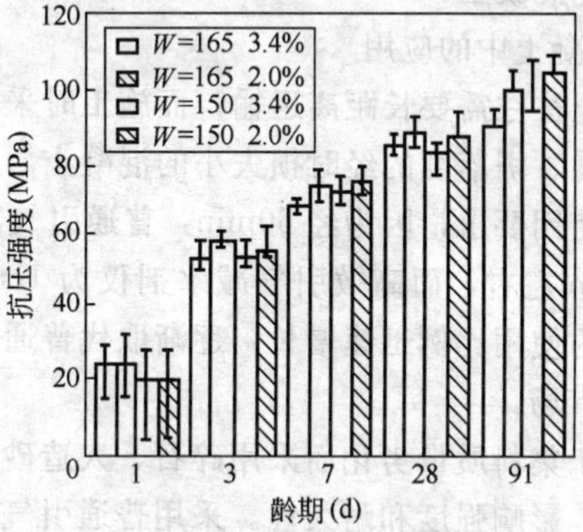

图 6-18　用各种高性能 AE 减水剂的高强混凝土的抗压强度　（*W/C*=25%）

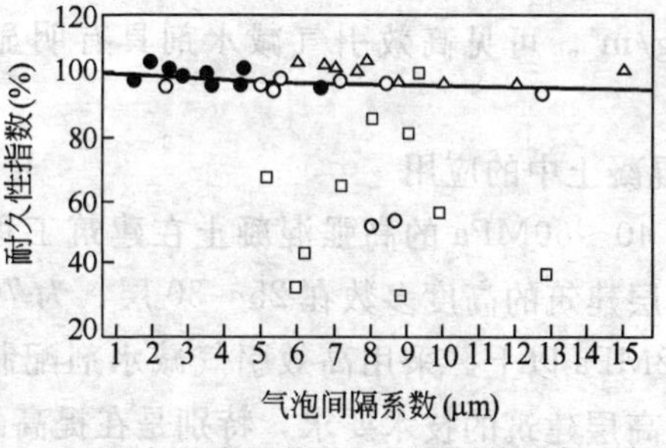

图 6-19　用各种高性能 AE 减水剂的混凝土气泡间隔系数和耐久性指数的关系

无混合材掺入　空气量在2%以下○　硅灰：□

无混合材掺入　空气量3%～4%●　矿渣：△

图 6-19 表示用高效引气减水剂的混凝土气泡间隔系数与耐久性指数的关系。由此看出，掺高效引气减水剂使混凝土引气（含气量 3%～4%），因此气泡间隔系数较小（1～5μm），所以耐久性好。

五、高效引气减水剂的应用

高效引气减水剂主要用于配制流态混凝土、泵送混凝土、高强混凝土和高性能混凝土。

1. 商品混凝土中的应用

商品混凝土往往需要长距离运输，而施工时采用泵送，因此大多制备大流动性、坍落度的经时损失小的混凝土。采用普通引气减水剂很难满足使用要求，因为经 60min，普通引气减水剂的混凝土坍落度损失 6cm 左右，而高效引气减水剂仅为 1cm 以下。因此高效引气减水剂的使用比例迅速增长，逐渐取代普通引气减水剂而占领商品混凝土市场。

另外，由于集料质量劣化而采用碎石、人造砂或海砂，致使单位用水量提高，影响强度和耐久性。采用普通引气减水剂无法解决这一矛盾，必须使用高效引气减水剂。因为掺高效引气减水剂后，单位用水量可比普通引气减水剂减少 $15kg/m^3$，同时水泥用量还可减少 $20～30kg/m^3$。可见高效引气减水剂具有明显的技术经济优势。

2. 高强混凝土中的应用

目前强度 40～60MPa 的高强混凝土在建筑工程中的应用趋于普通，因为高层建筑的高度多数在 25～30 层，为 70～100m，其混凝土强度在 42MPa 以上。采用高效引气减水剂配制高强流态混凝土完全能满足高层建筑的技术要求，特别是在提高耐久性方面优于使用高效减水剂。

参考文献

1. 美. A. W. 亚当森. 表面物理化学. PP530～538，科学出版社，1985

2. 陈宋淇等. 胶体化学. PP342～358，高等教育出版社，1984

3. 日. 材料学会编. 混凝土化学外加剂. 唐必豪译，中国建筑工业出版社，1980

4. 混凝土抗冻性能译文集. 北京第二水利工程处，1984

5. Litvan G. G. Jamer concr Inst. №326～331，1992

6. 雷道斌. 日本新型高效引气减水剂的开发研究和应用. 混凝土外加剂. №2，1990

7. 岸谷考一等. 利用新型高效AE减水剂控制混凝土坍落度. 混凝土外加剂. №3，1988

8. 斋藤贤三. AE剂. 混凝土外加剂，1989

9. 高强混凝土与高效能混凝土译文集. 清华大学土木系建材教研室编，第一册P22，1994

10. 混凝土外加剂原理和应用. 混凝土外加剂专业委员会编，第八讲引气剂和引气减水剂，1984

11. 陈建奎. RSF改性微沫剂对水泥砂浆和混凝土性能的影响. 建筑技术. №4，PP33～36，1988

第七章　普通减水剂

混凝土减水剂是最常用的外加剂之一。早在 20 世纪 30 年代初，美国就使用亚硫酸盐纸浆废液作混凝土，以改善混凝土的和易性、强度和耐久性。1937 年，E·W·斯克里彻获得此项美国专利，开始了现代的减水剂。40 年代和 50 年代，木质素系的减水剂和具有同等效果的各种减水剂的开发和研究工作发展起来了。60 年代初，日本和前西德发明了三种高效减水剂或超塑化剂，这标志着混凝土外加剂进入现代科学时代。高效减水剂的研究和应用推动了混凝土向高强化、流态化和高性能方向发展。

第一节　减水剂的作用、分类和基本性能

一、减水剂的主要作用

减水剂可分为普通减水剂和高效减水剂两大类，它们的主要作用是：

(1) 在不减少单位用水量的情况下，改善新拌混凝土的工作度，提高流动性；

(2) 在保持一定工作度下，减少用水量，提高混凝土的强度；

(3) 在保持一定强度情况下，减少单位水泥用量，节约水泥；

(4) 改善混凝土拌合物的可泵性以及混凝土的其他物理力学性能。

二、减水剂的分类

减水剂按其化学成分可分为以下几类：

(1) 木质素磺酸盐及其衍生物；
(2) 高级多元醇；
(3) 羟基羧酸及其盐；
(4) 萘磺酸盐甲醛缩合物；
(5) 聚氧乙烯醚及其衍生物；
(6) 多元醇复合体；
(7) 多环芳烃磺酸盐甲醛缩合物；
(8) 三聚氰胺磺酸盐甲醛缩聚物；
(9) 聚丙烯酸盐及其共聚物；
(10) 其他。

现将这几类减水剂的典型例子的分子式列举如下：

(一) 低聚糖

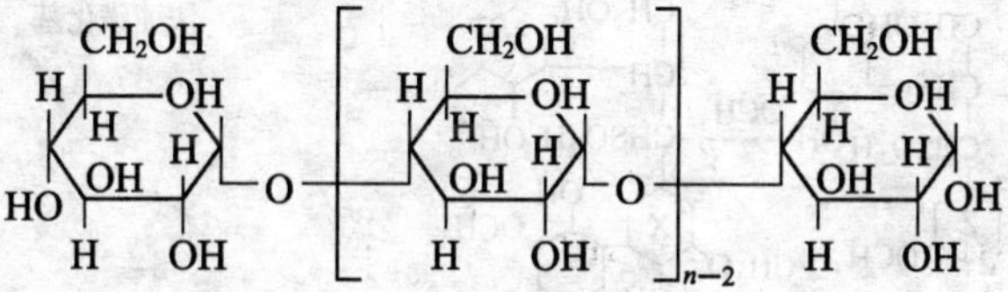

(二) 葡萄糖酸钠

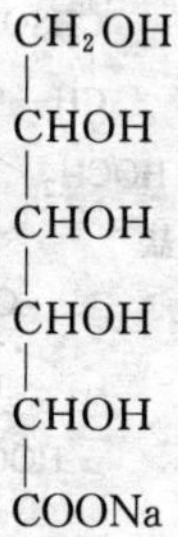

（三）针叶树木质素磺酸（三川式）

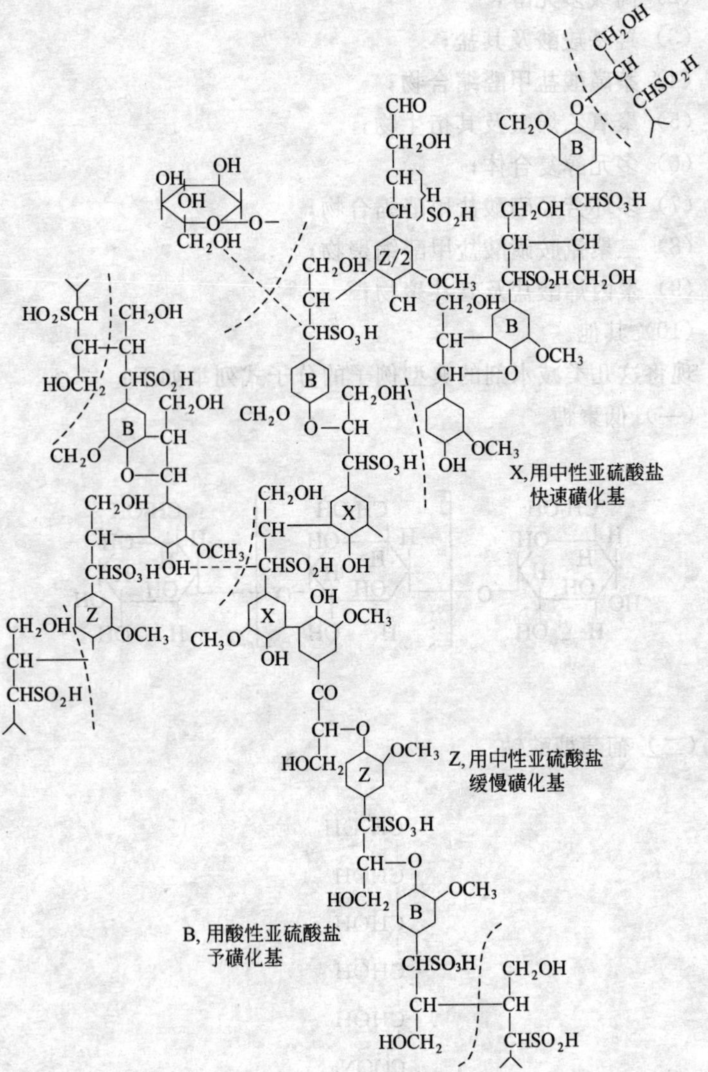

（四 A）萘磺酸盐甲醛缩合物（S－SO_3Na）

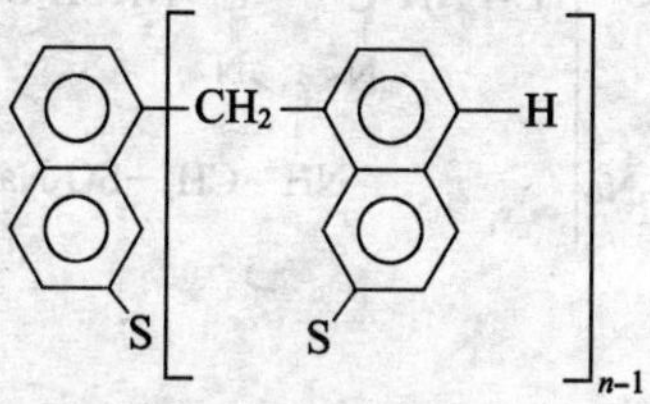

（四 B）甲基萘磺酸盐甲醛缩合物（S－SO_3Na）

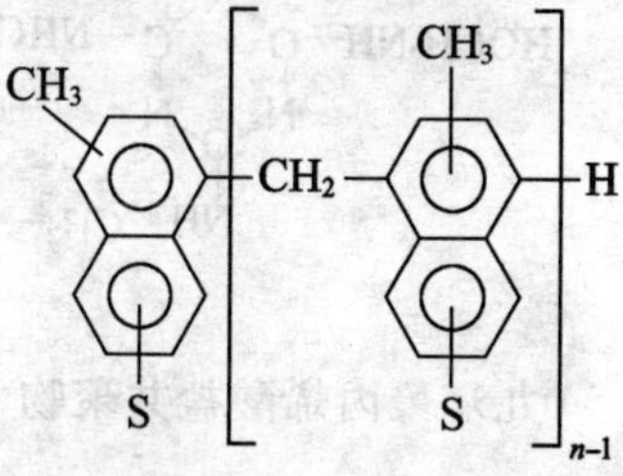

（五）壬基酚聚氧乙烯醚

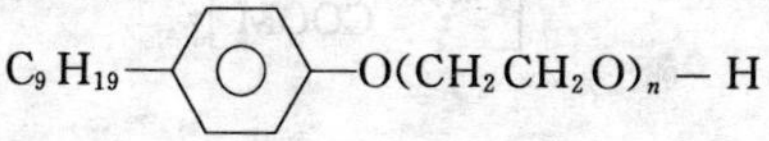

（六）蔗糖

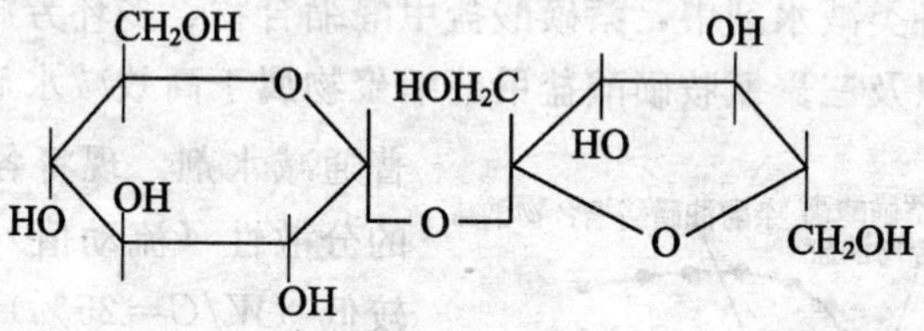

（七）多环芳烃磺酸盐甲醛缩合物（S－SO_3Na）

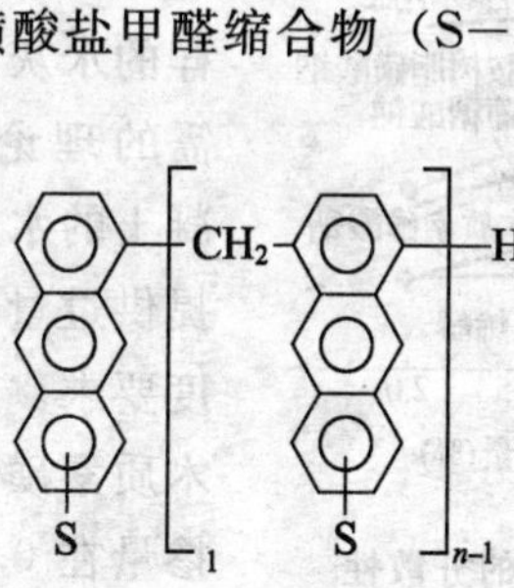

（八）三聚氰胺磺酸盐甲醛缩聚物

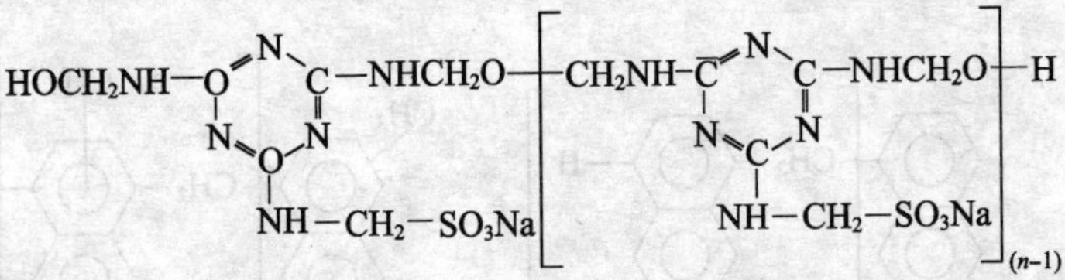

（九）聚丙烯酸盐共聚物

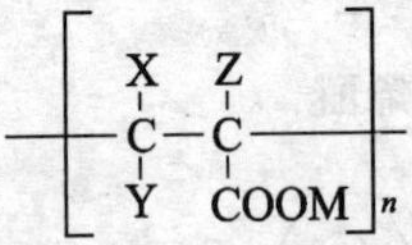

三、各种减水剂的基本性能

1. 各种减水剂的分散性

上述各类减水剂中，萘磺酸盐甲醛缩合物、多环芳烃磺酸盐甲醛缩合物以及三聚氰胺磺酸盐甲醛缩聚物属于高效减水剂，其他为普通减水剂。现将各种减水剂的分散性（流动值）在水灰比较低（$W/C=25\%$）的条件下进行比较，如图 7-1 所示。这样的水灰比接近水泥硬化所必需的理论值（22%），一般混凝土的水灰比都较大，这是为提供过量的游离水，满足工作度要求。普通混凝土通常使用木质素磺酸盐类的减水剂，其掺量在 0.3%左右时分散性达到最大值。但是，其分散性能

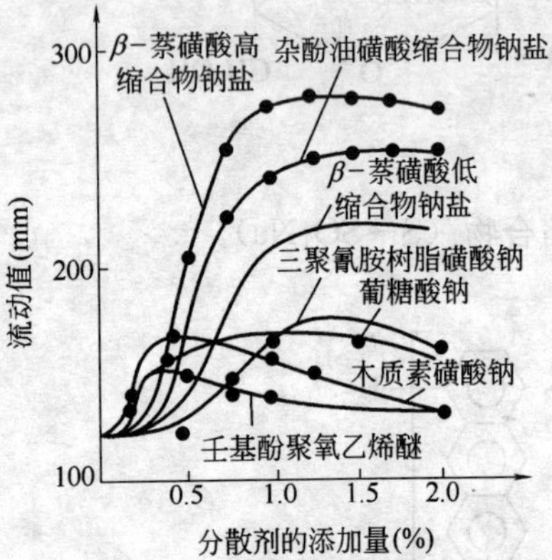

图 7-1 水泥分散剂的分散性

（一种波特兰水泥，W/C 25%）

仍远低于高效减水剂。例如β-萘磺酸盐高聚物，随着掺量增大，特别是从0.3%增加到1.0%，流动性显著增大，1.0%之后形成平的曲线。这是它称之为高效减水剂的原因。

2. 各种减水剂的缓凝性

各种减水剂按水泥重量1.0%（含固量）掺入，水泥与砂的重量比为1∶2，砂浆流动值控制在200±5mm，用美国材料试验协会C403规定的方法，测定经过时间与贯入阻力值的关系。图7-2是其测定结果。木质素磺酸盐系和羟基羧酸盐系（葡萄糖酸钠）减水剂显示了大幅度的缓凝作用，抗压强度达到27.6MPa（4000psi）的时间比不掺的延长7～8h。多元醇系、高碳多元醇系、烷基聚氧乙烯醚系减水剂有缓凝作用，但与不掺的相比，其缓凝时间不超过2h。但三种高效减水剂没有缓凝作用。

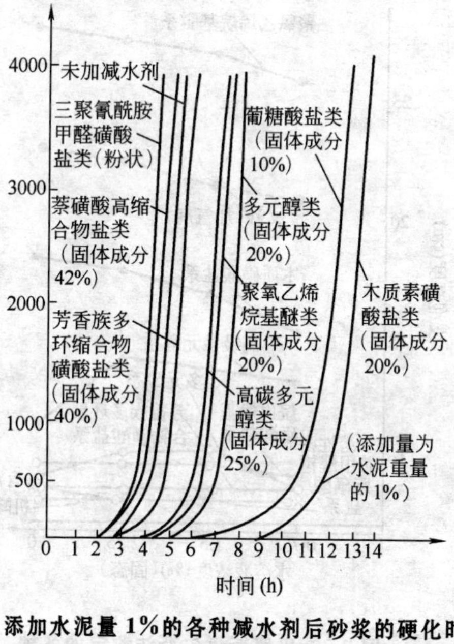

图7-2 添加水泥量1%的各种减水剂后砂浆的硬化时间

水泥∶砂=1∶2；流值（砂浆的稠度）200；

25±1℃；ASTM403；1psi=6875Pa

3. 各种减水剂、引气剂的表面张力和引气性

减水剂对混凝土的引气作用的影响，可以通过减水剂水溶液的表面张力和起泡能力来研究。起泡力小的水溶液对混凝土的引气作用小。取各种减水剂水溶液200mL，用罗斯迈尔斯发泡力试验仪，从90cm高处滴下，测定其起泡高度，测定结果如图7-3所示。烷基聚氧乙烯醚系减水剂的起泡率非常大，比典型的引气剂“文沙”大得多。木质素系和高级多元醇系稍有起泡现象。羟基羧酸盐系、多元醇系和三种高效减水剂，则几乎没有起泡，因此推想其混凝土的引气作用也比较小。图7-4为采用吊环法表面张力计测定减水剂水溶液表面张力的结果。减水剂水溶液的表面张力与起泡力之间有相互关系，起泡力小的减水剂几乎不降低水的表面张力。

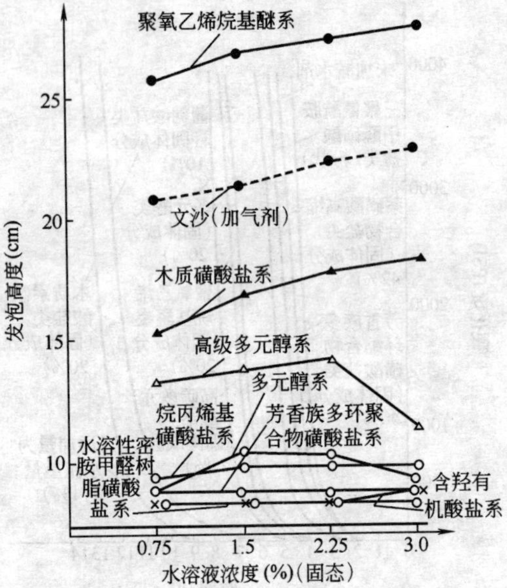

图7-3 用罗斯迈尔斯法测定的各种减水剂水溶液的发泡力

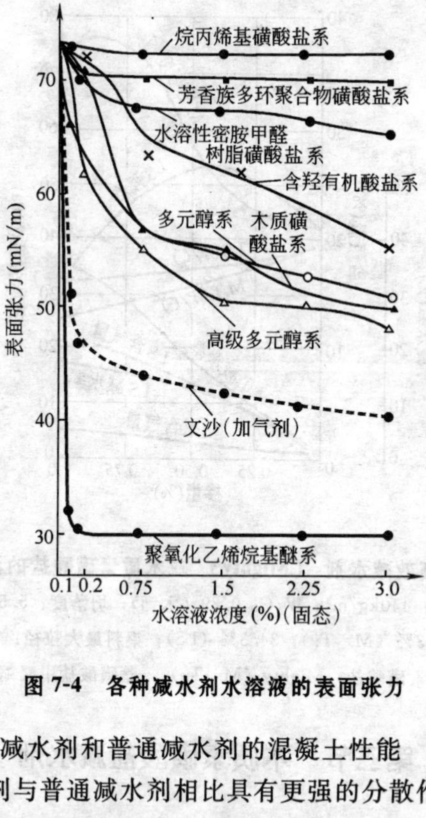

图 7-4　各种减水剂水溶液的表面张力

4. 掺高效减水剂和普通减水剂的混凝土性能

高效减水剂与普通减水剂相比具有更强的分散作用，并且不引气、不缓凝。因此可用于配制早强高强高密实性混凝土和大流动性混凝土。普通减水剂，例如木质素磺酸盐，在保持稠度不变时可减少混凝土用水量 8%～10%，但不能使水灰比降到 0.30 以下。而高效减水剂可以使水灰比减小到 0.25 或更低，仍使混凝土保持较好的流动性。用同一种水泥配制混凝土，掺木质素磺酸盐减水剂，混凝土强度为 50MPa。而相同条件下，采用高效减水剂时，混凝土强度可达 80MPa。木质素磺酸盐和高效减水剂的性能比较见图 7-5。

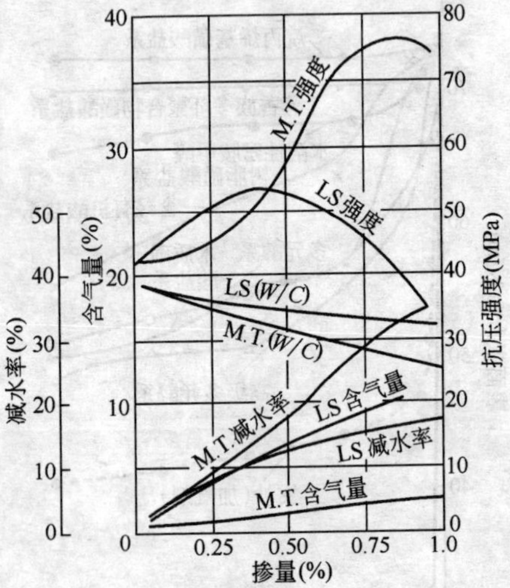

图 7-5 掺高效减水剂 （Mighty） 或木质素磺酸盐的混凝土性能

水泥用量：440kg/m³；*W/C*：0.39（木钙）；坍落度：5.5±1.0cm

S/A：36.3%（M. T.）；34.3%（LS）；集料最大粒径：25mm

LS—木质素磺酸盐；Mighty（M. T.）—萘磺酸盐甲醛缩合物

第二节 木质素磺酸盐减水剂

目前普通减水剂中，使用最广泛的是木质素磺酸盐，其次是多元醇类，如糖蜜、糖化钙、淀粉水解物等。其他普通减水剂因资源和成本问题使用较少。在减水剂的生产中，往往为了满足工程使用要将一种减水剂配制成系列产品，它们可分为：

（1）早强型减水剂（或促凝型减水剂）；

（2）标准型减水剂；

（3）缓凝型减水剂；

（4）引气型减水剂。

实质上，它们是以一种减水剂为主，通过与促凝剂、早强剂、缓凝剂或引气剂等按一定配方复合而得到的复合外加剂。例如，对于木钙减水剂系列，木钙是标准型减水剂；与氯化钙和亚硝酸钙（2∶1）复合成早强型减水剂；与羟基羧酸盐复合成缓凝型减水剂；与松香皂类引气剂复合成引气型减水剂。具体配方的调整是根据有关标准中所规定的性能，如凝结时间、减水率、引气量、各龄期的强度要求等。这样就形成标准化、系列化产品。

一、概述

木质素磺酸盐减水剂是亚硫酸盐法生产纸浆的副产品。木材与亚硫酸钠一起在高温高压下蒸煮后，将纤维素与木质素分离，纤维素浆用于造纸、生产人造丝等。剩下的木质素磺酸盐废液经发酵脱糖，提取酒精后的废液（亚硫酸盐酒糟废液），经浓缩喷雾干燥，即得棕色粉状的木质素磺酸钙（简称木钙）。

木质素磺酸盐，同木质素一样，它们的分子结构非常复杂，也研究得不充分。其主体结构是苯丙基，磺化时磺酸基取代 α 一位的羟基。其分子式为：

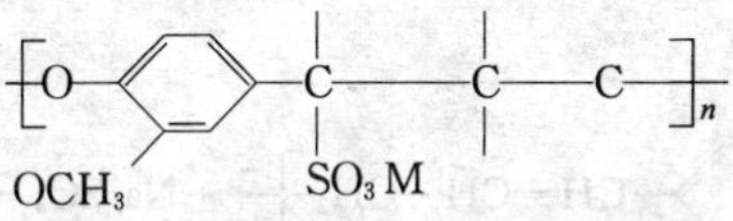

式中　M——K^+、Na^+、NH_4^+、Ca^{2+}、Mg^{2+} 等；

n——聚合度；其相对分子质量 2000～100000。

木质素在磺化过程中，同时发生断链和缩合反应，因此木质素磺酸盐是分子量范围很宽的聚合物多分散体，属于阴离子型高分子表面活性剂。

由于造纸的原料不同，所得到的木质素磺酸盐分子结构也不同，因此其性能有差异。作为减水剂以针叶木为原料最好，阔叶木次之，草类（如芦苇、稻草等）最差。木质素的单位结构有三种：

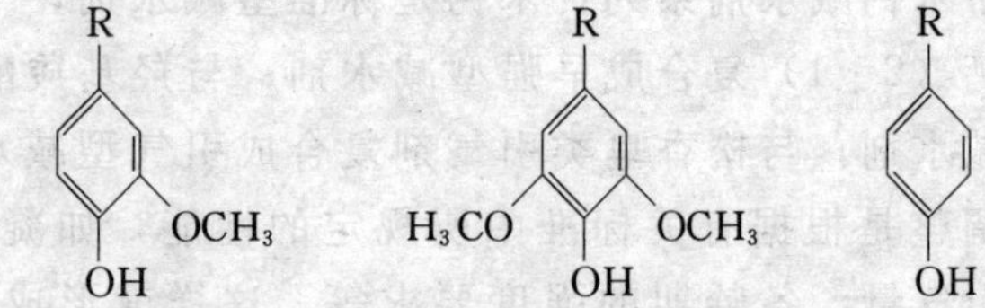

（Ⅰ）松柏醇　　（Ⅱ）芥子醇　　（Ⅲ）对一香豆醇

（ R=—CH=CH—CH$_2$OH ）

针叶木中的木质主要是（Ⅰ）和少量（Ⅲ），阔叶木的木质素含（Ⅰ）和（Ⅱ）、少量（Ⅲ），一年生植物（芦苇、草类）主要是（Ⅲ）。一般认为由针叶树木造纸得到的木质素磺酸具有较好的表面活性作用，适于作水泥分散剂（减水剂）。

在酸法或碱法造纸中，木质素的羟基（—OH）含量、结构和相对分子质量由于化学作用不同而有所变化。碱法造纸所得的废液中主要含木质素和碱（称碱木素），碱木素可直接用作减水剂，但减水作用差。较合适的办法是碱木素废液浓缩后，经磺化反应生产木质素磺酸盐，其反应式如下：

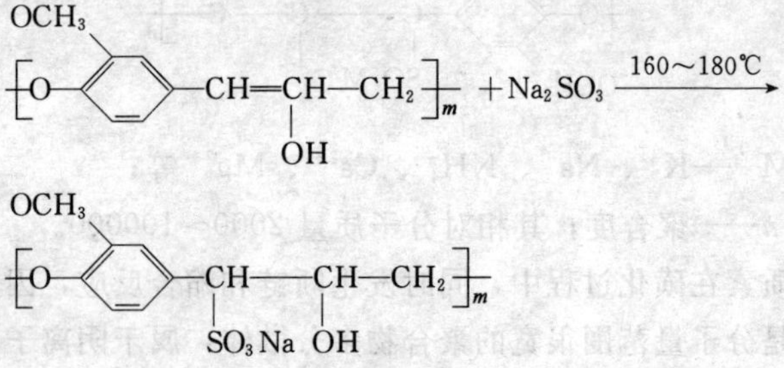

作为减水剂，产量最大的是木质素磺酸钙，其化学成分见表7-1。

表 7-1 木钙的化学成分

成 分	含 量
木质素磺酸钙	>55%
还原物	<12%
不溶物质	<2.5%
水分含量	<9%
pH 值	4～5

下面论述掺木质素磺酸盐的混凝土性能。

二、新拌混凝土性能

木钙减水剂的掺量为水泥重量的 0.20%～0.30%，最佳为 0.25%。在与不掺外加剂的混凝土保持相同的坍落度的情况下，减水率为 8%～10%。在保持相同用水量时，可使坍落度增加 6～8cm。减水作用的效果与水泥品种及用量、集料的种类、混凝土的配比有关。

1. 减水作用机理

木质素磺酸盐是阴离子型高分子表面活性剂，具有半胶体性质，能在界面上产生单分子层吸附，其膜层厚度为（15～25）$\times 10^{-10}$m。因此它能使界面上的分子性质和相间分子相互作用特性发生较大的变化。木质素磺酸盐掺入水泥浆中，离解成大分子阴离子和金属阳离子（如 Na^{+}、Ca^{2+}）。呈现较强的表面活性的大分子阴离子吸附在水泥粒子的表面上，使水泥粒子带负电荷，由于相同电荷相互排斥使水泥粒子分散。同时，由于木质素磺酸盐是亲水性的，吸附层在水泥粒子周围是溶剂化的膜也能阻障水泥凝聚（空间障碍），因此使水泥粒子和二次凝聚粒子（占 10%～30%）分散开来，释放出凝体中所含的水和空气，这样游离水增多，使水泥浆的流动性提高。另外，木质素磺酸盐由于能降低气液表面张力，而具有一定的引气性（引气量 2%～3%），微气泡的滚动和浮托作用改善了水泥浆的和易性。最后，木质素磺酸盐中除含有糖之外，本身的分子中含有缓凝基团羟基（—OH）和醚键（—O—），因此有缓凝作用。这种对水泥初期水化的抑制作用使化学结合水减少，而相对的游离水增多，使水泥浆流动性提高。由于木质素磺酸盐同时具备三种作用，即分散作用、引气作用和初期水化的抑制作用，使它在低掺量（0.25％）具有较好的减水作用。这是木质素磺酸盐减水剂的优点，但同时也有缺点。因为掺量大时会产生引气过多和过于缓凝，使混凝土强度降低，特别是在超剂量（≥5 倍）掺用会使混凝土长时期不凝结硬化，造成工程事故。

2．拌合物的流动性

减水剂的重要用途之一是在不影响强度的条件下提高混凝土的工作度或坍落度（不增加水灰比）。掺木质素磺酸盐减水剂在保持相同水灰比情况下，可使拌合物的坍落度增加 6～8cm。随着掺量增加坍落度也会增加，但会引起严重缓凝。

一般说来，混凝土中掺减水剂会引起较快的坍落度损失（图 7-6）。但即使如此，在搅拌与浇注的间隔时不长（30min）时还是有益的。当较高温度时坍落度损失较大，当用高碱水泥时尤甚。用后掺法，即混凝土搅拌几分钟之后再加入外加剂可减小坍落度损失，这样可防止 C_3A 组分最初水化引起的过量吸附。

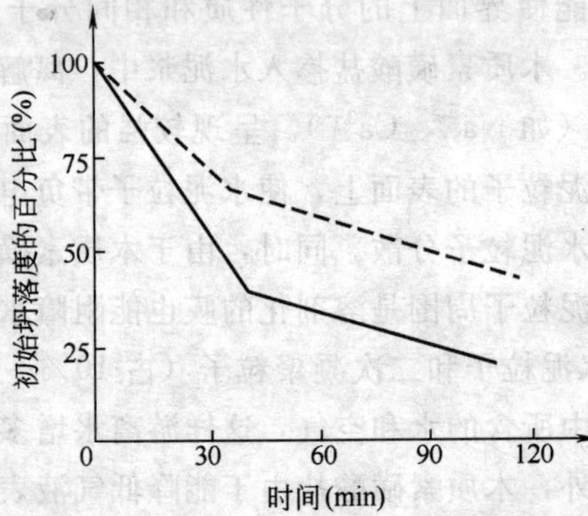

图 7-6 掺减水剂时混凝土的坍落度损失

——掺减水剂；----不掺减水剂

3. 引气性

掺木质素磺酸盐系的减水剂使混凝土含气量达到 2%～3%，而达不到引气混凝土含气量（4%～6%）。因此它不是典型的引气剂，典型的引气剂，如松香皂类的掺量低得多（0.002%～0.006%）。如果将木质素磺酸盐与引气剂按一定比例配合就可得引气减水剂。加消泡剂磷酸三丁酯可减小木质素磺酸盐的引气作用。

4. 泌水性和离析性

因掺木质素磺酸盐能减少单位用水量，并能引入适量的气泡，故能提高拌合物的均匀性和稳定性，减小泌水和离析，防止初期收缩和龟裂等缺点。图 7-7 表示木钙对混凝土泌水性的影响，其泌水量比引气剂还低。

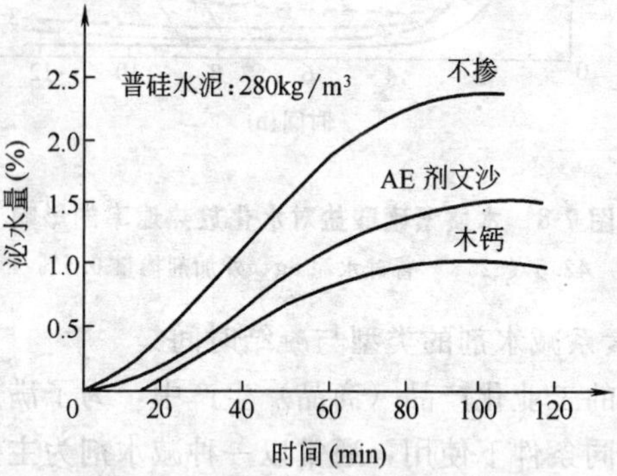

图 7-7 木钙对混凝土泌水的影响

5. 水化放热

掺木质素磺酸盐使水泥水化放热速率降低，图 7-8 表示不同木质素磺酸盐对水泥水化放热速率的影响。在 12h 内，掺木质素磺酸钠的水化放热速率降低最低（曲线 4），它是用超滤法分离得到的不含糖，相对分子质量大于 40000 的产品。这证明本质素磺酸盐对水泥水化的延缓作用主要是分子结构决定的，与其中含糖没有多大的关系。曲线 2 和 3 是作者用“泡沫吸附”分离法得到小相对分子质量和中等相对分子质量的木钙，它们也降低水泥水化放热速率，程度有所差别。由于掺木质素磺酸盐减水剂能显著降低水化放热速率，控制水化放热量，因此可防止混凝土产生温度应力裂缝，这对大体积混凝土施工是十分有利的。

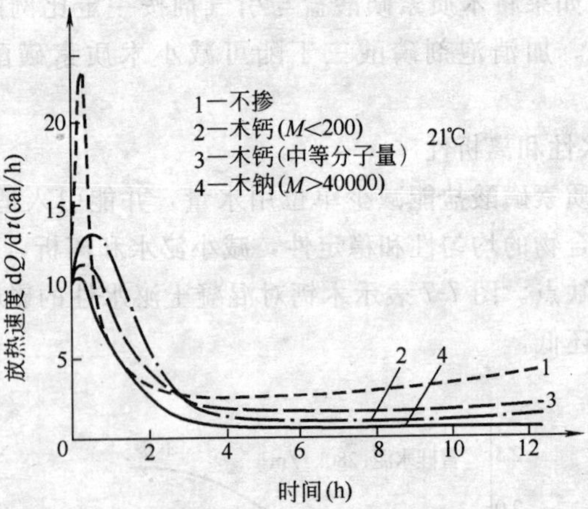

图 7-8 木质素磺酸盐对水化放热速率的影响

42.5（$525^{\#}$）普硅水泥 5g，外加剂掺量 0.5%

6. 木质素系减水剂的类型与凝结时间

在减水剂的工业化产品（商品）生产中，为了满足不同工程的要求和便于不同条件下使用，通常以一种减水剂为主要成分，经复合其他外加剂配制成标准化、系列化产品。

图 7-9 表示以木钙为主要成分的各类型减水剂对混凝土初凝时间的影响。由此看出，标准型减水剂使混凝土初凝略有延缓或与普通混凝土相当。掺早强型减水剂的混凝土，初凝速度在常温下比普通混凝土快 1h 以上。缓凝型减水剂在标准剂量时，比普通混凝土约延缓 1～3h，而且不会影响混凝土 28d 强度。超剂量（1.5 和 2 倍）使用使初凝时间大大延缓，最终致使混凝土 2d 强度降低。

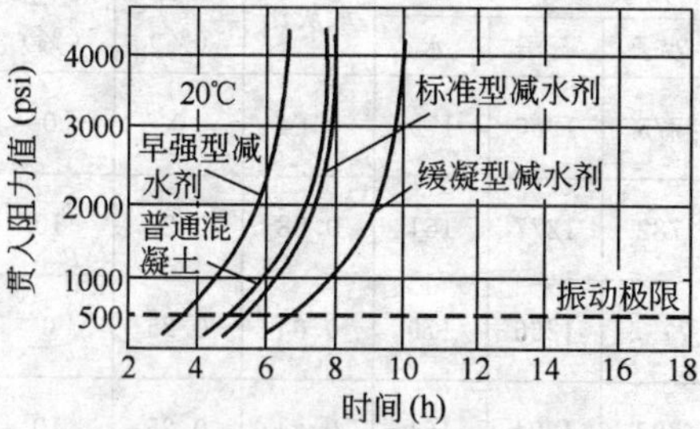

(a)

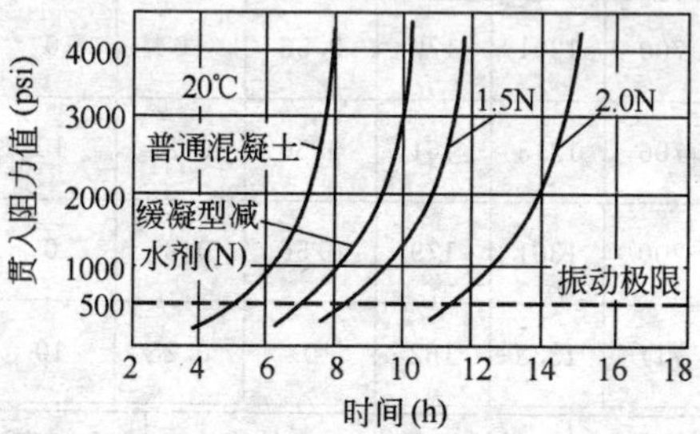

(b)

图 7-9　各种类型减水剂对初凝时间的影响

1psi＝6875Pa；N—标准剂量

三、硬化混凝土性能

掺木质素磺酸盐减水剂能改善硬化混凝土的物理力学性能。

1．强度

木钙合适的掺量为水泥重量的 0.25％，在与基准混凝土保持相同的坍落度的条件下，减水 10％，使混凝土 28d 强度提高 15％～20％；在保持相同用水量的条件下，增加混凝土的流动性；在保持相同强度的情况下，节约水泥 10％。表 7-2 中所列举的混凝土的配合比和标养 28d 混凝土强度的有关数据，说明了木钙减水剂的上述三种应用效果。

表 7-2　木质素磺酸钙减水剂混凝土的物理力学性能

水泥品种	材料用量（kg/m^3）				水灰比	掺量（%）	减水率（%）	坍落度（cm）	抗压强度（MPa）
	水泥	砂子	石子	水					
普通硅酸盐500#	280	775	1266	179	0.64	0	0	3.4	23.4/100
	280	782	1277	161	0.58	0.25	10	4.5	29.1/124
	280	77.5	1266	179	0.64	0.25	0	13.5	24.3/104
	257	793	1294	161	0.64	0.25	10	5.4	25.9/111
矿渣硅酸盐 400#	320	700	1301	179	0.56	0	0	5.7	202/100
	320	706	1313	161	0.50	0.25	10	6.0	23.3/115
	320	700	1301	179	0.56	0.25	0	18	202/100
	288	717	1333	162	0	0.25	10	2.7	222/110

水泥品种	抗拉强度（MPa）	弹性模量（MPa·10^4）	抗渗（B）	100 次冻融强度损失率（%）	1 年收缩值（mm/m）
普通硅酸盐 500#	2.76/100	2.59/100	4/100	28.5	0.42
	3.20/116	3.00/116	10/250	4	0.44
	2.74/101	2.78/107	20/500	16	0.46
	2.87/104	3.00/116	20/500	3	0.42
矿渣硅酸盐 400#	2.33/100	2.42/100	12/100	37.8	0.50
	2.63/112	2.92/121	—	3.5	0.52
	2.50/107	2.92/121	20/167	21.8	0.55
	2.60/111	2.92/123	20/167	11.8	0.49

表 7-3 表示标准型、缓凝型、早强型木钙减水剂对混凝土各龄期强度增长率的影响。表 7-4 是节约水泥 10%时，各龄期强度增长率。

表 7-3 各种类型减水剂对混凝土强度增长率的影响

龄期（d）	空白	标准型	缓凝型	早强型
1	100	124	116	218
3	100	151	146	174
7	100	130	130	136
28	100	120	121	126
91	100	116	118	117

表 7-4 节约水泥 10 %后，各种减水剂对混凝土强度增长率的影响

龄期（d）	空白	标准型	缓凝型	早强型
1	100	106	89	180
3	100	132	118	150
7	100	115	115	128
28	100	107	105	113
91	100	102	104	103

我国生产的早强型减水剂的组成中，一般不用氯盐，而采用硫酸钠和三乙醇胺与减水剂复合。为了生产固体产品，还用粉煤灰或其他粉状废渣作载体。用木钙配制的早强减水剂中的组成：木钙 0.25%、硫酸钠 2%、三乙醇胺 0.03%、粉煤灰 2.22%（按水泥重量计）；如果换算成组成百分数：木钙 6%、硫酸钠 40%、三乙醇胺 0.6%、粉煤灰 53.6%。掺量为水泥重的 5%。现将木钙的早强度减水剂对混凝土的增强效果列入表 7-5 中。

表 7-5 早强减水剂对混凝土的增强效果

水泥品种	配合比	水灰比	外加剂成分及掺量（%）	坍落度（cm）	抗压强度 MPa（d）					养护温度
	水泥：砂：石子				2	3	7	28	90	
400# 矿渣水泥	1：1.04：2.75	0.475	0	1.7	4.6/100	—	17.1/100	30.4/100	—	3℃
	1：1.04：2.75	0.425	木钙 0.25，Na_2、SO_4 2.0	2.4	6.9/150	—	26.0/151	40.5/133	—	
32.5 普硅水泥	1：2.20：4.17	0.62	0	4.0	—	4.7/100	10.3/100	21.0/100	23.7/100	15～20℃
	1：2.20：4.17	0.56	木钙 0.25，Na_2SO_4 2.0，三乙醇胺 0.03，FA2.22	4.5	—	13.8/294	20.6/200	30.3/144	31.5/133	

此表中的数据说明，木钙的早强减水剂具有明显的早强和增强作用。

早强减水剂适用于蒸汽养护的混凝土及其制品，能提高蒸养后的强度，或缩短蒸养时间。表 7-6 表示早强减水剂对蒸养混凝土强度的影响，说明木钙早强减水剂对蒸养有好的适应性。

表 7-6 木钙早强减水剂对蒸养混凝土强度的影响

外加剂及掺量（%）	配合比	减水率（%）	坍落度（cm）	抗压强度（MPa）			蒸养制度
	水泥：砂：石子：水			蒸后	蒸后 7d	蒸后 28d	
0	1：2.42：4.80：0.72	0	1	6.3	10.3	16.0	2+5+3（85℃）+2（h）
木钙 0.3+Na_2SO_4 2.0	1：2.42：4.80：0.66	8	0.8	13.2	17.3	25.9	

2. 干缩

混凝土干缩的影响因素比较复杂，它取决于水泥的组成和用量、水灰比、配合比以及养护条件。减水剂对混凝土的干缩呈现不同的影响，甚至有时得到相反的结果。这是由于减水剂使用情况和成分的不同而引起的。对木质素磺酸盐减水剂而言，有三种使用情况：①与不掺外加剂混凝土保持相同的坍落度时，减少用水量而提高强度；②保持相同的用水量和强度时，改善混凝土的和易性、提高流动性；③保持相同的强度和坍落度时，减少单位水泥用量和用水量。这三种情况的混凝土干缩值：②>①>③，表 7-2 中列举的掺木钙的混凝土一年的干缩值证明了这一规律。

一般认为，掺木钙减水量，由于减少用水量而提高混凝土强度和密实度，因此应降低混凝土的干缩值（与不掺混凝土相比）。其实不然，这种情况（情况①）下是增大干缩，如图 7-10 所示。并且，将木质素磺酸盐与 $CaCl_2$（A_2）或三乙醇胺（A_3）复合，其混凝土干缩更大一些。在此情况下，混凝土 90d 的干缩值：$A_3>A_2>A_1>A$。虽然掺木钙减水剂使混凝土干缩比普通混凝土的干缩大一些，但在混凝土正常性能范围之内，不会造成不利的影响。

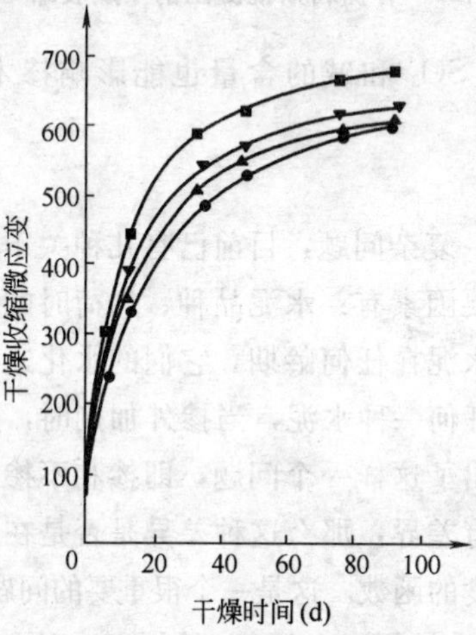

图 7-10　含减水剂混凝土的干燥收缩

●A—未加外加剂；▲A_1—加木质素磺酸盐；

▼A_2—加木质素磺酸盐＋$CaCl_2$；

■A_3—加木质素磺酸盐＋三乙醇胺

与上述情况①相反，当木钙减水剂用于减少单位水泥用量和用水量时（情况③），其干缩值比普通混凝土的小。如图 7-11 所示。此图中“普洲利斯”是日本生产的木钙减水剂的商品名称。在此情况下干缩值：缓凝减水剂＜标准型减水剂＜引气剂＜普通混凝土。

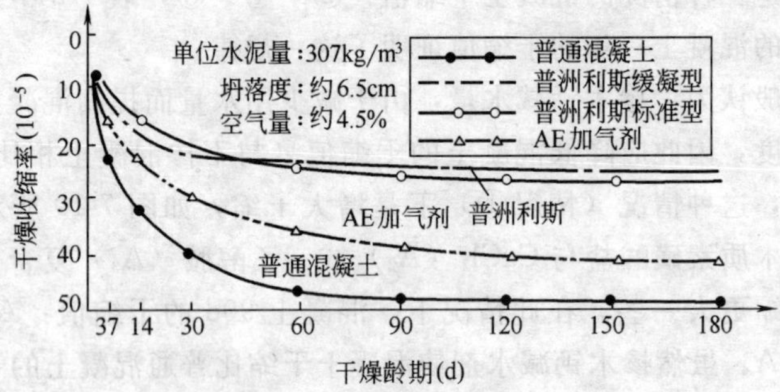

图 7-11 普洲利斯混凝土的干燥收缩

此外，水泥中的 SO_3 和碱的含量也能影响掺木钙减水剂的混凝土的干缩。

3. 徐变

混凝土的徐变是一复杂问题，目前已有几种关于水泥砂浆徐变的机理。影响徐变的主要因素有：水泥品种、加荷时的龄期及水化程度等。各种商品波特兰水泥在任何龄期，它们的水化速率和水化程度各不相同。一般来说，任何一种水泥，当掺外加剂时，这两个参数都可能受到影响。这就提出了这样一个问题，即掺和不掺外加剂的混合物之间如果在徐变上具有差异，那么这种差异是否是在荷载时以及整个加荷时期水泥水化程度的函数。这是一个很重要的问题。

柯尼尔（S. M. knalil）和沃德（M. A. Watd）研究了掺木质素磺酸钙对 C_3A 含量不同的水泥制成的两种砂浆徐变特性的影响，如图 7-12 和图 7-13 所示。由此看出，掺木钙减水剂（IP、VP）拌合物均大于不掺的拌合物（I、V）的徐变。如果将掺木钙和不掺的拌合物，在一定的水化速度下，并且所有拌合物均在同样的水化程度时加荷，且具有同样的应力强度比时，其徐变变形将相同，如图 7-14 所示。这说明加荷龄期只是从水化程度和强度的发展两方面对徐变产生影响。

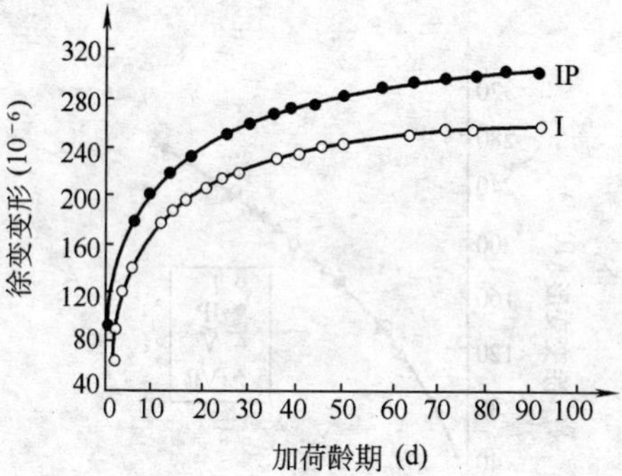

图 7-12 I、IP 拌合物加荷 7d 时，其加龄期与徐变的关系

I 型高 C_3A（9.2%）水泥，砂浆配合比按 ASTM（109—73）

水灰比 0.50

I—不掺；IP—掺木钙，水泥的 1/30

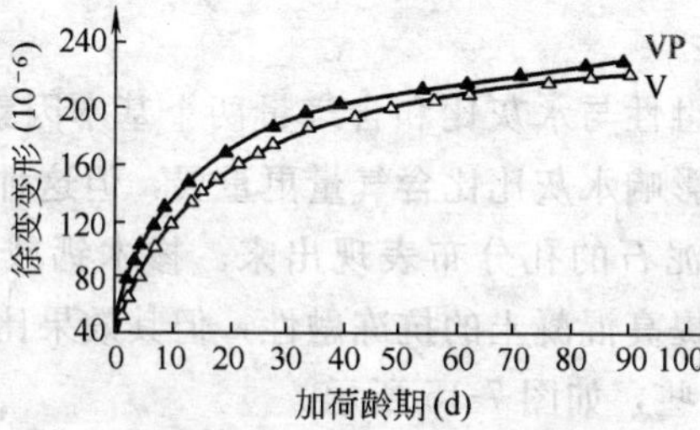

图 7-13 V 和 VP 拌合物加荷 14d 时，其加荷龄期与徐变的关系

V—不掺；VP—掺木钙 5 型低 C_3A（3.2%）水泥；其他同图 7-12

4. 抗渗透性

掺木钙减水剂，由于减水作用和引气作用能提高混凝土的抗渗性，可制备抗渗等级 P10～P20 的混凝土。即使在配制流动性混凝土时，由于分散和引气作用，提高了均匀性，特别引入大量微气泡阻塞了连通毛细管的通道，变开放孔为封闭孔，由此提高混凝土抗渗透性。掺木钙减水剂提高混凝土抗渗透性的试验结果见表 7-2。

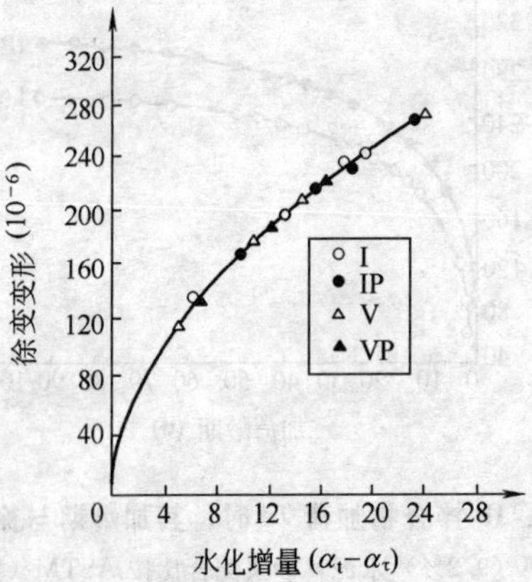

图 7-14　徐变与水化增量的关系曲线

α_t—时间 t 时的水化程度；α_τ—加荷时的水化程度

5. 抗冻融性

混凝土抗冻融性与水灰比和含气量两个基本因素有密切相关，尽管对抗冻性的影响水灰比比含气量更重要，但这种作用并不是直接的，是通过水泥石的孔分布表现出来。掺木钙减水剂，由于减水、引气作用能提高混凝土的抗冻融性，但其效果比典型的引气剂（Vinsol）要差一些，如图 7-15 所示。

当木钙减水剂用于配制流动混凝土时（情况②），抗冻性提高的程度不如情况①和③，其提高抗冻性的顺序：①＞③＞②，结果如表 7-2 所示。

此外，掺木质素磺酸盐减水剂，还能提高混凝土抗硫酸盐溶液的侵蚀性（见表 7-7），以及混凝土抗中性化程度。

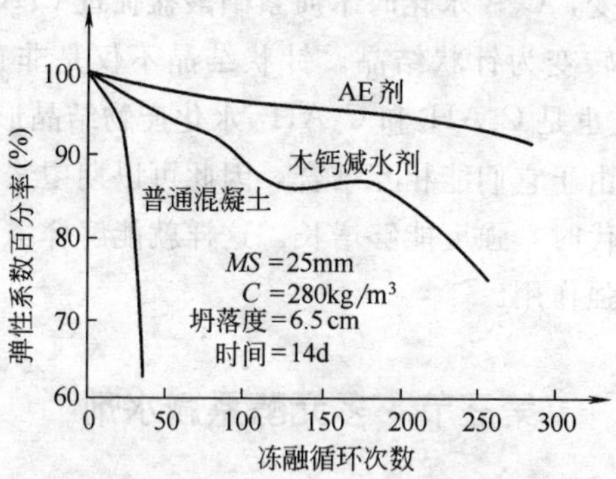

图 7-15 混凝土的抗冻融试验结果

表 7-7 浸入硫酸盐溶液中混凝土的膨胀比较

外加量	单位水泥用量 (kg/m³)	坍落度 (cm)	单位用水量 (kg/m³)	抗压强度 (MPa) 28d	膨胀率（%）		
					2个月	6个月	12个月
不掺	304	8.0	194	32.5	0.05	0.36	1.70
文沙引气剂	304	7.5	186	31.5	0.07	0.18	0.66
木钙	304	9.6	178	37.2	0.03	0.16	0.37

6. 木质素磺酸盐对混凝土增强作用机理

掺木质素磺酸盐后提高混凝土强度的解释有两种理论：第一种理论认为有新的水化物产生；第二种理论则认为物理吸附为主要原因。

表面活性剂的吸附导致超微结晶的生成，从而产生了高机械强度的水泥石。木钙质磺酸阴离子在 C_3A 上是化学吸附，在 C_3S 和 C_2S 上是物理吸附。在 C_3A 上的选择吸附，被认为是让 C_3S 能够自由地进行充分的水化，形成有坚固结构的水化物，而这种水化物不会由于 C_3A 的延缓水化而受影响。这说明木质素磺酸盐的作用不会形成新的水化物，并且不会延缓后期的硬化，因为它们被增长着的细晶粒的愈来愈多的新表面吸附。但是，通常是产生水化物的结晶形貌的改变，C_3A 水化时木质素磺酸盐促进 C_4AH_{13} 和 C_2AH_8 的六方状结晶转变为针状结晶。针状结晶不仅是非正常水化产物 C_3AH_{21}，而且也是 C_2AH_8 和 C_3AH_{13} 水化产物结晶形态的变化。

针状结晶由于它们能相互结合，因此可以期望浆体的块状结晶被针状结晶取代时，强度能够增长。这样就能解释木质素磺酸盐在混凝土中的增强作用。

第三节 多元醇系减水剂

一、概述

多元醇（Polrol）所包含的范围很广，其中有单糖、低聚糖和多糖；纤维素及其衍生物；多元醇类的非离子表面活性剂等。其中大多数可能作为混凝土外加剂，但是真正常用的多元醇系的减水剂就不会很多了。它们分为高级多元醇和多元醇两类。高级多元醇减水剂有淀粉部分水解的产物，如糊精、麦芽糖、动物淀粉的水解物等。多元醇中常用的有糖类、糖蜜、糖化钙等。

蔗糖由含糖量高的甘蔗和甜菜（均为 16%～20%）生产，糖蜜是其副产品（母液）。蔗糖的生产工艺如下：

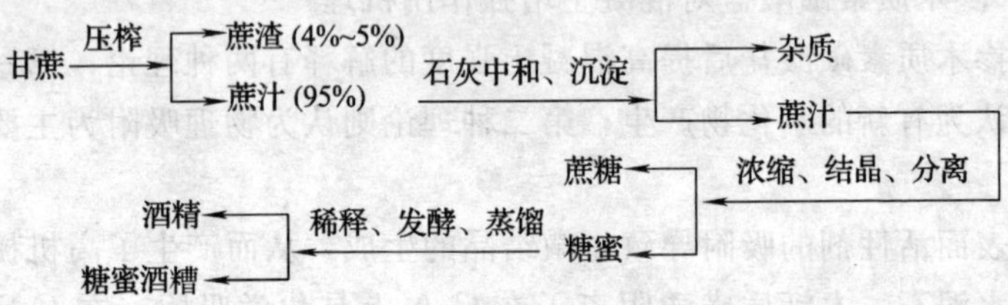

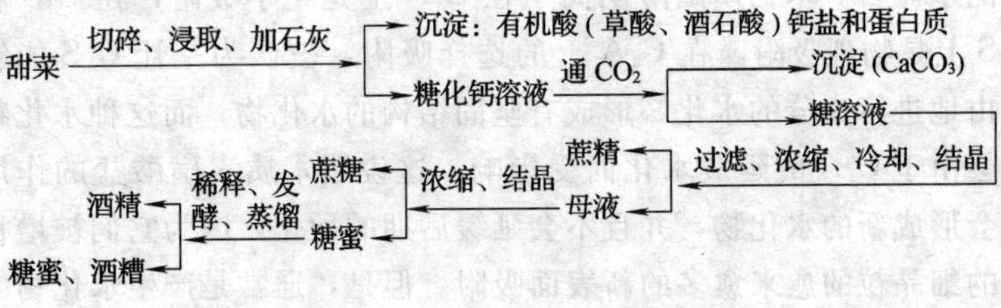

糖蜜中含蔗糖28%～30%，还原糖类25%～28%，胶体物10%～15%，钙镁盐类1%～2%，pH值6～7，密度1.38～1.47。为了便于保存和使用，防止糖蜜不断进行酶解，将糖蜜与石灰乳作用转化为糖化钙（简称糖钙）。

糖化钙的制法：首先将密度 d_0 的糖蜜用热水稀释到密度1.2，其加水量（W）为：

$$W = 5 \times (1 - \frac{1.2}{d_0})G$$

式中 G 为糖蜜的质量。

然后将生石灰粉（过0.15或0.3mm筛）用水配成石灰乳液（其水量为稀释糖蜜用水 W 的一部分），冷却后加入一定比例质量的糖蜜，边加边搅拌，糖蜜加完后再继续搅拌至均匀。密度1.2的糖蜜与生石灰粉的质量比为100∶16。搅拌混合物的温度50～60℃为宜。配制好的糖钙溶液，一般放置7d后方可使用。

为了得到粉末状的糖钙，可将糖钙溶液再进行喷雾干燥。

此外，发酵生产酒精后剩下的糖蜜酒糟，经浓缩干燥的粉末，也可用作减水剂（GA），但性能比糖钙差一些。

现将糖蜜（或称糖钙）系减水剂的种类和性能列入表7-8中。

表7-8 糖蜜系减水剂的种类和性能

名称	成分或来源	特性及在混凝土中的作用	掺量
糖蜜	已糖化二钙（榨糖厂的废液处理而成）	对水泥颗粒起扩散作用，掺入混凝土中可使凝结时间延长1～2h；流动性可提高一倍，强度可提高15%～30%。此外尚可提高混凝土的抗渗、抗冻性能等。亦可用作缓凝剂	0.2%～0.25%

续表 7-8

名称	成分或来源	特性及在混凝土中的作用	掺量
3FG-2	糖蜜酒精废液 环氧乙烷 脂肪醇	对水泥起扩散及引气作用，同时可抑制水泥水化反应，延缓水泥的凝结时间，减水率达15%～17%；节约水泥12%～15%；延缓凝结时间：初凝50～250min；终凝155～250min	0.25%～0.3%
ST	主要成分蔗糖化钙，褐色粘稠液体，表面张力69～71mN/m，pN值12～13，含固量43%～45%	最佳掺量时减水率6%～11%，28d强度可提高15%～25%；节约水泥率5%～10%；砂浆减水率5%～7%，含气量8%～9%，常温下缓凝2～4h	0.20%～0.30%
Q_A	主要成分有机酸及残糖，褐色粘稠液体，pH值6.5～7.5，含固量45%～50%，还原物4～6g/100mg	减水率9%，7d强度可提高20%，28d可提高10%，早期缓凝	0.20%～0.25%
转化糖蜜	主要成分葡萄糖化钙、果糖化钙等，粉状固体，pH值11～12，含固量95%	减水率6%～10%，早期缓凝，28d强度可提高20%，节约水泥率6%～8%	0.10%～0.20%
ZT转化糖蜜	主要成分葡萄糖化钙、果糖化钙等，粉剂，pH值11～12	减水率6%～10%，早期缓凝，28d强度可提高20%～30%，对钢筋无锈蚀	0.10%～0.20%

糖蜜属缓凝减水剂，掺量 0.20%～0.30%，减水率 6%～10%，不引气。以下论述糖蜜对混凝土性能的影响。

二、新拌混凝土性能

1. 减水作用

糖蜜中的主要成分是已糖化二钙复合物，其物性是具有强的固-液界面活性作用，因此能吸附在水泥粒子上，形成溶剂化吸附层，破坏水泥的絮凝结构使水泥粒子分散，自由水增多。与木钙不同，糖钙不大降低水的表面力（糖钙水溶液的 $\gamma=69.5$mN/m，水 $\gamma=72.5$mN/m），因此气-液表面活性作用不强，所以糖钙的引气作用不大，属于非引气型减水剂。

另外，糖钙含多个羟基，对水泥初期水化产生较强的抑制作用，因此使结合水减少，相对而言自由水增多，这样就提高了水泥浆的流动性。

图 7-16 表示糖蜜掺量与减水率的关系，随着掺量增加减水率也增加。掺量 0.2%～0.3%时，减水率为 8%～10%。图 7-17 表示在保持水灰比相同时，掺 0.2%～0.3%糖蜜使混凝土坍落度提高 3～7cm。

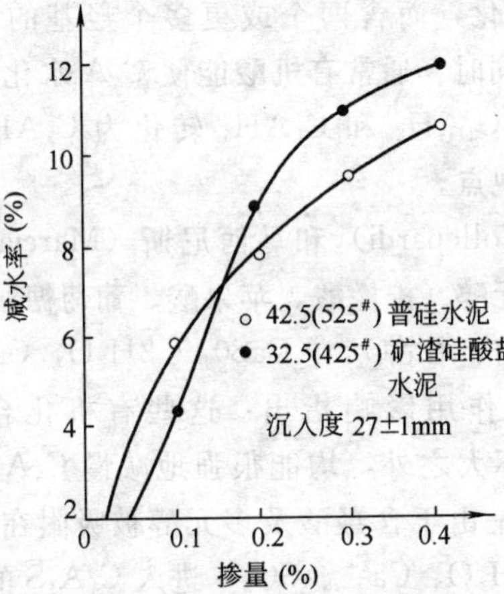

图 7-16 糖蜜掺量与减水率的关系

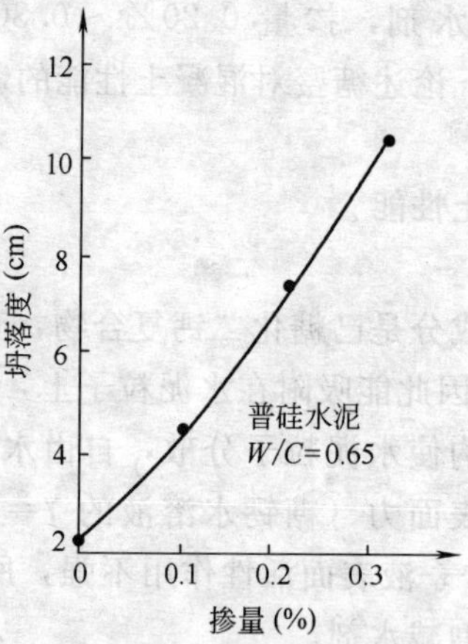

图 7-17 糖蜜掺量与混凝土坍落度的关系

2. 凝结时间

杜海丁（Daugherty）研究几种有机外加剂对 C_3A 凝结的影响后指出：羟基羧酸对 C_3A 凝结的影响（促凝或缓凝）取决于其浓度和组分，羧酸基倾向于加速 C_3A 水化，而羟基（如糖）倾向于延缓水化。含有一个羧酸（具有一个羟基或没有）基的简单有机化合物加速 C_3A 水化，而含两个或更多个羟基的有机化合物延缓 C_3A 水化凝结。同时，通常有机酸能使 C_3A 水化成 C_3AH_6，而糖及其衍生物阻滞 C_2AH_8 和 C_4AH_6 转化为 C_3AH_6。杨（Young）也发表了同样的观点。

柯莱派蒂（Collepardi）和马西尼斯（Marcialis）研究了某些含羟有机酸及多元醇（柠檬酸、苹果酸、葡萄糖酸、山梨醇、甘露醇、果糖、葡萄糖、甘醇）在 $CaS0_4 \cdot 2H_2O$，Ca（$OH)_2$ 存在时对 $C_4A_3\bar{S}$ 的水化作用影响指出：这些有机化合物除了甘醇对 $C_4A_3\bar{S}$ 水化影响不大之外，均能很强地减慢 $C_4A_3\bar{S}$ 水化凝结。柯莱派蒂解释为这是由于含羟酸及多元醇被吸附在固相和反应物表面，因此减慢了 H_2O、Ca^{2+}、$SO_3{}^{2-}$ 进入 $C_4A_3\bar{S}$ 的速度。

多元醇系减水剂对水泥凝结时间的影响如表 7-9 所示，糖钙掺量对混凝土凝结时间的影响列入表7-10。由此看出，糖蜜的掺量为水泥质量的0.1%～0.4%（0.2%～0.3%为宜），掺量愈大延缓凝结时间愈长，掺量多少是根据气温变化进行调节。超剂量使用会产生严重缓凝，这将使后期强度下降，造成工程事故。

表7-9　多元醇系减水剂对凝结时间的影响

混凝土名称	掺量（%）	凝结时间（min）	
		初凝	终凝
空白	0	190	320
双酮二氢糖	0.10	250	400
葡萄糖	0.06	260	450
空白	0	294	450
糖蜜	0.1	450	598
	0.2	828	984
	0.3	1425	1638

表7-10　糖钙掺量对混凝土凝结时间的影响

糖钙掺量（%）	配合比 水泥：砂：石	水灰比	坍落度（cm）	气温（℃）	混凝土凝结时间（min）		
					$P=0.7$	$P=3.5$	$P=28$
0	1∶1.88∶4.12	0.735	4	23	240	360	645
0.1	1∶1.88∶4.12	0.735	7		330	420	720
0.2	1∶1.88∶4.12	0.735	8		330	420	720
0.3	1∶1.88∶4.12	0.735	9		390	540	795
0	1∶2∶4	0.79	6.2	28	150	240	330
0.2	1∶2∶4	0.79	6.5		240	330	510
0.4	1∶2∶4	0.79	6.5		405	495	630
0.6	1∶2∶4	0.79	4.0		510	600	1080

注：P—贯入阻力（MPa）。

同木钙减水剂一样，多元醇系减水剂可以配制成早强型、标准型、缓凝型（糖钙）、超缓凝型和引气型，它们是多元醇减水剂与相应的其他外加剂复合而成。现将日本生产的多元醇系减水剂对混凝土初凝时间的影响以图 7-18 表示。同木钙系一样，国外多元醇系早强型减水剂多数是用氯盐复合，也有用甲酸钙或三乙醇胺，但效果不及氯化钙。我国多数是用糖钙与硫酸钙、三乙醇胺复合，或用海波、明矾、矾泥等作早强组分。为了生产固体产品往往掺载体（粉煤灰、炉渣、尾矿粉等），以防止受潮结块，活性载体也参与水化反应，或起“晶种”的作用。糖钙本身是缓凝减水剂，其超缓凝剂是再与羟基酸盐或磷酸盐复合，通过后者的品种或掺量调整初凝时间大于 4h，有时甚至要求缓凝 12～24h（超缓凝剂）。多元醇引气减水剂是将糖钙与非离子型表面活性剂 TX-10 复合，或者与松香皂复合。这在我国水工混凝土工程中已有应用。

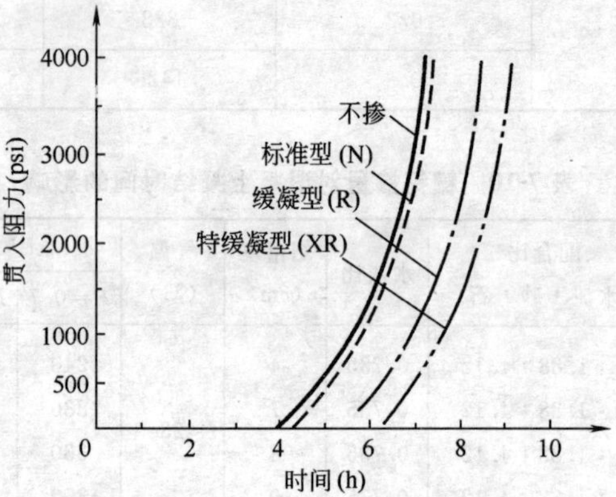

图 7-18　各种类型多元醇减水剂的初凝时间

（试验方法 ASTML403-70）1 psi＝6875 Pa

三、硬化混凝土性能

1. 混凝土强度

混凝土中掺糖钙缓凝减水剂中，早期强度增长较慢，但 28d 强度增长率高于掺木钙的混凝土。表 7-11 中表示糖钙和木钙对混凝土强度的影响。

表 7-11 糖钙、木钙对混凝土强度的影响

外加剂及掺量(%)	水灰比	减水率(%)	坍落度(cm)	抗压强度(MPa)			
				1d	3d	7d	28d
0	0.59	0	5.7	5.7/17	11.6/35	19.4/58	33.2/100
木钙 0.25	0.53	10	3.7	6.8/20	15.1/45	23.3/70	38.1/115
0	0.65	0	6.4	5.0/17	11.6/40	18.5/63	293/100
糖钙 0.35	0.62	5	7.2	2.1/7	13.2/45	23.3/80	36.1/123

注：32.5（425#）普通硅酸盐水泥。

图 7-19 中的曲线表明糖钙早期强度增长率低于木钙，28d 强度增长率高于木钙。

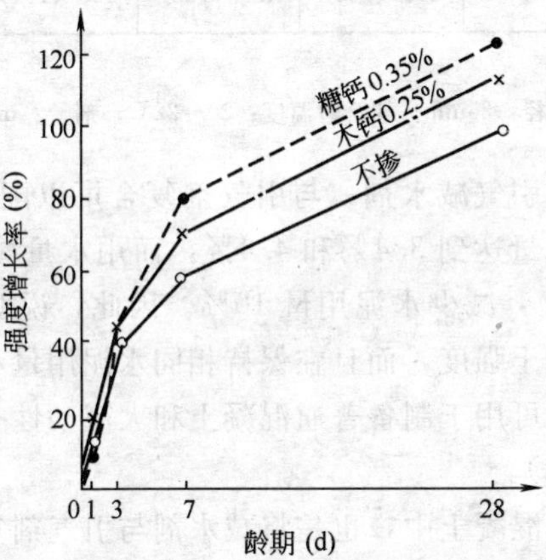

图 7-19 糖钙和木钙对混凝土强度增长率的影响

表7-12是日本生产的多元醇系“POZZOLIHT”100N、100R、100XR三种类型的减水剂在节约水泥10%，减少用水量5%的情况下，对混凝土强度的影响。

表7-12 各种类型多元醇减水剂的性能

		不掺	标准型 100N	缓凝型 100R	超缓凝型 100XR
剂量（mL）		—	200	200	200
配比	*C*（kg）	335（100）	300（90）	300（90）	300（90）
	W（kg）	164（100）	156（95）	156（95）	156（95）
坍落度（cm）		7.2	7.3	7.5	7.6
含气量（%）		1.5	1.9	2.1	2.2
抗压强度（kg/cm^2）	3d	181（100）	208（115）	192（106）	187（103）
	7d	306（100）	324（106）	314（103）	312（102）
	28d	419（100）	425（102）	423（101）	428（104）

注：普通水泥。

集料最大粒径：25mm；拌合时温度：20～22℃；剂量：mL/100kg水泥。

多元醇是非引气减水剂，与引气剂复合可以配制引气混凝土。在此情况下含气量达到3.4%和4.4%，而用水量减少15%（单掺多元醇减少5%），减少水泥用量10%。因此，说明掺引气减水剂不但不降低混凝土强度，而且在保持相同水泥用量和流动性情况下可以提高强度。可用于制备普通混凝土和大流动性（坍落度20cm）混凝土（表7-13）。

我国在水工混凝土中，也是将减水剂与引气剂复合使用配制引气混凝土，其结果列入表7-14。

表 7-13 多元醇（100N）与引气剂（AE）复合的引气混凝土强度

类别	混合剂		配合比				坍落度	含气量	抗压强度（MPa）		
	100N	引气剂	C（kg）	W（kg）	W/C（%）	S/a（%）	（cm）	（%）	3d	7d	28d
土木	—	—	300（100）	165（100）	55.4	41	7.4	1.3	15.0（100）	24.2（100）	39.0（100）
	200CC	—	270（100）	158（95）	58.5	41	7.6	1.5	168（112）	26.0（108）	39.8（102）
	200CC	3A	270（100）	141（85）	52.2	39	7.5	4.4	20.4（136）	28.1（116）	40.6（104）
建筑	—	—	300（100）	200（100）	66.7	45.5	20.6	0.5	—	11.9（100）	20.8（100）
	200CC	—	270（90）	192（96）	71.1	45.5	20.7	0.8	—	13.5（113）	22.7（109）
	200CC	2A	270（90）	170（85）	63.0	43.5	20.6	3.4	—	13.7（115）	21.8（105）

注：引气剂用文沙树脂。

表 7-14 说明，无论是单掺，还是与引气剂复合，对混凝土的增强作用糖蜜优于木钙，水泥利用系数$\frac{R_{28}\text{抗压}}{\text{水泥用量}}$也高于木钙。

多元醇系的早强减水剂在我国使用较为广泛，主要用自然养护混凝土或气量较低（−5℃以上）时提高早期强度，从而加快混凝土工程进度。对蒸汽养护混凝土也有增强效果。糖钙复合早强减水剂由 Na_2SO_4 60%、糖钙 1.25%和载体 38.7%组成，掺量为水泥重量的 2%～4%，减水率 8%～10%。糖钙复合早强减水剂对混凝土的早强增强作用。如表 7-15 所示。

表 7-14　掺引气减水剂混凝土强度

水泥用量（kg/m³）	水灰比	外加剂及掺量（%）	级配	重量配合比 水泥：砂：石	坍落度（cm）	减水率（%）	强度（MPa） R_{28}压	强度（MPa） R_{28}拉	强灰比
267	0.55	0	三	1：2.22：5.42	4.2	0	23.0/100	1.63/100	0.86
267	0.49	木钙 0.25	三	1：2.18：5.60	3.5	10	28.4/123	2.1/129	1.06
267	0.47	木钙 0.20＋引气剂 0.05	三	1：2.20：5.65	4.0	14	22.8/99	1.7/104	0.86
267	0.51	糖蜜 0.25	三	1：2.18：5.57	4.0	8	32.3/140	2.17/132	1.21
267	0.48	糖蜜 0.20＋引气剂 0.05	三	1：2.22：5.63	2.7	12.8	29.9/130	2.23/137	1.12

注：325# 矿渣水泥

表 7-15　糖钙复合早强减水剂混凝土强度

外加剂掺量（%）	混凝土配合比 水泥：砂：石：水	坍落度（cm）	标养强度（MPa）				蒸养强度（MPa）			蒸养制度
			3d	5d	7d	28d	蒸后	蒸后7d	蒸后28d	
0	1：1.89：3.5：0.625	2.0	9.0/100	11.2/100	11.7/100	24.1/100	150/100	184/100	247/100	3+3+3（85℃）+10h
NC 2.0	1：1.89：3.5：0.575	1.8	18.6/203	21.2/189	24.8/212	39.2/163	273/183	316/167	375/150	

注：NC：Na_2SO_4 60%，糖钙 1.25%，载体 38.75%。

2. 干缩

混凝土的干缩变形主要取决于单位用水量、水灰比、水泥品种和细度、集料用量及配比、养护条件等。外加剂的品种及掺量也影响混凝土的干缩。因为它们影响混凝土的用水量、水泥凝结和硬化以及孔结构。研究各种减水剂对混凝土干缩试验结果，如表 7-16 和图 7-20 所示。

由此看出，90d 混凝土干缩率的顺序是：糖蜜＞木钙＞UNF＞引气剂＞空白混凝土，其比率分别为 117～122、114、110、101 和 100。因此，通常掺减水剂的混凝土干缩增大，但增大的幅度在正常性能的范围。

3. 抗冻融性

混凝土抗冻性与其水灰比、含气量及孔结构等有关。抗冻性可用冻融次数、耐久性指数、水灰比、气泡间隔系数、可冻水空气比等多种表达方式。其中使用最广泛的是冻融次数。

掺糖蜜减水剂，由于减水作用可提高混凝土抗冻性。同时它是非引气剂，因此在抗冻性要求高的情况下，单掺糖蜜不能满足，必须将其与引气剂复合，其结果见表 7-17。表 7-18 是糖蜜与引气剂复合成引气减水剂，用慢冻和快冻两种试验进行抗冻融试验结果。表明引气减水剂能显著提高混凝土的抗冻性，冻融次数在 200 次以上。

表 7-16　掺外加剂混凝土干缩试验

编号	配合比	水泥用量(kg/m³)	用水量(kg/m³)	水灰比	外加剂及掺量(%)	坍落度(cm)	减水率(%)	28d强度(MPa)	干缩率(×10⁻⁶)						
									3d	5d	7d	14d	28d	60d	90d
P-1	1∶2.37∶4.22	300	174	0.58	0	5.2	0	25.3/100	5.0/100	16.0/100	21.0/106	45.0/100	135.7/100	192.6/100	251.7/100
M-1	1∶2.39∶4.25	300	159	0.53	木钙 0.25	5.7	8.6	30.6/121	10.0/200	29.9/187	32.0/152	51.0/113	161.9/119	248.7/129	285.9/114
U-1	1∶2.40∶4.27	300	150	0.50	UNF 0.70	5.8	13.8	28.5/113	9.0/180	23.0/144	28.0/133	56.0/124	140.8/104	229.8/119	275.7/110
T-1	1∶2.39∶4.24	300	162	0.54	糖蜜 0.25	5.7	6.9	35.7/141	15.0/300	38.7/242	39.5/188	52.0/116	145.9/108	260.4/139	307.1/122
T_o-1	1∶2.39∶4.24	300	162	0.54	糖蜜 0.25	5.8	6.9	29.8/118	5.0/100	20.8/130	24.0/114	51.0/113	124.7/92	242.2/126	295.4/117
J-1	1∶2.33∶4.32	300	156	0.52	引气剂 0.005	6.7	10.3	20.7/82	5.0/100	4.4/30	11.0/52	35.0/78	113.8/84	202.8/105	253.1/101

注：峨嵋厂普通水泥 32.5（425#），1 级配。

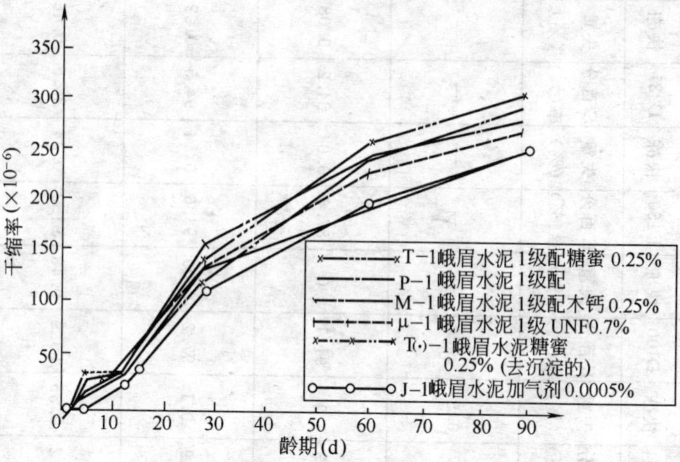

图 7-20 不同外加剂对混凝土干缩的影响

表 7-17 掺减水剂混凝土抗冻融性

外加剂及掺量(%)	水灰比	水泥用量(kg/m^3)	D50 次冻融		
			检验强度(MPa)	冻后强度(MPa)	强度损失(%)
0	0.60	243	26.1	9.1	65.5
木钙 0.25	0.55	240	30.0	23.6	21.3
糖蜜 0.25	0.55	245	33.8	29.5	12.6
糖蜜 0.2 引气剂 0.005	0.55	233	30.4	27.7	9.0

注：325# 矿渣水泥。

4. 抗渗性

掺糖蜜减水剂，由于减少用水量提高混凝土的密实性，因此能提高混凝土抗渗性。通常能使混凝土抗渗性提高 1～2 倍，如表 7-19所示。

表 7-18 糖蜜引气减水剂混凝土抗冻融性试验结果

外加剂及掺量(%)	水灰比	含气量(%)	水泥用量(kg/m³)	D150 次慢冻融			D50	快冻	D100	快冻	D150	快冻	D227	快冻
				检验强度(MPa)	冰后强度(MPa)	强度损失(%)	E 百分率(%)	失重(%)	E 百分率(%)	失重(%)	E 百分率(%)	失重(%)	E 百分率(%)	失重(%)
0	0.50	1.1	306	—	—	—	58.7	0.57	—	—	—	—	—	—
糖蜜 0.2 引气剂 0.005	0.50	7	246	31.1	31.8	+0.6	96.3	0	91.1	0	87.6	0.04	84.2	0.08
糖蜜 0.2 引气剂 0.005	0.47	7	278	38.5	42.5	+10.4	96.9	0.1	97.2	0.09	95.6	0.14	94.5	0.09
糖蜜 0.2 引气剂 0.005	0.49	4.0	255	32.7	38.2	+16.8	95.2	0.36	95.9	0.48	91.3	0.44	86.5	0.46

注：32.5（425#）普硅水泥；E—动弹性模数，表中是相对分子数。

表 7-19 掺糖蜜减水剂混凝土的抗渗性

外加剂掺量（%）	水泥用量（kg/m^3）	水灰比	减水率（%）	抗渗标号（kg/cm^2）
0	280	0.69	0	8
糖蜜 0.3	280	0.61	11.6	>15

第四节 低聚糖系减水剂

一、概述

淀粉是α-葡萄糖脱水缩合而成的一种多糖（$(C_6H_{10}O)_n$），其中含 73％支链淀粉和 27％直链淀粉。直链淀粉的分子式为：

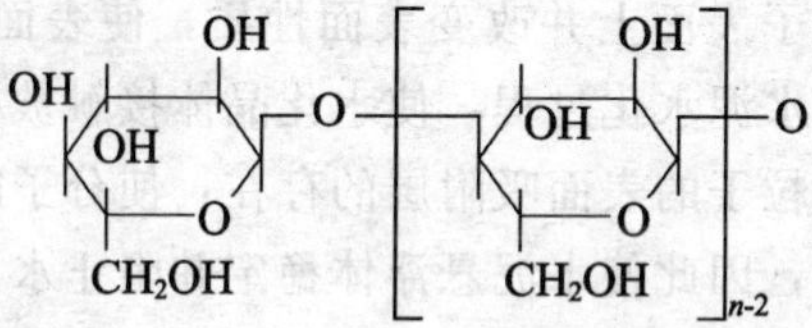

其中 $n=300\sim400$

直链淀粉可溶于热水，支链淀粉不溶于热水。淀粉经淀粉酶或酸的作用发生水解，根据水解程度的可得不同产物，其水解过程如下：

淀粉→糊精→麦芽糊精→麦芽糖→葡萄糖
（多糖）（低聚糖）（双糖）（单糖）

其中糊精经磺化成磺化糊精，麦芽糊精经氧化生成低聚糖酸（盐）或还原成多元醇，葡萄糖经氧化成葡萄糖酸（盐）。此外，用淀粉可直接生产柠檬酸盐或乳酸盐。毫不夸张地说，除淀粉本身之外，上述淀粉水解或改性的产物都可以用作混凝土外加剂，并且在有关文献中能查阅到它们用作分散、减水剂、缓凝剂或保水剂等。在此重点介绍低聚糖减水剂。

低聚糖是多糖（如糊精、纤维素、半纤维素）水解的中间产物，其平均相对分子质量为300～3500。产品为黑褐色粘稠液体，易溶于水。作为液态减水剂产品，为了防止发酵变质和改性，其中添加有羟胺。或者将其与碱金属的氢氧化物作用生成多元醇的衍生物，然后干燥粉碎得到棕色固体粉末。低聚糖是多元醇类的缓凝减水剂，掺量为水泥重量的0.1%～0.3%（0.25%），减水率8%～12%，其综合性能优于木质素磺酸盐。

二、新拌混凝土的性能

1. 减水作用

低聚糖属非离子型表面活性剂，对固-液界面有强的表面活性，但对水-空气表面活性小，有时是零，1%低聚糖水溶液25℃时表面张力为62.5mN/m，因此不大引气。低聚糖掺入水泥-水分散体系中，能吸附在水泥粒子表面上并改变表面性质，使表面亲水化。同时，水化吸附层阻碍水泥水化过程，使水化晶体接触被屏蔽，改变结构形成过程。水泥粒子的表面吸附层的存在，使分子间作用力保持在厚水层的表面上，因此使水泥悬浮体稳定并阻止水泥粒子凝结。吸附膜好像使粒子表面产生润滑，减少摩擦，结果使混凝土混合物不降低合易性，而降低水灰比。减水剂除在原胶凝物粒子表面吸附之外，同样能吸附在水化和硬化过程形成的新相的晶胚上，并使之稳定。稳定作用阻止结构形成过程，过于稳定甚至会降低早期强度。体系中糖的剂量越多，强度增长开始得愈迟。表面活性剂控制胶凝物水化和硬化过程，这不仅是在原矿物和水化产物上的吸附作用，而是由于改变了饱和溶液中晶胚生成的速度。低聚糖的这种抑制水化作用比典型的缓凝剂，如单糖或双糖小得多。

表7-20表示低聚糖的掺量与减水率的关系。

此表中在推荐掺量0.25%时，减水率9%，达到普通减水剂和缓凝减水剂的标准。

2. 混凝土凝结时间

外加剂对混凝土凝结时间的影响关系到混凝土的灌注及混凝土

初期性能，由于低聚糖是多元醇复合物，因此有缓凝作用，如表7-21 所示。由此看出，低聚糖减水剂对混凝土缓凝作用大于标准型减水剂所规定的 90min，而符合缓凝型减水剂的要求，即初凝延缓 120～240min，终凝延缓 90～210min 的规定。

表 7-20 低聚糖掺量与混凝土减水率

减水剂掺量（%）	坍落度（cm）	减水率（%）
0.25	5.2	9
0.22	6.9	7
0.15	6.2	6
0.10	7.0	5

表 7-21 低聚糖对混凝土凝结时间的影响

掺量（%）	凝结时间（min）		延缓时数（min）		配合比	水灰比	减水率（%）
	初凝	终凝	初凝	终凝			
0	735	1100	—	—	1：1.20：2.15	0.64	6
0.25	895	1240	155	140	1：1.20：2.25	0.64	7

3. 含气量

按掺量 0.25%时的混凝土与基准混凝土含气量为 1.13%相比略有增加，即为 1.4%，所以属于非引气减水剂。

4. 泌水率

掺低聚糖减水剂使混凝土的泌水率略有增加，为基准混凝土的133%。

5. 坍落度损失

掺低聚糖减水剂混凝土坍落度损失仅有 0.7cm，小于标准中对各种外加剂的规定要求，因此可用作泵送剂。

三、硬化混凝土性能

1. 抗压强度

掺低聚糖减水剂对混凝土强度的影响，见表 7-22。由此看出，在推荐掺量 0.25%时，3、7 和 28d 强度与基准混凝土相比较，分别提高 15%、31%和 29%，说明低聚糖减水剂具有较好的增强效果。此外，若与基准混凝土保持相同强度时可节约水泥10%。

表 7-22　低聚糖减水剂对混凝土强度的影响

掺量（%）	水泥用量（kg/m^3）	坍落度（cm）	减水率（%）	抗压强度（MPa）			
				3d	7d	28d	90d
0	320	6.4	0	8.1/100	11.6/100	23.0/100	28.0/100
0.10	315	7.0	5	8.2/102	13.5/116	24.8/108	33.8/120
0.15	315	6.2	6	8.8/110	14.3/123	30.2/131	30.8/109
0.20	315	6.9	6	8.8/110	13.4/116	27.0/117	31.4/111
0	320	6.2	0	8.6/100	13.4/100	24.0/100	31.4/100
0.25	315	5.0	9	9.9/115	17.5/131	31.1/129	37.1/118

2. 混凝土的干缩

掺低聚糖减水剂混凝土 90d 的干缩率见表 7-23。由此可见，掺 0.25%时 90d 混凝土干缩率略大于基准混凝土（仅超过 3×10^{-6}），远小于标准值不大于 100×10^{-6}之要求。

表 7-23　掺低聚糖混凝土的干缩率

掺量（%）	90d 龄期干缩率（$\times10^{-6}$）
0	449/100
0.25	452/100.7

3. 钢筋锈蚀的影响

根据钢筋锈蚀的电极化测定方法测定结果证明低聚糖减水剂对钢筋无有害作用。极化曲线测定结果如下（表 7-24）：

表 7-24 钢筋极化电位（mV）测定结果

掺量	V_0	V_2	V_6	V_{10}	V_{19}
0.25%	−380	+649	+625	+639	+638

根据以上掺低聚糖减水剂混凝土的性能，现将其与标准规定的指标列入表 7-25 中。

表 7-25 实测结果与标准规定比较一览表

检测项目		标准规定值缓凝减水剂	样品实测值低聚糖减水剂
减水率（%）		≥7	9
泌水率比（%）		≤95	133
含气量增加（%）		—	0.27
坍落度损失之差（cm）		<1.5	0.7
缓凝时间（min）	初凝	120～240	135
	终凝	90～210	140
抗压强度比（%）	3d	≥110	118
	7d	≥110	119
	28d	≥110	131
	90d	≥110	119
干缩率增大（$\times10^{-6}$）		<100	3
抗冻性比（%）		>100	末测

注：低聚糖掺量 0.25%进行测试。

根据低聚糖缓凝减水剂的性能，它可用于大体积混凝土、水工混凝土、夏季施工混凝土、流态混凝土和商品混凝土。

四、低聚糖复合早强减水剂

低聚糖类的早强型减水剂是由低聚糖复合体（0.20%）与硫酸钠（2.0%）和三乙醇胺（0.03%）复合而成，掺量为水泥质量的2%～3%，减水率7%～9%，具有早强增强作用，可节约水泥用量10%。

1. 混凝土凝结时间

表7-26列举的数据说明，低聚糖复合早强减水剂对混凝土凝结时间影响不大。

表7-26 低聚糖复合早强减水剂混凝土凝结时间

早强减水剂掺量（%）	水灰比（%）	减水率（%）	凝结时间（min）	
			初凝	终凝
0	0.60	0	340	630
3	0.555	9	340	530

注：42.5（525#）普硅水泥，标准规定的配合比。

2. 泌水率

与上述表7-25相同的条件下，掺3.0%低聚糖复合早强减水剂的混凝土泌水率为4.1%，而基准混凝土为9.6%，可见其使混凝土泌水率减小。

3. 混凝土性能

掺低聚糖复合早强减水剂能改善硬化混凝土物理力学性能，表7-27表示其对混凝土物理力学性能影响。此表的数据说明，低聚糖复合早强减水剂掺量3%时，减水率10%，凝结时间与基准混凝土相同，泌水率较小，3d强度提高77%，28d提高8%。90d混凝土干缩率略比基准混凝土小。表7-28是在自然养护时掺低聚糖复合早强剂的混凝土强度。表中试验数据说明，在相同水泥用量时，掺2%低聚糖复合早强减水剂减水率7%，3、7和28d强度分别提高59%、23%和8%，具有显著的早强作用。此外，在减少水泥用量10%情况下，其各龄期的混凝土强度与基准混凝土相当。

表 7-27 低聚糖复合早强剂对混凝土性能的影响

掺量(%)	水泥用量(kg/m³)	砂率(%)	用水量(kg/m³)	水灰比	减水率(%)	坍落度(cm)	泌水率(%)	凝结时间(min)		抗压强度(MPa)			90d干缩率(×10⁻⁶)
								初凝	终凝	R_3	R_7	R_{28}	
0	300	41	177	0.59	0	5.6	8.4	595	800	10.1/100	20.9/100	325/100	44.6
3	300	41	166	0.53	10	3.3	4.9	595	800	179/177	287/137	349/108	35.7

注：42.5（525#）纯大坝水泥，一级配，标养。

表 7-28 掺低聚糖复合早强剂混凝土强度

设计强度	掺量(%)	水泥用量(kg/m³)	水灰比	减水率(%)	坍落度(cm)	配合比	抗压强度（MPa）		
							R_3	R_7	R_{29}
C35	0	408	0.43	0	2	1∶1.16∶3.48	16.3/100	32.7/100	48.6/100
C35	2.0	408	0.40	7	2	1∶1.16∶3.48	25.8/159	40.3/123	52.4/108
C35	2.0	367	0.38	12	2	1∶1.34∶3.98	17.3/107	32.8/100	47.4/98

注：自然养护，气温7℃。

低聚糖复合早强减水剂主要用于提高混凝土早期强度，3d强度提高60%～70%。在较低温度（5℃）时，促进混凝土强度增长。在预制混凝土构件、现浇混凝土中掺此早强减水剂能提高早期强度，提前脱模，加快工程进度和改善混凝土质量。也可用于节约水泥。

第五节 木质素磺酸盐改性方法

木质素磺酸盐是使用最广泛的普通减水剂，而高效减水剂的使用不到10%。但是从发展方向来看，是高效能多功能的外加剂。因此，从20世纪70年代末、80年代初各国都开始研究木质素磺酸盐制备高效减水剂的技术途径。目前改性木质素磺酸盐减水剂的应用日趋普遍。木质素磺酸盐的最佳掺量0.20%～0.30%，超剂量使用由于过于缓凝和引气使混凝土强度降低，甚至使混凝土不硬化。通过改性使木质素磺酸盐掺量提高到0.5%～0.6%，其减水率达到15%以上，而没有其他不良效果。木质素磺酸盐改性的方法有三种，即化学改性、物理分离和复合改性。

一、化学改性

木质素磺酸盐分子结构复杂，相对分子质量分布较宽。一种化学改性的方法是将其与稀硝酸或重铬酸盐进行氧化反应，这样可以达到两个效果：由于氧化作用使缓凝基团羟基(—OH)、醚链（—O—）、氧化成不大缓凝的羧基(—COOH)；氧化反应使分子断链，减小木质素磺酸盐的相对分子质量。这样就减小了木质素磺酸盐的缓凝作用，提高了分散作用，其掺量也可提高到0.5%。另一种化学改性的方法是利用木质素磺酸盐分子中的化学活性基团苯酚基，将其与甲醛，β—萘磺酸盐或三聚氰胺磺酸盐进行共缩聚反应制备超塑化剂。其质量比从1∶9到9∶1，得到性能不同的产物。武汉工业大学北京研究生部与天津自强化工厂共同研究的“UNF-6”高效减水剂就是其中的一例。它是由木质素磺酸钙与萘磺酸盐以3∶10的比例与甲醛缩合而成，对混凝土的减水作用和增强作用完全可以达到萘系高效减水剂的效果。

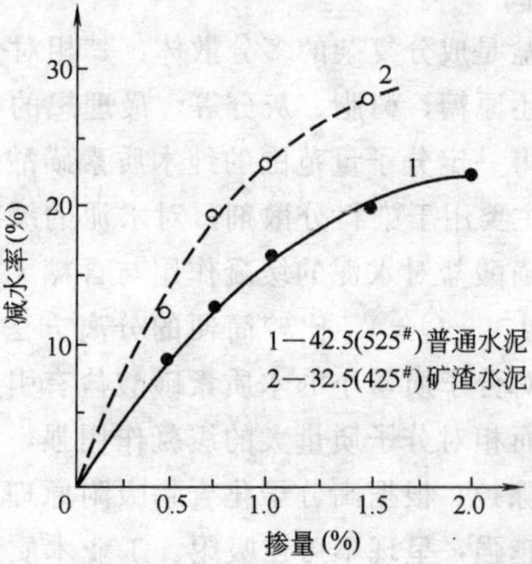

图 7-21 混凝土减水率与 UNF-6 掺量的关系

（坍落度 5～7cm）

图 7-21 表示 UNF-6 的掺量与减水率的关系。由此看出，随着 UNF-6 掺量增加减水率增大，掺量 0.5%、0.75%和 1.0%时，邯郸 42.5（525#）普通水泥混凝土减水率分别为 8%、12% 和 16%；32.5（425#）矿渣水泥混凝土减水率分别为 12%、20%和 23%。掺 UNF-6 的混凝土凝结时间与基准混凝土相当。掺 UNF-6 混凝土泌水率较小（3.2%）。图7-22 表示掺量与混凝土各龄期的强度关系。掺 0.75%UNF-6 可使 1～3d 强度提高 30%～50%，28d 强度提高 15%～35%，因此具有较好的早强增强作用。此外，掺 UNF-6 的混凝土的弹性模量提高 15%，收缩与基准混凝土相当，抗冻融性经 100 次循环均无重量和强度损失。

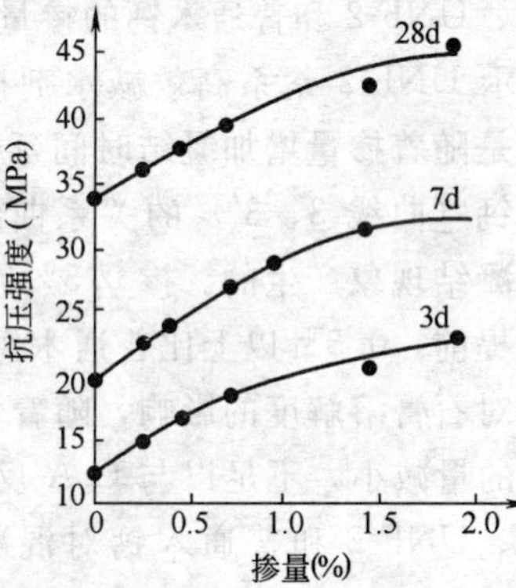

图 7-22 混凝土强度与 UNF-6 掺量的关系和强度损失

二、物理分离

木质素磺酸盐是成分复杂的多分散体，其相对分子质量2000～100000，还含有还原糖、树脂、灰分等。最理想的提纯方法是用超滤法，这样可以得一定分子量范围的纯木质素磺酸盐，相对分子质量40000以上的主要用于染料分散剂，对水泥的缓凝作用较强。因此说明，木质素磺酸盐对水泥的缓凝作用与含糖无关，本身就含缓凝基团（如－OH，－O－）。比较简便的分离方法是“泡沫-吸附”分离法。因为相对分子质量小的木质素磺酸盐有引气作用，可以从泡沫中分离掉；而相对分子质量大的缓凝作用强，可以用吸附剂进行溶液吸附将其除掉。根据高分子化合物吸附原理，相对分子质量越高，吸附作用越强，呈现不可逆吸附。工业木质素磺酸盐溶液经“泡沫-吸附”分离法，可以除掉相对分子质量小和大的木质素磺酸盐，剩下分散作用强的中等相对分子质量的木质素磺酸盐。这样就减小了木质素磺酸盐的引气和缓凝作用，其掺量就可提高到0.5%～0.6%，实现了木质素磺酸盐高效化，其减水率为18%～20%。

武汉工业大学北京研究生部首先采用“泡沫-吸附”分离法得到木钙高效减水剂，并进行了其有关性能研究。图7-23表示高效木钙、UNF-2和普通木钙的掺量对水泥凝结时间的影响。曲线2、2′表示UNF-2萘系高效减水剂掺量与初凝和终凝时间关系曲线，结果是随着掺量增加凝结时间延长。高效木钙（曲线1、1′）和普通木钙（曲线3、3′）的关系曲线变化比较复杂，这是由于“异常”凝结现象产生的。掺0.5%以下，高效木钙的初凝时间比普通木钙提前，0.5%以上比普通木钙延缓。产生异常凝结的原因，是木钙对石膏溶解度的影响，随着木钙掺量增加石膏溶解度减小，因SO_3的量减小，不足以与C_3A反应生成水化硫、铝酸钙。掺高效木钙、UNF-2和普通木钙对混凝土性能的对比试验结果，如表7-29所示。由此说明，掺0.5%高效木钙的减水率为18%，而UNF-2为16%，普通木钙为10%，含气量分别为4.57%、1.70%和3.54%，说明高效木钙有引气性，其减水作用优于UNF-2萘系高效减水剂。混凝土 28d 强度与基准混凝土相比，UNF-2 提高 26%，高效木钙为 20%，普通木钙为 10%，而早期（3d）强度掺高效木钙的比基准混凝土低。

表 7-29 三种减水剂混凝土强度对比试验结果

外加剂掺量（%）	混凝土配比	水灰比	减水率（%）	含气量（%）	抗压强度（MPa）			
					3d	7d	14d	28d
不掺	1∶1.76∶3.74	0.60	0	1.26	7.4/100	12.7/100	19.7/100	23.1/100
高效木钙 0.5	1∶176∶3.74	0.49	18	4.57	6.3/85	13.4/106	22.8/116	27.7/120
UNF-2 0.5	1∶1.76∶3.74	0.50	16	1.70	11.2/151	18.2/143	23.4/119	29.2/126
普通木钙 0.25	1∶1.76∶3.74	0.54	10	3.54	8.9/120	15.8/124	21.4/109	25.5/110

注：32.5（425#）普硅水泥，集料最大粒径 20mm，坍落度 6±1cm，标养。

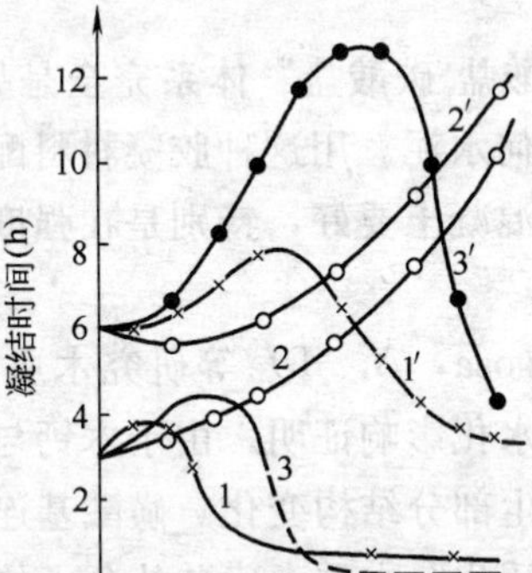

图 7-23 凝结时间与减水剂掺量的关系

1、1′—“泡沫-吸附”分离法得到的中分子量木钙；

2、2′—UNF-2 萘系高效减水剂；3、3′—普通木钙；

1、2、3—初凝时间与掺量关系曲线；

1′、2′、3′—终凝时间与掺量关系曲线；

水泥—42.5（525#）普硅水泥

三、复合改性

用复合外加剂将木质素磺酸盐改性可以得到超塑化剂，其中最简单的方法是将木钙与萘系或三聚氰胺系高效减水剂复合，这种复合外加剂在配制大流动混凝土时常采用，因为它可以减小坍落度损失。也有报导将木质素磺酸盐与长链脂肪醇复合，或与非离子表面活性剂复合。这些都是简单易行的方法。

布鲁南尔（S. Brunauer）等从1972年开始研究熟料-木质素磺酸盐-碳酸盐体系。这种体系的用水量比普通硅酸盐水泥降低35％～40％，完全达到或超过高效减水剂的效果。所配制的砂浆和混凝土具有高密实性和高强度。该体系的制备方法是将水泥熟料磨细到比表面6000cm^2/g，不用石膏调凝剂，而掺1.0％左右的木质素磺酸盐和约1.0％碳酸盐，这样得到正常凝结的水泥。以后，英国、印度、前苏联等进行了这方面的研究，并发展为“熟料-表面活性剂-促凝剂”体系。这样比用高效减水剂经济，而且能大幅降低水泥混凝土用水量。

“熟料-木质素磺酸盐-碳酸盐”体系完全是另外一种胶凝材料，它在许多方面胜过任何水泥。用这种胶凝材料配制的混凝土许多性能指标比目前使用的混凝土要好，特别是在强度和体积安定性方面更是如此。

施贝洛娃（Шпинова，A. T）等研究木质素磺酸钙和碳酸钾对无石膏波特兰水泥水化影响证明，由于木钙与碳酸钾反应，使磺酸盐按下式反应，产生部分结构变化。磺酸基连接Ca^{2+}离子被K^+离子取代，增加了“活化”木质素磺酸盐分子的数目。这样使塑化作用增强。现将外加剂对无石膏波特兰水泥物理力学性质的影响列入表7-30中。由此表中数据可以看出，无石膏水泥中掺1％木钙和1％碳酸钾复合外加剂，使净浆稠度降低到22％，砂浆水灰比降到0.27，减水率33％，初凝时间45min，符合水泥标准，而水泥活性（强度等级）提高73％。在此体系中，细分散度高活性碳酸钙（由碳酸钾生成）代替普通水泥组成物中的石膏的作用，在铝酸盐相水化时生成碳铝酸盐代替钙矾石，减慢了凝结和降低了胶凝物的需水量。计算证明，为了使 C_3A 完全结合成 $3CaO \cdot Al_2O_3 \cdot CaCO_3 \cdot 11H_2O$ 与生成钙矾石 $3CaO \cdot Al_2O_3 \cdot 3CaSO_4 \cdot 32H_2O$ 相比，只需 1/5.16 的碳酸钙（按碳酸根计算为 1/3.74），而结晶水量水化碳铝酸盐仅为钙矾石的 1/3。

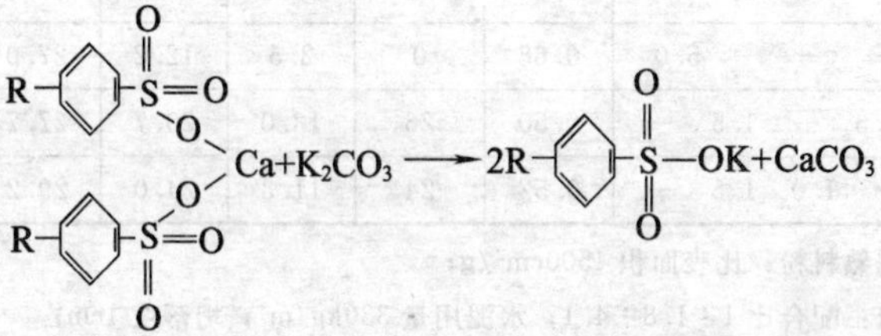

表 7-30 外加剂对无石膏水泥性能的影响

外加剂及掺量（%）	净浆标准稠度（%）	砂浆水灰比	凝结时间（min）		28d 强度（MPa）	
			初凝	终凝	抗压	抗折
3.5%石膏（以 SO_3 计）	25	0.40	75	230	52.8	5.96
无外加剂	—	—	3	5	—	—
1%K_2CO_3	—	—	3	4	—	—
1%木钙	25	0.35	5	7	42.7	5.23
1%木钙+1%K_2CO_3	22	0.27	45	50	74.0	7.16

表 7-31 中列举了各种外加剂对无石膏水泥混凝土强度影响。由此看出，木钙（0.5%）－K_2CO_3（1.5%）和糖蜜（1.0%）－K_2CO_3（1.5%）对无石膏水泥混凝土具有很强的减水作用，减水率分别为 25%～26% 和 21%～24%，早强作用也特别显著，1d 强度均超过 10MPa，而后强度也高于基准混凝土。

表 7-31 掺不同外加剂无石膏水泥混凝土的强度试验结果

组数	外加剂及掺量（%）				水灰比	减水率（%）	抗压强度（MPa）			
	木钙	糖蜜	K_2CO_3	石膏			1d	7d	28d	90d
Ⅰ	—	—	—	5.0	0.63	0	4.3	16.8	29.0	32.6
	0.5	—	1.5	—	0.47	25	14	21.7	31.5	38.6
	—	1.0	1.5	—	0.50	21	13.3	25.5	30.5	35.6
Ⅱ	—	—	—	5.0	0.68	0	2.5	12.2	27.0	29.8
	0.5	—	1.5	—	0.50	26	13.0	20.7	27.7	32.8
	—	1.0	1.5	—	0.52	24	11.3	24.0	29.2	33.4

注：水泥熟料粉：比表面积 $4500cm^2/g$；

Ⅰ组：配合比 1∶1.8∶4.1；水泥用量 $330kg/m^3$；坍落度 1cm；

Ⅱ组：配合比 1∶1.4∶3.4；水泥用量 $360kg/m^3$；坍落度 8cm。

该体系另一个特点是，普通水泥中的二水石膏的溶解度随温度降低而减小，相反，碳酸钙的溶解度随温度降低而增大。因此，用这种体系配制的混凝土可用于冬期施工。

此外，采用木钙-硅酸钠、木钙-氢氧化钠、木钙-石灰-碳酸钠等，同样能用作无石膏水泥混凝土的超塑化剂。

参考文献

1. 〔日〕北原等. 表面活性剂. 北京：化学工业出版社，1984：419～435

2. 混凝土外加剂译文集.（一）. 中国建筑研究院混凝土研究所，1983

3. 仲晓林. 外加剂对水泥及其矿物水化的影响国外研究简介. 1982

4. 第七届国际水泥化学会议论文选集. 中译本. 北京：中国建筑工业出版社，1985

5. 云南省渔洞水库混凝土外加剂选择试验报告. 云南省水利勘测设计院，1982

6. 陈嫣兮等. 我国混凝土减水剂概况及其发展. 1981

7. RC减水剂性能测试报告. 南京水利科学研究院，1987

8. 陈建奎等. CA复合早强剂性能综合报告. 技术鉴定报告之一. 1985

9. 杨硕. 不同分子量木质素磺酸盐减水剂性能研究. 武汉工业大学北京研究生部硕士学位论文，1988

10. 邱茂华. 改性木质素磺酸钙减水剂及其性能研究. 武汉工业大学北京研究生部硕士学位论文，1991

11. 陈建奎. 木质素磺酸盐减水剂高效化的理论基础及其方法. 全国水泥应用化学学术交流会论文，1987

12. 外加剂对混凝土干缩性能的影响. 水利电力部成都勘测设计院科学研究所，1988

第八章　高效减水剂（聚磺酸盐系）

20 世纪 60 年代初，国外市场上出现了三种高效减水剂（或称超塑化剂），它们是萘磺酸盐甲醛缩合物、多环芳烃磺酸盐甲醛缩合物和三聚氰胺磺酸盐甲醛缩聚物。60 年代初，日本和德意志联邦共和国开始在混凝土中使用高效减水剂，以后得到广泛应用。我国在 70 年代初开始研制高效减水剂，并且相应的品种都能生产，目前的年产量约 15 万吨。高效减水剂的应用给混凝土带来变革性变化，掺少量高效减水剂（水泥重量的0.5%～2.0%）可以配制高强混凝土（60～120MPa）和流态混凝土。在与基准混凝土保持相同流动性时，掺高效减水剂可使混凝土的用水量减少18%～25%，因此称为“高效减水剂”。以后因使用在不同方面，又派生为超塑化剂、流化剂、泵送剂等。同时，高效减水剂的应用范围也在不断地扩大，发展了一些新型混凝土品种和材料，如自流平砂浆和混凝土、水下浇灌混凝土、宏观无缺陷水泥（MDF）、高性能混凝土等。近 10 多年来，新型高效减水剂和超塑化剂的研究和开发也有较快的进展，如：对胺基苯磺酸盐甲醛缩聚物、磺化聚苯乙烯、马来酸磺酸盐聚氧乙烯酯（SBM）、多元醇磺酸盐与环氧乙烷和环氧丙烷共聚物、磺化脂肪酸聚氧乙烯酯、磺化酮醛缩聚物等。

20 世纪 90 年代初，高性能混凝土的研究和开发要求更高减水率的超塑化剂，因此，以聚丙烯酸盐及其接枝共聚物为代表的聚羧酸盐系新型超塑化剂得到迅速发展，并成为 21 世纪超塑化剂的发展方向。

超塑化剂发展的另一个方向是为了满足混凝土的工作性以及对硬化混凝土性能的特殊要求，将高效减水剂与其他外加剂复合。现在单一成分的高效减水剂很少直接用于混凝土工程和商品混凝土中，大都是使用满足特定性能的高效能、多功能复合超塑化剂（CSP）。可以说单一成分的高效减水剂只是生产复合外加剂的一种原料，或者是一种不可缺少的原料。但这丝毫不意味着高效减水剂不重要，反而进一步证明它促进了混凝土材料的发展。本章主要论述聚磺酸盐系高效减水剂（或称传统高效减水剂）。第九章论述聚羧酸盐系高效减水剂（新型超塑化剂）的研究和应用。

第一节　高效减水剂的制备

一、萘磺酸盐甲醛缩聚物的制法

萘磺酸盐甲醛缩合物是由萘、甲醛、浓硫酸等在一定反应条件下制备而成。

1. 反应原理

（1）萘的磺化：

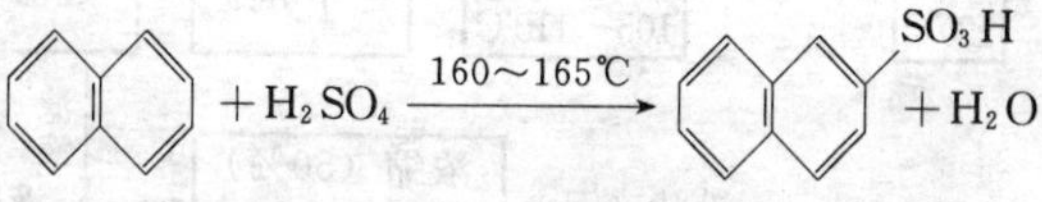

（β-萘磺酸）

副反应：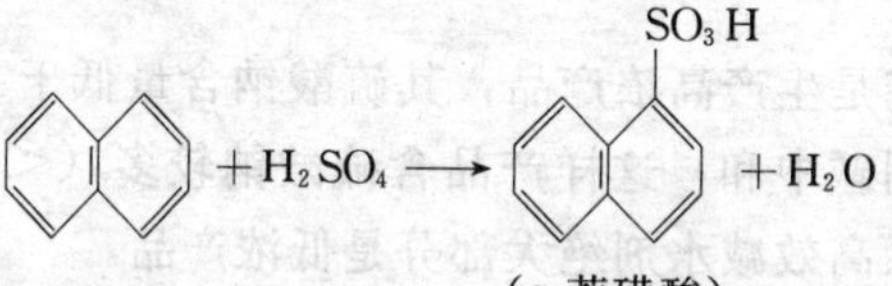

（α-萘磺酸）

（2）β-萘磺酸水解：

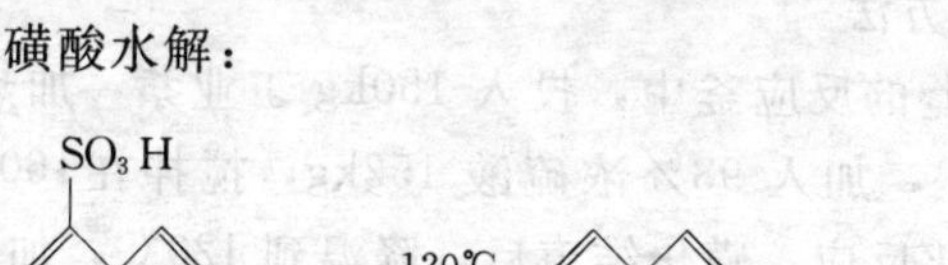

(3) β-萘磺酸的缩聚：

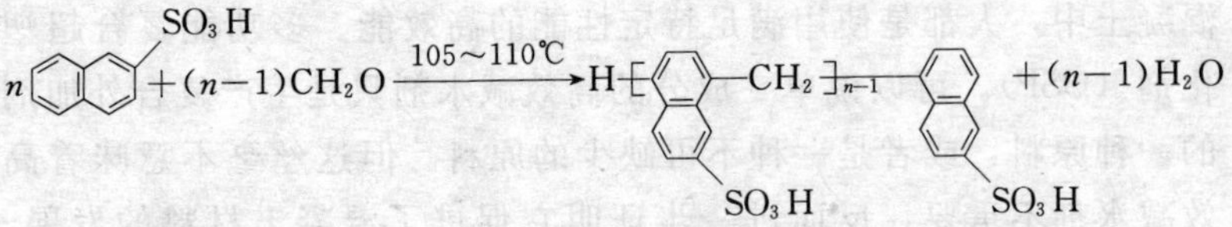

(4)中和：

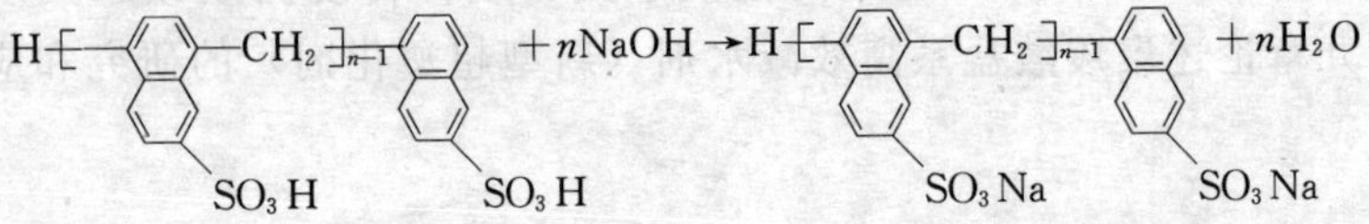

$n=5\sim13$

(5) 石灰中和剩下的硫酸：

$$H_2SO_4+Ca(OH)_2 \longrightarrow CaSO_4+2H_2O$$

合成工艺流程示意图：

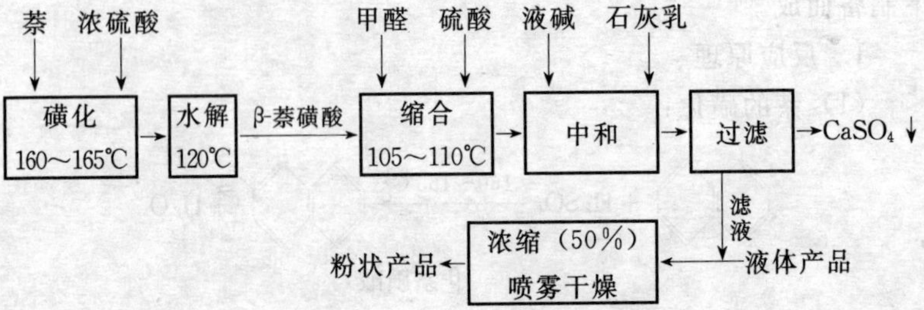

上述工艺是生产高浓产品，其硫酸钠含量低于5%。生产低浓产品时完全用碱中和，这样产品含硫酸钠较多（<25%），目前我国生产的萘系高效减水剂绝大部分是低浓产品。

2. 合成方法

在1000L的反应釜中，投入150kg工业萘，加热溶化。然后升温到130℃，加入98%浓硫酸152kg，搅拌在160～165℃反应2h，进行磺化反应。磺化结束后，降温到120℃，加水120kg，在110～120℃水解30min。然后补加硫酸使总酸度在30%左右。将反应物温度降低至90℃左右，在2h内滴加完37%甲醛95kg。加完甲醛之后，在100～105℃进行缩合反应5～8h，缩合结束时反应物变稠，加入100kg冷水并搅拌均匀，将反应转移到中和槽（或釜）中。向中和槽中加入少量石灰乳，再加浓度300g/L的氢氧化钠溶液236L，搅拌均匀，最后用石灰乳调pH值到7～9。进行真空抽滤，其滤液浓缩到浓度50%，进行喷雾干燥，得棕褐色粉状产品。或者将滤液调整到一定浓度（40%），即为液态产品。

在合成萘磺酸盐甲醛缩合物时，在磺化阶段应控制好硫酸的浓度和反应温度，温度较低时生成较多的α-萘磺酸，它不利于缩合反应。如果用甲基萘作原料，得到的产品引气量过大，必须同时掺用消泡剂。

萘系高效减水剂的产品有日本的“Mighty-150”，我国有NF、FDN、UNF等产品。

二、多环芳烃磺酸盐甲醛缩聚物的制法

理论上，单环、双环和多环芳烃经磺化，与甲醛缩合都可以制备成高效减水剂。它们都是焦化产品，其中苯是单环，萘是二个苯环，三个苯环的是蒽和菲。煤焦油中300～360℃的馏分，即蒽油中主要含蒽和菲。蒽油在20～40℃时，经离心分离提取粗蒽（13%），剩下脱蒽油（87%）。粗蒽用作染料化工原料，脱蒽油则可用来制备高效减水剂。由蒽油生产高效减水剂的工艺与萘系基本相似，但反应条件有所变化。日本的NL-1400和我国的AU、AF都属于此类高效减水剂。现以蒽油为例说明其制备方法。

1. 磺化

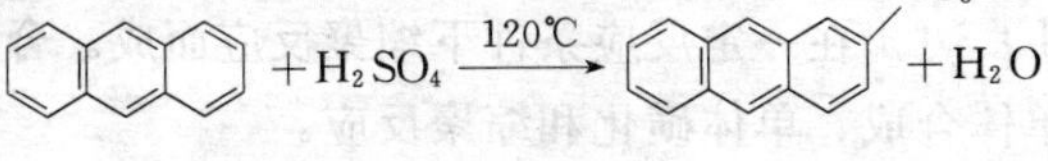

磺化蒽（油）与硫酸的克分子比为1∶2为宜，反应温度大于100℃，一般在120℃，太高不利于下一步缩合反应。磺化反应时

间为 2h。

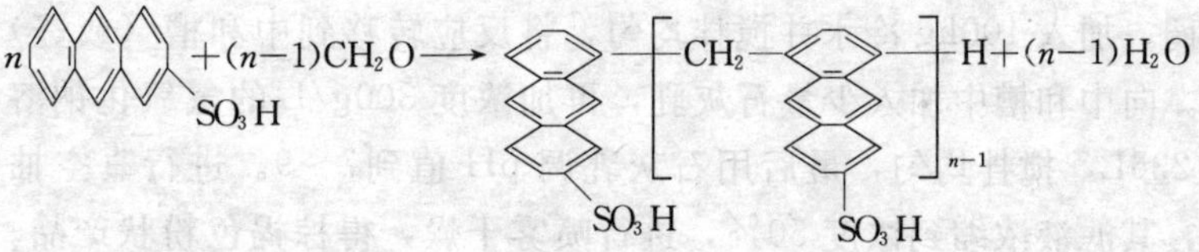

2. 缩合

β-蒽磺酸与甲醛缩合反应之前，需将磺化反应物用水稀释到酸度 30%，因为缩合反应需在稀硫酸介质中进行（催化剂）。甲醛的用量为 1∶0.8 克分子比。缩合反应温度在90～100℃，温度过高反应速度太快，会因放热反应而暴聚。反应时间越长，聚合度（n）越高，一般控制在 3h。

3. 中和

缩合反应结束后，反应物冷却到常温用液碱中和到 pH 值 7～9。

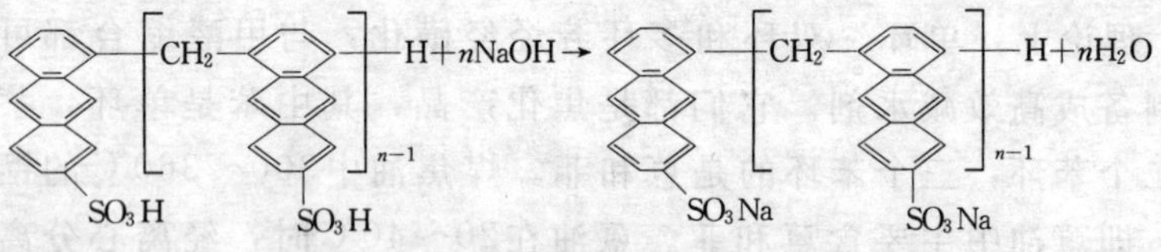

$$H_2SO_4 + 2NaOH \longrightarrow Na_2SO_4 + 2H_2O$$

中和反应后，经浓缩喷雾干燥得深褐色粉状产品。

三、三聚氰胺磺酸盐甲醛缩聚物的制法

三聚氰胺磺酸盐甲醛缩聚物是一种聚合物电解质，也称高分子表面活性剂。作为高效减水剂有德国的 Melment、日本的 NL-4000、中国的 SM 等产品。它是由三聚氰胺、甲醛和亚硫酸氢钠按克分子比 1∶3∶1 在一定反应条件下缩聚反应而成。合成反应分三个阶段：单体合成、单体磺化和缩聚反应。

1. 单体合成（三羟甲基三聚氰胺）

三聚氰胺分子中含三个氢原子能与甲醛反应生成羟甲基取代

物。产物的特性主要取决于原料的克分子比和反应条件。三聚氰胺与三个甲醛分子加成反应生成三羟甲基三聚氰胺。这是一个不可逆的放热反应，反应速度快并且与介质的 pH 值有关。在酸性介质中以非常快的速度生成树脂并同时产生胶凝化。在中性或碱性介质中反应生成三羟甲基三聚氰胺。因此，为了使反应容易控制在这个阶段反应在弱碱性介质（pH 值 8.5）中进行。

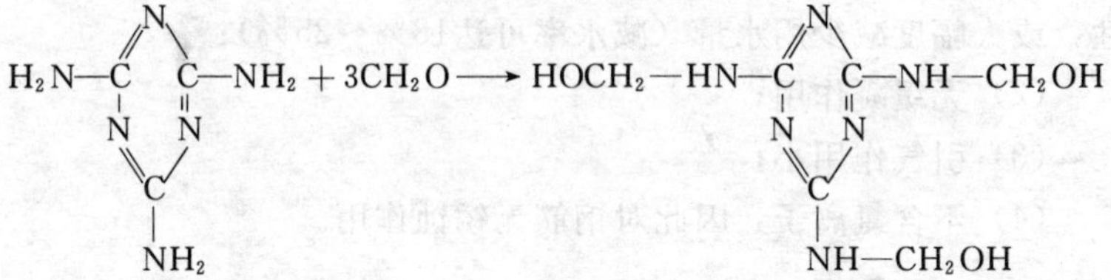

2. 单体磺化

典型的磺化反应是用硫酸作磺化剂，如制备萘磺酸就是用浓硫酸作磺化剂。而三羟甲基三聚氰胺的磺化采用亚硫酸氢钠、亚硫酸钠或焦亚硫酸钠作磺化剂。反应在碱性介质中进行。

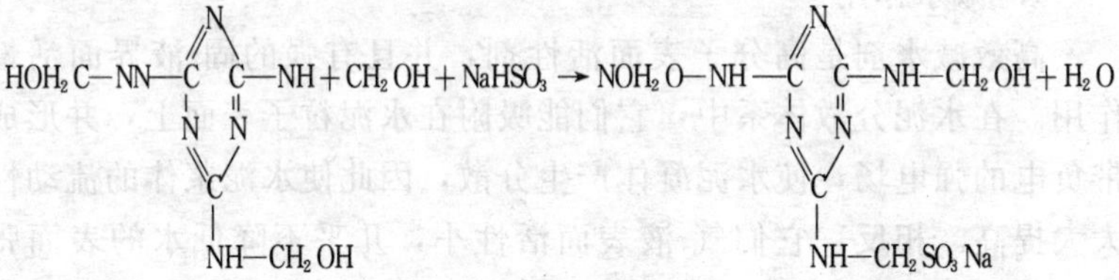

3. 单体缩聚

三聚氰胺羟甲基衍生物的缩聚反应，介质的 pH 值起决定作用。反应在小于 pH7 的弱酸性介质中进行，羟甲基之间缩合成醚键。这样羟甲基三聚氰胺单磺酸钠单体之间以醚键连接成线性的树脂（相对分子质量：3000～30000）。

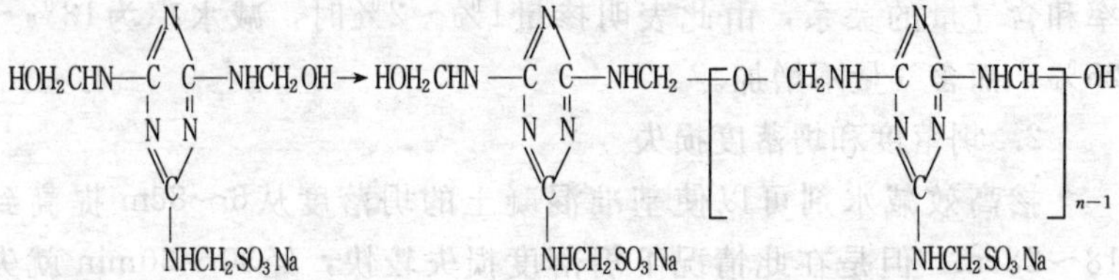

缩聚反应结束后，用稀碱溶液调 pH 值7～9，即得到浓度20%的水溶液的产品。或者经真空脱水浓缩后，喷雾干燥得白色粉状产品。

萘系、多环芳烃系和三聚氰胺系三种高效减水剂的基本特性是：

(1) 对水泥有强的分散作用，能大大提高新拌混凝土的流动性，或大幅度减少用水量（减水率可达18%～25%）；

(2) 无缓凝作用；

(3) 引气作用小；

(4) 不含氯离子，因此对钢筋无锈蚀作用。

第二节 高效减水剂对混凝土性能的影响

一、新拌混凝土性能

1. 减水作用

高效减水剂是高分子表面活性剂，并且有强的固-液界面活性作用。在水泥分散体系中，它们能吸附在水泥粒子表面上，并形成带负电的强电场，使水泥凝体产生分散，因此使水泥浆体的流动性大大提高。相反，它们气-液表面活性小，几乎不降低水的表面张力，因此起泡作用很小，对混凝土无引气作用。在与基准混凝土保持相同坍落度时，掺高效减水剂可大幅度减少混凝土的用水量，并且减水率随着掺量的增加而提高。

图 8-1、图 8-2 和图 8-3 分别表示萘系（TM-150）、多环芳烃系（ML-1400）和三聚氰胺系（NL-4000）高效减水剂掺量与减水率和含气量的关系，由此表明掺量1%～2%时，减水率为18%～25%，而含气量不增加。

2. 坍落度和坍落度损失

掺高效减水剂可以使基准混凝土的坍落度从6～8cm 提高到18～22cm，但是在此情况下坍落度损失较快，经30～60min 就失去了流动性。图 8-4 表示三种高效减水剂（A、B 和 C）在不同掺量情况下，用后掺法配制流态混凝土坍落度随时间的损失。由此说明，即使采用后掺法，坍落度经时损失也较快，必须在混凝土浇灌前掺入才能体现出后掺法的效果。其中三聚氰胺系高效减水剂坍落度损失比萘系更快一些。

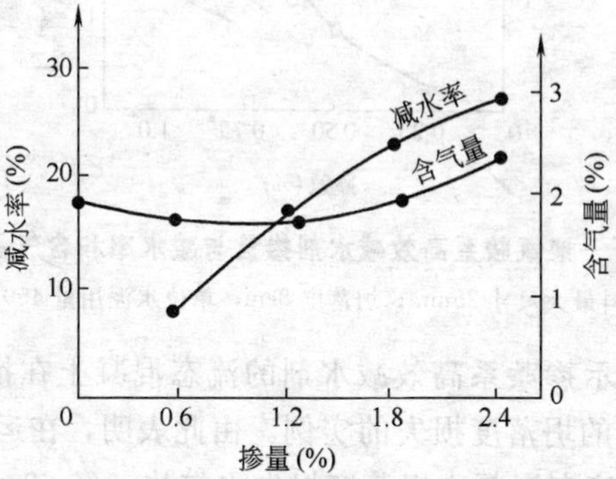

图 8-1 萘系高效减水剂掺量与减水率和含气量的关系

（粗集料最大尺寸 20mm；坍落度5～7cm；单位水泥用量 500kg/m³）

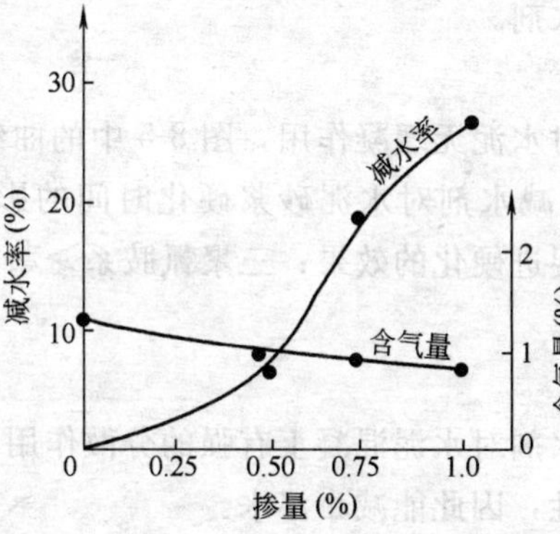

图 8-2 多环芳烃系高效减水剂掺量与减水率和含气量的关系

（粗集料最大尺寸 20mm；坍落度9～10cm；单位水泥用量 500kg/m³）

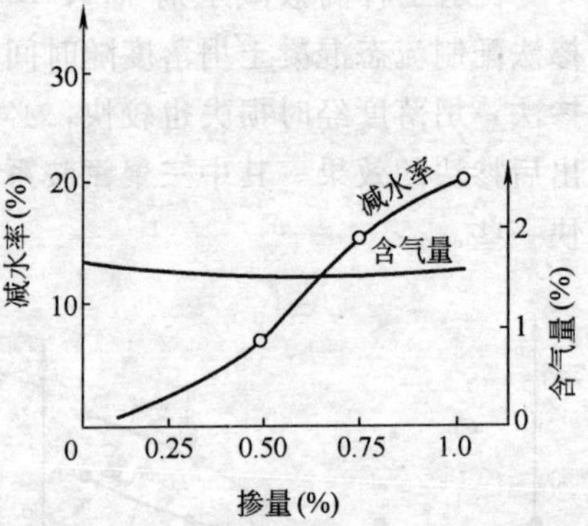

图 8-3 三聚氰胺系高效减水剂掺量与减水率和含气量的关系

（粗集料最大尺寸 25mm；坍落度 8cm；单位水泥用量 $450kg/m^3$）

图 8-5 表示掺萘系高效减水剂的流态混凝土在搅拌运输车中，在运输过程中的坍落度损失的实例。由此表明，在运输过程中，掺高效减水剂的流态混凝土坍落度损失也较快，经 60min 左右就失去流动性（坍落度小于 15cm），水泥用量少时（曲线 B $c=500kg/m^3$）坍落损失更快一些。因此，目前集中搅拌的流态混凝土很少使用单一成分的高效减水剂。

3. 凝结时间

高效减水剂对水泥无缓凝作用，图 8-5 中的曲线表示相同条件下，掺 1%的各种减水剂对水泥砂浆硬化时间的影响。由此看出，其中高效减水剂促进硬化的效果：三聚氰胺系＞萘系＞空白＞砂浆＞多环芳烃系。

4. 泌水性

由于高效减水剂对水泥混凝土有强的分散作用，提高了拌合物的稳定性和均匀性，因此能减小泌水。

二、硬化混凝土性能

高效减水剂具有强的分散减水作用，并且无缓凝作用，因此在标准稠度下能促进水泥水化，表 8-1 中列出了三种高效减水剂在不同掺量的情况下对水泥石强度的影响。由此看出，对水泥硬化的促进作用：L＞N＞M。

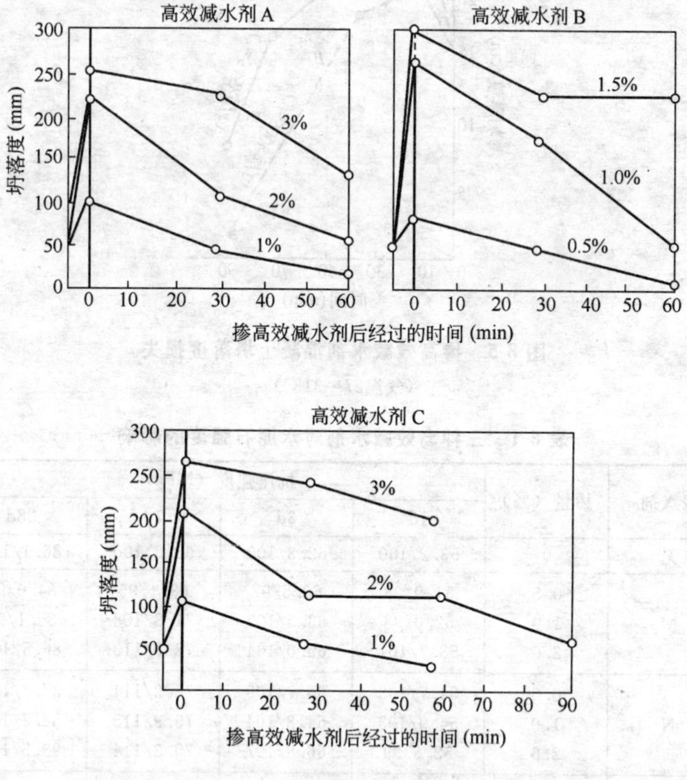

图 8-4 掺超塑化剂混凝土坍落度随时间的损失

A—三聚氰胺系高效减水剂，掺量 1%、2%、3%（液体）；

B—萘系高效减水剂，掺量 0.5%、1.0%、1.5%（液体）；

C—改性木质素高效减水剂，掺量 1%、2%、3%（液体）；

（水灰比 0.42，集料-水泥比 4.76，水泥用量 379kg/m³）

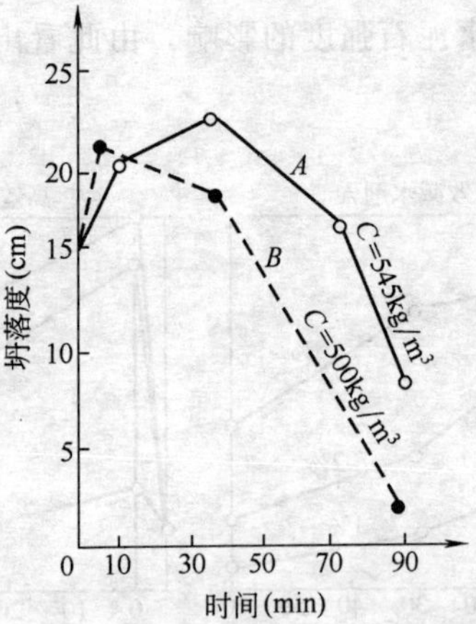

图 8-5 掺高效减水剂混凝土坍落度损失

(气温27～31℃)

表 8-1 三种高效减水剂对水泥石强度的影响

减水剂	掺量(%)	抗压强度(MPa)			
		1d	3d	7d	28d
无	0	53.2/100	62.3/100	66.2/100	86.1/100
M	0.5	51.9/98	60.5/97	63.1/95	84.0/98
	1.0	52.0/98	63.3/102	71.8/108	85.1/99
	2.0	53.7/101	65.0/104	72.6/110	86.5/100
N	0.5	54.7/103	65.7/105	75.2/114	87.8/102
	1.0	54.9/103	64.8/104	75.9/115	88.2/102
	2.0	52.6/99	66.8/107	75.3/114	93.5/109
L	0.5	54.1/102	66.6/107	75.8/115	93.4/108
	1.0	54.8/103	67.0/108	75.3/114	92.9/108
	2.0	54.7/103	68.5/110	77.7/117	94.6/110

注：M—多环芳烃磺酸盐缩合物；N—萘磺酸盐缩合物；L—三聚氰胺系。

我国生产的高效减水剂品种较多，几乎与国外的高效减水剂品种相当。表 8-2 是我国生产的高效减水剂主要品种在相同条件下的混凝土性能的对比试验结果。其中 UNF-2 和 FDN 是萘系高效减水

表 8-2 各种高效减水剂对混凝土性能的影响

外加剂品种及掺量（%）	水灰比	减水率（%）	坍落度（cm）	含气量（%）	凝结时间（时分）		泌水率之比(%)	抗压强度（MPa）			
					初凝	终凝		1d	3d	7d	28d
0	0.630	0	6.3	0.9	5：45	9：10	100	4.7/100	10.8/100	18.0/100	30.6/106
UNF-2 0.75	0.537	14.8	5.3	1.7	6：15	9：00	87	6.2/132	14.7/136	21.5/119	35.1/115
FDN 0.75	0.517	18.0	6.1	2.1	5：30	7：30	54	8.2/177	20.1/186	30.2/168	43.6/142
CRS 0.75	0.547	13.2	5.9	2.1	5：30	7：45	62	7.9/168	17.7/164	25.9/144	41.8/137
SM 0.75	0.525	16.8	5.7	1.4	5：30	7：30	69	7.9/168	16.5/153	26.0/144	36.7/120
AF 0.75	0.505	19.8	5.2	4.2	5：30	7：45	41	7.7/164	15.9/147	24.3/135	32.5/106
建-1 0.75	0.458	27.2	5.7	8.7	5：00	7：30	20	6.4/136	18.5/125	19.0/106	26.5/87

注：混凝土配比 1：2.24：3.82，水泥用量 310kg/m^3，标准养护。

剂，SM 是三聚氰胺系，AF 是多环芳烃系，CRS 是磺化古马隆树脂，建-1 是甲基萘磺酸盐甲醛缩合物。从表 8-2 中的数据可以说明这些高效减水剂具有以下特性：

（1）早强作用：与基准混凝土相比，掺 0.75%的高效减水剂混凝土 3d 抗压强度提高25%～86%，其早强作用的顺序是：FDN＞CRS＞SM＞AF＞UNF-2＞建-1。

（2）增强作用：除两种具有引气性的高效减水剂 AF 和建-1 之外，掺高效减水剂使混凝土 28d 抗压强度提高15%～42%，其增强作用的顺序是：FDN＞CRS＞SM＞UNF-2。

（3）减水作用：在相同条件和相同掺量（0.75%）情况下四种非引气高效减水剂的减水率：FDN（18%）＞SM（16.8%）＞UNF-2（14.8%）＞CRS（13.2%）。而 AF 和建-1 由于具有引气性减水率更高一些（分别为 19.8%和 27.2%），但是它们的混凝土 28d 强度也因此而降低，特别是掺建-1 减水剂使混凝土 28d 强度降低 13%。

（4）引气性：AF 和建-1 具有引气性，这是因为它们由脱蒽油或萘残油为原料制备的。AF 基本符合引气型高效减水剂的要求（引气量小于 5%），而建-1 引气量太大，使用时必需掺消泡剂。

为了进一步说明各种高效减水剂性能的差别，现将公认的两种最好的高效减水剂，即萘磺酸盐甲醛缩合物（Mighty-150）和三聚氰胺磺酸盐甲醛缩聚物（Melment）的性能对比列入表 8-3 中。

表 8-3 萘系和三聚氰胺系高效减水剂主要性能对比

性　能	Mighty-150	Melment
外观	棕褐色粉末	白色粉末
聚合度	5～13	10～100
表面张力（1%水溶液）（mN/m）	71	69
引气性	很小	很小
掺量（%）	0.5～2.0	0.5～2.0
减水率（%）	18～30	18～25

续表 8-3

性　能	Mighty-150	Melment
泌水性	小	更小
坍落度损失速率	快	更快
凝结	不缓凝、有时异常	不缓凝、无异常
水泥适应性	对铝酸盐水泥不适应	适应
拌合物粘度	一般	增大
早强作用	好	更好
增强作用	好	好
耐火性	不能用于耐火混凝土	可用于耐火混凝土

高效减水剂主要用于配制高强混凝土、流态混凝土和高性能混凝土。图 8-6 表示用作流化剂的高效减水剂的作用示意图。由此说明：

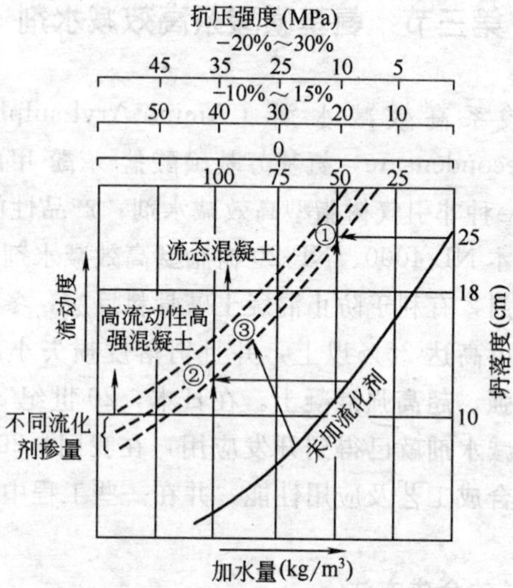

图 8-6　流化剂作用示意图

（1）提高流动性：与不掺外加剂的基准混凝土保持相同用水量和强度时，掺流化剂提高混凝土的流动性（垂直线），得到坍落度大于 18cm 的流态混凝土，图中的①是高强流态混凝土。

（2）提高强度：与基准混凝土保持相同的流动性（或坍落度），掺流化剂减少用水量而提高混凝土强度（水平线），得到强度大于 50MPa 的高强混凝土，图中②属于这种情况。

（3）同时提高流动性和强度：图中的斜线表示流动性和强度的幅度，与基准混凝土相比在提高流动性的同时减少一定的用水量，就得到高流动性高强混凝土，图中③就是如此情况。

（4）节约水泥：图的顶部强度坐标分别表示不减少水泥与减少 10%～30%水泥后的强度。减少水泥用量后的流态混凝土强度相应下降，但比相同流动性的基准混凝土强度仍有较大的提高。

有关掺高效减水剂的高强混凝土、流态混凝土和高性能混凝土的性能，详见有关章节。

第三节 氨基磺酸系高效减水剂

氨基磺酸系高效减水剂（Amino-Aryl-sulphomte Phenol Formaldehy decondensate，氨基芳基磺酸盐-苯酚-甲醛缩合物，简称 ASPF）是一种非引气树脂型高效减水剂，产品性能与德国 Melment-L10、日本 NL-4000、NP-20 树脂型高效减水剂相似，属低碱型混凝土外加剂，有利于防止混凝土碱骨料反应，冬季使用无沉淀结晶，减水率可高达 25%以上，并且坍落度损失小，可用于配制 C50～C100 高强、超高强混凝土。在日本，20 世纪 80 年代末，氨基磺酸系高效减水剂就已得到开发应用，在我国，20 世纪 90 年代末开始研究其合成工艺及应用性能，并在一些工程中应用。

一、ASPF 的合成方法

1. ASPF 的合成原理

ASPF 芳香族胺基磺酸盐醛类缩合物，其主要产物可能的通式为：

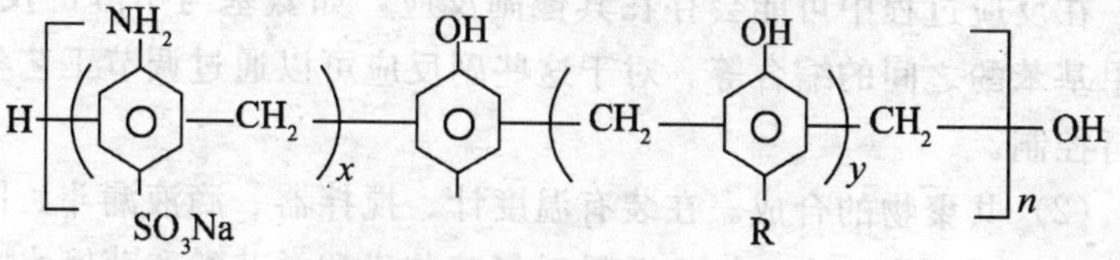

根据此通式，能进行此类缩聚反应的单体可包括：对-氨基苯磺酸、苯酚、低级烷基酚、对-羟基苯磺酸、水杨酸、尿素、三聚氰胺等。通过调整它们之间的 mol 比，以及它们与甲醛的 mol 比，在一定反应条件下可制得含不同基团和不同分子量的水溶性共缩聚物。其中可含，$-SO_3^-$、$-COO^-$、$-OH$、OR、$-O-$、$-NH-$、$-O(CH_2CH_2O)_nH$等基团，分子量控制在10000～20000 的范围。因此，可得到各种性能的高效减水剂。

2. ASPF 的制备方法

ASPF 中最简单的高效减水剂产品是对-氨基苯磺酸-苯酚-甲醛缩聚物。

(1) 合成反应原理。合成反应分为两个阶段：

1) 酚的羟甲基化：碱催化加强苯酚被甲醛进攻的能力，且酚羟基邻、对位的氢都活泼，可能生成二羟甲基或三羟甲基苯酚，反应式如下：

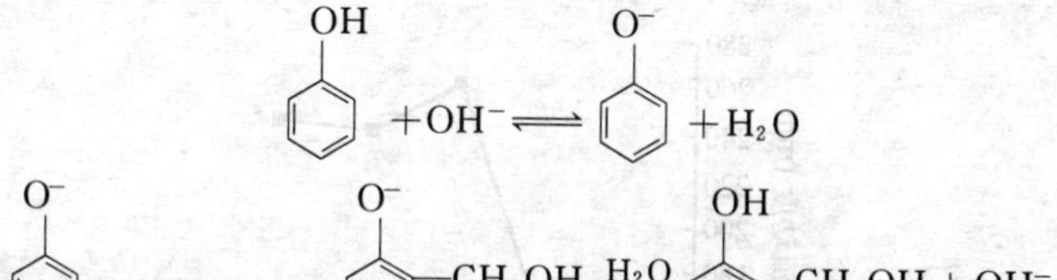

2) 缩合反应：羟甲基苯酚与对-氨基苯磺酸上的活泼氢发生反应：

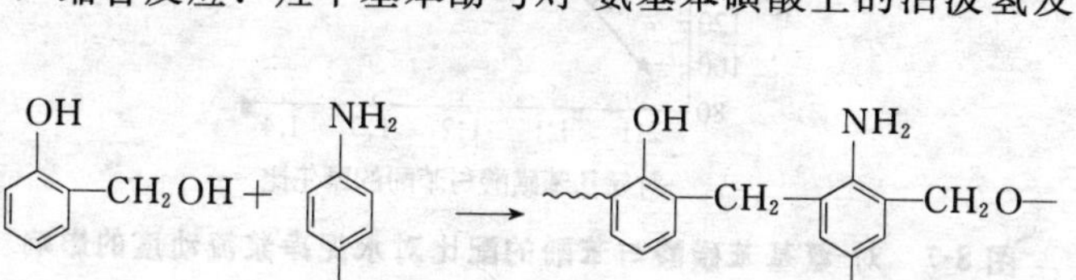

在反应过程中可能会存在其他副反应，如氨基与甲醛的反应、羟甲基苯酚之间的缩合等。对于这些副反应可以通过调节工艺参数进行控制。

（2）共聚物的合成。在装有温度计、搅拌器、滴液漏斗、回流冷凝管的四颈烧瓶中，加入适量对氨基苯磺酸、苯酚和蒸馏水，边搅拌边加入氢氧化钠溶液调节 pH 值，控温至一定温度后滴加甲醛，回流冷凝条件下保温 5h。改变对氨基苯磺酸和苯酚的配比，其他条件不变，进行一组共聚合反应。同时研究了改变甲醛的加入量，改变初始体系的酸碱度，改变反应温度，改变反应时间对产品性能的影响。

（3）共聚单体比例的影响。共聚物含有三种单体链节，由于各单体的反应活性不一致，聚合物主链上单体单元的比例与实际投料比也不一致。最终共聚产物性能由单体链节在主链上所占的比例决定，因而控制不同的投料比是获得理想性能的一种方式。

1）氨基苯磺酸与苯酚的配比对分散性能的影响。对氨基苯磺酸分子结构中带有主导官能团磺酸基与非主导官能团氨基。苯酚分子结构中带有非主导官能团羟基，通过实验发现两者不同的配比会对产品性能有较大的影响，如图 8-7 所示。

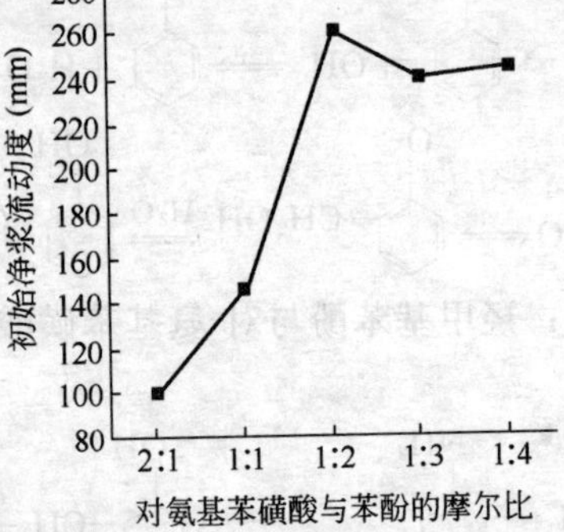

图 8-7 对-氨基苯磺酸与苯酚的配比对水泥净浆流动度的影响

从图 8-7 可以看出，当对氨基苯磺酸与苯酚的摩尔比为 1：2 时，产品的分散性能最好。这是因为氨基磺酸系高效减水剂本身就是一种高分子表面活性剂，在其分子中具有亲水基和亲油基，在同系物中必定有一个化合物的亲水性和亲油性平衡值恰到好处时，应用到指定的体系中才达到最高效率，即分子中的亲水基的亲水性和亲油基的亲油性配合恰当时对指定的分散体系才具最佳效果。若对氨基苯磺酸用量大时，对氨基苯磺酸上的氨基在碱性条件下与甲醛发生副反应，生成 N-次甲基并可进一步发生交联反应，导致产品的水溶性变差，分散性能下降。

2）甲醛用量对分散性能的影响。甲醛作为苯酚羟甲基化的试剂，在三元共聚中起桥梁连接作用，甲醛的加入量对产品性能有重要的影响，实验结果如图 8-8 所示。

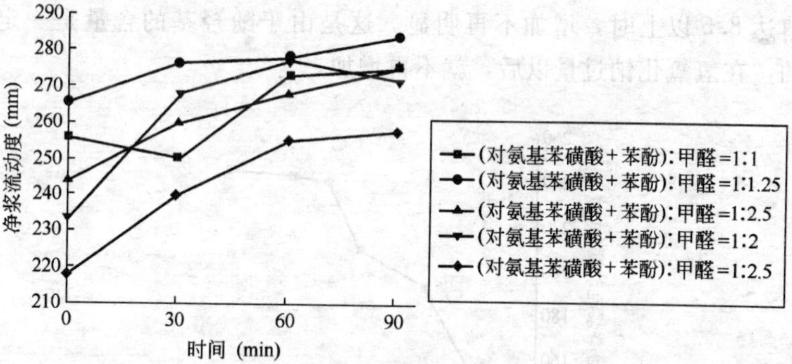

图 8-8　甲醛用量对水泥净浆流动度的影响

从图 8-8 可以看出，(对氨基苯磺酸＋苯酚)：甲醛为1：1.25～1.5 时，水泥的初始流动性与流动度经时性最好。这是因为当（对氨基苯磺酸＋苯酚）与醛摩尔比相当时，主要产物为邻羟甲基苯酚和对羟甲基苯酚，前者多于后者；当醛的摩尔数大于（对氨基苯磺酸＋苯酚）时生成多元羟甲基酚；如果（对氨基苯磺酸＋苯酚）与醛的摩尔比大于 1，则不能生成足够的羟甲基，使缩合反应不能继续进行。也就是说要获得足够分子量的缩合物，甲醛用量（摩尔数）必须超过（对氨基苯磺酸＋苯酚）的用量（摩尔数）。作为高效减水剂分子量的大小对其效果的影响很大，但摩尔比太大效果则变差，这是因为它们之间的缩合反应是一个相当复杂的过程，由于甲醛的过量有可能使大量的三羟甲基酚生成，交联反应加快，磺化度降低，使得缩合物结构发生变化，而影响其效果。所以只有（对氨基苯磺酸＋苯酚）与甲醛比例适当，才能获得较好性能的减水剂。

3）反应体系的酸碱度对产品分散性能的影响。通过实验发现，反应体系的酸碱度对产品的性能影响明显，结果如图 8-9 所示。从图 8-9 中可以看出，在酸性条件下产品的分散性能很差。这是由于在酸性条件下，三者极易发生缩合，生成分子量很高的体型产物，而影响了最终的性能。pH 值达到 7.5 时，分散性能显著提高；pH 值达 8.5 以上时，增加不再明显。这是由于酚羟基的含量是一定的，在氢氧化钠过量以后，就不再增加。

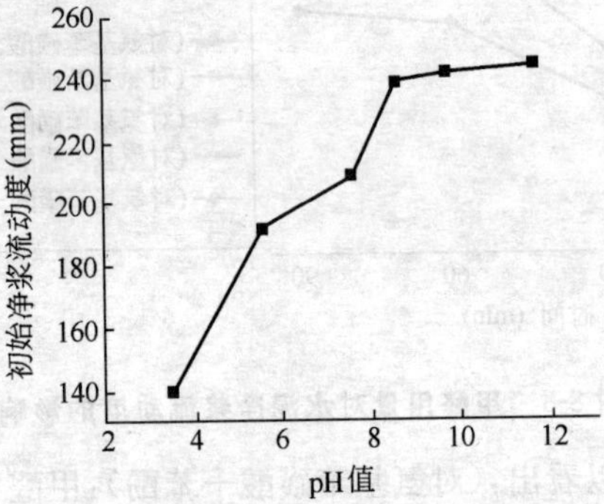

图 8-9　反应体系的酸碱度对水泥净浆流动度的影响

4）反应温度对产品分散性能的影响。反应温度对产品分散性能的影响如图 8-10 所示。从图 8-10 可以看出，当反应温度为 75℃时，水泥的初始流动性以及经时性最好，温度过低过高都不利于产品的性能。温度过低时，达不到反应要克服的活化能，不足以进行缩聚反应；温度过高时，使产品的分子量下降，且会存在一些其他的副反应，分散性能变差。

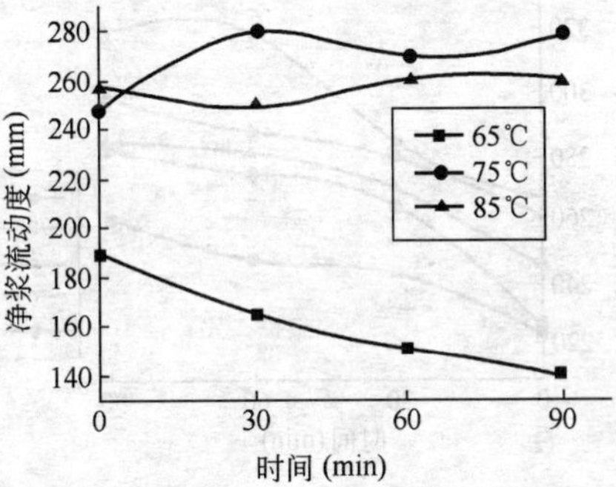

图 8-10　反应温度与水泥净浆流动度的关系

5）反应时间对产品分散性能的影响。通常共缩聚反应物的分子量随反应时间的延长而增大，而减水剂的性能又与其分子量密切相关。混凝土高效减水剂是含单环、多环或芳杂环的聚合物电解质，其分子量一般在1500～10000 的范围，因此控制反应时间是很重要的。实验结果如图 8-11 所示。反应时间长，掺入氨基磺酸系减水剂的水泥净浆流动度增大，说明必须具有一定分子量的缩合物才具有良好的分散性。但当反应时间继续延长，分子量进一步增大，产物的粘度增大，产品的分散性能开始下降，甚至生成不溶于水的凝胶，而失去减水剂的性能。通常将反应时间控制在3～5h。从图中还可以看出，虽然不同反应时间的产物，不同时期的净浆流动度有差别，但其本身的流动度的经时性都很好，表现出了缓慢释放的性能，90min 时的流动度比初始流动度有不同程度的提高。

（4）ASPF 的合成方法。在装有温度计、搅拌器、滴液漏斗、回流冷凝管的 2000mL 四颈烧瓶中，加入 173g（1mol）对-氨基苯磺酸、188g（2mol）苯酚和 915mL 蒸馏水，边搅拌边加入氢氧化钠溶液调节 pH9，控温至 75℃后滴加 37%甲醛 304g 2h 内加完，回流冷凝条件下保温3.5～4h，进行共缩聚合反应。反应结束后，用 NaOH 溶液中和到 pH8，即得棕红色液体产品。

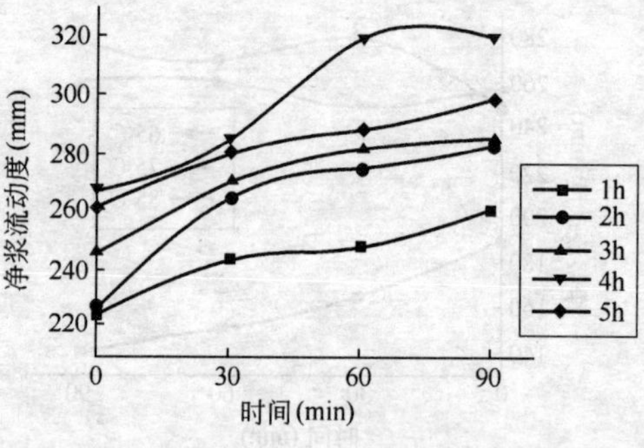

图 8-11 反应时间与水泥净浆流动度的关系

二、掺 ASPF 的混凝土性能

1. ASPF 与萘系减水剂分散性能比较

掺 ASPF 与萘系减水剂的水泥净浆流动度（$W/C=0.29$）对比试验结果如图 8-12 所示。

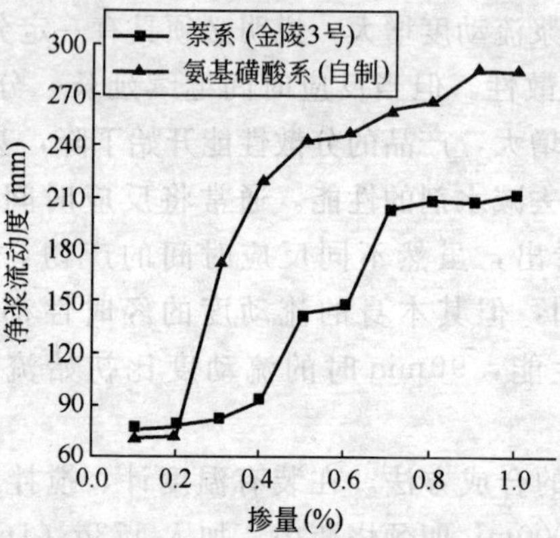

图 8-12 氨基磺酸系与萘系分散性能比较

从图 8-12 可以看出，净浆流动度随高效减水剂掺量增大而增大，但到某一掺量后，继续增加不再影响流动性或影响很小，这一掺量为最佳掺量，该点称为“饱和点”。掺量在 0.2%以下时，氨基磺酸系减水剂与萘系减水剂对水泥均无分散作用；掺量达到 0.3%时，氨基磺酸系减水剂对应的净浆流动度有显著提高；掺量在 0.4%时，流动度已高达 220mm，而相同掺量的萘系减水剂的净浆流动度只有 92mm，几乎没有流动性。最终萘系达到饱和点（0.7%～0.8%）后，流动度不过 206mm 左右，而氨基磺酸系达到饱和点（0.8%～0.9%）后，流动度高达 284mm，比萘系减水剂高出将近 40%。所以氨基磺酸系减水剂具有掺量小、分散性能好的优点。

2. ASPF 掺量与混凝土减水率的关系

图 8-13 是采用基准水泥和基准混凝土测定不同掺量 ASPF 的减水率的试验结果。掺量为 0.5%～1.0%时，减水率为 13%～27%。掺量继续增加，减水率增加速度减慢了。掺量为 1.5%时，减水率达到 34%。

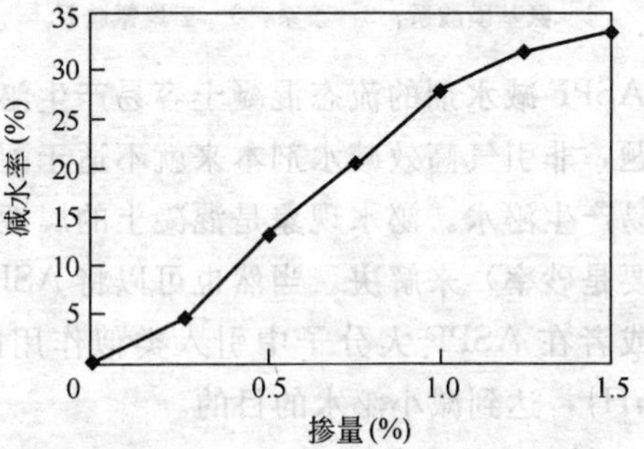

图 8-13 减水剂掺量与减水率的关系

3. 控制坍落度损失机理

萘系、三聚氰胺系及氨基磺酸系高效减水剂的坍落度经时变化如图 8-14 所示。萘系及三聚氰胺系高效减水剂的坍落度损失很快。

但氨基磺酸系高效减水剂混凝土的坍落度可以 90min 基本保持不变。对于这种差别，有人试图用减水剂吸附在水泥粒子上的分子构型来解释。其实它们的分子结构、分子量范围和合成方法都是基本相似的。主要差别是 ASPF 中引入了带有缓凝基团（—OH）单体，产生共缩聚反应时又生成缓凝基团（$-CH_2OH$、—O—等），能延长水化诱导期，有效控制坍落度损失。

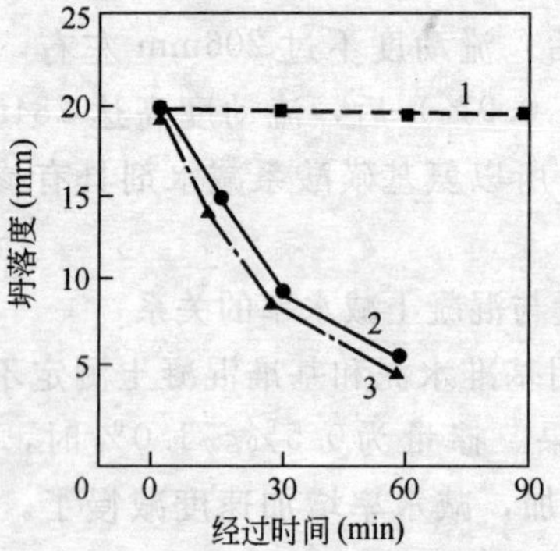

图 8-14 不同减水剂坍落度经时变化

1—氨基磺酸系；2—萘系；3—三聚氰胺系

另外，掺 ASPF 减水剂的流态混凝土容易产生泌水现象。这里有一个认识问题，非引气高效减水剂本来就不适于配制低强度的流态混凝土，容易产生泌水。泌水现象是混凝土的属性，可以通过调整配合比（主要是砂率）来解决。当然也可以将 ASPF 与引气剂或增稠剂复合，或者在 ASPF 大分子中引入类似作用的聚氧乙烯基 $\{(CH_2CH_2O)nH\}$，达到减小泌水的目的。

4. ASPF 配制高性能混凝土

(1) 低粘聚性与免振捣混凝土。利用 ASPF 减水剂配制低水灰比、高工作性的免振捣混凝土（见表 8-4）。试验采用拉法基 525 普通硅酸盐水泥和Ⅱ级粉煤灰，由于 A5PF 减水剂具有高减水率和高塑化特点，能显著降低混凝土粘性，增大混凝土砂率及掺和料的用量，克服混凝土容易泌水、粘聚性变差的不足，使混疑土具有高的流动性和粘聚稳定性，可以满足混凝土泵送和免振捣施工的要求。

表 8-4 使用 ASPF—Ⅱ配制免振捣混凝土情况

编号	强度等级	配合比 C∶W∶S∶G∶FA	ASPF剂(C+FA)%	水胶比	砂率(%)	坍落度(mm)		扩散度(mm)		平均强度(MPa)	
						初始	1h	初始	1h	7d	28d
1	C30	1∶0.63∶2.61∶2.34∶0.43	2.51	0.424	0.48	250	250	645	650	18.2	40.7
2	C40	1∶0.51∶1.92∶2.32∶0.51	3.41	0.335	0.45	260	265	655	665	26.2	52.2
3	C50	1∶0.45∶1.7∶2.23∶0.45	4.21	0.314	0.44	260	260	660	660	36.5	44.5

（2）A5PF 减水剂配制高强混凝土。试验使用的砂石经过清洗处理，使用的水泥为鲁宏牌 42.5R 硅酸盐水泥，成型试体为 10×10×10（cm）立方试块。ASPF 减水剂在超低水灰比范围内仍可使混凝土具有较高的流动性，高强混凝土配比中使用部分超细掺料取代水泥，胶结料的总用量较大，粘聚性很高。表 8-5 的实验结果说明，ASPF 减水剂是配制高强混凝土的良好外加剂。

表 8-5 使用 ASPF 减水剂配制高强混凝土的试验情况

编号	强度等级	单方混凝土材料用量（kg）					ASPF掺量	坍落度(mm)	平均强度(MPa)	
		W	C	S	G	掺合料的掺量			3d	28d
1	C60	180	495	600	1068	FA55	3.4L/100kg	235	56.1	72.8
2	C80	155	500	605	1130	矿渣 75	4.2L/100kg	225	65.2	95.0
3	C100	140	510	560	1170	硅灰 50+矿渣 60	5.8L/100kg	210	72.1	117.0

第四节 磺化酮醛缩聚物高效减水剂

磺化丙酮-甲醛缩聚物是一种性能优良的油井水泥分散剂，它在油田固井作业中的应用效果已被证实。10 多年前开始用作混凝土高效减水剂。其显著特点是在用量很小的情况下即可达到强烈的分散效果，不引气，不缓凝，尤其适宜于在温度较高的条件下使用。

一、磺化丙酮-甲醛缩聚物的合成

磺化丙酮-甲醛缩聚物是由羰基化合物作为主要原料，在适当条件下通过碳负离子的产生而缩合成脂肪族高分子链，并通过亚硫酸盐对羰基的加成在分子链中引入亲水的磺酸基。这是从结构上不同于萘磺酸甲醛缩合物的一类阴离子型高分子表面活性剂。

1. 化学合成

采用丙酮、甲醛和亚硫酸钠为主要原料。实验室合成在配以电动搅拌器、温度计、滴液漏斗和回流冷凝器的反应瓶内进行，基本实验步骤是先在反应瓶内配成一定浓度的亚硫酸钠溶液，低温下加入丙酮，并在适当温度下反应一定时间后再从滴液漏斗中滴加所需要量的甲醛，控制反应温度和时间，通过取样测定净浆流动度判断反应终点。产物的含固量为30％～40％的棕红色液体。

2. 合成反应的基本程序

在对合成方法进行了不同的加料顺序的实验，发现当将甲醛、丙酮一起加入到亚硫酸钠的混合溶液中时，不仅反应温度难以控制，而且所得反应产物的分散性也不稳定。比较适宜的合成方法是先配成适当浓度的亚硫酸钠溶液，低温下加入丙酮，在反应一定时间后再缓慢滴入甲醛，使碳负离子对活性羟基化合物加成有利，反应条件易于控制且合成产物的性能较为稳定。

（1）凝胶化现象的产生及预防。在按照不同的反应配比进行合成时，有时体系会出现凝胶化现象。生成凝胶后产物形成交联网状结构，水溶性降低或完全失去水溶性，因而对水泥颗粒不再有分散作用。凝胶化现象的产生与反应中亚硫酸钠的量有密切关系。在反应体系中，甲醛和丙酮都可看成是双官能团化合物。它们之间的缩合反应即使进行到完全的程度，也只会生成线型缩聚物而不会出现交联凝胶。而在亚硫酸钠存在时：

$$Na_2SO_3 + H_2O \rightleftharpoons NaOH + NaHSO_3$$

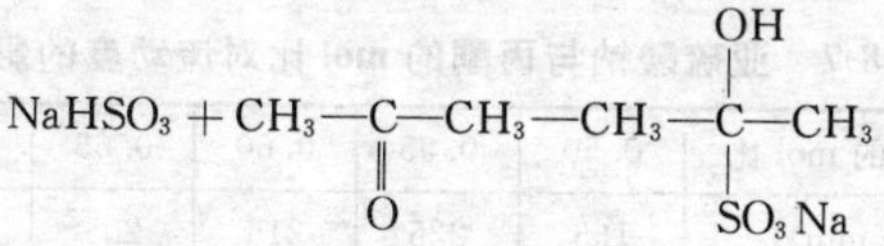

亚硫酸氢钠对丙酮加成后所得产物实际上已具有 4 个官能度，若按反应体系中通常的分子比例：$HCHO : CH_3COCH_3 = 2 : 1$ 时，则体系的平均官能度为：

$$f = \frac{(1\times4) + (2\times2)}{1+2} = 8/3$$

根据官能度理论公式：

$$P = 2/f = 2/Xf$$

式中　P——聚合反应程度；

　　　X——平均聚合度

当凝胶化产生时，可以认为 $X \to \infty$，则 $P = \frac{2}{8/3} = 75\%$。

即在反应程度达到 75% 时已近凝胶点，事实上由于反应体系中的丙酮一般不可能完全被加成，所以达到凝胶点的实际反应程度往往较高，控制反应体系中亚硫酸钠的用量及浓度，调节体系的 pH 值是防止凝胶化产生的主要因素。

（2）甲醛、亚硫酸钠与丙酮的配比。在合成反应中，固定亚硫酸钠的用量和浓度，改变甲醛与丙酮的比例（mol 比），并测定所得产物的净浆流动度，其结果列入表 8-6 中。

表 8-6　甲醛与丙酮 mol 比对流动度的影响

甲醛与丙酮的 mol 比	1.0	1.5	2.0	2.5	3.0
净浆流动度（mm）	185	215	265	225	190

从以上结果可以看出，甲醒：丙酮较为合适的 mol 比为 2：1。这种分子配比有利于线型大分子的合成，从而提高产物的分散性

能。当确定甲醛对丙酮 mol 比后，再改变亚硫酸钠与丙酮 mol 比，并测定其产物的流动度，结果列入表 8-7。

表 8-7 亚硫酸钠与丙酮的 mol 比对流动度的影响

亚硫酸钠与丙酮的 mol 比	0.50	0.55	0.60	0.65	0.70	0.75
净浆流动度（mm）	165	225	215	205	265	215

由以上这些试验结果可以确定合成反应的优化条件，即甲醛与丙酮的 mol 比为 2∶1，而亚硫酸钠与丙酮的 mol 比为 0.7∶1.0。在此情况下产物具有最好的分散作用。另外，在测定净浆流动度时，减水剂的掺量为0.3%～0.4%时基本达到最大的流动度值，以后随着掺量的增加会出现明显的泌水现象。同萘系高效减水剂相比，这类磺化酮醛缩聚物具有较强的分散性能。

（3）亚硫酸钠与焦亚硫酸钠 mol 比（$Na_2SO_3/Na_2S_2O_5$）。在丙酮、甲醛用量一定、反应条件相同的情况下，改变 $Na_2SO_3/Na_2S_2O_5$，测定所得 SAF 的净浆流动度和粘度，试验结果如图8-15所示。

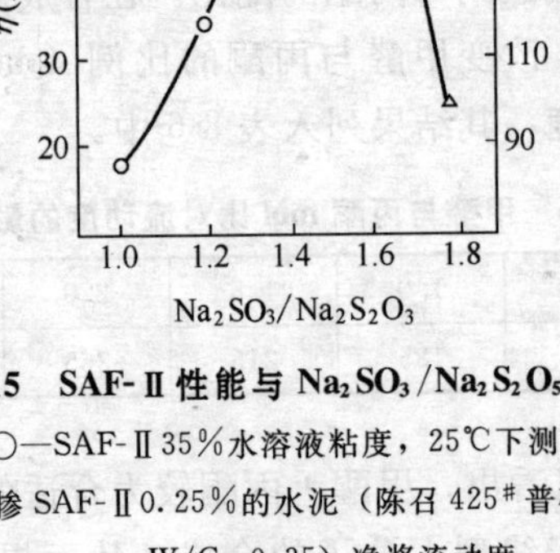

图 8-15 SAF-Ⅱ性能与 $Na_2SO_3/Na_2S_2O_5$ 的关系

○—SAF-Ⅱ35%水溶液粘度，25℃下测定；

△—掺 SAF-Ⅱ0.25%的水泥（陈召 425# 普硅水泥，

W/*C*=0.35）净浆流动度

由图 8-15 可见，随着 $Na_2SO_3/Na_2S_2O_5$ 的增加，产物粘度增大，说明有利于缩聚反应进行，但 $Na_2SO_3/Na_2S_2O_5$ 超过一定值后产物粘度又降低。SAF-I 对水泥净浆的分散能力起初也随 $Na_2SO_3/Na_2S_2O_5$ 的增加而增强，而后又降低，所以要保证产物具有好的分散作用，须控制 $Na_2SO_3/Na_2S_2O_5=1.2\sim1.6$。

（4）合成反应步骤。合成反应分两步进行。首先是亚硫酸氢与丙酮的加成反应，这是一个放热反应，因此在较低温度（56℃）进行反应。然后是羟丙基磺酸钠与甲醛进行缩聚反应：

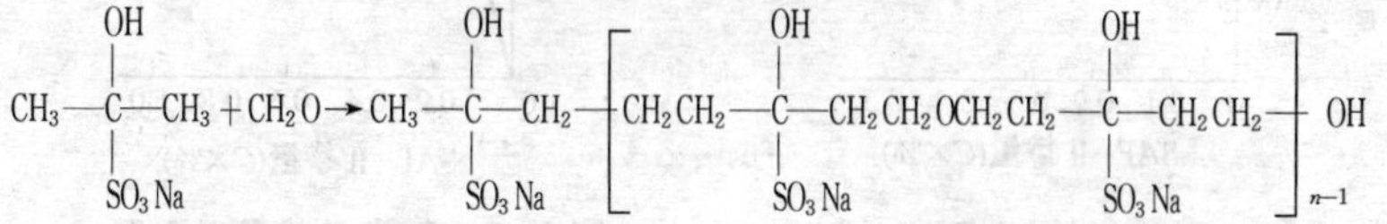

缩聚反应在较高温度（60～110℃）下进行，pH10～14，反应时间为3～5h。反应温度越高（可到沸点），反应时间越长，缩聚物分子越高。

制备磺化酮醛缩聚物，除采用上述原材料之外，还可采用丁酮、环己酮、乙二醛、糠醛等单体，因此可得到各种性能的高效减水剂。此外还可与其他外加剂复合进行改性，克服易泌水、颜色深等缺点。

二、磺化酮醛缩聚物高效减水剂的性能

1. 净浆流动度、减水率与 SAF 掺量的关系

图 8-16 是采用 32.5 普硅水泥测定 SAF 掺量与水泥净浆活动度（$W/C=0.35$）关系的试验结果。由图可以看出 SAF 的分散能力随掺量增加而增强，当掺量大于 0.3%后，净浆流动度趋于稳定。

图 8-17 表示 SAF 掺量与水泥砂浆减水率的关系。由图可见，随 SAF 掺量增大，其减水能力增强，但当掺量达 0.7%时达到饱和点，减水率不再增加。

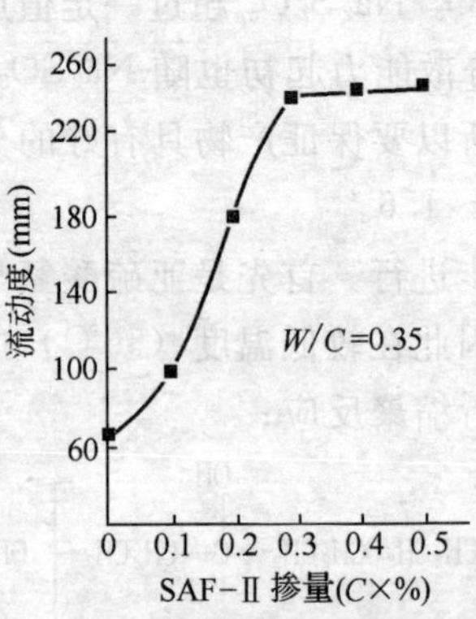

图 8-16 SAF-Ⅱ掺量对水泥净浆活动度的影响

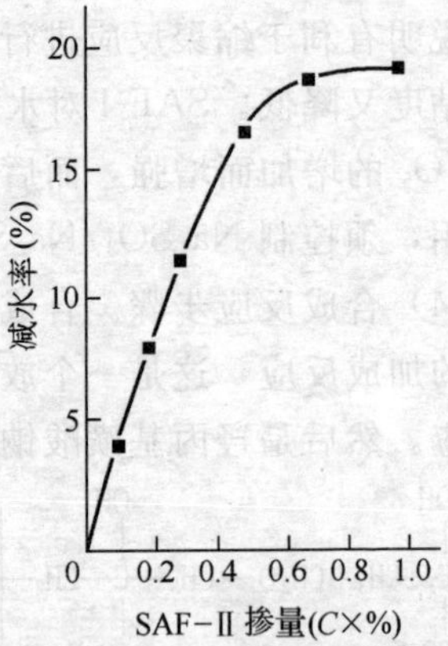

图 8-17 SAF-Ⅱ掺量对水泥砂浆减水率的影响

2. 混凝土性能

(1) 基准混凝土试验。在配制水泥用量为 $330kg/m^3$、$C:S:G=1:2.16:3.54$、$W/C=0.55$ 的基准混凝土试验中，随着减水剂掺量的不同对坍落度、减水率及各龄期强度的影响如表 8-8 所示。由此表明，SAF 减水剂的最佳掺量为 0.75%，减水率约 20%，28d 强度提高 20%。

表 8-8 混凝土抗压强度

减水剂用量(%)	坍落度(cm)	减水率(%)	抗压强度/比值(MPa/%)		
			3d	7d	28d
0	7.5	0	18.0/100	32.5/100	40.6/100
0.3	8.1	14.6	23.8/132	41.9/129	46.1/115
0.5	8.0	18.7	26.5/147	44.8/138	47.5/117
0.75	8.4	19.5	26.1/145	35.7/131	49.1/121
1	10.1	20.5	35.7/143	35.8/131	48.7/120

（2）配制高强混凝土。在配制水泥用量为 500kg/m^3、$C:S:G=1:1.21:2.40$、基准混凝土 $W/C=0.49$ 的高强高流态混凝土试验中，不同减水剂掺量下对坍落度、减水率及抗压强度的影响如表 8-9 所示。

表 8-9　高强混凝土抗压强度

减水剂掺量（%）	坍落度（cm）	减水率（%）	抗压强度/比值（MPa/%）		
			3d	7d	28d
0	19.5	0	28.5/100	44.8/100	62.1/100
0.3	20.1	13.0	53.4/187	64.2/143	72.8/117
0.5	21.0	17.8	57.8/203	66.7/149	71.5/115
0.75	20.0	22.1	63.5/223	70.0/156	78.5/126
1.0	19.5	21.4	56.1/197	65.1/146	73.2/117
NF1.0	19.0	18.5	54.5/191	66.0/147	73.0/117

试验表明，在配制高强流态混凝土时，掺 SAF 高效减水剂对早期强度的增长非常有利。一般 3d 强度可达 28d 强度的70%～80%，7d 可达 28d 强度的80%～90%，而且混凝土的后期强度也有一定程度的增长。所存在主要问题仍然是在配制大流动性混凝土时坍落度的损失较大。通过在化学合成样品中加入其他有效成分可以达到在掺量为 0.75%的条件下使坍落度在 120min 内损失小于10%。作为配制高强高流态混凝土的高效减水剂有很好的应用前景。但是，掺 SAF 高效减水剂会使混凝土表面颜色变深，因此影响了广泛应用。目前主要用于地下混凝土工程和高强混凝土桩。

参考文献

1. 卢璋等. 高效能减水剂 NF 的合成研究. 技术鉴定报告，1980
2. AU 混凝土减水剂的研究. 浙江省建筑科学研究所，1982

3. 陈建奎等. 高效减水剂——磺化三聚氰胺甲醛树脂的合成研究报告. 技术鉴定报告，1980

4. 国外高强混凝土减水剂. 建材研究院技术情报研究所，1975

5. 高效塑化剂研究与应用之一. 山东水泥制品研究所，1979

6. Sulith philip A. 超塑化剂三聚氰胺甲醛树脂和萘甲醛系的优点和缺点. Concr Prod. 1989 (10)：32～33

7. S. K. Syal. Thomo Chin atta. 1985：593～596

8. 吴中伟. 流态混凝土——混凝土技术发展的新方向. 混凝土及加筋混凝土. 1984：N9－2

9. 李崇智等. 氨基磺酸盐系高效减水剂的试验研究. 混凝土. 1999 (4)：34～38

10. 张孝兵等. 氨基磺酸盐系高效减水剂的合成及其性能研究. 化学建材. 2002 (6)

11. 李永德等. AHS混凝土高效减水剂合成与应用. 化学建材. 1997 (4)

12. 张清川等. SAF－Ⅱ减水剂的合成与性能. 化学建材. 增刊. 1994

13. U. S. Patent. 1987 (4)：666，976

第九章 新型超塑化剂（聚羧酸盐系）

以萘磺酸盐甲醛缩聚物为代表的聚磺酸盐系高效减水剂在20世纪60年代初问世。20年后，即20世纪80年代初出现了以聚丙烯酸盐为代表的聚羧酸盐系超塑化剂。因此，从时期划分，前者为传统高效减水剂，后者为新型超塑化剂。近10多年，由于高性能混凝土的发展，新型超塑化剂的研究、开发和应用得到各国的重视，并得到快速发展。

第一节 超塑化剂的分类和性质

一、超塑化剂的定义和分类

超塑化剂是能使低水胶比的新拌混凝土的工作性保持一定时间周期，而不影响水泥体系的凝结和硬化的化学外加剂。同时，外加剂必须能与系统的其他成分相容，特别是和其他的化学外加剂相容。典型超塑化剂不应该干扰控制凝结外加剂（缓凝剂、促凝剂）、混凝土引气外加剂和抗水冲失外加剂的作用。

超塑化剂像许多其他类型的外加剂那样，掺入混凝土中执行一种特殊的功能；因此，通常按他们的功能性质进行分类。超塑化剂属于“高效减水剂”(HRWR)类，以区别早期使用的普通减水剂。按照美国材料试验学会公布的外加剂分类方案(ASTMC494)，其中超塑化剂属于：F级：高效减水剂；G级：高效减水剂和缓凝剂。超塑化剂生产流态混凝土时应执行规范ASTM C1017。按照“第一”、“第二”和“第三”代产品分类，既不反映外加剂的化学性质，又不反映它们的工程使用性能。这种分类方法将会影响各种外加剂的合理使用。

以化学的观点，超塑化剂是有机高分子电解质，属于聚合物分散剂类。混凝土超塑化剂可能是“特殊”分散外加剂。值得提出的是，混凝土超塑化剂的聚合分散剂在其他应用中也可能有效，包括微粒子材料泥浆的分散。如用于石膏人造壁板的制造和适用于陶瓷工艺处理，在低用水量下满足所需的工作性。

超塑化剂的化学种类：

(1) 聚磺酸盐系。包括萘磺酸盐甲醛缩聚物（NSF），三聚氰胺磺酸盐甲醛缩聚物（MSF），多环芳烃磺酸盐甲醛缩聚物，对氨基苯磺酸盐甲醛缩聚物，改性木质素磺酸盐，聚苯乙烯磺酸盐和磺化酮醛树脂等。

(2) 聚羧酸盐系。包括聚丙烯酸盐及其共聚物，顺丁烯二酸酐共聚物等。聚羧酸盐（例如聚丙烯酸盐）属于弱电解质，只有在碱性介质中才能完全离解，同时聚羧酸盐也是二价和三价金属离子的高效络合剂，因此在水泥分散体的碱性（$pH>12.5$）介质中能与钙离子（Ca^{2+}）形成不稳定的聚合物络合物，有效地控制初期水化过程，使坍落度损失减小。然而，聚磺酸盐是强电解质，在水中能完全离解，相比之下磺酸盐聚合物就没有这种作用。

一些聚羧酸盐，特别是由丙烯酸和丙烯酸取代物的单体合成的聚丙烯酸盐，从20世纪80年代初已用做混凝土的超塑化剂。1986年，Bradley 和 Howarth 特别详细地报导了包含丙烯酸（$CH_2=CH-COOH$）或甲基丙烯酸（$CH_2=C(CH_3)-COOH$），丙烯酸或甲基丙烯酸的羟基-乙基或羟基-丙基酯的共聚物的研究。通过改变两种单体的比例（摩尔%），制得了一类不同特性和成分的聚合物超塑化剂。近几年来，多种复杂的丙烯酸共聚物在混凝土中已得到广泛应用。

在图9-1中列举了一个由三个不同类型的丙烯酸单体合成的聚丙烯酸盐分子结构的通式。在这里，R_1 是 H 或 CH_3，R_2 是一个聚氧乙烯醚化合物支链和 X 是极性基（例如 CN）或离子型基团（例如 SO_3）。改变共聚物中不同单体的本性和相对比例可以产生一系列物理-化学性质和功能差别宽广的产物。

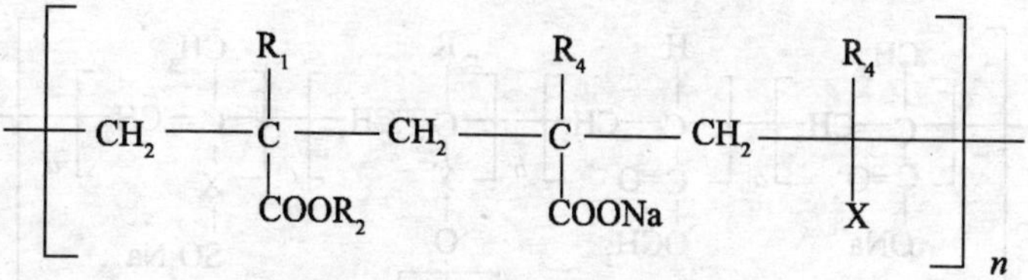

图 9-1　聚丙烯酸盐共聚物的通式

（3）混合官能基聚合物。包括四元共聚丙烯酸盐接枝共聚物，氨基苯磺酸的顺丁烯二酸单酰胺与乙烯基吡咯共聚物，以及同时含磺酸基和羧酸基的其他共聚物。

利用不同的阴离子的官能基（膦酸盐，磷酸盐，磺酸盐）和极性官能基（羟基、乙醚、酰胺、胺等），可以得到用作超塑化剂的各种各样的聚合物和共聚物。最近专利文献中出现了许多种这样的聚合物．下面选择几种共聚物的分子结构列举在图 9-2 中。

大体而言，多官能基共聚物提供最佳聚合物的分子性质与他们在水泥系统中的分散性和流动性有关。然而，为了取得这个方向的进展，除了通过试验之外，合理理解水泥系统中主要矿物和不同官能基之间的互相作用是非常重要的。即使像聚萘磺酸盐这样“简单”的聚合物做到这样也相当困难，对于这种复杂的现象只能增加超塑化剂掺量和合理调整它的分子量参数。

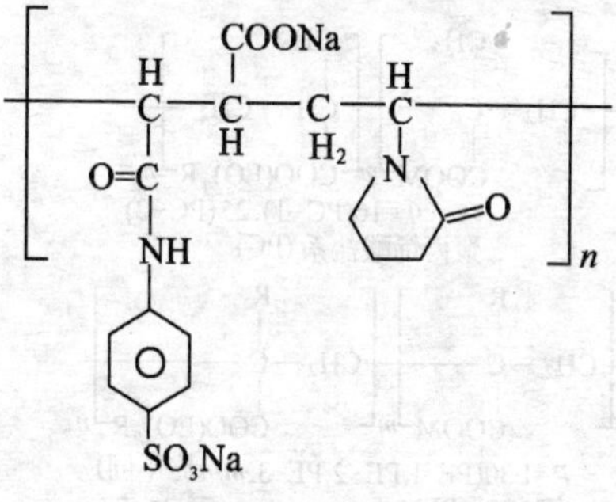

（a）对氯基苯磺酸与顺-丁烯二酸酐缩合物和乙烯基吡咯酮的共聚物的分子结构

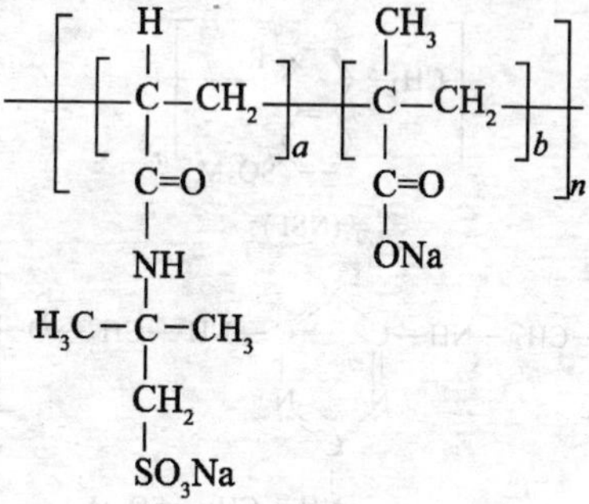

（b）PMAMP 聚合物的化学结构

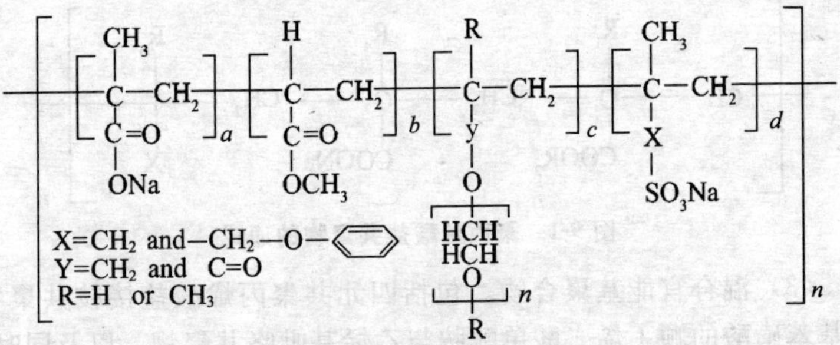

(c) 丙烯酸盐共聚物的分子结构

图 9-2 共聚物的分子结构

二、超塑化剂的分子结构

图 9-3 和图 9-4 分别表示各种超塑化剂的化学结构和分子结构图像。常用的超塑化剂，诸如萘磺酸盐（NSF）和三聚氰胺磺酸盐（MSF），具有除一种长主链以外还有侧链用来分散混凝土中的水泥颗粒。这种功能可能是由侧链上的官能基造成的。当这种结构型的超塑化剂通过其长主链吸附到混凝土中水泥颗粒上时，这种带负电的官能团产生静电排斥力，防止水泥颗粒过于互相接近。

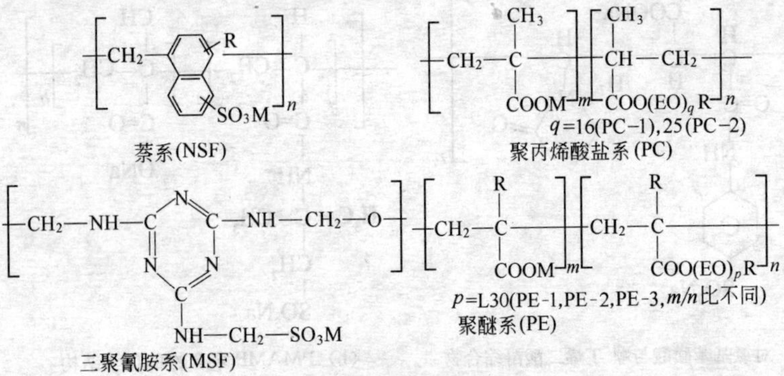

图 9-3 各种超塑化剂的化学结构

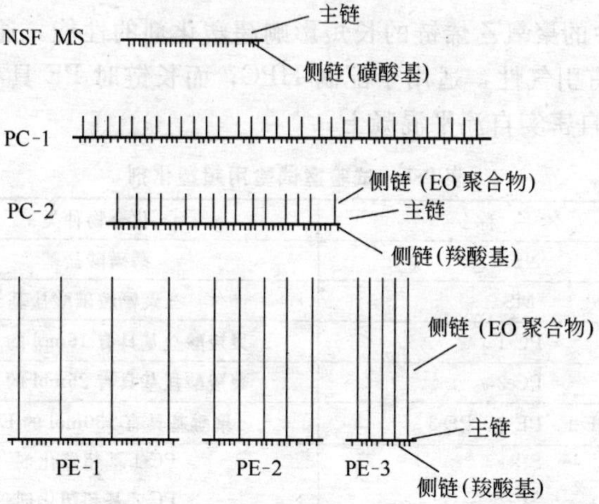

图 9-4　各种超塑化剂的图像

聚羧酸盐超塑化剂（PC）具有羧基和聚氧乙烯基作为侧链，分别传递静电排斥和立体排斥。立体排斥比具有高离子浓度的静电排斥更为有效，所以聚羧酸盐超塑化剂在较低 W/C 时比 NSF 和 MSF 具有更大的分散能力。在本研究中采用两种聚羧酸盐超塑化剂，具有 16mol 和 25mol 不同长度的聚氧乙烯链（PC-1，PC-2）。

对聚醚基超塑化剂（PE）已经进行了研究，认为立体排斥作用对分散性有很大的改善。PE 基材料的特点是具有羧基的短主链和 130mol 氧乙烯基组成的非常长的侧链。在图 9-1 和图 9-2 中表示，PE 和 PC 具有相似的化学结构，但分子结构和 PC 有很大不同。这种独特结构对混凝土性能有很大的改善，超过传统超塑化剂的性能。三种类型的 PE 系超塑性剂 PE-1、PE-2 和 PE-3，具有不同的化学结构（m/n 比例不同）。现将所有超塑化剂列于表9-1 中。

研究超塑化剂的分子结构与性能的关系证明，PC 和 PE 分子中羧酸基与酯基的摩尔比（m/n）影响超塑化剂对水泥的适应性。当 $m/n=2\sim3$ 时，对含铝酸盐（C_3A+C_4AF）高的水泥的减水作用好；而 $m/n=1\sim2$ 时，适用于铝酸盐较低的水泥。另外，PC 和 PE 分子中的聚氧乙烯链的长短影响超塑化剂的性能。通常，短链时 PC 具有引气性，适用于配制 HPC；而长链时 PE 具有保水性，适于配制自密实自流平混凝土。

表 9-1 试验室试验用超塑化剂

名称	化合物种类
NSF	萘磺酸盐基
MS	三聚氰胺磺酸盐基
PC-1	聚羧酸盐基具有 16mol 的 EO 链
PC-2	聚羧酸盐基具有 25mol 的 EO 链
PE-1，PE-2，PE-3	聚醚基具有 130mol 的 EO 链
SP-1	PC-1 基超塑化剂
SP-2	PC-2 基超塑化剂
SP-3	PC-2 和 PE-3 基超塑化剂
SP-4	PE-1，-2，-3 基超塑化剂

接枝共聚物是采用多种单体通过游离基引发聚合反应而合成的。所有的接枝共聚物是水溶性聚合物，它们的分子中具有阴离子的羧酸基和磺酸基，而在它的侧链中含有聚氧乙烯链。值得注意的是支链的长度，共聚物侧链是用 23、45 和 68mol 的环氧乙烷加工合成的（分别为 P1、P2、P3）。P4 与 P3 中乙氧基数相同，但 P4 接枝共聚物的支链中具有长链（45 克分子）和短链（23 克分子）聚氧乙烯基。四种共聚物具有相近加权平均分子量（43000～47000）。四元接枝共聚物的分子通式如图 9-5；它们的化学性能、化学结构和加权平均分子量分见表 9-2。

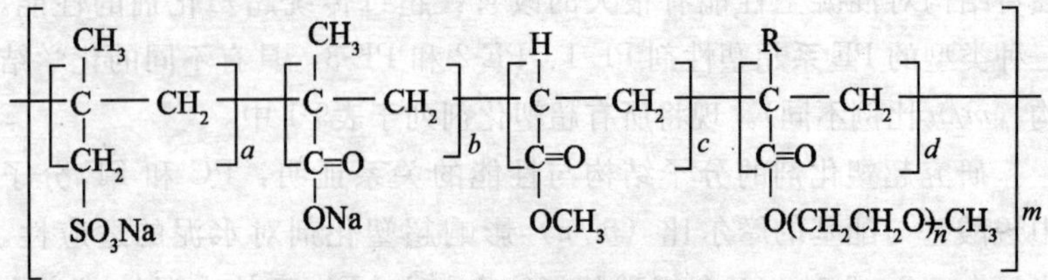

图 9-5 接枝共聚物的化学结构

表 9-2　含有聚氧乙烯链甲基丙烯酸接枝共聚物的化学性能

共聚物链的类型	聚氧乙烯链（EO mol）	在共聚物中的甲基丙烯酸		在共聚物中磺酸单体	分子量*		分子量分布
		Wt(%)	mol(%)	Wt(%)	(Mw)	(Mn)	Mw/Mn
P1	23	17.1	54.6	4.0	45400	9700	4.7
P2	45	13.9	61.9	3.8	43000	10800	4.0
P3	68	17.4	66.7	4.1	43200	11400	3.8
P4	23 and 45	12.5	60.8	3.4	46700	9000	5.2

注：Mw：加权平均分子量平均值；

Mn：数均分子量平均值。

多元接枝共聚物通过采用不同化学结构的单体和调整它们之间的比例可以得到不同性能的超塑化剂。因此，它们应属于“智能型”外加剂。

另外，水溶性聚合物的分子量很大程度上决定它们的功能、性质和用途（见表 9-3）。作为水泥分散剂分子量应在5000～20000 的范围。

表 9-3　分子量、功能和水溶性聚合物在混凝土中的用途

分子量	0　10^3　10^4　10^5　10^6　10^7　10^8
功能	润湿性　分散性　保水性　凝结性 增加粘性　溶胀性不溶解性
在混凝土中用途	引气剂　水泥分散剂　保水剂　增粘剂　吸水剂

三、超塑化剂的性能

1. 各种超塑化剂的分散作用

图 9-6 中列举了各种超塑化剂的掺量与水泥净浆流动度的关系曲线。由此说明，在相同流动度时新型超塑化剂的掺量显著低于传统超塑化剂（NSF、MS）。因此新型超塑化剂（PE、PC）对水泥

具有非常强的分散作用。

图 9-7 是采用普通波特兰水泥掺有不同剂量的接枝共聚物新制备的砂浆流动度。对于 P3、P2，砂浆混合时间为 1min 和 2min，对于 P1 和 P4，砂浆混合时间为 3min。具有长接枝链的 P3 对水泥的分散能力最高，依次为 P2、P4 和 P1，但均超过 NSF 的流动度。

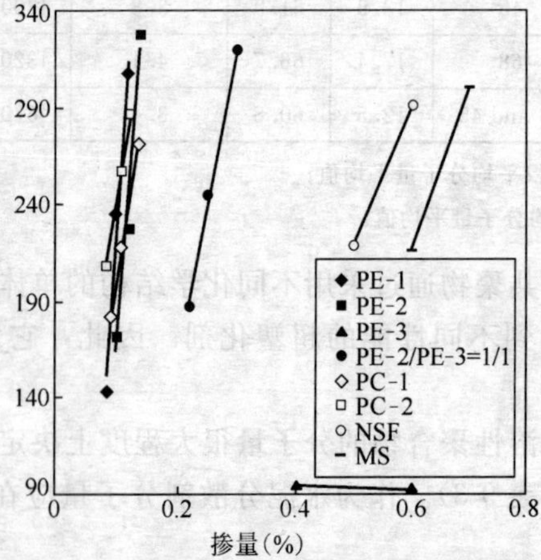

图 9-6　水泥加每种超塑化剂的扩散能力试验
(W/C=27.5%)

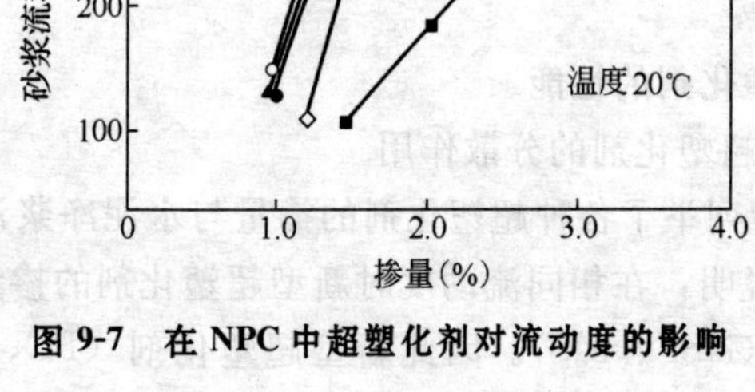

图 9-7　在 NPC 中超塑化剂对流动度的影响

2. 超塑化剂在水泥粒子上的吸附作用

超塑化剂在水泥粒子上等温吸附试验结果见图 9-8。由此说明，新型超塑化剂（PE、PC）的饱和吸附量远低于传统超塑化剂。图 9-9 是 PA（平均分子量 26000）分别在普硅水泥（NPC）、磨细矿渣（BF）和石灰粉（LS）上的吸附等温曲线。另外，通过对 PE 分子结构的计算表明 PE 分子是直径 20nm、高 7nm 的圆柱体。同时结合比表面积和饱和吸附量的测定结果可以计算得到，在 $100nm^2$ 水泥表面上吸附1～3 个 PE 聚合物分子。

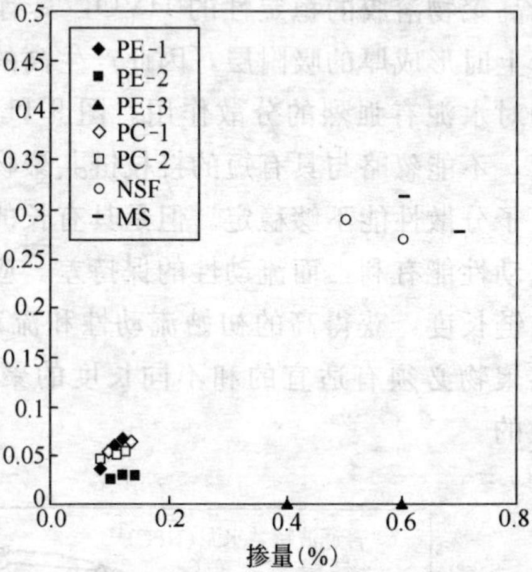

图 9-8　各种超塑化剂在水泥颗粒上的吸附

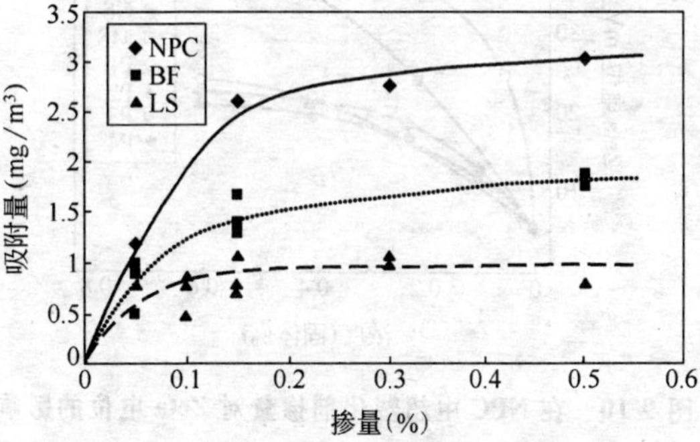

图 9-9　PA 的掺量与吸附量之间的关系

3. 静电斥力和空间斥力

按照 DLVO 理论，传统超塑化剂，如 NSF（萘系）和 MS（三聚氰胺）等，当它们被吸附后在水泥粒子表面形成带负电的离子层。水泥粒子由于静电斥力而被分散。然而，所有接枝共聚物的 Zeta 电位都很小，测试结果见图 9-10。这些数值与接枝共聚物对水泥粒子的吸附量有关。P4 对水泥粒子的吸附最小，P4 的 Zeta 电位是四种共聚物中最低的。出现这种反常现象与接枝共聚物特殊的"梳型"分子结构有关（见图 9-11）。

根据吸附高聚物溶胶的稳定性的 HVO，具有长链的共聚物吸附在水泥粒子上时形成厚的吸附层，因此产生高的空间斥力，导致在吸附后立即对水泥有强烈的分散作用。图 9-11 说明他们排列分布情况。然而，不能忽略与具有短的接枝链共聚物相比，长的接枝链共聚物对粒子分散性能不够稳定。但是具有长的接枝共聚物对提高早期初始流动性能有利，而流动性的保持差。应采用分子设计选择适宜的接枝链长度，获得高的初始流动性和流动性的保持性能。为此，接枝共聚物必须有适宜的和不同长度的聚氧乙烯支链，P4 被认为是有效的。

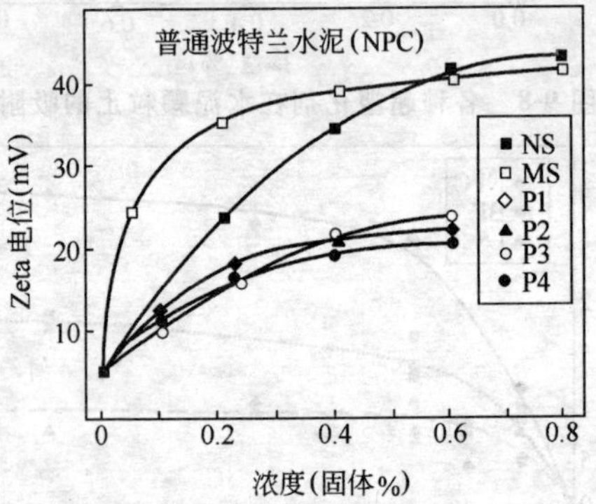

图 9-10 在 NPC 中超塑化剂掺量对 Zeta 电位的影响

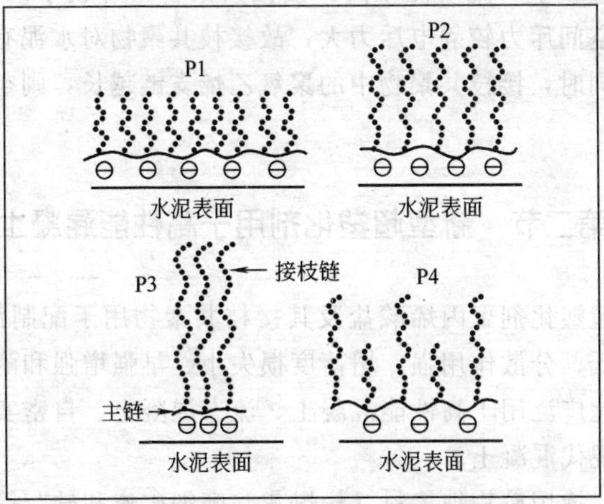

图 9-11 水泥吸附接枝共聚物示意图

4. 共聚物对水泥分散机理

超塑化剂对水泥浆的分散作用是由于超塑化剂的分子吸附在水泥粒子表面上，其分散性能取决于带同电荷粒子团之间的静电斥和吸附层产生的空间位阻。传统超塑化剂（如 NSF 和 MSF）是阴离子型的线形聚合物。它们在水泥粒子上的吸附量较大，因而带多电荷的粒子团之间产生较强的静电斥力，对水泥具有较强的分散作用。但是，它们的吸附层厚度小（1～3nm），因而空间位阻（斥力）较小。

新型超塑化剂聚丙烯酸盐的接枝共聚物分子中具有长的聚氧乙烯支链，它们被水泥吸附后形成空间梳状排列，其吸附量较小，因此 *Zeta* 电位小。但是其吸附层较厚（约 7nm），能产生强的空间斥力，因此对水泥的分散作用优于传统超塑化剂，其掺量也较低。

接枝共聚物在水泥粒子上的吸附量主要取决于水泥的矿物组成、混合材品种和水泥的比表面积。对于 C_3A、C_3S 的水泥接枝共聚物的吸附量高，而对 C_3A 含量低、C_2S 含量高的低热硅酸盐水泥，其掺量较小、流动性较高。接枝共聚物具有较小的Zela电位值是由于空间斥力较静电斥力大，故接枝共聚物对水泥有较好的分散性能。同时，接枝共聚物中的聚氧乙烯支链越长，则空间斥力越大。

第二节 新型超塑化剂用于高性能混凝土

新型超塑化剂聚丙烯酸盐及其接枝共聚物用于配制混凝土时，具有掺量低、分散作用强、坍落度损失小、早强增强和耐久性好等特性，因此广泛用于高性能混凝土、流态混凝土、自密实和自流平混凝土等现代混凝土。

同时，掺用矿物细掺料（粉煤灰、磨细矿渣和硅灰等）可以改善混凝土的工作性，降低水化放热速度，避免温度应力裂缝产生，提高断裂韧性及其耐久性等。因此，现代混凝土的重要特征之一，是掺超塑化剂和合理使用矿物细掺料。

在此，论述采用由硅酸盐水泥、粉煤灰、磨细粒状高炉矿渣组成的复合水泥和超塑化剂配制高性能混凝土的工作性、坍落度损失、抗压强度和耐久性。

一、材料

1. 胶凝材料

复合水泥的各组分（硅酸盐水泥、粉煤灰和矿渣）化学分析见表9-4。

表9-5列举了由波特兰水泥和粉煤灰组成的二组分复合水泥的组成和细度，其中波特兰水泥的细度分别为395m^2/kg和504m^2/kg，粉煤灰的细度分别为351m^2/kg，395m^2/kg和482m^2/kg。粉煤灰取代50%的水泥，组成四种复合水泥，其细度分别为：A368m^2/kg、B388m^2/kg、C415m^2/kg和D487m^2/kg。

表 9-4　生产复合水泥的硅酸盐水泥、粉煤灰和矿渣的化学成分

氧化物（%）	硅酸盐水泥	粉煤灰	矿渣
SiO_2	21.25	59.94	36.50
Al_2O_3	4.33	22.87	11.67
Fe_2O_3	1.85	4.67	1.01
TiO_2	0.13	0.94	0.20
CaO	64.30	3.08	38.95
MgO	1.81	1.55	8.08
SO_3	3.70	0.35	1.00
K_2O	0.71	2.19	0.42
Na_2O	0.17	0.62	0.34
烧失量	1.50	3.34	1.28

表 9-5　混合水泥及单独组分的组成和细度

混合水泥		波特兰水泥		粉煤灰		
类型	细度：m^2/kg	细度：$395m^2/kg$	细度：$504m^2/kg$	未粉磨　细度：$351m^2/kg$	粉磨　细度：$395m^2/kg$	粉磨　细度：$482m^2/kg$
A	368	50%	—	50%	—	—
B	388	50%	—		50%	—
C	415	—	50%	50%	—	—
D	487	—	50%	—	—	50%

表 9-6 给出了四种三组分复合水泥（A、B、C 和 D）的成分。这四种水泥都是 25%粉煤灰和 25%磨细粒状高炉矿渣取代了 50%的水泥，主要不同之处是这三种组分的细度。水泥 A 和 C 是将未磨过的粉煤灰，相同细度（约 400 或 $500m^2/kg$）的硅酸盐水泥和矿渣共同混合制得的。水泥 B 和 D 是将磨过的粉煤灰与其余两种相同细度（$412m^2/kg$ 或 $517m^2/kg$）的组分共同混合制得的。

2. 集料

天然砂，细度模数 3.00，两种粗集料。所有混凝土拌合物中集料混合的比例：25%砂、40%细石（4～16mm）和 35%粗石（10～25mm）。

表 9-6 复合水泥的组成和勃式细度

复合水泥		硅酸盐水泥		粉煤灰细度（m^2/kg）			磨细矿渣	
		细度（m^2/kg）		未磨细	磨细	磨细	细度（m^2/kg）	
类型	细度（m^2/kg）	395	504	351	395	482	412	517
A	384	50	—	25	—	—	25	—
B	392	50	—	—	25	—	25	—
C	472	—	50	25	—	—	—	25
D	499	—	50	—	—	25	—	25

3．超塑化剂

使用两种 MaKei（意大利米兰）商品超塑化剂。一种外加剂是含萘磺酸盐聚合物（SN）40％的水溶液；另一种超塑化剂是含30％丙烯酸聚合物（AP）的水溶液。

4．混凝土配合比

表 9-7 列举了由二组分复合水泥配制的 8 个 HVFA 混凝土配合比，其中胶凝材料都在 470kg/m³ 左右，波特兰水泥约为 235kg/m³。配合比1～4 掺 SN 超塑化剂，5～8 掺 AP 超塑化剂。

表 9-7 混凝土配合比

配比编号	混合水泥		骨料(4～16mm)	骨料(10～25mm)	砂(0～4mm)	水	超塑化剂	W/(C+F)	坍落度(mm)
	类型	kg/m³	kg/m³	kg/m³	kg/m³	kg/m³	类型掺量％		
1	A	463	453	729	641	148	NS-1.00	0.32	200
2	B	465	455	732	643	145	NS-1.05	0.32	190
3	C	463	453	729	641	148	NS-1.05	0.32	190
4	D	465	455	732	643	145	NS-1.25	0.32	190
5	A	464	455	731	642	133	AP-1.00	0.29	230
6	B	470	460	740	650	134	AP-0.90	0.29	230
7	C	464	455	731	642	133	AP-1.00	0.29	220
8	D	473	463	745	655	135	AP-1.20	0.29	230

表 9-8 列举了三组分复合水泥配制的混凝土配合比。在相同水胶比（$W/B=0.3$ 左右）的情况下，通过调整超塑化剂的掺量（0.8%～1.1%）达到相同的坍落度（200～230mm）。

表 9-8　混凝土配合比

配比编号	水泥		卵石 10～25 mm (kg/m³)	卵石 4～16 mm (kg/m³)	砂 0～4 mm (kg/m³)	水 (kg/m³)	超塑化剂（种类—掺量）	水胶比	坍落度 (mm)
	种类	重量 (kg/m³)							
1	A	469	459	738	648	150	SN-1.00	0.32	220
2	B	471	461	741	651	150	SN-1.00	0.32	220
3	C	467	457	735	646	149	SN-1.05	0.32	200
4	D	472	462	744	653	151	SN-1.10	0.32	200
5	A	470	460	741	651	135	AP-0.80	0.29	230
6	B	473	463	745	655	135	AP-0.80	0.29	220
7	C	466	458	737	648	134	AP-0.80	0.29	210
8	D	474	464	746	656	136	AP-0.90	0.29	210

二、混凝土的性能

1. 工作性

掺 AP 外加剂的混凝土混合物（见表 9-7）（$W/C+F=0.29$）的工作性比掺 SN 超塑化剂的混凝土（$W/C+F=0.32$）好，表现在，坍落度大（220～230mm），而坍落度损失小。

这些数据说明掺 AP 超塑化剂 HVFA 混凝(不考虑胶凝材料的细度)具有优越的性能。不仅在刚拌完混凝土时，而且更重要的是在拌完后一定时间内(60min)，这种低水胶比的混凝土仍保持好的流动性。

另外，表 9-7 显示，当水泥和粉煤灰细度增加到 500m²/kg（混合水泥 D）时，在给定 $W/(C+F)$ 时，要获得同样的坍落度，与细度低的混合水泥 A、B、C（368～—415m²/kg）相比，则需要更多的超塑化剂。

表 9-8 说明，坍落度一定的情况下，AP 混凝土拌合物的水胶

比较低（低 10%），超塑化剂的掺量也低（低 20%），因此，超塑化剂 AP 比 SN 更有效。

复合水泥的比表面积增加导致 SN 或 AP 超塑化剂掺量增加的幅度不大，除非像表 9-8 中的配比 4 和配比 8 所使用的水泥 D′那样，所有成分都磨到 $500m^2/kg$ 的勃式细度。

图 9-12 和图 9-13 表示用不同外加剂类型（AP 利 SN）和不同细度的复合水泥配制的混凝土拌合物的坍落度损失曲线。在复合水泥给定的情况下，掺用 AP 超塑化剂比掺用 SN 超塑化剂的混凝土拌合物的坍落度损失要小得多。

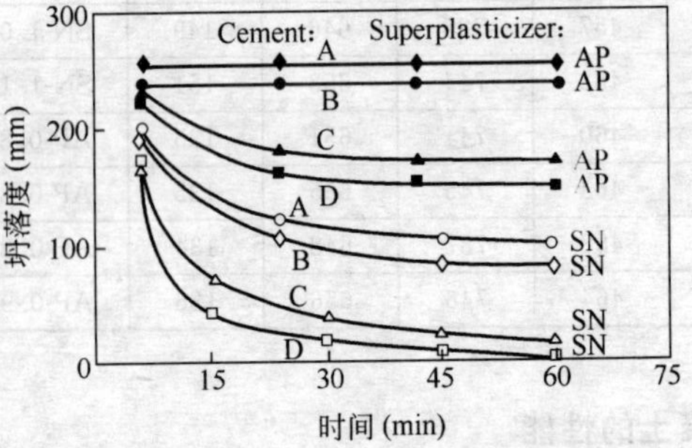

图 9-12 掺 AP 或 SN 超塑化剂混凝土的坍落度损失

（表 9-5 中水泥 A、B、C、D）

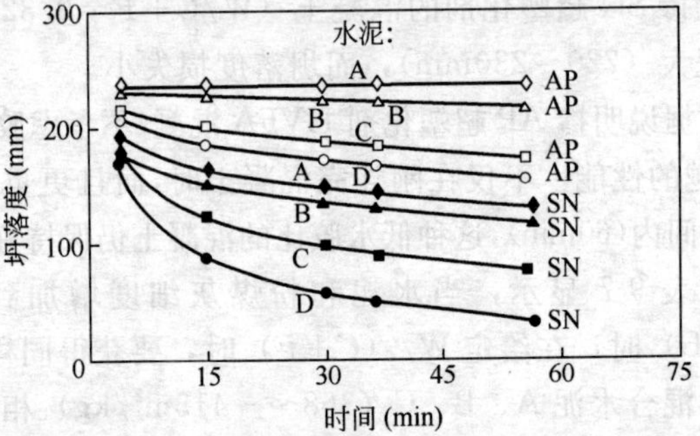

图 9-13 掺 AP 或 SN 超塑化剂混凝土的坍落度损失

（表 9-6 中水泥 A、B、C、D）

另一方面，在超塑化剂种类（SN 或 AP）给定的情况下，使用低比表面积的水泥可降低混凝土坍落度损失。

2. 抗压强度

图 9-14～图 9-17 分别表示用不同二组分复合水泥 A、B、C、D 和不同超塑化剂配制的 HVFA 混凝土，在 5℃或 20℃养护条件下，抗压强度与龄期（3、7、28 和 90d）的关系。

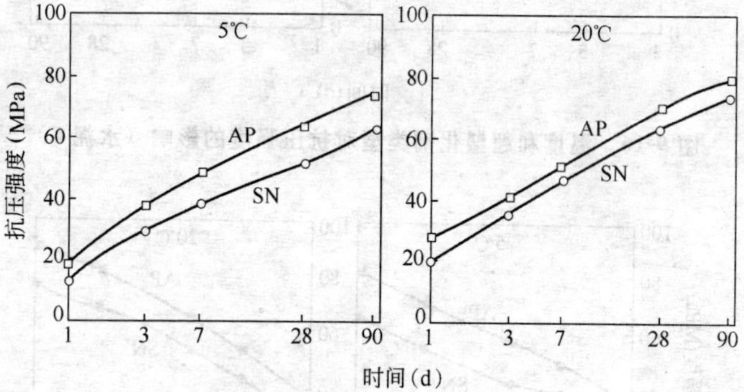

图 9-14　温度和超塑化剂类型对抗压强度的影响（水泥 A）

（50%硅酸盐水泥 395m^2/kg，50%原状灰 351m^2/kg）

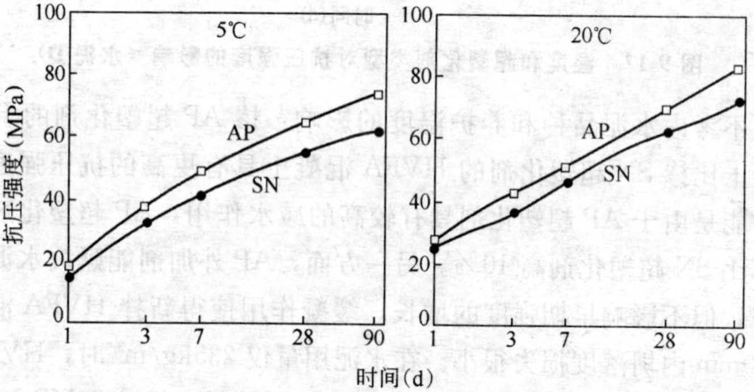

图 9-15　温度和超塑化剂类型对抗压强度的影响（水泥 B）

（50%硅酸盐水泥 395m^2/kg，50%磨细灰 395m^2/kg）

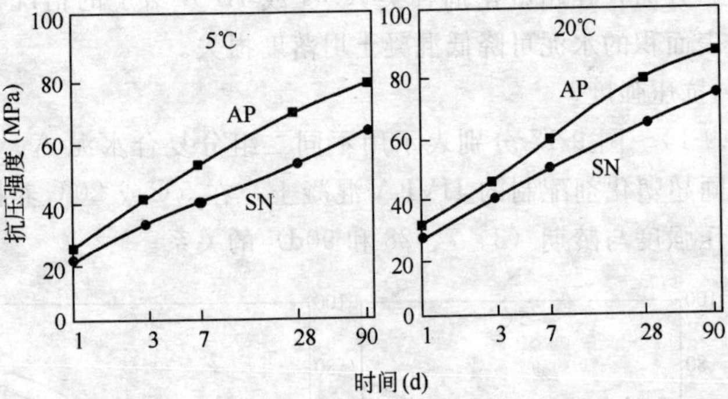

图 9-16　温度和超塑化剂类型对抗压强度的影响（水泥 C）

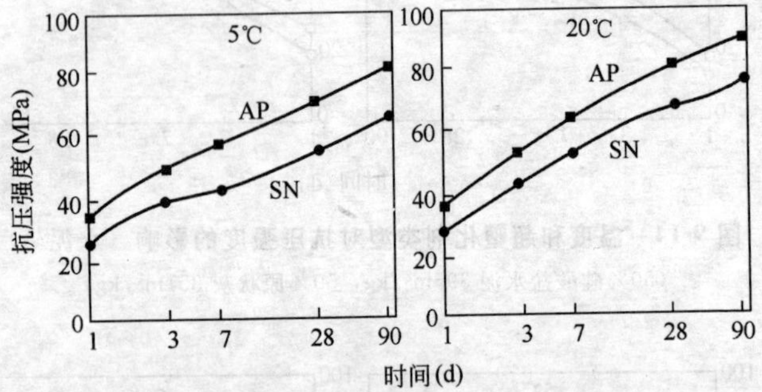

图 9-17　温度和超塑化剂类型对抗压强度的影响（水泥 D）

不考虑水泥品种和养护温度的影响，掺 AP 超塑化剂的 HVFA 混凝土比掺 SN 超塑化剂的 HVFA 混凝土具有更高的抗压强度。这种性能是由于 AP 超塑化剂具有较高的减水作用，AP 超塑化剂的减水率比 SN 超塑化剂高 10%。另一方面，AP 外加剂能延缓水泥水化过程，但不影响早期强度的增长。缓凝作用使得新拌 HVFA 混凝土在 60min 内坍落度损失很小。在水泥用量仅 235kg/m^3 时，HVFA 混凝土 1d 的抗压强度超过 30MPa，90d 的抗压强度超过 80MPa。

图 9-18～图 9-21 分别显示 A、B、C、D 四种三组分复合水泥（波特兰水泥、粉煤灰和矿渣）混凝土在温度 5℃和 20℃，相对湿

度95%条件养护下的抗压强度。通常，养护温度在20℃时，混凝土早期和后期弧度都比5℃时高。但即使在低温条件下养护（5℃），混凝土3d强度都达到35～50MPa。虽然硅酸盐水泥用量低至235kg/m³，但所有混凝土的长期强度都持续增长：28d为65～80MPa，而90d为70～90MPa。这与粉煤灰和矿渣的胶凝活性以及使用超塑化剂后使水胶比降低（达0.30左右）有关。

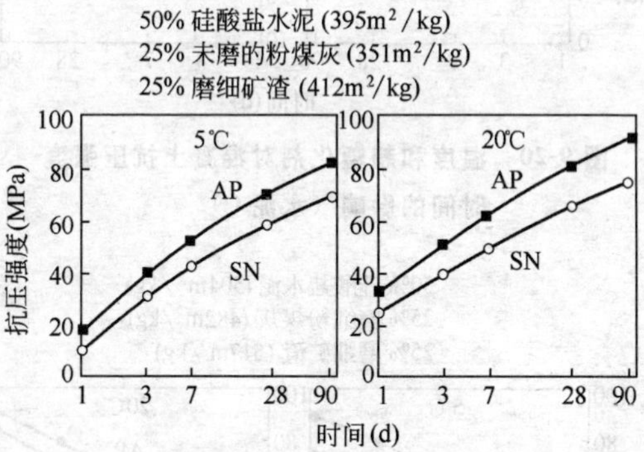

图 9-18 温度和超塑化剂种类对混凝土抗压强度-时间的影响（水泥 A）

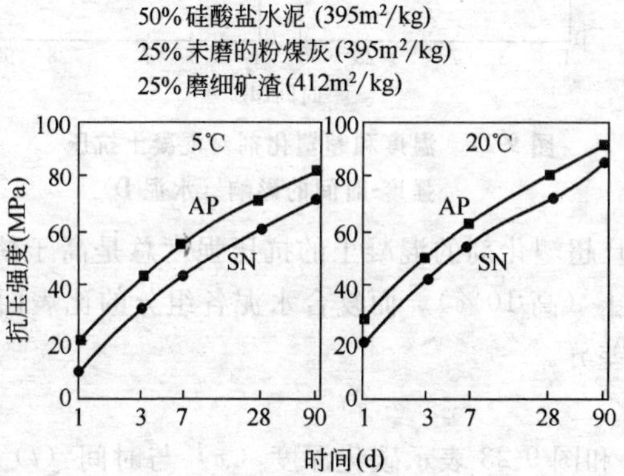

图 9-19 温度和超塑化剂种类对混凝土抗压强度-时间的影响（水泥 B）

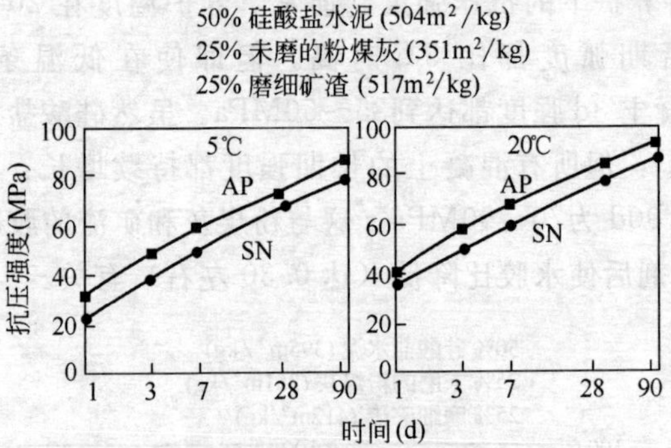

图 9-20　温度和超塑化剂对混凝土抗压强度-时间的影响（水泥 C）

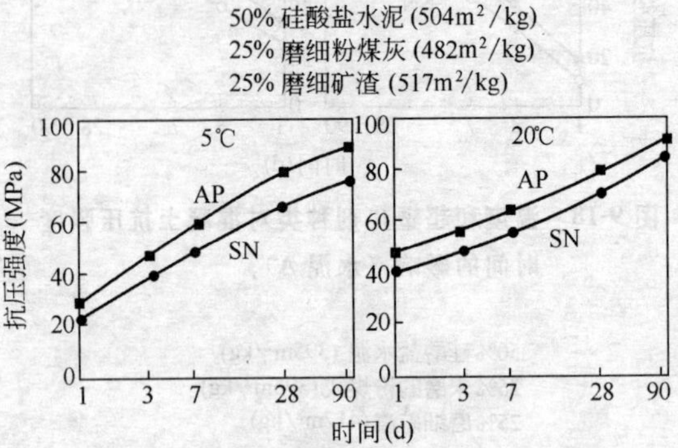

图 9-21　温度和超塑化剂对混凝土抗压强度-时间的影响（水泥 D）

使用 AP 超塑化剂的混凝土的抗压强度总是高于使用 SN 超塑化剂的混凝土（高 10%）。而复合水泥各组分的比表面积不同，抗压强度也有差异。

3. 碳化

图 9-22 和图 9-23 表示碳化深度（x）与时间（t）的关系。将混凝土暴露于空气中大约 1 年，对于由两类复合水泥（$C+FA$ 和 $C+FA+S$）混凝土所测得的碳化深度均很小，可忽略不计。

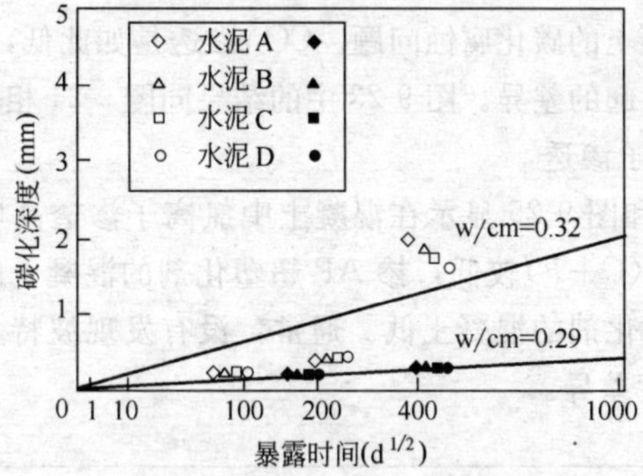

图 9-22　HVFA 混凝土碳化深度

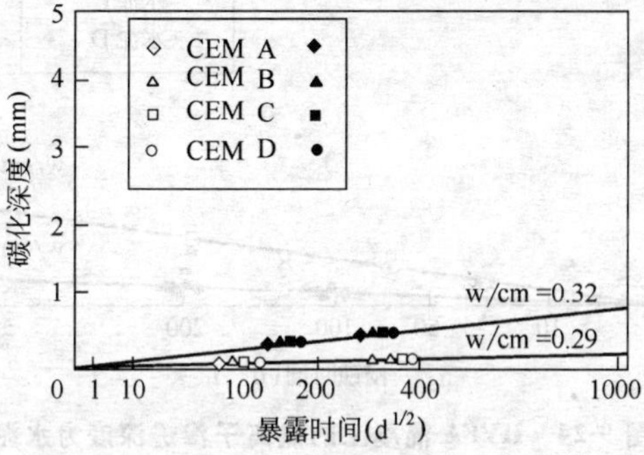

图 9-23　混凝土不同水胶比下的碳化深度

由于掺 AP 超塑化剂的混凝土水胶比较低，其碳化速度明显低于掺 SN 超塑化剂的混凝土。使用不同比表面积水泥的混凝土之间的碳化速度差异不大。

在 HVFA 混凝土中，因为水泥用量和粉煤灰的火山灰反应的量相对较小，HVFA 混凝土中的 $Ca(OH)_2$ 的量和无粉煤灰的混凝土相比可以忽略。$Ca(OH)_2$（应该被从外界进入的 CO_2 中和）的量较低，在 HVFA 混凝土中存在着碳化加速的潜在威胁。然而，图 9-22 显示进入 HVFA 混凝土的 CO_2 是很低的，以至于在掺加 SN 超塑化剂时的混凝土碳化深度约为 1mm，而掺加 AP 超塑化剂时混凝土的碳化深度仅为 0.2mm。这些结果证明，因为 HVFA 具有很低的 CO_2 渗透性，不能引起钢筋混凝土的碳化腐蚀问题。CO_2 渗透是如此低，以至于难以发现水泥细度引起的差异。图 9-23 中的结果同图 9-24 相似。

4. 氯离子渗透

图 9-24 和图 9-25 显示在混凝土中氯离子渗透高度随时间的关系，因为 $W/(C+F)$ 较低，掺 AP 超塑化剂的混凝土的渗透高度比掺加 SN 超塑化剂的混凝土低。通常，没有发现波特兰水泥细度引起的渗透高度差异。

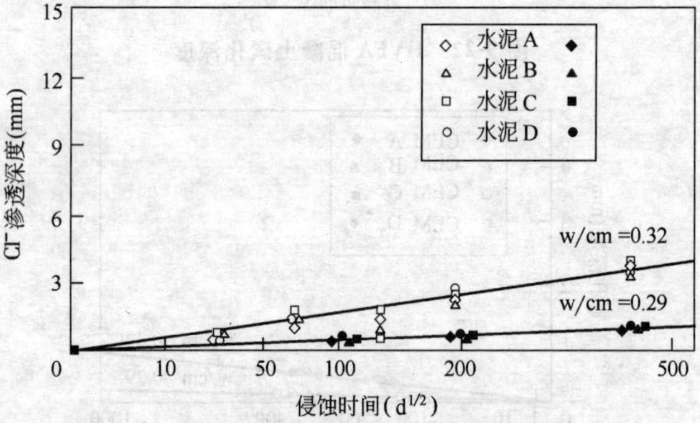

图 9-24 HVFA 混凝土的氯离子渗透深度为水泥细度和超塑化剂的函数

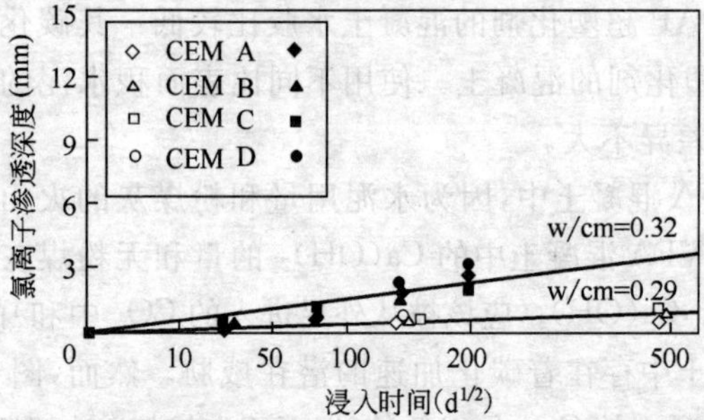

图 9-25 混凝土不同水胶比下的氯离子渗透深度

综上所述，由两种高掺矿物细掺料的复合水泥（波特兰水泥50%＋粉煤灰50%和波特兰水泥50%＋粉煤灰25%＋矿渣25%），掺超塑化剂（AP或SN）在低用水量和低水胶比情况下配制的高性能混凝土具有良好的工作性、早强高强以及良好的耐久性。

混凝土性能试验结果证明，新型超塑化剂聚丙烯酸盐（AP）比萘系超塑化剂更有效，其减水率更高、坍落度损失更小、强度更高，以及耐久性更好（碳化速度低和渗透性小）。

此外，AP超塑化剂对水泥早期水化的缓凝作用有利于减小新拌混凝土的坍落度损失，即使在低温时这种缓凝作用也不延缓早期强度的增长。

第三节 新型超塑化剂用于自流平混凝土

从混凝土预拌厂输送自流平混凝土，有两种方法可以采用。第一种方法是先在工厂生产一种塑性较大的混凝土（坍落度的范围为100～150mm），再在施工工地加入一种超塑化剂和一种增粘剂，调整到合乎要求的流动度。第二种方法是直接在混凝土厂调整好混凝土流动度，然后在输送期间保持流动度不变。因此，超塑化剂的选择是首要的问题。在本研究中选用了第二种方法，这涉及到超塑化剂类型对自流平混凝土工作度损失的影响问题。对市场上可以买到的五种类型超塑化剂进行了试验研究，其中包括：三聚氰胺磺酸盐甲醛缩合物（SMF）、萘磺酸盐甲醛缩合物（SNF）、聚丙烯酸盐（PA）和两种聚羧酸盐（PC）。另外，为了增大混合物的屈服值和粘度还掺一种改性淀粉溶液（增稠剂）至自流平混凝土中，因此降低了泌水、离析和沉降。

一、混凝土试验

1. 材料

采用法国波特兰水泥（CEMI52.5，符合欧洲标准EN197-1），比重为 3.1，勃氏细度 360m²/kg。其矿物组成如下：C_3S = 61.6%；C_2S=21.5%；C_3A=7.6%；C_4AF=8.4%。

将两种矿物细掺料分别加到混凝土中，它们为 F 级的粉煤灰（勃氏细度为 270m²/kg）和磨细石灰石粉（勃氏细度为 385m²/kg）。

采用河砂（0～5mm）和粗集料（5～16mm），在砂中含有 8% 粒径大于 5mm 的豆石。化学外加剂为：一种增粘剂，羟丙基化淀粉溶液，固体含量 10%，用来增大混凝土的稳定性。一种超塑化剂，用来获得需要的流动度。

对五种超塑化剂进行了研究，其固体含量示于表 9-9 中。

表 9-9 超塑化剂的固体物含量（%）

SP 的化学本性供应者和商品名	SP 在本文中的符号	固体物含量
磺化的三聚氰胺甲醛 MBT Rheobuild 2500	SMF	34
萘磺酸甲醛缩合物 PIERI N20	SNF	43
聚丙烯酸酯 MAPEI X-404	PA	30
聚羧酸盐 1 MBT Glenium 27	PC1	20
聚羧酸盐 2 MBT Glenium 21	PC2	22

2. 混合物配合比

细粉料（水泥＋矿物掺合料）数量保持在 400kg/m³：水泥 300kg/m³ 和矿物掺合料 100kg/m³。增粘剂掺量为 2kg/m³，砂和卵石的比例为 1∶1.25。

在每一混凝土中，对给定的超塑化剂而言，其掺量不变，用水量随混凝土中矿物掺合料性能而变。因此在含粉煤灰的混凝土中，用水量为 190L/m³，在含粉状石灰石粉的混凝土中为 200L/m³。

对每一混凝土来说，超塑化剂的加入量要加以调整，以便获得 600mm±50min 的静流动度，用一种圆锥筒（尺寸为：

ϕsup=170mm，ϕinf=225mm，h=120mm）进行测量。工地应用时，扩展度的范围为550～650mm，得到该扩展度的时间应在10s以下。这两个指标全能满足时，就证明这个混凝土为自流平混凝土。当用Abram锥测定扩展度时，其扩展度值应在650～750mm之间。

该混凝土混合物配合比和超塑化剂加入量，分别示于表9-10和9-11中。

表9-10　自流平混凝土混合物配合比（kg/m³）

材　料	混凝土1#	混凝土2#
砂	900	900
卵　石	800	800
水　泥	300	300
粉状石灰石	100	—
粉煤灰	—	100
水	200	190
增粘剂	2	2
超塑化剂	见表9-11	见表9-11

表9-11　超塑化剂加入量实现自流平混凝土

SP	掺量（kg/m³）
SMF	3.5
SNF	4.0
PA	1.6
PC1	4.0
PC2	1.7

二、混凝土性能

1. 工作度损失

如表 9-12 中的数据说明，只有含 PC1 和 PC2 超塑化剂和石灰石粉作矿物掺合料的混合物，在 20℃下和 30min 后，仍保持自流平状态，它们的静扩展度比工地上需要的（550mm）还高。使用聚羧酸盐 PC1 60min 后仍保持自流平混凝土状态。所有其他混合物不再是自流平，无论采用什么温度或超塑化剂。掺 SMF、SNF 和 PA 超塑化剂时工作度随时间损失特别显著，温度的影响不显著。自流平混凝土不论含 SNF 或含 PA 的坍落度损失近于相同。这种结果似乎和以前论述的减少坍落度损失 PA 比 SNF 更好相矛盾。这是由于在自流平混凝土中 SNF 掺量较高（是 $1.72kg/m^3$，而不是 $0.48kg/m^3$）。

表 9-12 不同超塑化剂、细掺料和温度对工作度损失的影响

超塑化剂	细掺料	10℃			20℃		
		0min	30min	60min	0min	30min	60min
SMF	PL	590	480	—	590	440	—
	FA	580	430	—	580	440	—
SNF	PL	600	530	—	620	510	—
	FA	600	550	380	600	480	—
PC1	PL	610	610	600	590	570	550
	FA	580	580	570	590	580	550
PC2	PL	620	570	520	590	530	—
	FA	610	570	510	590	480	—
PA	PL	570	480	—	600	520	—
	FA	580	510	—	610	520	—

2. 表观粘度

如图 9-26 中所指出的，含石灰石粉的混合物，10L 混凝土流经漏斗所需的时间稍短一些。这是由于搅拌水用量较多，是 200L，

而不是190L。

在加有石灰石粉的情况下，混凝土的粘度变化顺序如下：PA＞PC2和SMF＞SNF和PC1；在加有粉煤灰的情况下，混凝土的粘度等级变化为：SMF和PC1＞PA＞SNF和PC2。

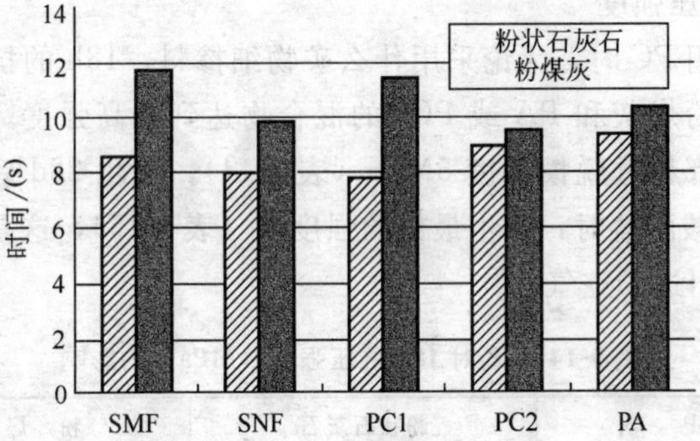

图 9-26　漏斗试验结果（seconds）

3. 泌水和离析

在图9-26中观察到的表观粘度的差别，没有显出对不同混合物的离析有何影响。正如表9-13所示，所有在下部和上部截片中粗集料数量之间的差别全低于5%。

表 9-13　SP本性对自流平混凝土泌水和离析的影响

SP	矿物外加剂	粗集料 Δ(下部-上部)截片(%)	泌水（%）
SMF	粉状石灰石（PL）	3.8	0.3
	粉煤灰（FA）	0.5	0.9
SNF	PL	2.2	0.3
	FA	3.0	0.0
PA	PL	2.9	2.2
	FA	2.7	0.7
PC1	PL	2.3	1.3
	FA	3.4	0.2
PC2	PL	3.7	1.7
	FA	2.8	0.1

不同混合物的泌水性取决于超塑化剂的本性和矿物掺合料的本性。当采用石灰石粉时，在掺 PA 和 PC2 情况下，明显观察到泌水率值（1.7%～2.2%）。当采用粉煤灰时，不管是什么超塑化剂，泌水率低于1%。在用PA和SMF时，观察到较高值（0.7%～0.9%）。

4. 抗压强度

当掺用PC时，无论采用什么矿物细掺料，18h的抗压强度都很低。掺粉煤灰和PA或PC2的混合物达到最高强度。所有混凝土18h后都超过脱模强度5MPa（表9-14）。水化28d后，在加有SNF或聚羧酸盐时，产生最低的强度值（表9-15），这是由于这些超塑化剂引进了空气。

表 9-14 SP 对 18h 抗压强度（MPa）的影响

SP	粉状石灰石	粉 煤 灰
SMF	8.3±0.5	8.2±0.7
SNF	8.8±0.9	8.1±0.9
PA	7.9±0.3	9.2±0.7
PC1	7.0±0.7	7.1±1.2
PC2	7.9±0.3	9.6±0.3

表 9-15 SP 对 28d 抗压强度（MPa）的影响

SP	粉状石灰石	粉煤灰
SMF	36.2±0.2	41.7±0.6
SNF	34.1±0.5	36.6±0.5
PA	35.9±0.6	40.5±0.5
PC1	35.4±1.1	36.2±0.2
PC2	35.9±0.8	38.8±1.7

5. 塑性收缩

正如图9-27所示，自流平混凝土的性状取决于超塑化剂的性能。在加有SMF和SNF的情况下，刚初凝后就产生膨胀，然而在加有 PC1、PC2 和 PA 时，先产生收缩，然后跟着发生膨胀。矿物掺合料的性能似乎不影响这种性状。为弄清楚这些现象进行微观结构研究证明，当采用 PC 和 PA 时，这些现象可能与钙矾石的延迟沉积有关。

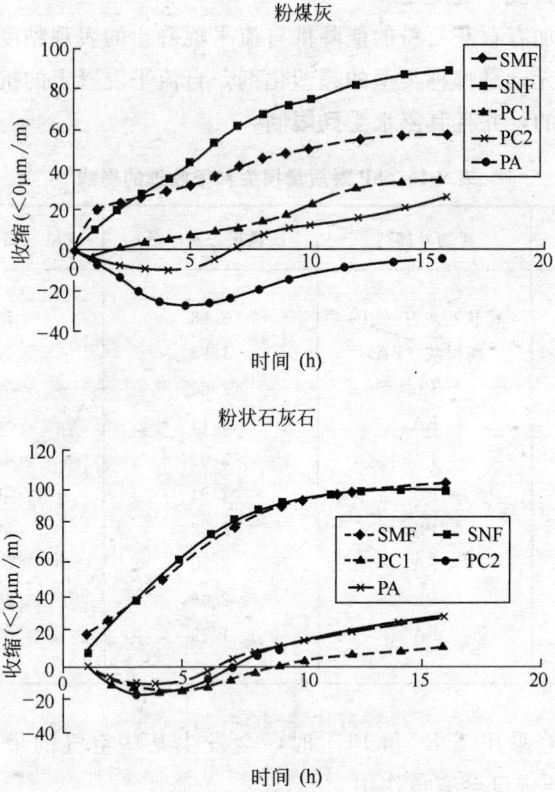

图 9-27　自流平混凝土塑性收缩

6. 干收缩

水化 90d 后产生的质量变化和干收缩值见表 9-16。聚丙烯酸聚氧乙烯酯的加入，限制了质量损失和干收缩。聚羧酸盐起同样的作用，达到更小的程度，特别当它与石灰石粉配合使用时。

综上所述，可得出以下结论：

（1）自流平混凝土的工作度保持1h是很困难的，只有一种类型的聚羧酸盐（PC1）能达到此目的。所以，对在工地的应用而言，建议采用后掺法，即先制备成塑性混凝土，经过运输，在工地再调整成自流平混凝土。

（2）加有石灰石粉的能降低自流平混凝土的表观粘度。

（3）无论是哪种类型的超塑化剂，自流平混凝土的抗离析作用都是很好的，并且其泌水受到限制。

表 9-16　SP 对质量损失和干收缩的影响

SP	矿物外加剂	质量损失灰（%）	90d 收缩（μm/m）
SMF	粉状石灰石（PL）	2.53	570
	粉煤灰（FA）	1.98	520
SNF	PL	2.83	580
	FA	2.14	560
PA	PL	2.03	440
	FA	1.94	520
PC1	PL	2.22	500
	FA	2.20	530
PC2	PL	2.09	470
	FA	1.92	570

（4）当采用 SNF 和 PC1 时，会发生某些空气的带入，这对28d的抗压强度会有负作用。

（5）所有研究的自流平混凝土18h后都可以脱模。

（6）超塑化剂的类型影响自流平混凝土早期的性能：SMF 和 SNF，会导致膨胀，而 PC2 和 PA 先显示收缩、随后膨胀。

（7）聚丙烯酸聚氧乙烯酯的掺入对自流平混凝土的干缩具有有利的影响。

第四节 新型超塑化剂用于自密实混凝土

自密实混凝土不但要求抗离析性，而且要求高流动性。通常，前者通过加入如石灰石粉（填料）达到目的，后者通过掺超塑化剂来实现。然而，超塑化剂掺量高会造成严重的凝结延迟，使生产周期时间延长。

聚醚基超塑化剂具有高分散性和较小的凝结延迟性，同时，研究发现掺聚醚基超塑化剂可以提高自密实混凝土的抗离析稳定性。

一、自密实混凝土的配合比

1. 材料

试验研究所用的材料列入表 9-17 中。

表 9-17 试验室试验用的材料的性质

材 料	比 重	比表面（cm^2/g）	细度模量
普通波特兰水泥 C	3.16	3380	
高炉矿渣 SL	2.90	3950	
石灰石粉 LP	2.70	5200	
粉煤灰 FA	2.31	3680	
细集料：S（坑砂/0～5mm）	2.62		2.68
粗集料：G（碎石/5～20mm）	2.63		6.72

2. 混凝土试验

掺聚醚基超塑化剂（PE）配制自密实混凝土有以下特点：在保持抗离析性的同时，对凝结延迟极小，并获得高扩散性。用表 9-1（本章第一节）中所列的聚羧酸盐和聚醚基超塑化剂（SP-1、

SP-2、SP-3、SP-4)，对混凝土混合物进行试验以便进一步证实这些特点。抗离析试验的混合物配合比示于表 9-18 中。除采用普通波特兰水泥之外，还采用高炉矿渣粉掺合料。每种超塑化剂的掺量要调整到能获得 650mm 流动度。

表 9-18 自密实混凝土的混合物性质

混合物配合比编号	W/B (%)	W/C (%)	S/A (%)	单位体积重 (kg/m³)					空气 (%)
				W	C	SL（矿渣）	S	G	
1	33.0	47.1	49.7	165	350	150	841	854	1.5
2	27.5	47.1	46.6	165	350	250	743	854	1.5

(1) 抗离析性测定。图 9-28 所示的圆筒是评定抗离析用的。试验步骤如下：

1) 用小的振动桌（3000rpm 振动桌，10Hz，30s）将混凝土放入桶内振密实；

2) 该混凝土试样按原来样子停放在桶内 1h；

3) 将上部分 A 和下部分 B（10cm 高）的混凝土通过 5mm 筛，大于 5mm 的粗集料从混凝土试样中冲洗出来；

4) 将上部 A 和下部分 B 的粗集料进行称重，用下面的公式计算抗离析：

$$抗离析(\%)=(2A/(A+B))\times 100$$

式中 A——上部分 A 集料重量；

B——下部分 B 集料重量。

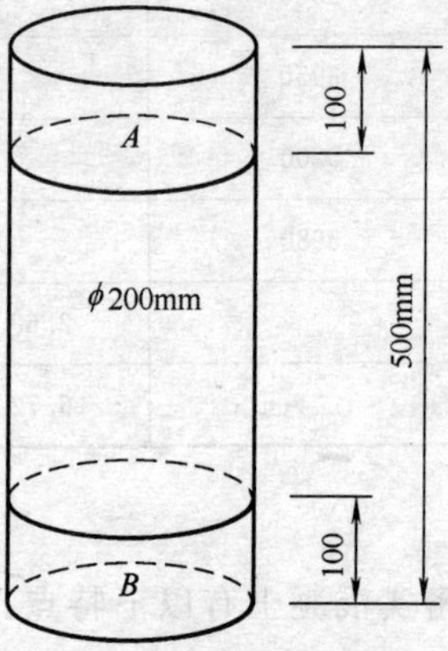

图 9-28 评定抗离析用的混凝土桶

(2) 自密实混凝土中的砂浆流动度和粘度测定。为了得到良好性质的自密实混凝土，流动性和抗离析值两个指标都需控制在合适的范围。测定从混凝土取出的砂浆的抗离析值和流动性为评定其性质提供了定量参数。表 9-19 是表示砂浆性质和产物质量之间的关系，产物质量是指预浇筑混凝土产物的表面结构的质量。

表 9-19　砂浆性质和产品质量之间的关系

砂浆流动性 砂浆粘度	<250mm 或 >16see	250～310mm 和 13～16sec	>310mm 或 <13see
抗离析	高了	适中	低了
产物质量 （表面结构）	有气孔 SF　650 MF　280mm J 漏斗 25sec	良好 SF 650mm MF 290mm J 漏斗 15sec	有泌水孔 SF 710mm MF 350mm J 漏斗 8sec

该砂浆试样是混凝土通过 5mm 筛得到的。砂浆流动度是用圆锥筒（图 9-29：ϕ100mm 和 ϕ70mm 直径，高 60mm）量取砂浆扩展直径的平均值（mm）评定的，砂浆粘度是用倒圆锥筒形 J－漏斗（图 9-30）测定。试验步骤如下：

1）J-漏斗装满砂浆，漏斗底先用橡胶塞堵住；

2）当橡胶塞取掉时，开始记录流动的时间；

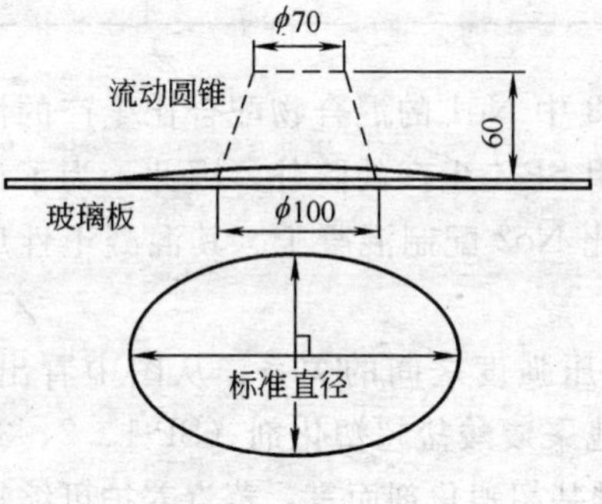

图 9-29　流动试验　（mm）

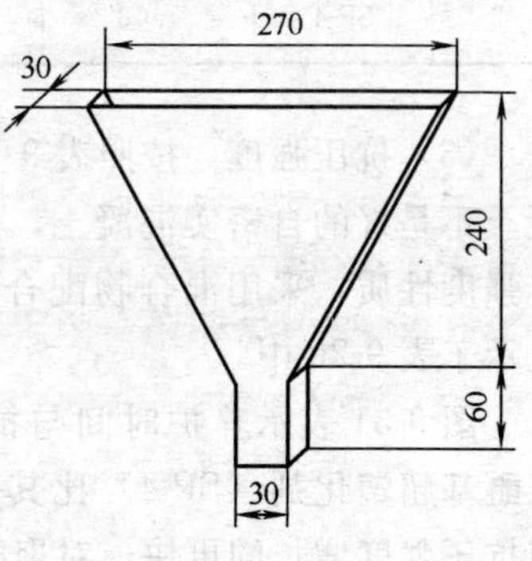

图 9-30　漏斗试验　（mm）

3）当砂浆完全从J-漏斗流完时，记录的流动时间（s）作为砂浆的粘度。

表 9-20 表示离析性、砂浆流动度和砂浆粘度的试验结果。混合物 No1，细粉料总量为 500kg/m³，其中聚醚基超塑化剂（SP-4）显示出好的抗离析性，但其他显示不够好；PC-1 和 PE-3 复合比单个 PC-1 好，其抗离析性趋于改善，这是由于 PE-3 的粘度稳定作用。聚醚基超塑化剂的粘度稳定作用由这些试验结果进一步证实。

表 9-20 生产自密实混凝土的混合物性质

编号	超塑化剂	用量 (kg/m³ active)	坍落扩散度 (mm)	抗离析 (%)	砂浆流动度 (mm)	砂浆粘度 (sec)
1	SP-1	0.88	640	87.5	270	10.8
1	SP-2	1.00	650	86.5	275	10.1
1	SP-3	1.10	655	92.5	275	12.1
1	SP-4	0.85	660	97.5	280	14.2
2	SP-1	1.14	645	95.5	265	13.7
2	SP-2	1.31	650	96.5	265	13.8
2	SP-3	1.39	660	97.5	275	15.7
2	SP-4	1.08	650	99.1	270	17.9

（3）抗压强度。按照表 9-18 中 No1 的混合物配合比生产的混凝土不是好的自密实混凝土，用 SP-4 生产的除外。因此，为了评定强度性质，采用混合物配合比 No2 配制混凝土。其混凝土性质也示于表 9-20 中。

图 9-31 表示养护时间与抗压强度之间的关系。从图中看出，聚醚基超塑化剂（SP-4）比其他聚羧酸盐超塑化剂（SP-1、2、3）使抗压强度增长的更快。对聚醚基超塑化剂而言，蒸汽养护可缩短 1h 以上，标准养护可缩短 2.5h 以上。

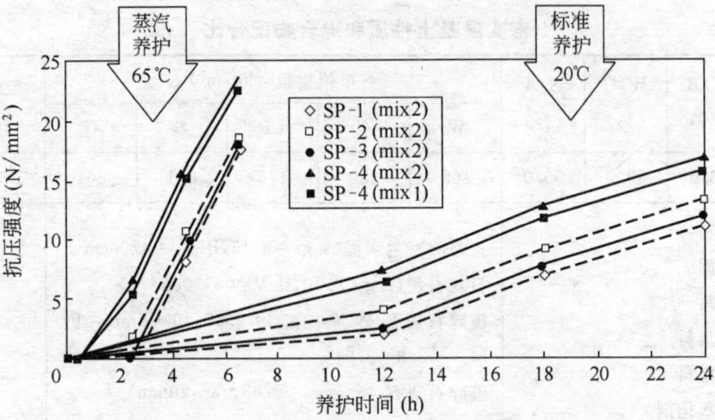

图 9-31　养护时间和抗压强度之间的关系

二、聚醚基超塑化剂用于自密实混凝土

聚醚基超塑化剂早已应用于许多自密实混凝土工程中。现举两例应用说明。

1. 日本的预制混凝土

Wako Concrete Co 是一预制混凝土生产厂，具有适用的自密实混凝土生产线。小块产品生产线已完全优化成自动化系统。它具有许多个优点，如降低噪音、提高生产率和产品质量，生产复杂的产品和降低成本。表 9-21 表示典型的混合物性质和混凝土性质。

2. 法国猎犬住屋（Hunter's House）结构工程

含聚醚基超塑化剂的自密实混凝土用于法国的 Hunter's House 的建筑。本工程用的混合物配比和混凝土性质示于表 9-22 中。聚醚基超塑化剂具有符合要求的抗离析性并提供混凝土的稳定性，自密实混凝土具有精细的表面结构。

综上所述，可以得出以下结论：

(1) 对自密实混凝土来说，可以通过改变聚醚基超塑化剂的化学结构和比例优化起始扩散能力和流动性。

表 9-21 日本 Wako Concrete Co 生产预制产品用的自密实混凝土性质和混合物配合比

W/B (%)	W/C (%)	S/A (%)	单位重量（kg/m^3）					空气 (%)
			W	C	LP	S	G	
33.0	50.0	50.0	165	330	170	871	864	1.25
材料 水泥 填料 细集料 粗集料 超塑化剂 混凝土性质 坍落度流量 坍落度流动扩展时间 抗压强度			正常波特兰水泥(s. g. ：3.15,B. V. ：4200cm^2g 石灰石粉(s. g：2.70,B. V. ：5150cm^2/g) 破碎石灰石 砂（s. g. ：2.67，0～5mm，F. M. ：2.8～2.9) 破碎石灰石（s. g. ：2.63，5～20mm) 聚醚型 4.0kg/m^3 640±50mm 35±10sec 50MPa					

表 9-22 法国'Hunter's House'用的自密实混凝土性质和混合物配合比

W/P (%)	W/C (%)	S/A (%)	单位重（kg/m^3）					空气 (%)
			W	C	LP	S	G	
48.9	62.9	50.0	210	335	96	823	823	—
材料 水泥 填料 细集料 粗集料 超塑化剂 混凝土性质 坍落度流量 抗压强度			CPJ-CEM Ⅱ/A 42，5CP2（s. g. ：3.07，B. V. ：4100cm^2/g) 石灰石粉（s. g. ：2.71，B. V. ：6364cm/g) 天然砂（s. g. ：2.55，0～4mm) 河石（s. g. ：2.55，6～16mm) 聚醚型 （3.8kg/m^3）700～750mm 25MPa					

（2）聚醚基超塑化剂对凝结时间没有影响或很小，因为羧基单体（COO^-）的含量远较聚羧酸盐基超塑化剂的低。

（3）聚醚基超塑化剂在自密实混凝土中产生较早的硬化和更好的抗离析性。

参考文献

1. V. S. Ramachandran. Superplastcizers: Properties and applications in concrete. March 1998. 43～55，357～367

2. 雷爱中. 聚羧酸减水剂的研究. 武汉工业大学北京研究生部硕士论文，1998

3. 第六届超塑化剂及其他混凝土外加剂国际会议译文集. 中国混凝土外加剂协会，2001

第十章 高强混凝土及其应用

高强混凝土虽然是一种新材料，但已有许多年的发展史了。由于高强混凝土不断发展，其定义也在变化。在20世纪50年代，将具有34MPa抗压强度的混凝土看作是高强混凝土；到20世纪60年代，抗压强度41～52MPa的为高强混凝土。与此同时，高效减水剂的问世推动了高强混凝土的发展。掺少量高效减水剂（0.5%～2.0%），可以使保持一定坍落度的混凝土用水量减少18%～25%，这样在普通条件下就可以配制60～120MPa的混凝土。最近，高达152MPa抗压强度的混凝土已用于现浇工程。因此，高强混凝土的定义是随其发展而变化的。根据美国混凝土学会363（高强混凝土）委员会现行的定义“设计强度等于或高于41MPa，且不包括应用非常规材料和技术制得的混凝土”。因此，高强混凝土的下限是41MPa。但是，即使在我国强度等级C40的商品混凝土使用非常普通，也有少部分C60的混凝土。这样高强混凝土定义的范围应有所改变，通常将强度62～83MPa称为高强混凝土，83～103MPa称为超高强混凝土，最高可达130MPa。

第一节 高强混凝土组成材料的选择

配制出满足工作性和强度发展要求的高强混凝土，其材料的选择要比普通混凝土严格。要求高质量材料及更严格的标准。在试拌的基础上，应用广泛的高质量材料配制出高强混凝土。

一、水泥

在配制高强混凝土时，应当采用硅酸盐水泥，其强度等级应等于或高于 42.5（525#）。在配制用于预应力钢筋混凝土的高强混凝土时，采用早强硅酸盐水泥。从水泥矿物组成上选择 C_3S 高，C_3A 低，含碱量低的水泥。水泥的匀质性应符合 ASTMC917 的要求。如果 C_3S 含量变化超过 4%，烧失量大于 0.5%，比表面积大于 3750cm^2/g，要维持稳定的高强度可能成问题。SO_3 含量应保持最佳值，其变动应限于±0.20%之内。由于高强混凝土水泥用量大，如果考虑水化放热过大造成的危害，在满足强度要求的前提下可以采用Ⅱ型低水化热水泥。进一步需要考虑水泥与外加剂的相容性（或适应性），因为减水剂对需水量的实际作用取决于水泥的特性。强度的发展取决于水泥特性和水泥用量。

通常采用 500# 水泥，掺高效减水剂可以配制 700～800# 的高强混凝土。600# 水泥与高效减水剂结合使用，则可配制 800#～1000# 混凝土。其试验结果，如表 10-1 和表 10-2 所示。

表 10-1　500# 水泥用量与混凝土强度关系

500# 水泥用量（kg/m^3）	混凝土 28d 抗压强度（MPa）	
	空白混凝土	掺 30-03
400	48.0	72.0
500	52.0	87.4
600	58.0	92.6

注："30-03"—萘系高效减水剂，掺量 1%；坍落度 3cm。

表 10-2　600# 水泥用量与混凝土强度关系

600# 水泥用量（kg/m^3）	混凝土 28d 抗压强度（MPa）	
	空白混凝土	掺 10-03
400	53.2	82.4
500	64.8	96.9
600	76.0	109.3

注："10-03"—三聚氰胺系高效减水剂，掺量 1%；坍落度 5cm。

二、外加剂

1. 高效减水剂

普通减水剂的减水率为5%～8%，不适于配制高强混凝土。高效减水剂，如萘系、多环芳烃系和三聚氰胺系，因为它们减水量较大，约18%～25%，这样通过掺量（0.5%～2.0%）在较大范围内调整用水量。掺高效减水剂对混凝土有很好的早强（3d强度提高40%～70%）和增强（28d强度提高20%～40%）作用，因此配制高强混凝土时，一般不掺用早强剂。

2. 缓凝剂

高强混凝土配合比设计应用高水泥用量，这对普通商品混凝土来说是不寻常的。高强混凝土中掺缓凝剂的作用：其一是控制早期水化，延缓水化放热过程；其二是进一步提高减水作用；其三是提高混凝土强度，并且随掺量增大成正比。正常掺量（0.02%～0.10%）缓凝剂可以提高24h及以后的强度。用缓凝剂调整水泥水化速度，使混凝土在预计的温度下符合要求的硬化速度，消除冷接，满足浇灌、振捣和脱模时间等工艺要求。缓凝剂与高效减水剂配合使用已成功地应用在许多工程中。然而，在气温较高时，缓凝剂对强度的作用部分被抵消，并且温度升高使混凝土后期强度降低，这时应适当增加缓凝剂掺量。如果缓凝时间过长或温度低时，可能对早期（24h）强度有不利的影响，这时应适当减小掺量。

3. 引气剂

高强混凝土抗冻融性要求高时，建议使用引气剂以提高耐久性。当抗压强度提高而水灰比减小时，气孔参数得到改善，因此含气量应控制在标准中规定的下限。引气会降低强度，特别是高强混凝土中每引气1%，强度降低5%～7%。由于这个原因，只有涉及到耐久性时才使用引气剂。

4. 外加剂复合使用

使用复合外加剂的目的是降低成本和改善性能。多数（不是全部）高强混凝土都同时使用矿物掺合料和化学外加剂，这些混凝土通常将几种外加剂复合使用。当高效减水剂与普通减水剂或缓凝剂复合用于高强混凝土中时，一般性能会更好，因为这样降低了坍落度损失率。在使用波特兰水泥和火山灰性掺合料的混凝土中，同时用高效减水剂和普通减水剂是常事。在同时使用引气剂和高效减水剂时，应分别直接加入混凝土之中。

三、矿物掺合料和矿渣水泥

主要包括粉煤灰、硅粉、矿渣胶结料等细粉末矿物掺合料，已广泛用于高强混凝土中。其目的是代替部分水泥，减少水泥用量，并且改善混凝土物理力学性能。

1. 粉煤灰

用于高强混凝土中的粉煤灰分两级。F级粉煤灰通常由燃烧无烟煤或烟煤获得，具有火山灰性，本身无胶凝性或胶凝性很小。C级粉煤灰通常由燃烧褐煤或次煤获得，除具有火山灰性外，还有自生胶凝性。我国的一级粉煤灰和增钙粉煤灰也可使用。在矿物掺合料用于工程之前，需试验其可用性和均匀性，仔细研究其强度增长特性及在高强混凝土中与其他材料的相容性是非常重要的。

2. 硅粉

硅粉及含硅粉的掺合料早已用于高强混凝土中，有时出于加强结构强度，有时出于加强界面粘结，有时则作为修补材料用在耐磨损和抗渗性要求高的场所。

硅粉由非常细的玻璃质颗粒组成，其多孔二氧化硅含量高，其比表面积约为 $20000m^2/kg$。典型硅粉颗粒分布大多数小于 $1\mu m$，平均粒径约 $0.1\mu m$，为水泥平均颗粒径的1%。硅粉的密度为2.2，但可能高达2.5，而表现密度为 $160\sim320kg/m^3$。为了便于运输和使用，以加密或浆状的商品出售。

由于硅粉非常细而且硅含量高，是高效火山灰质材料。硅粉能与水泥水化过程中产生的石灰发生火山灰反应，生成稳定的水化硅酸钙（CSH）胶结物。有了高效减水剂，使得高强混凝土中，以硅粉代替部分胶凝材料更加方便。通常硅粉用量为水泥用量的5%～15%。

在20世纪80年代，应用硅粉制造高强混凝土量急剧增加。试验室及现场经验表明，掺硅粉的混凝土易产生塑性收缩裂缝。因此，必须迅速覆盖新浇注的混凝土表面，避免水分快速蒸发。我国硅粉产量不多，因此没有大量使用。

3. 矿渣

矿渣在混凝土中可发生水硬性反应，因此可代替部分水泥。我国是将矿渣与水泥一起磨细生产矿渣水泥或矿渣硅酸盐水泥。磨细高炉矿渣掺合料没有商品化。研究表明，将磨细矿渣用在高强混凝土之中具有广阔前景。

四、集料

用于高强混凝土中的粗细集料至少要满足标准中的规定。

1. 细集料

天然砂表面光滑呈圆形颗粒，用作细集料在混凝土中需水量减少，相反，人工砂需水量大，因此高强混凝土中应优先选择天然砂。对细集料优化级配，考虑更多的是对需水量的影响而不是物理填充。细度模数低于2.5的砂使混凝土干硬而难于振捣密实；而细度模数约等于3.0时，混凝土的工作性和抗压强度好。砂的级配对混凝土早期强度没有明显影响，但在后面有逐渐提高趋势。用间断级配砂与连续级配砂相比，其混凝土强度低。

2. 粗集料

许多研究证明，以高水泥用量和低水灰比能获得最大抗压强度，而粗集料最大粒径应尽量小些，即12.7mm或9.5mm。也有用最大粒径19.0和25.4mm的成功例子。因集料颗粒大小影响界面粘结力，粒径76mm集料的粘结强度仅是13mm集料颗粒粘结强度的1/10。

集料粒径小有利于配制高强混凝土的另一个原因，是颗粒表面由于水泥浆和集粒弹性模量差而产生的应力集中小。

集粒颗粒形状影响机械粘结力，多棱角颗粒的机械粘结力大，因此碎石混凝土比砾石混凝土强度高。然而，多棱角骨料使混凝土需水量增加和工作性降低。理想的集料应当是干净、立方形颗粒，含针状和片状颗粒最少。

配制高强混凝土时，选用高强度的集料是极其重要的。表10-3中所列不同强度的集料对混凝土强度的影响。由表可见，用这些集料制成的混凝土，其强度几乎随着集料的强度成比例地增加，约为集料强度的50%。也就是说，用抗压强度190MPa的硬砂岩和辉绿岩制成的混凝土，28d龄期的强度在100MPa以上。而强度低的集料，河卵石和石灰石（65.2MPa）相同配比制成的混凝土28d强度分别分74.2和83.7MPa。虽然石灰石属于有一定活性的骨料，能提高界面粘结力，其混凝土强度大于本身的强度，但只能用于配制80MPa以下的高强混凝土。80MPa以上的超高强混凝土，必须采用高强优质集料。

表10-3　集料抗压强度与混凝土强度（MPa）

集料品种	集料抗压强度	混凝土抗压强度		混凝土抗拉强度	
		7d	28d	7d	28d
河卵石	—	52.1	71.2	4.04	4.47
石灰石	62.6（100）	64.9（104）	80.4（128）	4.63（7）	5.11（8）
花岗石	146.3（100）	74.9（51）	91.1（62）	4.84（3）	5.06（3）
辉绿岩	193.5（100）	81.9（42）	101.4（52）	5.11（3）	5.37（3）
硬砂岩	186.4（100）	84.7（45）	103.0（55）	5.08（3）	5.52（3）

注：最大粒径25mm，$W/C=0.27$，多环芳烃系减水剂0.5%，括号内为对集粒强度比，21℃水中养护。

五、拌合用水

高强混凝土对用水质量的要求与普通混凝土的一样，通常，混凝土的用水规定为可饮用水。在必须使用低质量水的情况下，应进行混凝土对比试验，其 7d、28d 强度应等于或大于用蒸镏水的强度的 90%。有特殊污染物，特别含有机质的应禁止使用。对用于预应力钢筋混凝土的，考虑到氯盐对钢筋的锈蚀作用，拌合水中的氯离子含量不得超过 1.5×10^{-4}。

第二节 高强混凝土配合比

目前，普通混凝土配合比设计方法适用于强度15～40MPa 范围的混凝土配合比设计。相对于普通混凝土，高强混凝土配合比的设计更为重要。因为高强混凝土的配合比受许多因素的影响而有很大变化。要求的强度等级、试验龄期、原材料性能及应用的类型等都影响配合比。另外，经济、结构要求、生产可行性、预期养护环境、甚至一年的不同时间也都影响配合比的选择。

在配制高强混凝土时，通常要选择合适的原材料，特别是矿物掺合料和外加剂，采用低水灰比（或水胶比）是关键。常常需要进行多组试验，以便获得最佳配合比的必要数据。

一、要求的强度

通常，混凝土要以这种方式进行配合比设计，即允许通过现场或实验室试拌确定混合物的配合比。为了满足规定强度的要求，试验平均抗压强度（f'_{cr}）应高于规定强度（f'_{c}）一定量值，以减小试验结果中低于规定强度值的相对频率。

美国混凝土学会 363（高强混凝土）委员会的报告中指出，高强混凝土比普通混凝土更难于精确测量强度，试验困难导致测量值偏低而变异偏大。ACI 158委员会认为，有些试验结果可能要比规定的强度低。最普通的设计方法是限制低于规定强度的试验值概率。如果混凝土满足下列要求，则认为是合格的：

（1）连续三组强度试验结果的平均值等于或大于规定的强度。

（2）个别强度试验值（两个圆柱体强度平均值）没有比规定强度低 3.4MPa 以上的。

美国ACI 211委员会提出，当生产厂家采用现场试验确定高强混凝土配合比时，推荐采用必要的平均强度（f'_{cr}）作为确定混凝土配合比设计基础，f'_{cr}为以下两个计算式中的最大值。

$$f'_{cr} = f'_c + 1.34S \tag{10-1}$$

$$f'_{cr} = 0.90f'_c + 2.33S \tag{10-2}$$

式中 f'_{cr}——平均强度（psi）；

f'_c——规定强度（psi）；

S——试体标准方差（psi）。

注：1 psi＝6.8kPa。

混凝土制造厂家以实验室试拌混合物为配合比设计依据时，必要的平均强度（f'_{cr}）可以由下式决定：

$$f'_{cr} = \frac{f'_c + 1400}{0.90} \quad (\text{psi})$$

或

$$f'_{cr} = \frac{f'_c + 9.52}{0.90} \quad (\text{MPa}) \tag{10-3}$$

二、材料用量和配合比

高强混凝土对组成材料的选择和配合比设计比普通混凝土严格得多，要得到优化的配合比需经过多次多组试验。普通混凝土配合比设计方法又不能完全适用于高强混凝土，这样更增加了困难。

1. 材料用量

（1）水泥用量。高强混凝土的水泥用量由试拌确定，正常水泥用量为392～557kg/m³。在确定最佳水泥用量时，试拌混凝土通常采用等稠度，根据混凝土需水情况改变用水量。

（2）水灰比和用水量。普通混凝土水灰比与抗压强度的关系对高强混凝土也能适用。采用较高的水泥用量和较低的用水量可以制得高强混凝土。当然，混凝土的坍落度和水灰比与总的用水量有关，使用高效减水剂可以降低水灰比或增加坍落度。高强混凝土的水灰比一般为0.27～0.50。如果使用液态高效减水剂，其用量应包括在水灰比之中。

在指定坍落度下，单位体积混凝土用水量取决于集料最大粒径、颗粒形状和级配，水泥用量及减水剂类型。表10-4中给出了掺外加剂之前，用最大粒径10～25cm的粗集粒配制高强混凝土所需拌合水量的估计值。同时给出了相应的含气量。这些估计用水量是采用良好级配、清洁、有棱角的粗集料时的最小值。由于细集料的颗粒形状和表面状态明显影响其空隙率，故所需拌合水量必然不用于表10-4中所给出的值。

表10-4 砂子空隙率35%的新拌混凝土的初始最小用水量和含气量

坍落度（cm）	最小用水量（kg/m³）			
	粗集料最大尺寸（mm）			
	10	13	19	25
25～5	184	175	169	166
5～8	190	184	175	172
8～10	196	190	181	170
含气量（%）	3（2.5）	2.5（2.0）	2.0（1.5）	1.5（1.0）

（3）粗集料用量。由于集料在混凝土中是占体积最大的组分，因此在高强混凝土配合比中集料是一个非常重要的考虑因素。要获得最大抗压强度，粗集料的最大粒径应尽量小一些。通常采用粒径10～25mm的优质碎石。在配制强度小于62MPa的高强混凝土时，可采用最大粒径19～25mm的碎石；而强度大于62MPa的高强混凝土，应采用最大粒径为10～13mm的碎石。

混凝土中，在砂用量一定时，粗集料的最大尺寸和用量很大程度上取决于砂的特性，特别是其细度模数。表10-5给出了砂的细度模数2.5～3.2时，单位体积混凝土中公称最大尺寸的粗集料的最佳含量。

表 10-5 单位体积混凝土中粗集料推荐体积含量

公称最大尺寸（mm）	10	13	19	25
干燥振实粗集料的体积含量	0.65	0.68	0.72	0.75

（4）细集料和砂率。在混凝土配合比设计中，细集料或砂对混凝土配合比的影响比粗集料显著。如果重量一定，细集料的表面积比粗集料大得多。由于所有集料的表面都需要由水泥浆体包裹，所以细粗集料比对浆体需要量有直接影响。细集料用量小与粗集料用量大，可以减少浆体需要量，这样有可能在胶凝材料一定的条件下获得较高强度的混凝土。然而，如果砂的比例太低，将会出现工作性不良。

细粗集料比例关系通常用砂率表示（砂率＝砂质量/粗细集料总质量，用百分数表示）。高强混凝土水泥用量大、水灰比小，因此配合比中的砂率比普通混凝土低。通常，混凝土中水泥用量每增加 50kg/m^3，砂率必须减少1%～2%；水灰比每减少1%～3%，砂率必须减少 1%。这在设计高强混凝土配合比时，要特别注意。因为使用高效减水剂时减水率通常为12%～25%，这样必须根据减水率校正砂率。

表 10-4 中给出的用水量值适用于细集料空隙率为 35%的情况。而细集料的空隙率可用下式计算：

$$空隙率\ V(\%) = (1 - \frac{干燥振实的容重}{视比重}) \times 100\% \quad (10\text{-}4)$$

当细集料的空隙率不等于 35%，则要调整所推荐的用水量，具体调整方法如下式：

$$拌合水调整量 = (V - 35) \times 4.72(kg/m^3) \quad (10\text{-}5)$$

采用公式（10-5），若与空隙率 35%相差一个百分点，则拌合水量相应调整 4.72kg/m^3。

（5）外加剂和矿物掺合料。几乎所有高强混凝土都掺有外加剂和矿物掺合料，而高效减水剂是必不可少的。这些外加剂和掺合料能影响高强混凝土拌合物的塑性以及硬化后的性能，因此要特别注意它们的作用。当改变它们的用量或配比后，要仔细调整混凝土的配合比。也就是说，通过它们的掺量和配比来调整高强混凝土的性能，包括工作性、强度、耐久性等。

高效减水剂的掺量为0.5%～2.0%，在配制高强混凝土时，原则上是以最低掺量获得使用要求的强度。将高效减水剂与缓凝剂复合时，可进一步提高减水作用，调节水化硬化速度、控制水化放热速率。复合时缓凝剂的掺量在0.02%～0.10%的范围。通过复合高效减水剂的掺量可减少一半，而达到同样的减水效果。引气剂与高效减水剂同时掺用时，应分别加入。引气剂掺量（0.002%～0.006%）是通过含气量控制的，配制高强混凝土时，其含气量应取下限（约4%），过大的引气量将显著降低混凝土强度。

高强混凝土中矿物掺合料（粉煤灰、矿渣等）一般代替10%～40%的波特兰水泥。表10-6给出粉煤灰代替波特兰水泥的推荐掺量。当由于添加火山灰性掺合料使胶凝材料的绝对体积增加时，通常相应减小砂的绝对体积。若掺粉煤灰使混凝土的需水量减小，则减少水的体积用砂补偿。当掺合料添加使拌合物坍落度降低时，首先用高效减水剂的掺量来调整。

表10-6 粉煤灰代替波特兰水泥的推荐掺量

粉煤灰	推荐替代量（重量百分数）
F级	15～25
C级	20～35

硅粉是高活性掺合料，由于价格较贵，一般掺5%～10%。硅粉具有显著的早强和增强作用，配制100MPa以上的高强混凝土通常要掺用硅粉。掺用硅粉使需水量增大，因此要求使用缓凝剂和高效减水剂。

2．高强混凝土配合比设计

高强混凝土配合比设计比普通混凝土要求严格，又比较复杂，并且没有比较完整的方法，因为影响配合比的因素较多。

高强混凝土配合比设计步骤（参照美国混凝土学会ACI 211委员会报告）：

为了说明高强混凝土配合比设计的程序，需采用一个实例，实验室试拌的结果取决于所用的实际材料。本例子中采用比重为3.15的I型波特兰水泥，配制高强混凝土用于高层办公楼的1～3层的柱子，28d要求抗压强度62MPa，由于柱子中钢筋的间距较小，采用最大粒径19mm的碎石。采用天然砂，其细度模数FM=2.90，干燥视比重BSGdry=2.59，吸水率Abs=1.1%，干燥振实容重DRUW=1618kg/m^3。掺用一种高效减水剂（HRWR）和缓凝剂。

（1）第一步：选择坍落度和必要的混凝土强度。根据表10-7给出的数据，掺HRWR配制高强混凝土时，掺HRWR之前的坍落度为2.5～5cm，而用HRWR的掺量来调整到要求的坍落度。

表10-7 掺和不掺HRWR混凝土推荐坍落度

掺HRWR配制的混凝土*	
掺HRWR前的坍落度	2.5～5（cm）
不掺HRWR配制的混凝土	
坍落度	5～10（cm）

注：*用HRWR的掺量调整坍落度。

若混凝土生产厂没有生产高强混凝土的经验，故采用实验室试拌混合物来选择配合比，根据公式（10-3）求出必要的平均强度：

$$f'_{cr}=\frac{62+9.5}{0.90}\doteq 79(\text{MPa})$$

（2）第二步：选择粗集料最大粒径。由于要求的强度大于62MPa，应采用最大公称粒径为13mm的破碎石灰石。该集料性质如下：干燥视比重BSGdry=2.76，吸水率Abs=0.7%，干燥振实容重 DRUW＝1618kg/m^3。

（3）第三步：确定最佳粗集料含量。粗集料最大粒径 13mm，砂的细度模数 2.90，查表 10-5 可知，最佳粗集料含量占混凝土体积的 68%，则粗集料（干燥）的用量为：

粗集料用量＝0.68×1618＝1100（kg/m^3）

（4）第四步：估计最小用水量和含水量。已知坍落度为2.5～5cm，粗集料最大粒径为 13mm，从表 10-4 可知，用水量应为 175kg/m^3。掺 HRWR，则混凝土含气量为 2%。

由于砂的空隙率为：

$$V(\%) = (1 - \frac{1650}{2590}) \times 100 = 36\%$$

则由公式（10-5）计算拌合水调整量：

拌合水调整量＝（V－35）×4.7＝4.7kg/m^3

因此每立方米混凝土用水量为 175＋4.7≈180kg。该用水量包括缓凝剂中的水分，但不包括 HRWR 中的水分。

（5）第五步：选择水灰比。因为用 HRWR 配制混凝土，粗集料径为 13mm，并要求 28d 的平均抗压强度为 79MPa，则从表 10-8 中用插值法求得水灰比（$W/C+P$）＝0.31。表 10-9 中均为现场要求的平均强度，故将实验室试拌混合物的必要强度 79MPa 转换为：79×0.90＝71MPa。

表 10-8　不掺 HRWR 的混凝土的推荐最大 $W/C+P$

现场强度* f'_{cr}（MPa）		$W/C+P$ 粗集料最大粒径（mm）10	13	19	25
48	28d	0.42	0.41	0.40	0.39
	56d	0.46	0.45	0.44	0.43
55	28d	0.35	0.34	0.33	0.32
	56d	0.38	0.37	0.36	0.35

续表 10-8

现场强度* f'_{cr}（MPa）		W/C+P			
		粗集料最大粒径（mm）			
		10	13	19	25
62	28d	0.30	0.29	0.29	0.28
	56d	0.33	0.32	0.31	0.30
69	28d	0.26	0.26	0.25	0.25
	56d	0.29	0.28	0.27	0.26

注：* $f'_{cr}=f'_c+9.5$。

表 10-9 掺 HRWR 的混凝土的推荐最大 W/C+P

现场强度* f'_{cr}（MPa）		W/C+P			
		粗集料最大粒径（mm）			
		10	13	19	25
48	28d	0.50	0.48	0.45	0.41
	56d	0.55	0.52	0.48	0.46
55	28d	0.44	0.42	0.40	0.38
	56d	0.48	0.45	0.42	0.40
62	28d	0.38	0.36	0.35	0.34
	56d	0.42	0.39	0.37	0.36
69	28d	0.33	0.32	0.31	0.30
	56d	0.37	0.35	0.33	0.32
76	28d	0.30	0.29	0.27	0.27
	56d	0.33	0.31	0.29	0.29
83	28d	0.27	0.26	0.25	0.25
	56d	0.30	0.28	0.27	0.26

注：* $f'_{cr}=f'_c+9.5$。

(6) 第六步：计算胶凝材料用量。混凝土中的胶凝材料用量为 180/0.31=581kg/m^3。ACI211 中没有认定最小胶凝材料用量，故确定其用量为 581kg/m³。

（7）第七步：仅含水泥时的配合比。

1）水泥用量 581kg/m³；

2）除砂之外，1m³ 混合物中所有材料的体积如下：

水泥＝581/3.15　＝	184L
粗集料＝1100/2.76　＝	399L
水＝180　＝	180L
空气＝0.02×1000　＝	20L
总体积　＝	783L

因此，1m³ 混凝土中砂的体积为 1000－783＝217L。从而得到 1m³ 混合物中各组成材料的用量：

水泥	581kg/m³
砂	562kg/m³
粗集料	1100kg/m³
拌合水	180kg/m³

（8）第八步：掺粉煤灰的配合比计算。

1）粉煤灰符合 ASTM 的 C 级，视比重 2.64。

2）从表 10-6 可知，C 级粉煤灰替代水泥量为20%～35%。四种对比粉煤灰掺量如下：

混合物 1#	20%
混合物 2#	25%
混合物 3#	30%
混合物 4#	35%

3）在混合物 1# 中，粉煤灰掺量为 0.20×581＝116kg/m³，水泥用量为 581－116＝465kg/m³。其余三个混合物计算相同，并列

入下表中：

混合物	水泥（kg/m³）	粉煤灰（kg/m³）	总量（kg/m³）
1#	465	116	581
2#	436	145	581
3#	407	174	581
4#	378	203	581

4）混合物 1#，$1m^3$ 混凝土中水泥体积用量为 465/3.15＝148L，粉煤灰体积用量为 116/2.64＝44L。现每个混合物的水泥、粉煤灰和胶凝材料总体积用量列入下表中：

混合物	水泥（L）	粉煤灰（L）	总体积（L）
1#	148	44	192
2#	138	55	193
3#	129	66	195
4#	120	77	197

5）对掺煤灰的混凝土，粗集料、水和空气量的体积没有变化，但每一种混合物的胶凝材料体积发生了变化。对于混合物 1#，单位体积混凝土中砂的用量调整计算如下：

组分	体积（L）
胶凝材料	192
粗集料	399
水	180
空气	20
总体积	791

因此，$1m^3$ 混凝土中砂所需体积为 1000－791＝209L，所需干燥砂的用量为 209×2.59＝541kg/m³。配制 $1m^3$ 混凝土混合物的

各组分重量如下：

组分	混合物（kg/m³）			
	1#	2#	3#	4#
水泥	465	436	407	378
粉煤灰	116	145	174	203
砂（干）	544	539	534	530
粗集料	1100	1100	1100	1100
水（包括 HRWR）	180	180	180	180

(9) 第九步：试拌混合物。试拌基准混合物和四种掺粉煤灰的对比混合物。砂子含水率为 6.4%，石子含水率为 0.5%，试拌基准混合物的各组分重量校正如下：砂子重量＝562×（1＋0.064）＝598kg/m³，石子重量＝1100×（1＋0.005）＝1106kg/m³。拌合水调整为：180－562×（0.064－0.011）－1100×（0.005－0.007）＝152kg/m³。计算拌合水用量要考虑集料引入的水分，该水分的量等于总含水量减去集料的吸水量。

单位：kg/m³

组分	基准		1#		2#		3#		4#	
	干重	称重	干重	称重	干重	称重	干重	称重	干重	称重
水泥	576	576	461	461	432	432	403	403	374	374
粉煤灰	—	—	115	115	144	144	173	173	202	202
砂	559	595	540	575	536	570	531	565	526	560
粗集料	1094	1099	1094	1099	1094	1099	1094	1099	1094	1099
水（包括 1.4 g/kg 缓凝剂）	179	152	179	152	179	152	179	153	179	152

试拌 0.085m³ 混合物实际配料重量列表如下：

混合物	基准	1#	2#	3#	4#
水泥（kg）	49.24	39.41	36.94	34.47	32.00
粉煤灰（kg）	—	9.83	12.30	14.77	17.24
砂（kg）	50.80	49.14	48.68	48.26	47.83
粗集料（kg）	93.89	93.89	93.89	93.89	93.89
水（kg）	12.95	13.00	13.00	13.05	13.05

注：化学外加剂（包括在拌合水中）。

（10）第十步：调整试拌混合物配合比。为了满足所要求的坍落度和良好的工作性，需调整试拌混合物的配合比。以基准混合物和混合物 4# 为例，其余类似调整。

基准混合物：

1）虽然配制坍落度 2.5～5cm 的混凝土计算用水量为 12.95kg，但达到要求的坍落度则实际用水量为 13.41kg（包括缓凝剂），实际试拌重量如下：

水泥	49.24kg
砂	50.80kg
粗集料	93.89kg
水	13.41kg

调整后各组分干重量如下：

水泥			49.24kg
砂	50.80/1.064	＝	47.75kg
粗集料	93.89/1.005	＝	93.43kg
水	13.41＋2.53－0.19＝		15.75kg

实际试拌混合物体积如下：

水泥	49.24/3.15　=	15.36L
砂	47.75/2.59　=	18.44L
粗集料	93.43/2.76　=	33.85L
水		15.75L
空气	0.02×85　=	1.70L
	总体积　=	85.10L

调整到 $1m^3$ 时，各组分的用量如下：

水泥	$573kg/m^3$
砂（干）	$555kg/m^3$
粗集料（干）	$1086kg/m^3$
水（包括 1.4g/kg 缓凝剂）	$183kg/m^3$

新的配合比中水灰比为 0.32，为了保持水灰比仍为 0.31，将水泥用量增为 $183/0.31=590kg/m^3$，相应引起体积增加为（590～573）/3.15=5.40L。通过调整砂用量使体积保持不变，砂减少 $5.40\times2.59=14kg/m^3$，结果列表如下：

水泥	$590kg/m^3$
砂（干）	$541kg/m^3$
粗集料（干）	$1086kg/m^3$
水（包括 1.4g/kg 缓凝剂）	$183kg/m^3$

2）为用于在钢筋密集的柱子中浇筑，希望配制坍落度大于 23cm 的流态混凝土。HRWR 生产厂家推荐掺量 10g/kg（1.0%）。在实验室试拌时，温度 24℃，发现掺 0.5% HRWR 坍落度为

15cm，掺0.7%达25cm，掺1.0%则混凝土产生离析。以上试拌中，随拌合水掺入1.4g/kg的缓凝剂。0.7%的HRWR是在开始搅拌后15min时掺入的。

3）混凝土坍落度为25cm，满足了浇筑的要求。故不必再调整粗集料用量。

4）HRWR的引气量为1.8%，故不必校正。

5）应注意到，掺HRWR应相应调整胶凝材料用量和混合物产量，但在正常掺量（5.6～8.4g/kg）时，可以忽略，在本例中没有计入。

6）测得试拌混凝土28d抗压强度为79.9MPa，大于实验室试配要求强度78.88MPa。

对比混合物4#

1）达到坍落度2.5～5cm时实际用水量小于计算值，实际重量配合比如下（$0.085m^3$）：

水泥	32.00kg
粉煤灰	17.24kg
砂	47.83kg
粗集料	93.89kg
水	12.62kg

换算为干燥重量配合比如下：

水泥	32.00kg
粉煤灰	17.24kg
砂（干）	44.95kg
粗集料（干）	93.43kg
拌合水	11.82kg

换算为体积配合比如下：

水泥	32.00/3.15＝	10.16L
粉煤灰	17.24/2.64＝	6.53L
砂	44.95/2.59＝	17.36L
粗集料	93.43/2.76＝	33.85L
水		11.82L
空气	0.02×85 ＝	1.70L
总体积		81.42L

配制 $1m^3$ 混合物配合比如下：

水泥	$377kg/m^3$
粉煤灰	$203kg/m^3$
砂（干）	$530kg/m^3$
粗集料（干）	$1101kg/m^3$
水（包括 1.4g/kg 缓凝剂）	$175kg/m^3$

新的混合物水胶比（$W/C+P$）为 0.30，低于 0.31，故要减少胶凝材料用量。该混合物中粉煤含量为 35%，且应保持不变。新配合比的混合物中胶凝材料应为 175/0.31＝$565kg/m^3$，其中粉煤灰占 35%，则为 $197kg/m^3$，水泥为 $368kg/m^3$。减少的胶凝材料体积为：(377－368) /3.15＋ (203－197) /2.64＝5.13L

因此应用加入 5.13L 的砂补偿，其重量为 5.13 × 2.59 ＝ $13.3kg/m^3$。调整后的配合比如下：

水泥	$368kg/m^3$
粉煤灰	$197kg/m^3$
砂（干）	$544kg/m^3$
粗集料（干）	$1101kg/m^3$
水（包括 1.4g/kg 缓凝剂）	$175kg/m^3$

2）掺 HRWR 以获得流态混凝土，在实验室条件下，掺量 5.6g/kg（0.56%）达到坍落度 24cm。随拌合水掺入 1.4g/kg 缓凝剂，HRWR 在搅拌后 15min 掺入。

3）掺 HRWR 匀获得要求的工作性，故不必调整粗集料用量。

4）掺 HRWR 后，含气量为 2.1%。

5）实验室拌制的试样抗压强度为 77.32MPa。

试拌混合物配合比及性能列入下表中。

混合物	基准	1#	2#	3#	4#
水泥（kg/m³）	592	461	435	396	366
粉煤灰（kg/m³）	—	115	145	169	197
砂（干）（kg/m³）	540	540	539	541	544
粗集料（干）（kg/m³）	1086	1094	1101	1094	1101
水（kg/m³）	183	179	178	175	175
坍落度（cm）	2.5	3.2	2.5	3.8	5.1
缓凝剂（%）	0.167	0.14	0.14	0.11	0.11
HRWR	0.61	0.61	0.56	0.53	0.50
坍落度（cm）	25.4	26.7	22.9	26.0	24.1
28d 强度（MPa）	79.7	78.2	80.9	78.9	77.3

注：HRWR 的水分没计入拌合水中。

（11）第十一步：选择最佳配合比。对比混合物 4# 的强度明显低于要求的 28d 强度 78.9MPa。在现场试拌其他混合物，调整掺 HRWR 前后的坍落度，成型试块，并记录混凝土的温度。测试结果列表如下：

混合物	28d 抗压强度（MPa）	混凝土温度（℃）
基准	70.8	34.4
1#	71.9	33.9
2#	71.6	31.7
3#	71.3	28.9

尽管四种混合物的抗压强度都满足要求的28d强度70.7MPa，但混合物3[#]的温度低，且胶凝材料用量最小，因此受生产厂家欢迎。当环境条件和材料性质变化后必须调整现场配合比。

第三节　高强混凝土的性能

高效减水剂的应用之一是配制高强混凝土。由于高效减水剂对水泥浆强的分散作用，能在水灰比一定的情况下，大大提高混凝土拌合物流动性；在保持一定流动性时，能大幅度减少用水量（减水率18%～25%），因此能显著提高硬化混凝土强度，早期强度（1～3d）提高40%～70%，28d强度提高20%～40%；在保持一定流动性和强度时，可节约水泥10%～20%。掺少量（0.5%～2.0%）高效减水剂，在普通工艺条件下就能制得抗压强度60～120MPa的高强混凝土，流化混凝土和高性能混凝土（HPC）。

一、新拌混凝土的性能

高效减水剂能改善新拌混凝土的工作性。所谓“工作性”，根据美国ACI116R中的定义：工作性是“新拌混凝土在搅拌、浇灌、捣实及抹平中易于操作并能获得均匀的性质”。因此工作性要求新拌混凝土有各方面的性质。

1. 分散减水作用

高效减水剂大多数是阴离子型高分子表面活性剂，具有固-液界面活性作用。因此，对水泥混凝土有强的分散作用或减水作用。图10-1中表示高效减水剂MT-150、NL-1400和Melment的掺量与减水率的关系。由此表明，随着减水剂掺量增大，混凝土减水率增大。表10-10中列出了我国生产的六种高效减水剂，在掺量0.75%时对各种水泥的净浆流动度的影响。从六种水泥净浆流动度平均值来看，以FDN（萘系）和SM（三聚氰胺系）对水泥分散作用最佳。

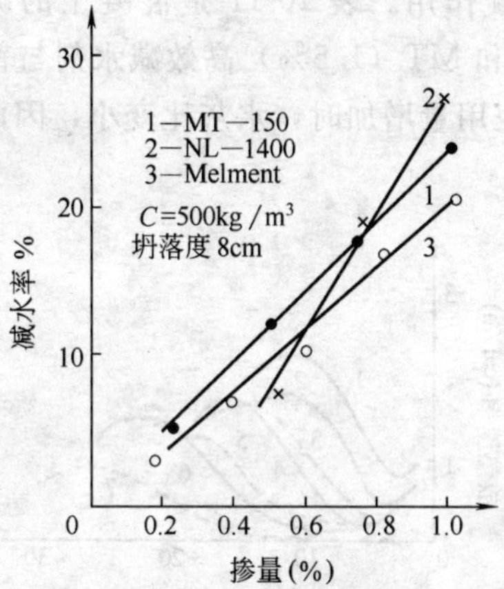

图 10-1 高效减水剂掺量与混凝土减水率的关系

表 10-10 高效减水剂掺量 0.75%水泥净浆流动度（mm）

水泥品种	SM	UNF-5	UNF-2	FDN	FE	NF
42.5（525R）硅酸盐	185	175	175	185	90	135
42.5（525R）—Ⅱ硅酸盐	120	95	80	100	70	85
基准水泥	130	145	120	150	85	100
42.5（525#）普硅	165	150	150	180	85	110
32.5（425#）矿渣	215	225	205	200	140	185
32.5（425#）矿渣	220	210	210	220	145	185
平均值	173	167	157	175	103	133

2. 凝结时间

高效减水剂对水泥水化放热速度影响示于图 10-2。由贯入阻力测得的凝结时间的结果列入表 10-11。贯入阻力为 3.5MPa 时定为初凝，28MPa 时定为终凝。水泥凝结与水化放热第二峰值有密切关系。这是水泥中 C_3S 水化造成的。图 10-2 表明，NL（0.5%，1.0%）或 MT（1.5%）的峰出现比缓凝剂葡萄糖酸早而且高，NL（2.0%）显示了稍延迟的倾向，NL 使用时，掺量在 1.0%以下，因此并无缓凝作用。表 10-11 是混凝土的凝结时间，掺 NL (0.5%，1.0%）和 MT（1.5%）高效减水剂与普通混凝土的时间大致相等。当水泥用量增加时，水灰比变小，因此出现凝结时间提早的倾向。

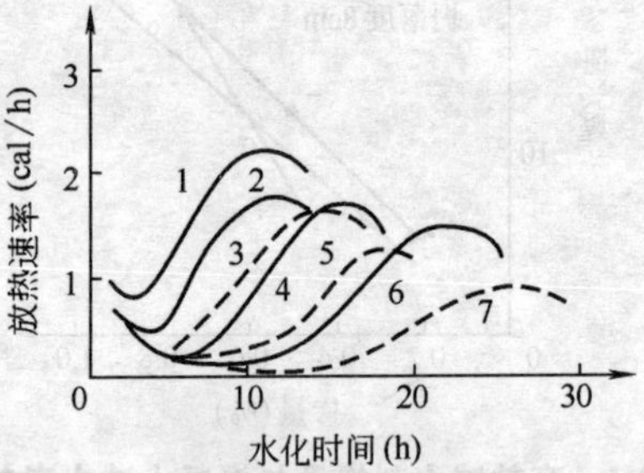

图 10-2 外加剂对水泥水化放热速度的影响

1—不掺；2—NL-1400，0.5%；3—MT-150，1.5%
4—NL-1400，1.0%；5—葡萄糖酸 0.05%
6—NL-1400 2.0%；7—葡萄糖酸 0.10%

表 10-11 高效减水剂对混凝土凝结时间的影响

水泥用量(kg/m^3)	300		500		700	
外加剂掺量(%)	初凝(min)	终凝(min)	初凝(min)	终凝(min)	初凝(min)	终凝(min)
0	280	405	230	295	205	270
NL-1400，0.5	285	385	225	280	230	300
NL-1400，1.0	300	415	265	320	270	330
MT-150，1.5	305	410	265	325	280	335

三聚氰胺系高效减水剂（Melment-N）对水泥砂浆凝结时间的影响，如表 10-12 所示。由此看出，掺此高效减水剂使砂浆或混凝土的凝结时提早，其中以掺 1.0%时为最小。

综上所述，高效减水剂对水泥混凝土无缓凝作用。在相同掺量时，三种高效减水剂混凝土凝结时间：Melment＜MT-150＜NL-1400。因此，三聚氰胺系高效减水剂的早强作用更强。

表 10-12　砂浆的凝结时间试验结果（按 ASTMC403）

Melment-N 掺量（%）		0	0.5	1.0	1.5	2.0
水灰比（%）		46（100）	41（89）	38（83）	34（74）	33（72）
砂浆流动度（mm）		162	165	161	166	162
凝结时间(min)	初凝（3.5MPa）	250（100）	195（75）	120（48）	145（58）	165（66）
	终凝（28MPa）	420（100）	365（78）	315（75）	415（98）	430（102）

注：1∶2.5 砂浆，河砂（5mm 以下）。

3．引气性

高效减水剂气-液表面活性差，不大降低水的表面张力，因此不能形成稳定气泡，其混凝土的含气量不超过 2%。如果对高强混凝土抗冻融性要求高时，可以将其与引气剂一起使用，并分别掺入。

4．泌水性

混凝土泌水性与配合比、水泥用量、坍落度等有关。掺高效减水剂由于分散作用使拌合物匀质性好。另外由于用水量减少，水化硬化速度较快，因此与基准混凝土相比泌水率降低。图 10-3 表示萘系高效减水剂对混凝土泌水率的影响，通常掺引气剂混凝土泌水性最小，而掺缓凝剂泌水率会增大。泌水性可能与混凝土中游离水量有关，游离水率大泌水性增高。

高强混凝土对新拌混合物的要求：

（1）在满足流动性和强度要求的前提下，水灰比低；

（2）高效减水剂对水泥的适应性好，以最小掺量获得最佳的效果，满足流动性和强度要求；

（3）拌合物匀质性好，不离析和分层；

（4）拌合物工作性好，易浇灌和振捣；

（5）含气量要低（抗冻融性要求高时除外）；

（6）配制流态高强混凝土时，为了减缓坍落度损失可采用后掺法或用复合高效减水剂（详见流态混凝土和 HPC）。

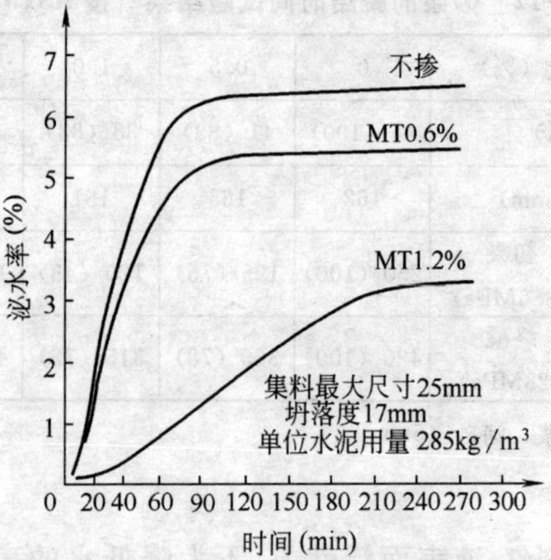

图 10-3　泌水率与时间的关系

二、硬化混凝土性能

高强混凝土的物理力学性能应满足实际工程使用要求，其中最重要的是强度和耐久性。

1. 强度

实用的高强混凝土抗压强度在60～80MPa，而大于 80MPa 应用较少。

用萘磺酸盐甲醛缩合物高效减水剂（MT-150），在不同掺量、不同水泥用量（400、500 和 600kg/m^3）、不同坍落度（8 和 21cm），用普通水泥和早强配制的高强混凝土试验结果列入表 10-13～10-16 中。图 10-4～10-7 表示在指定坍落度下，MT-150 掺量与减水率和单位用水量的关系。由此表明，在相同坍落度情况下，混凝土单位用水量随 MT-150 掺量增加而成比例地减少。如用减水率表示，掺量 0.6%、1.2%、1.8%和 2.4%（相应固体掺量为 0.25%、0.50%、0.75%和 1.0%）时，相应减水率分别为 7%、13%、19%和 24%。在此试验中还表明，减水率几乎不受单位用水量和水泥种类的影响。

表 10-13　掺 MT-150 的混凝土的抗压强度

（普通水泥，坍落度 8±1cm）

MT-150 掺加量（%）		W/C	S/A	水	水泥	坍落度	抗压强度（MPa）	
固体	液体	（%）	（%）	（kg/m³）	（kg/m³）	（cm）	7d	28d
0	0	42.5	38.6	170	400	9.5	35.2	50.8
0.25	0.6	40.0	36.7	160		8.0	46.2	62.7
0.5	1.2	37.3	38.5	149		9.2	51.9	70.0
0.75	1.8	34.3	39.6	137		9.6	63.2	73.5
1.0	2.4	31.5	40.5	126		9.8	65.9	78.1
0	0	37.0	34.0	185	500	8.8	47.4	64.2
0.25	0.6	35.0	33.5	175		7.5	56.2	74.7
0.5	1.2	32.0	34.5	160		7.0	71.5	82.9
0.75	1.8	29.6	35.6	148		9.3	72.4	84.2
1.0	2.4	27.4	36.6	137		9.5	73.2	87.9
0	0	33.3	28.9	200	600	7.8	60.2	68.1
0.25	0.6	31.7	27.9	190		7.2	66.8	75.7
0.5	1.2	29.2	25.7	175		7.2	74.3	85.3
0.75	1.8	27.2	31.0	163		8.8	77.0	87.2
1.0	2.4	25.3	32.2	152		7.1	78.6	92.0

根据表 10-13～10-16 中混凝土配合比与强度的关系，再整理为水灰比和强度的关系，可以得出掺 MT-150 高效减水剂的高强混凝土水灰比与抗压强度的关系式。

表 10-14 掺 MT-150 的混凝土的抗压强度

（普通水泥，坍落度 21±2cm）

MT-150 掺加量（%）		W/C	S/A	水	水泥	坍落度	抗压强度（MPa）	
固体	液体	（%）	（%）	(kg/m³)	(kg/m³)	(cm)	3d	28d
0	0	52.5	49.6	210	400	21.5	26.1	37.5
0.25	0.6	48.8	52.8	195		21.5	29.9	42.9
0.5	1.2	45.3	53.8	181		20.5	32.6	45.6
0.75	1.8	43.0	54.4	172		21.0	37.9	53.1
1.0	2.4	40.0	55.2	160		19.5	42.8	57.2
0	0	45.0	47.9	225	500	20.7	36.4	52.5
0.25	0.6	42.5	48.8	210		20.3	43.8	56.9
0.5	1.2	38.8	50.5	194		21.0	48.7	61.5
0.75	1.8	37.0	51.2	185		21.5	55.5	65.8
1.0	2.4	34.2	52.2	171		21.2	60.2	72.1
0	0	39.2	44.0	239	600	20.5	43.4	54.1
0.25	0.6	36.5	45.7	219		20.7	48.7	58.3
0.5	1.2	33.7	47.2	202		21.3	55.6	67.0
0.75	1.8	32.2	48.0	193		22.5	61.9	70.6
1.0	2.4	29.8	49.2	179		22.5	64.2	74.5

表 10-15 掺 MT-150 的混凝土的抗压强度

（早强水泥，坍落度 8±1cm）

MT-150 掺加量（%）		W/C	S/A	水	水泥	坍落度	抗压强度（MPa）	
固体	液体	（%）	（%）	(kg/m³)	(kg/m³)	(cm)	3d	28d
0	0	43.8	38.8	175	400	6.0	46.5	54.8
0.25	0.6	40.8	39.9	163		7.2	51.3	58.9
0.5	1.2	38.0	40.8	152		8.3	55.8	65.2
0.75	1.8	36.0	41.5	144		8.5	66.9	75.5
1.0	2.4	34.3	42.0	137		7.8	67.7	77.4

续表 10-15

MT-150 掺加量（%）		W/C （%）	S/A （%）	水 （kg/m³）	水泥 （kg/m³）	坍落度 （cm）	抗压强度（MPa）	
固体	液体						3d	28d
0	0	38.0	34.0	190	500	6.0	52.9	60.1
0.25	0.6	35.4	35.5	177		5.8	57.1	65.1
0.5	1.2	33.0	36.6	165		7.8	65.2	73.4
0.75	1.8	31.2	37.5	156		8.0	71.8	84.3
1.0	2.4	29.6	38.2	148		9.2	73.8	86.2
0	0	34.2	28.8	205	600	8.1	55.2	64.3
0.25	0.6	31.8	30.4	191		8.3	60.5	77.9
0.5	1.2	29.7	31.9	178		7.5	75.0	85.4
0.75	1.8	28.0	32.9	168		7.8	83.9	91.2
1.0	2.4	26.7	33.2	160		8.2	85.8	97.0

表 10-16 MT-150 的混凝土的抗压强度

（早强水泥，坍落度 21±2cm）

MT-150 掺加量（%）		W/C （%）	S/A （%）	水 （kg/m³）	水泥 （kg/m³）	坍落度 （cm）	抗压强度（MPa）	
固体	液体						3d	28d
0	0	52.5	52.0	210	400	19.7	41.8	46.5
0.25	0.6	49.0	53.0	196		20.8	45.3	52.6
0.5	1.2	45.5	53.9	182		19.3	50.4	56.7
0.75	1.8	42.5	54.7	170		21.0	56.4	64.5
1.0	2.4	39.5	55.5	158		20.6	63.6	68.1
0	0	45.0	48.3	225	500	21.0	44.2	51.7
0.25	0.6	41.6	49.7	208		20.9	49.1	58.8
0.5	1.2	39.0	50.7	195		22.8	58.8	68.4
0.75	1.8	36.4	51.7	182		24.0	64.3	74.1
1.0	2.4	34.6	52.4	173		24.0	74.3	82.5

续表 10-16

MT-150 掺加量（%）		W/C（%）	S/A（%）	水（kg/m^3）	水泥（kg/m^3）	坍落度（cm）	抗压强度（MPa）	
固体	液体						3d	28d
0	0	40.0	43.8	240		19.6	48.7	52.4
0.25	0.6	37.0	45.5	222		19.7	55.4	63.6
0.5	1.2	33.0	47.6	200	600	24.0	66.2	75.5
0.75	1.8	30.7	48.9	184		24.0	70.8	81.6
1.0	2.4	29.8	49.3	179		23.1	77.8	87.4

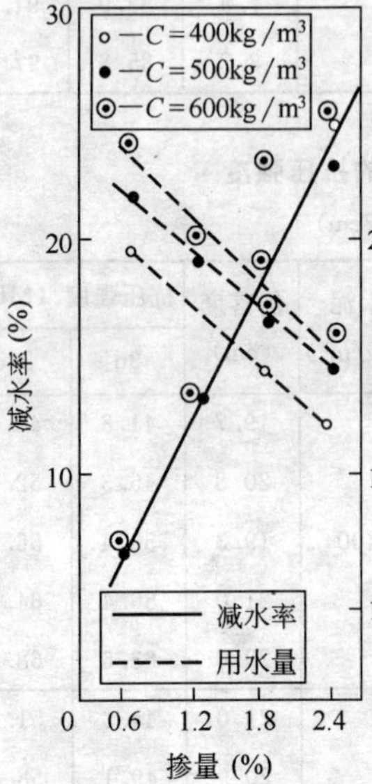

图 10-4 MT-150 掺量与减水率关系

（普通水泥，坍落度 8±1cm）

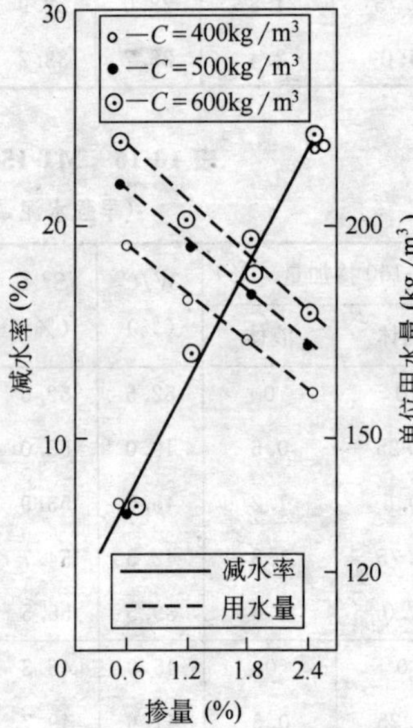

图 10-5 MT-150 掺量与减水率关系

（普通水泥，坍落度 21±1cm）

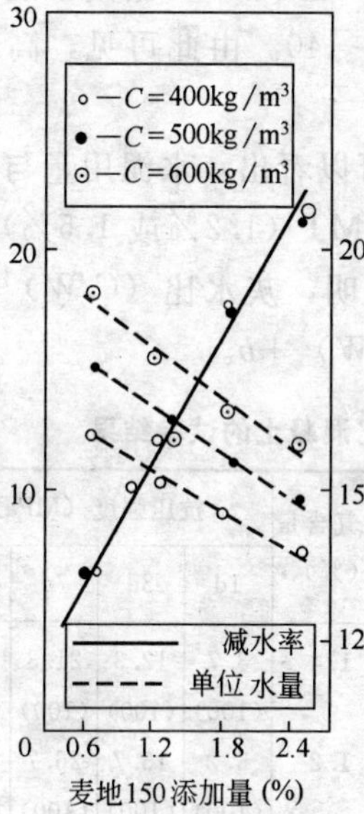

图 10-6 MT-150 掺量与减水率关系

（早强水泥，坍落度 8±1cm）

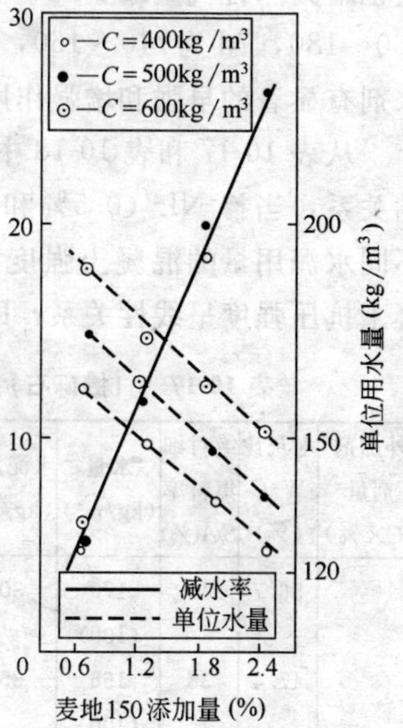

图 10-7 MT-150 掺量与减水率关系

（早强水泥，坍落度 21±1cm）

使用普通波特兰水泥时：

$$\sigma_{28} = 258C/W - 57$$

使用早强波特兰水泥时：

$$\sigma_{28} = 246C/W + 29$$

此式是在特定条件下，经一系列试验得到的经验公式，可供高强混凝土配合比设计时参考，预先估算设计强度所需要的水灰比。

用多环芳烃磺酸盐甲醛缩合物（NL-1400）高效减水剂配制高强混凝土的试验结果列入表 10-17～10-19 中。从表 10-17 可知，随着 NL-1400 掺量增加，各龄期的强度比率（基准混凝土为 100）也增加，同时水泥用量增加，强度增加有变大的倾向。在保持相同坍落度时，随着掺量增加，单位用水量减少，水灰比变小，混凝土密度也增大（含气量减少）。NL 掺量为 0.75%时，3d 龄期强度比为 160～180，7d 为140～160，28d 为115～140。由此可见，高效减水剂有显著的早强和增强作用。

从表 10-17 和表 10-18 中的数据还可以看出，水泥用量与强度的关系，当掺 NL（0.5%和 1.0%）和 MT（1.2%或 1.5%）时，不同水泥用量的混凝土强度测定结果表明，灰水比（C/W）与混凝土抗压强度呈线性关系，即 $\sigma=a(C/W)+b$。

表 10-17 （掺砾石）新鲜和已硬化混凝土的试验结果

外加剂剂量（C×%）	水灰比 W/C（%）	绝对细集料率 S/A(%)	水量（kg/m³）	水泥用量（kg/m³）	坍落度（cm）	空气含量（%）	抗压强度（MPa） 1d	3d	7d	28d
不掺	56.7	40	170 (100)	300	9.5	1.4	3.7 (100)	12.3 (100)	21.3 (100)	40.0 (100)
	47.4	38	166 (100)	350	10.3	1.2	5.2 (100)	15.7 (100)	26.7 (100)	46.2 (100)
	42.5	36	170 (100)	400	10.0	1.1	7.2 (100)	19.6 (100)	32.9 (100)	52.3 (100)
	38.9	34	175 (100)	450	12.0	1.1	8.6 (100)	21.5 (100)	35.8 (100)	54.4 (100)
	36.4	32	182 (100)	500	9.5	1.3	11.4 (100)	25.4 (100)	39.6 (100)	58.4 (100)
NL-1400 (0.5)	52.3	40	157 (92)	300	9.0	1.2	4.8 (131)	16.8 (137)	26.0 (125)	44.3 (111)
	45.4	38	159 (96)	350	9.5	1.1	7.1 (136)	23.0 (147)	34.8 (130)	52.7 (114)
	39.5	36	158 (93)	400	10.5	0.9	9.6 (133)	27.5 (131)	46.5 (141)	60.2 (115)
	36.5	34	164 (94)	450	12.0	0.9	11.6 (135)	30.1 (140)	47.2 (132)	66.7 (123)
	34.0	32	170 (93)	500	9.0	1.0	15.5 (136)	35.6 (140)	53.1 (133)	67.6 (116)

续表 10-17

外加剂剂量 (C×%)	水灰比 W/C (%)	绝对细集料率 S/A(%)	水量 (kg/m³)	水泥用量 (kg/m³)	坍落度 (cm)	空气含量 (%)	抗压强度 (MPa) 1d	3d	7d	28d
NL-1400 (0.75)	49.3	40	148	300	9.0	1.1	5.2	19.2	30.1	47.4
			(87)				(141)	(156)	(141)	(119)
	42.8	38	150	350	10.5	0.9	8.0	25.4	38.8	56.9
			(90)				(154)	(162)	(145)	(123)
	37.5	36	150	400	10.7	0.8	10.5	31.4	48.5	63.7
			(88)				(146)	(160)	(148)	(122)
	33.1	34	149	450	12.5	0.8	14.1	37.0	55.0	70.5
			(85)				(164)	(172)	(154)	(131)
	29.4	32	147	500	10.0	0.9	22.1	45.7	595	78.6
			(81)				(194)	(180)	(150)	(135)
	25.0	25	175	700	11.1	1.0	28.4	52.2	66.7	79.8
			(—)				(—)	(—)	(—)	(—)
NL-1400 (1.0)	48.3	40	145	300	9.0	1.1	5.9	21.1	33.1	48.8
			(85)				(161)	(171)	(155)	(122)
	40.3	38	141	350	10.0	0.8	8.6	28.6	44.0	63.4
			(85)				(165)	(182)	(164)	(137)
	35.0	36	140	400	10.5	0.5	14.5	37.7	54.5	72.6
			(82)				(201)	(192)	(166)	(139)
	29.5	34	133	450	12.0	0.6	18.4	44.8	61.2	78.0
			(76)				(214)	(208)	(171)	(143)
	26.4	32	132	500	10.0	0.8	25.4	52.4	68.6	83.3
			(73)				(223)	(206)	(172)	(143)
MT (1.2)	48.7	40	146	300	10.0	3.6	4.1	17.7	30.4	46.5
			(86)				(111)	(144)	(143)	(116)
	42.8	38	150	350	9.0	1.4	7.7	25.2	37.6	55.1
			(90)				(149)	(161)	(141)	(119)
	38.5	36	154	400	10.0	1.1	9.8	29.5	43.8	63.4
			(91)				(136)	(151)	(133)	(121)
	34.0	34	153	450	11.5	1.1	13.6	35.5	50.1	65.0
			(87)				(158)	(165)	(140)	(119)
	31.0	32	155	500	10.0	1.0	18.9	39.5	56.4	72.6
			(85)				(166)	(156)	(142)	(124)

表 10-18 新鲜和已硬化混凝土（掺碎石）的试验结果

外加剂剂量 (C×%)	水灰比 W/C (%)	绝对细集料率 S/A(%)	用水量 (kg/m³)	水泥用量 (kg/m³)	坍落度 (cm)	空气含量 (%)	抗压强度（MPa）		
							1d	7d	28d
不掺	37.0	30	185 (100)	500	9.8	1.2	28.0 (100)	42.1 (100)	56.6 (100)
	30.0	25	210 (100)	700	9.5	1.3	39.2 (100)	51.0 (100)	63.1 (100)
NL-1400 (0.75)	30.6	30	153 (83)	500	8.1	0.8	52.4 (187)	72.8 (173)	90.3 (160)
	25.4	25	178 (85)	700	8.0	1.0	65.0 (166)	80.2 (157)	94.5 (150)
MT (1.5)	30.6	30	153 (83)	500	9.5	1.3	47.7 (170)	67.1 (159)	86.8 (153)
	25.4	25	178 (85)	700	11.5	1.2	60.6 (155)	71.7 (141)	90.2 (143)

另外，在富配合比的情况下，掺高效减水剂均显示相当高的强度。例如，NL（0.75%），采用砾石，当水泥用量为 500kg/m³ 时，28d 强度为 78.0MPa；当水泥用量为 700kg/m³ 时，28d 强度为 80.0MPa。当采用碎石时，相同条件下的强度分别为 90.0 和 95.0MPa。由此可见，在配制高强混凝土时，粗集料采用碎石比砾石能获得更高的强度。表 10-19 是采用早强水泥和碎石配制的高强混凝土。当 NL 掺量为 1.5 和 2.0% 时，水泥用量为 500kg/m³，28d 强度分别高达 103.0 和 105.4MPa。

通常，高强混凝土与高效减水剂掺量呈线性关系，因为掺量越大，水灰比越小，强度就越高。但是，强度达到某一值后便出现强度饱和现象，这时直线关系就变成曲线（图 10-10b）。

三聚氰胺磺酸盐甲醛缩聚物高效减水剂用于配制高强混凝土的试验结果用图 10-8、图 10-9 和表 10-18 表示。表 10-20 中列出了高强混凝土的基本配合比。图 10-8 和图 10-9 表示不同掺量时，各龄期的强度，表 10-21 表示相应的各龄期强度增长比率。由此可见，

随着 L_{10} 掺量的增大（1%～4%或 0.2%～0.8%）各龄期混凝土相对强度也相应增高，如掺量 4%（固体 0.8%）时 3d 强度提高 63%～91%，28d 强度提高约 45%。因此，三聚氰胺系高效减水剂的早强作用比萘系和多环芳烃系更为显著，而后期（28d）强度增加大致相同。

表 10-19 新鲜和已硬化混凝土试验结果（早强水泥和碎石）

外加剂剂量 NL-1400 （C×%）	水灰比 W/C （%）	绝对细集料率 S/A（%）	用水量 （kg/m³）	水泥用量 （kg/m³）	坍落度 （cm）	空气含量 （%）	抗压强度（MPa）		
							1d	7d	28d
0	42.4	30	212 (100)	500	8.5	1.9	21.6 (100)	53.6 (100)	63.8 (100)
0.5	37.0		185 (92)		8.5	1.3	28.3 (131)	69.5 (130)	77.8 (122)
0.75	34.4		172 (81)		8.6	1.5	31.6 (146)	77.4 (144)	86.5 (136)
1.0	33.0		165 (78)		8.9	1.6	35.8 (166)	84.4 (160)	92.8 (146)
1.5	31.0		155 (73)		17.2	1.0	38.8 (180)	91.6 (171)	103.0 (161)
2.0	29.0		145 (68)		18.1	0.8	40.2 (186)	93.4 (174)	105.4 (165)

表 10-20 基本配合比设计

组　分	500# 混合物		390# 混合物	
	空白	L_{10}	空白	L_{10}
粒径 20mm 流纹石	840	835	910	930
粒径 10mm 流纹石	320	325	285	295
中等粒径的石英砂	620	630	670	690

续表 10-20

组　分	500# 混合物		390# 混合物	
	空白	L_{10}	空白	L_{10}
火山灰波特兰水泥	500	500	390	390
水	185	164	180	156
高效减水剂 L_{10}（L）	—	10	—	7.8

注：高效减水剂 Melment-L_{10}，液体浓度 20%。

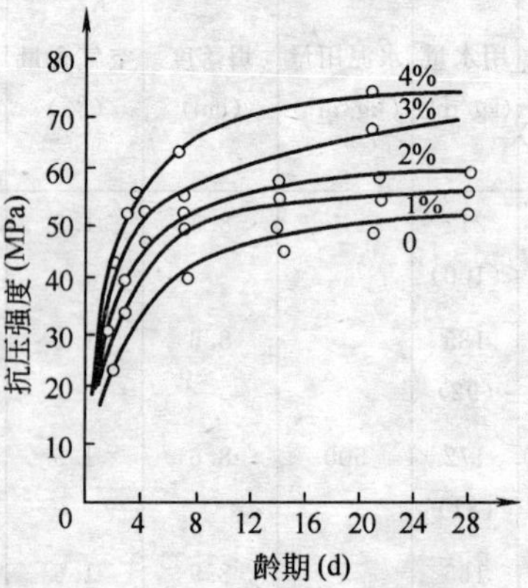

图 10-8　390# 混合物的强度增长曲线

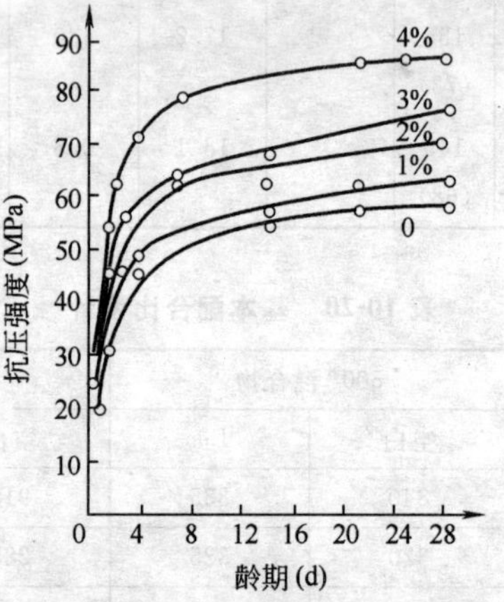

图 10-9　550# 混合物的强度增长曲线

2. 高效减水剂掺量与强度的关系

用高效减水剂配制高强混凝土时，存在其掺量与抗压强度的问题。在掺量0～2%范围内，开始时随掺量增大强度增高，当强度达到饱和值后，再增大掺量强度反而会下降。这样对强度而言，高效减水剂存在最佳掺量问题，而减水作用是随掺量增大减水率逐渐增大，但也不是线性关系，只是在低掺量范围呈线性关系。高效减水剂对水泥浆有强的分散作用，但随着掺量增大对水泥初期水化抑制作用增强，水化抑制作用超过一定限度就会降低28d强度。相反，适当的初期水化抑制作用会提高早期和后期强度。

表 10-21 掺 L_{10} 混凝土各龄期的强度比率

混合物	L_{10}掺量（%）		各龄期的相对强度（%）							
	液体	固体	1d	2d	3d	4d	7d	14d	21d	28d
390#	0	0	100	100	100	100	100	100	100	100
	1	0.2	103	118	118	118	121	108	118	110
	2	0.4	116	131	142	139	128	118	125	116
	3	0.6	126	169	167	158	138	124	144	136
	4	0.8	135	191	190	169	163	146	158	145
500#	0	0	100	100	100	100	100	100	100	100
	1	0.2	119	111	122	108	111	108	106	106
	2	0.4	133	131	130	114	129	115	121	115
	3	0.6	145	146	146	132	131	127	123	132
	4	0.8	171	177	163	158	161	151	147	147

注：坍落度7～8cm，标养。

根据上述三种高效减水剂配制的高强混凝土配合比和强度的数据（表10-13～表10-21）和我们试验研究的结果，将高效减水剂掺量与混凝土抗压强度的关系用图10-10表示。由这些关系曲线，经数学处理可以得到高效减水剂掺量与混凝土抗压强度间的关系式。

$$\sigma = \sigma_0 + a\mu - b\mu^2 \tag{10-6}$$

式中 σ——掺高效减水剂混凝土强度；

σ_0——不掺外加剂的混凝土强度；

μ——高效减水剂掺：(0～2%) ×100；

a——高效减水剂的增强系数；

b——高效减水剂的抑制系数。

在相同坍落度时，混凝土强度取决于水泥用量（C）和高效减水剂掺量，即：

$$\sigma = f(c,\mu)$$

因此

$$\mathrm{d}\sigma = \frac{\partial\sigma}{\partial c}\mathrm{d}c + \frac{\partial\sigma}{\partial\mu}\mathrm{d}\mu \tag{10-7}$$

当水泥用量（C）一定时，上式（10-7）变为：

$$\mathrm{d}\sigma = \left(\frac{\partial\sigma}{\partial\mu}\right)_{\mathrm{c}}\mathrm{d}\mu \tag{10-8}$$

从图 10-10 看出，高效减水剂掺量与强度呈抛物线关系，因此 $\left(\frac{\partial\sigma}{\partial\mu}\right)_{\mathrm{c}}$ ～μ 呈直线，即：

$$\left(\frac{\partial\sigma}{\partial\mu}\right)_{\mathrm{c}} = a - 2b\mu$$

积分

$$\sigma = \int\left(\frac{\partial\sigma}{\partial\mu}\right)_{\mathrm{c}}\mathrm{d}u$$

$$\sigma = \int(a - 2b\mu)\mathrm{d}\mu$$

$$\sigma = a\mu - b\mu^2 + C \tag{10-9}$$

当 $\mu=0$ 时（即掺量为 0），$\sigma=\sigma_0$，代入式（10-9）得：$\sigma=\sigma_0 + a\mu - b\mu^2$。

式中：σ_0 是不掺外加剂的基准混凝土强度，其大小取决于水泥活性和单位用量、混凝土配合比、水灰比、硬化龄期等。

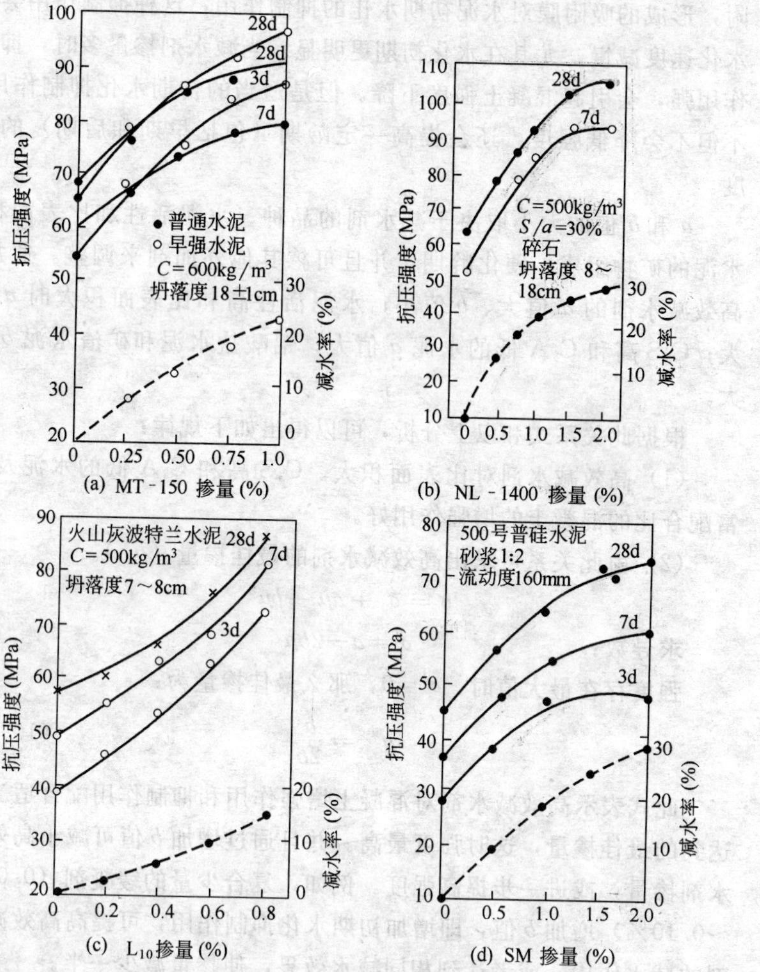

图 10-10 高效减水剂与混凝土抗压强度关系曲线

a 是增强系数，它表示单位量减水剂增加混凝土强度的能力，主要是由于减水而引起的增强作用。a 值取决于高效减水剂的种类及其对水泥的适应性。

b 是抑制系数，是由于高分子表面活性剂在水泥粒子表面吸附，形成的吸附膜对水泥初期水化的抑制作用，这种抑制作用会使水化速度减慢，尤其在水化初期更明显。当减水剂掺量多时，抑制作用强，会引起混凝土强度下降。但是适当的初期水化抑制作用，不但不会降低强度，还会提高一定龄期（包括早期和后期）的强度。

a 和 b 值的大小取决于减水剂的品种、水泥活性和比表面积、水泥的矿物组成、硬化龄期，并且可掺其他外加剂来调整。通常，高效减水剂的 a 值大、b 值小；水泥活性高和比表面积大时 a 值大；C_3S 高和 C_3A 低的水泥 a 值大；铝酸盐水泥和矿渣水泥 b 值大。

根据此关系式和以上分析，可以得出如下规律：

（1）高效减水剂对比表面积大、C_3S 高和 C_3A 低的水泥及其富配合比的混凝土的增强作用好。

（2）由此关系可求出高效减水剂的最佳掺量（μ^*）。

$$\sigma = \sigma_0 + a\mu - b\mu^2$$

求导数：

$$\sigma' = a - 2b\mu$$

强度存在最大值时，$\sigma' = 0$，那么最佳掺量为：

$$\mu^* = \frac{a}{2b} \qquad (10\text{-}10)$$

此式表示高效减水剂对混凝土增强作用和抑制作用配合适当时达到的最佳掺量，这时强度最高。并且通过增加 b 值可减小高效减水剂掺量，或进一步提高强度。例如，复合少量的缓凝剂（0.02%～0.10%）增加 b 值，即增加初期水化抑制作用，可提高高效减水剂的减水作用，或者达到相同减水效果，使掺量减少一半。

（3）关系式可以反映掺高效减水剂混凝土的基本规律。如配制早强和蒸养混凝土时，要求 a 值大、b 值小，μ 值小（0.3%～0.5%）；配制高强混凝土时，要求 σ_0 大（采用高强度水泥、水泥用量大）、a 值大和 b 值小（高效减水剂对水适性好），μ 值要大（掺量 1.0%～2.0%）。

在高效减水剂掺量与强度的关系式中，系数 a 和 b 值通过相同水泥用量和坍落度时，高效减水剂不同掺量的混凝土强度试验求得。

综上所述，用高效减水剂配制高强混凝土时应满足如下要求：

(1) 采用硅酸盐水泥或早强硅酸水泥，其强度应等于或大于42.5 (525#)。水泥用量400～700kg/m^3，最好是392～557kg/m^3。水泥与高效减水剂的相容性（适应性）好。

(2) 混凝土配合比要合理、精确，不合理的配合比即使掺高效减水剂也得不到高强度。粗集料应选择高质量碎石，最大粒径12～19mm。细集料用天然中砂。

(3) 水灰比在0.27～0.50，最好在 0.32 以下。因为这样高强混凝土抗冻融性才有保证。

(4) 新拌混凝土工作性要好。

(5) 现代高强混凝土几乎都掺用矿物掺合料（粉煤灰、矿渣、硅粉等），一方面可降低水泥用量，节约水泥；另一方面改善新拌混凝土和硬化混凝土性能，克服高强混凝土的缺点。

(6) 搅拌：采用强制搅拌，适当延长搅拌时间，或采用后掺法，提高减水作用。

(7) 养护：高强混凝土要求良好的养护，早期（7d 之前）最好水中养护，使水泥充分水化。

(8) 振捣：采用高频振捣有利。在钢筋密时，配制流态高强混凝土可不用或少许振捣。

(9) 高效减水剂掺量合理，必要时可与缓凝剂、普通减水剂或引气剂复合使用。

与低强度混凝土相比，高强混凝土的早期强度增长率较快，但后期强度增长率二者差别并不明显。7d 与 28d 强度比值对高强混凝土一般为80％～90％，而对较低强度混凝土则为70％～75％。7d 与 95d 强度比值对低强度混凝土为 60％，中强度混凝土为 65％，高强混凝土为 73％。高强度混凝土早期强度发展快的原因：其一是水化热较高，提高了混凝土内部养护温度；其二是由于水灰比低，缩短了高强混凝土内部水化物颗粒之间的距离。

高强混凝土强度随着龄期增长而增加，而强度增长率逐渐减小。长期强度也是逐渐增加的。只是增加速率减小，但不会出现倒缩现象。表 10-22 中列出了用掺高效减水剂的高强混凝土长期(4 年)强度。

3. 弯折强度、劈拉强度和弹性模量

通过高强混凝土抗压强度与弯折强度（由变曲试验得出的抗拉强度）关系，可以计算弯折强度。不同研究者得出结果表明，普通集料高强混凝土抗压强度（f_c）计算弯折强度（f_r）在 $7.5\sqrt{f_c}$ 到 $12\sqrt{f_c}$ 之间。根据美国ACI 363R—92建议，用下列公式计算混凝土抗拉强度。

$$f_r=11.7\sqrt{f_c}\ (\text{psi})\ [3000<f_c<12000\ (\text{psi})]$$

$$f_r=0.94\sqrt{f_c}\ (\text{MPa})\ [21<f_c<83\ (\text{MPa})]$$

劈拉强度（f_{sp}）：

$$f_{sp}=7.4\sqrt{f_c}\ (\text{psi})\ [3000<f_c<12000\ (\text{psi})]$$

$$f_{sp}=0.59\sqrt{f_c}\ (\text{MPa})\ [21<f_c<83\ (\text{MPa})]$$

弹性模量（E_c）：

$$E_c=40000\sqrt{f_c}+10\times10^6\ (\text{psi})\ [3000<f_c<12000\ (\text{psi})]$$

$$E_c=3320\sqrt{f_c}+6900\ (\text{MPa})\ [21<f_c<83\ (\text{MPa})]$$

表 10-22 高强混凝土长期强度试验

水泥	Melment-L_{10} 掺量(%)	水灰比	坍落扩散度(cm)	1个月的容重(kg/m^3)	抗压强度(MPa)				
					1个月	6个月	12个月	24个月	48个月
PZ 275	0	0.45	41	2420	42.8 (100)	64.3 (150)	76.5 (178)	79.7 (186)	82.3 (192)
	2.5	0.37	41	2500	65.1 (100)	79.5 (122)	81.8 (126)	90.6 (139)	102.4 (157)

续表 10-22

水泥	Melment-L_{10}掺量(%)	水灰比	坍落扩散度(cm)	1个月的容重(kg/m^3)	抗压强度(MPa)				
					1个月	6个月	12个月	24个月	48个月
PZ 275	5	0.34	42	2520	70.3 (100)	81.8 (116)	83.4 (119)	99.0 (141)	102.4 (146)
	10	0.34	42	2520	70.3 (100)	83.0 (118)	89.0 (127)	91.1 (130)	98.5 (140)
PZ 475	0	0.48	40	2410	55.7 (100)	63.8 (115)	70.4 (126)	71.8 (129)	74.7 (134)
	2.5	0.41	40	2480	64.9 (100)	68.0 (105)	70.7 (109)	81.4 (126)	88.3 (136)
	5	0.36	51	2510	80.7 (100)	82.0 (102)	83.0 (103)	101.0 (125)	106.5 (132)
	10	0.36	56	2500	84.6 (100)	84.0 (99)	89.5 (106)	95.8 (113)	102.0 (121)

注：括号中1个月强度为100，强度比。

4. 抗冻融性

高强混凝土的抗冻性问题曾经引起过争议，问题的焦点是评价抗冻性时以气泡间隔系数200μm为极限值，抗冻性好的引气混凝土气泡间隔系数在150～200μm。另一个问题是含气量，引气混凝土含气量为4%～6%，具有好的抗冻性。掺高效减水剂的高强混凝土基本不引气，含气在0.5%～1.5%，测定气泡间隔系数结果是大于200μm。因此高强混凝土的含气量和气泡间隔系数都不符合常规要求。但是，由于高强混凝土水泥用量大、水灰小，受冻水的含量很少，因此也具有好的抗冻性。高强混凝土的气泡间隔系数略大于200μm极限值，其冻融循环次数不受影响，甚至冻融700次也无明显变化。因此，针对高强混凝土，作为评定耐久性基础的气泡间隔系数应当予以重新审查。

图10-11表示掺MT-150 1.8%（固体0.75%）的高强混凝土

抗冻性，随着水泥用量增加和水灰比减小，混凝土抗冻性提高。即使在不引气情况下，由于水灰比在0.40以下也能有良好的抗冻性。

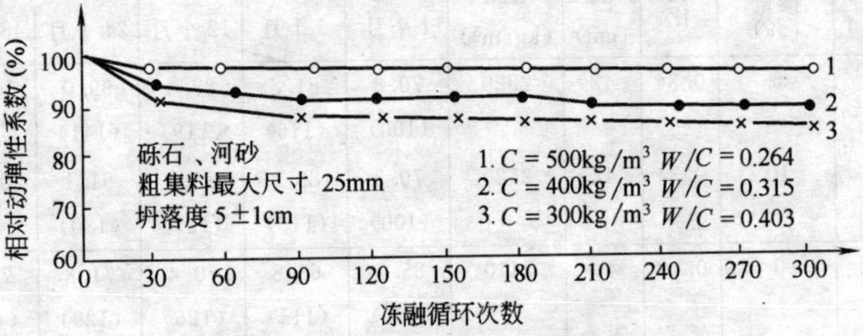

图 10-11 MT-150 的混凝土抗冻融性

高强混凝土在搅拌时掺引气剂使其具有良好的耐久性，特别是高强混凝土处于潮湿状态下并有受冻的可能性时，则应制成引气混凝土，尽管引气会使强度降低。即使掺引气剂，高强混凝土的气泡间隔系数还是大于200μm。

5. 收缩

高强混凝土收缩值不受水灰比变化的影响，但与混凝土用水量的体积百分数成正比。掺高效减水剂时由于减少了单位用水量，因此高强混凝土收缩值要小于较低强度的混凝土。图10-12中是空白混凝土与用高效减水剂 Melment-L_{10}（掺量2%）配制的高强混凝土平均收缩值对比试验，说明高强混凝土收缩值比空白混凝土的小。也有一些报导说明高强混凝土与较低强度的收缩值基本相同。就高强混凝土本身而言，集料的种类影响干缩值。试验表明干缩值：石灰石<砾石<硬砂石。

6. 徐变

在较低强度普通混凝土中，徐变随水灰比的增加而增加，随加载龄期的增加而减少，而且与所加应力呈线性关系。对于高强混凝土来说，这一线性关系可延伸到较高的应力应变比值。但是高强混凝土承受较高的应力值，所以各种强度混凝土的总徐变量将大致相等。用高强混凝土浇筑的柱子没有出现因徐变而引起的问题。

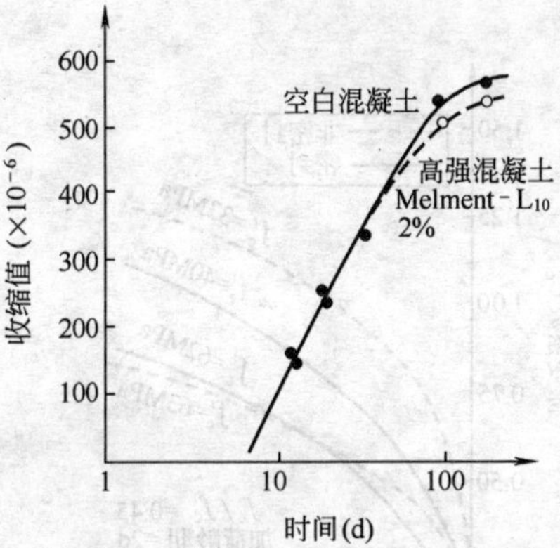

图 10-12 平均收缩值对比试验

在相当于极限强度 10%的持久荷载作用下，如用短期应变的某一倍数表示试件发生的总应变，则在密封状态下这一数值对于高强混凝土和较低强度混凝土都差不多。在干燥条件下，高强混凝土的这一值要比较低强度混凝土的小 25%。在同一相对应力下，干燥和密封高强混凝土的长期总应变分别高于较低强度混凝土 15%和 65%。也有报告认为高强混凝土在干燥和密封条件下没有什么差别。掺高效减水剂配制的高强混凝土徐变显著减小，当加载龄期相同时，高强混凝土的最大徐变低于较低强度混凝土。图 10-13 是其中一例，由此表明，在相同的相对应力相同（$f_c/f'_c=0.45$）条件下，无论是干燥状态还是在密封状态下，高强混凝土徐变明显低于较低强度混凝土。

三、有关高强混凝土问题的讨论

1. 高强混凝土的理论强度

根据绝对强度理论，可以求出各种物质的强度：

$$\sigma_{max}=\sqrt{E\gamma/d} \qquad (10\text{-}11)$$

式中 E——弹性模量；

γ——表面能；

d——原子间距。

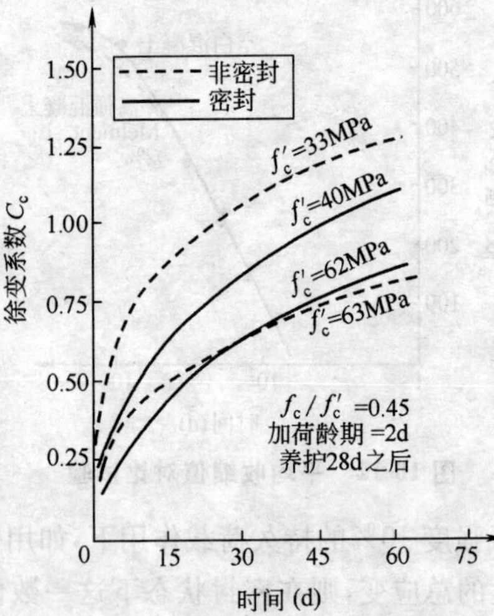

图 10-13　密封和非密封混凝土试件的徐变系数与时间的关系

高效减水剂是固-液界面活性强的高分子表面活性剂，它在水泥分散体中吸附在水泥和水化物的表面上，使界面张力（γ）下降，这时按式（10-11）就会妨碍强度的提高。如果芳烃高效减水剂的一个核体当量面 $70A^2$，硬化水泥浆体的表面积为 $2\times10^6 cm^2/g$，当掺水泥量 1%的高聚合物时，被覆盖的表面率为 8.7%，因此掺量大概限制在这样的程度。另外，物质的实际强度仅有理论强度的 1/10，所以因界面张力（表面能）下降而引起强度降低不必过多考虑。

根据莱斯科维兹（Ryshkewitch）推导的强度与孔隙率公式：

$$\sigma = \sigma_0 \exp(-Kp) \tag{10-12}$$

式中　σ_0——孔隙率为 0 时的强度；

K——系数（3.7×10^{-5}）；

p——孔隙率。

当水泥石孔隙率为 0 时，推算出水泥强度约 400～900MPa。

用高效减水剂，采用常规方法，配制高强混凝土抗压强度可达130MPa。如要进一步提高强度，必须采用特殊工艺和方法。水泥混凝土高强化是全世界重视的研究方向，表10-23中列出了目前发展的超高强和高强混凝土系材料的强度。

表10-23　超高强和高强混凝土系材料的强度

混凝土材料种类	强度（MPa）		
	抗压	抗弯	抗拉
混凝土	20.0～90.0	1.0～20.0	2.0～9.0
MDF水泥	300.0～500.0	150.0～300.0	—
DSP材料	180.0～300.0	15.0～40.0	—
聚合物水泥混凝土	40.0～100.0	8.0～20.0	4.0～10.0
聚合物混凝土	80.0～160.0	15.0～35.0	9.0～14.0
聚合物浸渍混凝土	200.0～250.0	—	17.0～19.0
泥浆浸渍纤维增强混凝土	80.0～100.0	40.0～60.0	—
热压法成型水泥浆体（Roy）	660.0	—	65.0

注：MDF—无宏观缺陷水泥；DSP—均匀分布超细颗粒致密体系。

由表10-23可见，还没有抗压和抗拉强度都超过诺依（Roy）实验的数据的混凝土。但是，这些混凝土系材料中，MDF水泥强度是最高的。因此认为，不久的将来，如果MDF水泥制造方法得到改善，其强度最接近Roy的强度。

2. 高强混凝土水泥用量

高强混凝土水泥用量较大，392～557kg/m³ 或 500～700kg/m³，水化初期水化放热量高，这样容易产生温度裂缝。另外，水泥用量高带来混凝土体积稳定性问题（收缩或膨胀）。解决的办法是掺矿物掺合料（粉煤灰、矿渣、硅粉）。这样一方面降低水泥用量，节约水泥；另一方面充分利用水泥水化热激发掺合料的火山灰活性，提高混凝土强度，改善混凝土性能。因此现代的高强混凝土几乎都掺矿物掺合料。

有关粉煤灰和超塑化剂共同使用对混凝土性能的影响，在此用英国利兹大学土木工程系的研究结果加以说明。该论文中主要是对具有相同工作度的掺与不掺超塑化剂的普通波特兰水泥混凝土和粉煤灰波特兰水泥混凝土在300d龄期范围内的强度、弹性模量、徐变、收缩和膨胀性能等作比较。现将试验所用的材料及配比列入表10-24中。

表 10-24 试验所用配合比

参数	配合比类型			
	普通波特兰水	普通波特兰水泥—外加剂	普通波特兰水泥—粉煤灰	普通波特兰水泥—粉煤灰—外加剂
水泥用量（kg/m³）	314	314	219	219
粉煤灰用量（kg/m³）	—	—	117.5	117.5
集料/水泥	5.98	5.98	—	—
集料/（水泥+粉煤灰）	—	—	5.58	5.58
砂率	33.3	33.3	31.1	31.1
水灰比（*W*/*C*）	0.57	0.48	—	—
水胶比（*W*/*C*+*F*）	—	—	0.46	0.35
超塑化剂掺量（水泥重量%）	—	1.6	—	—
（水泥+粉煤灰重量%）	—	—	—	1.6

注：坍落度45～60mm，集料最大尺寸100mm。

粉煤灰采用电收尘粉煤灰，其内掺30%。超塑化剂用于普通混凝土时其掺量为水泥重量的1.6%，用于掺粉煤灰的混凝土时按总胶凝材料（包括粉煤灰）重量1.6%。现将上述四种配合比的混凝土强度试验结果列入表10-25中。

表 10-25 混凝土强度的发展

混凝土类型	抗压强度（MPa）					
	1d	7d	28d	70d	180d	300d
普通水泥混凝土	13.00 (27)	37.50 (73)	48.50 (100)	55.50 (114)	59.00 (122)	63.00 (130)
普通水泥外加剂混凝土	19.00 (39)	50.50 (104)	61.00 (126)	64.50 (133)	70.00 (144)	73.00 (151)
普通水泥-粉煤灰混凝土	11.00 (23)	31.00 (64)	44.50 (92)	57.50 (119)	66.50 (137)	74.50 (154)
普通水泥-粉煤灰-外加剂混凝土	18.50 (38)	39.50 (81)	53.00 (109)	62.50 (129)	75.50 (156)	78.50 (162)

注：试体 10×10×10（cm），标准养护。

由此表中的数据可以看出，与相同工作度的普通混凝土相比较掺粉煤灰的混凝土中由于水泥和水用量减少，其结果仅早期强度略有降低，而 28d 之后的强度提高。这个性能与已知的波特兰水泥和火山灰混合物性能一致。然而，粉煤灰的作用对早期强度的影响是微小的，而对后期强度增长则是很可观的，这一点很重要。

比较两个掺有外加剂的混凝土可以明显看出，由于它们的用水量较低，故强度水平普遍高于不掺外加剂的混凝土。特别是同时掺粉煤灰和超塑化剂（双掺）的混凝土与普通水泥混凝土相比较，无论早期强度还是后期强度均有明显提高。

四种混凝土各龄期的静弹性模量，如图 10-14 所示。由此可见，从 28d 起，弹性模量有与抗压强度一样的发展趋势，即掺粉灰(FA）混凝土的静载弹性模量比普通水泥混凝土增量更大，掺超塑化剂也同样使弹性模量增大。由加载和不加载的徐变试块所获得的弹性应力看出，潮湿条件放置的混凝土的割线弹性模量和静弹性模量的发展规律相同（表 10-26）。然而从 28d 起放置在干燥环境中的试块，掺有粉煤灰的混凝土割线弹性模量增量比普通水泥（OPC）

混凝土的要小，特别使用超塑化剂时是这样。这可能是粉煤灰缓凝作用所造成的，因为在干燥过程中混凝土中的水释出，其结果削弱了弹性模量的发展。

表 10-26 28～300d 间割线弹性模量的增量

混凝土类型	28d 值 (MPa)	28～300d 间增加百分数	
		潮湿环境	干燥环境
OPC 混凝土	31.0	26	26
OPC＋外加剂混凝土	37.5	13	13
OPC＋FA 混凝土	31.0	43	11
OPC＋FA＋外加剂混凝土	35.0	42	4

注：用 76×255（mm）圆柱体试块

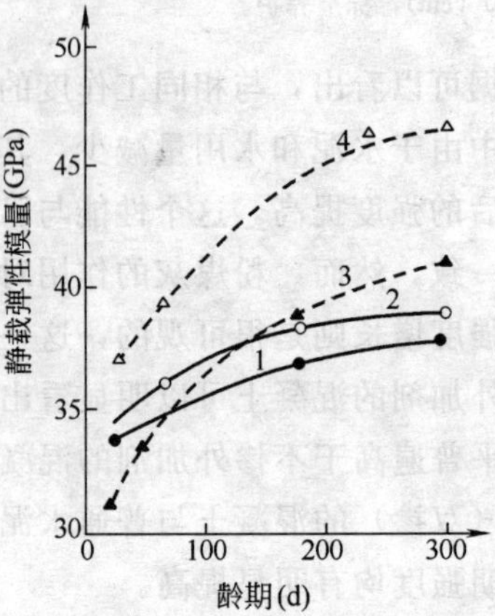

图 10-14 掺超塑化剂、粉煤灰对普通水泥混凝土静载弹性模量的影响

1—普通水泥混凝土（OPC）；2—OPC＋外加剂混凝土；3—OPC＋FA 混凝土；4—OPC＋FA＋外加剂混凝土

掺粉煤灰和超塑化剂对普通水泥混凝土徐变、收缩和膨胀的影响，如表 10-27 所示。表中的数据是以恒定的应力/强度比为 0.2 的徐变和比徐变表示，前者是用作比较加荷期间不同强度的混凝土徐变，因为在结构应用中，混凝土处于相同的应力/强度比之下。而比徐变则允许作等应力条件下的比较。

表 10-27 加荷 270d 后，粉煤灰和超塑化剂对徐变、收缩和膨胀的影响

混凝土类型	施加应力(MPa)	潮湿环境的徐变		膨胀 10^{-6}	干燥环境的徐变		收缩 10^{-6}
		应力/强度=0.2 的徐变	比徐变		应力/强度=0.2 的徐变	比徐变	
OPC 混凝土	6.7	199×10^{-6}	29.7	25	424×10^{-6}	63.3	584
OPC＋外加剂混凝土	8.3	221×10^{-6}	26.7	37	419×10^{-6}	50.5	506
OPC＋FA 混凝土	6.3	283×10^{-6}	45.0	132	305×10^{-6}	48.4	485
OPC＋FA＋外加剂混凝土	5.4	107×10^{-6}	19.8	39	227×10^{-6}	42.0	400

注：从 28d 加载。

在荷载作用下强度发展比较稳定时，对于水泥浆体含量相同的混凝土来说，其基本徐变在恒定应力/强度比下是减小的。在潮湿环境中，除了普通水泥-粉煤灰混凝土以外，所有其他混凝土试块的膨胀都很小，因此徐变近似为基本徐变（即与环境平衡的混凝土徐变）。因为普通水泥-粉煤灰混凝土的膨胀比其他混凝土大，所以相应的徐变也大些。

水泥浆体含量相同的混凝土基本比徐变随水灰比 W/C 的下降而减小。表 10-24 数据说明除了普通水泥-粉煤灰混凝土外，其他混凝土比徐变随水胶比 $\left(\dfrac{W}{C+f}\right)$ 的变化而变化。不论是恒定应力/强度比的徐变或是比徐变，同时掺粉煤灰和超塑化剂的混凝土徐变值最小，约比普通水泥混凝土的徐变值小 50％。

当混凝土放置在干燥环境中加载时，在恒定应力/强度比作用下，混凝土的徐变因用粉煤灰代替水泥和使用超塑化剂而降低。除了影响基本徐变的一些基本因素外，还有一个由收缩引起的重大影响，它导致了收缩的组成部分干燥徐变成为基本徐变的一部分。因此徐变随收缩的变化而变化。试块放置在干燥环境中，徐变值最小的是普通水泥-粉煤灰-外加剂混凝土，比普通水泥混凝土的徐变值约小50%。而在此情况下，普通水泥-粉煤灰混凝土徐变值约小于普通水泥混凝土的25%。

3. 高强混凝土脆性问题

混凝土属于脆性材料。随着强度的提高，弹性模量增高，脆性也提高，这样易于开裂和突然破坏，特别是用于高强预应力钢筋混凝土构件和结构物时，断裂破坏没有预兆而突然破坏。因此，目前实用的高强混凝土是强度60～80MPa，而水泥用量控制在500kg/m³以内。

4. 高强混凝土的泵送性

强度为50.0、75.0及100.0MPa，坍落度18、21及25cm的高强混凝土，搅拌后，用搅拌车运输30～60min，再经116m垂直和水平泵送。实验表明高强混凝土由于坍落度损失，泵送要求压力大。配制强度100.0MPa的混凝土中掺入一部分硅粉，泵送性有所改善。关于泵送前后品质的变化，在坍落度为21cm或流动度40cm的情况下，由于泵送而使坍落度损失。因此，强度100.0MPa的高强混凝土泵送距离最多可达100～150m。

最后，总趋势是高强混凝土向高性能混凝土(HPC)方向发展。

第四节　高强混凝土的应用

高强混凝土的研究和应用很早就开始了，早在1940年日本用高压脱水法，制得水灰比小的混凝土，抗压强度达100.0MPa以上。由于生产工艺复杂，土木和建筑一般不要求高强度，因此在很长一段时间未得到普及。第二次世界大战后，城市重建促进了建筑的发展，特别是预制混凝土构件和制品的生产兴起和蓬勃发展。这时采用干硬性混凝土，高频振捣或加压振动成型，蒸汽养护等工艺和方法制备高强混凝土预构件和制品，因此加速了城市建筑和市政工程的建设。高强混凝土的发展和推广的关键是20世纪60年代初出现高效减水剂。这样掺少量高效减水剂，在普通条件下就能配制高强混凝土。当时，日本在这方面处于领先，随后欧美国家相继发展起来。我国是在20世纪70年代初开始从事这方面研究的，80年代发展更快。随着建筑向高层化发展，要求混凝土高强化，这样就促进了高强混凝土较广泛应用。

一、建筑物中的应用

高强混凝土在建筑物中的最大应用是高层建筑结构的柱子。高强混凝土柱子在美国芝加哥地区的高层建筑中应用已有报道。自1972年以来，芝加哥已建成的30多幢建筑物中，柱子设计强度都在62MPa以上。现将美国应用高强混凝土的典型建筑物实例列入表10-28中，由此表看出，最高强度98MPa。高强混凝土在建筑物中可用作梁、楼板、柱、框架、基础等混凝土结构。

表10-28 使用高强混凝土的建筑物

建筑物	地点	年①	总层数	设计混凝土最高强度 psi（MPa）
S. E. Financial Center	Miami	1982	53	7000（49）
Petroeanada Building	Caigary	1982	34	7250（52）
Lake Point Tower	Chicago	1965	70	7500（52）
1130 S. Michigan Ave	Chicago			7500（52）
Texas Commerce Tower	Houston	1981	75	7500（52）
Helmsley Palace Hotel	New York	1978	53	8000（56）
Trump Tower	New York		68	8000（56）
City Center project	Minneapolis	1981	52	8000（56）
Collins Place	Melbourne		44	8000（56）
Larimer Place Condominium	Denver	1980	31	8000（56）
499 Park Avenue	New York		27	8500（59）

续表 10-28

建筑物	地点	年①	总层数	设计混凝土最高强度 psi（MPa）
Royal Bank Plaza	Toronto	1975	43	8800（61）
Richmond-Adelaide Center	Toronto	1978	33	8800（61）
Midcontinental Plaza	Chicago	1972	50	9000（63）
Water Tower Place	Chicago	1975	79	9000（63）
River Plaza	Chicago	1976	56	9000（63）④
Chicago Mercantele Exchange	Chicago	1982	40	9000（63）
Columnbia Center	Seattle	1983	76	9500（66）
Interfirst Plaza	Dallas	1983	72	10000（70）
Eugene Terrace	Chicago	1987	44	11000（77）②
311 S. Wacker Drive	Chicago	1988	70	12000（84）
900 N. Michigan Annex	Chicago	1986	15	14000（98）
Two Union Square	Seattle	1987	62	14000（98）③
225 W. Wacker Drive	Chicago	1988	30	14000（98）
Scotia Plaza	Toronto	1988	68	10000（70）

注：①高强混凝土施工的年代；
②包括两根强度为 11000psi（77MPa）的实验柱子；
③包括两根强度为 14000psi（98MPa）的实验柱子；
④较低层的楼板也用 9000psi（63MPa）。

日本 1974 年鹿岛公司在东京首次用高强混凝土建成 18 层住宅建筑。其后，对高强混凝土高层建筑的结构设计、施工方法等进行了大量试验研究。高强混凝土在建筑中的应用相当普遍，并且制定了发展高强混凝土的计划（RC 总计划）。在高层结构建筑中，高强混凝土的强度对应于柱子的轴力。可以说建筑高度是由使用混凝土强度来决定的。25 层要 36.0～42.0MPa，30～40 层要 42.0～48.0MPa。为了更高层化，混凝土的强度要更高。于是日本建设省建筑研究所提出了 1988～1992 年计划，开始了超高强混凝土开发的新 RC 计划。目标是 80.0MPa 的高强混凝土，在 20 世纪实现实用化，并预计 2000 年以后强度 120.0MPa 的高强混凝土也将普及。

我国首次用高强混凝土的建筑是“毛主席纪念堂”(1977 年)，全部混凝土结构采用 60.0MPa 的高强混凝土。80 年代随着城市高层建筑的发展，C_{50}～C_{60} 的高强混凝土也较为普遍。

二、高强混凝土在桥梁中的应用

高强混凝土在一些实际桥梁中的应用列入表 10-29 中，可能在美国主要是在西弗吉尼亚州的 Huntington 和俄亥俄州的 Proctorville 克拉贝特（Clarpenter）报道了，在四种不同断面的桥梁中使用高强混凝土的作用。对带圆头 T 形钢的桥面整体，宽间距桁梁的跨距可以随着混凝土强度的提高而增加；对宽间跨桁架，当混凝土强度达 55MPa 时，其跨距可以增大；但是当混凝土超过 55MPa 时，由于不能提供足够的预应力，跨距不再增大。其他断面的情况也一样。

表 10-29　使用高强混凝土的桥

桥	地点	年	最大跨度（英寸）	混凝土最高设计强度 psi（MPa）
Willows Bridge	Toronto	1967	158	6000（41）
Houston Ship Canal	Texas	1981	750	6000（41）
San Diego to Coronado	California	1969	140	6000L*（41）
Linn Cove Viaduct	North Carolina	1979	180	6000（41）
Pasco-Kennewick Intercity	Washington	1978	981	6000（41）
Coweman River Bridges	Washington		146	7000（48）
Huntington to Proctotville	W. Va. to Ohio	1984	900	8000（55）
Ammicis Bridge	British Columbia	1986	1526	8000（55）
Nitta Highway Bridge	Japan	1968	98	8500（59）
Kaminoshima Highway Bridge	Japan	1970	282	8500（59）

续表 10-29

桥	地点	年	最大跨度（英寸）	混凝土最高设计强度 psi（MPa）
Tower Road	Washington	1987	161	9000（62）
Fukamitsu Highway Bridge	Japan	1974	85	10000（69）
Ootanabe Railway Bridge	Japan	1973	79	11400（79）
Akkagawa Railway Bridge	Japan	1976	150	11400（79）

注：* 轻混凝土抗压强度以 55MPa 规定为上限。主跨采用 274m 长的一种不对称上部结构的桥梁。

对于后张箱形梁桥，卡彭特（Carpenter）说高强混凝土可以用于增大其跨距，但是最大跨距也同样受最大预应力所限制。对于拼装式箱梁桥，他认为：高强混凝土在那些构件厚度受应力控制的部位也应用，然而在厚度受其他应用控制时，高强混凝土未必有益。

在日本抗压强度为 76MPa 的混凝土已用于公路桥。纳格泰克（Nagataki）报道说：强度为 79MPa 的混凝土在现场很容易制备。

我国在 20 世纪 70 年代中期就有用高效减水剂配制强度 80.0MPa 高强混凝土建造预应力铁路桥梁的例子。二十几年来，随着城市公路立交桥建设的发展，普遍采用设计强度等 C50～C60 的商品混凝土。仅北京地区，三环公路和京通公路 10 多座立交桥采用我们研制的超塑化剂配制高强流态混凝土（设计强度等级 C55）浇筑后张预应力桥箱和桥盖，实际强度等级达到 C65～C70。此外在我国铁路桥梁建造中普遍采用高效减水剂配制的高强混凝土。

三、特殊用途

由于用高效减水剂配制的高强混凝土有允许应力大、抗冲击性强、密实、抗渗、耐久性好等优点，日本在 1965 年将其用于压蒸法钢筋混凝土桩的生产，抗压强度在 40.0MPa 以上。1966 年用压蒸法使预应力混凝土柱的抗压强度普遍达到 70.0MPa 左右。接着，

1969 年制成抗压强度 80.0～100.0MPa 的超高强蒸汽养护混凝土，以后逐年增加产量。因超高强混凝土的强度与铁相近，所以不仅在水泥的二次制品中应用，而且作为新型结构材料，用于大型桥梁和高强路面等土木建筑方面。

日本建筑协会等单位用高强混凝土进行实际规模施工试验。试验体是 1 跨×1 跨度的 2 层实际尺寸框架结构物和 5 根柱子。混凝土设计强度为 60.0MPa 和 100.0MPa，坍落度 21～25cm。实验结果是，设计强度 60.0MPa 的混凝土，柱子试件龄期 91d 核心强度约为 77.0MPa，框架试验体约为 70.0MPa。设计强度 100.0MPa 的混凝土柱子核心强度是 107.2MPa，都满足设计强度。

斯克莱斯特（Skrastins）1970 年用离心法生产预应力混凝土柱子的混凝土强度达到 69MPa。由于使用了高强混凝土，柱子的断面减小。

英格兰多卡斯特（Doncaste）跑道屋顶梁使用了密度为 1890kg/m^3 轻质混凝土，其强度为 52MPa。

美国西北部海底的桩使用了抗压强度 55～63MPa 的高强混凝土，抗压强度 65MPa 的高强混凝土用于码头的面板。在 1984 年，费兰托（Fiorto，A. E.）等报道美国在北极施工了大约 9200m^3 高强轻质混凝土，密度 1794kg/m^3，其 56d 强度 62MPa。5000m^3 强度（56d）69MPa 的混凝土用于钻井结构物。

据沃尔西伏（Wolsiefer）报道，现浇高强度、低渗透性和抗化学腐蚀的混凝土已用于工厂建筑，45d 抗压强度为 83MPa，坍落度 23cm。

1973 年我们用复合高效减水剂（SM0.5％＋葡萄糖酸钠）水泥砂浆建造了载重 100t 轻油的钢丝网水泥船，其砂浆 28d 强度为 72MPa。几乎同时上海某船厂用 900$^{\#}$ 水泥配制 800$^{\#}$ 混凝土建造了万吨级混凝土船坞。我国还生产 600$^{\#}$ 高强预应力轨枕和 80～100MPa 预应力管桩。

用高强混凝土还可以增强对钢筋锈蚀的保护。低孔隙率增加电阻抗而降低了钢筋氧化速率。此外，由于除冻盐的氯离子不容易与钢筋接触，也延缓了钢筋锈蚀，如表 10-30 所示。

表 10-30 高强混凝土抗锈蚀试验

抗压强度		硅粉	氯离子	电阻①	18 个月锈蚀数据②	
(psi)	(MPa)	(Wt%)	渗透色谱	($10^{-2}\Omega\cdot m$)	E_{corr} (mV)	I/R_p ($M\Omega/cm^2$)
5160	35.6	0	3663	8	−454	22
7360	50.8	15	190	95	−26	4
8580	59.2	15	98	118	−53	4
9290	64.1	0	132	74	−3	1
12120	83.6	15	75	161	−53	4

注：①用 AASHTO-227 快速氯离子渗透试验在龄期 28d 时测量；

②用硫酮参考电极测量的钢筋锈蚀趋势。

第五节 无宏观缺陷水泥（MDF）

无宏观缺陷水泥（Macro Defect Free Cement）在强度上仅次于 Roy 的热压法成型水泥浆体。MDF 属于高强水泥混凝土的范畴，不是在普通条件下制成的，而采取了特殊的工艺和方法。同时 MDF 的组成材料中也有外加剂，因此在此简单介绍它的组成材料、制造方法和性能。

在水泥材料改性中，有实用前景、强度最高的是 MDF。由于 MDF 抗压和抗弯强度高达 294～490MPa 和 150～290MPa，与其说它是水泥材料，不如说是高强“陶瓷”。MDF 在建筑上很难找到实际用途，其原因是强度太高，价格太贵，而建筑材料主要是量大面广的材料。从资料报道来看，曾用作制造唱片的试验；也试验制作汽车发动机气缸套，最终因耐温性不好而告失败。MDF 应用最成功的例子是，法国用来制造高级音箱，其放出的音乐，声音优美，音域宽，无振动共鸣杂音。MDF 音箱现在在我国也有销售

(法国产品)。所以，MDF 是一种特殊的新无机非金属材料，应当根据它的性能，从特种用途发展。

一、组成材料

布赖查尔（Brichall）等认为制备 MDF 应采用如下措施：①使用颗粒分布符合“多态分布”的水泥；②用外加剂降低水灰比；③采用强烈搅拌、加压成型、热水养护等工艺措施。

1. 水泥

采用硅酸盐水泥或铝酸盐水泥。普通水泥的颗粒分布在 1～150μm 范围，并且是连续分布，分布曲线只有一个较宽的分布带。用于 MDF 的水泥应是“多态分布”，颗粒分布中存在两个或两个以上的范围较窄的分布带，整个分布曲线是不连续的，可以是“双态分布”或“三态分布”。

“双态分布”时，粒径在 60～110μm 的颗粒至少占总重量的 50%，最高达到 70%～90%。粒径在 1～10μm 的颗粒至多占 50%，最好是 10%～30%。在上述颗粒粒径范围以外的颗粒不得超过 20%，最好在 10%以内。

“三态分布”水泥，100～115μm 占 50%，最好达到 70%～90%；7～12μm 占 50%，最好是 10%～30%；0.5～2μm 占 1%，最好是 3%～8%。

多态分布总的要求是，每个分布带的重均粒径要尽量相差悬殊；每个分布带的粒径范围越窄越好。

多态分布的水泥是用普通水泥先筛分成几种不同粒径范围等级，然后按要求以一定比例取不同等级混合而成。筛分可用空气分级法，对于多态分布而言，态级越多越好，如四态分布等。各个分布态的重均粒径可以用常规的风力离析法测定。

2. 外加剂

为了降低水灰比，同时使水泥拌合物具有足够的塑性变形，在拌合过程中必须加外加剂。外加剂是对水泥粒子有润滑作用的聚合物，也可以是对水泥粒子有分散作用的表面活性剂。

(1) 纤维素：如羟丙基甲基纤维素。

(2) 胺基取代的聚合物：聚丙烯酰胺及其共聚物。

(3) 聚氧乙烯的衍生物：如相对分子质量为 10000 的聚乙烯醇，烷基酚聚氧乙烯醚等。

(4) 聚合物乳液：聚醋酸乙烯酯、丁苯胶乳等。

(5) 高效减水剂：萘系、三聚氰胺系等。

外加剂的掺量为水泥质量的 0.5%～10%。一般配成水溶液或乳液使用。可以与水泥拌合，或先将水泥与水拌合后，再加外加剂一起拌合。

3. 加水量

加水量控制在水泥质量 20%以内。水灰比越低，则强度越高，不过一般不低于 12%。使用多态分布的水泥，可以在极低的水灰比条件下成型，最低的水灰比甚至只有 7%。用小粒径的水泥，也可用极低水灰比成型，并且制品超过 100μm 的孔体积不超过总体积的 20%。因而用水灰比 30%，重均粒径小于 20μm 的水泥也是有利的。

二、成型工艺

1. 搅拌

为了水泥混合物充分拌合，使大孔体积和尺寸减小，建议在双辊碾磨机中，在强烈剪切条件下反复碾轧。或者用螺旋挤出机、行星式拌合机拌合。

2. 成型

为了使所得制品的孔径分布比较均匀，采用加压成型工艺是行之有效的。所谓加压成型是水泥混合物在受压条件下硬化，一直到初步硬化后才能撤出压力。具体加压时间要根据水泥的硬化速度估计，也可通过简单的试验来决定。所加压力不必太高，大约在 5.0MPa 即可。

3. 养护

养护温度，可室温养护，也可高温养护使硬化反应加速。养护湿度，可在雾室养护，相对湿度应达 100%。若采用高温、高压、高湿的养护条件，可加速硬化过程。养护时间，根据所采用的养护条件不同，在 0.5～28d 内变动。

三、MDF 制备实例

日本（“Concr·J”1986，24，№3，10～14）报道，用波特兰水泥（Ⅰ）；掺高分散氧化硅的波特兰水泥（Ⅱ）；慢硬化波特兰水泥（Ⅲ）。（Ⅰ）具有特殊的相似的颗粒组成，并且与掺 1.5%～5%甲基纤维素外加剂一起使用。水灰比 0.20 的（Ⅰ）混凝土具有抗压强度 150～250MPa，抗弯强度 40～150MPa 和抗拉强度 30～100MPa。以（Ⅰ）为基础的混凝土的高强度首先是由于低的孔隙率和不存在结构缺陷。

采用粒径 5nm～0.5μm 二氧化硅和外加剂的（Ⅱ），在水灰比 0.13～0.18 时得到强度 118～267MPa 的混凝土。（Ⅲ）用于水下结构构筑。

塔恩（TanS. R.）等，用胶凝材料：波特兰水泥、矾土水泥、石膏、硅酸钙，水溶性有机聚合物：聚醋酸乙烯酯、聚乙烯醇、羟丙基甲基纤维素等和较少的水的组成物，在滚压成型时结合压力≤5MPa下加压和挤压。以矾土水泥和聚醋酸乙烯酯为原料制得的 MDF 抗弯强度为 150～200MPa，弹性模量 40～50kPa 抗压强度 380MPa，抗冲强度 KJ/m^2，断裂能 200～500J/m^2，密度 2.5g/cm^3，孔隙率 1%（体积）。

朴恩（Poon C. S.）等研究了二种配比的 MDF 及其强度和孔结构。其一是：波特兰水泥 100（重量分），聚丙烯酰胺 2～4，丁苯胶乳 11.75～15，水 10～16。其二是：矾土水泥 100，聚乙烯醇 7，丁苯或丙苯胶乳 10，水 10。研究指出，传统的有关水泥材料强度和孔结构之间的关系的概念对用乳胶外加剂改性的 MDF 不完全适用。掺乳胶降低 MDF 的孔隙率，但是其抗弯强度同样降低。还发现水泥石与聚合物之间有化学作用。

通常，材料的总孔隙率只与其耐久性、抗蚀性等有关，而与抗折强度关系不大。决定材料抗折强度是材料内部的孔径分布，只要材料中大孔的料目减少，孔径尺寸减小，则抗折强度提高。

MDF 材料中，直径大于 100μm 孔的总体积小于 2%，甚至大于 15μm 孔的总体积小于 0.5%，因此能大大提高抗折强度。

当前研究开发 MDF 材料用途是重要的课题，这决定它的发展前景。

参考文献

1. 美国混凝土学会 363（高强混凝土）委员会报告．ACI—363R—92

2. 清华大学土木系建材教研室译编．高强混凝土与高效能混凝土译文集（第三册），1994

3. 国外混凝土外加剂和减水剂．国家建材总局情报标准所编，1977

4. 国外高强混凝土减水剂．建材研究院技术情报研究所，1975

5. 李崇志．超塑化剂的研究和应用．武汉工业大学北京研究生部硕士学位论文，1993

6. 高效塑化剂的研究和应用之一．山东水泥制品研究所，1979

7. 陈建奎．高效减水剂的掺量与混凝土强度的关系．混凝土及加筋混凝土，1983：11～16

8. J. B. 克里普韦尔等．掺超塑化剂粉煤灰混凝土随时变化的性能．粉煤灰利用技术和市场开发译文集．中国城乡建设粉煤灰利用开发中心编，101～109，1988

9. Love M. 制造发动机的新水泥材料．Trans ASME：J. Eng. Cas Turbines and Power 109，№4，374～399 1987

10. Ton S. R. Phil. Tras. Poy. Soc London A322，№1567，479～

489，1987

11. Poon C. S. 乳液对无宏观缺陷水石（MDF）的影响. J. Mater. Sci. 22，№6，2148～2152，1987

12. 日本. Concr. J.，24，№5，10～14，1987

13. ACI Materiats Journal/May-June 1993，Reported by ACI Committee 211

第十一章　流态混凝土及其应用

流态混凝土是1971年联邦德国为了改善干硬性混凝土的施工性而设想出来的。1974年联邦德国钢筋混凝土协会所设置的委员会制定了流态混凝土生产和施工方面的指南。英国水泥混凝土协会和水泥外加剂协会共同汇编了关于流态混凝土的报告书。日本在1975年实际使用流态混凝土，以后以建筑领域为主逐渐普及开来。我国随着商品混凝土的发展，带动了流态混凝土的普及。超塑化剂（或高效减水剂）应用之一是配制流态混凝土，但从发展过程看用于高强混凝土早于流态混凝土。目前，随着商品混凝土的普及和建筑高层化，以及现浇混凝土激增，流态高强混凝土和高性能混凝土成为发展的主流。并且，有关流态混凝土的流化效果、强度、干缩、抗冻融性和耐久性都已搞清楚。关键问题"流动度经时损失"可以从多种技术解决，已能满足施工要求，但流动度损失的机理比较复杂，需进一步深入研究。

第一节　流态混凝土的定义和概况

流态混凝土（Flowing Concrete）是指在已拌和成具有坍落度6～8cm的混凝土混合物中，于施工前再加入超塑化剂而制备的具有20cm以上坍落度的混凝土混合物。也就是说，在新拌的单位用水量少的塑性混凝土中，预先掺超塑化剂而得流动性好的，或者说坍落度大的混凝土。德国DIN1045中规定了坍落度与流动值之间的关系。当流动值（DIN）38～42cm或坍落度3.5～9.5cm的混凝土在施工前加入流化剂搅拌5min后，其流动值为51～60cm（或坍落度20±2cm）称流态混凝土，如图11-1所示。

现代建筑向高层化、大型化发展，因此出现了超大型混凝土建筑物，如高520m的预应力混凝土塔、跨度240m桥梁、排水量68000t的预应力混凝土驳船，168m的海上混凝土钻采平台，100000m³海底储油罐，我国的葛洲坝工程、长江三峡工程，英吉利海峡的水下隧道等。要求混凝土结构物具有很高的配筋率，并需要浇注大量的混凝土。因此，对混凝土混合物的制备、运输、浇灌、成型和硬化混凝土的性能提出了新的要求，促使混凝土向现浇化、流态化、高强化、高效化发展，并且要求节能和耐久性好。难怪有人说，将粉煤灰与超塑剂结合配制的流态混凝土是最节能的建筑材料。

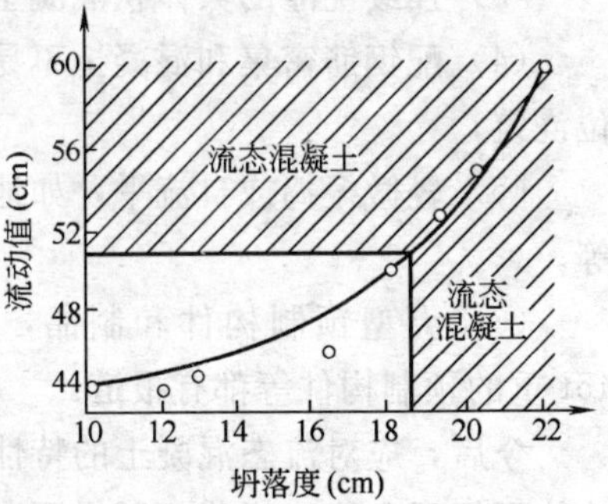

图 11-1 流态混凝土坍落度与流动值（DIN）之间的关系

流态混凝土的使用目的，是改善混凝土的施工性能、混凝土质量，加快施工速度、节约水泥、节省能耗等。流态混凝土使用实践证明有如下性能：

（1）减少干燥收缩、防止产生裂缝；

（2）减少离析和混凝土的沉降；

（3）提高混凝土的抗渗性、气密性；

（4）减少单位用水量；

（5）减少单位水泥用量；

（6）提高混凝土耐久性。

目前发达国家流态混凝土用量越来越大，我国商品混凝土生产中，大部是流态混凝土。流态混凝土的应用范围：

（1）泵送混凝土，泵送垂直高度最高310m；

（2）商品混凝土，特别是运输时间长（1～2h）；

(3) 连续浇灌的大体积混凝土，可浇筑数百万立方米；

(4) 配钢筋密集和混凝土不易进入的部位，或不允许振捣的部位浇筑；

(5) 轻微振捣或自流平，如地坪、基础梁、路面、层面、滑坡等。

(6) 大型预制构件和制品，如直径 3m 的预应力混凝土管，45t 重的预制构件等都有报道。

今后，应对流态混凝土的特性、规律进行调查研究，制定正确的使用规程和施工规范，以保证混凝土质量。

第二节 流态混凝土的组成和配合比

配制流态混凝土的关键是在不增大用水量的情况下，掺超塑剂使新拌混凝土获得大的流动性，以满足施工工艺的要求。

一、组成材料

1. 水泥

用于配制流态混凝土的水泥可采用硅酸盐水泥、早强硅酸盐水泥、矿渣水泥等。考虑到流态混凝土的要求大流动性和流动度损失小，水泥中 SO_3 和 C_3A 的配合要合理，含碱量低。根据设计强度的要求水泥用量在 260～500kg/m^3，其中包括普通流态混凝土和高强流态混凝土。

2. 集料

当粗集料的最大料径为 20mm 时，通过 0.3mm 筛孔的水泥和细集料总量至少为 400kg/m^3；当粗集料最大粒径为 25mm 时，通过量相应为 450kg/m^3。

当水泥用量在 270kg/m^3 以上时，通过 1.2mm 筛孔的砂子占全部集料的 24%～35%；当水泥用量在 270kg/m^3 以下时，其砂子相应占 35%以上。

欧洲和澳大利亚的混凝土制造厂的经验是，配制流态混凝土时，为了使混合物具有合适的粘结力，粒径小于0.25mm的集料最少用量须为320～415kg/m³，视集料的特性及规定的混凝土强度而定。

当用碎石或带棱角的粗集料时，以及要求混凝土强度高时，就要增加细粉料的比例。水泥、粉煤灰、碎矿渣和经级配的细集料均已用作这类细粉料。美国的预制厂通过增加混合物中的水泥用量以及将细集料的比例至少增加3%～5%来达到合适的细料比。

提高混合物中的细集料比（或砂率）能防止泌水和大大改善混合物的粘结力，减小粗集料最大粒径（即最大粒径9.5mm）便于在密集配筋场合下浇灌混凝土，同时也能减小离析。

3. 用水量

流态混凝土与基准混凝土的水灰比相同，而坍落度从6～8cm提高到20～22cm，而比相同坍落度的由日本建筑学会配合比设计指南中提出的标准单位用水量少（见图11-2）。这是因为超塑化剂的分散减水作用。

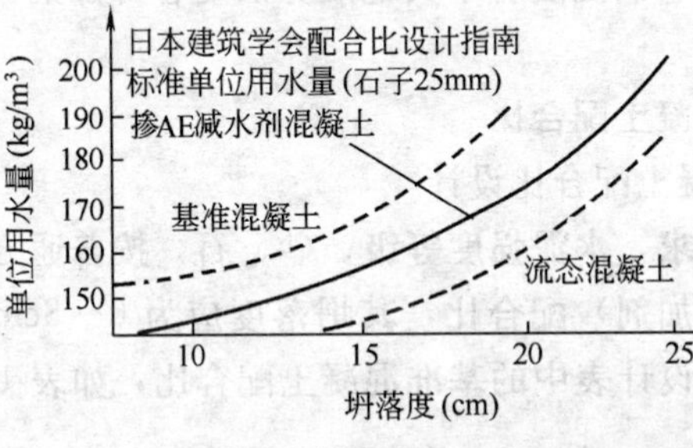

图 11-2 流态混凝土的单位用水量

4. 超塑化剂

用于流态混凝土的超塑化剂有：

（1）萘磺酸盐甲醛缩合物；

（2）多环芳烃磺酸盐甲醛缩合物；

（3）三聚氰胺磺酸盐甲醛缩聚物；

(4) 改性木质素磺酸盐；

(5) 多元醇系。

超塑化剂是流态混凝土不可少的成分，其掺量约为水泥重量的0.75%。这样能大大提高混合物的流动性，但流动度损失较快。解决流动度（或坍落度）损失的方法可采用后掺法。

为了改善流态混凝土性能和减小流动度损失，还需复合引气剂、缓凝剂或普通减水剂，这样可使新拌混凝土的流动性保持60～90min。

如果要使流动性保持2h或更长，就需掺入水溶性高分子稳定剂（日本称“徐放型”高分子）。

通常，人们将高效减水剂、超塑化剂、流化剂、泵送剂相提并论，至多知道是高效减水剂用于不同混凝土时外加剂的名称。它们的主要成分是高效减水剂，但次要成分即使在公开的资料中也不说明，这是生产外加剂厂商的秘密或“诀窍”。在解决流动性损失或可泵性方面超塑化剂、流化剂、泵送剂不同于高效减水剂，这是它们的特性，因为它们是复合了其他成分的复合外加剂。

二、流态混凝土配合比

1. 基准混凝土配合比设计

根据强度要求，水泥强度等级、砂、石，按普通方法设计基准混凝土（不掺外加剂）配合比，其坍落度应为6～8cm。例如日本建筑学会配合比设计表中的基准混凝土配合比，如表11-1所示。

表11-1 基准混凝土配合比

水灰比	坍落度（cm）	砂率（%）	单位水量（kg/m^3）	材料用量（kg/m^3）		
				水泥	砂	碎石
0.60	8*	45.5	168	280	832	996
0.60	21	48.4	209	348	885	943

注：集料最大粒径20mm；*—基准混凝土。

2. 砂率的变化

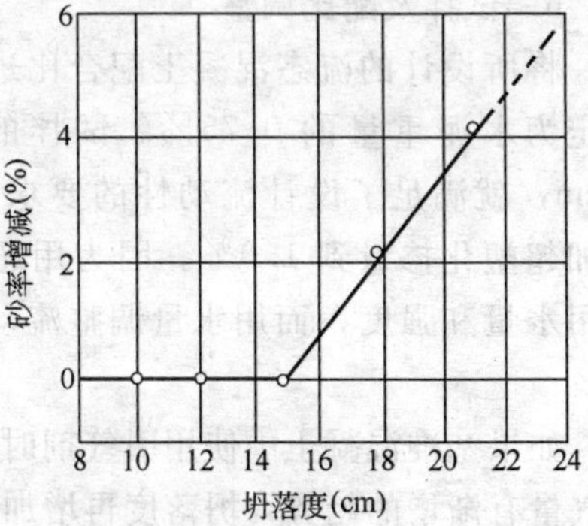

图 11-3　流态混凝土坍落度与砂率的关系

日本和英国，流态混凝土的砂率比基准混凝土提高 4%～5%。图 11-3 表示流态混凝土增加砂率与坍落度的关系。当坍落度在 15cm 以下时，流动混凝土的砂率与基准混凝土相同。当坍落度大于 15cm 时，每增加 3cm，砂率相应增加 2%。

3. 用水量的变化

砂率每增减 1.0%，单位用水量将相应增减 1.0%。根据表 11-1 中的数据，相同水灰比（0.60）时坍落度 8cm 的基准混凝土砂率为 45.5%，而坍落度 21cm 的流态混凝土（不掺外加剂）的砂率为 48.4%。因此，掺超塑化剂的流态混凝土：单位用水量＝168×〔1＋(48.4－45.5)/100〕＝173kg/m^3

4. 水泥用量

在保持与基准混凝土相同水灰比时，根据第 3 条求出的单位用水量，再求出单位水泥用量。

单位水泥用时＝173/0.60＝288（kg/m^3）

5. 掺超塑化剂配制坍落度 21cm 的流态混凝土配合比

如表 11-2 所示。

表 11-2　掺塑化剂的流态混凝土配合比

水灰比	坍落度（cm）	砂率（%）	单位水量（kg/m^3）	材料用量（kg/m^3）			超塑化剂（%）
				水泥	砂	碎石	
0.60	21	48.4	173	288	885	943	0.75

注：如果是液体外加剂，其掺量包含在用水量中。

6. 试拌及配比调整

将所设计的流态混凝土配合比进行试拌，试拌时超塑化剂的量定为水泥重量的 0.75%。试拌的结果，如果坍落度在 21～22cm，就满足了设计流动性的要求；如果坍落度小于 21cm，可增加超塑化掺量到 1.0%。因为用超塑化剂掺量调整流动性不影响用水量和强度，而用水量调整流动性将引起水灰比和强度的变化。

如果基准混凝土中使用引气剂时，坍落度在 5～15cm 范围内，含气量有渐增的趋势，坍落度再增加，含气量有减小的趋势，必要时可调整引气剂的掺量，以满足含气量 4%～6%的要求。

另外，当采用掺合料代替部分水泥时，应先设计好基准混凝土配合比，再按上述步骤设计流态混凝土配合比。

有关高强流态混凝土的配合比设计，可参照高性能混凝土的配合比设计（第十章）。

第三节　流态混凝土的性能

用超塑化剂配制的流态混凝土应当具有好的流动性和工作性，硬化混凝土能满足强度要求，并具有好的耐久性。

一、坍落度及坍落度损失

坍落度 6～8cm 的基准混凝土，掺超塑化剂可以得到坍落度 20～22cm 的流态混凝土。其基准混凝土的坍落度随超塑化剂（或流化剂）掺量增加而增大。当坍落度达到 20～22cm 之后再增加掺量，其坍落度不会明显增大，这就存在一个最佳掺量的问题。超塑剂的最佳掺量取决于外加剂的品种、水泥的矿物组成、混凝土配合比以及掺加方法等。通常，配制流态混凝土时，超塑化剂的掺量约为 0.75%。图 11-4 表示超塑化剂掺量与混凝土坍落度和流动值的关系，说明了上述变化规律。

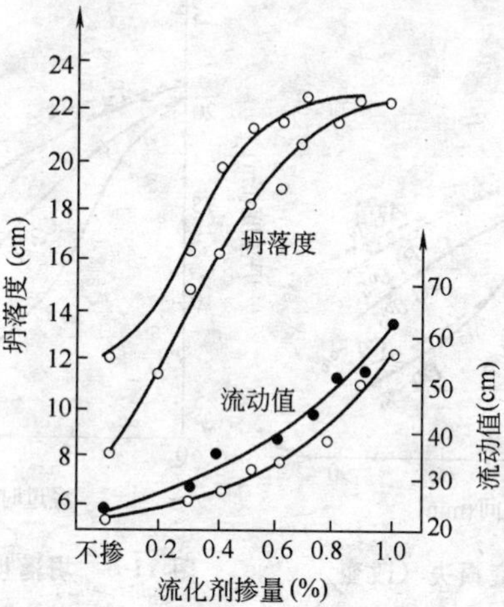

图 11-4 超塑化剂掺量与混凝土坍落度和流动值的关系

掺超塑化剂的流态混凝土混合物，随着时间增长、坍落度逐渐减小，最终会失去流动性。因此，流态混凝土存在坍落度经时损失现象。坍落度损失的速度取决与流化剂的品种和拌合温度。图 11-5 表示不同品种的流化剂对坍落度损失的影响。通常流态混凝土经 30～60min，坍落度损失到基准混凝土的坍落度，失去了可泵性。在这一阶段流态混凝土坍落度损失率比不掺外加剂的塑性混凝土的大。达到基准混凝土的坍落度之后，两种混凝土坍落度损失率相似。图 11-6 表示温度对坍落度损失的影响，拌合物温度越高、坍落度损失越快。此外，流态混凝土的坍落度损失率随水泥用量的提高而增大。在低温（5℃）时，坍落度损失很小。

对于流态混凝土坍落度损失的机理，日本的服部健一作过详细研究，认为水泥颗粒物理凝聚是主要原因，并且可用后掺或多次掺高效减水剂即可解决。另一些学者从超塑化剂对水泥水化反应的影响来研究流态混凝土坍落度损失的机理。

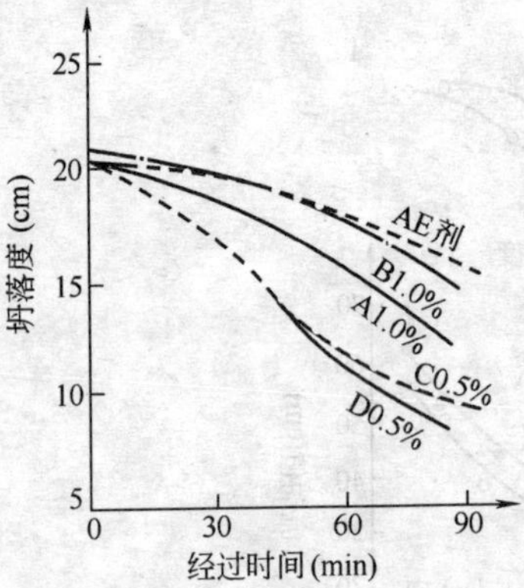

图 11-5　坍落度损失（改变流化剂品种）

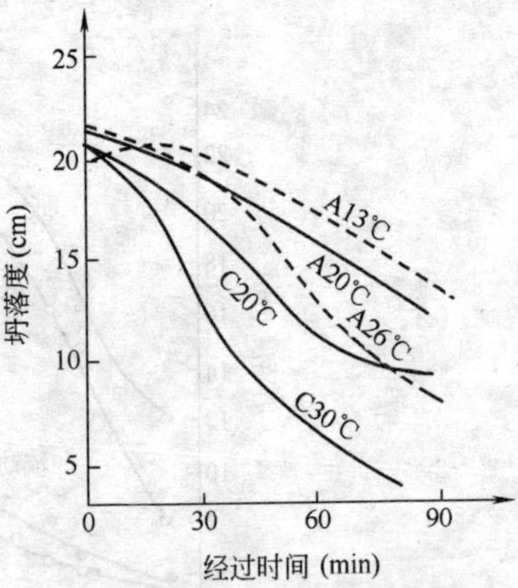

图 11-6　坍落度损失（改变温度时）

由于高效减水剂吸附在水泥颗粒表面上或早期水化产物上使水泥粒子分散，因此净浆稠度变小。随着水化反应继续进行，吸附在水泥颗粒或早期水化产物上的高效减水剂或被水化产物包围，或是与水化产物产生反应，变得不能发挥分散能力，造成水泥颗粒凝聚，使得净浆稠度提高。

水和超塑化剂一起加入时，就与水泥产生激烈的水化反应，最初由 C_3A、C_4AF 的选择吸附消耗了分散剂，降低了分散作用。

掺超塑化剂虽然提高了混凝土的流动性，但是初始水灰比较低，同时水泥的分散度又比普通混凝土的大得多，这样随着水化的进行，结合水增多，游离水减少使流动性降低更快。

掺超塑化剂之后，破坏了可溶性硫酸盐（SO_3）与 C_3A 之间的平衡，引起不同程度的速凝（或假凝），因而使坍落度损失增大。

C_3A 和石膏对水泥初期水化和结构形成的作用特别重要，钙矾石沉积在水泥粒子表面控制了水化过程。由于超塑化剂的掺入，使可溶性 SO_3 减少，导致钙矾石生成不足使水化加快，坍落度损失也就加快。

另外，在搅拌时引入一定量的空气，或者就含有引气剂，由于混凝土运输过程中气泡逸出使坍落度降低。

上述坍落度损失机理，都是在一定试验条件下得出的结论。针对这些机理，可以延缓流态混凝土的坍落度损失，以满足施工工艺的要求。

解决坍落度损失最早的有效方法是后掺法。所谓后掺法（简称“F”法），是在搅拌好基准混凝土之后，根据需要在一定时间再将超塑化剂掺入新拌混凝土中，经搅拌使其流态化。与后掺法对应的是常规将超塑化剂和水与水泥、砂、石等同时搅拌，即同掺法（简称“O”法）。

图 11-7 表示流化剂掺量、掺法（F 和 O 法）对流态混凝土坍落度的影响，如图所示，在流化剂掺量相同的情况下（流化剂 N-萘系、M-三聚氰胺系），F 法流化效果比 O 法流化效果更大。在流化效果相同时，F 法使流化剂掺量约减少一半，后掺法（F 法）的这种效果在掺用其他外加剂时，如普通减水剂、缓凝剂等，也能表现出来。

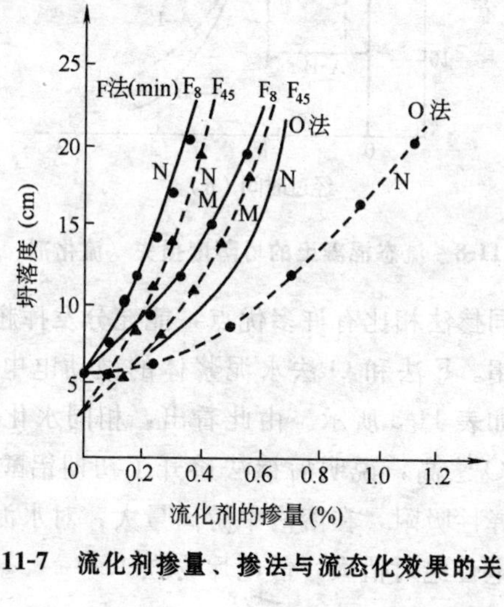

图 11-7　流化剂掺量、掺法与流态化效果的关系

采用后掺法时，超塑化剂滞后掺入新拌混凝土中的时间，根据需要从几秒钟到几十分钟，甚至可在泵送之前。实际上后掺法是控制新拌混凝土需要流态化时间，避开了浇灌前（或泵送前）的工艺过程中的坍落度损失。

后掺法制得的流态混凝土，同样存在坍落度损失问题，而且掺流化剂时间越迟、即流态化的时间越滞后，所得到的流态混凝土坍落度损失的趋势越快，如图 11-8 所示。当超塑化剂延迟到在水泥水化潜伏开始时掺入，可以得到最大的流动性，因此在混凝土接触水后（拌合后）5～50s 期间掺入超塑化剂，通常坍落度损失较小。而在搅拌好的基准混凝土装入搅拌汽车中后，再掺超塑化剂，经高速搅拌少于 1min、中速搅拌不到 2min，就没有显示出充分的流化效果。

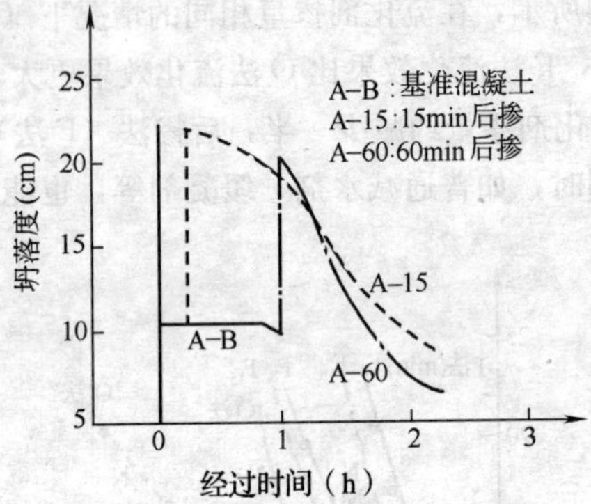

图 11-8　流态混凝土的坍落度损失（流化剂：A）

后掺法与同掺法相比有许多优点，能充分发挥超塑化剂对水泥浆体的分散作用。F 法和 O 法水泥浆体的微动电电位随时间变化的测试结果，如表 11-3 所示。由此看出，相同水化时间 F 法的 ζ-电位绝对值比 O 法高，说明后掺法避开了初期铝酸盐及其水化物对超塑化的选择性吸附，在溶液中游离量大，对水泥粒子分散作用强，因为其 ζ-电位绝对值大，静电斥力强。

表 11-3 O 和 F 法水泥浆体动电电位（ζ）的变化

超塑化剂品种	掺法	动电电位 ζ（mV）			
		2h	4h	6h	8h
Mighty −150	O	−19	−18	−17	−16.5
	F（45s）	−30	−29	−27	−26
	F（90s）	−35	−31	−30	−29
Peramin F	O	−19	−18	−17	−16.5
	F（45s）	−28.5	−27	−26	−24
	F（90s）	−29	−28.5	−27.5	25

注：Peramin F 三聚氰胺系超塑化剂特快硬硅酸盐水泥 pz55，固液比大于 10%。

后掺法增加了混凝土的搅拌时间或次数，这样会减少了搅拌机的产量或增加了搅拌工艺，因此在采用时有一定困难，我国商品混凝土中很少采用后掺法。当然外国应用后掺法较普遍。

研究和应用实践表明，用超塑化剂制备流态混凝土时，采用同掺法可使流化时间保持 30～60min；而后掺法为 60～90min。但是将超塑化剂与缓凝剂复合，即使采用同掺法混凝土流化时间也能保持 60～90min，达到后掺法同样的效果，能满足一般工艺从 30～90min 保持流动性的要求。

通过复合超塑化剂也能解决流态混凝土坍落度损失，而且比后掺法更方便更有效。图 11-9 就是典型的例证。从图中可以看出，用单一成分的超塑化剂（C）流动性只能保持 30～60min，因为坍落度损失快。而将超塑化剂与缓凝剂复合使用（B），流动性能保持 60～90min，明显延缓了坍落度损失。新的流化剂（A）可使流动时间保持 2h 或 2h 以上，而不影响混凝土强度。我们研制的复合超塑化剂（csp）就具有这样的效果。同时还具有早强和增强作用。因此，超塑化剂的发展方向是复合化，而后掺仅是辅助措施。

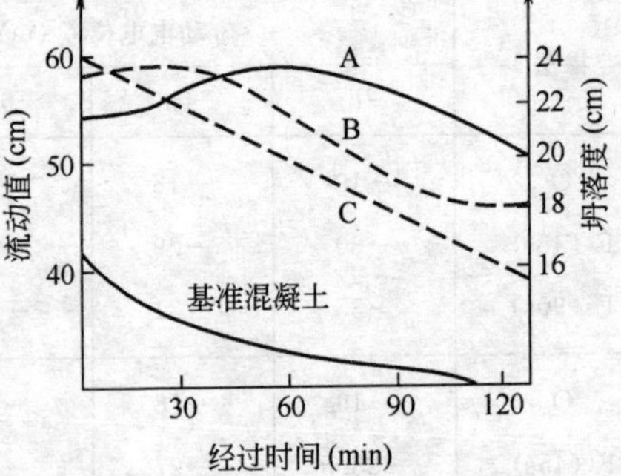

图 11-9　流化剂品种对流动性的影响

二、流态混凝土的流变性

掺超塑化剂（或流化剂）的流态混凝土的粘度和剪切应力都有很大的降低。从用回转粘度计对普通混凝土（N）、掺减水剂的混凝土（R）和流态混凝土（F）的测试结果可看出，具有同一切变速度时，流态混凝土所需的功为普通混凝土的 1/3，比掺减水剂少一半（见图 11-10）。

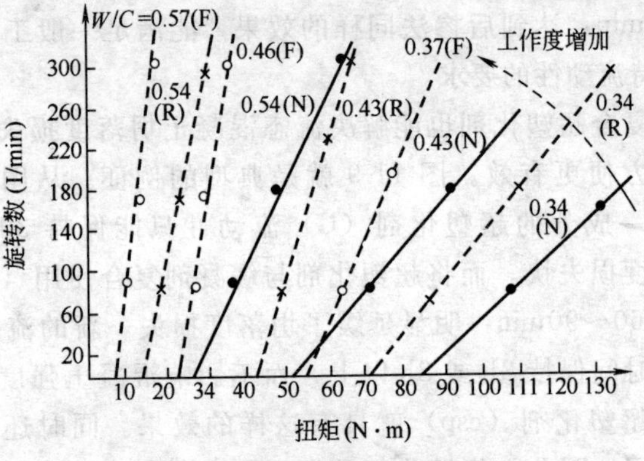

图 11-10　流态混凝土的流变性

○流态混凝土(F)　× 减水混凝土 (R)　● 普通混凝土(N)

研究掺超塑化剂对水灰比0.25～0.40的水泥浆体的流变性影响结果表明：

(1) 流化剂掺量与剪切应力和剪切速度的关系：当水泥浆的W/C=0.40、流化剂（萘系）掺量0.75%时，粘度最小并有最佳和易性。另外，当W/C=0.30、掺量1.0%时，具有很高的流动性。但是，当W/C=0.25、掺量1%～2%时，尽管掺量有所增加，但其和易性的提高不及前二者。总的来看，掺量0.75%以下的水泥浆的剪切应力和剪切速度处在滞变范围。

(2) 流化剂掺量与屈服值的关系：水泥浆W/C为0.25～0.40，流化剂掺量在0.25%～0.50%范围内屈服值急剧减小，当掺量为0.75%时屈服值几乎为零。

(3) 水泥容积浓度与屈服值的关系：水泥浆W/C为0.25～0.40，相应水泥容积浓度为0.56～0.44。净浆的屈服值随着水泥容积浓度的提高而呈直线急速增大。另外，流化剂掺量0.5%以上的水泥浆屈服值比掺量0～0.25%时有大幅度地降低。

(4) 水泥容积浓度与塑性粘度的关系：水泥浆的塑性粘度随着水泥容积浓度的提高而呈直线增加。此外，流化剂掺量0.25%与不掺时塑性粘度没有多大差别，之后，随着掺量增加塑性粘度减小。但在0.75～2.0范围内数值大致相同。

通常认为，在一定水灰比范围内水泥浆属宾汉姆流型，当掺合适量(0.75%)的超塑化剂时，由于塑性粘度减小和屈服值大大降低(几乎为零)使水泥浆体接近牛顿体流型。这也是流态混凝土具有可泵性的原因。

另外，在配制流态混凝土时，如果用一部分粉煤灰（10%～25%）代替水泥，可使屈服值显著下降，但塑性粘度却不因粉煤灰的掺入而发生变化。粉煤灰替代率25%的混凝土单位用水量减少7%，而屈服值呈直线下降。因此，粉煤灰掺入改善了流态混凝土的工作性，同时提高了稳定性。对于粉煤灰的作用机理尚待进一步研究，但至少可以认为是固体粉末对分散体系的稳定作用。因为粉煤灰粒子带负电（ζ电位－16～－22mV），只要加入少量的超塑化剂（0.05％），就能在粒子表面吸附一层超塑化剂分子而达到饱和，因此产生高ζ-电位（－60mV），使水泥分散体系稳定。

在制备低水灰比（小于0.40）高强流态混凝土时，要考虑超塑化剂与水泥间的相容性。因为在硅酸盐水泥生产中，石膏的掺量是在水灰比约为0.50时与C_3A含量配合的。如果石膏用量不够，可溶性SO_3不足以与C_3A形成钙矾石（AFT）控制C_3A水化速度，导致水泥假凝。配制低水灰比流态混凝土，由于水灰比低，使可溶性SO_3的量不够，这样就会发生上述欠硫化水泥假凝现象。这时超塑化剂分子的磺酸根就会与C_3A键合，造成快速的坍落度损失。因此，在低水灰比下掺超塑化剂时，硫酸盐必须很迅速地溶解，以很好地控制C_3A水化，这样才能达到较好的流化效果。故在配制低水灰比的流态混凝土时，要从流变学试验选择与超塑化剂相容性好的水泥，特别是要优化混凝土中的硫酸钙，包括它的类型和含量。

三、流态混凝土的泌水与离析

掺萘系流化剂的流态混凝土的泌水率与基准混凝土和掺木质素减水剂混凝土相差不大，通常为4.6％～5.8％。

萘系和三聚氰胺系流化剂制备的流态混凝土经拌和60min或90min以后，泌水率急剧减小。而木质素系和多元醇系流态混凝土经过60～90min后，由于受凝结时间（缓凝作用）的影响泌水率较大。商品流态混凝土的汽车运输过程就是这种情况。

对于掺引气剂的基准混凝土，掺萘系和三聚氰胺系流化剂使其流化，在拌合后90min之内，其泌水率与其准混凝土相同。

流态混凝土的沉降率比基准混凝土的沉降率有增大的趋势，但比单位水泥和单位用水量较多的塑性混凝土的沉降率要小。

由于流态混凝土具有较大的坍落度，为了减小沉降率和防止集料分层或离析现象，必须增大砂率，特别是要增加小于0.3mm和1.18mm的颗粒的数量，通常流态混凝土的砂率要在40％～50％

左右。另外，掺用粉煤灰可以防止离析和分层现象。

流态混凝土的配合比很重要，最佳配合比的流态混凝土浇制柱子时，即使从5m高落下也不分层。这一点证明集料的级配和细颗粒（即水泥+砂子）含量在提高混凝土粘聚性中的重要性。否则就产生分层和离析。

四、流态混凝土的凝结时间

采用萘系和三聚氰胺系流化剂的流态混凝土的初凝和终凝时间，比基准混凝土要延迟30min。而改性木质素和多元醇系流化剂对凝结时间具有显著的延缓作用。为了延缓流态混凝土坍落度损失，采用复合超塑化剂，其凝结时间延迟4～6h（与基准混凝土相比）。适当的初期水化抑制作用，不但不影响早期强度，反而能提高早期强度。关键是根据具体条件，控制好缓凝成分的剂量，在配制早强高强流态混凝土时更需要如此。

五、流态混凝土的强度

流态混凝土强度与相同水灰比的基准混凝土强度基本相同，如图11-11所示。

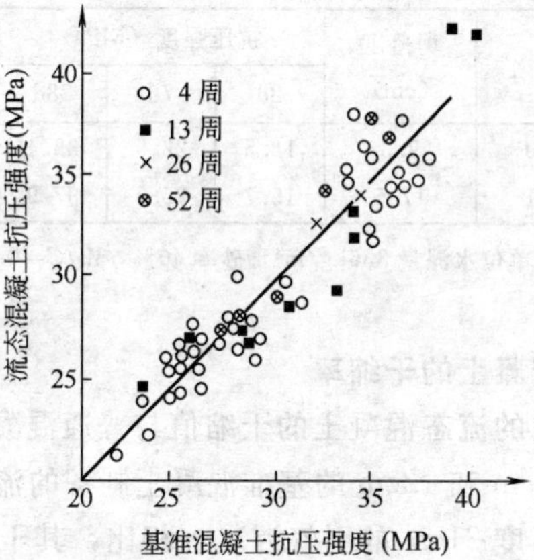

图11-11 流态混凝土与基准混凝土强度比较

掺萘系流化的流态混凝土强度与基准混凝土强度相近，而比普通掺木质素减水剂的塑性混凝土的强度要提高20%（见表11-4）。采用后掺法掺萘系和三聚氰胺系流化剂制备的流态混凝土，泌水率低，其强度与基准混凝土的强度相差不大。掺三聚氰胺系流化剂（后掺法）流态混凝土28d强度略高于相同水灰比的基准混凝土强度（见表11-5）。

表11-4 流态混凝土强度对比试验结果

项目		空白混凝土	塑性混凝土	基准混凝土	流态混凝土
减水剂		—	木质素	AE剂	萘系流化剂
减水率（%）		—	10	17	17
泌水率（%）		—	30	26	24
抗压强度	3d	8.4（100）	10.3（123）	12.3（146）	12.6（150）
	7d	13.4（100）	15.6（116）	18.6（138）	18.2（136）
	28d	20.6（100）	21.5（104）	25.7（125）	26.0（126）
抗折强度	7d	2.8（100）	3.2（116）	3.7（135）	3.4（124）
	28d	4.1（100）	4.1（101）	5.0（123）	4.2（104）

注：按日本JASST401标准测试。

表11-5 掺三聚氰胺系流化剂流态混凝土强度对比试验

N型掺量（%）	水灰比	坍落度（cm）	抗压强度（MPa）			备注
			2d	7d	28d	
0	0.50	9.3	12.5	22.5	33.4	基准混凝土
0.3	0.51	17.5	15.7	26.7	37.9	后掺流态混凝土

注：基准混凝土单位水泥量336kg/m³，砂率40%，$W/C=0.50$。

六、流态混凝土的干缩率

同一水灰比的流态混凝土的干缩值与普通混凝土干缩值相近。

由坍落度8cm和12cm的基准混凝土制备的流态混凝土与水泥用量较多的坍落度21cm的引气混凝土相比，其干缩率要小1.5×10^{-4}。如果流化剂掺量不当，则会产生连通的气泡，将会造成收缩值增大，而减少收缩值对防止构筑物出现裂缝是有效的。流态混凝土的干缩率如图 11-12 所示。

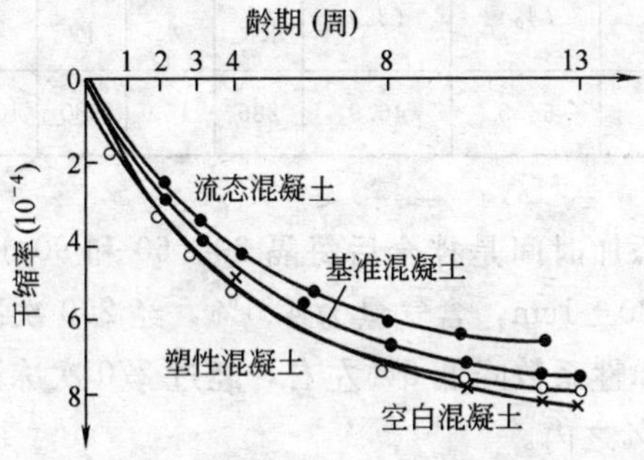

图 11-12　流态混凝土的干缩率

此外，流态混凝土的弹性模量、徐变与基准混凝土没有差别。

七、流态混凝土的抗冻融性

流态混凝土抗冻融试验结果表明，经过 210 次冻融循环，其动弹性模量降低在 10%以内。而基准混凝土经 100 次循环后，将有明显下降。至于坍落度为 21cm 的引气混凝土，经 50 次循环后将急速下降。

例如，采用萘系流化剂制备流态混凝土冻融试验结果如图 11-13。基准混凝土配比列入表 11-6 中。

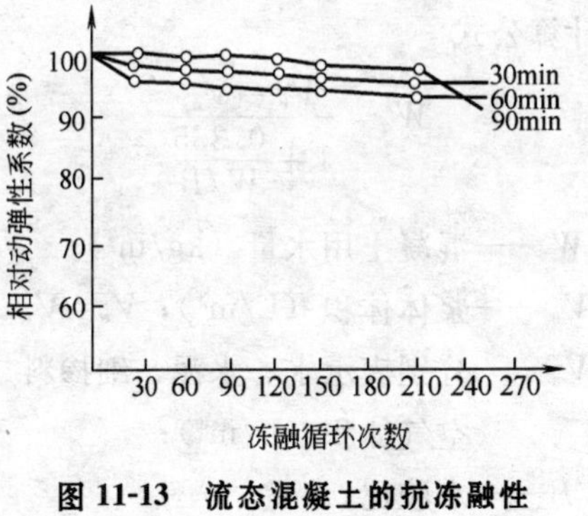

图 11-13　流态混凝土的抗冻融性

表 11-6 基准混凝土配合比

坍落度 (cm)	含气量 (%)	水灰比 (%)	砂率 (%)	单位质量 (kg/m³)				
				水泥	水	砂	石	引气剂 (%)
8±1	4.0	54.5	46.9	286	150	880	1050	0.006

流化剂的添加时间是拌合后每隔 30、60 和 90min。流态混凝土的坍落度为 20±1cm，含气量为 4.0%，经 200 次冻融循环试验后，其相对动弹性系数降低 5%左右，经过 270 次冻融循环后，其降低值也在 10%之内。

第四节　流态混凝土配合比全计算法设计

高性能混凝土（HPC）配合比全计算设计法的基础是根据 HPC 的体积模型，通过数学推导得出的用水量和砂率计算公式，并将此二式与水灰比（水胶比）定则相结合就能实现混凝土配合比全计算设计。全计算法不仅适用于 HPC，而且还能用于流态混凝土（FLC）、泵送混凝土和自密实混凝土的配合比设计。

一、两个公式的物理意义

1. 用水量计算公式

$$W=\frac{V_e-V_a}{1+\frac{0.335}{W/B}} \tag{11-1}$$

式中　W——混凝土用水量（kg/m³）；

V_e——浆体体积（L/m³）；$V_e=V_w+V_c+V_f+V_a$；

V_w、V_c、V_f、V_a——分别表示水、水泥、细掺料（如粉煤灰）和空气体积（L/m³）；

W/B——水胶比；

0.335——与细掺料掺量有关的系数。

此式表示：

（1）用水量随着水胶比的减小（或强度增大）而减少；

（2）水胶比不变（或强度不变）时，减小 V_e、可降低用水量，但是 V_e 太小会影响新拌混凝土的工作性；

（3）掺引气剂（即增加 V_a）可减少用水量。

2. 砂率计算公式

$$SP=\frac{V_{es}-V_e+W}{1000-V_e}\times 100\% \tag{11-2}$$

式中 SP——混凝土的砂率（%）；

V_{es}——干砂浆体积（L/m^3），$V_{es}=V_c+V_f+V_a+V_s$，其中 V_s 为砂子用量（L/m^3）。

此式表示：

（1）砂率随着用水量增加而增加；

（2）当 V_e 减小时，砂率增大；

（3）石子最大粒径增大时、V_{es}减小，因此砂率则减小。

二、流态混凝土的配合比设计

全计算法用于普通流态混凝土（C40 以下）的配合比设计时，根据具体情况设计参数应作相应改变。为了降低 FLC 的水泥用量，V_e 应在 310～340L 范围内选择。通常非引气混凝土 V_e＝330L，引气 FLC V_e＝315L。干砂浆体积是根据石子最大粒径确定的（表 11-7）。

表 11-7 石子最大粒径与 V_{es}的关系

石子最大粒径（mm）	20	25	31.5
V_{es}（L/m^3）	450	430	420

1. FLC 配合比设计步骤

（1）配制强度（$f_{cu,p}$）：

$$f_{cu,p}\geqslant f_{cu,o}+1.645\sigma \tag{11-3}$$

式中 $f_{cu,p}$——混凝土配制强度（MPa）；

$f_{cu,o}$——混凝土设计强度等级（MPa）；

σ——富余系数：C10～C20，$\sigma=4$MPa；C30～C40，$\sigma=5$MPa；C40～C60，$\sigma=6$MPa。

（2）水胶比：

$$\frac{W}{C+F}=\frac{1}{\dfrac{f_{cu,p}}{Af_{ce}}+B} \tag{11-4}$$

式中 A、B——回归系数；碎石混凝土：$A=0.48$，$B=0.52$；卵石混凝土：$A=0.50$，$B=0.61$；

f_{ce}——水泥实测强度（N/mm²），$f_{ce}=\gamma_c\times f_{ce,k}$，其中：$f_{ce,k}$为水泥强度等级标准值；$\gamma_c$为富余系数（1.13）。

（3）用水量。非引气 FLC 时，$V_e=330$L，$V_a=15$L，$V_{es}=420$L（碎石最大粒径 31.5mm），则：

$$W=\frac{V_e-V_a}{1+\dfrac{0.335}{W/B}}=\frac{330-15}{1+\dfrac{0.335}{W/B}}=\frac{315}{1+\dfrac{0.335}{W/B}} \tag{11-5}$$

式中 W/B——水胶比。

（4）胶凝材料用量：

$$C+FA=\frac{W}{W/B}=Q \tag{11-6}$$

式中 C——水泥用量（kg/m³），$C=Q(1-a)$

FA——粉煤灰用量(kg/m³)，$Fa=aQ$；其中 a 为 FA 的掺量(%)。

（5）砂率及集料用量：

$$SP=\frac{V_{es}-V_e+W}{1000-V_e}\times100\%=\frac{90+W}{670}\times100\% \tag{11-7}$$

式中 SP——砂率（%）；

W——用水量（kg/m³）；

$$S=(V_{es}-V_e+W)\rho_s=(90+W)\rho_s \tag{11-8}$$

$$G=(1000-V_e-W)\rho_s=(670-W)\rho_g \quad (11\text{-}9)$$

式中　S——砂子用量（kg/m³）；

G——石子用量（kg/m³）；

ρ_s、ρ_g——砂、石的视密度（通常 $\rho_s=2.65$，$\rho_g=2.70$）。

或者用假定容重法计算集料用量：

$$S=(D-W-C-FA)\times SP \quad (11\text{-}10)$$

$$G=(D-W-C-FA)\times(1-SP) \quad (11\text{-}11)$$

式中　D——混凝土的容重（kg/m³）。

(6) CSP 掺量（μ）：

当 $\mu\leqslant1.5\%$ 时：$\mu=(\frac{W_0-W}{W_0}+\Delta\eta)\times8.34\%$　(11-12)

当 $\mu>1.5\%$ 时：$\mu=(\frac{W_0-W}{W_0}+\Delta\eta)\times9.17\%$　(11-13)

式中　W_0——坍落度 7～9cm 基准混凝土的用水量（见表 11-8）；

$\Delta\eta$——减水率增量（见表 11-9）。

表 11-8　W_0 取值

碎石最大粒径（mm）	16	20	25	31.5
W_0（kg/m³）	235	215	210	205

表 11-9　$\Delta\eta$ 取值

坍落度（cm）	15～18	20～22	>22
$\Delta\eta$	0.04	0.06	0.08

(7) 混凝土试配及配合比的调整。任何方法设计的配合比必须经过试配，并根据试配结果对配合比进行适当调整。

2. FLC 配合比计算实例

用普硅 425# 水泥配制 C30 的 FLC，FA20%，中砂（$M_x=2.80$），碎石（1～3cm），初始坍落度 18～20cm，1h 后大于 15cm。

其配合比计算如下：

（1）配制强度：

$$f_{\mathrm{cu,p}} = 30 + 1.645 \times 5 = 38(\mathrm{MPa})$$

（2）水胶比：

$$W/B = \frac{1}{\frac{38}{23.05} + 0.52} = 0.46$$

（3）用水量：当 $V_e = 330\mathrm{L}$、$V_a = 15\mathrm{L}$（引气量 1.5%）时；

$$W = \frac{330 - 15}{1 + \frac{0.335}{0.46}} = 182(\mathrm{kg/m^3})$$

（4）胶凝材料用量：

$$C + FA = 182/0.46 = 396 \quad (\mathrm{kg/m^3})$$

$$FA = 396 \times 0.20 = 29 \quad (\mathrm{kg/m^3})$$

$$C = 396 - 79 = 317 \quad (\mathrm{kg/m^3})$$

（5）砂率及集料用量：

$$SP = \frac{90 + W}{670} \times 100\% = \frac{90 + 186}{670} \times 100\% = 41\%$$

$$S = (2380 - 396 - 182) \times 0.41 = 739 \quad (\mathrm{kg/m^3})$$

$$G = 1802 - 739 = 1063 \quad (\mathrm{kg/m^3})$$

（6）CSP 掺量：当 $W_0 = 205\mathrm{kg/m^3}$，$\Delta\eta = 0.06$ 时：

$$\mu = (\frac{205 - 182}{205} + 0.06) \times 9.17\% = 1.58\%$$

（CSP 浓度为 40%）

（7）配合比计算结果：

W	*C*	*FA*	*S*	*G*	*W/B*	*SP*（%）	*CSP* 掺量（%）
182	317	79	739	1063	0.46	41	1.58

现将用普硅 32.5（425）水泥，Ⅱ级 *FA*（掺 20%），中砂（$M_x = 2.80$），碎石（1～3cm）配制各种强度的 FLC 计算配合比列入表 11-10 中。

表 11-10 FLC 的计算配合比（V_e=330L，V_{es}=420L）

$F_{co,p}$ (MPa)	W	C	FA	S	G	W/B	SP (%)	AE (%)	CSP (%)
25	205	265	66	811	1033	0.62	44	1.5	0.50
30	196	285	71	786	1042	0.55	43	1.5	0.87
35	187	306	76	742	1096	0.49	41	1.5	1.23
40	179	326	81	717	1077	0.44	40	1.5	1.71
45	171	340	88	702	1099	0.40	39	1.5	2.07
50	165	357	89	670	1119	0.37	38	1.5	2.34
25	195	251	63	895	1066	0.62	43	3.0	0.91
30	186	270	68	761	1095	0.55	41	3.0	1.53
35	178	290	73	736	1103	0.49	40	3.0	1.76
40	170	309	77	711	1113	0.44	39	3.0	2.12
45	163	339	82	695	1134	0.40	38	3.0	2.43

3. 固定用水量法设计 FLC 的配合比

配制 C35 以下的 FLC 时用水量较大，为了提高拌合物的粘聚性和抗离析性，节约水泥，便于外加剂的使用，提高混凝土的耐久性，在一些搅拌站经常采用固定用水量法计算配合比。用水量在 170～185kg/m^3 范围内选择。

用固定用水量法设计 FLC 的配合比时，由于用水量较小，而 V_{es}保持不变，因此必须提高砂率才能保证拌合物的工作性。同时通过改变 CSP 掺量调整拌合物的流动性和坍落度。其配合比设计步骤如下：

（1）配制强度：

$$f_{cu,p} = f_{cu,o} + 1.645\sigma$$

（2）水胶比：

$$W/C+F = \frac{1}{\frac{f_{cu,p}}{Af_{ce}} + B}$$

(3) 用水量：在 170～185kg/m³ 范围选择。

(4) 胶凝材料用量：

$$C+FA=\frac{W}{W/B}=Q$$

$$FA=\alpha Q$$

$$C=Q(1-\alpha)$$

(5) 浆体体积 V_e 计算：

$$V_e=V_w+V_c+V_f+V_a=\frac{W}{\rho_w}+\frac{C}{\rho_c}+\frac{FA}{\rho_f}+V_a$$

式中 ρ_w、ρ_c、ρ_f——分别表示水、水泥和粉煤灰的密度（1.0、3.15 和 2.50）。

(6) 砂率及集料用量：

$$SP=\frac{V_{es}-V_e+W}{1000-V_e}\times 100\%$$

$$S=(D-W-C-FA)\times SP$$

$$G=(D-W-C-FA)\times(1-SP)$$

(7) CSP 掺量（同前述）。

(8) 混凝土试配：现将用普硅 42.5（525[#]）水泥，Ⅱ级 FA，中砂（M_x=2.60～2.80），碎石（1～3cm），用水量 185kg/m³ 配制 C25～C35FLC 配合比计算结果列入表 11-11。

表 11-11 FLC 配合比计算结果（坍落度 18～20cm）

强度等级	$f_{cu.p}$ (MPa)	W	C	FA	S	G	W/B	SP (%)	CSP (%)
C25	33	185	246	62	811	1076	0.60	43	1.44
C30	38	185	274	69	778	1074	0.54	42	1.44
C35	43	185	302	76	753	1084	0.49	41	1.44

4. 固定用水量法用于计算 FLC 实例

采用普硅 32.5（425[#]）水泥（宝山），中细砂（M_x=2.50），

碎石（5～31.5mm），掺CL-2缓凝减水剂配制C20和C25FLC，初始坍落度15～18cm。配合比计算如下：

（1）C20流态混凝土。

1）配制强度：$f_{cu,p}=20+1.645\times4=27$（MPa）

2）水灰比：

$$W/C=\frac{1}{27/23.05+0.52}=0.59(\text{取 }0.58)$$

3）用水量：$W=185$（kg/m^3）

4）水泥用量：$C=185/0.58=319$（kg/m^3）

5）砂率及集料用量：

$$SP=\frac{V_{es}-V_e+W}{1000-V_e}\times100\%=\frac{420-301+185}{1000-301}\times100\%=43\%$$

由于砂子偏细应减小砂率（$SP=40\%$）。

$$S=(2400-185-319)\times0.40=758(kg/m^3)$$

$$G=1896-758=1138(kg/m^3)$$

6）CL-2掺量：

$$\mu=(\frac{200-185}{200}+0.04)\times8.34\%=0.96\%$$

（2）C25流态混凝土。

1）配制强度：$f_{cu,p}=25+1.645\times5=33$（MPa）

2）以下步骤同1。

（3）混凝土试配结果（见表11-12）。

表11-12 FLC试配结果（固定用水量法）

强度等级	W	C	S	G	W/C	SP（%）	坍落度（cm）	CL-2掺量（%）	抗压强度（MPa）		
									3d	7d	28d
C20	185	319	758	1138	0.58	40	17.0	0.80	14.0	20.7	28.3
C25	185	356	725	1131	0.52	39	17.5	0.80	17.3	26.3	32.5
C30	185	402	689	1124	0.46	38	17.0	0.80	—	—	—

三、FLC 配合比设计工程应用实例

1. C40 流态混凝土

条件：银羊 42.5（525#）硅酸盐水泥，Ⅱ级粉煤灰（珠电），中细砂（$M_x=2.50$），碎石（1～3cm），掺 CSP-2 配制 C_{40} 的流态混凝土和防渗抗裂混凝土。初始坍落度 18～20cm，现场搅拌、泵送，初凝时间大于 12h。配合比计算如下：

（1）配制强度：$f_{cu,p}=40+10=50$（MPa）

（2）水胶比：

$$W/B=\frac{1}{50/28.5+0.52}=0.44$$

（3）用水量：

$$W=\frac{330-15}{1+0.335/0.44}=179(\text{kg/m}^3)(\text{取 }180\text{kg/m}^3)$$

（4）胶凝材料用量：

$$C+FA=180/0.44=409(\text{kg/m}^3)$$

$$FA=409\times0.18=74(\text{kg/m}^3)$$

$$C=409-74=335(\text{kg/m}^3)$$

$$V_e=180+335/3.15+74/2.50+15=331(\text{L})$$

掺 UEA：$FA=96(\text{kg/m}^3)$

$$C=409-96=313(\text{kg/m}^3)$$

$$UEA=409\times0.113=46(\text{kg/m}^3)$$

$$V_e=180+313/3.15+96/2.50+46/2.7+15=350(\text{L})$$

$$W/B=180/(409+46)=0.40$$

（5）砂率及集料用量：

掺 UEA 时：$SP=\frac{420-350+180}{1000-350}\times100\%=38\%$

$$S=(2400-180-409-46)\times0.38=671\ (\text{kg/m}^3)$$

$$G=1765-671=1094\ (\text{kg/m}^3)$$

普通 FLC：$SP=\frac{420-331+180}{1000-331}\times 100\%=40\%$

$$S=(2400-180-409)\times 0.40=724\ (\mathrm{kg/m^3})$$

$$G=1811-724=1087\ (\mathrm{kg/m^3})$$

（6）CSP-2 掺量：

$$\mu=(\frac{205-180}{205}+0.06)\times 9.17\%=1.67\%$$

（7）混凝土试配结果（见表 11-13）。

表 11-13 C40 流态混凝土试配结果

强度等级	W	C	FA	UEA	S	G	W/C	SP (%)	CSP-2 掺量（%）	坍落度 (cm)	抗压强度（MPa）		
											3d	7d	28d
C40	180	313	96	46	671	1094	0.40	38	1.8	19.5	31.1	40.6	56.0
C40	180	335	74	—	724	1087	0.44	40	1.8	16.5	33.8	40.6	55.1

表 11-13 中的数据说明用全计算法设计的 FLC 配合比与试配结果完全一致。

2. C25 流态混凝土

条件：普硅 42.5（525#）水泥，Ⅱ级 FA（掺 20%），中砂（$M_x=2.8$），碎石（1～3cm），坍落度 16～18cm，抗渗标号 P8，掺 CSP-4 复合防水剂。配合比设计步骤：

（1）配制强度：

$$f_{cu,p}=25+10=35\ (\mathrm{MPa})$$

（2）水胶比：

$$W/B=\frac{1}{35/23.05+0.52}=0.49$$

（3）用水量：

$$W=\frac{330-15}{1+\frac{0.335}{0.49}}=186\ (\mathrm{kg/m^3})\ (\text{取 }185\mathrm{kg/m^3})$$

（4）胶凝材料用量：$C+FA=185/0.49=378\ (\mathrm{kg/m^3})$

$$FA=378\times0.20=75\ (kg/m^3)$$
$$C=378-75=303\ (kg/m^3)$$

（5）砂率及集料用量：$V_e=185+303/3.15+75/2.5+15=326\ (L)$

$$SP=\frac{V_{es}-V_e-W}{1000-V_e}\times100\%$$
$$=\frac{420-326+185}{1000-326}\times100\%=41\% \qquad (\text{取 } SP=39\%)$$

$$S=(2380-185-378)\times0.39=709\ (kg/m^3)$$
$$G=1817-709=1108\ (kg/m^3)$$

（6）C25 防渗混凝土试配结果（表 11-14）。

表 11-14 C25 防渗混凝土试配结果

编号	W	C	FA	S	G	W/B	SP	CSP-4 (%)	坍落度 (cm)	抗压强度 (MPa)		
										3d	7d	28d
1	185	303	75	709	1106	0.49	39	3.0	17.0	18.3	21.0	36.3
2	180	294	73	715	1118	0.49	39	3.0	15.0	18.5	18.5	28.0
3	180	294	73	770	1063	0.49	42	3.0	13.0	16.6	22.0	31.8

3. C20～C30 泵送混凝土

普硅 42.5（525#）水泥，中砂（$M_x=2.8$），碎石（1～3cm），掺 CL-2 缓凝减水剂配制 C20～C35 泵送混凝土，坍落度为 12～16cm。配合比设计步骤：

（1）配制强度：

$$f_{cu,p}=f_{co,k}+10$$

（2）水灰比：

$$W/C=\frac{1}{\dfrac{f_{cu,p}}{f_{ce}\times0.48}+0.52}$$

（3）用水量：

$$W=\frac{V_{es}-V_a}{1+0.317/W/C}$$

式中 $0.317=1/\rho c=1/3.15=0.317$

$V_{es}=420L$；$V_a=15L$

（4）砂率及集料用量：

$$SP=\frac{V_{es}-V_e-W}{1000-V_e}\times 100\%$$

（5）试配结果（见表 11-15）。

表 11-15 C20～C35 泵送混凝土试配结果

编号	强度等级	W	C	S	G	W/C	SP (%)	CL-2 (%)	坍落度 (cm)	抗压强度（MPa）		
										3d	7d	28d
1	C20	215	410	706	1059	0.52	40	1.0	12.0	22.5	29.3	32.6
2	C20	195	365	803	1022	0.53	44	1.20	11.0	22.0	28.0	36.7
3	C25	190	390	756	1044	0.49	42	1.40	14.5	25.7	31.4	37.9
4	C30	190	443	716	1028	0.43	41	1.40	13.5	28.4	40.7	45.8
5	C35	195	488	662	1035	0.41	39	1.40	15.0	36.3	42.0	47.5

第五节 流态混凝土坍落度损失与“欠硫化”现象

2000 年，本书作者在国内外首先发表了与流态混凝土坍落度损失有关的“欠硫化”现象。我们在大量试配流态混凝土中发现，用某种特定的硅酸盐水泥配制流态混凝土（FLC）时，用调整复合超塑化剂中缓凝剂的掺量和品种的方法不能控制坍落度损失，即使缓凝组分超剂量掺用坍落度损失仍然较快，我们将此种情况称为“欠硫化”现象。产生“欠硫化”现象的原因是由于水泥中可溶性 SO_3 的含量不足，或外部因素使石膏溶解度降低，破坏了 SO_3 与 C_3A 和碱含量的平衡，使水泥凝结较快，浆体很快失去流动性。在发现“欠硫化”现象的同时，我们研究了掺特殊的外加剂控制 FLC 坍落度损失的方法。

一、水泥中 SO_3 含量与 C_3A 和碱含量的关系

水泥生产中石膏的加量是与熟料中的 C_3A 和碱含量相匹配的。石膏的最佳量是通过砂浆强度和干缩试验确定的。合适的石膏加量会使浆体在诱导期保持流动性。在此情况下溶液中的铝酸盐、硫酸盐和钙离子比例合适，所形成的细粒钙矾石沉淀在水泥粒子上使 C_3A 水化减慢，这样浆体在整个诱导期保持流动性，直至形成 C-S-H 使体系的流动性降低为止。

根据资料统计，水泥中 SO_3 加量与 C_3A 和碱含量的关系可用下式表示：

$$Y = aX_1 + bX_2 \tag{11-14}$$

式中　Y——SO_3 加量（%）；

对于硅酸盐水泥：$Y=0.24X_1+0.16X_2$；

对于普通硅酸盐水泥：$Y=0.14X_1+0.96X_2$。

X_1——熟料中的 C_3A 含量（%）；

X_2——熟料中的碱含量（%）；

a、b——系数。

此式表明，SO_3 加量随熟料中 C_3A 和碱含量的增加而增加。在此情况下，石膏含量充足时，能不断提供硫酸根离子，使液相保持较多的钙离子，因此溶液中的碱不会导致诱导期提前结束。石膏与碱性氢氧化物反应使液相中的钙离子保持高的浓度。在此情况下，通过调整 CSP 中的缓凝成分的掺量和品种就能控制 FLC 的坍落度损失。

当石膏加量不足时，石膏与 C_3A 反应生成的钙矾石较少，不能完全控制 C_3A 的水化反应，使凝结较快，浆体很快失去流动性。在此情况下，仅通过调整 CSP 中缓凝组分的掺量和品种不能控制 FLC 的坍落度损失，必须另外掺能提供 SO_3 的外加剂或具有类似 SO_3 作用的物质。

综上所述，产生“欠硫化”现象的原因：

（1）石膏加量不足，或熟料粉磨过程中温度变化改变了石膏的

形态（改变了二水石膏、半水石膏或无水石膏的比例）；

（2）配制 FLC 由于条件的变化（水胶比或用水量减小）使可溶性 SO_3 总量减少；

（3）掺 CSP 使碱含量提高，因此石膏溶解度减小；

（4）环境温度的变化，影响石膏的溶解度；

（5）以上因素综合作用的结果。

二、外加剂中碱含量对 SO_3 加量的影响

用普硅水泥和矿渣水泥配制低强度等级（<C30）FLC 时，由于水泥用量少，水泥含碱量低［如兴发普硅 32.5（425#）水泥，琉璃河矿渣 32.5（425#）水泥］，这时 CSP 中碱含量高会使石膏溶解度降低，有可能发生“欠硫化”现象。

低浓萘系高效减水剂（LNF）中通常含 Na_2SO_4 20%，配制 FLC 时掺水泥重量的 1.0%，折算成碱含量（Na_2O）增加 0.19%，相应 SO_3 应增加 0.11%。掺 LNF1.0%时应增加 SO_3 为：

$$SO_3 = 0.19 \times 0.96 = 0.18\%$$

应补充 SO_3：$SO_3 = 0.18\% - 0.11\% = 0.07\%$

折算成：$Na_2SO_4 = 0.07/0.56 = 0.125$（%）

为了避免“欠硫化”现象的产生，在掺 CSP 时根据引入的碱量应相应补加 SO_3，此时 FLC 的坍落度损失就能得到控制。表 11-16中列举了 LNF 掺量与 SO_3 加量的关系。

表 11-16　LNF 掺量与 SO_3 加量的关系

LNF 掺量（%）	0.40	0.50	0.60	0.70	0.80	1.00
Na_2O（%）	0.08	0.09	0.11	0.13	0.18	0.19
SO_3（%）	0.04	0.06	0.07	0.08	0.09	0.11
增加 SO_3（%）	0.07	0.09	0.11	0.13	0.14	0.18
补加 SO_3（%）	0.03	0.035	0.04	0.05	0.06	0.07
补加硫酸钠（%）	0.05	0.060	0.08	0.09	0.10	0.13

三、“欠硫化”现象的解决方法（实例）

1．用兴发普硅 32.5（425#）水泥配制的 C30FLC

表 11-17 是用兴发 32.5（425#）水泥配制的 C30 流态混凝土试配结果，相应的复合超塑化剂的配方列入表 11-18。由此说明，掺配方 C 的外加剂的混凝土（编号 3）坍落度损失最小，能满足商品混凝土的工作性要求。其中含有水泥掺量 0.05%的硫酸钠，补充了可溶性 SO_3 的不足。对于一定的体系将可溶性 SO_3 饱和度（$SO_3 sol/C_3A$）调整到合理的范围时，可以延长水泥水化诱导期，因此能有效地控制坍落度损失。人们只知道用缓凝剂延迟坍落度损失，需不知某些早强剂也有此作用。

表 11-17 兴发普硅 32.5（425#）水泥配制的 C30FLC 试验结果

编号	*W*	*C*	*FA*	*S*	*G*	*W/B*	*SP*（%）	*CSP* 掺量（%）		坍落度（cm）			
										0	30′	60′	90′
1	185	349	62	752	1033	0.45	42	A	0.64	22	17	13	—
2	185	349	62	752	1033	0.45	42	B	0.515	22	20	16.5	—
3	185	349	62	752	1033	0.45	42	C	0.565	22	21.5	20	17

表 11-18 *CSP* 的组成（%）

成分	A	B	C
NF	0.45	0.45	0.45
STPP	0.07	0.05	0.05
NC	0.03	—	—
LM	0.05	—	—
AE	—	0.01	0.01
硫酸钠	—	—	0.05
CMC	—	0.005	0.005
Σ	0.64	0.515	0.565
掺量	0.64	0.515	0.565

2. 用琉璃河矿渣 32.5（425#）水泥配制 C30FLC

表 11-19 是用琉璃河矿渣 32.5（425#）水泥配制的 C30 流态混凝土试验结果，相应的复合超塑化剂的配方列入表 11-20。由此说明，不含碳酸钾的 CSP-D 配制的 FLC（编号 4）坍落度损失较快，而掺碳酸钾 0.07％的 CSP-E、F、G 时坍落度损失小，特别是配方 G 坍落度损失更小。

表 11-19　琉璃河矿渣 32.5（425#）水泥配制的 C30FLC 试验结果

编号	*W*	*C*	*FA*	*S*	*G*	*W/B*	*SP*（%）	*CSP* 掺量（%）		坍落度（cm）			
										0′	30′	60′	90′
4	195	365	70	675	1100	0.45	38	D	0.77	21.5	15.5	16.5	—
5	195	365	70	675	1100	0.45	38	E	0.77	22.5	18	18.5	—
6	195	365	70	675	1100	0.45	38	F	0.85	22.5	19	19	—
7	190	354	78	720	1038	0.44	41	G	0.96	22.5	—	22	17

表 11-20　*CSP* 的组成（%）

D		E		F		G	
NF	0.60	NF	0.60	NF	0.40	NF	0.70
STPP	0.07	STPP	0.07	CLS	0.30	NC	0.05
BF	0.02	碳酸钾	0.07	STPP	0.07	STPP	0.07
AE	0.02	AE	0.02	碳酸钾	0.07	碳酸钾	0.06
CMC	0.01	CMC	0.01	CMC	0.01	硅油	0.10
Σ	0.77	Σ	0.77	Σ	0.85	Σ	0.10
掺量	0.77	掺量	0.77	掺量	0.85	掺量	0.96

掺碳酸盐解决“欠硫化”问题的原理是一样的，只不过它生成的不是钙矾石，而是碳铝酸盐（$3CaO \cdot Al_2O_3 \cdot CaCO_3 \cdot 11H_2O$），其作用和钙矾石一样，控制 C_3A 的水化，延长诱导期，因而减小流动度损失。这一例子进一步证明了确实存在“欠硫化”现象。但

是，“欠硫化”现象并不是普遍存在，只是在各种内在和外在因素导致以可溶性 SO_3 含量不足时才有可能发生，特别是低碱水泥。

第六节 流态混凝土泌水、离析和“滞后泌水”

混凝土是多相聚集体，新拌混凝土的工作性很大程度上取决于混合物的均匀性和稳定性。如果混合物产生相分离，就会使材料组成不均匀，最终导致材料结构缺陷或结构破坏。如果新拌混凝土的保水性、粘聚性和稳定性不足以抵抗重力和其他外力（如振动、泵压等）的作用，就会产生泌水、离析和板结。

图 11-14 表示流态混凝土产生离析时混合物的状态。即测定坍落度时，圆饼中间形成柱状凸起，并且混合物明显分为三层。上层为稀水泥浆；中层为未包裹砂浆的石子；底层为偏干砂浆（板结或抓底）。

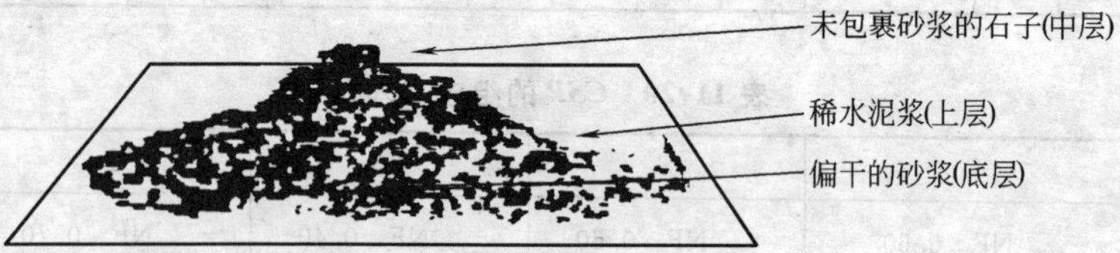

图 11-14 混合物产生离析状态图

一、流态混凝土的泌水和离析

1. 流态混凝土产生离析的主要原因

配制流态混凝土时流动性与粘聚性失去平衡，当粘聚性低时混合物在重力或其他外力作用下产生相分离，破坏了材料组成的均匀性和稳定性，因而导致离析。通常泌水是离析的前奏，离析必然导致分层（板结），在此情况下存在堵泵的危险性。但是少量泌水对防止混凝土表面裂缝产生有利，特别是夏季施工时。流态混凝土产生离析的主要原因：

（1）砂率偏低使混合物保水性降低，或砂中含大于 5mm 的豆石使实际砂率降低；

（2）水泥用量小于 $250kg/m^3$，或小于 0.25mm 的粉料小于 $350kg/m^3$ 使浆体体积小于 $310L/m^3$；

（3）石子级配不好，或采用单一粒级石子；

（4）用水量偏大使混合物粘聚性降低；

（5）CSP 减水率高，并含易泌水组分。

查明混凝土产生泌水和离析的原因后，通过调整混凝土配合比和 CSP 的掺量和成分完全可以解决这一问题。

2. FLC 的 V_e、V_{es} 和 SP 与抗离析性的关系

以石子最大粒径 25mm 为例：

（1）$V_e > 330L$、$V_{es} \geq 430L$ 时，拌合物具有好的工作性；

（2）$V_e < 330L$、$V_{es} > 430L$ 时，不泌水，但粘聚性小、和易性较差；

（3）$V_e = 330L$、$V_{es} < 430L$ 时，保水性差、易泌水；

（4）$V_e < 330L$、$V_{es} < 430L$ 时，严重泌水、离析、分层（板结）。

3. “泌水-离析-分层”现象的产生和解决方法（见图 11-15）

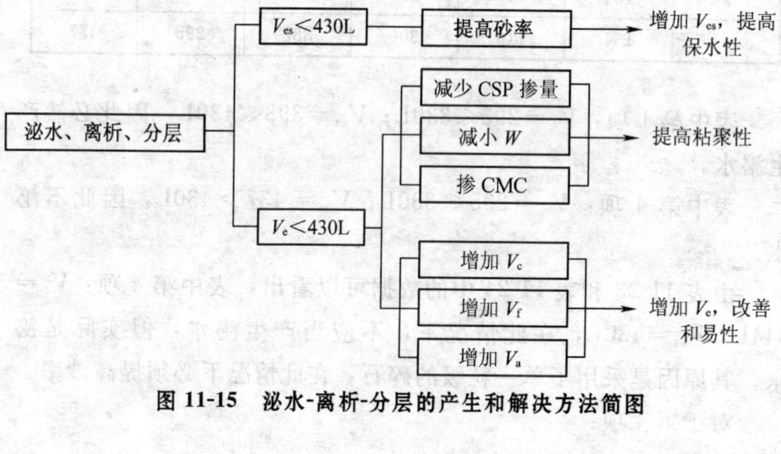

图 11-15　泌水-离析-分层的产生和解决方法简图

4. 胶凝材料、砂、石的体积浓度与抗离析性的关系

由表 11-21 和表 11-22 中的数据可以看出，这种 C30 防渗混凝土的配合比不合理，由于用水量太少，使浆体体积不够，因此拌合物和易性差，容易产生泌水和离析。从表 11-22 的体积分析可以看出：

表 11-21 C30 防渗混凝土

编号	W	C	S	G	W/C	SP（%）	CSP-7（%）	坍落度（cm）	抗离析性
1	164	364	708	1150	0.45	38	1.5	—	泌水、离析
2	164	364	774	1068	0.45	42	1.5	—	稍泌水
3	164	364	792	1050	0.45	43	1.5	—	不泌水*
4	164	364	810	1032	0.45	44	1.5	—	正常**

注：*和易性差，**和易性好。

表 11-22 C30 防渗混凝土体积分析（L/m^3）

编号	W	V_c	V_s	V_g	V_e	V_{es}
1	164	116	267	426	295	398
2	164	116	292	396	295	423
3	164	116	299	389	295	430
4	164	116	306	382	295	437

表中第 1 项：$V_e=295\ll330L$；$V_{es}=398\ll430L$，因此必然产生泌水。

表中第 4 项：$V_e=295\ll330L$；$V_{es}=437>430L$，因此不泌水。

由表 11-23 和表 11-24 中的数据可以看出，表中第 4 项：$V_e=344L$，$V_{es}=430L$，在此情况下，不应当产生泌水，但实际是泌水。其原因是采用了单一粒级的碎石，在此情况下必须提高砂率。

对于第 4 项：

$$SP=\frac{V_{es}-V_{e}-W}{1000-V_{e}}\times 100\%=\frac{430-344-172}{1000-344}\times 100\%=39\%$$

考虑采用单一粒级的因素，其砂率至少为 42%（第 3 项）。

表 11-23　C50 高性能混凝土试配结果

编号	*W*	*C*	*FA*	*S*	*G*	*W/B*	*SP*（%）	*CSP*-7（%）	坍落度（cm）	
									0	30′
1	175	414	72	787	1002	0.36	44	1.70	21.5	21.5
2	180	425	75	760	1010	0.36	43	1.65	23.0	22.0
3	172	406	72	756	1044	0.36	42	1.70	21.5	17.0
4	172	406	72	684	1116	0.36	38	1.70	泌水、离析	

表 11-24　C50 HPC 的体积分析（L/m^3）

编号	*W*	V_c	V_f	V_s	V_g	V_e	V_{es}
1	175	131	34	297	371	350	472
2	180	135	35	287	374	360	467
3	172	129	33	285	387	344	457
4	172	129	33	285	413	344	430

注：粤秀 525# 硅酸盐水泥、黄浦Ⅱ级 FA。中砂、碎石（31.5mm）（单一粒级）。

5. 防止泌水和离析的措施

（1）石子级配合理，单一粒级的石子应提高砂率 3%～5%。

（2）引气可减小泌水，特别是用卵石配制低强度等级混凝土时。

（3）掺增稠剂可提高拌合物的粘聚性和保水性，防止泌水和离析。

（4）合理的砂率能保证好的工作性和强度，流态混凝土的砂率应在 40%～50%。产生泌水的主要原因是砂率偏低。

（5）掺 FA，特别是配制低强度等级 FLC 时 FA 掺量可大于 20%，从而提高其保水性。

(6) 减少用水量或 CSP 的掺量，从而减小游离水量，提高拌合物的粘聚性。

以上措施应针对具体情况分析产生泌水的原因，采取一种或综合方法。

二、"滞后泌水"现象

流态混凝土试配试验时混合物工作性没问题，即初始坍落度、坍落度损失的控制、泌水率比和抗离析性等都符合要求。但是，在施工时混凝土浇筑后，当时不泌水，而经过 1～2h 后产生大面积泌水。这是目前资料中没有发现和论述过的问题，因此本书作者称这种现象为"滞后泌水"，并进行了深入研究。产生滞后泌水的原因可能与矿物细掺料的吸水平衡有关（图 11-16）：

$$W_2 = W - W_1$$

式中 W——细掺料的初始吸水量；

W_1——细掺料的平衡吸水量；

W_2——吸水平衡后放出的水量。

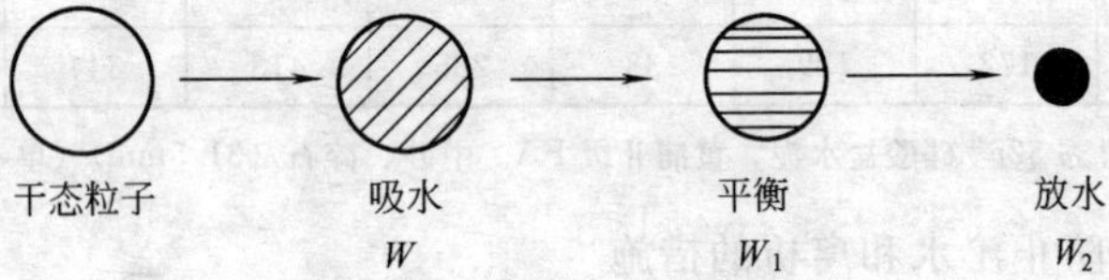

图 11-16 粒子吸水平衡示意图

通常矿物细掺料为多孔性粒子（吸水率高），混合物加水搅拌时粒子开始大量吸水（过饱和吸水 W），放置一定时间（1～2h）逐渐达到吸水平衡（W_1），同时释放出自由水（W_2）。在此情况下 W_2 的作用：

(1) 若拌合物的保水性差，释放出的自由水 W_2 将导致混凝土滞后泌水；

(2) 若拌合物的保水性好，释放出的自由水 W_2 将使拌合物的坍落度提高 1～2cm。当粉煤灰掺量大于 18%配制流态混凝土时，有时发生经时（60min）坍落度大于初始坍落度（1～2cm）的情况。

流态混凝土滞后泌水并不是普遍现象，是在一定条件下产生的。除了上述吸水平衡的原因之外，由于CSP缓凝作用过强，使拌合物长时间保持大流动状态也是造成滞后泌水的原因。如果产生了滞后泌水，其解决方法是适当提高砂率和减小粉煤灰掺量。

1. C30流态混凝土泌水问题（一建搅拌站）

（1）原材料和配合比：

水泥：京都PO32.5（425#）水泥

粉煤灰：Ⅱ级

砂子：中砂，其中含5mm以上的豆石14%～24%

石子：碎石（5～25mm）

配制C30流态混凝土在口腔医院浇筑底板，开始不泌水，1h后产生大面积泌水（滞后泌水）。现将施工配合比列入表11-25中。

表11-25 C30流态混凝土配合比

编号	*W*	*C*	*FA*	*S*	*G*	*W/B*	*SP*（%）	*SP′*（%）
1	185	335	85	780	1015	0.44	43	36
2	185	335	80	953	953	0.44	50	39

注：*SP*—表观砂率；*SP′*—实际砂率。

（2）结果分析：

1）配合比第1项为施工配合比产生滞后泌水。第2项是改进后的配合比，经1h后测定泌水率为合格。

2）产生泌水的原因：由于砂子中含大于5mm的豆石14%～24%，在设计配合比第一项时没有考虑这一因素，造成表观砂率（*SP*）与实际砂率（*SP′*）差别太大，第一项扣除砂中的豆石，实际砂率为36%，显然砂率太低造成严重泌水。

若考虑砂中含豆石17%，配合比第一项的实际砂率为：

$$SP'=\frac{780-780\times0.17}{780+1034}\times100\%=36\%$$

2. C25 流态混凝土产生“滞后泌水”的原因分析（天津电建搅拌站）

（1）条件。广州“金羊”32.5MPa 普硅水泥、海砂（M_x = 2.60）、碎石（31.5mm），掺 CSP-4 防水剂配制 C25 大体积流态混凝土，初始坍落度 18～20cm、抗渗标号 P6。

（2）试配结果与分析（表 11-26）。

表 11-26　C25 流态混凝土试配结果

编号	*W*	*C*	*S*	*M*	*W/C*	*SP*（%）	*CSP*-4（%）	坍落度（cm）	容量
1	170	347	807	1110	0.49	42	2.5	20.5	2434
2	166	339	789	1085	0.49	42	2.5	20.5	2380

表 11-26 中，第 1 项为原配合比，假定容重 2434，实测容重 2380，第 2 项为校正后的真实配合比。试验结果，初始拌合物工作性正常，1h 后产生滞后泌水。

结果分析：

浆体体积：$V_e = 166 + 339/3.15 + 20 = 294$（L）

砂率：$SP = \dfrac{V_{es} - V_e + W}{1000 - V_e} \times 100\% = \dfrac{430 - 294 + 166}{1000 - 294} \times 100\% = 43\%$

由体积分析结果可以看出，产生滞后泌水的主要原因是浆体体积不足（$V_e = 294 < 305$L）；其次，小于 0.25mm 的细粉料小于 350kg/m^3。

因此，在保持配合比不变时，必须掺引气减水剂增加含气量，使浆体体积增大才能克服滞后泌水。例如含气量增加到 4%时：

$$V_e = 166 + 339/3.15 + 40 = 314 \text{（L）}$$

$$SP = \frac{430 - 314 + 166}{1000 - 314} \times 100\% = 41\%$$

这样完全符合全计算法配合比设计参数的要求。

(3) CSP 配方调整。根据以上分析，针对原配合比采用非引气型复合防水剂必然产生滞后泌水，而必须采用高效引气减水剂（见表 11-27）。

表 11-27 V25 流态混凝土试配结果

W	*C*	*S*	*G*	*W/C*	*SP*（%）	*CSP*-4A（%）	坍落度（cm）		容重
							0	1h	
160	347	802	1110	0.46	42	2.5	19.5	17.5	2424

结果拌合物和易性好、坍落度损失小，不离析和不泌水。

综上所述，产生滞后泌水的原因和对策见表 11-28。

表 11-28 产生滞后泌水的原因及对策

原 因	对 策
砂率偏低、砂中含＞5mm 的豆石	提高砂率
石子级配不合理、单一粒级	提高砂率 2%～4%
水泥泌水率大（含矿渣、增钙粉煤灰、赤泥等混合材）	选择泌水率小的水泥
采用不合格的粉煤灰（颗粒粗、含碳高）	应掺Ⅰ级或Ⅱ级粉煤灰
低强度等级流态混凝土采用非引气减水剂	应采用引气减水剂或泵送剂
浆体体积偏低（V_e＜305L）	提高胶凝材料用量或引气量
＜0.25mm 细粉料总量＜350kg/m³	增加矿物细掺料或超代粉煤灰
原因不明	掺引气减水剂或高效引气减水剂

产生滞后泌水不是普遍现象，只是以上不利因素凑在一起时才有可能出现。出现滞后泌水时，首先用配比全计算设计法进行配合比验证，找出其原因，针对具体情况加以解决。

第七节 商品混凝土

集中搅拌的商品混凝土主要用于现浇混凝土工程，混凝土从搅拌、运输到浇灌需 1～2h，有时超过 2h。因此商品混凝土搅拌站合理的供应半径应在10km之内。严格地讲，商品混凝土是现代混凝土施工工艺，而不是混凝土的品种，它应包括大流动性混凝土、流态混凝土、泵送混凝土、高强混凝土、大体积混凝土、防渗抗裂混凝土或高性能混凝土等。它的普及程度能代表一个国家或地区的混凝土施工水平和现代化程度。其中流态混凝土约占40%，年产20万m^3的搅拌站，通常配备有10多辆搅拌运输车和2～3台泵车。随着商品混凝土的普及和发展，现浇混凝土成为今后发展方向。在我国许多大城市，如北京、上海、天津、广州、深圳等，商品混凝土搅拌站都在100个以上，其规模和工艺水平不亚于发达国家。许多中小城市也在推广应用商品混凝土。

一、概述

流态混凝土用作商品混凝土时，对新拌混凝土的流动性和流动性损失的控制要求更严格。因为运距较长、交通堵塞等因素，要求坍落度损失小，2h（有时超过2h）内混凝土应保持流动性，浇灌时要求泵送。用传统的后掺法虽然能解决坍落度损失和泵送等问题，但是增加了搅拌时间或次数，这样影响商品混凝土的产量，并且使搅拌操作复杂。即使这样在泵送前掺超塑化剂，在搅拌运输车中快速搅拌1min，也不能充分发挥超塑化剂的分散作用，拌合物均匀性差。因此，至少在我国，后掺法不易推广，还是采用同掺法好。这就要求研究新的超塑化剂，保证新拌混凝土的流动性保持在2h或2h以上，而不影响硬化混凝土的强度，特别是早期强度。

我国商品混凝土中，约70%是强度等级C25～C40，C50～C60在一些重要工程中应用，个别特殊情况采用C70～C80。为了减少水泥用量、改善新拌混凝土的工作性，以及提高硬化混凝土性能，特别是耐久性，应当掺用粉煤灰。这样可以在减少单位水泥用量10%～15%的情况下，掺10%～25%粉煤灰（内掺或超代）。计算表明，基准混凝土中掺20%粉煤灰（减少水泥用量10%情况下）可节省能源10%，基准混凝土掺超塑化剂（减少水泥用量15%时）

配制流态混凝土可节省能源15%。当粉煤灰和超塑化剂同时掺用时可节省能源25.5%。因此，将粉煤灰和超塑化剂同时掺用配制流态混凝土是最节能的，并且在性能和节能两方面都可得到满意的效果。

流态混凝土由于掺超塑化剂使拌合物流变性得到改善，即屈服值减小、塑性粘度降低和滞后圈变小，因而几乎接近牛顿型流体。这样就增加了流态混凝土的可泵性。基准混凝土中掺0.4%～0.8%（最好是0.75%）超塑化剂所得到的流态混凝土，其泵送压力降低25%～35%。

泵送混凝土在泵压的作用之下，会产生坍落度损失、离析和堵泵现象。关键是通过混凝土配合比和超塑化剂的成分来调整拌合物的均匀性和稳定性、流动性和粘聚性。在泵送混凝土中，细粉料（<0.25mm）的用量应在350～400kg/m³之间，水泥用量不得低于250kg/m³，粗集料最大粒径小于31.5mm。另外，最好掺用粉煤灰，因为粉煤灰在较大降低屈服值的同时，塑性粘度降低小一些，这样使拌合物保持一定的粘聚性，提高了稳定性，从而防止离析和堵泵现象。

流态混凝土主要用于高层建筑的基础、梁、柱、框架、桥梁等现浇混凝土，以及T形接头的整体浇灌。特别是配筋密集、不易振捣或不需振捣（“自坍”或“自流平”）的情况下。

二、商品混凝土的特点和原材料的选择

商品混凝土是以集中搅拌的方式向建筑工地供应一定要求的混凝土。它包括混合物搅拌、运输、泵送和浇筑等工艺过程。商品混凝土在市场竞争中的惟一要求是保证工作性、强度和耐久性的前提下其成本和售价最低。降低成本的技术途径是正确选择原材料和配合比。

1. 商品混凝土的特点

(1) 由于是集中搅拌，因此能严格在线控制原材料质量和配合

比，能保证混凝土的质量要求；

(2) 要求拌合物具有好低的工作性，即高流动性、坍落度损失小，不泌水不离析、可泵性好；

(3) 经济性，要求成本、性能价格比高。

2. 原材料的选择与要求

(1) 水泥的选择。通常采用硅酸盐水泥、普硅水泥或矿渣水泥。对水泥的基本要求是：

1) 相同强度等级时，选择富裕系数大的水泥，因为水泥是使混凝土获得强度的“基础”；

2) 相同强度时选择需水量小的水泥。水泥的标准稠度需水量在21%～27%，在配制混凝土时采用需水量小的水泥可降低水泥用量；

3) 选择C_3A高、C_3A低(<8%)、碱含量低(<1%)，比表面适中(3400～36009cm^2/g)、颗粒级配好的水泥；

4) 合理使用不同强度等级的水泥。配制C40以下的流态混凝土时应用32.5MPa普硅水泥；配制C40以上的高性能混凝土应用42.5MPa硅酸盐水泥或普硅水泥；

5) 针对不同用途的混凝土正确选择水泥品种，如要求早强或冬季施工尽量采用R型硅酸盐水泥，大体积混凝土采用矿渣水泥或普硅水泥。

(2) 矿物细掺料的选择。常用的矿物细掺料有粉煤灰、磨细矿渣、沸石粉、硅粉等。配制商品混凝土时对矿物细掺料的基本要求是：

1) 售价低，具有一定的水化活性，能替代部分水泥，在保证强度和其他性能的情况下，应多掺矿物细掺料，使混凝土的成本降低；

2) 需水量比小(<100%)，颗粒级配合理能提高拌合物的流动性；

3) 合理使用不同品种的细掺料，配制C60以下的流态混凝土时采用Ⅱ级粉煤灰，C60～C80采用Ⅰ级粉煤灰或磨细矿渣，100MPa以上的高性能混凝土掺硅粉。

（3）集料的选择。粗细集料都应符合有关标准的要求。正确选择集料能确保混凝土工作性、强度和经济性。

1）细集料：砂子的颗粒级配合理、含泥量低，有利于强度和工作性的提高。人工砂和风化山砂的需水量大、颗粒形状和级配不合理，使拌合物流动性下降。河砂是理想的细集料，使用时应正确选择细度模数。配制高强混凝土时应用粗砂，普通流态混凝土用中砂。砂子的细度模数影响混凝土的砂率和用水量，砂率高用水量大。

2）粗集料：石子的最大粒径和级配影响混凝土的用水量、砂率和工作性。配制高强混凝土和高性能混凝土时应采用高强度的碎石，其最大粒径应小于25mm，因为高强混凝土的强度几近为石子强度的1/2。普通流态混凝土采用最大粒径25mm或31.5mm碎石，采用泵送工艺时石子最大粒径应小于泵出口管径的1/3，否则产生堵泵现象。目前市场连续级配的碎石较少，多数为单一粒级，这时应采用二级配石子。若采用单一粒级的石子应提高砂率。

混凝土的砂率与石子的最大粒径有关，大石子砂率小、小石子砂率大。其中就有合理配合的问题。在配制流态混凝土时，若采用较大粒径（如31.5mm）碎石与中细砂（M_x＝2.50）配合可以降低砂率和用水量，因而降低混凝土的成本。

（4）外加剂的选择。商品混凝土所用的外加剂应包括：引气减水剂、高效缓凝引气减水剂、缓凝减水剂、高效缓凝减水剂、泵送剂、高效泵送剂等。选择外加剂的原则是：

1）根据所配制的混凝土类型选择相应的外加剂品种；

2）根据混凝土的原材料、配合比和强度等级确定对外加剂的减水率和掺量的要求；

3）根据工程类型、气侯条件、运输距离、泵送高度等因素，确定对坍落度损失程度、凝结时间和早期强度的要求；

4）其他特殊要求（如抗渗性、抗冻性、抗侵蚀性、耐磨性等）。

最后，通过混凝土试配、经济性评估后才能应用外加剂。

三、混凝土配合比设计和优化

商品混凝土的工艺不同于现场搅拌的混凝土，由于运输距离和时间的存在必须控制坍落度损失。因此在设计混凝土配合比时应考虑如下因素：

（1）根据运距和运输时间确定初始坍落度：近距离（<10km）或1h时，初始坍落度为18～20cm；远距离（>10km）或2h时，为20～22cm。

（2）控制坍落度损失，即控制入泵前的坍落度应大于15cm。因为坍落度<15cm时可泵性差。而坍落度>20cm时，浇筑后混凝土长时间保持大流动性状态，其稳定性差容易产生离析，凝结慢。

（3）初凝时间的控制：梁板柱浇筑时初凝时间为8～12h，大体积混凝土为12～15h。

（4）商品混凝土作为一种建材产品参与市场竞争必须考虑经济性，在保证技术性能的前提下售价最低。对商品混凝土总的要求是：稳定、可靠、适用和经济。

传统的混凝土配合比设计方法（即假定容重法和绝对体积法）是以强度为基础的，即根据“水灰比定则”设计配合比。而我们提出的全计算配合比设计方法是以工作性、强度和耐久性为基础，通过混凝土体集模型推导出用水量和砂率计算公式，并且将此二式与水灰比定则相结合实现FLC和HPC的组成和配合比的全计算。全计算法与传统设计方法相比较，全计算法使混凝土配合比设计由半定量走向全定量，由经验走向科学。与传统配合比设计相比，全计算法更方便快捷地得到优化的混凝土配合比。

有关全计算法用于流态混凝土配合比设计步骤参见本章第四节。现以广州永兴搅拌站应用实例说明配合比的优化过程。

1. C30流态混凝土（广州永兴搅拌站）

条件：粤秀PS42.5（525#）水泥，Ⅱ级粉煤灰，碎石（5～10mm，10～31.5mm）Ⅱ级配（3∶7），掺CL-2缓凝减水剂配制C30流态混凝土，其初始坍落度为18～20cm，2h后坍落度大于15cm。

混凝土试配结果如下（表11-29）：

表11-29 C30流态混凝土试配结果

编号	W	C	FA	S	G_1	G_2	W/B	SP (%)	CL-2 (%)	坍落度(cm)			抗压强度(MPa)		
										0	1h	2h	3d	7d	28d
1	185	280	100	740	736	316	0.49	41	1.5	泌水	—	—	—	—	—
2	180	280	100	806	689	295	0.47	45	1.5	19.0	17.5	14.0	29.0	38.2	46.8
3	185	280	100	853	673	289	0.49	47	1.5	19.5	18.5	16.0	25.9	34.7	46.3
4	180	280	100	853	673	289	0.47	47	1.5	19.5	18.5	14.0	26.0	36.3	44.8
5	180	280	100	853	673	289	0.47	47	1.5*	21.0	17.0	16.0	29.5	34.4	42.8
6	180	280	100	853	673	289	0.47	47	1.5**	18.5	18.0	18.0	20.7	29.0	30.6

由表11-29的试验结果说明：

（1）搅拌站原配合比1由于砂率太小而产生严重泌水，应调整砂率。

浆体体积：$V_e=185+280/3.15+100/2.50+15=329$（L）

石子最大粒径31.5mm时，$V_{es}=430$L，则：

$$砂率：SP=\frac{V_{es}-V_e+W}{1000-V_e}\times100\%=\frac{430-329+185}{1000-329}\times100\%=43\%$$

由于采用粗砂，其砂率应增加2%～4%，因此砂率应提高到45%～47%。显然原配合比砂率太小，必然产生泌水。

（2）配合比2虽然将砂率提高到45%，但2h的坍落度仍不能满足要求。

（3）配合比3、4、5的砂率提高到47%，其坍落度损失得到有效地控制，2h 的坍落度大于 15cm。

(4) 配合比 5 采用日本麦斯特公司的缓凝减水剂，对延缓坍落度损失的效果与 CL-2 相当。

(5) 配合比 6 采用改进的 CL-2 配方，对坍落度损失控制最佳，2h 坍落度几乎不损失。

2. C30 流态混凝土对比试验

为了进一步说明混凝土原材料的选择和配合比设计的重要性，我们在相同条件下改变砂石的品种进行试配试验。

(A) 条件：粤秀 PS42.5 (525#) 水泥，Ⅱ级粉煤灰，中细砂 (M_x=2.50)，碎石 (5～25mm)，掺 CL-2 配制 C25 流态混凝土，其试配结果如下 (见表 11-30)：

表 11-30 C30 流态混凝土试配结果

编号	W	C	FA	S	G	W/B	SP (%)	CL-2 (%)	坍落度 (cm)			抗压强度 (MPa)		
									0	1h	2h	3d	7d	28d
6	195	280	100	740	1052	0.51	41	1.6	18.5	14.0	—	—	—	—
7	195	280	100	740	1052	0.51	41	1.6*	19.0	16.1	10.0	19.0	26.3	35.9
8	195	254	85	775	1071	0.56	42	1.6*	17.5	15.5	11.0	16.0	24.2	—

注：编号 8：C25。

由表 11-30 中的试配数据说明：

(1) 在相同试验条件下由于采用了最大粒径较小 (25mm) 的石子和中细砂 (M_x=2.50)，使混凝土的用水量增大(195kg/m^3)，坍落度损失加快。

(2) 配合比 7 和 8 采用改进的 CL-2 配方，其坍落度损失有所延缓，但 2h 后的坍落度仍不符合要求。

(3) 配合比 8 是采用全计算法设计的，其经济性明显优于其他配合比。

(B) 条件：采用中细砂 (M_x = 2.50)，二级配碎石 (5～10mm；10～31.3mm)，其他相同。试配结果如下 (见表 11-31)：

表 11-31 C30 流态混凝土试配结果

编号	W	C	FA	S	G_1	G_2	W/B	SP (%)	CL-2 (%)	坍落度（cm）			抗压强度（MPa）		
										0	1h	2h	3d	7d	28d
1	185	280	100	762	632	421	0.49	42	A1.5	19.0	17.5	15.5	—	—	—
2	185	280	100	780	725	310	0.49	43	A1.5	18.5	—	17.0	25.4	28.1	34.8
3	185	280	100	762	737	316	0.49	42	A1.5	19.0	18.5	15.5	23.6	28.1	27.1
4	185	280	100	762	737	316	0.49	42	B1.5	18.5	17.5	16.5	23.9	26.1	33.7
5	185	280	100	762	737	316	0.49	42	B1.5	19.0	18.5	17.0	17.9	23.7	32.3
6	185	262	87	775	750	321	0.53	42	B1.5	17.0	17.0	15.0	18.3	22.1	29.1

注：粤秀 PS42.5（525#）水泥，平均气温 20℃，编号 6：C25。

试配结果说明：

(1) 配合比 1 大小石子为 6∶4，砂率偏小产生离析。

(2) 配合比 2 大小石子为 7∶3，砂率 43%，粘聚性稍高。

(3) 配合比 3、4 和 5，工作性正常。

(4) 配合比 6 为参考配合比，能节约水泥，初始坍落度略小。

结论：虽然以上配合比均能满足 2h 坍落度大于 15cm 的要求，但以配合比 4 的效果最佳。

3. 固定用水量法的应用

许多搅拌站技术人员提出，最好用一种外加剂配制不同强度等级的商品混凝土。如果用水量变动范围不大（170～185kg/m³）是可以实现的。在个别搅拌站已采用“固定用水量法”设计混凝土配合比。

表 11-32 和表 11-33 中列举了用固定用水量法计算配合比的试配结果，由此说明，固定用水量使外加剂使用方便简单，对不同强度等级的混凝土只需采用同一掺量。

表 11-32 C20～C30 流态混凝土试配结果

强度等级	W	C	S	G	W/C	SP (%)	CSP-2 (%)	坍落度 (cm)	抗压强度（MPa）		
									3d	7d	28d
C20	185	319	758	1138	0.58	40	0.80	17.0	10.7	13.7	26.3
C25	185	356	725	1131	9.52	39	0.80	17.5	17.5	20.5	32.5
C30	185	402	689	1124	0.46	38	0.80	17.0	—	—	—

注：普硅 42.5（525[#]）水泥，中砂，碎石（5～31.5mm）。

表 11-33 C15～C30 流态混凝土试配结果

强度等级	W	C	FA	S	G	W/B	SP (%)	V_e (L)	CSP-7 (%)	坍落度 (cm)	抗压强度（MPa）	
											7d	28d
C15	162	268	54	825	1067	0.50	44	284	2.5	21	17.1	25.9
C20	162	295	56	799	1078	0.46	43	293	2.5	19	20.7	27.0
C25	162	324	58	765	1076	0.42	42	303	2.5	20	25.3	32.0
C30	162	359	61	747	1070	0.39	41	313	2.5	19	28.9	37.1

注：普硅 32.5（425[#]）水泥，Ⅱ级 FA，中砂，碎石（5～25mm）。

固定用水量法计算配合比时，必须用全计算法的公式计算砂率，即：

$$SP=\frac{V_{es}-V_e+W}{1000-V_e}\times 100\%$$

现以表 11-33 中的配合比和条件为例计算砂率（SP）：

石子最大粒径 25mm 时，$V_{es}=430\text{L/m}^3$；

对于非引气混凝土，$V_a=15\text{L/m}^3$（含气量 1.5%）；

浆体体积：$V_e=W+V_c+V_f+V_a$，对于 C15、C20、C25 和 C30 的拌合物，V_e 分别为 284、293、303 和 313L/m³。

现将 C25 的所有数据代入上式得到：

$$SP=\frac{430-303+162}{1000-303}\times 100\%=41.5\%$$

同样的计算得到，C15、C20、C25 和 C30 的砂率分别为

43.0%、42.3%、41.5%和 40.6%。与试配结果基本一致（相差不到 1%）。

另外，CSP-7 掺量的计算：

$$\mu=\left(\frac{210-162}{210}+0.04\right)\times 9.17\%=2.46\%$$（实际掺量 2.5%、浓度 40%）

如果采用传统的方法设计流态混凝土的配合比，不可能得到像表 11-33 中的优化配合比。因为它超出了传统配合比的设计范围。

此例证预示了一个方向，采用复合超塑化剂配制低强度等级的高性能混凝土，这对商品混凝土是十分重要的。由于胶凝材料用量少，既提高了混凝土的综合性能，又大大降低了成本。

第八节　水下浇筑混凝土

水下浇筑混凝土（或水下混凝土）最早由联邦德国研制成功，并于 1974 年首次用于施工。当时，联邦德国的西博混凝土公司(Sibo-beton）的预拌公司就已生产水下浇筑混凝土。这种新型水下浇筑混凝土是掺一种水中不分离混凝土外加剂（Antiwashout Admixture)，又称水下复合剂，使混合物的各组分“胶结”在一起，使它们以同样速度在水中沉降，而且完全保证水的清洁度（不被水冲散)，并在水下形成坚固、平滑和耐磨的表面。当时该公司两年间出售新型水下混凝土 $50000m^3$，主要用作渠道、水池的底和壁、消波堤及护坡等。该公司曾在水深 90m 处完成了水下浇筑作业，堵塞矿井漏洞，防止有害化学物质浸入，堵塞淡水井裂缝，防止海水进入。

日本于 1981 年从联邦德国引进此项产品，经过多年的发展，现在已经有 12 种市售品，而且已经在许多水下建筑中得到了成功的应用。

水中不分离混凝土外加剂使混凝土在水中浇筑和施工成为现实。掺这种外加剂制成的抗流水侵蚀的特种混凝土能够在水中自由落下时不离析，同时这种混凝土还能保证有足够的自流平性和没有机械捣实情况下的自密性，并可依据不同的混凝土配合比达到不同等级强度的要求。

水中不分离混凝土外加剂不需加在拌合水中，而是混合在水泥或砂子中（干拌），拌合时间一般要延长（强制式搅拌机），为了达到需要的稠度，可以掺适量的塑化剂或超塑化剂。另外，水下混凝土的灌注可以用泵送，吊头排放，或在水中自然沉落等方式。由于掺这种外加剂与其他性能外加剂的混凝土比具有水中不分离、自应力补偿等性能，质量能保证，可在深水中施工。

掺加高炉矿渣代替部分水泥和掺水中不分离混凝土外加剂可以防止水下混凝土的升温和产生裂缝。混凝土拌合成型后，温度升高缓慢，10d 达到最高值（<40℃），未掺矿渣的最高值为 65℃。

一、水中不分离混凝土外加剂类型与化学结构

水中不分离混凝土外加剂可分为纤维素和丙烯酸类，见表 11-34。它们的分子结构如下。

纤维素类：

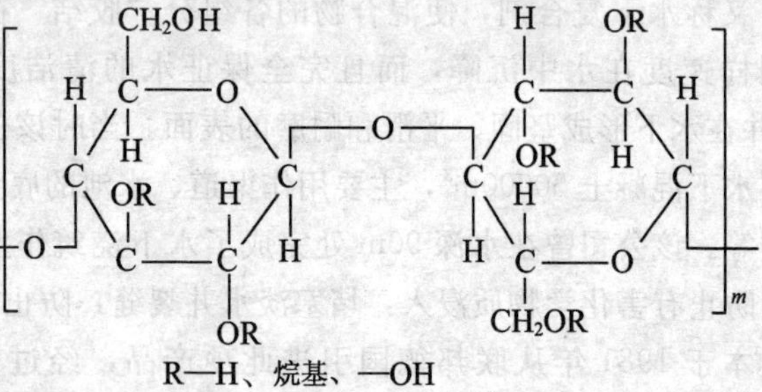

R—H、烷基、—OH

丙烯酸类：

$$\left(CH_2-\underset{\underset{CONH_2}{|}}{CH}\right)_m\left(CH_2-\underset{\underset{Y}{|}}{CX}\right)_n$$

X—H、CH_3—；Y—COOH；n、m—聚合度

表 11-34　水中不分离混凝土外加剂种类

纤维素类	羟基丙酰甲基纤维素类（MPMC） 羟乙基甲基纤维素类（HEMC） 羟乙基纤维素类（HEC）
丙烯类	聚丙烯酰胺部分水解物 丙烯酰胺和丙烯酸共聚物

二、水中混凝土的配合比

水中混凝土配合比有如下特点：

（1）水中不分离混凝土外加剂随品种不同而有不同的掺量，通常用量在 2～3kg/m^3。

（2）一般情况下和塑化剂并用，塑化剂掺量是水泥重量的 1%～2.5%。塑化剂可采用三聚氰胺磺酸盐甲醛缩聚物、木质素磺酸盐或其他流化剂，有时还复合掺引气减水剂。

（3）单位用水量比普通混凝土的多。

（4）砂率对流动性的影响变小，通常砂率在 40%左右。

三、新拌混凝土的特性

1. 水中不分离性

用水中不分离混凝土外加剂在适当掺量下制作的特殊水中混凝土具有水中不分离性，即在受水冲洗时水泥和集料不分离的性质。

表 11-35 是素混凝土和掺水中不分离混凝土外加剂的在水中自由下落前后的各组分的变化。由此表看出，素混凝土水中下落后已被水冲毁，组成材料发生极大变化，水泥只剩下 2%。而掺水下不分离混凝土外加剂的混凝土，在水中下落前后其组分基本不变。

表 11-35 水中自由下落时混凝土组分的变化

水下不分离外加剂掺量	状态	水	水泥	砂	粗集料
0	拌合时	19.8	11.4	31.2	37.6
	下落后	23.8	2.0	25.9	48.3
27(kg/m³)	拌合时	26.9	15.5	20.0	37.6
	下落后	28.2	14.3	18.8	38.7

但是，混凝土中掺一般的超塑化剂后，其分离程度不但不减轻，反而更加严重。素混凝土在水中体积没有发生明显变化，而掺超塑化剂的混凝土显示出严重的分离、体积增大和强度下降。这是因为超塑化剂的强分散作用在降低混凝土的屈服值的同时，降低塑性粘度，使混凝土粘聚性降低。因此，在水下混凝土中掺水中不分离混凝土外加剂和超塑化剂，既提高流动性，又提高粘聚性。

2. 粘性、流动性及其流变模型

水中不离散混凝土的粘性高，这样可防止混凝土分离或冲散。同时要具有好的流动性，在自重的作用，经过一定时间能自密实、自流平。其拌合物接近牛顿体流型。而一般的新拌水泥浆体和混凝土有比较明显的屈服值，其值大于混凝土自重引起的应力，因此一般水泥浆和新拌混凝土在自重作用下不表现流动性。它们符合宾汉姆模型（Bingham Model）。混凝土流动性较大时，依靠自重的作用，混凝土能自己流平，并且内部致密，而不需振捣。对于水中混凝土既要求大的流动性，又具有较高的粘聚性，这两个方面要求比流态混凝土和自流平砂浆要更高。因为水下混凝土施工的环境特殊，它是在水中浇筑和硬化成型。从流变模型上讲，它们都接近牛顿体，但塑性粘度（或粘聚性）水下混凝土比流态混凝土、自流平砂浆要高得多。

3. 低泌水性

用标准掺量（3kg/m³）的水中不分离外加剂制成的水中混凝土不产生泌水和离析。如果掺量达不到标准掺量，仍会发生泌水现象，如图 11-17 所示。

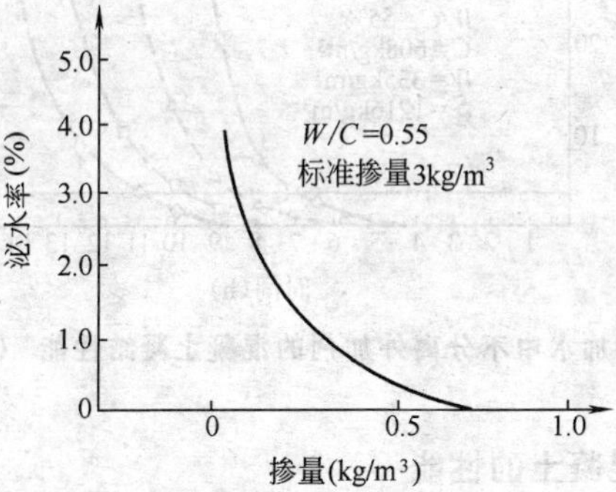

图 11-17 水中不分离混凝土外加剂掺量与泌水率的关系

4. 缓凝性

纤维素类的外加剂对混凝土有缓凝作用。而丙烯酸类的外加剂不延缓混凝土的凝结时间，见图 11-18 和图 11-19。

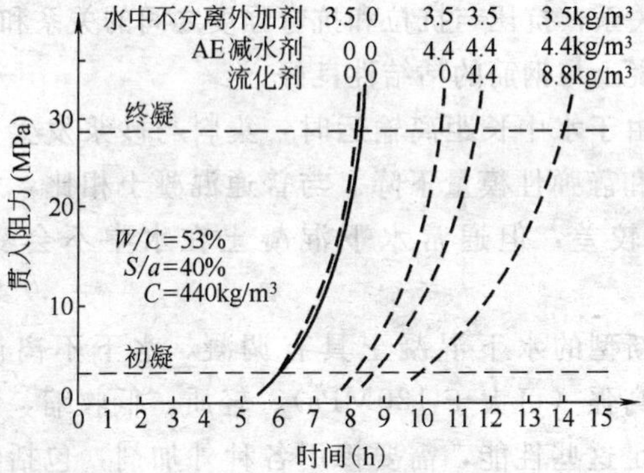

图 11-18 掺加水中不分离外加剂的混凝土凝结性能 （丙烯酸类）

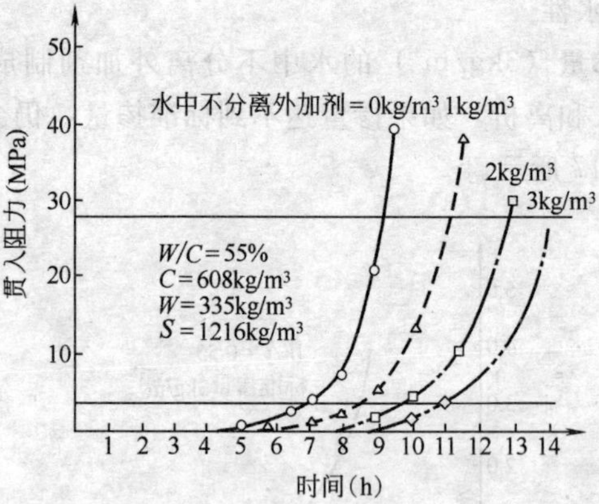

图 11-19 掺加水中不分离外加剂的混凝土凝结性能 (纤维素类)

四、硬化混凝土的性能

水中施工的不分离混凝土的抗压强度与混凝土配合比、水灰比、外加剂掺量及施工条件（水中自落距离、水中流平距离等）有关。

水中不离散混凝土的抗压强度与外加剂掺量的关系见图 11-20 和图 11—21 所示。水中自由下落后的硬化混凝土的抗压强度与水灰比成直线关系，抗压与抗拉和抗弯强度之间的关系和普通混凝土的相同，混凝土与钢筋的粘结性良好。

另外，由于水中长距离输运时，集料与砂浆发生分离，单位容积的重量和静弹性模量下降。与普通混凝土相比，水下混凝土的抗冻融性较差，但通常水下混凝土在水中不会受到冻融破坏。

总之，新型的水下混凝土具有调凝、水下不离散、大流动性、早强、高强（可大于 120MPa)、轻质、低收缩、耐久性高等特性。要满足这些性能，需要掺用各种外加剂，包括特殊作用的外加剂。

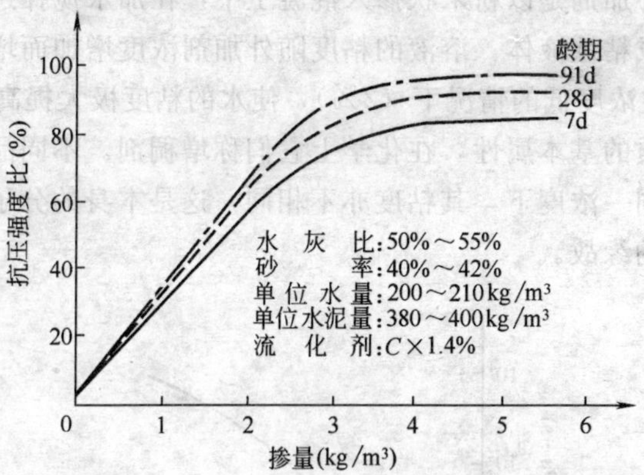

图 11-20 水中不分离外加剂掺量与强度的关系

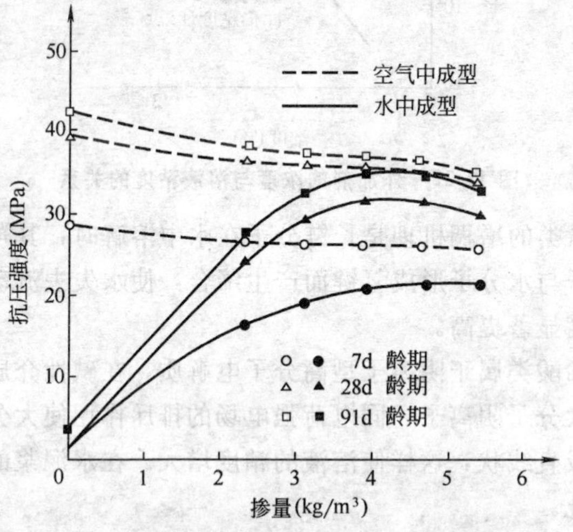

图 11-21 水中不分离外加剂掺量与强度的关系

五、水中不分离外加剂的性质和作用机理

特殊水中混凝土外加剂是纤维素类、聚丙烯酸类、聚乙烯醇类的水溶性高分子化合物。其相对分子质量从几千到百万，作为外加剂通常采用相对分子质量高的，因为主要使用目的是提高粘度。这

种特殊的外加剂是以粉末状掺入混凝土中，在加水搅拌过程中使其溶解，变成粘性液体。溶液的粘度随外加剂浓度增加而增大（见图11-22）。在浓度低的情况下（2%），使水的粘度极大提高（10^4 倍）是这类物质的基本属性，在化学上它们称增稠剂。不同品种的这种外加剂在同一浓度下，其粘度亦不相同，这是本身的分子结构和分子量不同的缘故。

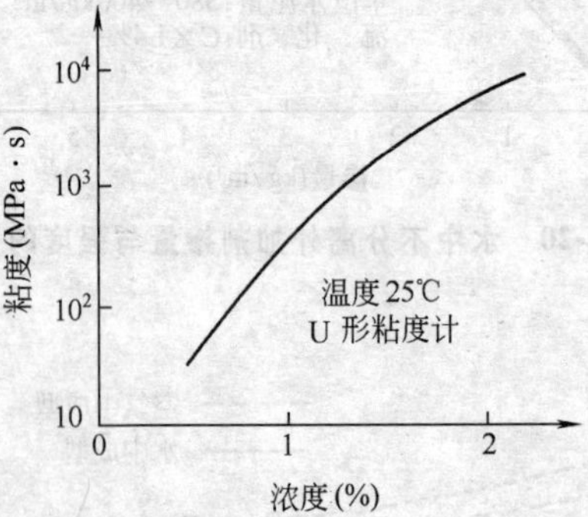

图 11-22　外加剂的浓度与溶液粘度的关系

纤维素类的增稠机理是长链分子在水中溶解时，其羟基和醚键上的氧原子与水分子形成氢键而产生缔合，使水失去流动性，因而溶液的粘度显著提高。

聚丙烯酸类属于阴离子型高分子电解质，在碱性介质中离解成带多电荷大分子阴离子，同电荷强电场的排斥作用使大分子由“线团”状变成直线状，这样使溶液的粘度增大。在水泥浆的碱性介质中更是如此。

它们掺入水泥浆中，形成保护性胶体，对分散的水泥浆（因为同时掺有超塑化剂）起稳定作用，同时增加了粘聚性。

六、水中混凝土的应用

拌制好的水中混凝土可以用导管法、泵送法或自落法进行水下施工。由于混凝土不离散，因此不会对水质产生污染，同时混凝土的均匀性好、强度保留值高、自密实、自流平、与钢筋粘结性好。目前，德国、日本等将水中不离散混凝土用于港口、海洋工程。例如，防护堤的铺石固结、填充工程、钢筋混凝土、透水混凝土等。日本已在许多大工程中应用水中不离散混凝土。如本洲四国联络桥、关西国际机场联络桥、青森大桥、东京湾横断道路、北陆公路桥、亲不知海岸高架桥、首都高速公路等。

第九节　自流平材料

用于地面找平的自流平水泥混合物（Self-levelling material、简称 SL 材料）是 20 世纪 80 年代初国际上出现的新材料和新技术。最早的 SL 材料是以石膏为基材，这是由于半水石膏成分简单，性能便于调节控制。但石膏又有明显的缺点，如耐水性差、不耐磨、强度低等。后来才发展了以水泥为基材的 SL 材料。

SL 材料的特点是：具有良好的流动性，在自重作用下能够自动流平、自密实；具有良好的均匀性和稳定性，在流态时不泌水和离析、不起泡；硬化后体积稳定性好，不产生收缩裂缝；初凝时间较长、终凝时间较短，具有较高的早期强度；表面平整，耐磨性好；与基层地面粘结力较强等。

SL 材料主要用于地面面层施工，不需振捣、抹面，可自流平，硬化后形成平整耐磨的表面。SL 材料可用泵送施工，因此节省劳动力和施工费用、提高施工效率和质量、加快工程进度。

我国这方面的研究最早是武汉工业大学北京研究生部（1987 年），随后有些单位也从事这方面的研究和工程应用。

一、SL 材料的组成

SL 材料由水泥、砂、掺合料、超塑剂、稳定剂等混合配制而成，加水拌合后即可泵送施工。SL 材料对原材料及配比要求很严格，主要技术关键是要解决：大流动性与稳定性的矛盾；早强与缓凝的矛盾；收缩与膨胀的矛盾。为了解决这些矛盾，我们参考国外这方面的资料对 SL 材料的组成、配比以及性能进行了研究。

1. 水泥

采用硅酸盐水泥、早强硅酸盐水泥，要求水泥组成和颗粒级配合理，对超塑化剂的相溶性要好。此外，还可以将硅酸盐水泥与矾土水泥混合（50∶50），解决 SL 材料快硬、早强和体积稳定性。

2. 砂

采用河砂，清洗干净，采用间断级配或连续级配。砂子最大粒径不超过 1.5mm。灰砂比在 1∶1～1∶1.5 范围内选择。

3. 膨胀剂

掺膨胀剂的目的是补偿收缩，保证 SL 材料的体积稳定性，特别是大面积施工时，应不产生收缩裂缝。膨胀剂（UEA）掺量为水泥重量的 8%～12%。具体配制时，根据收缩值试验选择最佳掺量。

4. 掺和料

可采用需水量低的符合标准的粉煤灰，细度在 200μm 以下。通过粉煤灰调整 SL 材料的微级配，改善流动性和提高稳定性。粉煤灰掺量在 10%～30%范围内选择。此外，国外资料中采用石粉、矿粉等，其平均粒度在 3～4μm 之间。细集料除有上述作用外，还可以调节 SL 材料的容重。因为只有砂浆的重力所产生的应力超过屈服值时，才能产生自动流平。

5. 流化剂

采用萘系或三聚氰胺系的超塑化剂，其掺量为胶凝材料（水泥＋粉煤灰）重量的 1%～2%。

6. 缓凝剂

产生初期水化抑制作用，调节凝结时间，增加游离水含量，从而提高流动性。缓凝剂掺量要严格控制，不得影响早期（1d）强度。

7. 促进剂

促进早期水化硬化，使SL材料尽快达到使用强度。

8. 增稠剂

掺增稠剂的目的是提高砂浆的稳定性，增加粘聚性及保水性。此外，还能提高SL材料的抗裂性、抗渗性和增加与基底的粘结力。

增稠剂是水溶性高分子化合物，如纤维素类、聚丙烯酸类等。

二、SL材料配比实例

SL材料的配比较复杂，公开发表SL材料配比的论文几乎没有，只是在专利文献中提及其配比，为了便于参考现举例如下。

SL混合物Ⅰ（法国专利3215777）：

砂子（0.05～3mm）	41.9（重量百分数）
水化外加剂	20
波特兰水泥	22
熟石灰	2
硫酸钙	8
超塑化剂	0.1

干燥的混合物用24%水搅拌，得到的砂浆经泵送，浇筑在基础之上后具有自流平特性。硬化3d和28d抗压强度分别为18MPa和40MPa。

SL混合物Ⅱ（美国专利4394175）：

波特兰水泥	50（重量分）
矾土水泥	50
砂子和磨细集料	217
乙烯基聚合物	8.3
木质素磺酸钙	1.2
超塑化剂	1.33
缓凝剂	0.06
纤维素醚	1.08

消泡剂	0.335
硬化促进剂	0.05
水固比	0.24～1.0

混合物浇灌在混凝土地面上，生成平滑的表面。SL组成物在20℃时经1h凝结，1d和7d抗压强度相应为15MPa和20MPa。

三、SL材料的性能

1. 流动度D与水胶比和粉煤灰掺量的关系

在灰砂比C/S=1、超塑化剂（UNF-2）掺量1.5%、增稠剂掺量0.5%和膨胀剂（UEA）掺量10%的条件下，试验水胶比和粉煤灰掺量对SL拌合物的流动度的影响，结果示于图11-23。

由图11-23可见，随着水胶比增大，SL的流动度显著增大，并且可分为三个阶段：塑性不流动阶段，稳定流淌阶段和不稳定流散阶段（分层离析）。SL材料的水胶比应在稳定流淌阶段内选择。在水胶比一定的情况下，流动度随粉煤灰掺量的增加而增大。

2. SL组成材料对水泥浆体流变性的影响

(1) 粉煤灰（FA）：在水胶比0.30、流化剂掺量1.0%情况下，随着FA掺量的增加浆体的塑性粘度增大（见图11-24），而屈服值增加很小。说明掺FA能提高浆体的稳定性，减少分层和离析。

(2) 膨胀剂：在水泥加粉煤灰浆体中，掺膨胀剂使其流变参数（屈服值τ_f和η_{pl}）下降。特别是塑性粘度下降，将影响体系的稳定性。

(3) 增稠剂：在水泥-FA-UEA-UNF-2体系中，水胶比为0.30时掺0～0.5%的增稠剂使浆体的τ_f和η_{pl}随掺量增加而提高，如图11-25所示。

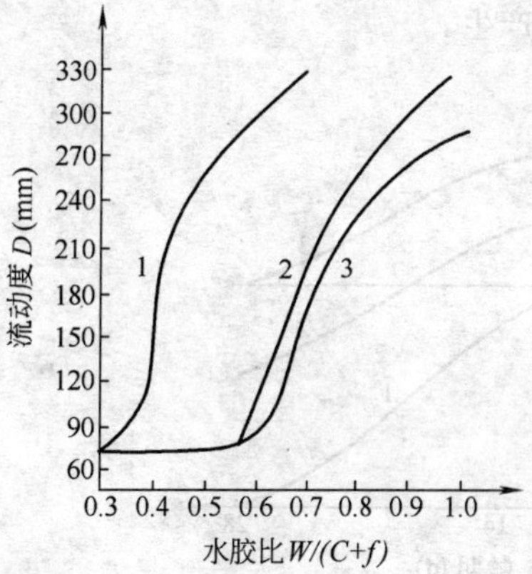

图 11-23　流动度与水胶比的关系

1、2、3—粉煤灰掺量分别为

50％、30％和 10％

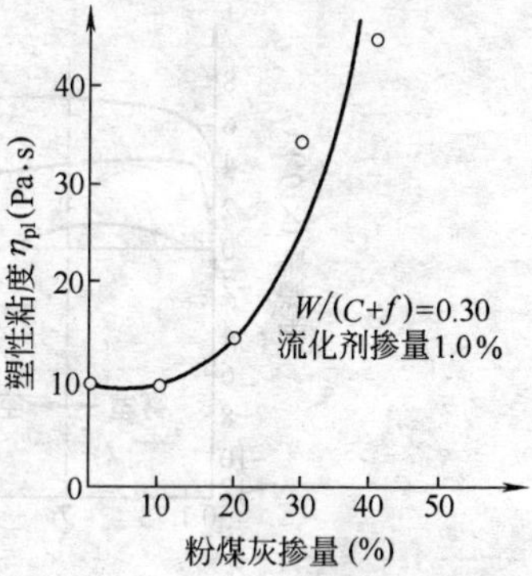

图 11-24　粉煤灰掺量对 η_{pl} 的影响

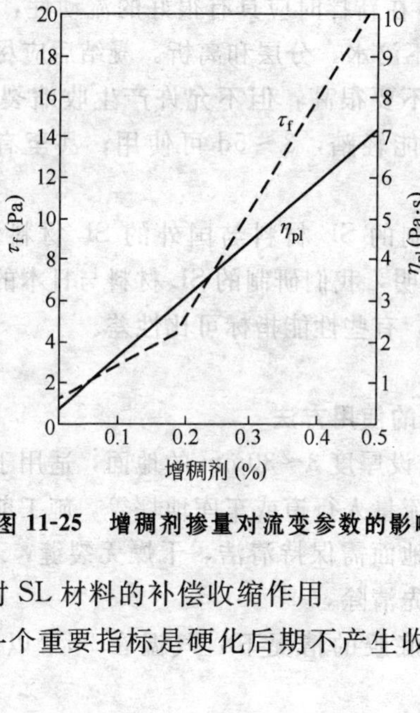

图 11-25　增稠剂掺量对流变参数的影响

3. 膨胀剂对 SL 材料的补偿收缩作用

SL 材料的一个重要指标是硬化后期不产生收缩裂缝，掺膨胀剂能有效地补偿收缩。图 11-26 说明掺膨胀剂 UEA10%～15%就能有效地补偿收缩，防止裂缝的产生。

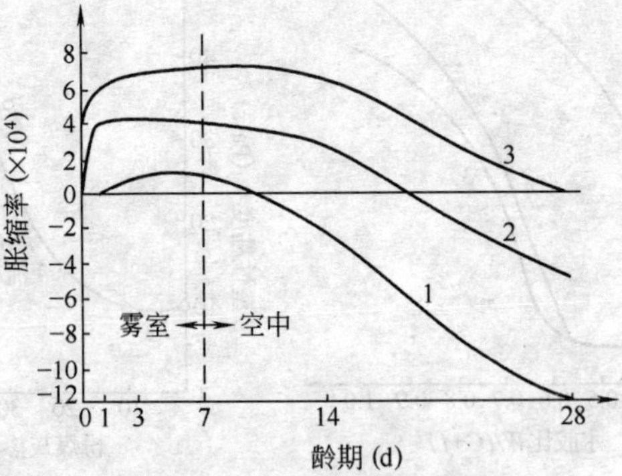

图 11-26 SL 材料的膨胀曲线

1—不掺 UEA；2—掺 UEA10%；3—掺 UEA15%

4. SL 材料的性能比较

作为 SL 材料在新拌时应具有很好的流动性，在重力作用下能够自流平，并且不泌水、分层和离析。凝结后应尽快发挥强度、早强。后期强度并不要很高，但不允许产生收缩裂缝。国外的产品中，有时 12h 后能轻踏，3～5d 可使用；甚至有 2～4h 可轻踏，1～3d可使用。

现将我们研制的 SL 材料与国外的 SL 材料性能比较列入表 11-36中。由此表明，我们研制的 SL 材料与日本的比较接近，由于测定方法的差别，有些性能指标可比性差。

四、SL 材料的使用方法

SL 材料可铺设厚度 3～30mm 的地面，适用于民用和工业厂房的地坪，低交通流量人行道或车库地坪等。施工前的准备如下：

（1）施工前地面需保持清洁、干燥无裂缝，若有灰尘、油污、松动物等均需事先清除。

（2）不使用底胶的情况下，气温在 25℃以上时，需在施工前一晚或前几小时将地面打湿，但不能有潮气渗出，也不可有水洼。

表 11-36　各国 SL 材料性能对比

性能指标			武工大北京研究生部	日本	德国
容重（t/m^3）			1.85	1.9～2.0	—
流动度（min）			190～220	＞190 或 350～360	＞200
泌水率或稳定性			＜1%	良好	良好
强度（MPa）	抗压	1d	3.6	6.5	0.4
		28d	32.9	32.0	≥10
	抗折	1d	1.0	2.0	—
		28d	6.1	5.5	＞2.0
凝结时间（h）		初凝	11.5	9～10	—
		终凝	13.5	10～12	—
线膨胀率（$\times 10^4$）		1d	6.4	1.0	—
		28d	2.8	−12.85	最高达−40
与老混凝土粘结力（MPa）		7d	2.9	1.07（3d）	—
		28d	4.4	1.6	—
耐磨性（%）			2～2.5	—	—

（3）地面若是多细孔的，则在施工前先涂一层底胶。

（4）若是铺有地砖或是平滑表面则需涂一层特殊的胶，以加强与 SL 材料间的粘结力。

SL 材料在国外有专门的施工机器，干粉泵送，在搅拌机中与定量水一起搅拌，然后由管道流入地面，按一定的流淌距离间隔一条一条顺序施工。我国目前还没有这方面的设备。

人工施工时，也应严格控制加水量，与 SL 粉料在搅拌机中搅拌均匀，直到有凝胶物为止，然后按顺序铺设，可轻微刮平。

气温在5～35℃可正常施工，早期硬化时，若表面干燥应适当浇水养护。在室内施工时，铺设好SL材料后应关门窗，防止水分蒸发过快或风干。

SL材料在国外应用较为普遍，因为它施工效率高、省工省力，能保证地面平整。

参考文献

1. 混凝土流化剂和流化混凝土. 国外混凝土外加剂和减水剂. 国家建材总局技术情报标准所，1977. 91～95

2. 第二届混凝土超塑化国际会议论文集. 英文. 1981

3. 火浜嘉产. 聚合物混凝土的发展现状与动向. 建材研究院水泥研究所，1980. 25～31

4. M. Daimon. D. M. Roy Cem Concr Res. Vol. 1978. No6

5. V. S. Ramachandran 等. 混凝土科学. 黄士元等译，北京：中国建筑工业出版社，1986

6. 高效塑化剂的研究和应用之一. 山东水泥制品研究所，1979

7. 超塑化剂在混凝土中的应用. 中国建筑科学研究院混凝土所译编，1982

8. 徐永模. 王子明等. 海工水泥混凝土. 国家建材局科技发展司. 中国建材研究院技术情报中心编，1992. 109～120

9. 日本特许公开 昭60—251159

10. 日本特许公开 昭60—200815

11. 王栋民. 自流平材料的研制及其性能研究. 武汉工业大学北京研究生部硕士学位论文，1988

12. 王栋民. 陈建奎. 自流平材料及其性能研究. 混凝土及水泥制品. 1989. (2)：4～8

13. 王栋民. 陈建奎. 粉煤灰和膨胀剂复合掺加对自流平材料水化硬化与亚微观结构的影响.《武汉工业大学学报》. 1991. (6)：8～10

14. 陈建奎. 王栋民. 复合超塑化剂（CSP）对 FLC 和 HPC 坍落度损失的控制. 水泥基复合材料科学与技术. 中国建材工业出版社，1999. 116～119

15. 陈建奎. 全计算法用于流态混凝土配合比设计. 武汉工业大学北京研究生部，2000

16. 陈建奎. 商品混凝土—现代混凝土发展方向. 武汉工业大学北京研究生部，2001

第十二章 高性能混凝土及其应用

第一节 概 述

混凝土技术发展已有170多年的历史，在缓慢的发展过程中，曾出现几次变革，那就是1919年发现了水灰比定理，1938年发现了引气剂，20世纪60年代初出现了高效减水剂。目前，混凝土技术发展又处在一个变革时期。新型超塑化剂的出现使得既有良好的工作性，又有优异的力学性能和耐久性能的混凝土生产成为现实。这种新型混凝土称为高性能混凝土（High Performance Concrete，简称HPC)。因此，有人认为“混凝土技术的新进展得益于外加剂的有效应用，而不是水泥生产的进步”。HPC的应用将对混凝土建筑施工技术和混凝土结构性能起显著推动作用，因此，美国、日本、英国、法国、加拿大、挪威等国都将HPC作为跨世纪的新材料，投入大量人力物力进行研究和开发。

高性能混凝土的定义和特点：1990年5月于马里兰州Gaithershurg城，由美国国家标准局（NIST）和混凝土学会（ACI）主办的讨论会上把HPC定义为：具有所要求的性质和匀质性的混凝土，而靠用传统的组分、普通的拌合、浇筑与养护方法不可能制备出这种混凝土。例如，这些性能包括：易于浇筑、捣实而不离析，高超的能长期保持的力学性能；高早期强度，高韧性；体积稳定；在严酷环境中的使用寿命长。

日本欧查瓦（OZAWA. K.）等人从下述三个阶段上来定义高性能混凝土：在新拌阶段，HPC不需要任何振捣就能充满模板的各个角落，这是HPC的一个最重要的特性；在早期阶段，它很少有原始缺陷，如由于水化热、硬化和干缩形成的裂缝，这些裂缝不仅破坏混凝土结构的表面，而且是诱发混凝土钢筋锈蚀的直接原因；在硬化后阶段，它应有足够的强度和充分阻止象氧、氯离子和水之类的潜在变质因素的移动，尤其是在混凝土结构的关键部位。具备所有这些特性的高性能混凝土甚至在不良的结构细节和施工条件下，也能增强混凝土结构的可靠性。

根据此定义，HPC 在新拌、硬化早期和后期三个阶段的效能要求如图 12-1 所示：

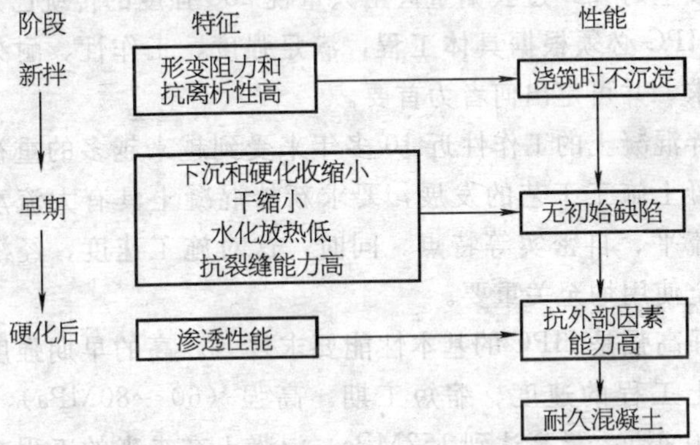

图 12-1　对高性能混凝土的要求

高效减水剂的应用促进了混凝土工艺和性能的发展，其用途之一是配制高强混凝土。10 多年前主要从中低强度混凝土发展到高强混凝土（High Strength Concrete，简称 HSC），其低限以 50MPa 为多。近几年从高强混凝土发展到高性能混凝土。这种发展的动力是工程发展的需要，如高层、大跨度、大荷载、速度、经济、使用环境等。混凝土的发展反过来又推动工程质量的提高，互为动力。

HSC 向 HPC 发展的主要原因是 HSC 本身的缺点不符合和不能满足工程的需要。HSC 的主要缺点：①脆性、易于开裂和突然破坏；②由于水灰比小带来工作性（流动性、可泵性、均匀性等）差；③单位水泥用量大带来的稳定性和经济问题；④由于体积稳定性差（收缩、膨胀）带来的耐久性问题。

HPC与HSC相比是从单一重视强度到工作性、耐久性与强度并重，还应根据工程要求，突出一、二种性能。根据1990年美国混凝土学会（ACI）的规定，HPC应具备的性能是：①工作性好，以保证质量均匀，节省劳动力，速度快、经济等；②早期强度高，后期强度不倒缩（因此后期强度也高）；③体积稳定性好；④韧性好；⑤严酷环境中安全使用期有保证（即耐久性好）。

从以上可知，过去偏重甚至只重视28d强度的传统已发生很大变化。HPC必须根据具体工程，满足强度、工作性、耐久性三项基本要求，并可定出何者为首要。

新拌混凝土的工作性近10多年来受到越来越多的重视。这是由于混凝土施工工艺的发展，要求新拌混凝土具有大流动、可泵性、自流平、自密实等特点。同时，这对施工速度、经济、均匀性、安全使用均至关重要。

早强高强是HPC的基本性能要求之一。高的早期强度必然加快混凝土工程的速度、缩短工期。高强（60～80MPa）、超高强（80～120MPa，最高达到152MPa）混凝土在未来的工程中将会逐渐推广使用。

混凝土的耐久性过去不受重视，至少重视不够。HPC最突出的特点是要求混凝土在严酷环境中安全使用期有保证。耐久性问题十分复杂，有多种破坏作用以及作用的叠加，而建筑物的安全使用期是最重要的，或者说是最大的经济。

HPC的耐久性问题。从材料的观点来看，HPC与普通混凝土类似，有着相同的退化机理。因此，普通混凝土获得耐久的基本原理也适合HPC。但是由于HPC的渗透性低，在如何保证HPC耐久的问题上存在着争论。

HPC可能比普通混凝土要耐久得多，这是因为在设计配合比时就考虑到耐久性问题。特别是早期下沉和硬化收缩小、干缩小、水化放热低，因而提高了混凝土抗裂缝能力，无初始结构缺陷。而硬化后的混凝土密实、渗透性低。这些都使混凝土抵抗外部因素的能力得到提高，最终得到耐久性好的混凝土。

目前，对混凝土耐久性评价方法、耐久性快速测定方法与实际观测的耐久性之间的相关性以及预测材料使用寿命等方面存在许多争议，这些问题有待进一步研究。但是这并不排除我们用现有的方法和标准评价 HPC 的耐久性。

混凝土的抗冻性是评价耐久性的指标之一。研究水灰比0.28～0.55、含气量 2%～5%的不同条件的混凝土抗冻性证明：高强混凝土中，对于冻融低水灰比的效果与含气量（4%～5%）的效果相匹敌。水灰比≤0.28 的高强混凝土有较好的抗冻性，但是水灰比 0.28 的混凝土中也有水的冻结。因此在高强混凝土中，引入某种程度（3%～5%）的空气量是有必要的。HPC 中由于掺有矿物掺合料，这对提高抗冻性是有利的。图 12-2 中的混凝土抗压强度与抗冻性的关系曲线表明，掺钙矾石系混合材（或膨胀剂）的 HPC 具有很好的抗冻性，而高强度（≥80MPa）时掺与不掺膨胀剂的混凝土都一样具有好的抗冻性。

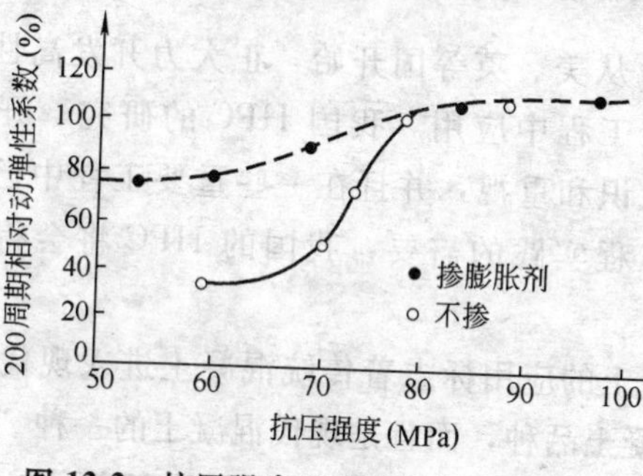

图 12-2 抗压强度和冻融性关系（混凝土）

混凝土中碱集料反应是影响耐久性的特殊情况。采用反应性集料和非反应性集料研究碱集料反应时，可通过加入氢氧化钠调整碱量，测定混凝土不同龄期的膨胀率。采用反应性集料时，缘于碱集料反应的膨胀不取决于混凝土的抗压强度，而取决于混凝土中的含碱量。即使混凝土高强化也不能抑制缘于碱集料反应的膨胀（见图12-3）。相反，如果采用无害的集料，在通常的使用条件下发生碱集料的可能性很小。因此为了避免碱集料反应，首先是不采用反应性集料，其次是限制水泥的含碱量和控制外加剂的含碱量。在HPC中由于掺用了大量的能吸收碱的矿物掺合料，这对减缓碱集料反应有利。

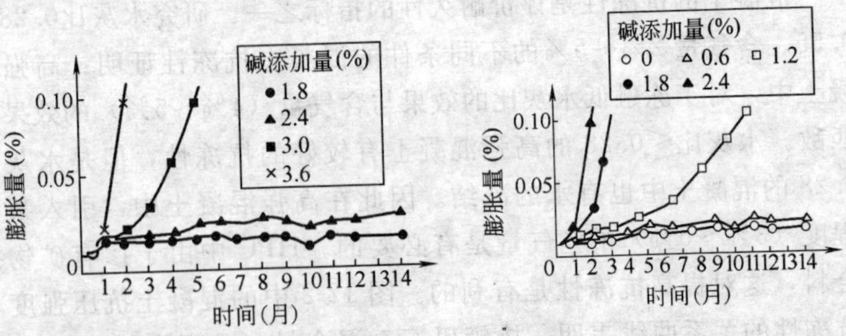

(a) 单位水泥用量为 358kg/m³ 的混凝土，反应性粗集料（HM）

(b) 单位水泥用量为 658kg/m³，用外加剂的混凝土，反应性粗集料（HM）

图 12-3 高强混凝土及普通混凝土由碱集料反应引起膨胀的比较

10 多年来，从美、英等国开始，正大力开发高性能水泥基复合材料，并已在工程中应用。我国 HPC 的研究、开发和应用已受到工程界的认识和重视，并且在一些重要工程中已使用高性能混凝土。随着工程实践的需要，我国的 HPC 将会得到较快的发展。

高性能混凝土的应用标志着传统混凝土进入现代混凝土时代。HPC 不仅是混凝土品种，而且是现代混凝土的一种“概念”，对于所有的混凝土都应满足“高工作性、高早强和高耐久性”的基本要求。因此，近年来国内外出现了各种各样的高性能混凝土，如高性能流态混凝土、高性能自密实混凝土、高性能膨胀混凝土、高性能喷射混凝土等。这说明人们对高性能混凝土的认识更趋深入，高性能的概念在发展。

第二节　高性能混凝土的工作性

一、高性能混凝土的工作性

用于流态混凝土和 HPC 的 CSP 组成及配方应满足新拌混凝土的工作性和硬化混凝土物理力学性能的要求，只有将混凝土配合比设计与 CSP 配方设计结合起来才能取得最佳技术效果。CSP 组成及配方设计，首先应满足新拌混凝土的工作性要求，图 12-4 是 HPC 对工作性的要求与对策。

从图 12-4 对 HPC 新拌混凝土工作性要素的分析，可以认为复合超塑化剂（CSP）的配方设计时应解决三个主要矛盾：

(1) 大坍落度与坍落度损失的矛盾；

(2) 变形能力与抗离析性的矛盾；

(3) 流动性与粘聚性的矛盾。

HPC 的工作性应满足现代混凝土施工工艺的要求，即：

(1) 大坍落度及坍落度损失小；

(2) 不泌水，抗离析，均匀性好；

(3) 可泵性好；

(4) 填充性好。

只有将 HPC 配合比设计与 CSP 配方设计紧密结合才能有效地解决上述三对主要矛盾，得到工作性优良的新拌混凝土，实现混凝土现代化施工。

- 坍落度（20～22CM）
  - 提高游离水量
    - 分散减水—高效减水剂（0.5%～1.5%）
    - 初期水化抑制作用—缓凝剂（0.01%～0.10%）
  - 引气作用—引气剂（0.002%～0.006%）
- 坍落度损失（延缓 1.5～2H）
  - 控制水化速度（初凝 10～15h）—复合缓凝剂
  - 引气作用—引气剂＋稳泡剂

- 流动速度（可泵性）
  - 改善流变性（减小抗剪和液相粘度）—掺 FA，引气剂，三乙醇胺
  - 防止异常凝结
    - 增加可溶性 SO_3—半水石膏（0.5%～1.0%）
    - 促进 AFt 生成—三乙醇胺（0.03%～0.05%）
- 变形能力—提高坍落度—提高游离水量—高效减水剂
- 抗离析性
  - 提高液相粘度—增稠剂（0.002%～0.005%）
  - 引气作用—引气剂（0.002%～ 0.006%）
- 填充性能—变形性能与抗离析性保持平衡

图 12-4 高性能混凝土工作性分析及对策

二、坍落度及坍落度损失

HPC 与 FLC 一样都是流态的，通常要求初始坍落度 18～22cm。如果是不振捣自流平混凝土，初始坍落度应为 22～24cm。图 11-1 表示 HPC 和 FLC 的坍落度流动值之间的关系。在测定 HPC 的坍落度时应同时测定坍落流动值，这样便于调整拌合物流动性与粘聚性的平衡，提高其工作性。高性能混凝土相对于 C40 以下的流态混凝土，其坍落度损失速率要慢一些，因为胶凝材料的用量前者大于后者。为了比较不同外加剂对 HPC 坍落度损失的影响，表 12-1 中列举了各种外加剂的名称和成分。图 12-5 和图 12-6 是坍落度经时损失的试验结果。

表 12-1 外加剂的密度、掺量、主要成分

外加剂名称	密度	推荐掺量（水泥重量的体积百分比）	主要成分
Chrysoplast E	1.12	0.2～0.4	葡萄糖酸盐和三乙醇胺
Pozzolith322N	1.20	0.2～0.5	羟基聚合物与木质素磺化物复合物
Chrysofluid GT	1.15	0.6～2.0	三聚氰胺磺酸盐甲醛缩合物与萘磺酸甲醛缩聚物复合物
Glenium27	1.05	1.2～1.6	聚醚，含有脂基和羟基吸附基团（聚羧酸醚类）
Rheobuild561	1.17	1.0	萘磺酸盐甲醛缩聚物
Optima100	1.05	0.3～5	聚醚，含有羟基吸附基团（聚羧酸醚类）

图 12-5 显示了掺超塑化剂的混凝土拌合物的坍落度损失情况，很显然掺 Glenium27 外加剂的混凝土拌合物在拌和后大约 4h 内坍损均匀，但是 4h 后其坍落度却以较高的速率损失。Optima 100 拌合物尽管初始坍落度较低，但之后随时间的变化保持了较好的性能，没有出现很大的坍损。这两种外加剂与另外几种有明显的区别，主要是由于这两种外加剂都含有聚羧酸基的缘故。聚羧酸盐能与水泥液相中的 Ca^{2+} 离子生成不稳定的聚合物络合物，有效控制了 C_3S 的初期水化，使诱导期延长。另外，较厚的吸附层和含缓凝基团（—OH、—O—），这些因素使得聚羧酸盐超塑化剂能有效控制坍落度损失。

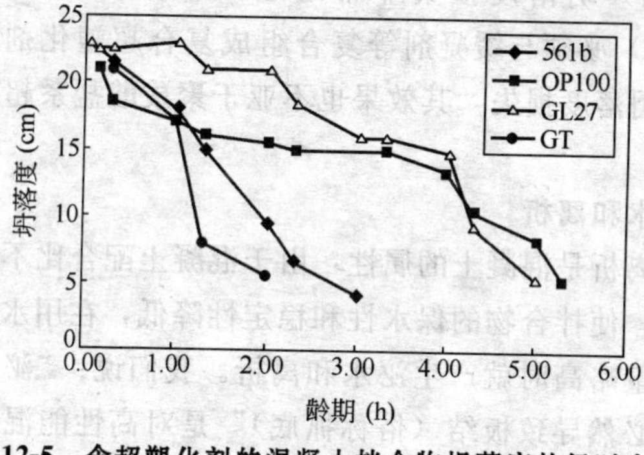

图 12-5　含超塑化剂的混凝土拌合物坍落度的经时变化

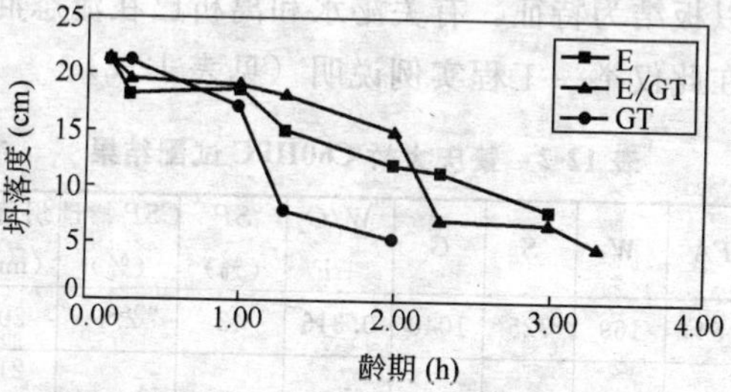

图 12-6　Chrysoplast E 和 Chrysofluid GT 两种外加剂所配置的混凝土拌合物坍落度经时变化

三聚氰胺磺酸盐甲醛缩合物（MFS）Chrysofiuid GT 保坍性能最差，相比之下萘磺酸熬甲醛缩合物（NFS）Rheobuild561 尽管其超剂量，其拌合物仍比掺 MFS 的拌合物延迟半小时达到最终的坍落度。由于三聚氰胺系外加剂阻碍水泥水化的作用比萘系要弱，这大体上能说明了 Rheobuild561 的坍落度保持性较好的原因。

图 12-6 表明单掺外加剂 Chrysoplast E，Chrysofiuid GT 以及复掺两种外加剂所配制的混凝土拌合物的性能。可以观察到，尽管结果有些波动，复掺两种外加剂配制的混凝土由于两种外加剂的协同作用与单掺 Chrysoplast E 一样具有好的坍落度保持性能，这可能是由于葡萄糖酸盐的缓凝作用，而且还证实了 GT（含有 MSF 和 NSF 基团）坍落度损失非常迅速。聚磺酸盐系高效减水剂（NSF、MSF）必须与缓凝剂等复合组成复合超塑化剂（CSP）才能有效控制坍落度损失，其效果也不亚于聚羧酸盐系超塑化剂。

三、泌水和离析

泌水和离析是混凝土的属性，由于混凝土配合比不合理，特别是砂率偏低，使拌合物的保水性和稳定性降低，在用水量稍偏高或超塑化剂掺量略高时就产生泌水和离析。我们说："泌水是离析的前奏，离析必然导致板结（俗称抓底）"是对高性能混凝土产生泌水过程的最确切的描述。因为 HPC 的拌合物本身的粘聚性偏高，因此泌水时以板结为特征。有关泌水和离析已在流态混凝土一章中详细论述，在此仅举一工程实例说明（见表 12-2）。

表 12-2　肇庆大桥 C60HPC 试配结果

编号	*C*	*FA*	*W*	*S*	*G*	*W/C*+*F*	*SP* (%)	*CSP* 掺量 (%)	坍落度 (mm)	说明
1	480	54	169	725	1040	0.316	42	2.1	205	泌水、板结
2	480	54	162	777	988	0.303	44	2.1	215 (0min) 215 (60min)	稍板结

续表 12-2

编号	C	FA	W	S	G	$W/C+F$	SP (%)	CSP 掺量 (%)	坍落度 (mm)	说明
3	480	54	162	770	988	0.303	44	2.1+CMC	225	工作性好
4	484	66	163	643	1065	0.296	38	2.1	165	流动性差
5	484	66	166	643	1065	0.302	38	2.1	210	工作性好

注：15L 机械搅拌。

表 12-2 是广东肇庆大桥用的 C60 高性能混凝土试配结果。具体情况说明如下：

(1) C60HPC 用于浇筑预应力混凝土盖梁和厢梁，要求 3d 强度达到设计强度等级的 90%（54MPa），并进行钢筋张拉，运输时间考虑 60min，泵送高度 50m。

(2) 大桥分两头施工，最后合拢在一起。桥东头由四航局施工，拌合物编号为 1、2 和 3。采用“越秀”525 硅酸盐水泥，黄浦电厂Ⅱ级 FA，碎石最大粒径 31.5mm，级配不好（5～10mm 石子极少），中粗砂（$M_x=3.0$），掺 CSP-7 复合超塑化剂（浓度 40%）。

(3) 桥西头由二航局施工，拌合物编号为 4 和 5，胶凝材料同 (2)，石子最大粒径 23mm，中砂（$M_x=2.60$），掺 CSP-7。

结果分析：

(1) 配合比№1 试配产生泌水、离析和板结现象，主要原因是砂率偏低（42%）和用水量稍大，使保水性差。由于采用单一粒级碎石和中粗砂，应提高砂率（44%）和减少用水量（配合比№2），离析情况有所改善，但稍板结。在配合比№2 基础上改变 CSP 的成分（CSP-7＋CMC）提高粘聚性（配合比№3）坍落度增加到 225mm，得到工作性好的拌合物。

用水量计算：

$$W=\frac{V_e-V_a}{1+0.335/W/B}=\frac{350-15}{1+0.335/0.316}=163(\text{kg/m}^3)$$

砂率计算：

$$SP=\frac{W+80}{650}\times 100\%=\frac{163+80}{650}\times 100\%=37\%$$

因用单一粒级碎石和中粗砂，应提高砂率（实际为44%）。

（2）二航局配合比№4坍落度偏小（165mm），增加用水量后（配合比№5）提高了流动性，坍落度为210mm，拌合物工作性好。

砂率计算：

$$SP=\frac{W+90}{650}\times 100\%=\frac{163+90}{650}\times 100\%=38.9\%(\text{实际为}38\%)$$

（3）同一工程，同样的胶凝材料和外加剂，由于两个施工单位采用的砂石集料不同，造成混凝土试配过程中产生的现象不同。因此，要具体情况具体分析，配合比全计算法设计的优势就在于此。最终通过调整砂率和CSP的成分得到工作性优良的HPC。

四、HPC的填充性能

新拌混凝土的填充能力是评价混凝土工作性的一项指标。它不仅评价流动中混凝土的变形能力，而且也是评价抗离析性的重要依据。

通常变形能力与抗离析性是相互矛盾的。变形能力的提高导致抗离析能力减小。近年来外加剂的研究带来了新型混凝土，如HPC和水下混凝土，它们具有与普通混凝土不同的特性，即具有很好的填充能力。

新拌混凝土在流动中没有障碍物的条件下，可以用坍落度和坍落流动值表示混凝土的工作度，但是在模板中有复杂钢筋的条件下浇筑混凝土（要求不振捣自流平）时，坍落度和流动值就不能直接表示工作度。这样，必须用填充性这一指标来定量评价混凝土的工作性。

新拌混凝土的填充能力取决于其变形能力和抗离析性。在低坍落度时，新拌混凝土的填充能力主要由变形能力控制；而高坍落度时主要由抗离析性控制。图12-7表示坍落度与工作度之间的关系，说明变形能力与抗离析性是相互矛盾的，特别在大坍落度时更是如此。掺高效减水剂和缓凝剂复合的外加剂虽然能提高变形能力，解决大流动性混凝土坍落度损失问题，但是抗离析性没有改善，无法解决变形能力与抗离析性之间的矛盾。要解决这一矛盾，提高工作性，必须掺用增稠剂（或称稳定剂）。

增稠剂是一类能显著增加水的粘度的物质，它们是天然或合成的水溶性高分子化合物，如纤维素衍生物、聚丙烯酸钠、聚丙烯酰胺、聚乙烯醇、藻朊酸钠等。例如，只要有1%的甲基纤维素就可以将水的粘度增加1万倍。使用增稠剂的目的在于提高分散介质的粘度，增加分散体系的稳定性，减少分层和离析。

增稠剂作为外加剂掺入混凝土中，提高了水的粘度，从而影响新拌混凝土的流变性质。通过矿渣浆剪切试验，研究抗剪力与纤维素增稠剂掺量之间的关系表明，少量增稠剂能减小抗剪力，但掺量大时抗剪力反而提高（见图 12-8）。增稠剂的掺量为矿渣粉重量的0.2%时，抗剪力为最小。

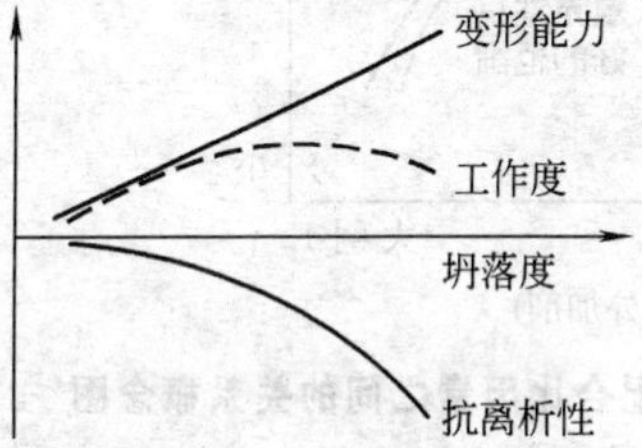

图 12-7 坍落度和工作度之间的关系

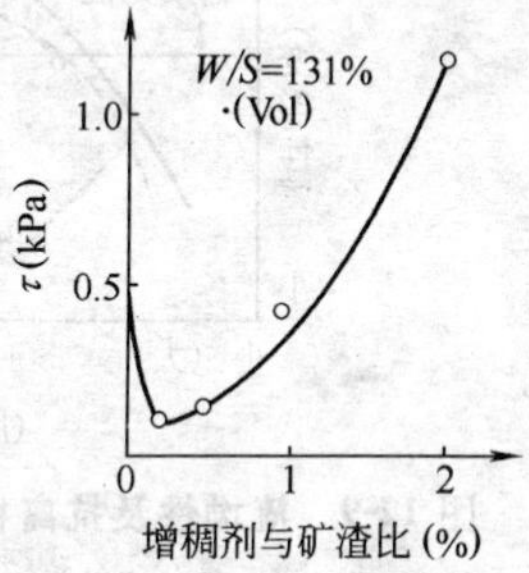

图 12-8 砂浆的抗剪能力（τ）与增稠剂之间的关系

无增稠剂的浆体，相对含较多的自由水，在正应力作用下，由于粒子间距减小，自由水被挤出，从而增加了摩擦阻力。掺适量增稠剂的浆体，由于其保水作用自由水被约束，从而可控制粒子之间的摩擦阻力。然而太多的增稠剂会制约浆体的变形性能，导致总抗剪力提高，适量的增稠剂虽使固体粒子之间的摩擦阻力有所提高，但能有效地减小总抗剪力。可以认为，增稠剂的最佳掺量是由作为固体的摩擦机理和作为粘性液体的抗剪机理的相互关系决定的。减小抗剪力不仅能得到好的变形能力，而且能提高抗离析性，这是由于随正应力的增加，抗剪力不变。

在配制自密实高性能混凝土时，由于无需振捣，因此要求拌合物具有好的填充性能。只有拌合物的流动性（或变形能力）与抗离析性处于平衡时填充性能最好。图 12-9 表示混凝土拌合物的流动性和抗离析与配合比因素之间的关系。当用水量、外加剂掺量增大时，流动性增大，而抗离析性降低。通过调整用水量、砂率以及 CSP 的组成和掺量使流动性与抗离析性达到平衡，在此情况下拌合物的填充性最佳（曲线 3 的斜线范围）。

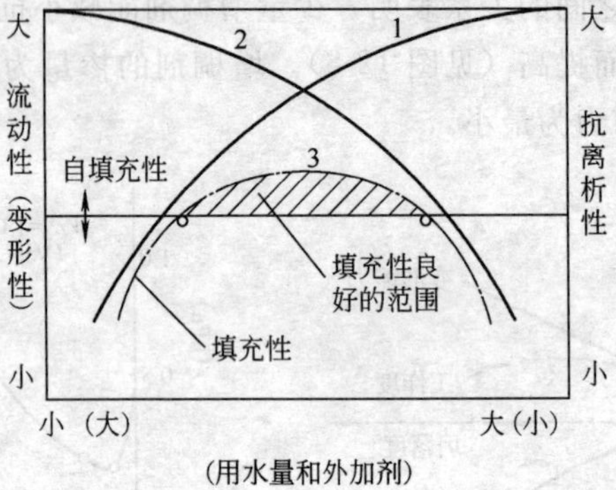

图 12-9 流坳性及抗离析性和配合比因素之间的关系概念图

1—流动性；2—抗离析性；3—填充性

第三节 高性能混凝土的原材料和配合比

制备一种特殊产品通常需要对传统的工艺做些改动。对混凝土这样的复合材料，不仅需要考察用于混凝土组成材料及配合比的设计方法，还要考察生产工艺，如搅拌、运输、浇筑与养护等。制备

HPC的一个主要问题是早期的研究者假定高强度就是高性能，严格地说这种假定是错误的。HPC概念比较新颖，同时没有HPC配合比的试验数据，也没有简单的规则供人们遵循，以及方便地进行组成材料和配合比的选择，这样使得这一问题更加复杂化。

原材料的选择是问题之一，因为水泥和集料的组成及性能的差异悬殊，且缺乏指南明确说明什么品种的水泥和集料最适合制备HPC。另外，由于实际上必须同时使用多种化学外加剂和矿物细掺料，使组成材料更为复杂。

配合比的选择是一个重要的问题。因为传统的强度与水灰比之间的关系(这是设计普通混凝土配合比的基本定则)不能满足HPC的所有要求。在水灰比非常小时,矿物细掺料的种类与用量对强度和其他性能的影响很大,特别是对混凝土的体积稳定性影响更大。目前已有的文献资料中还没有成套的规则和方法配制HPC,必须选择适当的原材料和配合比进行试配。通过大量实验室试验获得适当的配比,以满足工作性和强度的要求,以及体积稳定性和长期耐久性等其他性能要求。为了优化混凝土配合比,通常还要进行长期试验。

一、HPC的组成材料

HPC组成材料包括水泥、粗细集料、多种矿物掺合料、水和超塑化剂，其组成和配比要比普通混凝土复杂，要求也高得多。

1. 水泥和水泥用量

配制HPC可以使用普通硅酸盐水泥、早强硅酸盐水泥、中热水泥等，其水泥强度等级大于或等于42.5MPa（525#）。水泥矿物组成中，C_3A含量不应超过8%，比表面不宜太高，通常比表面3200cm^2/g左右。试验结果证明，C_3A含量超过8%，水泥的流动度损失明显，而含碱量及硫酸盐含量高的水泥更严重。

为了控制水泥水化放热量以及提高体积稳定性，配制HPC时胶凝材料（包括水泥和活性掺合料）总用量通常在300～550kg/m^3范围。这样，在合适的配合比条件下，可以得到抗压强度40～

120MPa 的混凝土。

为了适应 HPC 的发展，最理想的办法是生产一种低水灰比、高流动性、高强度等级的水泥，或者生产一种调节细度和颗粒组成的水泥，与普通水泥配合使用，这样便能保证在水灰比 0.20 时，砂浆流动度在 200mm 以上。一般市售水泥很难满足这种要求。

2. 矿物细掺料

矿物细掺料主要是粉煤灰、矿渣、硅粉、沸石粉等。它们是辅助胶凝材料。近几年来在普通混凝土中应用越来越普遍，一方面是由于经济效益显著；另一方面是因为使用这些材料可以得到技术效果。在 HPC 中，应用辅助胶凝材料的作用就更为突出。

HPC 的高强度部分来源于其基材的密实，即使有一部分水泥被一种或多种辅助材料代替，这对混凝土的早期强度不会有副作用。此外，用化学活性较低的辅助胶凝材料代替部分水泥，从控制水化放热和流变性能的角度也是有益的。

在 HPC 中，矿物细掺料的作用，首先是细颗粒矿物细掺料，尤其是火山灰矿物细掺料加入混凝土中可以明显改善其流变性能，如粘聚性和稳定性。由于截断了水分迁移的通道，矿物细掺料通常能减小泌水与离析现象。而泌水与离析是引起混凝土微结构不均匀性的主要原因，尤其是水泥浆—集料的界面区。其二，通过延长凝结时间和降低混凝土坍落度损失速率，矿物细掺料能在一定程度上控制坍落度损失，有利于浇筑和振实。其三，活性较低（相对水泥而言）的细颗粒均匀分散到水泥浆里时，将成为大量水化物沉积的核心。这样，掺矿物细掺料的水泥浆常由均匀分布微孔的无定型（结晶程度差）的水化物组成。所以在强度和抗渗性方面都优于不掺矿物细掺料的水泥浆。

根据矿物细掺料的种类和掺量，胶凝材料的组成可简单分成三种情况：

情况 1：单独使用波特兰水泥（PC）；

情况 2：PC+粉煤灰（FA）或矿渣（BFS），体积比为 75∶25；

情况 3：PC+FA（或 BFS）+CSF（硅粉），体积比为75∶15∶10（PC、FA 或 BFS、CSF 的密度分别为 3.15、2.5、2.1）。

情况 1 单独使用波特兰水泥不掺任何细掺料。这只能满足 HPC 强度要求（60～120MPa），但将得不到许多重要的技术性能（如工作性、抗裂性、耐久性等）。因此，一般不采用这种情况。

情况 2 用一种或多种矿物掺合料代替部分水泥。经验证明，约 25%粉煤灰或矿渣代替水泥，可近似地假定水泥与矿物细掺料体积比为 75∶25。

情况 3 在掺矿物细掺料时，以硅粉代替部分粉煤灰或矿渣则效果更好。这时用占体积 15%的粉煤灰和 10%的硅粉。硅粉并不是所有 HPC 拌合物的一个基本组分，强度为 60～80MPa 的混凝土不用硅粉也能配制出来，强度更高时掺硅粉就很重要了。由于硅粉价格较贵，通常掺量不超过 10%。对于抗压强度 90～100MPa 的 HPC，需掺水泥用量（500kg/m^3）10%的硅粉，其胶凝材料的费用就会翻一倍。

在设计 HPC 的配合比时，最佳水泥浆与集料体积比分别为 35%和 65%。这样，在 1m^3 混凝土中水泥浆的总体积是 0.35m^3，减去拌合水量和 0.02m^3 的含气量（2%）就是胶凝材料的总体积。由此，将上述三种情况的材料体积用量列入表 12-3 中。相应的材料体积乘以密度就得到材料重量（见表 12-6）。

表 12-3 0.35m^3 水泥浆中各组分的体积含量

强度等级	水	空气	总胶凝材料	情况 1	情况 2		情况 3		
				PC	*PC*	*FA*（或 *BFS*）	*PC*	*FA*（或 *BFS*）	*CSF*
A（65）	0.16	0.02	0.17	0.17	0.1275	0.0425	0.1275	0.0255	0.0170
B（75）	0.15	0.02	0.18	0.18	0.1350	0.0450	0.1350	0.0270	0.0180
C（90）	0.14	0.02	0.19	0.19	0.1425	0.0475	0.1425	0.0285	0.0190
D（102）	0.13	0.02	0.20	—	0.1500	0.0500	0.1500	0.0300	0.0200
E（120）	0.12	0.02	0.21	—	0.1575	0.0525	0.1575	0.0315	0.0210

3. 用水量

HPC的关键技术之一是拌合水大大减少的情况下，获得大的流动性，使硬化混凝土具有高强度和高密实性。因此，必须使用超塑化剂破坏水泥粒子的絮凝结构，使水泥粒子分散。

拌合水大大减少使水泥粒子间距缩小，因此得到比普通混凝土密实得多的水泥石结构。凭借这种高密实度的结构，水化物形成较多的化学键，就能获得非常高的抗压强度。由于游离水含量少，自干燥失水后使HPC的水泥石具有非常低的孔隙率。图12-10说明不同的水灰比的水泥浆和硬化水泥浆最大程度水化时的组成和结构。

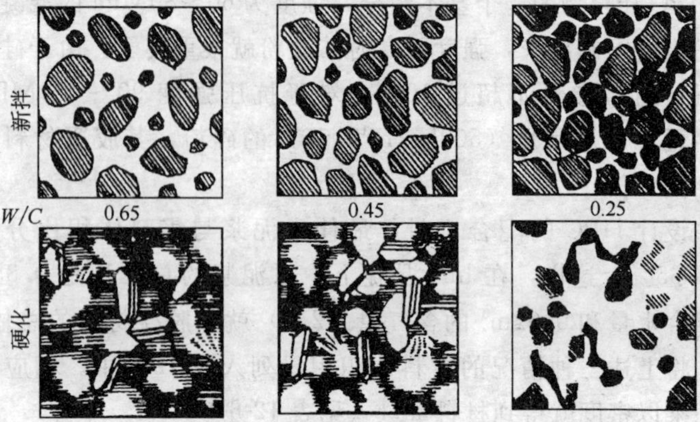

图 12-10　不同水灰比的新拌水泥浆和硬化水泥浆最大程度水化时的组成

在配制HPC时用水量可以以两种形式表示，即水灰比（W/C）和水胶比（$W/C+S$）。后者在掺有细掺料时使用。HPC的抗压强度不仅取决于W/C，而且取决于水泥石的密实度。换句话说，有两个影响混凝土强度的因素：即W/C和减小水化开始时粒子的

间距。

理论上，波特兰水泥完全水化时 W/C 为 0.22，实际上 22 份水不可能使 100 份水泥充分水化。如上所述，在 HPC 中基材密实度的增大提高了抗压强度，两种作用结合使 W/C 小到只比最小水灰比高一点的情况下就能达到最高强度。试验证明，水灰比大于 0.30 时由于水泥品种不同，水泥砂浆的强度差异较大。水灰比在 0.25 时，强度差别变小。掺超塑化剂条件下，采用普通的拌合、浇筑和养护方法时，最佳水灰比约在 0.22。高于 0.22 时 W/C 起主要作用。小于 0.22 则有害，因为基材的密度达不到足够高的程度。

在设计 HPC 的配合比时，将强度为 60～120MPa 的混凝土人为分成 5 个等级，即 65（A）、75（B）、90（C）、105（D）和 120（E）MPa。水泥浆的总体积 0.35m^3，集料的体积 0.65m^3，集料最大粒径为 12～19mm，要求坍落度为 200～250mm。表 12-4 中列出了在一定强度等级条件下，相应的拌合水最大用量。这些数据是凭经验得出来的，在试配中应加以校正。

表 12-4 平均抗压强度与最大用水量的关系

强度等级	平均强度（MPa）	最大用水量（kg/m^3）
A	65	160
B	75	150
C	90	140
D	105	130
E	120	120

4. 集料及其用量

在配制 HPC 时，水泥浆与集料的体积比为 0.35∶0.65。除此之外，集料的种类对混凝土的体积稳定性也有显著影响。例如，水泥浆与集料的弹性模量或热膨胀系数不相匹配，当结构暴露在温度变化频繁的环境中将产生开裂。同样，在一定的水泥浆/集料比时，使用弹性模量低的集料将会使混凝土的徐变增大。就长期尺寸稳定性而言，通常认为混凝土中集料用石灰岩和玄武岩比用砂岩或河卵石好。在配合比相似时，用花岗岩和砾石集料的混凝土比用辉绿岩或石灰岩集料的混凝土强度低得多。这是由于水泥石与集料之间的界面区的结构和粘结强度的差异造成的。

除集料的材质外，使用级配良好、洁净集料（没有泥土及脆弱颗粒）是必要的。作为细集料（小于5mm）通常采用中高细度模数（即2.5～3.0）的天然砂为好。在颗粒尺寸相同时，作为粗集料以破碎的致密石灰石或深层的岩浆岩（如花岗岩、正长岩、闪长岩和辉绿岩）通常可以得到满意的结果。

对HPC来说，粗集料的最大粒径以10～19mm为最佳。超过25mm时，对混凝土强度和抗渗性不利。由于HPC的集料—水泥石界面较弱，集料确实是混凝土强度的制约因素，而在普通混凝土中几乎不考虑这个问题。若采用水泥熟料球作为人造集料配制HPC，可以得到高强度和高弹性模量，其原因是产生致密和牢固的集料—水泥界面区。

根据集料总体积（0.65m^3），如假定A等级混凝土的细粗集料体积比为2∶3，则得到细粗集料体积分别为0.26m^3和0.39m^3。对于其他等级的混凝土（从B～E），随着强度的提高水泥用量增大，故可以假定细粗集料的体积比相应小一些。例如：B等级用1.95∶3.05；C级1.90∶3.10；D级1.85∶3.15；E级1.80∶3.20。

5. 外加剂

配制HPC不可缺少的是超塑化剂，而普通减水剂达不到HPC减水率和提高工作度的要求。超塑化剂或高效减水剂是阴离子型高分子表面活性剂。通常超塑化剂分为聚磺酸盐系和聚羧酸盐系两大类。萘磺酸盐甲醛缩聚物和三聚氰胺磺酸盐甲醛缩聚物属于聚磺酸盐系。这两个超塑化剂很难说哪个好一些。三聚氰胺超塑化剂减水率略差一些，坍落度损失快，缓凝比萘系小得多，更适合与引气剂复合使用。

超塑化剂的掺量为水泥重量的 1%～2%，对于不同等级的混凝土，随着强度的增高其掺量增大。市售的超塑化剂产品很多，产品选择通过实验来确定。因为超塑化剂与水泥和细掺料之间存在相容性（或适应性）问题。聚羧酸盐系是新型超塑化剂与传统超塑化剂（NSF、MSF）相比较，它们的掺量低、减水率高、坍落度损失小、对水泥适应性好，最适合用于配制 HPC。

超塑化剂对水泥浆有强烈的分散作用，但是这种作用持续的时间不长。因此用超塑化剂配制大流动性混凝土存在坍落度随时间损失问题。解决坍落度损失可采用后掺法，即一部分超塑化剂在混凝土拌合物运达施工现场再加入，然后经搅拌进行混凝土泵送。后掺法虽然有效地解决了坍落度损失问题，但增加了二次搅拌工艺。因此，后掺法并不是惟一的最好方法。

解决坍落度损失的另一种方法是将超塑化剂与缓凝剂（或缓凝减水剂）组成复合外加剂。这样配制的新拌混凝土流动性能保持 90～120min，完全能满足混凝土搅拌运输、泵送、浇筑工艺过程的要求。

缓凝剂的作用在于抑制水泥初期水化，延缓水化过程，使结合水减少，游离水增多，因此能达到控制坍落度损失的目的。通常缓凝剂的掺量为水泥重量的 0.02%～0.10%。在 HPC 中缓凝剂的掺量应控制在既能抑制初期水化，又不影响早期强度的范围。常用的缓凝剂有糖、糖化钙、羟基羧酸盐、磷酸盐、多聚磷酸盐等。

从解决坍落度损失考虑，将超塑化剂与缓凝剂复合是能满足混凝土施工要求的。但是，HPC 要求新拌混凝土具有好的工作性，即包括：大流动性、可泵性、均匀性、稳定性，甚至包括不振捣自流平。由此可见，HPC 对新拌混凝土的工作性要求是多方面的，几乎完美无缺。因此上述二元复合外加剂并不能完全满足 HPC 的要求，还需复合其他辅助剂。

6. 膨胀剂

在 HPC 中掺膨胀剂的目的是提高体积稳定性、密实性、抗渗透性、耐久性以及补偿收缩，从而得到防渗抗裂混凝土、收缩补偿混凝土。当然，根据性能要求，不是所有的HPC都掺用膨胀剂。

水泥水化反应进行过程中，水泥粒子间的孔隙逐渐被水化生成物填充，但不能完全填满。因而这些孔隙实际上给予混凝土高强化和耐久性一个界限。因此以增加水泥水化生成物以及更积极地减少孔隙为目的，使用硫铝酸盐系的膨胀剂。

膨胀剂掺入混凝土中，由于水化生成钙矾石（$3CaO\cdot Al_2O_3\cdot 3CaSO_4\cdot 32H_2O$）给予混凝土膨胀性、高强化、快硬性等性能，通过抑制其生成时期和结晶形状来实现。钙矾石生成反应的抑制，是由其化学组成和矿物组成的选定而定的。如图12-11所示，在钙矾石系混合材中富CaO时具有膨胀性，富SO_3时则高强化，富Al_2O_3时快硬性显著。

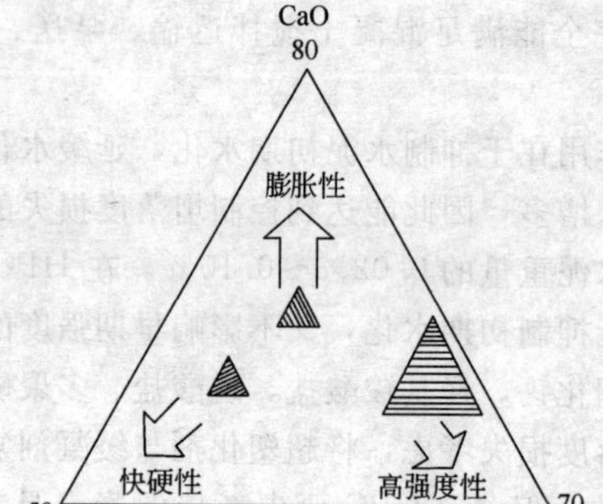

图12-11 CaO-Al_2O_3-SO_3系混合材的机能和化学组成

我国生产的UEA膨胀剂属于硫铝酸盐系膨胀剂，其掺量为水泥重量的8%～12%（内掺）。通常，掺膨胀剂使混凝土坍落度损失加快，因此必须与超塑化剂一起使用。

二、HPC 配合比设计

在上述讨论 HPC 的原材料的基础上，下面介绍用分步法设计 1 m^3混凝土的各组分材料的配合比。

1. 强度等级

根据使用和工程要求，在 60～120MPa 强度范围内（指标准养护 28d 平均抗压强度）选择强度等级：A（65）、B（75）、C（90）、D（105）和 E（120）。

2. 拌合水量的估算

表 12-5 中列举了平均抗压强度与混凝土最大用水量的关系。这些数据是凭经验得出的，适用于掺超塑化剂的大坍落度（200～250mm）的混凝土，集料最大粒径 12～19mm。计算时应扣除集料的含水量。

3. 水泥浆各组分的体积含量

按水泥浆（包括矿物细掺料）的总体积 0.35m^3 考虑。计算胶凝材料体积用量时应从总体积中减去拌合水量（第 2 步）及 0.02m^3 的含气量。各强度等级的混凝土总胶凝材料计算体积见表 12-5。

4. 集料用量的估算

根据集料总体积 0.65m^3，假定强度等级 A 的细粗集料比为 2∶3，并随强度增加细粗集料比相应减小原则，计算出不同强度等级的细粗集料的体积。结果列入表 12-5 中。

表 12-5 不同强度等级的粗细集料体积用量（m^3）

强度等级	细粗集料比	细集料体积	粗集料体积
A	2∶3	0.26	0.39
B	1.95∶3.05	0.2535	0.3965
C	1.90∶3.10	0.2470	0.4030
D	1.85∶3.15	0.2405	0.4095
E	1.80∶3.20	0.2340	0.4160

5. 混凝土各组分材料质量计算

根据混凝土各组分材料的密度：水泥 3.15、粉煤灰（或高炉矿渣）2.5，硅粉 2.1、天然砂 2.65 和普通砾石或碎石 2.70，将表 12-4、表 12-5 和表 12-6 中列举的不同强度等级的混凝土各组分的体积用量换算成质量，其结果列入表 12-6 中。如果组分密度与设定值差别较大需适当修正。

表 12-6　第一盘试配料的配合比（kg/m^3）

强度等级	平均强度(MPa)	情况	胶凝材料			总水量	粗集料	细集料	总量	水胶比
			PC	*FA* 或 *BFS*	*CSF*					
A	65	1	534	—	—	160	1050	690	2434	0.30
		2	400	106	—	160	1050	690	2406	0.32
		3	400	64	36	160	1050	690	2400	0.32
B	75	1	565	—	—	150	1070	670	2455	0.27
		2	423	113	—	150	1070	670	2426	0.28
		3	423	68	38	150	1070	670	2419	0.28
C	90	1	597	—	—	140	1090	650	2477	0.23
		2	477	119	—	140	1090	650	2446	0.25
		3	477	71	40	140	1090	650	2438	0.25
D	105	1	—	—	—	—	—	—	—	—
		2	471	125	—	130	1110	630	2466	0.22
		3	471	75	42	130	1110	630	2458	0.22
E	120	1	—	—	—	—	—	—	—	—
		2	495	131	—	120	1120	620	2486	0.19
		3	495	79	44	120	1120	620	2478	0.19

注：总水量包括超塑化剂溶液中的，根据工作度与强度要求的不同，在 10～20 L/m^3变化。集料重量是饱和面干重量。

6. 超塑化剂用量

通常超塑化剂的掺量为胶凝材料重量的1%（按固体计），并且随着强度等级的提高而有所增大。如果是液体产品，知道超塑化剂溶液的密度和含固量，则可确定它的体积掺量。例如，强度等级A（65MPa）的情况3，胶凝材料总重为500kg/m³，超塑化剂（固体）掺量1%，则为5kg/m³。如果是浓度40%溶液，则需掺溶液5/0.4=12.5kg/m³。若溶液密度为1.20，则溶液的体积掺量为12.5/1.20=10.4L/m³，其中含水量为10.4×1.20×0.6=7.5kg/m³，需从拌合水量中减去。

7. 含水量修正

由于表12-6中的配合比是以饱和面干材料为基准的，所以要根据集料含水率进行粗细集料含水量修正。对于超塑化剂含水（第6步），也应对拌合水量进行相应修正。

8. 试拌和配合比调整

上述配合比设计步骤有许多假设条件，表12-6中的数据只用于第一盘试配的配合比。为了满足要求的工作度和强度指标，获得正确的材料组成和配比，需要通过实际采用的材料在实验室进行多次试验才能确定最终配合比。配合比调整的依据是工作度和强度指标。调整方法是改变细粗集料比、细掺料品种和掺量、超塑化剂的成分和掺量、砂子的细度模数、用水量等。

为了验证上述HPC配合比设计方法，根据广泛查阅的有关文献，包括实验室及施工现场的配合比，现将一些数据列于表12-7中，并对此进行讨论。

表12-7中编号1和2的混凝土是20世纪70年代制备的，掺了普通减水剂，其他都是80年代制备的，掺有超塑化剂。从掺有超塑化剂的混凝土（编号3～15）的需水量明显看出，用水量在很窄的范围内变化：126～148L/m³；混凝土强度在70～120MPa内变化。这说明，对于高强HPC来说，强度对用水量的变化很敏感，即使变化很小时也一样。

表 12-7 一些 HPC 配合比实例

编号	混凝土的有关情况	抗压强度(MPa)	混凝土材料用量(kg/m³)							超塑化剂(L/m³)	水胶比
			PC	*FA*	*BFS*	*CSF*	总水量	细集料	粗集料		
1	芝加哥水塔	65	500	60	—	—	178	608	1068	—	0.32
2	休斯顿商业楼	65	390	100	—	—	161	575	1141	—	0.33
3	达拉斯国际广场	80	360	150	—	—	148	603	1157	3	0.29
4	多伦多新斯科舍广场	82	315	—	135	36	145	745	1130	6	0.30
5	蒙特尔试验柱	90	500	—	—	30	135	700	1100	15	0.25
6	试验室用	70	485	—	—	—	130	762	1143	3.4	0.27
7	试验室用	72	317	—	167	—	133	749	1145	7.0	0.28
8	试验室用	80	316	—	155	—	143	744	1142	7.5	0.29
9	试验室用	82	449	—	—	39	130	758	1149	11.0	0.27
10	试验室用	91	427	—	—	59	132	754	1139	14.9	0.27
11	试验室用	93	450	—	—	50	140	687	1108	17	0.28
12	试验室用	97	500	—	—	42	138	675	1130	10	0.25
13	试验室用	100	486	—	—	54	135	661	1120	20	0.26
14	试验室用	103	580	—	—	70	140	620	1025	12	0.22
15	试验室用	107	510	—	—	58	126	641	1126	25	0.22

注：编号 1 和 2 掺普通减水剂；
编号 3 掺超塑化剂＋普通减水剂。

从表 12-7 的数据很难建立水胶比与强度的直接关系。例如编号 7 和 11 两种混凝土水胶比相同（0.28），而强度差别很大，分别为 72MPa 和 93MPa。同样，编号 6、9 和 10 的混凝土水胶比相同，胶凝材料用量也基本相同（485kg/m³），但强度差别很大。这是由于拌合物中分别掺有 8％及 12％的硅粉，而 28d 强度分别为 70、82 和 91MPa。这说明，不是水胶比和用水量，而是一定品种和用量的细掺料（硅粉）决定了混凝土的强度。另外，尽管在这三组数据里随硅粉掺量的增加用水量没有改变，但是超塑化剂的用量增大了。如此说来，这种混凝土的工作度不像传统混凝土那样由用水量决定，而是用超塑化剂掺量来调整。表 12-7 中新拌混凝土的坍落度为 175～200mm，含气量为 1.5%～2.5%。

矿物掺合料方面，即使单独掺 FA 或 BFS 代替约 25%的水泥也可得到 70 或 80MPa 的混凝土。90 或 90MPa 以上强度等级的混凝土，需掺总胶凝材料 7%～12%（平均 10%）的硅粉。

最后，比较表 12-7，表 12-6 中的数据表明，实际应用的配合比与上述的 HPC 设计配合比能够基本一致。

第四节　高性能混凝土配合比设计——全计算法

高性能混凝土（HPC）与高强混凝土（HSC）和流态混凝土（FLC）最显著的差别是混凝土配合比综合考虑工作性、强度和耐久性。其配合比设计的基本原则是：

（1）满足工作性的情况下，用水量要小；

（2）满足强度的情况下，水泥用量少，细掺料多掺；

（3）材料组成及其用量合理，满足耐久性及特殊性能要求；

（4）掺多功能复合超塑化剂（CSP），改善和提高混凝土的多种性能。

因此，HPC 的配合比设计比 HSC 和 FLC 更为严格合理。图 12-12 表示各种类型的混凝土配合比分区范围，无论采取什么方法设计，HSC、FLC 和 PLC（塑性混凝土）的配合比在一个范围之内，而 HPC 在 A 线附近。由此证明

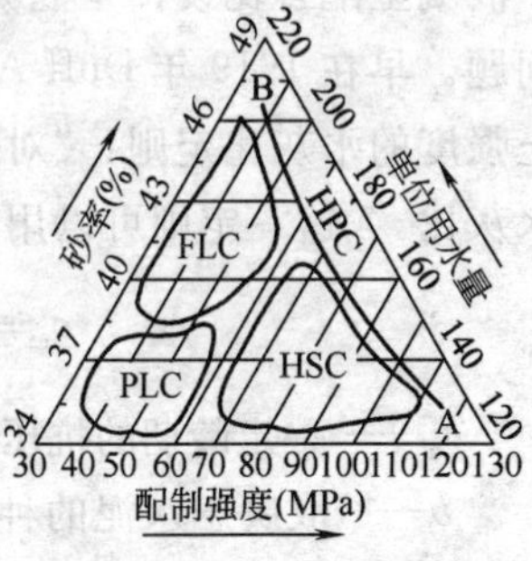

图 12-12　各种混凝土组成分区图

HPC的配合比设计必须严格，精确和合理。本书作者提出的HPC配合比全计算设计方法，从根本上解决了这一问题，使HPC配合比设计从半定量走向定量，从经验走向科学。

高性能混凝土是一种具有高施工性能、高强度及高耐久性的“三高”混凝土，被称为是21世纪混凝土。混凝土达到高性能最重要的技术手段是使用复合超塑化剂和矿物细掺料。与普通混凝土相比，HPC原材料组分增加，混凝土均匀性、致密性提高，性能改善。相应地，HPC配合比设计亦更为复杂。国内外已经提几种HPC配合比设计方法，基本上都是以经验为基础的半定量设计方法。本文首次建立了普遍适用的混凝土体积模型，经科学推导求得了HPC混凝土单方用水量$W(kg/m^3)$计算公式和砂率$SP(\%)$计算公式，这两个公式揭示了混凝土组成材料内在的必然联系和客观规律。这两个公式结合传统的水灰（胶）比定则，即可全定量地确定混凝土各组成材料用量，实现HPC混凝土全计算配合比设计。这项研究成果是混凝土配合比上一次大的改进。由于模型的普遍适用性，该设计方法也适用于普通混凝土、高强混凝土、流态混凝土及其他混凝土。

一、强度与水灰（胶）比的关系

混凝土配合比设计是混凝土材料科学中最基本而又最重要的一个问题。早在1919年Duff Abrams（D. 艾布拉姆斯）就发表了混凝土强度的水灰比定则：“对于一定材料，强度仅取决于一个因素，即水灰比。”这一定则可以用下列公式表示：

$$\sigma_c = \frac{a}{b^{1.5(W/C)}} \tag{12-1}$$

式中 σ_c——一定龄期的抗压强度，a—经验常数，一般取$925kg/m^3$；

b——取决于水泥的种类，可取4左右。

强度与W/C成反比的这种观点仍然是大多数配合比设计方法的基础。后人为简化计算，取水胶比倒数，导出近似的直线公式：

$$f_{cu,p} = Af_{ce}(\frac{C}{W} - B) \quad (12\text{-}2)$$

式中 $f_{cu.p}$——混凝土的配制强度；

f_{ce}——水泥的实测强度；

C/W——灰水比（或胶水比）；

A、B——回归系数，按表 12-8 取值。

表 12-8 A、B 的取值

石子类型	JGJ/T 55—96		JGJ 55—2000	
	A	B	A	B
碎石混凝土	0.48	0.52	0.46	0.07
卵石混凝土	0.50	0.61	0.48	0.33

上式成为混凝土配合比设计中计算强度的基础。近 80 年来混凝土配合比设计方法也几经发展，到目前为止，最为常用的两种方法是绝对体积法和假定容重法。这两种方法都是以强度为基础的半定量设计方法。

二、混凝土的普适体积模型

混凝土是多相聚集，其组分包括：水泥、矿物细掺料、砂、石子、水、空气和外加剂等。我们的基本观点如下：

(1) 混凝土各组成材料(包括固、气、液三相)具有体积加和性；

(2) 石子的空隙由干砂浆来填充；

(3) 干砂浆的空隙由水来填充；

(4) 干砂浆由水泥、细掺料、砂和空气组成。

根据以上观点，混凝土普适体积模型建立如图 12-13。

三、两个基本公式的数学推导

1. 砂率计算公式

根据混凝土的普适体积模型（图 12-13)，可知：

浆体体积：$V_e = W + V_c + V_f + V_a$ (12-3)

集料体积：$V_s + V_g = 1000 - V_e$ (12-4)

干砂浆体积：$V_{es} = V_c + V_f + V_s + V_a$ (12-5)

式中 V_e——浆体体积（L/m^3）；

V_{es}——干砂浆体积（L/m^3）；

W——水的体积（L/m^3 或用水量 kg/m^3）；

V_c、V_f、V_a、V_s 和 V_g——分别表示水泥、细掺料（如 FA）、空气、砂子和石子的体积（L/m^3）。

由式（12-5）得：$V_s = V_{es} - (V_c + V_f + V_a)$ (12-6)

由式（12-3）得：$V_c + V_f + V_a = V_e - W$ (12-7)

将式（12-7）代入式（12-6）得：$V_s = V_{es} - V_e + W$ (12-8)

则砂子重量：$S = (V_{es} - V_e + W) \cdot \rho_s$ (12-9)

式中 S——砂子用量（kg/m^3）；

ρ_s——砂的视密度（kg/m^3）。

由式（12-4）得：$V_g = 1000 - V_s - V_{es}$ (12-10)

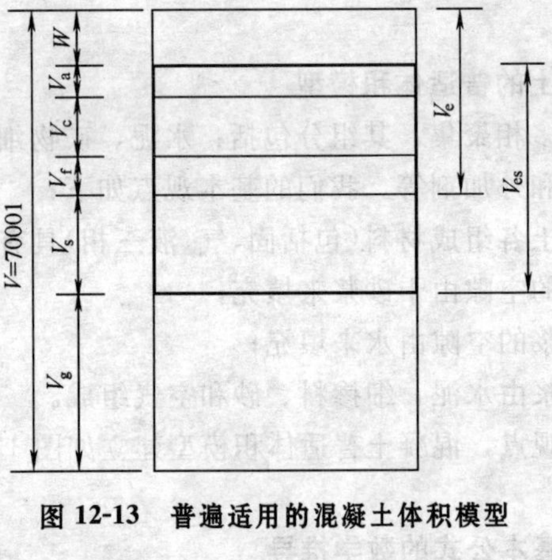

图 12-13 普遍适用的混凝土体积模型

将式（12-8）代入式（12-10）得：

$$V_g = 1000 - V_{es} - W \quad (12\text{-}11)$$

则石子重量：

$$G = (1000 - V_{es} - W) \cdot \rho_g \tag{12-12}$$

式中　G——石子用量（kg/m^3）；

ρ_g——石子的视密度（kg/m^3）。

砂率：

$$SP = \frac{S}{S+G} \times 100\% \tag{12-13}$$

将式（12-9）和式（12-12）代入式（12-13）中得：

$$SP = \frac{(V_{es} - V_e + W) \cdot \rho_s}{(1000 - V_{es} - W) \cdot \rho_g + (V_{es} - V_e + W) \cdot \rho_s} \times 100\% \tag{12-14}$$

这是砂率计算的通式。

当 $\rho_s \approx \rho_g$ 时（即 $\rho_s = 2.65$，$\rho_g = 2.70$），式（12-14）简化为：

$$SP = \frac{V_{es} - V_e + W}{1000 - V_e} \times 100\% \tag{12-15}$$

式（12-15）表明，混凝土的砂率随用水量的增加而增加，随胶凝材料的增加而减小。

根据美国 P. K. Mehta 和 P. C. Aitcin 教授的观点，要使 HPC 同时达到最佳的施工和易性和强度性能，其水泥浆与骨料的体积比应为 35∶65，故对 HPC，可取 $V_e = 350L/m^3$，集料体积 $V_s + V_g = 650L/m^3$。

2. 干砂浆体积的确定

对于一定粒径的碎石，视密度为 ρ_0，堆密度为 ρ_b，则石子空隙率（P）为：

$$P = 1 - \frac{\rho_b}{\rho_0} \tag{12-16}$$

根据图（12-13）普适体模型的观点（2）：石子的空隙由干砂浆来填充。当单位体积石子的孔隙正好被干砂浆填满时，则得干砂浆体积为：

$$V_{es} = 1000P = 1000 \times (1 - \frac{\rho_0}{\rho_b})(L/m^3) \qquad (12\text{-}17)$$

式（12-17）是计算干砂浆体积的通式，可以通过实测石子视密度 ρ_s 和堆密度 ρ_b 精确计算。通常最大粒径为 25mm 的碎石 $\rho_0 = 2.70$、$\rho_b = 1.55$，则干砂浆体积为：

$$V_{es} = 1000 \times (1 - \frac{1.55}{2.70}) = 426(L/m^3) \qquad (12\text{-}18)$$

通常石子粒径越大，空隙率越大。通过相关计算得到干砂浆体积与石子最大粒径的关系列入表 12-9 中。

表 12-9　石子最大粒径与 V_{es}（L/m）的关系

碎石最大粒径（mm）	19	25	31.5
V_{es}（计算值）	444	426	412
V_{es}（取用值）	450	430	420

当配制 HPC 时，采用最大粒径得到 HPC 的砂率 19mm 碎石，中砂（$M_x = 0.26 \sim 2.80$），$V_{es} = 450L/m^3$，同时 $V_e = 350L/m^3$，$V_s + V_g = 650L/m^3$（Metha 观点），代入式（12-15）得到：

$$SP = \frac{450 - 350 + W}{1000 - 350} \times 100\% = \frac{100 + W}{650} \times 100\% \qquad (12\text{-}19)$$

当石子最大粒径为 25mm 时：

$$SP = \frac{80 + W}{650} \times 100\% \qquad (12\text{-}20)$$

当石子最大粒径为 31.5mm 时：

$$SP = \frac{70 + W}{650} \times 100\% \qquad (12\text{-}21)$$

3. 用水量计算公式

根据水灰（胶）比定则：

$$f_{cu,p}=Af_{ce}(\frac{C+F}{W}-B) \tag{12-22}$$

式中 $\frac{C+F}{W}$——胶水比，C、F 分别为水泥、细掺料的用量（kg/m^3）。

将式（12-22）与式（12-3）解联立方程，可求出用水量与配制强度的关系。

假设细掺料在胶凝材料中的体积掺量为 X，即水泥与细掺料体积之比为（$1-X$）：X，则有：

$$W=\frac{V_e-V_a}{1+\frac{1}{(1-X)\rho_c+X\rho_f}(\frac{f_{cu,p}}{Af_{ce}}+B)} \tag{12-23}$$

这是掺加各种不同数量细掺料时单方混凝土用水量的计算通式，式中 $\rho_c=3.15$，$\rho_f=2.51$ 分别为水泥、细掺料的密度。

当 $X=0$ 时，即无细粉料时：

$$W=\frac{V_e-V_a}{1+0.317(\frac{f_{cu,p}}{Af_{ce}}+B)}=\frac{V_e-V_a}{1+\frac{0.317}{W/B}} \tag{12-24}$$

式中：$W/B=W/(C+F)$ 为水胶比。

当 $X=25\%$时，即水泥与细掺料（如粉煤灰、矿渣）的体积比为 75：25 时得到：

$$W=\frac{V_e-V_a}{1+0.335(\frac{f_{cu,p}}{Af_{ce}}+B)}=\frac{V_e-V_a}{1+\frac{0.335}{W/B}} \tag{12-25}$$

式（12-23）中的系数 $1/[(1-X)\rho_c+X\rho_f]$ 的大小与细掺料的体积掺量 X 有关，计算表明 X 的变化对此系数影响不大（见表 12-10）。因此，在一般计算时采用公式（12-23），即系数为 0.335。当细掺料的密度与设定值相差较大时，可用公式（12-23）进行精确计算用水量。

公式（12-23）～（12-25）表明：

（1）混凝土的用水量取决于强度和水胶比，混凝土强度越高，水胶比越小，则用水量越少；

表 12-10 X 对系数的影响

X（%）	35	30	25	20
系数	0.341	0.338	0.335	0.331

（2）矿物细掺料的品种（密度不同）和掺量影响混凝土的用水量；

（3）引气量越大，混凝土用水量越少。

四、HPC 配合比设计步骤

现代混凝土由水泥、矿物细掺料、砂、石子、水和超塑化剂等多种成分按严格的比例关系组成，传统配合比设计方法不可能得到优化的配合比，而"全计算法"在设定条件下能精确计算出每个组分的用量和相互比例。HPC 配合比全计算法设计步骤如下：

1. 配制强度

$$f_{cu,p} \geqslant f_{cu,o} + 1.645\sigma$$

2. 水胶比

$$W/(C+F) = \frac{1}{\dfrac{f_{cu,p}}{Af_{ce}} + B}$$

3. 用水量

$$W = \frac{V_e - V_a}{1 + \dfrac{0.335}{W/B}}$$

4. 胶凝材料的用量

$$C + F = \frac{W}{W/(C+F)} = Q$$

$$C = (1-\alpha)Q$$

$$F = \alpha Q$$

式中　Q——胶凝材料用量（kg/m^3）；

α——细掺料的掺量（%）。

5. 砂率及集料用量

$$SP=\frac{V_{es}-V_e+W}{1000-V_e}\times100\%$$

$$S=(D-W-C-F)\ SP\quad(kg/m^3)$$

$$G=D-W-C-F-S\quad(kg/m^3)$$

式中　D——混凝土容重（kg/m^3）。

6. 复合超塑化剂（CSP）掺量

$$\mu=\left(\frac{W_0-W}{W_0}+\Delta\eta\right)\times9.17\%\quad（CSP 为浓度 40\% 的液体）$$

7. 试配和配合比调整

在以上混凝土配合比设计中，配制强度、水胶比、用水量、胶凝材料组成与用量、砂率及粗细集料用量、超塑化剂等均可以通过公式计算而定量确定，最终确定混凝土配合比，故称之为全计算配合比设计。当然，在计算中也涉及到个别参数的取值问题，如对某特定混凝土，水泥浆体体积 V_e 和干砂浆体积 V_{es} 的取值，但这些取值都有比较成熟的研究结果，与传统的配比设计中大量参数经过查表取值的经验方法比较，其科学性与定量性大大提高。

值得指出的是在用水量 W 公式中涉及到两个参数，气体体积和胶凝材料中超细粉掺合料体积分数；同时给出了超塑化剂掺量的计算公式，超塑化剂 CSP 和超细粉（掺量）在设计中均得以体现，这是以高耐久性为特征的 HPC 的必要组成材料。另外 V_a 气体体积分数为引气混凝土特征项，成为引气型高耐久性混凝土。当然，混凝土耐久性是一个非常复杂的问题，涉及很多方面，除上述各方面外，还有诸如碱集料反应、抗硫酸盐侵蚀等，这只需在配合比设计时同时对组成材料化学成分加以关注即可。

将配制强度 60～130MPa 计算配合比例入表 12-11 中。

表 12-11 HPC 配合比计算结果（单方混凝土组成材料用量）

配制强度(MPa)	材料用量（kg/m³）						W/B	SP (%)	CSP 掺量 (%)	容重 (kg/m³)
	W	C	FA (BFS)	CSF	S	G				
60	175	346	115	—	729	1013	0.38	41.8	0.83	2378
70	166	366	122	—	705	1037	0.34	40.5	0.98	2396
80	156	390	130	—	678	1064	0.30	38.9	1.15	2418
90	147	408	136	—	655	1088	0.27	37.6	1.31	2434
100	141	423	113	28	639	1104	0.25	36.7	1.41	2448
110	134	437	105	41	620	1123	0.23	35.6	1.53	2460
120	127	454	91	60	602	1142	0.21	34.5	1.65	2476
130	122	464	81	74	588	1156	0.197	33.7	1.73	2486

注：*BFS* 为磨细矿渣，*CSF* 为硅粉；*FA* 或 *BFS* 掺量 25%，*CSF* 掺量 7%～12%；砂子细度模数 2.5～3.0，石子量大粒径 20mm；硅酸盐水泥≥525，坍落度 18～20cm；CSP 掺量：$\mu = \left(\frac{215-W}{215}+0.04\right)\times 3.67$（%）。

表 12-12 是将作者提出的全计算方法得到的 HPC 配合比与美国资料中 HPC 的配合比进行对比。由此看出，由水胶比计算用水量与美国资料中的统计用水量完全一致，两种方法得到的砂率相差不大，总的规律是相似的，即砂率随用水量的减小而减小。强度等级划分和抗压强度值有差别，这是由于标准不同和抗压强度测定方法不同，美国采用圆柱形试体，中国采用立方体试体，但是抗压强度与水胶比关系是相同的。

综上所述可得出结论：

(1) 在国内外首次建立了普遍适用的混凝土体积模型，以此为基础推导求得了两个重要的基本关系式：用水量公式和砂率计算公式。这两个公式揭示了混凝土组成材料内在的客观规律和必然联系，成为 HPC 混凝土全计算配合比设计的基础，它使得 HPC 混凝土配合比设计从半定量走向定量、从经验走向科学，是混凝土配合比设计上一较大的改进。

表 12-12　HPC 计算配合比与美国 HPC 配合比对比
（单方混凝土组成材料用量）

抗压强度（MPa）	材料用量（kg/m³）						W/B	SP（%）	外加剂掺量（%）	容重（kg/m³）
	W	C	FA（BFS）	CSF	S	G				
60（A）	160	400	106	—	690	1050	0.32	39.7	—	2406
74*	161	397	106	—	692	1050	0.32	39.7	1.14	2406
75（B）	150	423	113	—	670	1070	0.28	38.5	—	2426
87*	150	424	112	—	663	1080	0.28	38.0	1.33	2429
90（C）	140	477	119	—	650	1090	0.235	37.4	—	2476
106*	141	481	120	—	539	1104	0.235	36.7	1.48	2485
105（D）	130	471	75	42	630	1110	0.22	36.2	—	2458
115*	131	476	76	43	612	1131	0.22	35.1	1.65	2469
120（E）	120	495	79	44	620	1120	0.194	35.5	—	2478
131*	121	499	81	44	5.86	1158	0.194	33.6	1.82	2489

注：*按 $f_{cu,p}=0.48\times52.5\times1.13\times\left(\frac{B}{W}-0.52\right)$ 计算，W/B—水胶比，碎石最大粒径 20mm，中砂 $M_x=2.5\sim3.0$，坍落度 20～22cm。

（2）由于模型的普遍适用性，这两个基本关系式及全计算配合比设计方法不仅适用于高性能混凝土，也适用于普通混凝土、高强混凝土、流态混凝土及其他混凝土。

（3）用本方法设计的 HPC 配合比与美国资料中的 HPC 统计配合比总体上完全一致。本技术在北京、广州、深圳、珠海、厦门、济南、浙江等地试用，效果良好，大大降低了试验工作量，提高了工作效率及可靠性，受到质检站、混凝土公司工程技术人员的普遍欢迎。

第五节　高性能混凝土在工程中的应用

一、HPC在桥梁工程中的应用

近10多年，用复合超塑化剂（CSP-7）配制的C50和C60高性能混凝土，主要用于大型桥梁工程中浇筑预应力混凝土桥梁。要求3d强度达到设计强度的90%，并进行钢筋张拉。因此所配制的HPC应具有高工作性、早强高强和高耐久性。由于采用了全计算法设计HPC的配合比，并对相应的CSP进行配方设计，这样保证了工程质量，混凝土的工作性、凝结时间、早期强度和28d强度均满足工程要求，取得了良好的技术经济效益。

1. 原材料和要求（广东肇庆大桥）

水泥：广州“粤秀”42.5（525#）Ⅱ硅酸盐水泥；

粉煤灰：黄浦电厂Ⅱ级灰；

砂子：中砂，细度模数 $M_x=2.81$（二航局），$M_x=3.0$（四航局）；

石子：10～31.5mm碎石；

外加剂：CSP-7复合超塑化剂；

设计强度C60，初始坍落度20～22cm，60min坍落度大于18cm，初凝时间：8h（二航局）；13h（四航局）。

2. 肇庆大桥高性能混凝土配合比设计

(1) C50HPC：

1) 配制强度：

$$f_{cu,p}=50+15=65\ (\text{MPs})$$

2) 水胶比：

$$C/B=\frac{1}{65/28.5+0.56}=0.36$$

3）用水量：

$$W=\frac{V_e-V_a}{1+0.335/(W/B)}=\frac{335}{1+0.335/0.36}$$
$$=174(kg/m^3)(取180kg/m^3)$$

4）胶凝材料用量：

$$C+FA=180/0.36=500\ (kg/m^3)$$
$$C=500\times0.85=425\ (kg/m^3)$$
$$FA=500\times0.15=75\ (kg/m^3)$$

5）砂率及集料用量：

$SP=\frac{180+80}{650}\times100\%=40\%$（因采用单一粒石子，砂率提高到43%）

$S=(2450-500-180)\times43\%=761\ (kg/m^3)$

$G=1770-761=1009\ (kg/m^3)$

6）CSP掺量：

$$\mu=\left(\frac{W_0-W}{W_0}+\Delta\eta\right)=\left(\frac{205-180}{205}+0.06\right)\times9.17\%$$
$$=1.67\%$$

（2）C60HPC：

1）配制强度：

$$f_{cu,p}=60+15=75(MPa)$$

2）水胶比：

$$W/B=\frac{1}{75/28.5+0.52}=0.317(实际取0.296)$$

3）用水量：

$$W=\frac{1}{1+0.335/0.317}=163(kg/m^3)$$

4）胶凝材料用量：

$$C+FA=163/0.296=551\ (kg/m^3)$$
$$C=551\times0.85=485\ (kg/m^3)$$

$$FA=551\times 0.12=66\ (\mathrm{kg/m^3})$$

5）砂率及集料用量：

$SP=\dfrac{163+80}{650}\times 100\%=37.4\%$（因采用单一粒级石子砂率提高到 40%）

$$S=(2450-551-163)\times 0.40=694\ (\mathrm{kg/m^3})$$

$$G=1736-694=1042\ (\mathrm{kg/m^3})$$

6）CSP 掺量：

$$\mu=(\frac{205-163}{205}+0.06)\times 9.13\%=2.4\%$$

混凝土试配结果列入表 12-13。

表 12-13　C50、C60HPC 试配结果

强度等级	W	C	FA	S	G	W/B	SP (%)	CSP (%)	坍落度（cm）		抗压强度（MPa）		
									0min	60min	3d	7d	28d
C50	180	425	75	761	1009	0.36	43	1.6	23.0	22.5	47.6	57.8	63.0
C60	162	485	66	729	1007	0.296	42	2.0	21.0	21.0	56.0	65.0	75.0
C60	163	485	66	694	1042	0.296	40	2.0	20.5	20.0	55.6	60.6	71.2

二、高性能自密实混凝土工程应用

中建八局一公司科研所，在研究高性能自密实混凝土的配合比、工作性和力学性能，以及相应的新型超塑化剂（YNB）的基础上，将 C30～C60 的高性能自密实混凝土用于河南省人民医院新病房楼工程和山东省立医 25 层结构中，取得了良好的技术、经济和环保效益。

1. 自密实混凝土的工作性

自密实混凝土要求不振捣，自流平、自密实、填充性好，因此，其工作性要求十分严格，必须解决以下矛盾：

（1）大坍落度与坍落度损失的矛盾；

（2）变性能力与抗离析性的矛盾；

（3）流动性与粘聚性的矛盾。

对于高性能自密实混凝土，工作性的评价常采用多种方法和指标：

（1）坍落度：240～260mm。1h坍落度损失10mm（流动性）；

（2）坍落扩散度 $D>600$mm（流淌性）；

（3）流动速度（Qremet法）8～17s（粘聚性）；

（4）扩散度中边高差小于20mm（抗离析性）；

（5）穿过L型仪前后骨料差小于等于10%（填充性）。

其中最关键的问题是填充能力和抗离析性，必须正确设计高性能自密实混凝土的配合比和相应的复合超塑化剂组成和掺量。

2．高性能自密实混凝土配合比设计

以C60P12自密实混凝土为例，进行配合比计算。

（1）原材料：

水泥：河南上街普硅42.5（525#）水泥，$R_{28}=55.0$MPa；

粉煤灰：河南首阳山Ⅰ级粉煤灰；

膨胀剂：CEA膨胀剂；

硅灰（ST）：山西忻州 40$SiO_2$92%；

中砂：$M_x=2.7$，含泥量1.2%；

碎石：5～25mm连续粒级，针片状含量小于5%，含泥量0.3%，压碎指标9.8%。

自密实免振，初始坍落度240～260mm，坍落扩散度 $D\geqslant 600$mm。

（2）配合比计算步骤：

1）配制强度：

$$f_{cu,p}=60+1.645\times 6+6=76(\text{MPa})$$

因掺12%膨胀剂降低强度6MPa，故增加6MPa。

2）水胶比：

$$W/B=\frac{1}{76/(0.48\times 55)+0.52}=0.294$$

3）用水量：考虑CEA和SI的需水量比大于100%，因此用水量比计算值大10～15kg/m³。

$W=175\ (kg/m^3)$

4）胶凝材料用量：

$$C+FA+SI+CEA=175/0.294=595\ (kg/m^3)$$

FA掺12%：$FA=595\times 0.12=71\ (kg/m^3)$

SI掺6%：$SI=595\times 0.06=36\ (kg/m^3)$

$$C+CEA=(595-71-36)=488\ (kg/m^3)$$

CEA内掺12%：$CEA=488\times 0.12=58\ (kg/m^3)$

$$C=488-58=430\ (kg/m^3)$$

5）砂率及集料用量：

$SP=[(173+90)/650]\times 100\%=39$（实际取38%）

$$S=(2450-175-595)\times 0.38=638\ (kg/m^3)$$

$$G=1680-638=1042\ (kg/m^3)$$

6）YNB超塑化剂掺量：

减水率：$\eta=\frac{210-175}{210}+0.08=0.247$

YNB掺量：$\mu=\frac{0.247\times 4.17}{0.32\times 100}\times 100\%=3.2\%$

7）配合比计算结果见表12-14。

表12-14 C60P12自密实HPC配合比计算结果

W	C	FA	SI	CEA	S	G	W/B	SP（%）	YNB（%）
175	430	71	36	58	637	1060	0.294	38	3.20

3. C30～C60 高性能自密实混凝土的性能

C30～C60 高性能自密实混凝土的试验结果列入表 12-15。

表 12-15 C30～C60 高性能自密实混凝土的试验结果

强度等级	*W*	*C*	*FA*	*SI*	*CEA*	*S*	*G*	*W/B*	*SP* (%)	*YNB* (%)	*SL* (mm)	*D* (mm)	28d 强度 (MPa)	
													免振	振动
C30	195	320	130	—	—	730	1000	0.43	42	2.5	250	650	41.0	40.6
C40P12	185	386	76	—	58	678	1017	0.36	42.5	2.5	255	680	51.1	50.6
C50	180	486	82	—	—	688	1032	0.33	40	3.0	255	700	64.6	64.2
C60P12	175	430	71	36	58	638	1041	0.326	38	3.17	255	700	75.8	75.7

注：C30、C40P12 采用Ⅱ级 *FA*（粉煤灰）C50、C60P12 采用Ⅰ级 *FA*；
C30—普硅 32.5（425#）水泥；C40P12—32.5（425#）矿查水泥；C50、C60P12—普硅 42.5（525#）水泥；
CEA—膨胀剂。

C30～C60 高性能自密实混凝土用于河南省人民医院新病房楼工程中。C40P12 混凝土用于超长底板无缝施工，5020m^3 混凝土，连续浇筑 4d，混凝土 28d 强度平均 51MPa，与振捣混凝土的强度 (50.6MPa) 相近。由此说明，免振自密实混凝土不会降低强度，其关键是配合比设计合理。工作性和填充性能好，没有收缩裂缝，温度应力裂缝产生。

C60P12 自密实混凝土用于浇筑地下室柱子和墙，共 1700m^3 混凝土。剪力墙，柱子混凝土强度等级 C30～C60 不等。YNB 氨基磺酸系新型高效减水剂为主的复合超塑化剂（浓度 32%）。

三、高性能混凝土配合比（实例）

1. C60 高性能混凝土

原材料：

(1) 广州石井 42.5 (525#) 普通硅酸盐水泥;
(2) 深圳妈湾电厂产一级粉煤灰;
(3) 东莞河砂,中砂,细度模数 2.78;
(4) 深云石场产 10～30mm 石灰石碎石;
(5) CSP-7 超塑化剂。

C60 HPC 试配结果列入表 12-16。

表 12-16 C60 HPC 试配结果

编号	材料用量(kg/m³)					W/B	SP (%)	CSP-7 掺量 (%)	SL(cm)		抗压强度(MPa)		
	C	FA	W	S	G				0min	90min	3d	7d	28d
1	330	220	165	170	1006	0.30	40	1.62	20.5	—	—	51.8	76.2
2	440	110	182	665	1000	0.33	40	1.2	23.3	20.9	47.5	58.2	73.1
3	440	110	198	665	1000	0.36	40	1.2	24.5	24.2	43.2	55.7	68.0
4	440	110	198	690	956	0.36	42	1.2	24.6	23.0	45.5	56.6	70.5
5	385	165	165	710	981	0.30	42	1.2	24.0	24.5	45.7	55.0	68.5
6	385	165	154	710	981	0.28	42	1.2	22.0	20.4	50.2	56.8	71.5

2. C80 高性能混凝土

原材料:
(1) 深圳东方龙 42.5 (525#) 普通硅酸盐水泥;
(2) 深圳妈湾电厂产超细粉煤灰;
(3) 东莞河砂,粗砂,细度模数 3.22;
(4) 珠海产 5～25mm 花岗岩碎石;
(5) CSP-7 超塑化剂。

C80 HPC 试配结果列入表 12-17。

表 12-17　C80 HPC 试配结果

编号	材料用量（kg/m³）					W/B	SP（%）	CSP-7 掺量（%）	SL（cm）		抗压强度（MPa）		
	C	FA	W	S	G				0min	90min	3d	7d	28d
7	385	S165	165	670	1000	0.30	40	1.6	22.0	—	—	72.8	92.3
8	440	S110	165	670	1006	0.30	40	1.6	23.0	—	—	76.5	90.4
9	385	S165	143	699	1048	0.26	39	1.8	23.5	—	—	79.8	106.5
10	480	I120	156	650	1100	0.26	37	2.2	24.2	25.0	74.3	82.7	105.2
11	420	S180	150	650	1100	0.25	37	2.2	26.0	23.0	65.4	79.2	101.0
12	420	I180	150	650	1100	0.25	37	2.2	26.4	26.2	63.5	75.6	93.0

从试验结果来看，CSP-7 超塑化剂完全适用于配制 C60 及 C80 级以上的高性能混凝土，能够满足强度及工作度方面的要求。

3．硅铁粉、硅粉和矿粉对比试验

表 12-18 是硅铁粉、硅粉和矿粉三种细掺料对 HPC 强度的影响。由此看出，C60 的 HPC，在水胶比、用水量、胶凝材料相同的情况下，早期强度（3d）：硅铁粉（2）＞矿粉（4）＝不掺（1）＞硅粉（3），28d 强度：硅铁粉（2）＞硅粉（3）＞矿粉（4）＞不掺（1）。

C80 的 HPC 掺矿粉不能达到应有的强度，掺硅铁粉（20%），早期和后期均大大高于矿粉（6）。

表 12-18　硅铁粉、硅粉、矿粉性能对比

编号	强度等级	W	C	S	G	碱铁粉	硅粉	矿粉	W/B	SP（%）	CSP(S) 掺量（%）	坍落度（mm）	抗压强度（MPa）		
													3d	7d	28d
1	C60	168	540	602	1120	—	—	—	0.31	35	1.2	200	57/86	61.1/92	66.2/100
2	C60	168	432	602	1120	108	—	—	0.31	35	1.2	225	59/89	76.8/116	80.4/121
3	C60	168	486	602	1120	—	54	—	0.31	35	1.2	230	50.8/77	65.2/98	75.4/114

续表 12-18

编号	强度等级	W	C	S	G	碱铁粉	硅粉	矿粉	W/B	SP (%)	$CSP(S)$ 掺量 (%)	坍落度 (mm)	抗压强度 (MPa)		
													3d	7d	28d
4	C60	168	432		1120	—	—	108	0.31	35	1.2	225	57.2/86	87.9/151	75.1/120
5	C80	150	448	560	1180	112	—	—	0.27	32	1.5	195	72.0/159	67.6/102	91.7/120
6	C80	162	448	560	1180	—	—	112	0.29	32	1.5	220	45.4/100	58.3/100	76.2/100

注：冀东普硅 42.5（525#），中砂 $M_x=2.4$，含泥量 2.8%，泥块含量 0.6%，碎石（三河）粒径 5～25mm；

硅粉遵义铁合金厂，$SiO_2 \geqslant 40\%$；矿粉，城建混凝土复合材料厂；

硅铁粉平均粒径 2μm$SiO_2 > 90\%$。

4. 珠海恒景花园 D 楼工程 C60HPC 配合比试验（全计算法）

银羊 42.5（525#）硅酸盐水泥，珠电Ⅱ级粉煤灰，砂：编号 1～4$M_x=3.2$，编号 5～9$M_x=2.50$，碎石 1～3cm，坍落度 18～20cm，现场泵送。HPC 试配结果列入表 12-19。

表 12-19 C60 HPC 和防渗抗裂混凝土

编号	W	C	FA	UEA	S	G	W/B	SP (%)	CSP-7 掺量 (%)	坍落度 (cm)	抗压强度 (MPa)		
											3d	7d	28d
1	169	422	75	—	674	1100	0.34	38	2.0	16.5	48.5	49.0	66.7
2	169	422	75	—	710	1064	0.34	40	2.0	19.0	47.1	48.7	64.8
3	164	436	77	—	724	999	0.32	42	1.8	20.0	57.5	65.5	75.5
4	164	436	77	—	724	999	0.32	42	1.6	20.5	56.5	65.1	74.6
5	169	449	79	—	662	1080	0.32	38	1.8	17.0	53.0	60.5	79.6
6	169	449	79	—	662	1080	0.32	38	1.8	20.0	48.8	—	—
7	170	451	80	53	641	1046	0.29	38	1.8	22.0	38.7	67.5	—
8	170	451	80	53	641	1046	0.29	38	1.6	20.0	64.3	—	—
9	170	451	80	53	641	1045	0.29	38	1.4	13.5	47.3	51.8	82.0

5. 国外 HPC 典型实例（见表 12-20）

表 12-20 HPC 典型实例

拌合物序号	1	2	3	4	5
水（kg/m^3）	195	155	135	145	130
水泥（kg/m^3）	505	451	500	315	513
粉煤灰（kg/m^3）	60	—	—	—	—
硅粉（kg/m^3）	—	—	30	36	43
粗集料（kg/m^3）	1030	1030	1200	1180	10
细集料（kg/m^3）	630	745	700	745	685
减水剂（mL/m^3）	976	—	—	900	—
缓凝剂（L/m^3）	—	4.5	1.6	—	—
超塑剂（L/m^3）	—	11.25	14	5.2	15.7
水胶比	0.35	0.37	0.27	0.91	0.25
28d 密度（MPa）	65	80	93	83	119
90d 密度（MPa）	70	97	107	93	146

注：表中拌合物序号依次如下：

1. 水塔（芝加哥，1975 年），是一座没有用超塑化剂的 HPC 典型实例；
2. 若尼桥（法国，1975 年），采用无硅粉的 HPC 浇筑，说明没有硅粉也能配制 HPC；
3. 拉罗汉蒂那大厦（蒙特利尔，1984 年），有 2 根试验柱，所用 HPC 中含超塑化剂和缓凝剂，必须掺两种外加剂是因为只有一种流变性能有问题的水泥供应，而且混凝土的运输时间还长；
4. 斯科蒂亚广场（多伦多，1987 年），采用了硅粉与矿渣的 HPC；
5. 双联广场（西雅图，1988 年），是 HPC 在重要建筑物上应用的杰出实例，经济效益突出，至今是实际结构中应用强度最高的。

参考文献

1. 高强混凝土与高性能混凝土译文集（第一、二册）. 清华大学土木工程系建材教研室编，1994

2. 吴中传. 从高强混凝土到高性能混凝土. 1999

3. 李崇志. 超塑化剂的研究和应用. 武汉工业大学北京研究生部硕士学位论文，1995

4. 陈建奎. 高性能混凝土外加剂 RH-7 超塑化剂的性能和应用. 1994

5. 陈建奎，李崇志. 超塑化剂 CSP 对水泥水化及水泥石微结构的影响. 武汉工业大学学报 N94，1995

6. 高性能自密实混凝土工程应用技术. 中建八局一公司科研所等，1999

7. 吴中传，廉慧珍著. 高性能混凝土. 中国铁道出版社，1999

8. 王栋民，陈建奎. 超细粉掺加量对高性能土（HPC）配合比设计参数和性能的影响。中国建材科技，1999（3）：23～26

9. 陈建奎著. 高性能混凝土（HPC）及复合超塑化剂（CSP）. 武汉工业大学北京研究生部，2000

10. 陈建奎，王栋民.《高性能混凝土（HPC）配合比设计新法——全计算法》. 硅酸盐学报，2000，28（2）：194～198

11. 王栋民. 高性能膨胀混凝土（HPEC）组成、结构与性能的研究. 博士论文，中国建筑材料科学研究院，2002

第十三章 复合外加剂原理和应用

目前单一外加剂品种国内外相差不是很大，而我国在复合外加剂及其应用技术还停留在20世纪90年代以前的水平。目前混凝土外加剂发展的方向是高效能、多功能复合外加剂。只有复合化才能具有高效能、多功能，并且促进新型混凝土和新的施工工艺的发展。前面几章介绍的流态混凝土、水下混凝土、自流平材料、MDF材料、高性能混凝土等无不采用复合外加剂，这些新型混凝土中大都采用现代化的新施工工艺。

第一节 外加剂对水泥水化、硬化和水泥石强度的影响

水泥水化过程中，从过饱和离子溶液中结晶生成过程的动力学和结晶产物的性质不仅取决于水泥的矿物组成、分散度和形状，而且很大程度上取决于外加剂的含量。

根据外加剂的化学组成和浓度、介质温度和其他外因能对水泥的化学活性产生不同的影响。外加剂能改变水泥的物理化学性质和水化结晶产物的物理化学性质。

根据分子动力学研究结晶过程，由于基本粒子团的碰撞而产生结晶。在此条件下结晶中心的产生取决于如下方程式：

$$S = C_k e^{-A_K/KT} \tag{13-1}$$

如果用ΔF_{max}表示生成晶胚消耗的功，那么晶胚生成的速度能够用如下关系式确定：

$$V_{oc} = C_k e^{-\Delta F_{max}/KT} \tag{13-2}$$

根据关系式（13-2），生成晶胚的速度随着温度的增加和相间

界面能的减小而增加。

在极大过饱和情况下，由于溶液的粘度增加，妨碍新生相晶胚生成，使晶胚生长速度下降。为了考虑这种现象还应引入一指数项 E_a，它取决于溶液的粘度。这样生成晶胚的速度方程式表示为：

$$V_{oc} = C_k e^{-(A_K+E_a)/KT} \tag{13-3}$$

由式（13-3）看出，掺少量表面活性剂能降低晶胚-原相界面相间的表面能（A_k），降低溶液的粘度（E_a）以及增加温度能加速晶胚生成速度。另外掺外加剂增加液相过饱和程度或增加结晶中心也能加速结晶过程。因此复合外加剂对改性混凝土性能能起决定作用。

结晶过程的发展使水泥石产生强度，新生成的水泥石强度 $R_{нцк}$ 取决于单位体积中成键的数量 $n_{цк}$ 和每个键的强度 $\Delta R_{цк}$，可以认为强度的大小将与参加作用的分子数和生成结晶中心的速度成正比。从而得到表示水泥石强度与时间的关系方程式：

$$R_{нцк} = K_1 n\sum \Delta R_{нк}\ (1 + C_K e^{-\frac{A_k+E_a}{KT}} + e^{-k_3 t}) \tag{13-4}$$

式中 K_1、K_3——速度常数；

$n\sum$——分子总数；

T——温度；

K——常数；

t——反应时间；

A_k——生成结晶中心所需的功，主要取决于立体或相间的表面能；

E_a——活化能，离子的活动性与 $e^{-E_a/KT}$ 成正比，因此与液相粘度有关；

C_k——生成结晶中心的粒子浓度。

由式（13-4）可以看出，要提高新生水泥石强度，必需降低表面能、增加液相离子过饱和程度、降低液相粘度、增加温度和延长反应时间。因此，采用复合外加剂对强度的提高起重要作用。

由图 13-1 看出，方程式（13-4）得到的 $R_{нцк}$ 与水泥石强度 $R_{сж}$ 基本一致。

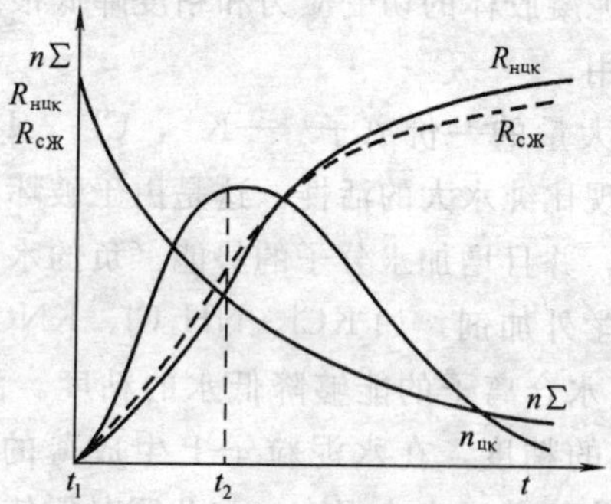

图 13-1 生成水泥石结晶结构的动力学曲线

$n\Sigma$—自由分子数变化；$n_{цк}$—结晶中心的变化；

$R_{нцк}$—新生水泥石强度；$R_{cк}$—水泥石抗压强度；t_1、t_2—初凝、终凝时间

复合外加剂通常由表面活性剂或高效减水剂与无机电解质组成。其中每一种外加剂的存在在水泥石结构形成的不同阶段起作用。通过各种外加剂适当复合（成分和比例），能以最有效的方式影响固相和液相的反应性能以及水泥石结晶结构的物理力学性质。因此作为高效能复合外加剂应当具备如下作用：

（1）排除吸附在水泥粒子上的空气，使水泥水化完全；

（2）短时间内屏蔽水泥粒子间的引力和斥力使水泥塑化；

（3）加速水泥结晶形成过程，产生离子键结合；

（4）强化离子变换过程，而不影响水泥水化的诱导期（初凝时间）。

除此之外，水的密度和粘度本质上影响水泥凝胶的凝聚结构的形成，水泥矿物的离解速度以及水泥石的结晶水化物结构的形成。促使粘塑体系转变成固体状态，取决于粒子的双电层结构，外加离子的本质和扩散层被压缩的程度。电解质与水一起加入水泥凝胶体中就能改变离子的组成，即所谓离子交换。

掺相应组成的化学外加剂能本质上提高ζ-电位和介质的介电常数。由于这样在溶剂（水化）膜界面和液相周围的粒子上排斥力大大超过引力；水泥凝胶体的切变应力和粘度降低很多，即产生化学外加剂的塑化作用。

如果水中含大量的一价离子——K^+，Cl^-，I^- 等，那么它们附近的水分子呈现比纯水大的活性。这是由于破坏了水合离子结构而降低水的粘度，并且增加水分子的势能（负的水合）。

这样一些化学外加剂，如 KCl、NH_4Cl、KNO_3、NH_4NO_3 和 KI 等，其中含负水合离子的能够降低水的粘度。由于屏蔽引力和斥力以及降低水的粘度，在水泥粒子上生成薄的溶剂化（水化）膜，并且水的密度比普通水小得多。与此同时促使在常压下粒子相互靠近，使水泥凝胶体密实。这些现象使固相具有憎水胶体的性质，使吸附能力降低并且明显提高水的溶解功能，加速水泥矿物吸附在离子上。

随着离子交换活化能垒消失，这时由于离子扩散层收缩使斥力半径比范德华半径短，在此情况下产生粒子的凝聚即破坏了原来的稳定体系。含上述一些化学活性化合物的离子的水与水泥的作用机理能够本质上加速诱导期——水泥凝胶体的凝结时间，以及加速水化晶体复合物的生成。因此掺高效作用的复合外加剂需要确定它们的物质组成，以便控制水泥凝胶体的凝结时间。在“化学”结合水量时水泥吸附能力最小，而用水量少于“化学”结合水量和水泥凝胶的凝聚结构中紧密包裹着固相粒子的情况下，水化过程将伴随着产生水化晶体的渗透压力。由于水泥凝胶中含水量最少，水化晶体之间的作用以离子——离子键为主。

既然掺复合化学外加剂的作用不仅仅表现在结构之间键的生成类型，而且表现为加速它们的生成过程，那么它应当以一定的方式影响水泥石强度增长的动力学。可以设想，通过掺复合外加剂在短时间内达到最大强度，如达到 7d 或 28d 强度。因此混凝土中掺和适当成分的合成的复合化学外加剂将能在低水灰比情况下完全可以取消热处理的能源，并且经24h自然硬化混凝土达到60MPa而28d达到150MPa。此外，在比较高的用水量的情况下掺外加剂能实现强度20～30MPa的混凝土的快速蒸养。在此情况下可以用强的塑化作用的外加剂。

总之，高效复合化学外加剂的合成和应用工艺方面的研究将在混凝土科学技术的进步方面起重要作用。

第二节 无机电解质与减水剂复合

根据上述水泥水化结晶动力学原理及其公式（13-4），要增加水泥石强度必须增加晶胚生成速度，即增加离子交换过程、增加液相离子浓度、促进水化过程。掺具有促凝和早强作用的无机电解质就能达到此目的。同时，掺具有分散减水作用的表面活性剂，以降低表面能和液相粘度、减小水灰比而增加成键比例。因此，复合外加剂应当由表面活性剂，即普通减水剂或高效减水剂与无机电解质复合而成。根据此原理我们研制了复合早强剂、高效复合早强剂、复合防冻剂、高效复合防冻剂等，并且得到较广泛应用。

通过复合外加剂可按一定规律调整水泥水化速度、凝结时间以及混凝土早期或后期强度。从目前的水平来看，普通硅酸盐水泥混凝土的凝结时间通过复合外加剂，可以在1min到36h范围内任意调整，早期强度可以对几小时强度到3d强度进行调整而不降低后期强度，甚至3～5d达到28d强度。而28d强度提高程度可以在10%～50%范围内调整，这是过去单独掺一种外加剂所不能做到的。复合外加剂克服了单一成分外加剂的某些缺点，能较全面改善水泥混凝土的性能。从强度上，可以使早期强度和后期强度都得到提高。

复合早强剂通常由早强剂与普通减水剂或高效减水剂按一定比例复合而成。这符合由无机电解质与表面活性剂复合的原则，并且促进水泥水化硬化。现以我们研制的复合早强剂为例，详细说明复合原理和效果。

CA复合早强剂由硫酸钠、三乙醇胺、多元醇复合体和载体组成，具有减水、早强和增强作用，被建设部评定为1994年科技成果重点推广项目。

图13-2是CA复合早强剂及其主要组分对混凝土各龄期强度增长率的影响。曲线1是不掺外加剂的空白混凝土强度增长曲线。掺水泥重量0.2%的多元醇缓凝减水剂（曲线3），减水率7%～8%，28d强度提高10%～15%，但早期强度（1～3d）低于空白混凝土。硫酸钠是典型的早强剂，掺2%时能明显提高混凝土早期强度（曲线2），但28d强度比空白混凝土降低5%～10%。如果将硫酸钠（2%）和多元醇减水剂（0.2%）组成复合早强，则无论早期强度还是后期强度均比空白混凝土有明显提高（曲线4）。为了进一步保证早期强度的提高，复合早强剂还掺有0.03%的三乙醇胺，同时提高了复合早强剂对水泥的适应性，因为硫酸钠对矿渣水泥早强作用更好，而三乙醇胺对硅酸盐水泥早强作用更好一些。而载体（如粉煤灰）可防止产品结块，也有火山灰活性。

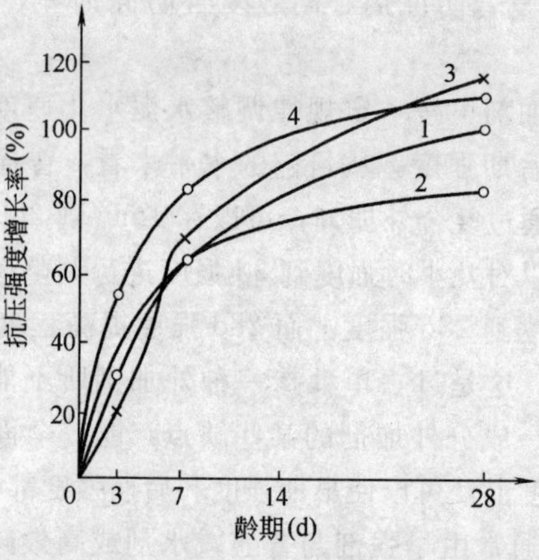

图13-2 CA复合早强剂复合原理（混凝土强度增长曲线）

1—空白混凝土；2—掺 Na_2SO_4 2.0%；3—掺糖钙0.2%；4—2和3复合

类似的复合原理，可用于木钙或糖钙与硫酸钠等组成复合早强剂，也同样具有很好的早强增强效果。

高效减水剂本身就具有很好的早强作用，也可以与硫酸钠复合，特别是用蒸汽养护时将高效减水剂0.3%～0.5%与硫酸钠1%组成复合早强剂可使混凝土蒸养后强度提高20%～30%，或缩短蒸养时间1～2h。当然这种高效复合早强剂用于自然养护的混凝土也同样有很好的早强和增强效果。

更有意义的是将高效减水剂与促凝剂或早强剂复合，采用早强硅酸水泥配制早强高强混凝土，如表13-1所示。

如果将混凝土脱模强度定为10～15MPa，则获得此强度的时间：亚硝酸钙为7h、氯化钙和甲酸钙为8h、硝酸钙为9h、单独掺MT为12h。其中硝酸钙的促硬效果小。而28d强度：B＞E＞D＞C＞F＞A，这个顺序与减水率由大变小的顺序基本一致。因此，混凝土的后期强度的提高取决于复合早强剂的减水率，而早期强度的提高主要取决早强剂品种和掺量。

表13-1中的C、D和E复合早强剂中的氯化钙、亚硝酸钙和硝酸钙还具有降低冰点、促进低温水化的作用。因此复合外加剂的原理也可用于配制复合防冻剂和高效复合防冻剂。

配制复合防冻剂时，人们只注意防冻组分的降低冰点和促进低温水化的作用，而往往忽视了这些无机电解质的离子的正负水合作用。

研究掺电解质对水泥-水分散体系的塑性影响表明，离子的正负水合现象，不仅影响水的粘度，而且影响水泥浆的塑性。其结果是（I）和（Ⅱ）类电解质降低水泥浆的塑性，而（Ⅲ）和（Ⅳ）类电解质则提高水泥浆的塑性。

我们研究了Na_2SO_4（Ⅰ类）和$NaNO_2$（Ⅲ类）对水泥砂浆的流动性和减水率的影响，其结果如图13-3和13-4所示。对灰砂比1∶2.5、水灰比0.467、掺0.606%超塑化剂的砂浆，随着硫酸钠掺量增加流动度逐渐减小；保持相同流动度（140±5mm）时，则

表 13-1 掺高效复合早强减水剂的混凝土抗压强度

编号	早强剂品种掺量(%)	MT-150 掺量(%)	水泥用量(kg/m^3)	水灰比	减水率(%)	抗压强度(MPa),模型中养护时间(h)								抗压强度(MPa)(水养)	
						3.5	4	5	6	8	10	12	24	7d	28d
A	0	0	550	0.360	0	—	—	0.3	0.7	2.9	4.6	9.8	31.4	63.0	73.8
B	0	0.6	550	0.273	24	—	—	—	0.3	2.0	7.7	16.9	50.1	81.6	94.9
C	氯化钙 1	0.6	550	0.320	11	—	3	1.2	4.2	15.8	23.2	29.2	47.7	74.0	88.0
D	亚硝酸钙 2	0.6	550	0.300	17	0.6	1.2	4.0	10.2	21.2	29.1	—	49.6	77.5	89.6
E	硝酸钙 1	0.6	550	0.290	19	0.6	1.1	2.5	4.9	11.2	18.7	—	44.2	78.4	94.7
F	甲酸钙 2	0.6	550	0.320	11	0.7	1.3	3.3	6.7	14.6	20.6	—	39.1	71.1	83.4

注:早强水泥,坍落度 5cm。

随着硫酸钠掺量增加减水率也同样是逐渐减小（图 13-3）。相反，在相同条件下掺亚硝酸钠时，则是随掺量增加砂浆流动度逐渐增大、减水率也增大（见图 13-4）。因此，无机电解质不但影响水化、冰点，而且显著影响流动性或减水率。这样在配制复合早强剂和复合防冻剂时，必须根据要求选择合适的早强剂或防冻剂，以及减水剂，以达到最佳的早强、防冻、减水和增强效果。简单的配方达不到完美效果，必须采用二元或多元复合。

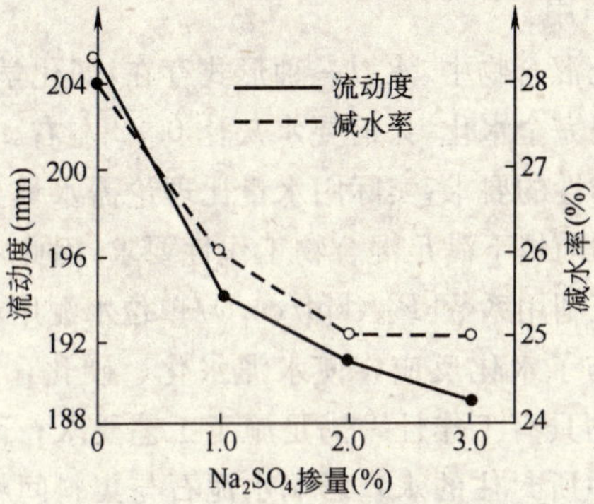

图 13-3　Na_2SO_4 对水泥砂浆流动度和减水率的影响

（砂浆中掺有超塑化剂 0.606%）

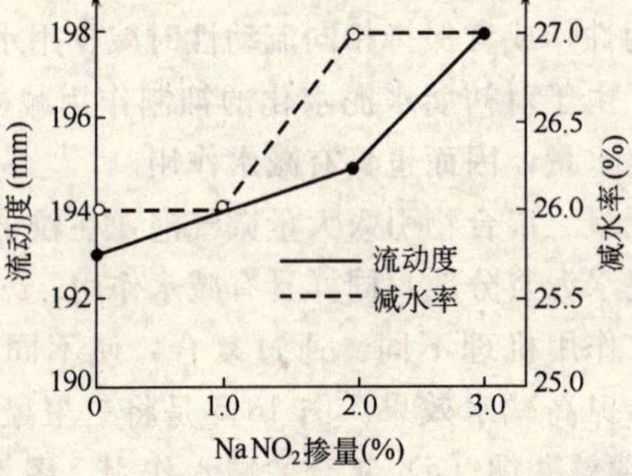

图 13-4　$NaNO_2$ 对水泥砂浆流动度和减水率的影响

（砂浆中掺有超塑化剂 0.606%）

第三节　减水作用的调整

减水作用机理研究表明，通过三种作用可以减少水泥混凝土用水量，或保持相同的水灰比，增加其流动性，即：

(1) 分散作用；

(2) 初期水化抑制；

(3) 引气作用。

水泥混凝土混合物中，水以三种形式存在，即化学结合水、吸附水和游离水。水泥完全水化，只需要水灰比 0.22 左右。但是，为了满足新拌混凝土工作性的要求，实际用水量比理论需水量要大得多。这样就在损失强度的前提下满足混合物工作性要求，因此不掺外加剂的普通混凝土的水泥利用系数[R_{28}(kgf/cm^2)/单位水泥用量]较低。

结合水参与了水化反应，使水泥水化、硬化，因而具有强度；游离水使混合物具有工作性，满足施工工艺要求；而吸附水（包括水泥凝聚结构中所封住的水）影响水泥石与集料间粘结力，降低混凝土强度和耐久性。

掺分散作用的外加剂，如高效减水剂，能使水泥浆分散，破坏了水泥浆中凝聚结构，使吸附水减少，游离水增多，因而大大提高了水泥浆的流动性，或者保持相同流动性时减少用水量。

掺缓凝剂，由于对初期水泥水化的抑制作用减少了结合水量，相对增加了游离水量，因而也具有减水作用。

引气剂使混凝土混合物引入大量微气泡，在粒子之间产生滚动和浮托作用，使水泥浆分散，同样具有减水作用。

这三种减水作用机理不同。通过复合，使不同减水作用“叠加”可以进一步提高减水效果。图 13-5 是将三聚氰胺系高效减水剂（SM）与葡萄糖酸钠（g）复合的减水作用。图 13-6 是将 Melment-N 与引气剂复合的减水作用。由此说明，这两种方式的二元复合进一步提高了高效减水剂的减水作用，或者保持相同减水率时，二元复合使高效减水剂的掺量减少一半。此外，二元复合组成超塑化剂还可延缓流态混凝土的坍落度损失。

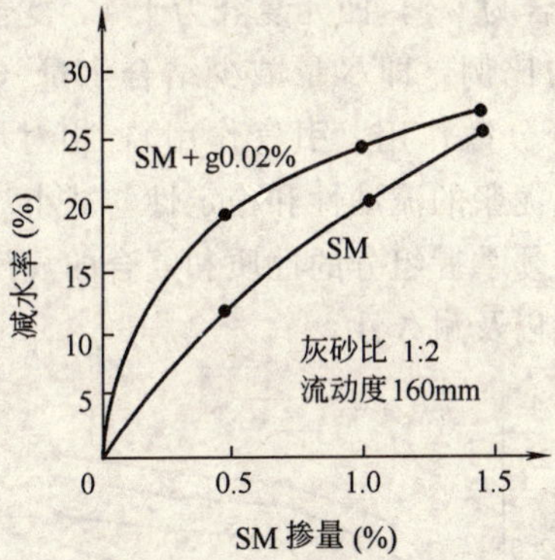

图 13-5　SM 高效减水剂与缓凝剂复合的减水作用

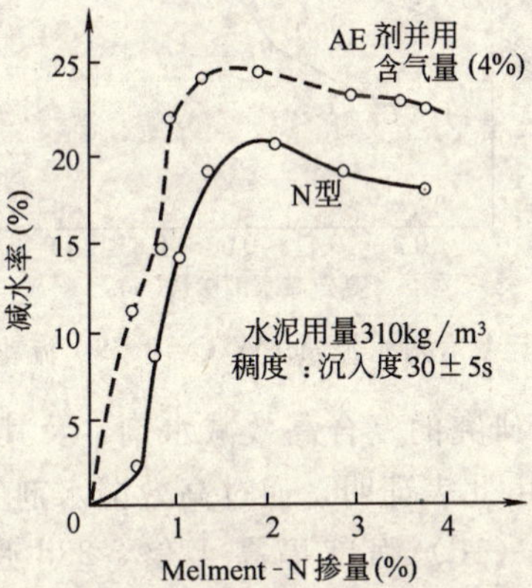

图 13-6　N 型高效减水剂与引气剂复合的减水作用

图 13-7 表示多元复合减水剂对水泥净浆流动度的影响。其中曲线 1 是单掺萘系高效减水剂（UNF-5）对流动度的影响；曲线 2 是二元复合（UNF-5＋木钙 0.25％）；曲线 3 是三元复合（二元复合＋缓凝剂 g0.1％）；曲线 4 是四元复合（三元复合＋引气剂 0.06％）。由此可见，在高效减水剂掺量相同的情况下（如

0.5%)，净浆流动度：四元复合＞三元复合＞二元复合＞单掺高效减水剂。如果保持相同流动度，二元复合剂的掺量为单掺高效减水剂的1/2；三元复合为1/3；四元复合为1/4。复合的目的是调整水化初期的各种水的比例，即尽量减少结合水量（初期水化抑制作用）和吸附水量（分散作用、引气作用），相对增加了游离水量，从而大大提高了水泥浆的流动性和稳定性，减小流动度损失。当采用多元复合时，必须掌握组分的性质和复合的规律，特别是不能影响早期和后期强度以及耐久性。

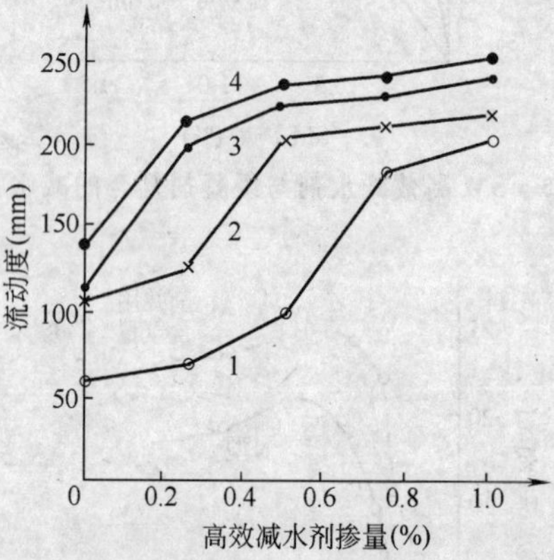

图 13-7　多元复合对水泥浆（$W/C=0.29$）流动度的影响

表 13-2 是我们研究的复合高效减水剂，及其对水泥砂浆强度影响的试验结果。由此表证明，通过高效减水剂（SM）与缓凝剂0.02%）复合早期（1d）强度提高 1 倍，28d 强度提高 45%～75%。其中第 3 组试验数据是在掺二元复合高效减水剂同时掺少量（0.2%）硫酸钠。在这里掺极少量的硫酸钠不是为了早强，主要是补偿低水灰比时可溶性 SO_3 生成不足。因为低水灰比时石膏溶解量不够，形成钙矾石（AFT）量少，与水泥中 C_3A 含量不匹配，因而会产生异常凝结。为了防止速凝，掺极少量硫酸钠，在加水拌合时迅速溶解并形成 AFT，控制 C_3A 的水化，防止快凝。

表 13-2　SM 及其复合减水剂对水泥砂浆强度的影响

编号	外加剂及其掺量（%）	水灰比	减水率（%）	流动度（mm）	抗压强度（MPa）				抗折强度（MPa）			备注
					1d	3d	7d	28d	1d	3d	28d	
1	0	0.38	/	160	12.7/100	29.4/100	37.5/100	46.2/100	3.8/100	7.2/100	8.9/100	500# 号硅酸盐水泥软冻标准砂灰砂比 1：2 标准养护试体尺寸 4×4×16cm s—Na_2SO_4 g—葡萄糖酸钠
	SM　0.5	0.34	11	170	17.5/138	38.0/133	47.3/126	56.3/122	4.8/126	8.5/118	9.8/11.0	
	SM　1.0	0.31	18	160	20.7/163	44.4/151	52.8/141	62.8/136	5.8/150	9.9/137	11.0/124	
	SM　1.5	0.29	24	160	22.2/175	47.3/161	55.1/147	71.3/154	6.1/161	10.5/147	12.6/142	
	SM　2.0	0.27	29	155	23.1/183	48.3/164	60.2/161	82.6/179	6.7/176	11.8/164	12.9/145	
2	0	0.38	/	165	14.0/100	28.3/105	34.7/100	50.4/100	4.4/100	6.5/100	9.4/100	
	SM0.5 葡萄糖酸钙 0.02	0.31	18	167	25.6/183	47.5/168	52.7/152	73.8/146	6.4/146	9.7/149	11.9/127	
	1.0	0.29	24	170	30.3/216	52.3/185	56.9/172	83.2/165	7.1/162	10.7/168	13.3/141	
	1.5	0.28	26	167	30.0/213	54.8/194	56.5/172	86.8/172	7.8/179	11.8/181	13.8/147	
	2.0	0.27	29	160	24.5/175	54.1/191	60.5/175	88.8/176	7.1/162	11.1/171	13.1/140	
3	SM0.5 葡＋g 0.02＋s0.2	0.30	21	170	27.3/195	46.2/163	50.9/147	80.4/160	7.2/164	10.5/162	10.5/112	
	1.0＋g0.02＋s0.2	0.29	24	175	29.9/214	53.3/188	58.8/169	86.9/172	7.8/179	11.6/178	12.0/128	
	1.5＋g0.02＋s0.2	0.28	26	160	26.4/189	53.4/188	60.4/174	87.8/174	7.2/164	11.5/177	13.8/146	
	2.0＋g0.02＋s0.2	0.27	29	163	23.7/169	54.3/192	61.1/176	90.9/180	7.0/160	11.9/183	13.6/145	

图 13-8 是根据表 13-2 中的一组数据，即 SM 掺量 1.0%（曲线 1）、再掺缓凝剂 0.02%（曲线 2，二元复合）、最后再与硫酸钠 0.2%复合（曲线 3，三元复合）的砂浆强度增长曲线（曲线 0 是空白砂浆强度增长曲线）。由此看出，复合高效减水剂的早强和增强作用显著高于单独掺高效减水剂，而极少量的硫酸钠（0.2%、三元复合）使 28d 强度增长率从二元复合的 165%增加到 172%。

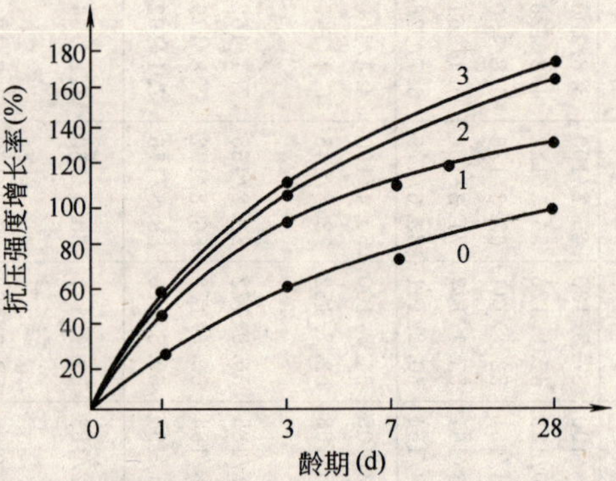

图 13-8 掺复合高效减水剂砂浆的强度增长曲线

总之，通过不同减水机理的外加剂的多元复合可进一步提高高效减水剂的减水效果，同时不能忽视极少量无机电解质的特殊作用。

第四节 水泥石孔结构的调整

水泥基复合材料是多相聚集体，其中就存在孔缝。水泥混凝土中的孔隙状况科学的描述应当用孔结构，即包括孔隙率、孔分布（或孔级配）、孔形貌与排列（孔几何学）为主要内容。

由于孔结构影响水泥基复合材料的强度、抗渗性、抗冻性、耐久性等，所以人们十分重视水泥混凝土的孔结构的研究。通过改变混凝土的组成材料及其配合比调整混凝土的孔结构，尽量避免孔的负作用，充分发挥孔的正效应，从而改善混凝土的性能。其中最有效的方法是通过外加剂调整混凝土孔结构。掺少量的引气剂（0.002%～0.006%）使混凝土中含气量达到4%～6%，大量产生0.1～300μm的气泡，而气泡间隔系数在200μm以下，因此引气混凝土具有很好的抗冻性和耐久性。此外，掺引气减水剂也具有同样好的效果。掺高效减水剂的高强混凝土（$W/C \leqslant 0.32$）和掺高效引气减水剂的混凝土，虽然气泡间隔系数大于250μm，但也具有好的抗冻性。这些是通过引气型外加剂调整引气量、气泡间隔系数而提高混凝土的抗冻性。下面重点论述通过外加剂调整孔结构而提高混凝土强度和密实性。

对混凝土强度而言，将混凝土中的孔级分为四类，如图13-9和表13-3所示。

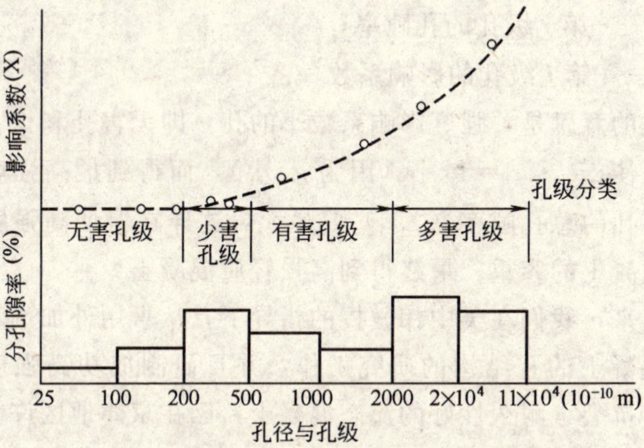

图13-9　孔分级、分孔隙率与影响系数的关系

由此，吴中伟教授提出，可以通过改变孔级配，增加无害孔和少害孔，减少有害孔和多害孔，以改善混凝土的性能。这样对混凝土的耐久性、抗渗、抗冻以及变形性能等尤为重要。所以，通过孔的级配就可能进行材料性能的设计。

表 13-3 孔级、平均孔半径与强度的关系

孔级分类	孔径范围（nm）	平均孔半径（nm）	抗压强度（MPa）
无害孔	2.5～20.0	10.0	>140
少害孔	20.0～50.0	25.0	40 左右
有害孔	50.0～200.0	100.0	<10 左右
多害孔	200.0～1.1×10^4	500.0～1000.0	<5 左右

同时，吴中伟教授还提出了高强轻质混凝土的数学模型：

$$\begin{cases}\sum e_i \cdot x_i = \text{最小（强度最高）} \\ \sum e_i = \text{最大（容重低）}\end{cases}$$

式中 e_i——第 i 级孔的孔隙率；

x_i——第 i 级孔的影响系数。

此式的意思是，强度影响系数小的孔，即无害孔和少害孔的含量要多，使$\sum e_i \cdot x_i$＝最小（因为 x_i 小），而得到最高强度；无害孔和少害孔的总孔隙率（$\sum e_i$）要最大，这样在保证高强度的前提下减小混凝土的容重。最终得到高强轻质混凝土。

多年来，我们在吴中伟教授的指导下，从事用外加剂和细掺合料调整混凝土的孔结构的研究工作，并且研制成功高强度、自密实、防渗抗裂、耐久性好的流态混凝土，已在京津地区许多重大工程中应用。

现将我们用高效减水和超塑化剂调整水泥泥石的孔径分布的试验结果列入表 13-4 中。从此表中数据说明：

（1）掺高效减水剂使水泥石孔隙率低，大孔显著减少，小孔明显增多。最可几孔 25.0～50.0nm，占 85.8%，属少害孔级（见表 13-4）。

表 13-4　28d 水化试样的孔径分布

外加剂及掺量（%）	水灰比	<25.0nm	25.0～50.0nm	50.0～100.0nm	0.1～1μm	>1μm	孔隙率（%）
空白浆体	0.35	27.4	26.5	25.8	15.9	5.3	19.34
UNF-5 1.0%	0.29	14.1	85.8	0.1	0	0	15.4
CSP 1.0%	0.29	54.5	42.5	2.4	0.5	0	15.6

(2) 掺我们研制的复合超塑化剂（三元复合），水泥石孔隙率与 UNF-5 相当（15.6%和 15.4%），最可几孔小于 25.0nm (54.5%)，在无害孔级范围。由此，复合超塑化剂在改善孔分布方面更优于单独掺高效减水剂（UNF-5）。同时也说明，只要掌握了外加剂的复合原理和规律，可以能动地调整孔分布，使其更合理化。

在相同条件和掺量（1.0%）时，掺 UNF-5 和 CSP 的水泥砂浆强度试验结果，如表 13-5 所示。由此看出，掺 1.0%外加剂，3、7 和 28d 砂浆抗压强度分别为 66、70、81 和 65、73、85MPa。CSP 的 7d 和 28d 强度明显高于 UNF-5，因为 CSP 的水泥中无害孔 (54.5%) 比 UNF-5 的（14.1%）高得多。二者的孔隙率相同 (15.4%和 15.6%)，但 28d 强度有差别（81 和 85MPa），这证明吴中伟教授提出的数学模型的正确性。

除了用高效减水剂、复合超塑化剂调整水泥石的孔结构之外，还可以将高效减水剂与膨胀剂和（或）粉煤灰一起掺加调整水泥石孔结构，其试验结果如表 13-6 所示。

从表 13-6 可以看出，在保持相同的流动度（224±5mm）条件下，膨胀剂（UEA）的掺入使总孔隙率减小，孔结构得到改善，最可几孔径减小（试样 2 和 3）；有趣的是掺加粉煤灰使总孔隙率

表 13-5 水泥砂浆（1∶2.5）强度对比试验

外加剂及掺量（%）	水灰比	减水率（%）	抗压强度（MPa）		
			3d	7d	28d
0	0.48	0	40/100	51/100	62/100
UNF-5，0.5	0.41	15	50/125	57/112	72/118
UNF-5，1.0	0.375	22	66/165	70/137	81/130
CSP 0.5	0.41	15	51/127	62/122	74/119
CSP 1.0	0.375	22	65/162	73/143	85/137

增加（与单掺 UNF-2 的试样 1 相比），但使最可几孔径减小，孔结构得到改善。当掺 20%FA 时，总孔隙率从 0.076（试样 1）增加到 0.1082cm^3/g，而最可几孔径从 125Å 降到 75Å；当 FA 掺 40%时，总孔隙率增加为 0.1402cm^3/g，最可几孔径增加到 100Å，但仍低于试样 1 的 125Å。

试样 6 与 2 相比可看作为 C+UEA 浆体中掺入 FA 的情况，试样 6 与 4 相比可看作为 C+FA 浆体中掺入 UEA 的情况。比较可看出，在 C+UEA 浆体中掺入 FA，总孔隙率增加、最可几孔径减小；在 C+FA 浆体中掺 UEA，总孔隙率减小、最可几孔径也减小。

表 13-6 中 6 组试样中，试样 1 是单掺 UNF-2，试样 2～5 是 UNF-2 与 UEA 或 FA 二元复合，试样 6 是 UNF-2、FA 和 UEA 三元复合。可见改善水泥石孔结构的效果：三元复合＞二元复合＞单掺高效减水剂。

综上所述，通过外加剂、特别是多元复合外加剂可以在较大范围调整水泥混凝土的孔结构，以满足高强、密实、抗渗、抗冻、耐久的要求。

表 13-6 *FA* 和 *UEA* 对水泥石孔径分布的影响

编号	水泥	*UEA* 膨胀剂	粉煤灰	*UNF*−2	水固比 $\frac{W}{C+FA+UEA}$	流动度 (mm)	强度 R_7 (MPa)	孔径分布 10^{-10} (%)							总孔隙率 (cm^3/g)	峰值 (Å)
								>75000	75000～10^4	10^4～10^3	10^3～500	500～250	250～100	100～37		
1	100	—	—	1	0.25	219	40.5	17.4	16.0	21.4	3.9	10.8	26.2	3.9	0.0760	125
2	100	10	0	1	0.25	220	45.4	17.2	12.2	12.8	4.9	11.1	31.4	10.3	0.0669	94
3	100	20	0	1	0.25	217	37.8	8.6	10.2	19.7	6.9	16.5	28.6	9.5	0.650	83.3
4	100	0	20	1	0.30	229	37.1	4.7	8.2	10.2	6.7	25.8	29.6	15.0	0.1082	75
5	100	0	40	1	0.35	224	30.0	2.9	3.9	13.9	22.1	26.8	21.7	8.7	0.1402	100
6	100	10	20	1	0.30	227	38.7	8.3	8.0	8.6	5.6	20.3	31.0	18.3	0.0682	68.2

注：原材料重量分；试样龄期 7d。

第五节　复合超塑化剂（CSP）配方设计

通常，外加剂的配方是经过一定的试验确定的，然后将此固定配方用于生产，而用户是根据工程要求，从生产厂家的产品说明书中挑选所需的外加剂，或同类外加剂挑选几个厂家的产品。经试验确定最终要使用的产品。这种传统方法（“选择法”）试验周期长，工作量大，效率低。

CSP（Combination Supsirpcasticizers）配方设计，不用于传统的“选择法”，它是根据工程要求的混凝土配比和施工工艺条件，确定若干参数，通过严格计算得到 CSP 配方，然后，经试验验证，并组织生产；CSP 配方设计前提满足混凝土的工作性、强度和耐久性要求。因此配方精确，适应性好，试验量少。CSP 配方设计参数为减水率、等效减水系数、等效缓凝系数和凝结时间差。

一、CSP 的减水率（η）

CSP 的减水率主要取决于混凝土的用水量和初始坍落度值，即：

$$\eta=\frac{W_0-W}{W_0}+\Delta\eta(\times 100\%) \qquad (13\text{-}5)$$

式中　W_0——坍落度为 7～9cra 的基准混凝土的用水量（kg/m^3），与石子最大粒径有关（见表 13-7）；

W——HPC 或 FLC 的用水量（kg/m^3）；

$\Delta\eta$——减水率增量，取决于 HPC 或 FLC 的初始坍落度（见表 13-8）。

表 13-7　W_0 取值

碎石最大粒径（mm）	16	20	25	31.5
W_0（kg/m^3）	230	215	210	205

注：坍落度 7～9cm，中砂。

表 13-8　$\Delta\eta$ 取值

初始坍落度（mm）	15～18	20～22	>22
$\Delta\eta$	0.04	0.06	0.08

由式（13-5）可以表明，混凝土的配合比和初始坍落度一定，则 CSP 的减水率或掺量就确定。掺量大时，可能产生泌水，掺量小时初始坍落度减小。

二、等效减水系数（M_t）

1. 等效减水系数

众多的减水剂如何评价它们的减水作用，通常采用减水率这一指标。对于一种减水剂，很容易经试验确定减水率与其掺量的关系，但对复合超塑化剂或不同减水剂仅用减水率表示它们的减水作用是不够的。因为同一掺量的不同减水剂的减水率差别较大。必须采用一标准样（日本产 MT-100 或 MT-150）测得减水率与掺量的关系，然后将其他减水剂的减水作用与标准样品进行比较，求出相对的减水效果。为此，我们提出“等效减水系数”的概念。所谓等效减水系数是指 CSP 在一定条件下的减水率或流动度相当于 MT-100 萘系高效减水剂（日本花王产品）相应掺量的效果，并且将 MT-100 掺量为 1.0 %时，定为“M_t-1.0”。

图 13-10 表示 MT-100 的减水率、流动度与其掺量和等效减水系数（M_t）的关系。图中的直线表示（MT-100 减水率与 M_t）的关系，即：

$$M_t = 4.17\mu$$

$$M_t = 100 \times \mu$$

式中　μ——减水率（%）；

　　μ——MT-100 高效减水剂掺量（%）；

　　M_t——等效减水系数。

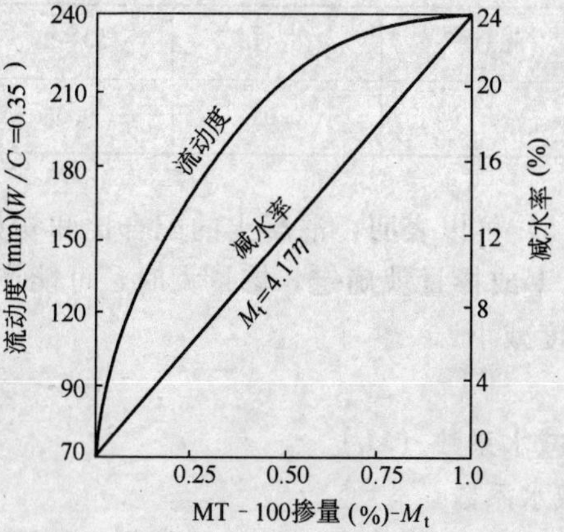

图 13-10 MT-100 的减水率、流动度与掺量和 M_t 的关系

图中的曲线表示水泥净浆流动度（冀东 PS42.5R（525R)、大同 PO42.5（525#）和红水河 PO42.5（525#）三种水泥，W/C=0.35 时的平均流动度）与 MT-100 的 M_t（或掺量）的关系。

2. CSP 的掺量

试验证明，我国的萘系高效减水剂（如 UNF-5）掺 1.0%时，其减水作用相当于 MT-100 掺 0.75%的效果。CSP（浓度 40%）掺量小于等于 1.5%时，减水作用相同其掺量相当于 UNF 掺量的 60%；CSP 掺量大于 1.5%时为 66%。综上所述，CSP 的掺量与 M_t 及减水率的关系为：

$$\mu \leqslant 1.5\%\text{时}：\mu = \frac{0.60}{0.75 \times 0.40} M_t = 2.0 \times 4.17\eta = 8.34\eta\ (\%) \tag{13-6}$$

$$\mu > 1.5\%\text{时}：\mu = \frac{0.66}{0.75 \times 0.40} M_t = 2.2 \times 4.17\eta = 9.17\eta\ (\%) \tag{13-7}$$

由式（13-6）和式（13-7）可以看出，如果没有等效减水系数，CSP的掺量（μ）与减水率（η）之间的关系不能计算出来，必须通过大量试验才能得到。

三、等效缓凝系数（N_t）

1. 等效缓凝系数

等效缓凝系数（N_t）是以掺0.10%的蔗糖的相对初凝时间为1.0时，其他缓凝剂的相对初凝时间与其之比值：

$$T=\frac{t_1-t_0}{t_0} \tag{13-8}$$

$$N_t=T/T_0 \tag{13-9}$$

式中 t_0——不掺外加剂时水泥的初凝时间（h）；

t_1——掺一定量缓凝剂时水泥的初凝时间（h）；

T——相对初凝时间；

T_0——掺0.10%蔗糖时的相对初凝时间；

N_t——等效缓凝系数。

现将常用的缓凝剂和缓凝减水剂的掺量与N_t值的关系列入表13-9和表13-10中。

表13-9 各种缓凝剂的掺量与N_t的关系

掺量（%）	0.01	0.02	0.03	0.04	0.05	0.06	0.07	0.08	0.09	0.10
TA	0.07	0.13	0.21	0.30	0.38	0.47	0.60	0.71	0.85	1.00
STPP	0.10	0.21	0.32	0.40	0.48	0.54	0.58	0.62	0.66	0.68
LM	0.01	0.02	0.04	0.07	0.12	0.18	0.25	0.33	0.42	0.52
PN	0.13	0.21	0.30	0.38	0.44	0.48	0.52	0.55	0.58	0.61

注：TA—糖，STPP—三聚磷酸钠，LM—柠檬酸，PN—葡萄糖酸钠。

表 13-10 CLS、TM 的掺量与 N_t 的关系

掺量（%）	0.10	0.15	0.20	0.25	0.30	0.35
CLS	—	—	0.18	0.25	0.35	0.44
TM	0.20	0.40	0.73	—	—	—

注：CLS—木质素磺酸钙，TM—糖蜜。

2. N_t 的变化规律

N_t 值取决于 HPC 或 FLC 的胶凝材料组成和环境温度（见表 13-11），CSP 的 N_t 值为所有缓凝组分的 N_t 的总和，即 $N_t=\sum(N_t)_i$。

表 13-11 中的 N_t 值是通过大量混凝土试配数据统计得到的，它表示在一定条件下控制 FLC 和 HPC 坍落度损失（1h＞18cm）所要求的相对缓凝系数（N_t），即 CSP 中缓凝组分的剂量。

表 13-11 胶凝材料的组成、温度对 N_t 值的影响

水泥品种	10℃				20℃				分区
	C	*C+FA*	*C+UEA*	*C+FA+UEA*	*C*	*C+FA*	*C+UEA*	*C+FA+UEA*	
A	0.38	0.25	0.42	0.27	0.61	0.40	0.67	0.43	Ⅰ
B	0.46	0.30	0.50	0.33	0.73	0.48	0.79	0.53	Ⅱ
C	0.57	0.38	0.65	0.42	0.91	0.61	1.04	0.67	Ⅲ
D	0.63	0.46	0.69	0.45	1.01	0.66	1.10	0.72	Ⅳ

N_t 的变化规律：

水泥（C）：$N_t=N_t^0$

C+FA：$N_t=0.65N_t^0$

C+UEA：$N_t=1.10N_t^0$

C+FA+UEA：$N_t=0.65\times1.10N_t^0=0.715N_t^0$

3. 温度对 N_t 值的影响

表 13-12 和图 13-11 中列举了掺 0.05％STPP 时，N_t 值与温度的关系，由此可以看出它们之间几近是线性关系。

表 13-12　掺 STPP（0.05%）的 N_t 与温度的关系

T（℃）	15	25	35
N_t	0.69	0.48	0.18

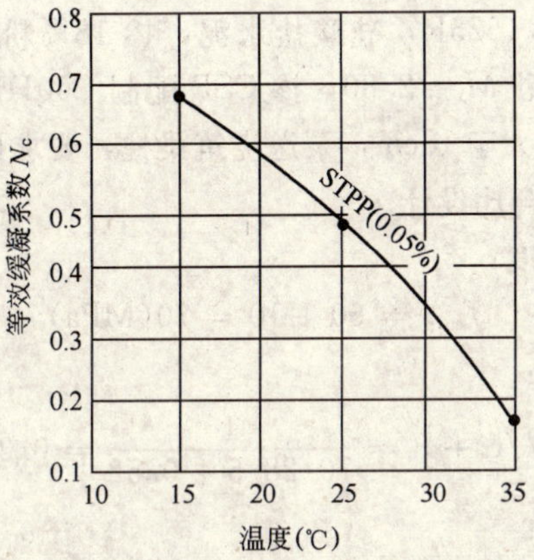

图 13-11　缓凝剂的 N_t 与温度的关系

因此可得到：

$$N_{t2} = (1+0.06\Delta T)\ N_{t1}$$

$$\Delta T = T_2 - T_1$$

式中　N_{t1}——温度 T_1 时的等效缓凝系数；

N_{t2}——温度 T_2 时的等效缓凝系数。

四、凝结时间差（Δt）

各种缓凝剂不但缓凝作用不同，而且对水化速度也不相同。因此除了设置等效缓凝系数之外，还需设置第二个参数，即凝结时间差：

$$\Delta t = t_2 - t_1 \qquad (13\text{-}10)$$

式中　t_1——掺一定量缓凝剂时混凝土的初凝时间（h）；

t_2——相同条件下的终凝时间（h）；

Δt——凝结时间差（h）。

在掺量相同时的Δt：STPP<LM<TA。

根据这四个参数：n、M_t、N_t、Δt，可以确定用于 FLC，HPC 的 CSP 的组成及掺量，实现 CSP 配方设计。

五、CSP 配方设计步骤（实例）

A 种 42.5R（525R）硅酸盐水泥，掺 18%粉煤灰，碎石最大粒径 25mm，中砂 $M_x=2.80$，掺 CSP 配制 C60HPC。初始坍落度 22cm，90min 后大于 18cm，泵送浇筑梁柱，要求提前脱模，早强。

1. HPC 配合比设计

（1）配制强度：

$$f_{cu,p}=60+10=70(\text{MPa})$$

（2）水胶比：

$$W/C+F=\frac{1}{70/28.5+0.52}=0.34$$

（3）用水量：

$$W=\frac{350-15}{1+0.335/0.34}=169(\text{kg/m}^3)$$

（4）胶凝材料用量：

$$C+FA=169/0.34=497(\text{kg/m}^3)$$

$$FA=497\times0.18=89(\text{kg/m}^3)$$

$$C=497-89=408(\text{kg/m}^3)$$

（5）砂率及集料用量：

$$SP=\frac{W+90}{650}\times100\%=\frac{169+90}{650}\times100\%=40\%(\text{实际用 }38\%)$$

$$S=(2440-497-89)\times0.38=674(\text{kg/m}^3)$$

$$G=1774-674=1100(\text{kg/m}^3)$$

2. CSP 配方计算

（1）CSP 的减水率：

$$\eta=\left(\frac{W_0-W}{W_0}+\Delta\eta\right)\times100\%$$

$$=\left(\frac{210-169}{210}+0.06\right)\times 100\% = 25.5\%$$

(2) CSP 掺量：

$\mu = 9.17$　$\eta = 9.17 \times 25.5\% = 2.34\%$(按 2.35% 计算配方)

(3) CSP 的 N_t 值：查表 13-11，20℃时，A 种水泥掺 FA 时 $N_t=0.40$。那么，气温为 25℃时，$N_t=(1+0.06\times5)\times0.40=0.52$。

(4) Δt：由于要求提前脱模、早强，因而选择 Δt 小的 STPP 缓凝剂控制坍落度损失。

(5) CSP 的配方：

NF＋STPP＝2.35%×0.40＝0.94%

查表 13-9，STPP 的 $N_t=0.52$ 时其掺量为水泥重量的 0.055%，那么 NF 的掺量为 0.94%－0.055%＝0.885%。

CSP 配方：NF：0.885%；
STPP：0.055%；
W：1.410%；
Σ：2.350%；
掺量：2.35%。

3. 计算结果与试配

表 13-13 中列举了 C60HPC 的混凝土试配结果，说明全计算法配合比设计和 CSP 配方设计相结合，能精确计算混凝土配合比及其复合超塑化剂配方。CSP 配方设计可用于缓凝减水剂、缓凝高效减水剂、超缓凝高效减水剂、高效泵送剂、高效引气减水剂等的配方计算，并且可用于外加剂系列产品的配方设计。CSP 配方设计的研究、开发和应用已经近 10 年，取得了良好的技术经济效益。

表 13-13　C60HPC 试配结果

强度等级	C	FA	W	S	G	$W/C+F$	SP（%）	CSP-7（%）	坍落度（mm）		
									0	60min	90min
C60	408	89	169	674	1100	0.34	38	2.35	225	200	200

参考文献

1. 陈建奎. CA复合早强剂性能综合报告. 技术鉴定报告，1985

2. 陈建奎. 高效减水剂磺化三聚氰胺甲醛树脂对水泥混凝土物理力学性质的影响. 技术鉴定报告，1979

3. 孙翰志. 混凝土高效复合防冻剂研究. 武汉工业大学北京研究生部硕士学位论文，1994

4. 陈建奎，李崇志. 超塑化剂CSP对水泥水化及水泥微观结构的影响. 武汉工业大学学报，1995 (2)

5. 王栋民，陈建奎. 粉煤灰和膨胀剂复合掺加对自流平材料水化硬化与亚微观结构的影响. 武汉工业大学学报，1991 (6)：8～10

6. 吴中伟. 水泥基复合材料科学导论. 武汉工业大学北京研究生部讲义，1984：37～118

7. 陈建奎. 复合超塑化剂 (CSP) 配方设计. 武汉工业大学北京研究生部，2000

第十四章　混凝土防冻剂以及冬季施工

目前，随着土建工程的发展，在我国北方地区冬季混凝土施工较为普遍。根据气象资料室外日平均气温连续5d稳定低于5℃时，进行混凝土及钢筋混凝土工程的施工，称为冬季施工。

冬季浇筑混凝土，在受冻前，混凝土应有足够的抗压强度，防止因受冻而使混凝土破坏。对于硅酸盐水泥或普通硅酸盐水泥配制的混凝土，受冻前应达到设计强度的30%；矿渣硅酸盐水泥配制的混凝土应为设计强度的40%，但是C10和C10以下的混凝土不得低于5.0MPa。

为了使混凝土和钢筋混凝土在环境温度为低温或负温下达到以上规定的强度，在冬季施工中常采用两种方法：其一是采用保温和加温措施使混凝土在正温硬化直到所需要的强度；其二是将防冻剂水溶液掺入混凝土混合物中，保证混凝土在较低的正温和负温下硬化。如果将这两种方法结合，相互补充，能使冬季施工的温度范围扩大。

第一节　混凝土冬季施工

冬季施工的混凝土与普通混凝土相比具有不同的特性。因此，在原材料、混凝土配比、搅拌、运输、浇筑以及养护等方面都有一定的要求。现将冬季混凝土施工的主要措施列入表14-1中。

表14-1　混凝土冬季施工的主要措施

水泥	选用水化热大的水泥，原则上用硅酸盐水泥；用早强、快硬水泥更有利
集料	保温、加盖以防冰雪混入集料；受冻的集料需加热
水	热水（温度在60℃以下）；用井水有利

续表 14-1

外加剂	防冻剂、早强剂、引气剂；氯化钙按规定使用
配　比	减小单位用水量：用早强减水剂；增加水泥用量利用水化热防冻
搅拌温度	〔土建〕10～20℃，〔大坝〕5℃以上
运　输	用提高拌合温度的方法防止运输过程中混合物冷却
浇　筑	注意保温、防止风吹
养　护	选择适当的保温和养护方法 加热方法：空间加热：效率低；表面加热：效率：50%～90%；内部加热：效率；100%
气候条件	参考气象预报选尽可能暖和的日子施工

一、冬季施工混凝土混合物的温度

在冬季施工中，为了保证混凝土在正温（5℃）下硬化和强度增加，混合物要有较高的温度，虽然水泥的水化热能抵消一部分热量损失，但是在搅拌、运输和浇筑过程中有较大的热量损失。成型后可以用蓄热法保温或者加温养护，以达到所要求的强度。

表 14-2 中列举了不同气温下，拌合物所需要的温度。浇筑之后，养护 3d，混凝土内的温高：薄的结构物应为 10～13℃，厚的结构物为 7℃。

表 14-2　冬季施工中混凝土拌合物的温度（℃）

气温	薄的结构物	厚的结构物
－1 以上	13～16	10
－1～－18	16～19	13
－18 以下	19～21	16

为了使拌合物达到所要求的温度，拌合水和集料需要加热。表 14-3 中列举了拌合水和集料的最高温度。当集料不加热时，水可

加热到100℃，但水泥不应与80℃以上的水直接接触。应改变投料顺序，先投入集料和已加热的水，然后再投入水泥。水泥不得直接加热，使用前应放在暖棚内存放。

表14-3　拌合水和集料最高温度

水　　泥	拌合水（℃）	集料（℃）
强度等级小于42.5（525#）的普通硅酸盐水泥、矿渣硅酸盐水泥	80	60
强度等级等于和大于42.5(525#)的硅酸盐水泥、普通硅酸盐水泥	60	40

根据以上要求，为了准确地控制拌合物的温度和保证冬季施工的混凝土质量，有必要对冬季施工的混凝土进行热工计算。

1. 混凝土拌合物的最终温度公式

$$T=[0.22(Ct_c+St_s+Gt_g)+t_w(W-P_sS-P_gG)+b(P_sSt_s+P_gGt_g)-B(P_sS+P_gG)]/W+0.22(C+S+G) \quad (14\text{-}1)$$

式中　T——拌合时混凝土拌合物的温度（℃）；

W、C、S、G——水、水泥、砂、石的用量（kg）；

t_w、t_c、t_s、t_g——水、水泥、砂、石的温度（℃）；

P_s、P_g——砂、石的含水率（%）；

b、B——比热和溶解热。

当集料温度>0℃时，水的$b=1$，$B=0$

当集料温度≤0℃时，水的$b=0.5$，$B=80$

2. 混凝土运输至成型的温度损失公式

$$T_s=(\alpha t+0.032n)(T_0-T_a) \quad (14\text{-}2)$$

式中　T_s——混凝土运输至成型的温度损失（℃）；

t——混凝土运输至成型的时间（h）；

n——混凝土倒运次数；

T_0——混凝土自搅拌机中倾出时的温度（℃）；

T_a——室外气温（℃）；

α——温度损失系数（h^{-1}），

当用滚动式搅拌车时。$\alpha=0.25$；

当用开敞式自卸汽车时 $\alpha=0.20$；

当用封闭式自卸汽车时 $\alpha=0.10$；

当用人力手推车时 $\alpha=0.50$。

T_0 值也可由下式取得：

$$T_0 = T - 0.16(T - T_a) \tag{14-3}$$

式中 T——原材料加热的混凝土拌合物最终温度；

T_a——搅拌棚温度。

二、混凝土拌合物水灰比的控制

在日本，在冬季施工中采用混凝土成熟度方法已有 26 年，该方法基于混凝土强度与混凝土硬化时间（d）和温度（℃）乘积的关系。水灰比 X 与水泥活性 K、混凝土抗压强度 F、混凝土成熟度 M 的关系式为：

$$X = \alpha \cdot 61/(F/K + 0.34) \tag{14-4}$$

式中 α——系数，对于普通硅酸盐水泥为：

$$\alpha = \frac{\log(M-100)+0.13}{3} \tag{14-5}$$

M——混凝土成熟度，$M=\sum_{Z=1}^{28}(Q_z+10)-C$；　(14-6)

C——根据气象资料统计的日平均气温，$C=10Q_z$。

对于成熟度 M，混凝土强度 F_c 与标准养护 28d 强度 F_o 的关系为：

$$F_c = \frac{F_o}{1+\exp(-k\log M + m)} \tag{14-7}$$

式中 k、m——常数。

为了得到一定坍落度的混凝土，在冬季施工时需减少单位用水量。一般混凝土温差为10℃时，单位水量的变化为3%～5%。图14-1中表示温度与单位用水量的关系。

根据日本建筑学会《混凝土用表面活性剂应用指南草案》的规定，冬季施工混凝土必须采用引气剂或引气减水剂，但不能使用缓凝型引气减水剂。在使用引气剂时，要减少引气剂的用量，或者选用引气小的减水剂。

图14-2中列举了混凝土的温度与含气量的关系（在引气剂量一定时）。由此看出，在引气剂量一定时温度低，混凝土含气量增加。因而要保持一定的含气量（3%～5%），在低温时要减少引气剂的掺量。

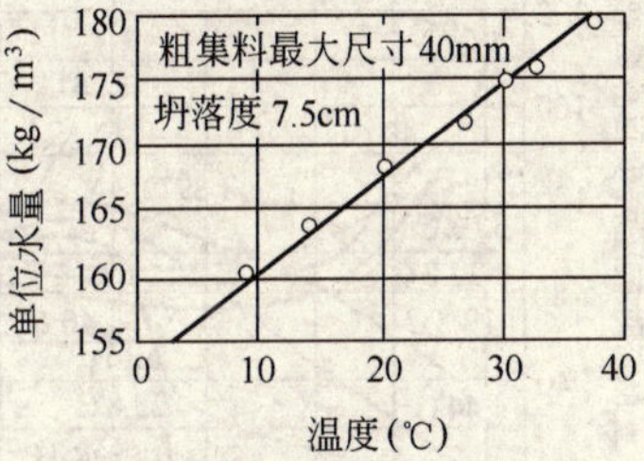

图14-1　温度与单位用水量的关系

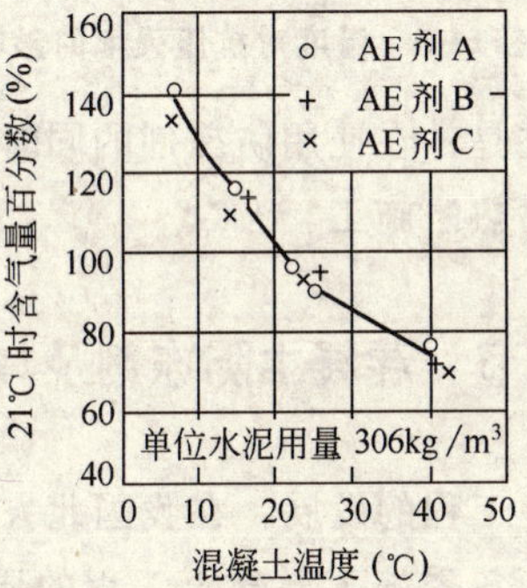

图14-2　混凝土的温度和含气量的关系

（把加气剂量控制为一定值的时候）

图 14-3 中列举了不同温度时混凝土不同龄期的强度增长率(相对 22.8℃时的百分数)。由此看出，较低温度（12.8～3.89℃）早期强度增长缓慢，但是在低温下充分养护，后期强度增长较快，可以超过标准养护的强度。另据资料介绍，在－10℃时普通混凝土强度增长非常小甚至为零。因此，在冬季施工时，按照以上的规定，要保证混凝土在正温硬化特别是早期要防止混凝土受冻。

在使用防冻剂时，可以进行“冷混凝土”施工，虽然能达到防止混凝土受冻的效果，但强度增长缓慢，达到新要求的强度的时间长。

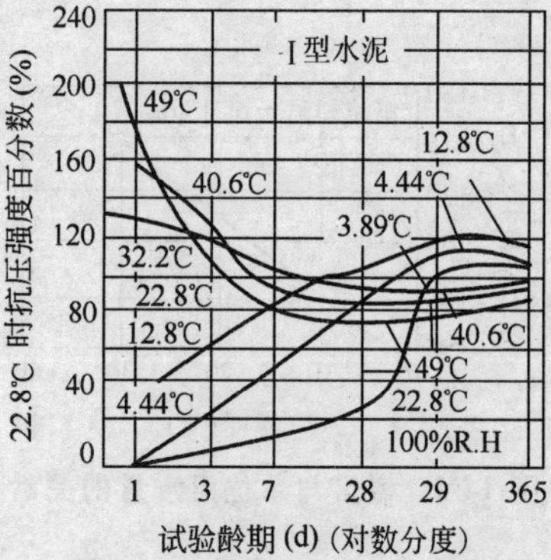

图 14-3 温度对抗压强度的影响

较为理想的方法是：在使用防冻剂的同时采用加温搅拌，正温硬化，即所谓综合蓄热法施工。

第二节 混凝土防冻剂及其掺量

目前，随着土建工程的发展，在我国北方地区冬季混凝土施工较为普遍。为了保证冬季施工混凝土工程的质量，加快工程进度，必须使用防冻剂。

防冻剂是能降低水的冰点，并能在负温下促进混凝土和建筑砂浆的强度增长的物质。作为防冻剂绝大部分采用氯盐、亚硝酸盐、硝酸盐、碳酸钾、尿素、氨水以及它们的复合物。

一、防冻剂的种类

在混凝土和钢筋混凝土冬季施工中，常采用两种方法。其一是采用保温和加温措施使混凝土在正温硬化直到所需要的强度；其二是将防冻剂水溶液掺入混凝土混合物中，保证混凝土在较低的正温和负温下硬化。这两种方法能相互补充，使冬季施工的温度范围扩大。

防冻剂的基本特点是降低冰点和促进水化。现将一些主要防冻剂的水溶液的冰点和性能列入表 14-4 中。

表 14-4　防冻剂水溶液的冰点

防冻剂种类	低共溶物浓度		冰点（℃）	结晶水的形态	转变成冰的水量	
	$g/100cm^3$	g/100g			$g/100cm^3$	g/100g
亚硝酸钠	59.1	28.1	−19.5	$2N_aNO_2 \cdot H_2O$	94.9	68.2
碳酸钾	68.9	40.8	−36.5	$K_2CO_3 \cdot 6H_2O$	46.0	27.2
氨水	49.7	33.23	−100	NH_4OH	63.0	31.8
硝酸钙	77.0	43.4	−29	$Ca(NO_3)_2 \cdot 4H_2O$	66.0	37.6
尿素	32.3	31.7	−8.5	—	—	—
HKM	58.7	50.7	−26.0	—	—	—
氯化钙	43.9	30.4	−49.8	$CaCl_2 \cdot 6H_2O$	64.0	44.5
氯化钠	30.4	23.2	−21.2	$NaCl \cdot 2H_2O$	81.3	62.5

注：HKM—尿素和硝酸钙共溶混合物（3∶1）。

研究水泥在低温时水化过程发现，低温使水泥水化过程、水化放热和水泥强度增长减慢，特别在负温时显著减慢。在−10℃时普通混凝土强度增长非常慢，甚至为零。因此防冻剂的重要作用是促进低温和负温水泥水化过程，保证混凝土强度的增长。现将主要的防冻剂的性能介绍如下：

氯化钠和氯化钙。在冬季施工中采用高浓度的氯化钠和氯化钙可以使混凝土在负温下硬化。它们复合使用时得到更好的效果。根据环境温度和混凝土硬化温度 $CaCl_2$ 和 NaCl 的掺量可达到硬化用水重量的 15%。但是使用氯盐有两个缺点：大量掺用氯盐会产生钢筋锈蚀和使混凝土产生大的膨胀。我国 1958 年在一些重大混凝土工程的冬季施工中，由于不合理地大量使用氯盐造成后来的工程事故就是由于这两种原因引起的。目前也有一些地方生产的防冻剂就含有大量的氯盐，这是值得注意的。由于氯盐存在上述缺点，需要研制新型的防冻剂。

钾碱（K_2CO_3）作为防冻剂掺量在水泥重量的 15%以下，可使混凝土在－25℃硬化，但使用钾碱会引起碱集料反应。还需用木质素磺酸盐或其他缓凝剂调节凝结时间。

亚硝酸钠掺量在 5%～10%时，能使混凝土在－5～－15℃硬化。它也是阻锈剂，不过使用时要注意毒性。

硝酸钙具有好的防冻效果，并能改善混凝土的孔结构，提高混凝土的密实性。它无毒性，是推荐的防冻剂组分。

$Ca(NO_2)_2-Ca(NO_3)_2-CaCl_2$ 复合防冻剂在－25℃时可使混凝土硬化，其掺量范围在 7%～25%。如果结合保温措施，可达到－50℃。亚硝酸钙和硝酸钙混合物的存在降低了氯化钙对钢筋的锈蚀作用。另外研究证明氨水是氯化钙最有效的阻锈剂。

硝酸钙与尿素以克分子比 4∶1 混合时，尽管不大降低水的冰点，但在低温时能使混凝土硬化。

通常复合防冻剂的效果比单一组分的防冻剂好。现将复合防冻剂列举如下：

硝酸钙与尿素（HKM）

亚硝酸钙-硝酸钙（HHK）

亚硝酸钙-硝酸钙与尿素（HHKM）

亚硝酸钙-硝酸钙-氯化钙（HHXK）

亚硝酸钙-硝酸钙-氯化钙与尿素（HHXKM）

其中 HKM 在－20℃（特别在－10℃）时能加速混凝土强度增

长。HKM 能用于－20℃混凝土硬化，而 HHXK 和 HHXKM 可达到－30℃。

二、防冻剂掺量

电解质水溶液中，由于离子的存在使水的冰点降低。根据拉乌尔定律，对稀溶液来说，水的冰点降低与电解质浓度成正比。但对浓溶液，由于离子活度系数的改变使这种线性关系不存在。不过总的趋势是随着电解质浓度的增加冰点降低越多。现将常用的几种防冻剂的水溶液的冰点与浓度的关系列于表 14-5～表 14-10 中。

表 14-5　NaCl 水溶液的特性

溶液密度 20℃（g/cm³）	无水 NaCl 的含量（kg）		密度的温度系数	冰点（℃）
	1L 溶液中	1kg 溶液中		
1.034	0.052	0.05	0.00030	－3.1
1.044	0.073	0.07	0.00033	－4.4
1.071	0.107	0.10	0.00037	－6.7
1.109	0.166	0.15	0.00043	－11.0
1.148	0.230	0.20	0.00049	－16.5
1.172	0.270	0.23	0.00052	－21.1
1.189	0.297	0.25	0.00054	—
1.228	0.359	0.30	0.00060	—
1.268	0.423	0.35	0.00066	—

表 14-6　$NaNO_2$（HH）水溶液的特性

溶液密度 20℃（g/cm³）	无水 $NaNO_2$ 的含量（kg）		密度的温度系数	冰点（℃）
	1L 溶液中	1kg 溶液中		
1.031	0.051	0.05	0.00028	－2.3
1.052	0.084	0.08	0.00033	－3.9
1.065	0.106	0.10	0.00036	－4.7
1.099	0.164	0.15	0.00043	－7.5
1.137	0.227	0.20	0.00051	－10.8
1.176	0.293	0.25	0.00060	－15.7
1.198	0.336	0.28	0.00065	－19.6

表 14-7　K_2CO_3（n）水溶液的特性

溶液密度 20℃（g/cm³）	无水 K_2CO_3 的含量（kg）		密度的温度系数	冰点（℃）
	1L 溶液中	1kg 溶液中		
1.035	0.041	0.040	0.00027	−1.3
1.072	0.086	0.080	0.00033	−2.8
1.090	0.109	0.100	0.00035	−3.7
1.129	0.158	0.140	0.00039	−5.7
1.149	0.184	0.160	0.00041	−6.4
1.179	0.224	0.190	0.00043	−8.2
1.200	0.252	0.210	0.00045	−9.6
1.243	0.310	0.250	0.00048	−13.0
1.265	0.341	0.270	0.00049	−15.1
1.271	0.373	0.290	0.00050	−17.4
1.321	0.423	0.320	0.00052	−21.5
1.367	0.492	0.360	0.00053	−28.5
1.414	0.566	0.400	0.00055	−36.5

表 14-8　$Ca(NO_3)_2$ 水溶液的特性

溶液密度 20℃（g/cm³）	无水 $Ca(NO_3)_2$ 的含量（kg）		溶液的温度系数	冰点（℃）
	1L 溶液中	1kg 溶液中		
1.077	0.103	0.10	0.00030	−3.1
1.094	0.131	0.12	0.00032	−3.8
1.117	0.173	0.15	0.00035	−5.0
1.146	0.206	0.18	0.00039	−6.6
1.154	0.233	0.20	0.00040	−7.6
1.183	0.260	0.22	0.00043	−9.0
1.211	0.303	0.25	0.00045	−11.0
1.240	0.347	0.28	0.00048	−13.0
1.259	0.378	0.30	0.00051	−14.5
1.311	0.459	0.35	0.00055	−18.0
1.360	0.536	0.46	0.00060	−21.6

表 14-9 $Ca(NO_2)_2-Ca(NO_3)_2-CaCl_2$ 水溶液的特性

溶液密度 20℃（g/cm³）	无水 HHXK 的含量（kg）		密度的温度系数	冰点（℃）
	1L 溶液中	1kg 溶液中		
1.043	0.054	0.05	0.0026	-2.8
1.070	0.087	0.08	0.00029	-4.9
1.087	0.108	0.10	0.00031	-6.5
1.105	0.133	0.12	0.00033	-8.6
1.131	0.170	0.15	0.00036	-12.5
1.157	0.208	0.18	0.00039	-16.6
1.175	0.235	0.20	0.00041	-20.1
1.192	0.262	0.22	0.00043	-24.5
1.218	0.305	0.25	0.00046	-32.0
1.245	0.349	0.28	0.00049	-40.6
1.263	0.379	0.30	0.00052	-48.0

表 14-10 硝酸钙-尿素（HKM）水溶液的特性

溶液密度 20℃（g/cm³）	无水 HKM 的含量（kg）		冰点（℃）
	1L 溶液中	1kg 溶液中	
1.065	0.137	0.125	-4.0
1.090	0.194	0.175	-5.5
1.120	0.254	0.225	-7.0
1.160	0.344	0.306	-9.6
1.230	0.465	0.378	-14.6
1.260	0.525	0.416	-16.6
1.290	0.857	0.455	-22.2

防冻剂的水溶液，在冰点时冰与其平衡的溶液同时存在，冰点时生成的冰量与防冻剂原始浓度的关系可用下式表示：

$$I=\frac{C_k-C_o}{C_k}\times 100\% \qquad (14\text{-}8)$$

式中 I——生成的冰量，重量%；

C_k——防冻剂的水溶液与冰平衡的最终浓度，重量%；

C_o——防冻剂水溶液的原始浓度，重量%。

另外，防冻剂在混凝土的掺量与水灰比（W/C）和冰生成量的关系可用下式表示：

$$\alpha=C_k(1-I)\frac{W}{C}\cdot d_t \qquad (14\text{-}9)$$

式中 α——防冻剂掺量，水泥重量%；

C_k——与冰平衡的防冻剂溶液的最终浓度，重量%；

d_t——原始水溶液的密度（g/cm^3）。

这个公式能用于计算防冻剂的掺量，它取决于给定温度下的冰的生成量。公式 14-8 和 14-9 中，引用了在冰点时，与冰平衡的溶液最终浓度（C_k），这给计算带来不便。可以用防冻剂的溶液浓度代替，这样得到：

$$\alpha=C_t(1-I)\frac{W}{C}d_t \qquad (14\text{-}10)$$

式中 C_t——温度 t 时防冻剂溶液浓度，重量%。

这个公式中冰量（I）的确定是一个很重要的问题。按照通常的理解，掺防冻剂的“冷”混凝土在浇灌的初期，液相中不应当生成冰。在相反的情况下，若混凝土硬化时有大量冰晶存在会增加混凝土的孔隙率并降低混凝土的强度。但是混凝土的“强度—冰生成”的关系的研究证明，在硬化混凝土液相中生成的冰量对混凝土长期（100d）的强度呈现不同的影响。液相中冰的含量 40%以下时呈现好的影响；而冰的含量增加到 60%时产生负的影响。因此公式（14-10）中，防冻剂水溶液中的冰量（I）以 50%计算合适。即混凝土中在指定负温下防冻剂的掺量为：

$$\alpha=0.50C_t\cdot\frac{W}{C}\cdot d_t \qquad (14\text{-}11)$$

现将冰含量50%时，防冻剂亚硝酸钠和钾碱的掺量与混凝土硬化计算温度和水灰比的关系列入表14-11中。

同样使用公式14-11，根据表14-5～表14-10中的数据和水灰比可以计算其他防冻剂的掺量。

为了避免硬化混凝土液相中的冰量超过50%，混凝土浇灌时混合物的温度应高于混凝土硬化的计算温度，现将掺防冻剂 $NaNO_2$ 和 K_2CO_3 的混凝土硬化温度和浇灌温度列入表14-12中。

表14-11 防冻剂掺量与混凝土硬化温度

水灰比	防冻剂品种	防冻剂掺量水泥重量（%） 混凝土硬化温度（℃）									
		−5	−10	−15	−18	−20	−25	−30	−35	−40	−50
0.40	$NaNO_2$	2.25	4.35	5.75	6.56	—	—	—	—	—	—
	K_2CO_3	3.0	5.35	6.9	—	8.3	9.3	10.3	11.2	—	—
0.45	$NaNO_2$	2.55	4.9	7.46	7.4	—	—	—	—	—	—
	K_2CO_3	3.3	6.05	7.8	—	9.3	10.5	11.6	12.6	—	—
0.50	$NaNO_2$	2.83	5.43	7.19	8.2	—	—	—	—	—	—
	K_2CO_3	3.65	6.7	8.65	—	10.3	11.6	12.9	14.0	—	—
0.55	$NaNO_2$	3.1	5.95	7.9	9.03	—	—	—	—	—	—
	K_2CO_3	4.05	7.4	8.52	—	11.4	12.6	14.2	—	—	—
0.60	$NaNO_2$	3.4	6.5	8.6	9.85	—	—	—	—	—	—
	K_2CO_3	4.4	8.06	10.04	—	12.4	14.0	—	—	—	—
0.65	$NaNO_2$	3.67	7.03	9.35	—	—	—	—	—	—	—
	K_2CO_3	4.8	8.74	11.25	—	13.4	15.1	—	—	—	—

表14-12 掺防冻剂（$NaNO_2$、K_2CO_3）混凝土硬化温度与浇灌温度

防冻剂品种	混凝土硬化的计算温度（℃）							
	−5	−10	−15	−19	−20	−25	−30	−35
$NaNO_2$	−2	−4.5	−6	−7.5	—	—	—	—
K_2CO_3	−2	−4	−5	—	−6	−7	−7.5	−8.5

从表中的数据可以看出，掺防冻剂的混凝土浇灌温度，仍然是在负温下。如果在正温下搅拌合浇灌混凝土，将取得更好的防冻效果（即混凝土硬化温度更低），或减少防冻剂的掺量。若进一步采用热水拌合和保温措施，将会取得理想的效果。

三、掺防冻剂混凝土的强度

掺防冻剂混凝土的建筑力学性质中最重要的指标之一是在指定负温下混凝土的抗压强度。不同品种的防冻剂对负温下混凝土强度的增长呈现不同的影响，同时混凝土的硬化温度也影响混凝土强度的增长，即在正温、恒定负温以及在正负交替的温度条件下。因此，要根据混凝土硬化温度、环境气温的变化和对混凝土强度的要求选用不同品种或不同掺量的防冻剂，并且要同相同配合比的不掺防冻剂的混凝土，在标准养护条件下的强度进行对比试验。现将各种防冻剂的掺量、硬化温度与不同龄期的混凝土强度列入表 14-13 中。

最后应当指出，同使用其他外加剂一样，必须通过试验确定防冻剂的品种和掺量，以达到最合理的技术经济效果。

表 14-13 掺防冻剂水泥混凝土的强度

防冻剂品种	混凝土硬化计算温度（℃）	负温硬化混凝土强度对 R_{28} 的百分比（%）			
		7d	14d	28d	90d
HH	−5	30	50	70	90
	−10	20	35	55	70
	−15	10	25	35	50
XH+XK	−5	35	65	80	106
	−10	25	35	45	70
	−15	15	25	35	50
	−20	10	15	20	40
HKM HK+M HKM+M	−5	30	50	70	90
	−10	20	35	50	70
	−15	15	25	35	60
	−20	10	20	30	50

续表 14-13

防冻剂品种	混凝土硬化计算温度（℃）	负温硬化混凝土强度对 R_{28} 的百分比（%）			
		7d	14d	28d	90d
HHXK	−5	40	60	80	100
HH+XH	−10	25	40	50	80
HHXK+M	−15	20	35	45	70
XK+HHK	−20	15	30	40	60
	−25	10	15	25	40
Л	−5	50	65	75	100
Л+СДБ	−10	30	50	70	90
Л+ТНФ	−15	25	40	65	80
Л+ТБН	−20	25	40	55	70
	−25	20	30	50	60

四、防冻剂的作用机理

对作为防冻剂的化合物的基本要求是能降低水的冰点和在负温时促进水泥水化。通常，防冻剂能改变硬化用水的物理化学性质、水泥粒子的动电性质、原相和新生成相的溶解度以及水化产物的相组成。考虑到防冻剂的剂量较大和混凝土硬化条件特殊，最有可能是在低温和负温下防冻剂加速混凝土硬化，其影响程度主要取决于参与水化和形成新相过程中的外加剂的特性。

现已知在负温条件下当波特兰水泥水化时掺防冻剂，主要按如下方程能生成氧化物的盐和复盐水化物：

$$Ca(OH)_2+K_2CO_3+6H_2O \longrightarrow CaCO_3 \cdot 6H_2O+2KOH$$

$$nCa(OH)_2+CaX_2+mH_2O \longrightarrow nCaO \cdot CaX_2 \cdot (m+n)H_2O$$

$$4CaO \cdot Al_2O_3 \cdot 19H_2O+CaX_2 \longrightarrow 3CaO \cdot Al_2O_3 \cdot CaX_2$$

$$(18-P)H_2O+Ca(OH)_2+PH_2O$$

式中 X——Cl^-，NO_2^- 或 NO_3^- 离子；

n、m、p——化学计算系数。

按照水化产物溶解度减小的顺序为：

$Ca(OH)_2 > CaO \cdot Ca(NO_2)_2 \cdot 3H_2O > CaO \cdot Ca(NO_3)_2 \cdot 3H_2O >> 3CaO \cdot CaCl_2 \cdot 15H_2O >>> CaCO_3 \cdot 6H_2O$ 和 $4CaO \cdot Al_2O_3 \cdot 19H_2O > 3CaO \cdot Al_2O_3 \cdot Ca(NO_2) \cdot 10H_2O > 3CaO \cdot Al_2O_3 \cdot Ca(NO_3)_2 \cdot 10H_2O >> 3CaO \cdot Al_2O_3 \cdot CaCl_2 \cdot 10H_2O >> 3CaO \cdot Al_2O_3 \cdot CaCO_3 \cdot 11H_2O$

由这些资料和掺防冻剂的混凝土强度增长得出，新相生成促进波特兰水泥熟料矿物的水化过程增强，并且随着这些相的溶解度减小而增强。在此情况下，在防冻剂溶液中熟料矿物的水化速度主要取决于外加剂的阴离子的本质，在液相氢氧化钙饱和和过饱和形成时阴离子决定新生成相的组成。

由于很难预测采用某种化合物生成比 $CaCO_3 \cdot 6H_2O$ 更难溶解的产物，所以在负温掺碳酸钾时能大大增强混凝土硬化过程。但是掺碳酸钾时混合物会很快凝聚以及对混凝土的结构形成和性质有不利的作用，因此在所有情况下都使用碳酸钾是不合适的。

第三节　冬季施工时混凝土的临界强度（R_{KP}）

掺防冻剂的混凝土在负温时强度增长缓慢，强度的积累来源于水泥的水化和混凝土冻结。这样在承重的混凝土结构由于气温回升而解冻时，如果达不到一定的临界强度，往往会造成工程事故。在前苏联，1979 年一幢装配式大墙板 15 层大楼倒塌，就是由于冬季施工时未正确确定结构解冻时的承载能力而造成的。

在冬季施工中，各个国家的标准和规范都明确规定了混凝土临界强度（见表 14-14），通常 100# ～400# 普通混凝土的临界强度在 5MPa（50%R_{28}）～12MPa（30%R_{28}）的范围。混凝土达到临界强度时，在受冻的情况下不会造成对强度、抗冻融性和结构质量的不利影响。临界强度取决于防冻剂和水泥的品种、水泥的活性以及混凝土的强度，如掺亚硝酸钠的波特兰水泥混凝土强度 M200-M400 时临界强度为 11%～15%R_{28}。

表 14-14　各国规范规定的允许受冻临界强度

国别	允许受冻临界强度（MPa）
瑞典	2.5～3.5
美国	3.5
丹麦	3.5（或 25%R_{28}）
日本	6
芬兰	4～8.5
挪威	4～8.5
加拿大	7～10.5
前苏联	设计强度为 150# 时 50%R_{28} 设计强度为 200#～300# 时，40%R_{28} 设计强度为 400#～500# 时，30%R_{28}
瑞士	14.5

现在我们讨论在冬季施工时掺防冻剂混凝土的硬化过程。由图 14-4 看出冬季施工时混凝土硬化过程分为三个阶段：冻结阶段、解冻（过渡）阶段和解冻后正温硬化阶段。这三个阶段中最复杂的是冻结阶段，这时混凝土同时积累两种不同的强度：在混合物的游离水转变成冰时很快形成第一种强度。同时在防冻剂存在时，在负温下混凝土硬化积累形成第二种强度。其中第一种强度是可逆的，在解冻时强度会消失，而第二种强度是不可逆的。在冬季施工中，在受冻阶段分别确定混凝土的可逆强度和不可逆强度十分重要，这样就可以确定结构解冻时的承载能力，否则可能会严重失败。

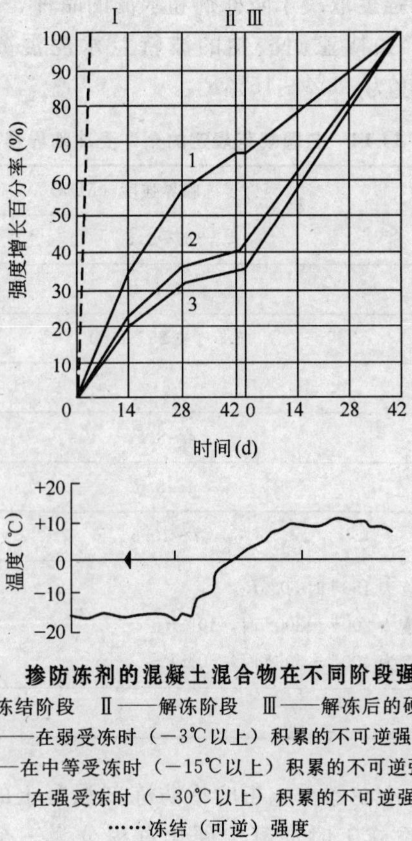

图 14-4　掺防冻剂的混凝土混合物在不同阶段强度变化

Ⅰ——冻结阶段　Ⅱ——解冻阶段　Ⅲ——解冻后的硬化阶段

1——在弱受冻时（−3℃以上）积累的不可逆强度

2——在中等受冻时（−15℃以上）积累的不可逆强度

3——在强受冻时（−30℃以上）积累的不可逆强度

……冻结（可逆）强度

从以上分析可以认为，用掺防冻剂的混凝土不加热进行冬季施工时需要采取一些附加措施，保证在施工的不同阶段混凝土结构的硬化，只有混凝土的不可逆强度大于5MPa之后才能满足施工的要求，而混凝土不受冻害。

第四节　复合防冻剂

传统的防冻剂的掺量较高（4%～15%），这样，一方面增加施工费用，另一方面对混凝土强度而言，防冻剂掺量过高，混凝土强度有降低的趋势。由图 14-5 中的强度与掺量的关系曲线可以看出，掺过量的防冻剂（$NaNO_2$）会引起混凝土强度降低。因此，如何在满足混凝土临界面强度的前提下，降低防冻剂掺量是十分重要的问题。研究证明，由少量（2%～5%）的防冻剂与超塑化剂组成复合防冻剂能使相同负温下的防冻剂掺量减少到 1/3～1/2。

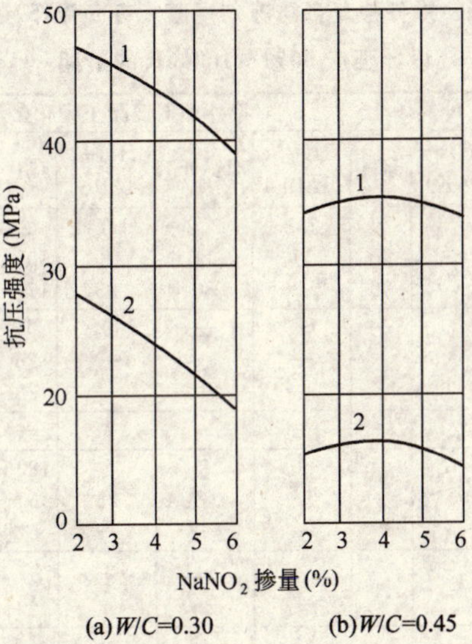

图 14-5 掺复合防冻剂 $NaNO_2$ + C-3

对混凝土强度的影响

曲线 1：−5℃；曲线 2：−15℃ C-3——萘系高效减水剂

作为防冻剂组分之一的超塑化剂，能使混凝土的用水量降低 15%～25%。这样与不掺超塑化剂的相同坍落度的混凝土相比强度提高 1～2 级，同时加速养护初期混凝土强度增长。用它与传统的防冻剂组成的复合防冻剂能实现低水灰比施工。这样提高了水泥液相中防冻剂的离子浓度，改善水泥石孔结构，增加封闭孔和使毛细孔孔径减小。因此在低掺量的情况下能加速寒冷条件中混凝土强度增长，并且有可能接近标养条件混凝土硬化的龄期。在研究不同负温下混凝土硬化过程，分析混凝土冷却的温度制度与结构体积的表面系数 M_n、保温（模板的蓄热系数和绝热系数 K）以及环境气温 t_a 的关系的基础上，确定混凝土混合物中掺水泥重量 2%～5%的复合防冻剂代替目前所用的掺量为 4%～15%的单一防冻剂，可以在环境气温－35℃时整体浇灌的建筑结构并获得设计强度的 50%～100%的强度（表 14-15）。

表 14-15 掺各种复合防冻剂混凝土在负温下硬化达到设计强度 50%～100%R 的龄期

R (%)	t_B (℃)	$M_n \cdot K$ $(m^2/m^3)\cdot[W/(m\cdot K)]$	掺外加剂混凝土硬化龄期（d）						
			HH	HK＋ЛАЩ-1	XH＋HK	HH＋ЛАЩ-1	Л	HHXK＋ЛАЩ-1	HH＋C-3
50	−15	20	7	2.8	3.2	3	3	1.9	2.2
		40	80	11	11	8	10.5	2.5	2.6
		60	90	—	80	23	17.5	3.5	3.4
	−25	20	—	7.5	—	9	5	2.7	2.5
		40	—	—	—	—	26	3.5	3.2
		60	—	—	—	—	28	—	16
	−35	20	—	—	—	—	—	3.5	3
70	−15	20	—	8	8	7	18.5	3.3	3.6
		40	—	—	—	25	51	4.5	4.5
		60	—	—	—	—	52	—	11
	−25	20	—	—	—	—	—	4.3	3.8
		40	—	—	—	—	—	—	18
	−35	20	—	—	—	—	—	7.5	6
100	−15	20	—	45	—	48	—	12	11
		40	—	—	—	—	—	—	25
		60	—	—	—	—	—	—	27
	−25	20	—	—	—	—	—	—	37

注：用 400# 波特兰水泥和水泥用量 350kg/m³ 配制的无外加剂 M300# 的混凝土，而在浇灌和振实之后混合物温度 15℃。

HH—亚硝酸钠

HK＋ЛАШ-1—硝酸钙＋己二酸盐（译注：减水剂）

XH＋HK—氯化钠＋硝酸钙

HH＋ЛАШ-1—亚硝酸钠＋己二酸钠

Л—碳酸钾

HHXK＋ЛАШ-1—亚硝酸钙－硝酸钙－氯化钙＋己二酸盐

HH＋C-3—亚硝酸钠＋萘系高效减水剂。

由表 14-15 中列举的数据可以看出，复合防冻剂（HK+ЛАЩ−1、HH+ЛАЩ−1、HHXK+ЛАЩ−1 和 HH+C−3）在负温下对混凝土的增强效果优于普通防冻剂（HH、XH+HK 和 Л）。气温在 −15℃ 以上时显著增强混凝土硬化过程。但在气温低于 −15℃时，在非保温模板中浇筑结构时以及使用非加热混凝土混合物时混合物的组成中需掺传统防冻剂碳酸钾或 HHXK 与减水剂组成的复合防冻剂。

此外，浇灌的混凝土结构的保温情况在表 14-15 中以结构的表面系数 $M_n(m^2/m^3)$与模板的导热系数 $K[W/(m\cdot K)]$的乘积表示。由此表看出 $M_n \cdot K$ 即表面系数和导热系数越小，负温下可达到一定强度（设计强度的 50%～100%）的龄期越短。因此冬季施工中保温措施是必要的。当然混凝土混合物浇灌和振实之后的温度应为 15℃。

最后，讨论复合防冻剂对混凝土的临界强度 R_{KP} 的影响。研究证明掺复合防冻剂使混凝土的临界强度 R_{KP} 减小，并且是随着水灰比减小而减小，在水灰比为 0.33 时 $R_{KP}=0$。其原因是掺复合防冻剂改善了混凝土的孔结构，形成封闭的气孔和细毛细孔网络，从而提高了混凝土的抗冻融性。

我们根据复合防冻剂原理，将减水剂或高效减水剂与早强剂、防冻剂复合，成功地研制并生产了 MRT 复合防冻剂和 HRT 高效复合防冻剂，而且首创了将掺少量（2%～3%）复合防冻剂与简单综合蓄热法相结合，在我国华北地区实现冬季混凝土快速施工。在此情况下，2～3d 达到临界强度（3.5MPa），确保此后混凝土不受冻害。在近百个重大工程中应用，混凝土总量在 100 万 m^3 以上，并取得良好的技术经济效果。

MRT 复合防冻剂由减水剂、早强剂、防冻剂等四元复合而成，具有减水、早强、防冻、抗冻、促进低温水化等特性，掺量为水泥重量的 2%～3%，使用温度范围 −5～−15℃。现将掺 MRT 复合防冻剂的混凝土性能列入表 14-16 中。将表 14-16 中的数据作图 14-6。由表 14-16 和图 14-6 说明：

表 14-16 掺 MRT 复合防冻剂混凝土抗压强度

混凝土配合比 水泥：砂：石：水	水泥用量 (kg/m^3)	减水率 (%)	坍落度 (cm)	养护条件	抗压强度 (MPa) 入冰箱时	7d	28d	56d (−28～128)
1：1.98：3.38：0.56 (基准混凝土)	350	0	6.0	标准养护	—	17.7/60	29.7/100	—
				成型后直接受冻 28d，转标养	0	—	0.4/1	20.2/68
				预养 24h 后受冻 28d 转标养	2.7/9	—	4.1/14	26.3/88
1：1.98：3.38：0.50 (掺 MRT 防冻剂混凝土)	350	10	4.5	标准养护	—	24.5/82	29.8/100	—
				成型后直接受冻 28d 转标养	0/0	—	1.1/4	24.0/81
				预养 12h 后受冻 28d 转标养	1.1/4	—	4.1/14	28.3/95
				预养 16h 后受冻 28d 转标养	3.5/12	—	8.2/28	29.9/100
				预养 24h 后受冻 28d 转标养	4.9/16	—	8.9/30	29.5/99

注：冰箱温度−17±2℃，碎石最大粒径 20mm，32.5 (425#) 普硅水泥。

(1) MRT 复合防冻剂掺量 3%，仅为相同负温条件下（−17±2℃）普通防冻剂的 1/2；

(2) MRT 复合防冻剂具有减水作用（减水率 10%），因此提高了液相中离子浓度，促进低温水化，提高防冻效果；

(3) 掺 MRT 复合防冻剂混凝土负温受冻 28d 转标准养护 28d;其强度达到基准混凝土标准养护 28d 强度的 95%～100%(曲线 3、4 和 5)；

(4) MRT 复合防冻剂降低混凝土的临界强度，即使 R_{KP} 为 1.1MPa 时混凝土也不受冻害（曲线 5）；

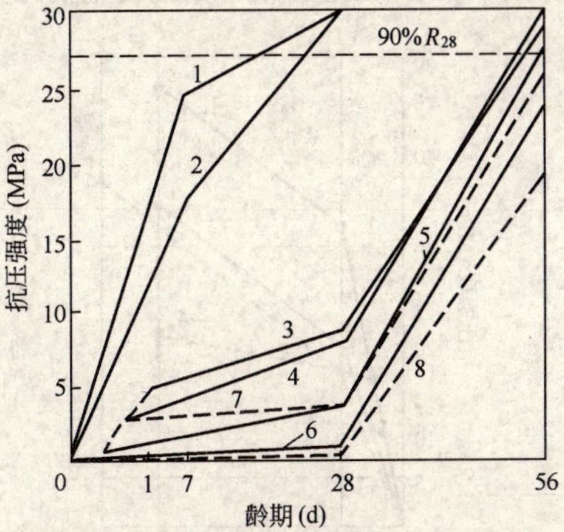

图 14-6　掺 MRT 混凝土强度

1—掺 MRT 混凝土，标养；2—基准混凝土，标养；
3—掺 MRT 混凝土，预养 24h 后受冻 28d 转标养 28d；
4—掺 MRT 混凝土，预养 16h 后受冻 28d 转标养 28d；
5—掺 MRT 混凝土，预养 12h 后受冻 28d 转标养 28d；
6—掺 MRT 混凝土，成型后直接受冻 28d 转标养 28d；
7—基准混凝土，预养 24h 后受冻 28d 转标养 28d；
8—基准混凝土，成型后直接受冻 28d 转标养 28d；
冰箱温度 −17±2℃

(5) 掺少量（2%～3%）MRT 复合防冻剂必需与简单综合蓄热法（热水搅拌、覆盖保温等措施）相结合，这样可进一步防止冻害，促进水化硬化，提前达到临界强度，加快冬季施工速度，同时扩大复合防冻剂使用的温度（负温）范围。

此外，MRT 复合防冻剂中不含氯盐，因此对钢筋无锈蚀作用，并且还具有良好的抗冻性和耐久性。

近年来我们还研制了多元复合的 HRT 高效复合防冻剂，其掺量 2.5%时减水率 15%～18%，使掺 HRT 混凝土防冻效果更佳。HRT 复合防冻剂具有减水、引气（引气量 4%）、促进低温水化、防冻、抗冻、早强增强等特性。HRT 不含氯盐，对钢筋无锈蚀作用。图 14-7 是掺 2.5%HRT 复合防冻剂混凝土抗压强度。

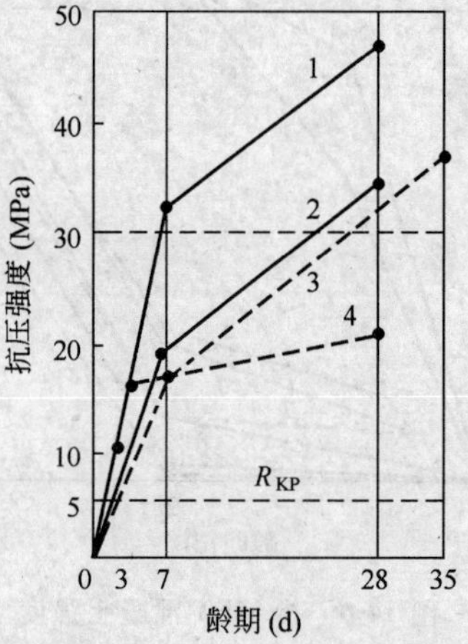

图 14-7 掺 HRT 混凝土强度

1—掺 HRT 混凝土标养强度；2—基准混凝土标养强度；

3—掺 HRT 混凝土－10℃7d＋标养 28d 强度；

4—掺 HRT 混凝土－10℃时强度

注：按建材行业标准《混凝土防冻剂》JC475-92 试验。温度：－10℃，基准混凝土配比：1∶1.14∶2.80∶0.45，坍落度 6.5cm，HRT 掺量 2.5%，$W/C=0.39$，减水率 15%，坍落度 7cm，32.5（425R）R 型矿渣水泥。

由图 12-7 可以看出：在标养时掺 HRT 混凝土 7d 和 28d 强度分别提高 74%和 37%（比较曲线 1 和 2）；负温（－10℃）冻 7d 转标养 28d 比基准混凝土标养 28d 强度高 7%（比较曲线 3 和 1）；在负温（－10℃）时掺 HRT 混凝土强度有明显增长（曲线 4）。可见高效复合防冻剂 HRT 的性能比 MRT 复合防冻剂更好。由于 HRT 减水率高（15%～20%），并且有引气作用，所以同时具备防冻和抗冻作用，即使在临界强度 $R_{KP}=0$ 时也不会使混凝土受冻害。

综上所述，复合防冻剂的使用扩大了混凝土冬季施工的温度范围。在掺量较少（2%～5%）的情况下，加速负温下混凝土的硬化，缩短混凝土硬化龄期，可以降低混凝土的临界强度，提高混凝土抗冻融性，节约了防冻剂的掺量，降低冬季施工的费用，保证了混凝土强度和工程质量。并且将复合防冻剂与综合蓄热方法结合一起进行混凝土冬季施工会取得更佳的效果。

第五节　高性能复合防冻剂

近十多年随着我国城市基础建设的发展，混凝土冬期施工逐渐趋于普遍，并且要施工进度同常温一样，同时大都是采用集中预拌的高性能混凝土，因此传统防冻剂不能满足现代冬期施工的要求。对于冬期施工的混凝土同样要求良好的工作性，满足现代施工工艺（商品混凝土）的要求。早强高强满足冬期快速施工的要求。考虑混凝土耐久性要求防冻剂不含氯盐、含碱量低，具有抗冻作用。另外，还要满足环境保护的要求，即无毒（不含亚硝酸盐），不产生有害气体（不含尿素和铵盐）。因此，常用的防冻组分（防冻盐）大部分不符合要求，如尿素、碱金属盐、亚硝酸钠、硝酸铵、氨水等。目前，防冻剂的发展方向是低碱低掺量（3%～5%）液体复合防冻剂，以满足高性能混凝土冬期施工的要求。近年来我们对高性能复合防冻剂的研究和开发取得了突破性进展，并且在北京地区的重大工程冬期施工中已使用5年（约20000t，100万m^3混凝土），取得了很好的技术经济效益。

一、高性能复合防冻剂的组成

高性能复合防冻剂由高效减水剂、防冻剂、促凝剂、低温促进剂、缓凝剂和引气剂等组成，具有高减水、大流动性、坍落度损失小、早强增强、防冻抗冻等特性，可用于商品混凝土、流态混凝土、高性能混凝土的冬期施工。

1. 防冻组分

防冻剂分为无机防冻剂和有机防冻剂两大类。

(1) 无机防冻剂和促凝剂

无机防冻剂已在前面详细论述。氯盐（主要是 $CaCl_2$、NaCl）是最早的防冻剂，由于对钢筋产生锈蚀作用现已被弃用，只能用于素混凝土和砂浆。由氯盐和阻锈剂（主要是 $NaNO_2$）组成的阻锈型防冻剂在我国也不推荐使用。无氯型防冻剂中有硝酸盐、亚硝酸盐、硫氰酸盐、碳酸盐等。如 $NaNO_2$、Ca $(NO_2)_2$、Ca $(NO_3)_2$、NaSCN、K_2CO_3 等。在寻找无氯防冻剂（或促凝剂）中经历了漫长的过程，现已查明众多的促凝剂中只有硝酸钙的效果最好，特别是在低温时相同掺量的促凝作用优于氯化钙（表 14-17 和表 14-18）。

表 14-17 23℃时掺不同促凝剂水泥浆体（$W/C=0.40$）的凝结时间（min）

水泥	凝结	空白	Ca $(NO_3)_2$ 掺量（%）				$CaCl_2$ 掺量（%）			
			0.5	1.0	1.5	2.0	0.5	1.0	1.5	2.0
水泥（AN）	初凝	215	177	167	180	159	189	184	165	149
	终凝	269	223	206	228	192	233	223	208	194
水泥（SA）	初凝	330	197	295	242	274	—	—	212	—
	终凝	400	373	365	315	551	—	—	270	—

表 14-18 不同温度时掺不同促凝剂的水泥（$W/C=0.40$）凝结时间（min）

温度（℃）	凝结	水泥（AN）				水泥（SA）			
		不掺	3#	5#	6#	不掺	3#	5#	6#
5	初凝	506	315	397	—	889	325	—	—
	终凝	781	415	575	—	1149	623	—	—
13	初凝	343	286	233	180	614	465	330	299
	终凝	486	363	344	270	770	653	572	473
23	初凝	215	180	165	128	330	242	212	189
	终凝	269	217	208	159	400	315	270	250

注：3#—$CaCl_2 \cdot 6H_2O$；5#—Ca $(NO_3)_2$；6#—CN（工业回收销酸钙）。

通常认为防冻剂的作用是降低冰点和促进低温下水泥水化。如果从促进水化考虑，在促凝剂范围选择防冻组分更有效。我们的研究证明，防冻组分不但可以选用促凝剂，甚至可采用使水泥水化速度更快的速凝剂。因此，一些多价金属（Al、Fe 等）无机盐（除氯盐外）将是被选择的对象。这是科学创新的思维方法的实例。

（2）有机防冻剂和防冻液

有机防冻剂包括尿素、甲酸钙、乙酸钙等。由于尿素在水泥碱性介质中缓慢分解出氨气，直到完全分解需要很长时间（2～3 年或更长），这样就造成建筑物室内空气污染，因此已被禁止使用。

近年来，汽车防冻液作为防冻剂使用，这是一个创新，在国外文献中没有查到。常用的防冻液包括：乙二醇、丙二醇、一缩乙二醇、乙二醇烷基醚等。有机防冻液的掺量不宜过大，通常在 0.2% 时增强作用明显。

2. 高效减水剂

用于配制高性能防冻剂的高效减水剂必须要求含碱量低，硫酸钠含量低。低浓萘系减水剂不符合要求，因为用它配制的液体防冻剂在气温低于 10℃时会产生硫酸钠结晶析出。因此，必须采用硫酸钠含量低于 5% 的高浓萘系减水剂，最好采用不含硫酸钠的三聚氰胺系、胺基苯磺酸系或丙烯酸盐系高效减水剂。木质素磺酸盐减水剂中适用木钠，而木钙与萘系复配时会产生硫酸钙沉淀。

3. 引气剂或引气减水剂

掺引气剂的目的是降低临界强度和提高抗冻融性。从耐久性考虑，防冻必须抗冻，这一观点往往被忽视。人们更注重混凝土的强度，须不知现代混凝土强度指标是最容易达到的，而工作性和耐久性的要求更重要。

4. 缓凝剂

掺缓凝剂的目的是提高工作性和减小坍落度损失。虽然气温低时流态混凝土坍落度损失较小，但是商品混凝土是采用综合蓄热法进行冬期施工，其中之一是热水搅拌，因此拌合物的温度通常在

10℃以上，这种情况下就有坍落度损失问题。配制高性能防冻剂时需采用凝结时间差小的缓凝剂，如三聚磷酸钠、焦磷酸钠等，尽量减小对早期强度增长的影响。在送样进行防冻剂标准检测时应去掉缓凝成分。

5. 水泥低温水化促进剂

这一组分在高性能复合防冻剂中是必须的。因为这种防冻剂的掺量较低（3%～5%），有效成分更低（浓度40%，实际掺量1.2%～2.0%），如果不掺促进剂很难达到防冻剂的标准(JC475—92)。低温水化促进剂是羟胺类化合物，如三己醇胺、三异丙醇胺，其掺量为0.03%～0.05%。后者的增强作用更好。

表14-19中列举了不同时代混凝土防冻剂组成的变化，由此也反映出这方面的技术进步。读者都希望得到高性能复合防冻剂的具体配方，其实配方就在论述的内容之中。因为理论或规律比配方更重要。

表14-19 不同时代防冻剂组成的变化

类型	传统防冻剂（第一代）	复合防冻剂（第二代）	高效复合防冻剂（第三代）	高性能复合防冻剂（第四代）
年代	20世纪50～60年代	20世纪80年代	20世纪90年代	21世纪
主要成分	氯盐、亚硝酸盐	减水剂、防冻剂、尿素、早强剂等	高效减水剂，无机和有机防冻剂，尿素、缓凝剂、引气剂等	高效减水剂、促凝剂、有机防冻剂、低温水化促进剂、缓凝剂、引气剂等
掺量（%）	5～7	2～3（固）；3～5（液）	3～5（液）	3～5（液）
含碱量	高	高	0.70kg/m³左右	＜0.70kg/m³（防冻组分无碱）

注：气温在－15℃以内。

二、高性能复合防冻剂配制原理

根据传统理论，防冻剂的基本作用是降低冰点和促进低温水化。防冻剂的掺量随着水的冰点降低而增加，因此不可能实现低掺量。经历了 50 多年后传统理论早已发生了变化，单一成分的防冻剂已不再使用。另外，混凝土也发生了变化，不是早先的塑性混凝土。现代建筑大都采用流态混凝土和高性能混凝土，在此情况下采用传统防冻剂不可能实现冬期施工。本书作者从 1985 年开始从事复合防冻剂的研究，至今已完成第二、第三到第四代防冻剂产品的转化，实现了无氯、低碱、低掺量的目标，并建立了复合防冻剂的有关理论。

用于现代混凝土冬期施工的防冻剂应满足如下要求：①无氯、低碱、低掺量的液体产品；②高工作性、早强增强和高耐久性。为此，配制高性能复合防冻剂的基本原理是：

(1) 大幅度减少用水量，减少游离水含量，提高液相中离子浓度；

(2) 提高工作性，减小坍落度损失；

(3) 提高混凝土的密实性，改善孔结构，减少毛细孔含量和减小孔径；

(4) 降低冰点，促进低温水化，尽快达到临界强度；

(5) 改变结冰形貌，降低冻胀应力；

(6) 将防冻与抗冻相结合，提高混凝土的耐久性。

根据以上几点，掺用相应功能的外加剂就能配制成高性能复合防冻剂。

三、结冰形貌与冻胀应力的关系

图 14-8 表示各种情况下的结冰过程与形貌。纯水在 0℃时结冰，同时因体积膨胀而产生很大的冻胀应力（图 14-8 (1)）。如果发生在不掺防冻剂的混凝土中，冻胀应力将使其结构破坏。并且冻胀应力随着温度的降低而增大，其破坏程度就更大。图 14-8 (2)

是无机防冻盐溶液的结冰过程，当温度低于共熔点时析出冰块，同时存在比原浓度更高的溶液（C1>C2）。在混凝土掺有足够量的防冻剂时不产生冻害，若掺量不够，更大的冻胀应力将使混凝土结构产生破坏。因此，传统防冻剂的掺量应足够大，因为它的理论基础是拉乌尔定律。图 14-8（3）是有机防冻剂溶液的结冰情况，它结冰时生成固溶体，其冻胀应力比冰小得多。因此，掺有机防冻剂的混凝土受冻害的程度也小得多。图 14-8（4）是高性能复合防冻剂在液相中结冰的情况，结冰时产生大量微小的“冰晶”分散在由固液气组成的分散体中，其冻胀应力极小（几乎为零）。因此，掺高性能复合防冻剂使混凝土受冻害的危险性减小。

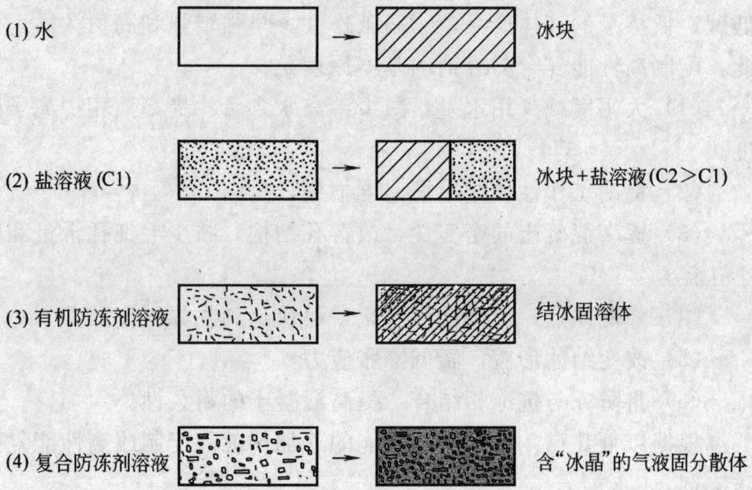

图 14-8 各种结冰形貌示意图

四、冰点与毛细孔径的关系

以上是讨论大块溶液的结冰现象。在毛细孔中水及其溶液的结冰情况就不同了。在不同孔径的毛细孔中，水的饱和蒸汽压不同，冰点也不相同。孔径越小，饱和蒸汽压越低，冰点越低。冰点与毛细孔径的关系可用下式表示：

$$T_r = T_s \cdot \exp\left(-\frac{2\sigma M}{\gamma_c Q d}\right) \tag{14-12}$$

式中　T_r——毛细孔中水的冰点；

T_s——普通水的冰点（273°K）；

M——水的分子量；

γ_c——毛细孔半径；

Q——冰的熔化热；

d——冰的密度；

σ——冰的表面能。

由式（14-12）得知，冰点随毛细孔径的减小而降低。

混凝土是多相聚集体，其中含有结合水、吸附水（包括凝聚水）和游离水。吸附水和毛细凝结水分为四个类型：

（1）γ_c＞100nm 的毛细孔中的水为普通水；

（2）γ_c＞10nm 的毛细孔凝聚水，其化学势降低，冰点也降低。当环境相对湿度为 90％～100％时，冰点为－30℃；

（3）γ＝3～10nm 的孔中，水的冰点为－43℃；

（4）层厚≤2.5 分子的吸附水层，－160℃以下也不会结冰。

掺高效减水剂，由于大幅度减少用水量，在提高混凝土密实性的同时改善了孔结构。使大孔（γ_c＞1000Å）减少，小孔（γ_c＜250Å）增多，总孔隙率降低。因此能提高混凝土防冻能力，有效减少冻害。

表 14-20 为水银测孔法试验得到的结果，掺复合超塑化剂 CSP-7 使水泥石总孔隙率降低，并且小于等于 250Å 的小孔增多（为 54.5％）。在此情况下，毛细凝聚水在－10℃时不会结冰，因此混凝土不会受冻害。

表 14-20 掺超塑化剂的水泥石的孔分布

外加剂掺量（%）	W/C	≤250Å	250～500Å	500～1000Å	1000Å～1μm	>1μm	孔隙率（%）
0	0.35	27.4	26.5	25.8	15.9	5.3	19.3
CSP-7 1.0	0.29	54.5	42.5	2.4	0.5	0	15.6
UNF 1.0	0.29	14.1	85.8	0.1	0	0	15.4

五、混凝土中结冰量与水灰比的关系

受冻时硬化的水泥浆体中的结冰量取决于温度和毛细凝聚水的含量，而毛细凝聚水的含量取决于水灰比和水化程度。原始水灰比越小和水化程度越高，则含冰量越少。根据 T. C. Powers 的结冰估算式：

0～−12℃时：$W_f = K\ (W_0 - 1.74W_n)$ (14-13a)

−20℃时：$W_f = W_0 - 1.68W_n$ (14-13b)

−30℃时：$W_f = W_0 - 1.55W_n$ (14-13c)

式中 W_f——结冰量与水泥重量之比；

W_0——原始水灰比；

W_n——化学结合水与水泥重量之比；

K——常数（见表 14-21）。

表 14-21 K 值与温度的关系

温度（℃）	−12	−8	−4	−2
K	1.0	0.80	0.70	0.60

可以估算不同负温下混凝土中的含冰量。

另外，前苏联学者研究证明，水泥净浆中含冰量 40%～60% 时不影响水泥石强度。例如，水灰比 0.30 的水泥浆水化前 5min 的化学结合水为 7～8 重量分，5h 后增加到 12 重量分。

当温度为−10℃，W/C=0.30，结合水量为 10 重量分时：

$$W_f = 0.30 - 1.76 \times 10/100 = 0.126$$

含冰量 $\alpha=0.126/0.30=42\%$

现将－10℃时不同水灰比的含冰量计算结果列入表 14-22。

表 14-22 水灰比与含冰量的关系

W/C	0.30	0.35	0.40	0.42
Wn	10	10	10	10
Wf	0.126	0.176	0.226	0.246
α (%)	42	50	57	59

由表 14-22 中的数据可以看出，在－10℃，$W/C=0.35$ 时，含冰量为 50%。在此情况下混凝土强度不受影响。

综上所述，掺高性能复合防冻剂与简单综合蓄热法相结合，可以实现气温在－15℃以内时流态混凝土、高性能混凝土和商品混凝土的冬期施工。其掺量与气温的关系为：－5℃以内掺 3%，－10℃为 4%和－15℃为 5%（浓度 40%的液体产品）。

参考文献

1. 陈建奎. 混凝土防冻剂及冬季施工. 1989

2. VTT Cymp. 1985 No61

3. 〔日〕材料学会编. 混凝土化学外加剂. 唐必豪译，中国建筑工业出版社 1980

4. 陈建奎等. MRT 复合防冻剂性能及冬季施工. 技术鉴定报告，1988

5. 孙翰志. 混凝土高效复合防冻剂研究. 武汉工业大学北京研究生部硕士学位论文，1994

6. Charles K. Nmai 等. 冬季混凝土施工用外加剂. 混凝土化学外加剂国际研究最新进展. 王栋民等译，2000：28～34

7. 陈建奎. 混凝土冬期施工与复合防冻剂. 武汉工业大学北京研究生部，2000

第十五章　其他外加剂

除了上述常用的外加剂之外，本章将介绍水溶性高分子外加剂、膨胀剂、防水剂、加气剂和发泡剂等。虽然称为其他外加剂，但并不是不重要，而是说明它们是具有特殊的性能，同样是重要的混凝土外加剂。

第一节　水溶性聚合物外加剂

水溶性聚合物外加剂可以单独用作混凝土外加剂，但是随着复合外加剂和新型混凝土的发展，掺少量水溶性聚合物外加剂得到一些特殊的性能。因此，它常用作复合外加剂的组分，用来改善某种特殊的性能。

一、水溶性聚合物外加剂的分类及作用

水溶性聚合物中应包括聚合物乳液。现将水溶性聚合物外加剂的分类表示如下：

- 水溶性聚合物外加剂
  - 聚合物乳液：聚醋酸乙烯酯乳液、丁苯胶乳、氯丁胶乳、氯偏乳液、天然胶乳等
  - 水溶性树脂：聚乙烯醇、纤维素醚、水溶性酚醛、脲醛和环氧树脂、水溶性淀粉等
  - 聚合物电解质
    - 酸型：聚丙烯酸、聚甲基丙烯酸、羧甲基纤维素、聚丙烯酰胺、藻朊酸等
    - 碱型：聚乙烯吡啶等
    - 两性型：水解蛋白质等

水溶性聚合物外加剂的增稠作用和保水作用。

水溶性高分子化合物，如聚乙烯醇、纤维素醚及其衍生物、聚丙烯酸和聚甲基丙烯酸等，能显著增加水的粘度。例如，3%的甲基纤维素可以将水的粘度增加1万倍。这些物质的水溶液的粘度取决于它们的浓度，如1%的羧甲基纤维素的水溶液的粘度为15～70Pa·s（温度15℃），而4%的水溶液粘度为2.5～150Pa·s。对于聚合物电解质，其水溶液的粘度取决它们分子的形态，在等电点时（即表面电荷等于零时的pH值），分子处于卷曲状态；而在等电点两侧的酸性或碱性介质中，分子呈展开状。分子处于卷曲状态时溶液的粘度较低；处于展开状态时其溶液的粘度大大增加。因此，聚合物电解质水溶液的粘度取决于介质的pH值。例如：聚甲基丙烯酸在水中离解质成大分子阴离子和氢离子，其离解度(α)为：

$$\alpha = \frac{Z}{n}$$

式中　Z——大分子离子的总电荷；

　　n——大分子离子基团（羧基）数。

随着溶液的pH值增大，离解度（α）增大，图15-1中是聚甲基丙烯酸的水溶液的比粘度与离解度（α）的关系曲线。由此看出，α从0增加到0.8（加碱NaOH溶液）时，相应的比粘度增加几千倍。

对于两性聚合物电解质，如水解蛋白质、部分水解的聚丙烯酰胺，其水溶液的pH值等于7时粘度最小，当pH＞7时或pH＜7时，其表面电荷为负或正，这时溶液的粘度增加5倍以上，如图15-2所示。

因此，利用水溶性高分子化合物增加水的粘度的特性，作为新型超塑化剂、高效引气减水剂等的有效成分，配制流态混凝土、泵送混凝土、自流平砂浆、水下混凝土、MDF水泥和HPC等，用来改善流变性质，减小流动性损失，减小泌水和离析，提高稳定性和粘聚性，提高保水性，赋与新的工艺性能和改善工作性。

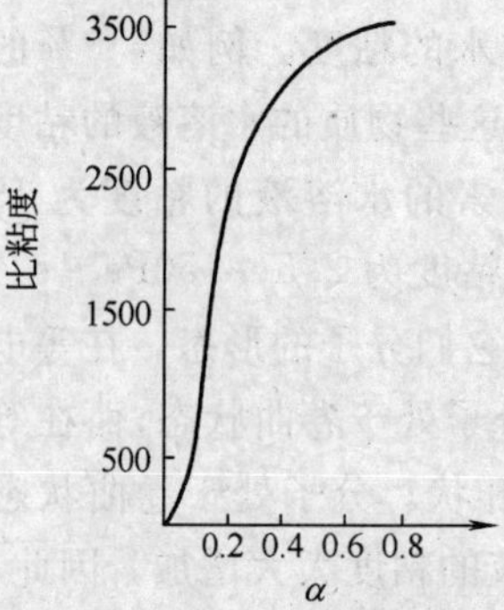

图 15-1 聚甲基丙烯酸溶液的比粘度与 α 的关系

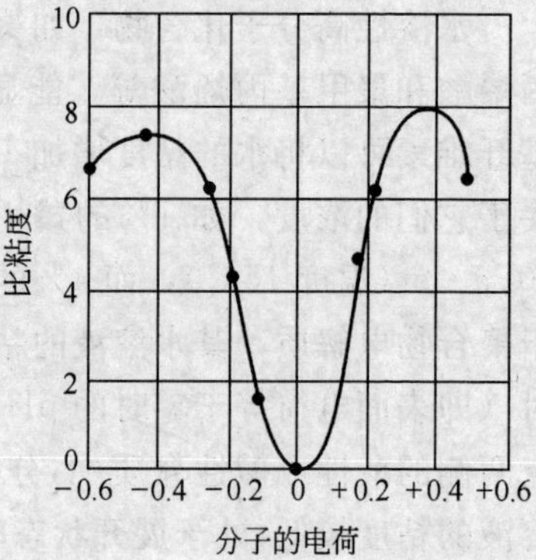

图 15-2 两性聚合物电解质的比粘度与 pH 值的关系

二、掺水溶性聚合物外加剂的水泥混凝土

前苏联在 20 世纪 60～70 年代，曾对水溶性聚合物外加剂及其水泥混凝土进行了详细研究，所用的水溶性树脂包括：Э-89、环氧树脂 ДЭГ-1 和 ТЭГ-17、尿醛树脂 МФ-17 和 М-70、酚醛树脂 Р-8、聚乙烯基呋喃树脂等。其中效果最好的是 Э-89、ДЗГ-1 和 ТЭГ-17 三种外加剂。它们在掺量少（水泥重量 1%～2%）的情况下，减水率达 20%～30%，不亚于高效减水剂，并且大大改善了混凝土的性能。无论是干空，还是在潮湿和水中养护，掺水溶性树脂外加剂的混凝土，其抗压强度提高 15%～35%，抗拉强度提高1.5～2 倍。抗拉强度的大大提高，使拉压比（即 $R_{抗拉}/R_{抗压}$）增大；抗弯强度提高，使弯压比（$R_{抗弯}/R_{抗压}$）从 0.18～0.20 增至 0.25～0.26。此外，Э-89 树脂外加剂使混凝土弹性模量提高 10%，徐变减少 20%，这就克服了普通聚合物水泥混凝土产生徐变和弹性模量低的缺点，同时提高了普通混凝土的变形性和抗拉强度。因此，掺水溶性树脂外加剂的混凝土能用作结构材料。

这类外加剂使混凝土孔隙率下降10%～20%，并且使气泡减小和均匀分布，因而大大提高了混凝土的抗渗透性。此外，掺水溶性树脂外加剂还能提高混凝土的抗裂性、抗冲击强度、抗冻融性、耐化学侵蚀性和提高粘结性等。表15-1中列举了三种混凝土性能比较。由此说明，掺水溶性树脂外加剂的混凝土（即水泥聚合物混凝土）的抗压和抗拉强度高于普通混凝土和聚合物水泥混凝土，而掺量（2%）比聚合物水泥混凝土低得多。

表15-1 三种混凝土性能比较

混凝土种类	聚合物品种	掺量（%）	养护方法	抗压强度（MPa）	抗拉强度（MPa）
普通混凝土	—	—	水中	42.0	3.8
聚合物水泥混凝土	ПВА	20	水中	18.0	2.2
聚合物水泥混凝土	СКС-65	15	水中	32.0	3.6
水泥聚合物混凝土	Э-89	2	水中	56.0	5.0
水泥聚合物混凝土	ТЭТ-17	2	水中	52.0	5.2

注：ПВА—聚醋酸乙烯酯乳液；
СКС-65—丁苯胶乳。

聚乙烯醇的相对分子质量10000～50000，具有水溶性，可以作为增稠剂或单独作外加剂。聚乙烯醇掺量对水泥浆的凝结时间和强度的影响，如表15-2所示。由此看出，随着掺量的增加，凝结时间延长，而水泥石强度逐渐提高。说明低掺量（≤0.3%）情况下，聚乙烯醇促进水泥结构形成过程。但是掺量大于0.3%的情况下，随着聚乙烯醇掺量增加，各龄期的抗压强度明显降低，如图15-3所示。说明聚乙烯醇本质上是缓凝的，掺量大时（1%～3%）将严重影响水泥水化过程，使水泥强度明显降低。在复合外加剂中，用它来增加拌合物的粘聚性，改善工作性，但掺量应少，否则影响混凝土强度。

表 15-2 聚乙烯醇掺量对水泥浆凝结时间和强度的影响

掺量（%）	凝结时间（min）		28d 抗压强度（MPa）
	初凝	终凝	
0	140	290	36.0/100
0.05	145	285	43.0/119
0.10	155	280	45.0/125
0.15	165	315	47.8/133
0.30	170	305	50.9/139

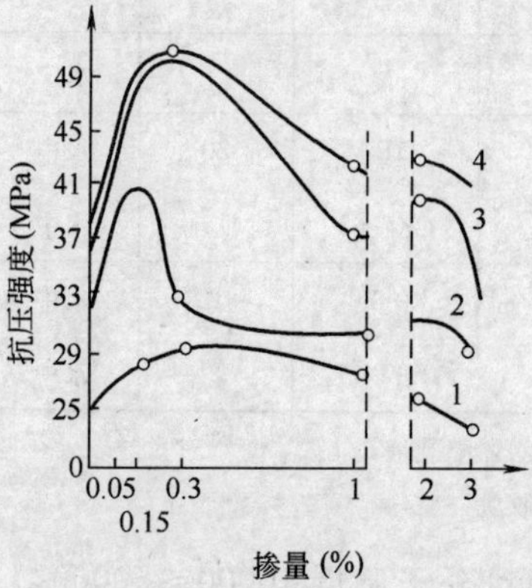

图 15-3 聚乙烯醇掺量与抗压强度的关系 （干空养护）

曲线 1—3d；2—7d；3—21d；4—28d

聚丙烯酸和聚甲基丙烯酸是典型的聚合物电解质，并且可用作减水剂。有明显的减水作用，还能大大提高混凝土的早期和后期强度。这是由于聚合物与水泥中的钙离子和三价金属离子生成不溶性的盐类的缘故。

它们的最佳掺量为 0.1%～10%。聚合物的最佳粘度为 0.1～20Pa·s（25℃、40%水溶液）。可以以粉状或水溶液掺入混凝土拌合物中。

表 15-3 和表 15-4 是掺聚丙烯酸和聚甲基丙烯酸与空白混凝土的配合比以及水中养护和压蒸时的强度试验结果。由此说明，掺这两种减水剂具有显著的早强和增强作用，压蒸混凝土强度也明显高于空白混凝土，并且以掺 1.2%聚丙烯酸的各项性能最佳。

表 15-3　混凝土配比及混合物性能

项目	基准混合物	空白混合物	聚丙烯酸（0.3Pa·s）			聚甲基丙烯酸（1Pa·s）		
			1	2	3	4	5	6
掺量（%）	—	—	0.3	0.6	1.2	0.3	0.6	1.2
水泥（kg）	13.8	13.8	13.8	13.8	13.8	13.8	13.8	13.8
砂（kg）	20.9	20.9	20.9	20.9	20.9	20.9	20.9	20.9
小砾石（kg）	10.7	10.7	10.7	10.7	10.7	10.7	10.7	10.7
大砾石（kg）	24.9	24.9	24.9	24.9	24.9	24.9	24.9	24.9
砂率（%）	37	37	37	37	37	37	37	37
水灰比	0.35	0.345	0.330	0.318	0.298	0.337	0.332	0.324
减水率（%）	—	—	4	8	14	2	7	6
用水量（kg）	4.8	4.77	4.55	4.39	4.08	4.66	4.44	4.47
坍落度（cm）	—	5.5	5.6	5.8	5.0	5.3	5.3	5.5

表 15-4　各种混凝土强度试验结果

混凝土种类		标养抗压强度（MPa）		压蒸强度（MPa）
		1d	28d	
空白混凝土		17.4/100	595/100	55.3/100
掺聚丙烯酸（300 厘泊）	1	21.3/123	60.0/101	59.6/108
	2	23.8/137	66.0/111	67.2/121
	3	25.3/148	72.0/121	73.9/134

续表 15-4

混凝土种类		标养抗压强度（MPa）		压蒸强度（MPa）
		ld	28d	
掺甲基丙烯酸（1000 厘泊）	4	18.6/107	61.6/103	58.9/106
	5	19.3/111	62.5/105	59.8/108
	6	21.3/122	65.4/110	66.9/121

注：压蒸—在 1MPa 压力下蒸养 6h。

此外，用聚合物乳液（如聚酸乙烯酯等）作砂浆外加剂，增加砂浆粘结力，用于修补新老混凝土粘结和瓷砖的粘结。107 胶也有类似的作用。107 胶掺入水泥中，用于轻质隔墙条板之间接缝的粘结。所以它们属粘结剂，提高水泥砂的粘结力，防止裂缝产生。

聚丙烯酰胺是典型的絮凝剂，在长链的高分子中带有许多极性基团，能与分散的水泥粒子结合，产生絮凝而增加泌水。它用于石棉水泥制品生产中，可以减少水泥浆流失，增加排水作用，提高强度。

第二节　膨胀剂和膨胀混凝土

一、概述

水泥混凝土是世界上迄今为止最大宗的人造材料，这种状况仍然会持续到未来相当长时间。混凝土有两个固有的材料特征：其一是在水化硬化过程中强度增长的同时，伴随着的体积变形——收缩；其二是混凝土材料低的拉压强度比。当收缩引起的混凝土疑内部的拉应力超过混凝土的抗拉强度时，混凝土即发生断裂（开裂）。通常认为裂缝是混凝土结构最大的缺陷，它将导致水分、CO_2、CI 等有害介质的侵入，加速钢筋锈蚀而降低耐久性，并造成漏水等使用功能的降低或丧失。

为了解决混凝土收缩开裂的缺陷，国外研究了利用钙钒石膨胀性能的膨胀水泥。钙钒石曾经引起混凝土的膨胀破坏，被称之为“水泥杆菌”而遭到排斥。1936 年 Lossier 开始研究利用钙钒石的膨胀而制备化学预应力混凝土，随后 Lafuma 和 Klein 接过这项研究，由此奠定了膨胀水泥混凝土的基础。

美国 AC15 标准中有三种膨胀水泥，即 K 型、M 型和 S 型。K 型膨胀水泥由波特兰水泥与无水硫铝酸钙（$3CaO \cdot 3Al_2O_3 \cdot CaSO_4$ 简写 C_4A_3S）、石膏（$CaSO_4$）和煅烧石灰组成。M 型膨胀水泥由波特兰水泥与高铝水泥和石膏以合理的比例混合而成。S 型膨胀水泥由普通波特兰水泥与大量的铝酸三钙（C_3A）和石膏混合而成。

1962 年日本向美国购买 K 型膨胀水泥专利，并在此专利基础上开始研究硫铝酸钙膨胀剂 CSA，1966 年商业化，同时进行了大量的膨胀混凝土性能和应用的研究。1970 年日本研制成功了另一种膨胀剂——石灰系膨胀剂。

我国从 20 世纪 50 年代开始研究膨胀水泥混凝土，50 年代末研制成功以高铝水泥为基础的石膏钒石膨胀水泥和以普通硅酸盐水泥为基础的硅酸盐膨胀水泥，70 年代以来在低碱度条件下钙钒石形成机理研究的基础上，研制出两种高自应力值和高抗渗性的膨胀水泥，即铝酸盐自应力水泥和硫铝酸盐自应力水泥，同时还研制成功明矾石膨胀水泥。1985 年以来重点转向对膨胀剂的研究，先后研制成功明矾石膨胀剂、无水硫铝酸钙膨胀剂、石灰系膨胀剂和铝酸钙膨胀剂等。从此膨胀剂在我国进行了广泛的推广应用。

图 15-4 表示了与硫铝酸钙相联系的三元系统膨胀剂的相图。当包含这些矿物的一个组分水化时会产生各种水化产物。在这些水化产物中，下列产物具有膨胀性：钙钒石（$C_3A \cdot 3CASO_4 \cdot 32H_2O$），在 T 点表示；单硫型水化硫铝酸钙（$C_3A \cdot CaSO_4 \cdot 12H_2O$），在 M 点表示；在 CaO 处表示的氢氧化钙［$Ca(OH)_2$］。

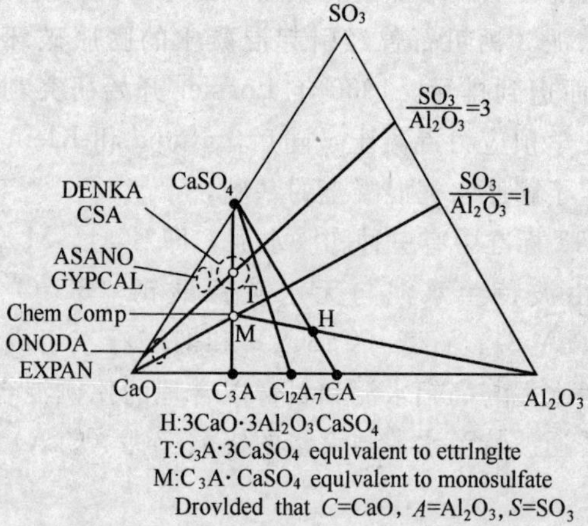

图 15-4 CaO-Al_2O_3-SO_3 三元系统膨胀剂相图

膨胀产物水化时体积变化的计算如下：

钙矾石的形成：

	$C_4A_3\overline{S}$	$+8CaSO_4$	$+6CaO$	$+96H_2O$		$\rightarrow 3C_3A\cdot 3CaSO_4\cdot 32H_2O$
重量	610	1088	336	1728		3762
比重	2.61	2.96	3.34	1		1.73
体积	(234	368	101	1728)	[2431]	2175

水化物系列的体积变化率为 2175－2431/2431×100＝－10.5%

$C_4A_3\overline{S}$ 粒子体积变化率 2175/234＝9.3 倍

单硫型水化硫硫酸钙的形成：

	$C_4A_3\overline{S}$	$+2CaSO_4$	$+6CaO$	$+36H_2O$		$\rightarrow 3C_3A\cdot CaSO_4\cdot 12H_2O$
重量	610	272	336	648		1866
比重	2.61	2.96	3.34	1		1.95
体积	(234	92	101	648)	[1075]	975

水化物系列的体积变化率为 957－1075/1075×100＝－10.9%

$C_4A_3\overline{S}$ 粒子体积变化率 957/234＝4.1 倍

$Ca(OH)_2$ 的形成：

	CaO	+	H_2O	→	$Ca(OH)_2$
重量	56		18		74
比重	3.34		1		2.24
体积	(17		18) [35]		33

水化物系列体积变化率为 33－35/35×100＝－5.7％

CaO 粒子体积变化率为 33/17＝1.9 倍

膨胀水泥混凝土的几种膨胀机理阐述如下：结晶态膨胀组分由于晶体生长穿透周围物质而向外生长（晶体生长理论）；凝胶态膨胀组分由于吸水而体积增大（吸水肿胀理论）。

在水化时通过膨胀成分的分离而形成共存孔。在各种情况下，对于与“化学收缩”共存的“膨胀”而言，“硬化结构中孔的形成”或“低密度凝胶态水化物的形成”是需要的。为了定量考察孔和凝胶态水化物的形成，需作进一步的研究和讨论，包括化学收缩和自收缩（或自膨胀）。在由钙钒石或 CH 形成而发生的膨胀的情况下，在膨胀成分表面发生的局部化学反应理论比进入溶液反应理论更为广泛地被接受。膨胀中重要的因素不仅仅是膨胀组分的水化，而且在于其周围水化物的形成，其驱动力来自于膨胀组分的物质传递。就是说膨胀不会发生除非硬化基体结构由于水泥水化而形成。并且，同样重要的是膨胀剂与水泥二者的水化必须在适当的时间发生。

钙钒石系和石灰系膨胀剂的化学反应模式见图 15-5。

国外（以美国、日本、前苏联为代表）在 20 世纪 70 年代，我国在 80 年代均对膨胀混凝土的材料的组成、制备、性能、水化硬化机理，以及在荷载与环境作用下的行为进行了较系统的研究，形成了补偿收缩混凝土的基本理论，其核心内容如下：

膨胀水泥混凝土在水化硬化过程中膨胀与强度要协调发展。

混凝土变形与开裂的关系是：材料中两质点间相向变形（受压），

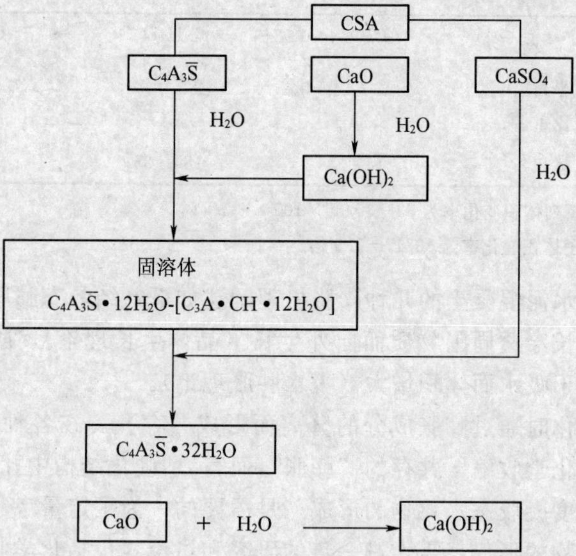

图 15-5 钙钒碌和石灰系膨胀剂的化学反应模式

不会开裂；背向变形（受拉），会引起开裂。据此推理可知，混凝土自由收缩不会开裂，限制收缩会引起开裂；混凝土自由膨胀会引起开裂，限制膨胀不会引起开裂。

膨胀混凝土或补偿收缩混凝土只有在限制条件下才能发挥作用，即限制膨胀补偿限制收缩。

良好的补偿收缩混凝土材料设计拟实现冷缩与干缩的联合补偿。

补偿收缩混凝土由于其优良的材料特性，在国外和我国均得到了较为广泛的工程应用，在我国的发展和应用成绩尤为突出。在这方面据我们估计国外使用膨胀水泥制造的混凝土结构约占 1%。我国自 1995 年以来，每年膨胀剂用量均在 25 万吨以上，折合补偿收缩混凝土为 500 万 m^3，其应用领域包括结构自防水混凝土、大体积混凝土、超长结构混凝土等。在日本年膨胀剂的产量 1995 年为 7 万吨，故每年约使用 170 万 m^3 膨胀混凝土，其中 30%用于现浇混凝土，70%用于预制混凝土。

目前，由于高性能混凝土概念得到广泛认识，以及工程界对混凝土耐久性的重视，因此掺膨胀剂的高性能混凝土、收缩补偿和防渗抗裂混凝土将会更快发展。与此同时，研发新型低碱低掺量(5%～8%）膨胀剂和液体膨胀剂成为发展方向，并且我们在这方面也已取得进展。

二、膨胀剂的性能和应用

图 15-6 是膨胀混凝土单方膨胀剂用量与非限制膨胀率的关系曲线。它表明膨胀率随单方膨胀剂量增加而增大，相关性良好。图 15-7 是表示膨胀剂用量、抗压强度和膨胀率相互关系的一个例子。它表明限制膨胀率随单方膨胀剂用量增加而增大，然而当膨胀剂单方用量不超过 30kg/m^3 时，养护在非限制条件下，膨胀混凝土抗压强度与普通混凝土大致相同。当膨胀率增加到一定程度时，抗压强度会下降。可能是当膨胀混凝土在无约束膨胀时，混凝土结构变

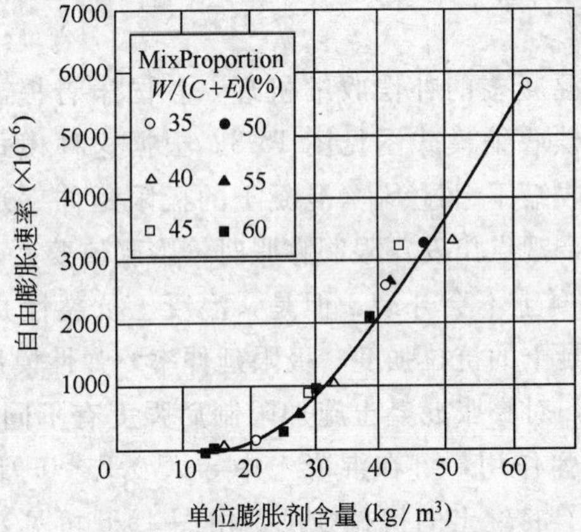

图 15-6　单位膨胀剂含量与自由膨胀速率的关系

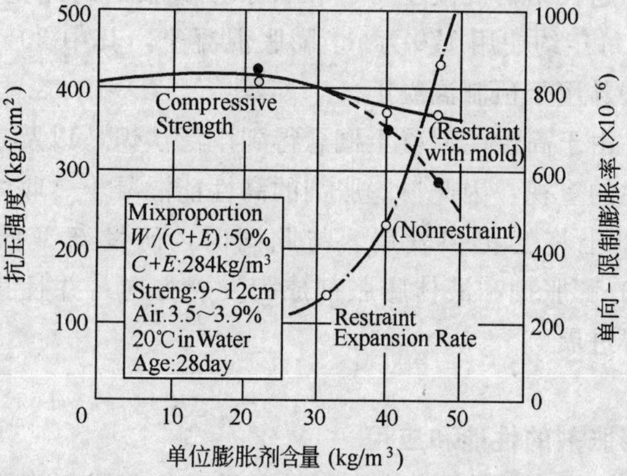

图 15-7 单位膨胀剂含量与抗压强度和限制膨胀速率的关系

得疏松而引起强度下降。然而，膨胀混凝土在钢模限制条件下膨胀时，没有这种强度下降现象，表现出与普通混凝土相同的强度性能，而不管膨胀率的大小。在后一种情况下混凝土结构由于受到约束而保持致密，从而不会导致强度下降。

在单方混凝土膨胀剂用量不超过 30kg/m³ 的条件下，膨胀混凝土的抗拉强度、抗弯强度、粘结强度、杨氏模量和徐变与普通混凝土大致相同。

关于膨胀混凝土的补偿收缩机理，各国学者提出一些不同看法，传统的补偿收缩模式图见图 15-8。根据这种模式，认为只要混凝土的限制收缩不超过 S_k（混凝土的极限延伸率）混凝土就不会开裂。从这个观点出发，限制膨胀时，膨胀值要大，收缩后达不到 S_k，因此混凝土不会开裂。但是，混凝土抗裂性是一个综合性指标，它与混凝土的抗拉强度、极限延伸率、弹性模量和收缩等有关。研究表明，对膨胀混凝土施加限制后强度有不同程度的增加。由于钢筋的反弹作用，可在混凝土中导入 0.2～0.7MPa 预应力，这相当于提高了混凝土的抗拉强度。由图 15-8 可见，膨胀混凝土一方面推迟了收缩的产生过程，另一方面抗拉强度在此期间获得较大幅度的增长，当混凝土收缩开始时，其抗拉强度已经增长到足以抵抗收缩应力，从而减少或防止收缩裂缝的出现。

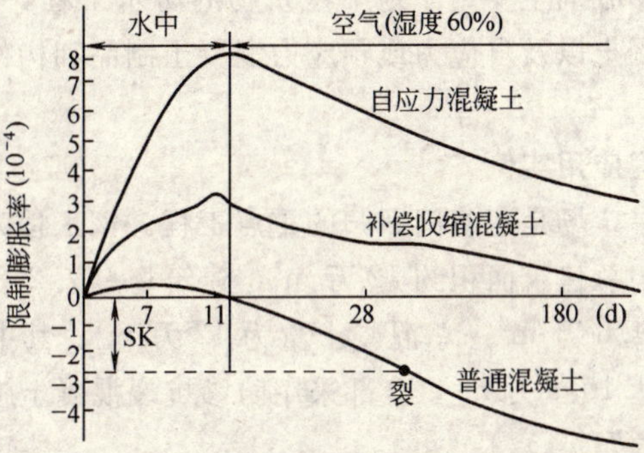

图 15-8　膨胀混凝土补偿收缩模式

游宝坤高级工程师经多年研究认为，膨胀混凝土与普通混凝土的主要区别在于：

(1) 膨胀混凝土在限制条件下，在混凝土中建立一定的预应力，改善了混凝土的内部应力状态，从而提高了它们的抗裂能力；

(2) 在水泥硬化过程中，膨胀结晶体（如钙矾石）起到填充、切断毛细孔缝作用，使大孔变小孔，总孔隙率减少，从而改善了混凝土的孔结构，提高了它们的抗渗透性和力学性能。

这二者相结合，使掺膨胀剂的混凝土成为一种优良的防渗抗裂结构材料。

目前，单独使用膨胀剂的情况较少，更多的是将膨胀剂与超塑化剂结合配制防渗抗裂的流态混凝土或 HPC。在此情况下，掺膨胀剂会加快坍落度损失。我们在研究高性能混凝土用的复合超塑化剂（CSP）时，解决了坍落度损失问题。并且将 CSP 与 UEA 膨胀剂结合一起配制防渗抗裂流态混凝土用于北京西客站工程、永安里地铁工程、首钢炼钢炉基础连续浇筑等重大工程中，取得了良好的防渗抗裂效果，其流动性、强度、抗渗性等均满足工程设计要求。另外，我们在研制自流平材料中，也采用 CSP 与 UEA 膨胀剂结合配制用于地坪的自流干水泥砂浆（该材料对抗裂性、流动性要求很高），为膨胀剂开辟了新用途。

通常，膨胀剂主要用于地下建筑物的防水工程、自防水结构、防渗抗裂混凝土以及自应力或预应力混凝土制品和构件的生产。

三、工程应用实例

珠海口岸广场是迎澳门回归的重点工程。该工程为一座地下三层框架结构，总建筑面积约12万m^2，建筑物总长248×190（m），每层面积达4.6万m^2，总混凝土量为12万m^3。其中底板、边墙和顶板面积达10.6万m^2，全部采用防渗抗裂混凝土施工。此工程之大，在国内罕见。

1. 工程概况

（1）底板防水做法。口岸广场底板一半处于－14.5m，一半处于－11m，底板厚80cm，承台部分为1.2～1.3m，防水混凝土总量约4.3万m^3。底板面积达4.6万m^2，为满足抗浮力，打了近6000根混凝土桩，底板与桩头结合在一起，作柔性防水层十分困难，工期也不允许。故决定采用UEA补偿收缩混凝土作结构自防水。

另外，由于土方量大，工期为一年，只能边开挖土方，边浇筑混凝土底板，取消后浇缝，按《UEA混凝土间歇式无缝设计施工方法》浇筑整个底板。

（2）楼板施工。负一、二层楼板每层4.6万m^2，板梁平均厚度20cm，配筋为Φ8@150，柱网12m×16m、12m×12m，主梁800×800，次梁400×700。楼板无防水要求，为加快施工进度，分块为40m×50m和45m，以普通混凝土浇筑，每块之间设一道膨胀加强带（宽2m），30～40d后用掺14%UEA膨胀混凝土回填。

（3）顶板防水做法。口岸广场顶板248m×190m，板厚350～400cm，柱网分别为12×16m和12×12m。为了提高空间利用率，采用部分预应力无梁盖板结构，柱帽尺寸分别为Φ3.3×0.8m和由Φ2.7×0.65m。设计院确定了“以防为主，防抗结合”的设计原则，具体做法：①对于超长结构混凝土的收缩问题，采用 UEA 混凝土与分块浇筑相结合的方法，要求每块混凝土长度不超过 50m，并采用部分预应力混凝土方案；②对于温差应力问题，采用在结构层上设置保温、防水层，保证结构顶层与底面温差在 10℃之内，在结构层中设置抗温度筋。

（4）边墙防水做法。口岸广场涉及防水的挡土墙又与海关大楼平行的 A 轴墙，连接地下二三层底板的 H 墙，R—H 墙的二三层为 60cm 厚的地下连续墙，而地下一层墙为现浇混凝土墙。该工程现浇防水墙厚 50cm，总长约 902m，面积约 12000m^2。

2. 实施混凝土配合比

配制混凝土的原材料：

水泥：广西“鱼峰”42.5（525$^{\#}$）普硅水泥；

粉煤灰：广州黄埔电厂Ⅱ级 FA；

中砂：M_x=2.50～2.70，含泥量＜3%；

石子：5～25mm 碎石，含泥量＜1%；

膨胀剂：江西省特种水泥厂 UEA-E；

外加剂：CSP-7 复合超塑化剂。

要求初始坍落度 16～18cm，泵送前坍落度≥15cm，初凝时间 8～14h。根据各部位设计混凝土强度等级和选用原材料，经大量试验，实施混凝土配合比见表 15-5。

表 15-5 各部位混凝土配合比

结构部位	设计指标			混凝土配合比（kg/m^3）						
	强度	抗渗	膨胀率	*W*	*C*	*FA*	*UEA*	*S*	*G*	*CSP*−7
负二、三层底板	C30	P12	2～3	185	326	50	51	715	1073	4.95
负一、二层楼板	C30	—	—	180	306	54	—	744	1116	4.80
顶板	C38	P6	2.5～3.5	175	340	45	55	715	1068	6.9
边墙	C30	P10	2.5～3.5	184	320	54	53	715	1074	5.5

注：各部位膨胀加强带混凝土强度比两侧混凝土高 0.5MPa，限制膨胀率高 1～1.5 $\times10^{-4}$。

3. 混凝土拌制

澳门权晖建筑公司混凝土搅拌站设备较先进，自动化计量。对进场各种原材料严格把关，该站是直接把各种原材料定量投入搅拌车中，边搅拌边运输到现场，基本拌合均匀，极小出现堵泵现象，一般在 30～60min 内泵完 5m^3 混凝土。出泵前坍落度控制在 14～16cm。

值得一提的是，板面混凝土浇筑完后，澳门权晖建筑公司使用进口的手持式抹面机，在混凝土终凝前来回抹压，效果相当好，基本不出现沉缩裂缝，表面密实。混凝土硬化后用麻袋片覆盖，并浇水养护 7～14d。对于顶板，采用蓄水养护 14d。边墙一般在 7d 拆模，挂麻袋片浇水养护 7～14d。可以说，混凝土的养护工作做得不错。

4. 工程质量

口岸广场结构工程已于澳门回归前一个月完成，用于抗裂防渗的 UEA 补偿收缩泵送混凝土 8 万 m^3，普通泵送混凝土约 4 万 m^3。经珠海市建工质检站检验各个结构部位的混凝土质量全部达到设计要求，见表 15-6 的统计。

表 15-6 混凝土的质量统计

结构部位	混凝土品种	设计等级	组数	平均强度（MPa）	达标（%）	抗渗等级
底板	UEA 混凝土	C30P10	210	37.6	121	$>P_{11}$
底板加强带	UEA 混凝土	C30P10	42	45.1	128	$>P_{11}$
顶板	UEA 混凝土	C30P8	195	48.2	135	$>P_8$
顶板加强带	UEA 混凝土	C38P12	46	52.3	130	$>P_8$
边墙	UEA 混凝土	C30P12	68	38.4	128	$>P_{12}$
边墙加强带	UEA 混凝土	C30P12	12	47.2	135	$>P_{12}$
楼板、柱	普通混凝土	C30	149	38.8	25	—
楼板加强带	UEA 混凝土	C30	42	44.2	126	—

该工程采用UEA补偿收缩混凝土结构自防水技术和UEA超长钢筋混凝土结构无缝设计与施工方法，顶板和局部边墙采用柔性防水材料，所有混凝土配合比采用全计算方法设计。在各方共同努力下，已如期完成。经工程验收，底板无裂渗、两层楼板和顶板无有害裂缝，边墙因气候温差出现少量裂缝（大多为内表裂缝），经修补后无渗水，各部位混凝土的抗压强度和抗渗等级都超过设计要求，施工工期缩短2个多月，减少了建设投资费，各方专家都表示满意。

第三节 防 水 剂

防水剂是为了阻止渗水和吸水，在搅拌混凝土过程中掺入的外加剂。如果考虑它们的作用不同，又可分为防潮剂和防渗剂，前者是指防止水分进入干燥的混凝土中；后者则是指在一定水压下防止水分渗透。我国国家标准中定义防水剂是，能降低混凝土在静水压力下的渗透性的外加剂。

防水混凝土是在0.6MPa以上的水压下不透水的混凝土。因此掺防水剂是配制防水混凝土的方法之一，其他的方法还有用膨胀剂配制防水混凝土，或通过合理的级配配制的普通防水混凝土。很多掺外加剂的混凝土都具有很好的抗渗性。如掺引气剂的引气混凝土具有抗渗性和抗冻融性，适用于抗水性、耐久性要求高的防水工程。减水剂，特别是高效减水剂，由于减少用水量、提高混凝土的密实性，因此掺减水剂或高效减水剂也能配制抗渗性好的防水混凝土。三乙醇胺也能配制防水混凝土。但是在外加剂的命名和分类时是按其主要功能，因此上述外加剂不属于防水剂。

一、防水剂的分类及其性能

防水剂的品种比较多，可分为无机防水剂和有机防水剂两大类：

- 水泥防水剂
  - 无机质系
    - 氯化钙
    - 硅酸钠
    - 硅酸质粉末
    - 锆化合物
    - 其他
  - 有机质系
    - 脂肪酸（盐）
    - 有机硅
    - 石腊乳液
    - 树脂乳液
    - 水溶性树脂
    - 其他
  - 混合系
    - 无机质混合物
    - 有机质混合物
    - 无机-有机混合物

1. 无机质防水剂

(1) 氯化钙。它可以促进水泥水化反应，获得早期的防水效果，但后期抗渗性会降低。另外，氯化钙对钢筋有锈蚀作用，可以与阻锈剂复合使用，但不适用于海洋混凝土。

(2) 硅酸钠（水玻璃系）。硅酸钠与水泥水化反应生成的 $Ca(OH)_2$、不溶性硅酸钙，可以提高水泥石的密实性，但效果不太明显。使用中多半作防水的速凝剂。

(3) 三氯化铁。三氯化铁防水剂的掺量 3%，在混凝土中与 $Ca(OH)_2$ 反应生成氢氧化铁凝胶，使混凝土具有较高密实性和抗渗性，抗渗压力可达 2.5～4.6MPa，适用于水下、深层防水工程或修补堵漏工程。

(4) 三氯化铝。三氧化铝的掺量 1.5%～5%，它与水泥水化生成的 $Ca(OH)_2$ 作用，生成活性很高的氢氧化铝，然后进一步反应生成水化氯铝酸盐，使凝胶体数量增加，同时水化氯铝盐有一定的膨胀性，因此提高水泥石密实性和抗渗性。三氯化铝还具有很强的促凝作用，因此用它配制的水泥浆主要用于防水堵漏。

(5) 锆化合物。锆的化合性强，不存在金属离子状态，能与电负性强的元素化合。因此，锆容易与胺和乙二醇等物质化合。利用这种性质可用于纤维类的防水剂，作为混凝土防水剂也有市售品。

锆与水泥中的钙结合形成不溶性物，具有憎水效果。

(6) 硅酸质（SiO_2）粉末系。硅酸质粉末作为细掺料直接填充到砂浆或混凝土的颗粒间隙之中，提高了它们的密实性和抗渗性。如粉煤灰、火山灰、硅藻土、硅灰等。

这些细粉末掺入砂浆或混凝土之中，改善了它们的微级配以及和易性，特别是粉煤灰可较大降低单位用水量、减少孔隙率。矿物质的细掺料能促进水化反应，并且以火山灰反应产物填充混凝土中的孔隙。因此，可以大大改善长期的抗渗性。

硅灰是活性很高的细掺料，其比表面积高达 $20m^2/g$，几乎全是 SiO_2，而且是活性非晶态，掺入一定量（10%）的硅灰可显著改善混凝土的水密性。如果将矿物细掺料与超塑化剂结合使用，提高混凝土的密实性和抗渗性的效果更佳。

2. 有机质防水剂

有机质防水剂有两类：一类是憎水性的表面活性剂；另一类是天然和合成的聚合物乳液以及水溶性树脂。这两类有机防水剂的作用机理不同。掺憎水性表面活性剂（HLB 值低的），对混凝土拌合物有分散、减水、引气作用，改善了拌合物的均匀性和和易性，同时使硬化混凝土内的毛细孔和其表面憎水化，阻止在压力下水分的渗入。而掺水溶性或水乳性的树脂，主要是填充砂浆或混凝土中孔缝，增加组成料之间的粘结性，因此提高了砂浆或混凝土的抗拉强度，变形性和抗裂性，从而具有良好的抗水渗性和抗气渗性。

(1) 憎水性表面活性剂。高级饱和和不饱和的有机酸（RCOOH）以及它们的碱金属的水溶性盐（RCOONa 等）——皂类，属于憎水性表面活性剂。其中包括硬脂酸、棕榈酸、油酸、环烷酸混合物、松香酸以及它们的皂类。

它们的羧酸基（—COOH 或—COONa）与水泥浆中的氢氧化钙作用，这时形成不溶性钙皂的薄的络合吸附层。长链的烷基在水泥表面形成憎水层，其表面与水的接触角（或润湿角）$\theta=160°$，比石腊表面（$\theta=105°$）的憎水性还高。其中最有效和最便宜的憎水性表面活性剂是环烷酸皂。

有机硅憎水剂在建筑防水中占有重要地位，它们可直接掺入水泥砂浆或混凝土中作防水剂，或者以水溶液或乳液喷涂在砖石结构和建筑物表面，提高它们的防水性和耐久性。并且能与水泥混凝土表面产生化学结合，形成牢固的憎水性表面层，其反应过程如下：

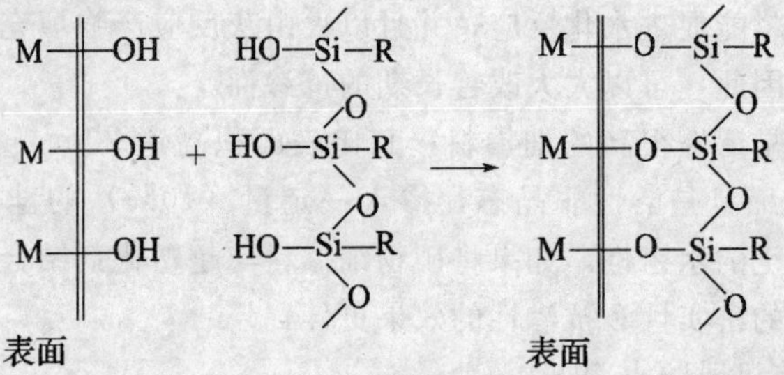

M＝Ca、Mg、Al、Si 等

有机硅憎水剂有：甲基硅酸钠、乙基硅酸钠、苯基硅酸钠、聚烷基羟基硅氧烷、聚硅氧烷等等。

掺甲基硅酸钠（ГКЖ-11）、乙甲硅酸钠（ГКЖ-10）和聚羟乙基硅氧烷乳液（ГКЖ-94）的砂浆（水泥：砂＝1：4）试样（12cm×7cm×2cm）的吸水率和渗水性测定结果，如表 15-7 所示。

表 15-7　掺有机硅憎水剂的砂浆（1：4）的吸水率和渗水性

憎水剂种类	憎水剂浓度（%）	吸水率（%）			渗水性（mm）		
		24	48	72	24	48	72
乙基硅酸钠（ГКЖ-10）	0.1	6.8	7.0	7.1	12	8	34
	0.2	0.8	0.9	1.0	2	4	8
	0.3	0.5	0.6	0.7	0	2	6
	0.4	0.3	0.5	0.5	0	2	3
	1.0	0.1	0.1	0.1	0	0	1

续表 15-7

憎水剂种类	憎水剂浓度（%）	吸水率（%）			渗水性（mm）		
		24	48	72	24	48	72
甲基硅酸钠（ГКЖ-11）	0.1	1.9	9.9	9.9	45	115	150
	0.2	9.5	9.8	9.8	33	65	80
	0.3	8.5	8.9	9.0	30	60	75
	0.4	7.6	7.8	7.9	23	48	60
	1.0	3.2	4.1	4.5	4	6	21
聚羟乙基硅氧烷乳液（ГКЖ-94）	0.3	0.15	0.2	0.2	2	4	7
	0.5	0.15	0.2	0.2	2	4	6
	0.7	0.1	0.15	0.15	2	4	6
	1.0	0.1	0.1	0.15	2	4	6
不掺	—	9.9	9.9	9.9	90	150	—

注：1. 吸水率：试体放入水中，其深度为试体高度的 3/4（15cm），浸泡一定时间后，测定重量增加百分数。

2. 渗水性：在直径 35mm、水柱高度 150mm 的玻璃管中，测定由于试样吸水使水柱高度下降的毫米数。

试验结果说明，掺乙基硅酸钠溶液砂浆的防水效果是甲基硅酸钠的 10 倍以上，乙基硅酸钠合适掺量 0.3%～0.4%，72h 的吸水率仅为甲基硅钠的 1/14 和不掺试体的 1/16，而实际上不渗水。掺 0.3%的聚羟乙基硅氧烷砂浆的吸水率更低，仅为空白砂浆的 1/50。

表 15-8 是掺环烷酸皂水溶液的灰浆吸水率的试验结果，掺 0.3%～0.5%环烷酸皂的灰浆吸水降低 1/6 以下。

（2）水溶性树脂和聚合物乳液。聚合物乳液、天然和合成橡胶乳液、热固性树脂乳液以及乳化石腊和乳化沥青等，主要用于配制聚合物水泥混凝土，其掺量（即聚合物水泥比）在 10%～20%，因此不属于混凝土外加剂的范畴，但是它同外加剂一样，是混凝土改性的发展方向之一。

表 15-8 掺环烷酸皂水溶液的灰浆吸水率试验

外加剂掺量水泥重量的（%）	吸水率（%）					
	1h	3h	6h	24h	48h	72h
0	7.5	7.9	8.0	8.5	8.5	8.5
0.05	2.0	2.4	2.9	3.9	4.0	4.5
0.1	1.3	1.4	1.8	2.2	2.6	3.4
0.2	1.2	1.4	1.7	2.0	2.3	3.9
0.3	0.6	0.8	1.0	1.5	1.8	1.9
0.5	0.1	0.2	0.3	0.4	0.6	0.7

注：灰浆配比 1∶0.5∶4（水泥∶石灰浆∶砂）；水灰比 1∶2。

聚合物改性砂浆具有较高的抗拉强度、变形性、粘结性和抗裂性，因此能铺设无缝地面，防水、防腐蚀面层，修补以及新老混凝土的粘结和接缝等。表 15-9 中列举了各种聚合物水泥砂浆的性能，其中吸水率均显著低于普通砂浆。

表 15-9 聚合物水泥砂浆的性能

砂浆种类	抗弯强度（MPa）		抗压强度（MPa）		吸水率（%）	干燥收缩（$\times10^{-4}$）	粘结强度（剪切）（MPa）	耐磨性指数（mg/1000 转）	抗冲击强度（落球法）（cm）
	干养	水养	干养	水养					
普通砂浆	3.0	4.0	10.3	20.2	11.4	10.50	0.5	18512	25
SBR 改性砂浆-1	5.9	4.8	19.9	18.9	1.2	8.29	1.3	454	210
SBR 改性砂浆-2	9.4	5.2	28.3	16.1	3.9	8.93	1.8	392	100
CR 改性砂浆	7.8	4.3	11.4	20.1	6.6	14.07	1.1	386	120
NBR 改性砂浆	6.5	5.0	20.2	18.1	2.4	3.64	1.4	403	110
NR 改性砂浆	2.0	2.0	4.5	4.4	3.6	9.57	1.5	622	235
PVAC 改性砂浆	6.4	2.4	14.5	10.1	5.6	24.07	0.1	281	70
PVAC 改性砂浆	8.1	4.4	24.9	23.9	3.0	9.64	1.3	696	50

注：SBR—丁苯胶乳；CR—氯丁二烯；NBR—丁腈胶乳；NR—天然橡胶胶乳；PVAC—聚醋酸乙烯及共聚物乳胶。聚合物水泥比为 20%，养护 28d。

水溶性树脂也能配制聚合物水泥砂浆，其耐水性较差，但是作为外加剂使用时(见本章第一节)，能提高混凝土的密实性和抗渗性。

二、新型防水剂

混凝土建筑工程的防水是十分重要而又复杂的问题，必须采取综合防水措施来解决。就混凝土本身而言，不仅存在抗渗的问题，而且还有防漏的问题。近10多年来，由于建筑防水工程的发展和需要，我国生产了许多新型防水剂和防水材料，有些产品还是从国外引进的技术。新的防水剂都是复合产品。例如，美国桦青公司生产的M1500水泥密封防水剂，它具有很强的渗透能力，渗透到混凝土内部，与水泥中的碱反应生成凝胶，填充封固混凝土内部的孔隙，形成永久性整体防水层。该产品使用时，可以溶液形式喷涂在干净混凝土表面，经两次喷涂，24h后可渗入混凝土内部3.5～4mm，抗渗性能承受3MPa水压。也可以外加剂掺入水泥砂浆或混凝土中，以提高混凝土强度，防止裂缝产生，提高防水抗渗性能。日本住友公司生产的防水、止水材料“披克漏”无机质渗透性防水剂和“速止漏”超速硬化止水材料（不收缩急硬水泥），也具有很好的防水堵漏效果。其中“披克漏”以水溶液喷涂或刷涂在混凝土或砂浆表面，经两层涂敷，其厚度为0.5～1mm，养护24h后形成整体防渗层。

我国核工业部第二研究所研制的“堵漏灵”和中国建材研究院研制的“防水宝”也属于这类防水剂，并且已在工程中应用，取得良好的防水效果。

综上所述，防水剂提高混凝土抗渗性的主要作用有：

(1) 混入微细粒子，填充混凝土孔隙；

(2) 与水泥的水化反应过程中生成的可溶性成分结合，形成稳定的产物；

(3) 混入憎水性的物质或生成憎水性成分；

(4) 形成防水性的薄层等。

掺防水剂只是配制防水混凝土的措施之一，重要的防水工程，如地下工程、高层建筑的地下部位等，必须采用综合措施。通常地下主体结构采用防渗混凝土，混凝土结构外部采用二层防水卷材或一层藻土防水板，而混凝土内表面涂防水涂料。这样设置三层防水层，才能保证混凝土结构物不渗漏。

三、多功能微膨胀复合防水剂

多功能微膨胀复合防水剂（CSP-F）由高效减水剂、缓凝剂、膨胀组分和激发剂等组成，是一种液体产品。具有减水、保塑、微膨胀、防渗抗裂等功能。

1. CSP-F 性能指标

外观：	棕褐色液体；
比重：	1.19+0.02（25℃）；
减水率：	15%～25%；
掺量：	3.0%～5.0%(防渗混凝土)；
	5.0%～7.0%(防渗抗裂混凝土)；
压力泌水率比：	23%（<100%）；
渗透高度比：	20%（<40%）；
34h 吸水量比：	49%（<75%）；
坍落度保留值：	30min17.5cm；60min17cm；
限制膨胀率：	水中 7d0.028%；28d0.036%；
对钢筋锈蚀作用：	无锈蚀；
含碱量(Na_2O+0.658K_2O)：	<0.75%；
抗压强度比：	3d130%～170%；7d120%～130%；28d115%～125%；
抗冻性：	300 次冻融合格。

2. CSP-F 掺量与混凝土限制膨胀率的关系

图 15-9 所示，随着 CSP-F 掺量的增加混凝土限制膨胀率增大，掺量 7%时达到 2.0×10^{-4}，略低于膨胀剂标值（2.5×10^{-4}）。但

是 CSP-F 的有效掺量为 2.8%（包括减水剂成分），显著低于膨胀剂的掺量（12%），仅为膨胀剂掺量的 1/5。

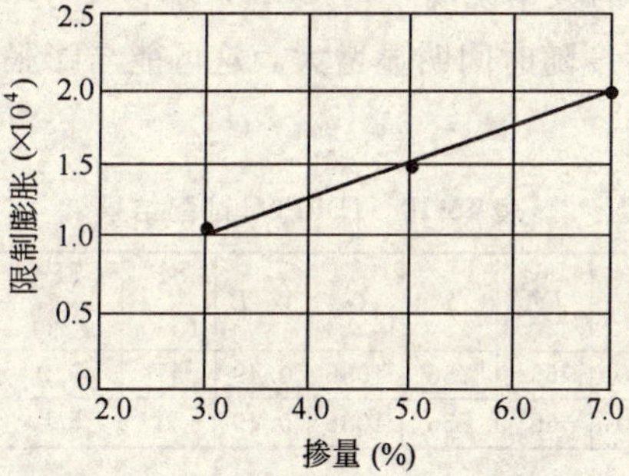

图 15-9　复合防水剂掺量与限制膨胀率的关系

3. 膨胀作用机理

$Al_2(SO_4)_3 \cdot 18H_2O + 6Ca(OH)_2 + 7H_2O$—

$3CaO \cdot Al_2O_3 \cdot 3CaSO_4 \cdot 31H_2O$　　（反应 1）

$Ca(OH)_2 + MgSO_4 + H_2O$—$CaSO_4 \cdot 2H_2O +$

$Mg(OH)_2$　　（反应 2）

$3CaO \cdot AL_2O_3 \cdot 6H_2O + 3CaSO_4 \cdot 2H_2O +$

$23H_2O$—$3CaO \cdot AL_2O_3 \cdot 3CaSO_4 \cdot 31H_2O$　　（反应 3）

$xCaO \cdot ySiO + MgSO_4 + H_2O$—$xCaSO_4 \cdot 2H_2O +$

$Mg(OH)_2 + ySiO$　　（反应 4）

硫酸铝在三乙醇胺的催化作用下与液相中的氢氧化钙反应生成钙矾石而产生膨胀（反应 1）。硫酸镁与氢氧化钙反应生成氢氧化镁而产生膨胀（反应 2），同时生成的石膏进一步与铝酸盐反应生成钙矾石（反应 3）。硫酸镁与硅酸钙反应生成溶解度低的氢氧化镁，促进反应（4）进行，同时在低 pH 环境中（pH110.5）使硅酸盐分解和结构破坏，以及产生膨胀。

4. C30 防渗混凝土试配结果

金鹰 P.O42.5 水泥，二级粉煤灰，中砂，碎石（5～

31.5mm)，掺多功能微膨胀复合防水剂 CSP-F 配制 FLC，初始坍落度 18～20cm，抗渗等级 P10。

表 15-10 中的数据说明，掺 CSP-F 不但不使 FLC 的坍落度损失，而且使坍落度随时间明显增大。这可能与膨胀组分反应生成钙矾石有关。

表 15-10 C30FLC 试配结果

编号	*W*	*C*	*FA*	*S*	*G*	*W/B*	*SP* (%)	*CSP-F* (%)	坍落度（cm）		
									0min	30min	60min
1	180	300	65	756	1086	0.49	41	5.0	17	18.3	18.5
2	180	300	65	756	1086	0.49	41	5.0	15	—	18.5

表 15-11 和表 15-12 列举了掺 CSP-F 配制防渗抗裂混凝土试验结果，说明 CSP-F 防水剂具有较好的增强作用。我们研制的 CSP-F 多功能微膨胀复合防水剂在广东、北京和浙江等地区使用多年，主要用于基础工程的防渗抗裂，大体积流态混凝土。与掺膨胀剂的防渗抗裂混凝土相比较，其特点是：

表 15-11 C25 防渗混凝土试配结果

编号	*W*	*C*	*FA*	*S*	*G*	*W/B*	*SP*	*CSP-F* (%)	坍落度 (cm)	抗压强度（MPa）		
										3d	7d	28d
1	185	303	75	709	1106	0.49	39	3.0	17.0	18.3	21.0	36.3
2	180	294	73	715	1118	0.49	39	3.0	15.0	18.5	18.5	28.0
3	180	294	73	770	1063	0.49	42	3.0	13.0	16.6	22.0	31.8

表 15-12 防渗混凝土试配结果

强度等级	*W*	*C*	*FA*	*S*	*G*	*W/B*	*SP* (%)	*CSP-F* 掺量 (%)	坍落度 (cm)	抗压强度（MPa）		
										3d	7d	28d
C40	175	398	69	671	1073	0.37	38	3.0	10.5	25.7	36.6	48.5
C35	173	365	64	722	1061	0.41	40	3.0	13.0	21.6	29.8	37.8
C30	178	332	73	705	1096	0.44	39	3.0	13.5	20.0	22.1	34.6
C35	178	365	78	693	1085	0.41	39	3.0	14.0	23.8	31.7	48.9

（1）掺量低，仅为膨胀剂的 1/5，膨胀组分不含碱。

（2）对水泥适应性好，坍落度损失小，而掺膨胀剂时使坍落度损失加快。

（3）增强效果好，而掺膨胀剂使自由状态下的混凝土强度降低。

（4）CSP-F 为液体，便于使用和自动计量。

第四节　减　缩　剂

混凝土减缩剂的研究在国外开展较早，据所查资料，在 20 世纪 80 年代末期就有日文资料对减缩剂的相关报道。在美国，于 1995 年 3 月就有液体减缩剂投放市场。并且根据建材与施工新技术代表团赴美国考察访问后写的《美国混凝土研究应用情况》中报道，由美国西北大学、普渡大学、密西根大学、依利诺依州立大学和国家标准局组成的美国水泥基材材料研究中心（ACBM）当时正在开展一些协作项目，其中就有一个项目是关于混凝土减缩剂的开发，可见国外早已把混凝土减缩剂的开发提上了日程。国外开发的减缩剂多是烷基聚氧乙烯醚和聚丙撑二醇类的衍生物，它们均具有大幅度降低混凝土的自由干燥收缩和受限情况下混凝土结构裂缝开裂宽度的能力。

我国混凝土减缩剂的研究工作开展较晚，直至 20 世纪 90 年代末才有自主开发的混凝土减缩剂的相关报道，减缩剂的主要成分是多羟基化合物。

一、减缩剂分子结构

减缩剂的主要成分是水溶性的单羟基或多羟基聚醚。由于它们能降低表面张力，因此具有引气作用。研究减缩剂的分子结构是为了使其引入的气体对混凝土不产生负面影响，其技术关键是通过调整作为分子结构主链的二羟基聚氧乙烯醚（EO）和氧丙烯醚（PO）中的 EO/PO 比例和增加分子量来调节引气量。

表15-13显示所有减缩剂试样的性能和测试结果。可以看到，当EO/PO比例增加时表面张力增加，同时引气量也表现出增加的趋势。在这些试样中，可以认为试样A和试样B在控制引气量上比市面上应用的减缩剂更为有效。但同时也要看到试样A所具有的消泡作用，因此其所引入的有效气体还是减少了。基于这些原因，我们选择试样B作为下一步实验用减缩剂。试样B含气量随时间变化的关系曲线见图15-10。

表 15-13 减缩剂试样的性能和测试结果

试样	EO/PO比	分子量	表面张力（mN/m）	含气量（%）
A	0/100	1200	37.1	0.7
B	5/95	1000	43.1	3.5
C	25/75	800	48.6	5.7
D	50/50	1700	47.2	5.1
E	75/25	1000	53.2	6.5

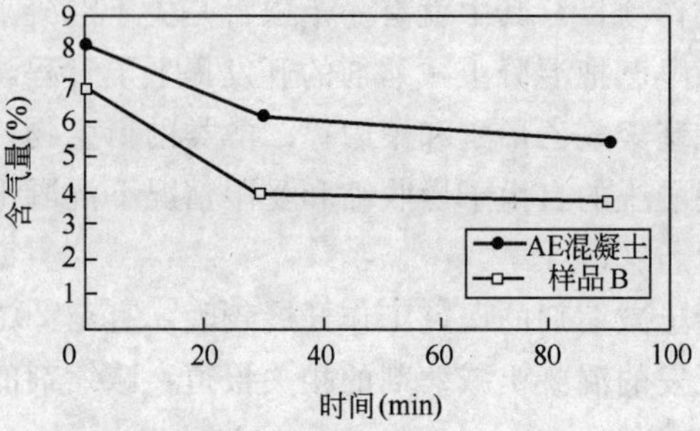

图 15-10 试样B含气量随时间变化的关系曲线

图15-10显示了试样B的含气量随时间变化的测试结果。同掺引气剂的混凝土的含气量与时间变化的关系相比，试样B没有达到所期望的改进作用。虽然它们的减缩作用与市面上应用的产品相差无几，但图15-11显示其对抗冻融效果并不理想。因此说，即使减缩剂已经具有一个既不引气又不消泡的分子结构，它们的抗冻融性也未必能得到改善。

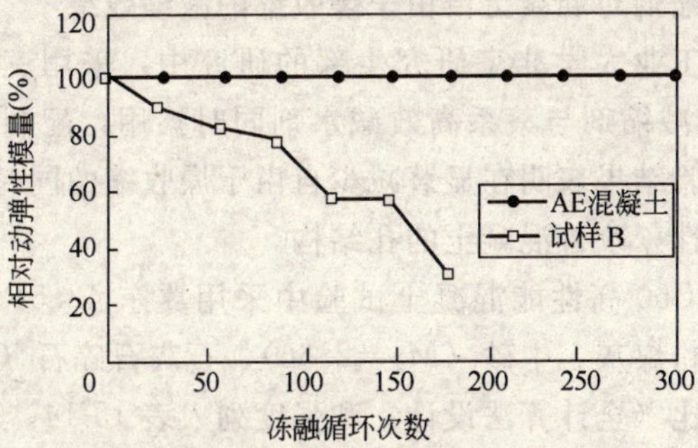

图 15-11　试样 B 的冻融循环试验结果曲线

二、减缩剂加入法实验

如果使用减缩剂影响混凝土的引气特征，并削弱混凝土的抗冻融能力，那么改变减缩剂的加入方法有可能更正这一负面效应。这一方法与普通方法不同之处在于，它事先将除减缩剂以外的所有混凝土组分进行拌合，延迟一定时间后，再将减缩剂加入，由此改善混凝土的引气特征和抗冻融能力。

图 15-12 给出了试样 C 混凝土抗冻融循环试验结果，从图中可以清楚地看到减缩剂采用延迟加入法的混凝土较采用常规加入法的混凝土显示出更好的抗冻融能力。

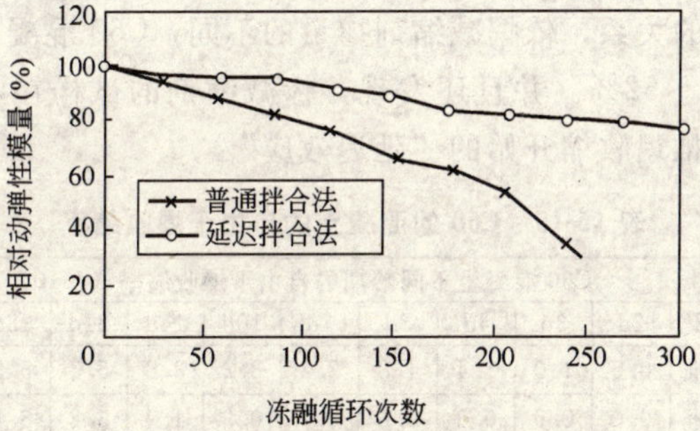

图 15-12　试样 C 的冻融循环试验结果曲线

三、减缩剂对混凝土自由干燥收缩的减缩效果

在武汉工业大学北京研究生部的研究中，采用三羟基聚氧乙烯-氧丙烯醚减缩剂与萘系高效减水剂同时掺用，配制 C60 高性能混凝土，试验结果表明在显著减少自由干燥收缩的同时，能提高混凝土的抗裂性，改善混凝土的孔结构。

在配制 C60 高性能混凝土试验中采用冀东 42.5R（525R）型水泥、Ⅰ级粉煤灰、中砂（M_x=2.66)、石灰石碎石（5～25mm)。混凝土配合比（全计算法设计）和强度列入表 15-14。

表 15-14　C60 高性能混凝土的抗压强度

编号	*W*	*C*	*FA*	*S*	*G*	*W/B*	*SEA* (%)	*NSF* (%)	坍落度 (cm)	抗压强度（MPa)		
										3d	7d	28d
C1-0	161	397	106	692	1050	0.32	—	1.5	22.0	41.5	55.9	73.8
C1-1，0	156	397	106	692	1050	0.31	1.0	1.5	22.5	46.9	65.6	85.8
C1-2，0	151	397	106	692	1050	0.30	2.0	1.5	14.5	47.0	70.9	87.9

从表 15-14 中的数据可以看出，掺减缩剂的混凝土 28d 强度高于单掺 NSF 减水剂的混凝土 28d 强度，并且随着 SRA 掺量的增加强度提高的程度也增大。虽然 SRA 有一定引气性，但对混凝土强度没有不利的影响，甚至能提高强度。

表 15-15 和图 15-13 表示 SRA 掺量与不同龄期混凝土的自由干燥收缩率的关系，依据减缩剂掺量的不同，C60 混凝土 28d 的减缩率为 32%～52%。并且还发现，掺减缩剂的试样在收缩开始的初期显示出推迟收缩开始的“延迟效应”。

表 15-15　C60 的混凝土的自由干燥收缩率

编号	C60 混凝土不同龄期的自由干燥收缩率（$\times10^{-4}$）											
	1d	2d	3d	4d	5d	7d	10d	14d	21d	28d	60d	90d
C1-0	基准	0.5	1.0	1.4	1.8	2.2	3.2	3.8	5.3	5.5	6.0	6.2
C1-1.0	基准	0.0	0.0	0.3	0.6	0.7	0.9	1.9	3.2	3.2	3.8	4.4
C1-2.0	基准	0.0	0.0	0.3	0.5	0.9	1.3	1.5	1.9	2.2	2.5	3.0

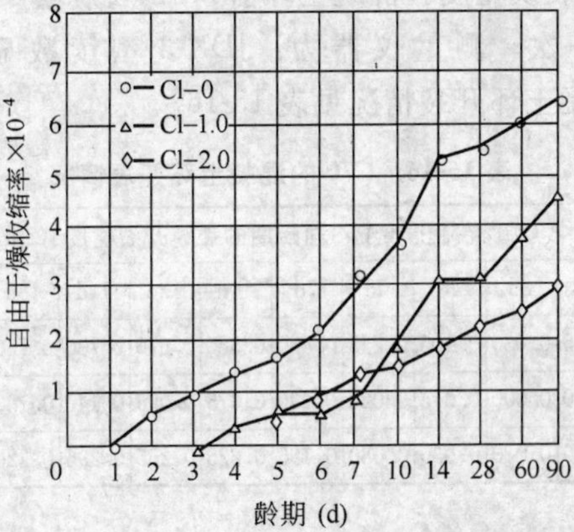

图 15-13 C60 混凝土自由干燥收缩率与龄期的关系

减缩剂与高效减水剂复合，由于减缩效应与其分散效应共同作用使得水泥石的孔径分布大幅度地向小孔方向移动，这样有可能增大水泥石的干燥收缩量，但对提高混凝土强度和受限混凝土结构的抗裂性能是至关重要的。

同国外开发的减缩剂相比，表 15-15 所用的减缩剂 SRA 可达到甚至要优于其减缩效果。例如：同国外的减缩剂 EclipseTM 相比，在其掺量为 1.0％时，所用的混凝土配合比与本试验相近，其 28d 减缩率为 26％，与本试验所用的减缩剂的减缩效果相似。

四、减缩剂对提高受限混凝土结构抗裂性能的作用效果

由于混凝土的强度越高越容易开裂，尤其是掺入硅灰的混凝土，这是由于此时混凝土的早期收缩量较大，且材料的弹性模量较高、徐变能力较小的缘故。因此做了强度等级 C70 的混凝土的受限开裂试验。

成型的受限混凝土环，然后放置于温度为 20±2℃、RH＝60±5％的养护室中进行干燥，并于设计的时间间隔观察其外表面开裂情况。取环上开裂最大的裂缝为该环的裂纹宽度，然后取三个环

的平均值作为裂纹宽度。混凝土环前5d每天观察一次，7～28d每2～3d观察一次。测量仪器为：JDX-3型读数显微镜，精度：0.01mm，混凝土环开裂情况见表15-16。

表 15-16 C70 的混凝土环开表情况

编号	C70 混凝土环于不同龄期的裂缝开裂宽度（cm）												
	1d	2d	3d	4d	5d	7d	10d	12d	14d	18d	21d	24d	28d
CA-0	0.000	0.015	0.035	0.105	0.255	0.420	0.585	0.670	0.730	0.760	0.775	0.805	0.875
CA-1.0	0.000	0.000	0.000	0.015	0.020	0.030	0.075	0.095	0.140	0.180	0.185	0.195	0.200
CA-8.0	0.000	0.000	0.020	0.030	0.080	0.195	0.225	0.255	0.295	0.320	0.335	0.345	0.375

五、减缩剂对于水泥石孔结构的影响

图15-14和图15-16为单掺1.5%NSF型萘系高效减水剂的空白混凝土试样C1-0和掺1.0%的减缩剂及1.5%NSF型萘系高效减水剂的混凝土试样C1-1水化龄期为90d的孔径分布图，图15-15、图15-17为它们的累计体积—孔径曲线。由图可知，由于减缩剂和高效减水剂复合后可大幅度地提高水泥粒子初始水化ζ-电位从而有利于提高其分散性，因而使得硬化后的水泥石孔径分布大

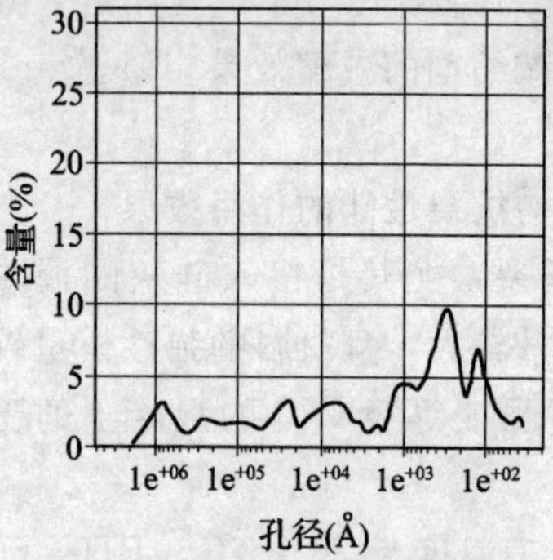

图 15-14 C1-0 混凝土试样孔分布曲线

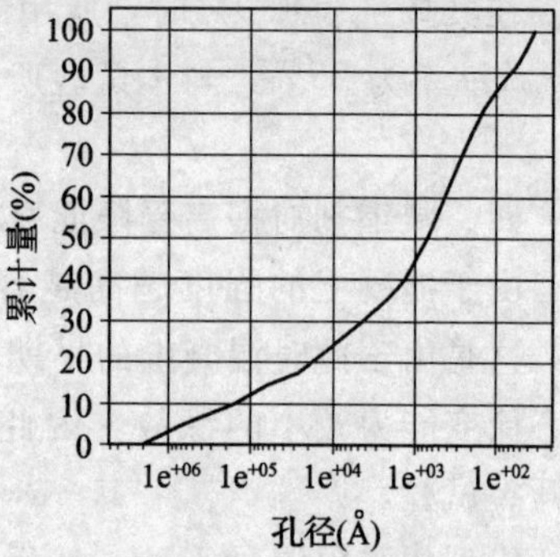

图 15-15 C1-0 混凝土试样累计体积-孔径曲线

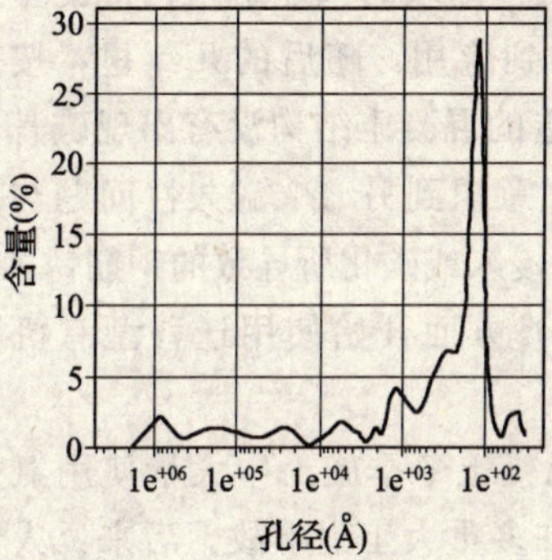

图 15-16　C1-1 混凝土试样孔分布曲线

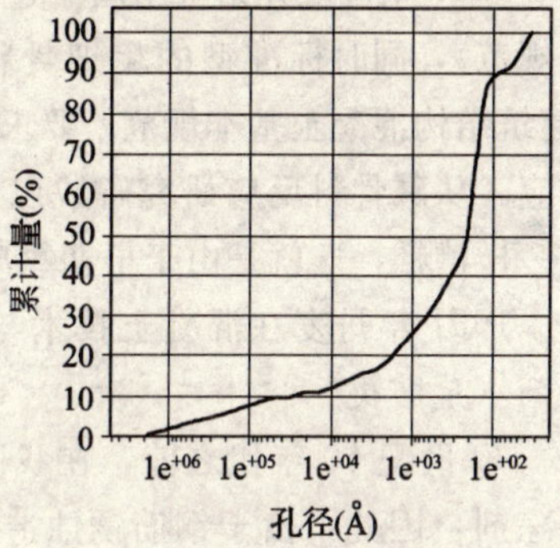

图 15-17　C1-1 混凝土试样累计体积-孔径曲线

幅度地向小孔方向移动。显然，此时由于减缩剂可减小毛细孔和凝胶孔中的水蒸发时产生的附加压力，使得水泥石孔径分布向小孔方向移动的效果与前者相比显然前者占主导。其结果是使空白混凝土试样 C1-0 最可几孔径 300×10^{-10}m 改变为掺减缩剂的混凝土试样 C1-1 的最可几孔径 150×10^{-10}m。即混凝土试样的最可几孔径分布从少害孔级（$200\sim500\times10^{-10}$m）改变为无害孔级（200×10^{-10}m 以下），这样就使得减缩剂在掺入混凝土后不仅具有减缩效果而且具有增强效果。

第五节　阻　锈　剂

一、概述

20 世纪 80 年代中期，丹麦在混凝土技术领域试图引入阻锈剂。但是，从 50～80 年代丹麦在关于混凝土结构耐久性方面的主要问题是碱骨料反应。这样，使混凝土技术专家的兴趣有所局限，阻锈剂在当时没能推广。在混凝土中添加阻锈剂也受到影响。像人们所说的一样，工程师们不相信所设计的混凝土配合比具有耐久性。

1987 年丹麦开始采用国家建筑机构出版的《建筑结构混凝土基本规范》，同时标准型的粗细骨料得到应用。随后的几年里，按照《建筑结构混凝土基本规范》要求建造的混凝土结构没有出现碱骨料反应。从碱骨料反应研究解脱以后，意识到另一个耐久性问题与以前一样糟糕，这就是由于早期氯离子侵入或碳化所导致的钢筋锈蚀。

1997 年丹麦在混凝土技术与维修方面开始使用迁移型有机阻锈剂（羟胺类）。

20 世纪 60 年代之前，在我国混凝土冬季施工中大量使用氯盐防冻剂，因此，由于钢筋锈蚀造成许多重大工程事故。后来，人们采用亚硝酸盐阻锈剂与氯盐复合成阻锈型防冻剂进行混凝土冬季施工，一直沿用到现在。我国对阻锈剂的研究不够充分，这与工程界人士对混凝土耐久性不够重视有关。

二、阻锈剂分类

阻锈剂是一种在很小的浓度下添加到混凝土中时，阻止腐蚀或降低腐蚀速度的物质。掺阻锈剂能影响阳极反应或阴极反应，或二者同时影响。这里必须区分阻锈剂与其他混凝土添加剂，如硅粉通过减少氯离子侵入改善腐蚀稳定性。

通常，阻锈剂分为五类，分别是：

（1）阳极阻锈。一般情况下，钢筋表面存在氯离子时，使纯化膜趋于分解。阳极阻锈剂能抑制锈蚀和使钝化膜稳定。亚硝酸钙阻锈剂的作用是提高混凝土中氯离子开始锈蚀的临界浓度。但是亚硝酸钙是一种促凝剂，要考虑防止瞬时硬化的措施。

（2）阴极阻锈剂。阴极阻绣剂吸附在钢筋表面，作为混凝土中钢筋保护层减少阴极氧化反应。但是，几乎所有阴极阻锈剂，如胺、磷酸盐、锌酸盐、膦酸盐等会大幅度增加混凝土的缓凝。

（3）有机阻锈剂或迁移型阻锈剂。它们不但影响阴极反应，而且影响阳极反应，因此具有双重作用。此类典型的阻锈剂有胺、羟胺等。

（4）气相阻锈剂。类似于吸附型阻锈剂，但是具有很高的蒸汽压。因此，气相阻锈剂适用于抑制空气腐蚀，无需与被保护的金属表面直接接触。

(5) 氧化阻锈剂。此类物质如铬酸盐，可以在很多系统中作为阻锈剂。主要用作防止金属与合金等的被动活化转换，如铁、铁合金和不锈钢等。

由于有机阻锈剂可以通过扩散作用迁移到硬化混凝土内部，这一点对于钢筋混凝土的修补很重要。与混凝土中钢筋接触以后有机阻锈剂形成单分子保护层，不但保护混凝土中钢筋的阴极区，而且保护阳极区，具有双重作用，显著减少腐蚀。

由于一些阻锈剂在低浓度时加速腐蚀（可能引起坑蚀），在混凝土中加入足够剂量的阻诱剂非常重要。所以，在混凝土中加入的阻锈剂过少，还不如不加阻锈剂。另一方面，必须保证在混凝土中加入过量的阻锈剂不会破坏混凝土本身的性能，如工作性、强度和耐久性等。

当两种或多种阻锈剂同时用于腐蚀系统，有时产生复合效应，也就是抑制效果大于单独使用所能达到的效果。目前这种复合效应的机理还不是很清楚。

由于一些阻锈剂有毒或污染环境，应用受到限制。而且，一些阻锈剂影响新拌混凝土和硬化混凝土的性能，少数阻锈剂在浓度过大或环境温度过高时而失效。

三、钢筋混凝土结构中阻锈剂的选择

钢筋混凝土结构选用的阻锈剂的性能最少应该满足以下要求：

(1) 应用时无毒而且不污染环境。

(2) 在硬化混凝土中能够迁移。

(3) 在钢筋混凝土所暴露的环境温度下能够经久耐用而且有效。

(4) 抑制腐蚀作用不随混凝土密度变化。

(5) 对新拌混凝土和硬化混凝土的性能影响最小。

四、阻锈剂在混凝土中的应用

1. 亚硝酸钙阻锈剂的应用

氯化物侵入混凝土中，由于钢筋锈蚀给结构带来了严重破坏。为了延长这种钢筋混凝土结构的使用寿命，必须采用锈蚀保护方法，其中简便有效致的方法是采用掺阻锈剂的低渗透性混凝土。许多文献中肯定了亚硝酸钙作为阻锈剂使用时对于钢筋混凝土结构的有效性及与混凝土其他性能的相容性。通过对阻锈作用机理的研究发现亚硝酸钙是一种阳极阻锈剂，因为它催化了铁离子氧化成为赤铁盐的反应，使混凝土结构的服务寿命延长。即使存在氯化物时，这种过程也能增进钝化层的质量。在这一过程中，亚硝酸盐转变为硝酸盐，并且进一步转变成氮气，导致阻锈剂的消耗。此外，亚硝酸盐的含量还可以被洗出或渗析而有所降低。在侵蚀性环境中，这种渗析或洗出作用加强了氯化物的侵入。在这种情况下，氯化物含量将超过临界值，可能导致发生局部的去钝化。在文献中也发这个临界值和所需要的亚硝酸盐阻锈剂的含量之间有明显的关系。只要氯化物与亚硝酸盐的比值低于1.5，即使氯化物掺量大于水泥重量的1%，钢筋仍保持钝化状态。对于未开裂的钢筋混凝土，有一些实验室和现场的试验证实了这种效应。

在裂缝区域或由于阻锈剂分布不均匀（有选择性地超用量或不足用量使用），如果氯化物含量超过临界值，将可能发生局部锈蚀。这样，阳极阻锈剂在裂缝区域将不再起作用。不过，假如裂缝发生自愈合，导致水分的传输量显著减少，则阳极阻锈剂可能重新到达钢筋发生锈蚀的表面，而且由于扩散作用造成了pH值的增大。这是阳极阻锈剂的另外一个可能的作用。如果阻锈剂在与裂缝相邻区域内的钢筋部位的含量仍然较高，将可能使阴极表面电势增大，钢筋表面将会变得更具惰性。这种过程会增大锈蚀发生的动力，阳极阻锈剂就可能起到有害作用。随着pH值的增大，这种效应在阴极处会降低。对于pH值大于12.5的混凝土，这种过程基本测不出来。

对于亚硝酸钙，只有有限的研究涉及了裂缝的影响，发现锈蚀过程的动力并未因使用亚硝酸钙而增大。研究表明，在具有足够保护层厚度的高质量混凝土中使用阻锈剂时会减弱锈蚀。

2. 有机型迁移阻锈剂的应用

使用迁移性阻锈剂（MCl）对于保护混凝土中钢筋是一种创新技术。迁移型阻锈剂可用作新拌混凝土的外加剂，也可用作对现有结构的表面处理材料。对迁移性阻锈剂进行研究的结果证实了迁移性阻锈剂可保护混凝土中钢筋免遭锈蚀。另外，MCI对新拌混凝土工作性和硬化混凝土的力学性能没有不利的影响。迁移性阻锈剂吸附在金属表面形成单分子保护层，可以降低电化学阴极和阳极反应速率，从而延缓锈蚀速率。通常使用电化学和其他物理—化学方法研究迁移性阻锈剂的性能。

(1) 有机阻锈剂在混凝土中的迁移。有机阻锈剂大约在20年前开始在混凝土中使用，实验室试验同期开始进行，但是实际情况是，实验室只进行了短期试验。试验证明有机阻锈剂迁移到混凝土内部，使得暴露于氯盐环境中的钢筋开始腐蚀时间显著推迟。而且，腐蚀开始以后腐蚀速度显著降低。

为了确定有机阻锈剂在混凝土中的侵入，必须能探测到其在混凝土中存在。通常用两种方法来确定：放射性同位素技术和胺选择电极技术。

众所周知，通过“扩散单元技术”可以证明氯离子扩散到混凝土内部。混凝土中氯离子在扩散单元中的扩散试验方法如下：两个容器中一个盛有含氯离子的溶液，另一个盛有不含氯离子的溶液，两个容器被一个混凝土圆柱体分开。可以观察到氯离子从多的一方通过混凝土向少的一方扩散。

1) 扩散单元技术。同样的方法可以用来证明有机阻锈剂在混凝土中可以迁移。有机阻锈剂扩散到少的一方的数量可以用胺敏电极检测。可以观察到阻锈剂在混凝土中的扩散过程。研究证明：阻锈剂在混凝土中的扩散取决于混凝土的组成、渗透性以及阻锈剂的物理化学性能。

2）放射性同位素技术。通过放射性同位素技术，使迁移型阻锈剂具有放射性并直接用于砂浆试件表面（400mL/m²）。经过一定时间（1d、9d和24d）将试件切成5mm厚的薄片，确定到表面一定距离处迁移型阻锈剂的含量。试验结果示于图15-18。由此表明，续经过1d在15mm深度处发现迁移型阻锈剂。经过24d迁移型阻锈剂侵入到试件内部的深度超过30mm。

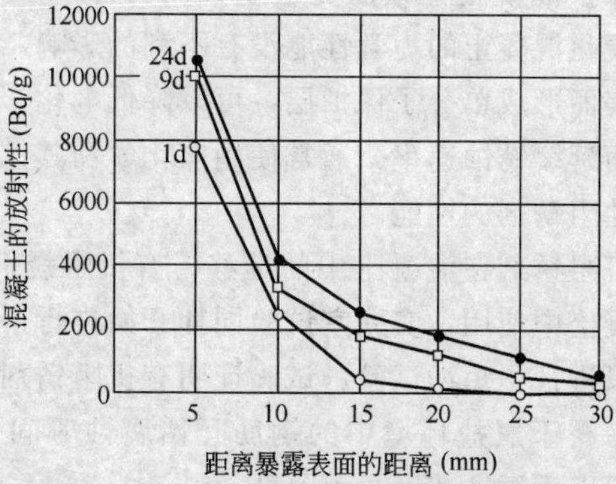

图15-18 混凝土的放射性与表面距离的关系

注：在$W/C=0.45$的砂浆试件表面直接应用迁移型阻锈剂（乙醇胺溶液），用量400mL/m²。通过使用氢的放射同位素使迁移型阻锈剂具有放射性。通过观察特定放射性照片，经过24d以后，探测到表面30mm以下存在阻锈剂。

（2）腐蚀开始期的延长。为了确定腐蚀开始时间，实验室试验按照ASTM G109-2中“预裂梁”的方法进行。

试验结果表明，没有阻锈剂的混凝土梁试件，当加入3%NaCl溶液以后钢筋立即开始腐蚀。对于成型时加入有机阻锈剂或表面涂有迁移型阻锈剂（成型36d后涂）的混凝土试件，钢筋开始腐蚀时间显著延迟，分别为100d和200d。如图15-19所示。

（3）腐蚀速率降低。用电化学阻抗谱研究了迁移性阻锈剂的有效性，样品成型时带有预埋钢筋，养护28d。样品1为不掺阻锈剂，样品 2 和 3 分别掺 0.05%和 0.09%的 MCI-A 有机阻锈剂（市售产品）。

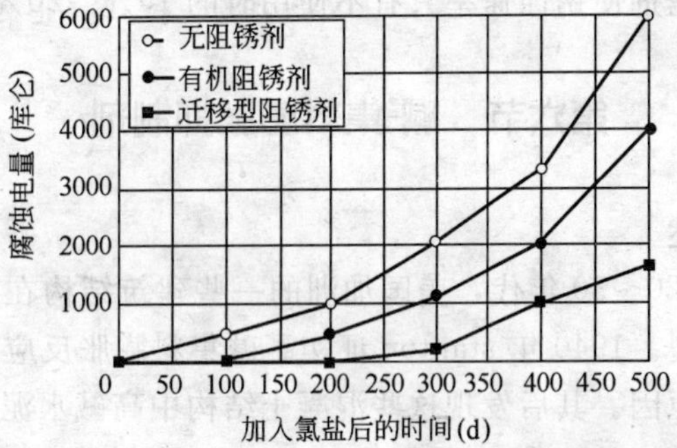

图 15-19 腐蚀电量与时间的关系

使用恒电位仪 FASI 和 CMS100 软件获得电化学阻抗谱。砂浆样品在 3%的 NaCl 溶液中浸泡 20h。使用甘汞饱和电极作参比电极，以高密度石墨电极为测量电极而获得阻抗谱。测试结果见表 15-17。由此看出，使用 MCI-A 阻锈剂样品的钢筋腐蚀速率显著低于基准样品。

表 15-17 电化学阻抗谱测量

序号	材　料	*RP*（Ω）	锈蚀速率（mmpy）	*Z*（%）	*γ*（%）
1	基准	10042.5	4.1882	—	—
2	MCI-A（0.05%）	31215	1.34	68	3.12
3	MCI-A（0.09%）	75784.9	0.55	87	7.6

注：*Z*—保护能力，*γ*—阻锈系数。

另外，用动电位极化技术研究 MCI 的性能，结果证明MCI-A 使钢筋纯化，并保护钢筋不受氯离子的坑蚀。

综上所述，迁移型阻锈剂主要作用如下：

(1) 提高混凝土中氯离子浓度的临界值，使开始产生锈蚀前的时间增加100%。

(2) 钢筋开始腐蚀以后的腐蚀速率下降。其他参数相同时，使用迁移型阻锈剂使锈蚀速率只有不使用时的15%～20%。

第六节 碱-集料膨胀抑制剂

一、概述

20世纪20～30年代，美国加洲的一些建筑结构在建成几年内就有一些开裂。1940年stanton证实了碱集料膨胀反应是引起这些破坏的主要原因。其后发现这些混凝土结构中高碱水泥和蛋白石质集料是共同使用的，由于碱-集料反应而造成的混凝土开裂在其他国家也有所认识。1957年，碱一碳酸盐反应作为另一种有害的膨胀反应由Swenson发现。从此以后，世界各地召开了许多国际会议来讨论由于碱-集料膨胀所造成的混凝土的破坏。

碱-集料膨胀（AA）就是水泥中的碱的氢氧化物和集料颗粒中的活性成分发生的化学反应。除了碱-二氧化硅、碱-碳酸盐反应外，还提出了第三种类型的反应，即碱-硅酸盐反应，它发生在含有泥岩和硬砂岩的混凝土中。这种反应通常很慢，而且机理也没有完全搞清楚。

一些文章已经很详细地描述了碱-集料反应可能的机理。在水泥浆中，碱的存在使pH值提高到13.5～13.9。据报道，由高碱水泥制成的混凝土其溶液中氢氧化物的浓度是低碱水泥溶液的10倍、饱和Ca（OH）的15倍。一般来说，反应的第一阶段是OH使活性二氧化硅发生水解形成碱-二氧化硅凝胶，接下来搭接阶段是水被凝胶吸附，这使得体积增大。碱的主要来源是水泥，其他来源也不容忽视。拌合水、海水、集料中可能的矿物组分如伊利土、云母或长石、地下水、化冰盐，以及外加剂都是其来源。混凝土中一些被认为是具有碱活性的天然矿物包括蛋白石、玉髓、火山性玻璃、硅水泥和隐晶石英。有些外加剂，如$CaCl_2$基的组分和超塑化剂可能加剧碱-二氧化硅反应。

碱-硅酸盐膨胀是含有硬砂岩（含有长石或粘土的白砂石）和如蛭石一样分层的集料反应的结果。页硅酸盐和其他矿物也能与碱溶液反应。在高 pH 值条件下，含有硅酸盐（沸石和粘土矿）的反应曾报道过，但这些反应对碱-集料膨胀的重要意义仍不清楚。

碱-碳酸盐反应与其他类型不同的地方在于受影响的混凝土不含很大量的二氧化硅凝胶，并且集料中并不存在遇到碱时产生膨胀的二氧化硅矿物。有关机理的细节仍有争论。一种可能是膨胀由氢氧化镁晶体在脱白云石作用发生的受制空间中长大和重排所致。另一种意见认为膨胀是由于隐晶石英（碱活性二氧化硅在石灰石中并不罕见）。在早期的解释中，Gillott 认为膨胀是由于细小组分粘附水分而产生的膨胀压力，特别是受到脱白云石反应影响的干粘土。

不管岩石或矿物的类型如何，膨胀的增加受碱含量、水分、温度和暴露时间的影响。存在着活性的或部分活性的集料能提高混凝土的机械性能，它在极接近于结构性能之处可能适用，并且不得不得到应用。低碱水泥的应用以及加入添加剂对这样的集料可能是需要的。众所周知，由活性集料制成的混凝土，其每立方米碱含量低于一个特定值时，膨胀很小。技术上碱含量低于 0.6% 含碱当量（$Na_2O+0.65K_2O$）的水泥是低碱水泥。

图 15-20 显示了含有不同含碱当量的水泥砂浆的膨胀。当碱含量下降时膨胀通常减少。粉煤灰、高炉矿渣、硅灰或稻壳灰代替部分波特兰水泥也能使膨胀减小。降低水灰比的影响以及其在碱-集料膨胀上的后果仍待解决，较低的水灰比使强度增加、孔隙率较小、抗透性好、碱离子迁移率较低，然而孔隙中碱的富集将增加。引入空气可能会降低膨胀，避免使用碱含量高的外加剂。使用低碱水泥，在提供足够时间干燥后密封混凝土，在集料颗粒上涂覆不透水的物质是降低碱-集料反应的一种措施。有些外加剂，特别是锂盐可以降低碱-集料反应。

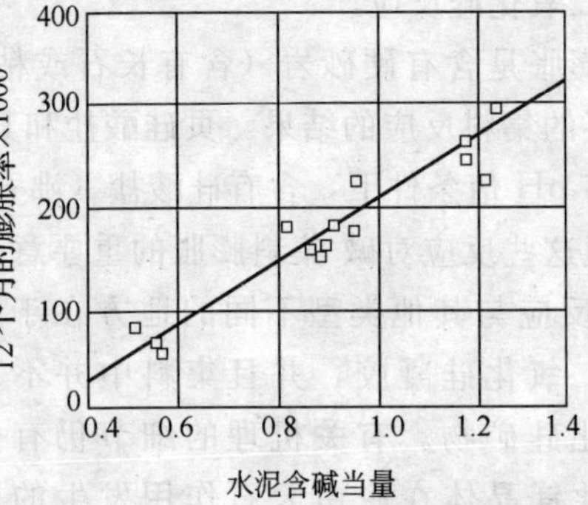

图 15-20 不同 Na_2O 含量的砂浆的膨胀

二、测试方法

除了 ASTM 标准以外，还有一些加速方法可以估计集料引起有害的碱-集料反应的潜在能力。如 C295-90 是关于岩相检测的。这种方法测定物质的物理和化学特性，分类并评估组分的数量，使用 XRD、DTA、IRA 和其他方法的另外的测试可代替岩相检测。在 C227-90 中水泥-集料联合体的潜在碱活性的标准测试方法是使用砂浆棒。通常认为如果 3 个月内长度变化超过 0.05%或 6 个月内超过 0.1%，那么膨胀就过大了（ASTMC-33）。这个试验应有其他方法例如岩相检测作补充。ASTM C289-87 方法通过 24h 内 80℃下 1N NaOH 和集料的反应量来测试波特兰水泥混凝土中集料对碱的活性。其中集料经过破碎可通过 300μm 筛，但通不过 150μm 筛。此方法必须同其他方法共同使用。尽管很快能得到结果，但并非完全可靠。ASTM C342-90 中测试水泥集料联合体的体积变化的试验主要用于研究工作。在试验中使用砂浆，初温和养护、添加剂与 C227-90 中提到的相同。测试碳酸盐集料的潜在碱活性的 ASTM 方法有两种。在 ASTM C586-92 中碳酸盐岩石的膨胀是通过在室温下将其浸入 NaOH 溶液来测试的。ASTM C1105-89 的名称是“由于碱-碳酸盐集料而引起的混凝土长度变化”，估计了由碱-碳酸盐反应引起的混凝土膨胀。ASTM 标准 C441-89 是关于矿物外加剂或粒化高炉矿渣对阻止由碱-二氧化硅反应引起的过度膨胀的有效性，加拿大标准委员会（CSA）A23.2-14A 题为“水泥-集料联合体的潜在膨胀（混凝土棱柱膨胀方法）”中。有两种测试方法，一种是对碱-碳酸盐活性集料，另一种是对慢/迟膨胀的碱-硅酸盐/-二氧化硅活性集料。

三、硅灰的影响

加入水泥中以降低碱-集料膨胀的外加剂包括化学外加剂以及其他外加剂，如硅灰、粉煤灰、矿渣和其他硅质材料。一种有效的控制膨胀的碱-集料反应的方法是在高碱水泥中混入硅灰。但是据报道，在硅灰对碱-集料膨胀的效果上有矛盾结果。尽管在早期少量的硅灰被认为是有效的，但是在长期使用中在某种程度上是无效的。已经确定，当硅灰掺量比较大时，硅灰本身也将成为同水泥中的碱发生反应的来源。硅灰的有效性依赖于几个参数，例如组成（SiO_2 和碱含量）、用量、碱-集料反应的类型（碱-二氧化硅或碱-碳酸盐）以及水泥的类型、细度和碱含量。

Oberholster 和 Westra 运用硼硅酸玻璃光谱试验（ASTM C441-69）发现硅灰作为掺合料时，有 0.008%的收缩。含有矿物外加剂（硅灰和粉煤灰）混合物的膨胀结果见图 15-21。最上面的曲线 1 显示了低碱水泥稀释的影响，在 30%替代量时，当含碱当量由 0.97%降到 0.68%，膨胀也不断下降，所有外加剂促使膨胀下降值显著地低于这些值并且它们的影响并不仅仅是稀释的结果。假定将 0.1%的膨胀作为允许的膨胀指标，那么就需要体积比为 10%的硅灰替代量，而且发现硅灰是矿物外加剂中最有效的。

混凝土中含有空气可降低由于碱-集料反应引起的膨胀。Jersen 发现 4%的空气就能使膨胀降低 40%，这是由于碱-二氧化硅凝胶占据了孔隙。Yang 和 Gillott 研究了硅灰和引气剂二者复合使膨胀值的降低量最大。表 15-18 对含有硅灰和引气剂的砂浆棒的膨胀值作了比较。

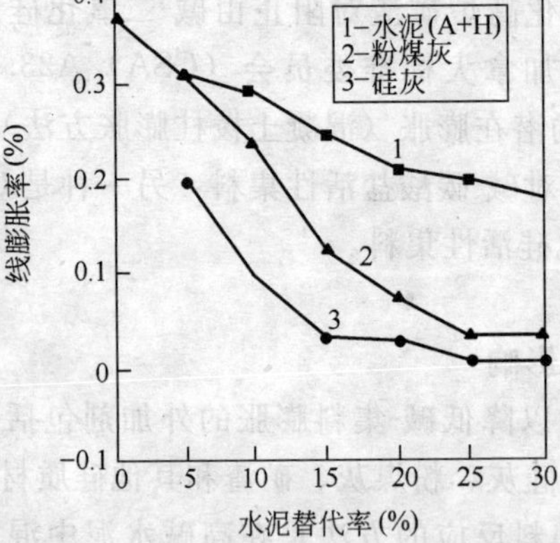

图 15-21 水泥 H 中水泥 A 的含量对砂浆线膨胀的影响

（水泥 H 含 0.97%NaOH；水泥 A 含 0.16%NaOH）

表 15-18 含有硅灰和引气剂的浆体膨胀对比

硅灰（%）	膨胀	
	不含引气剂	含引气剂
0	1.05	0.48
6	0.85	0.45
12	0.62	0.28

对超塑化剂使碱-二氧化硅反应性增加的可能性已有研究。用蛋白石、12%的硅灰和0.6%超塑化剂制成的砂浆棒的早期反应性以及膨胀值大于相应的不含超塑化剂的砂浆棒（图 15-22）。在硅灰掺量为12%时，膨胀延迟了大约 2 个月。代替量为 24%时没有出现膨胀。超塑化剂的加入增加了混乱程度，并且使蛋白石表面侵蚀更明显。

尽管加入硅灰有效地降低了混凝土的碱-二氧化硅的膨胀，但仍需要长期的数据以确定所有影响硅灰有效性的参数。

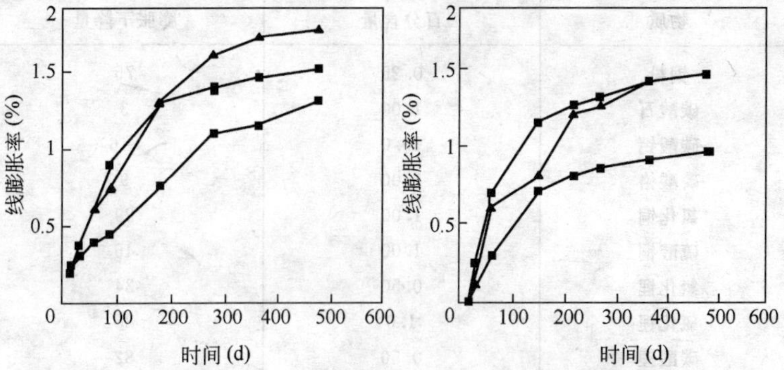

图 15-22　硅灰和超塑化剂对膨胀的影响

四、化学外加剂

1. 锂基化合物

掺少量的化学外加剂就可以影响混凝土的工作性、孔隙率、水化速率、侵蚀、泌水和强度发展。化学外加剂还有其他用途。近几年来对发展化学的或其他的外加剂以消除混凝土中的碱-集料膨胀的工作日益增加。同样必要的是这些外加剂不能影响混凝土的其他物理或化学性能。尽管已开展了有关化学外加剂对膨胀反应的影响的具体工作，但对于其在混凝土的其他性能以及长期影响方面的注意相对较少。

Mcloy 和 Caldwel 是首先对不同化合物对含有高碱水泥和高活性硼硅酸玻璃的砂浆膨胀的影响进行研究的学者。表 15-19 给出了一些盐类对于由碱-集料反应引起的膨胀的影响数据，锂盐是最有效的一种。

一些有机化合物对碱-集料膨胀的影响的研究也有开展，所得结果列于表 15-20。最有效的膨胀抑制剂是甲基纤维素和水解蛋白。相反的加入乳酸会引起膨胀。

表 15-19　盐对降低砂浆膨胀的作用

物质	百分含量	膨胀下降量
铜粉	0.25	75
碳酸石	1.00	3
碳酸钙	10.0	－6
磷酸铬	1.00	9
氯化铜	1.00	29
硫酸铜	1.00	46
氯化锂	0.50	34
氯化锂	1.0	88
碳酸锂	0.50	82
碳酸锂	1.00	91
氧化锂	0.50	82
硝酸锂	1.00	20
硝酸锂	1.00	48
氯化钠	1.00	15
碳酸钠	1.00	44
硝酸锌	1.00	38
碳酸锌	0.50	34

表 15-20　一些有机物对降低碱-集料膨胀的作用

有机物	加入量（%）	膨胀降低量
乳酸	1.0	－59.0
亚油酸	1.0	37.0
豆油	1.0	26.0
丙铜酸盐	1.0	16.0
乙酸乙酯	1.0	31.0
硬酯酸甘油酯	1.0	20.0
甲基纤维素	1.0	52.0
甲基纤维素	2.0	60.0
糖精	0.5	19.0
水解蛋白质	1.0	56.0～76.0

从上述表格及大量的前期工作可以认为，锂盐、硫酸铜、铝粉、某些蛋白质和引气剂可以显著降低膨胀。一些其他研究者最近确认，锂化合物和其他化合物对碱-二氧化硅反应的影响。

氢氧化锂是一种能有效地降低由碱-二氧化硅反应引起的膨胀的外加剂。Ramachandran 制备了 7 种试样（表 15-21），其中包含 LiOH、蛋白石及不同的碱含量，将它们置于 25、38 或 130℃下（于蒸汽养护室中）研究其膨胀特性。置于 25 或 38℃下的试样显示了如下特性：含有 1.2%的碱含量和 5%的蛋白石的 5 号样出现了最大膨胀值。含 0.5%LiOH 的 6 号样降低了膨胀（图 15-23）。然而 30d 后砂浆出现了一种逐渐膨胀的趋势。含 1.0%LiOH 的 7 号样膨胀降低，并一直持续至 50d 后。需测量长期的数据以确定这些掺量是否足以抑制膨胀。

表 15-21 砂浆组成（灰：砂＝1：2.25）

试样品	含碱量	LiOH	蛋白石
1	0.44	0.00	0.00
2	1.20	0.00	0.00
3	1.20	0.50	0.00
4	1.20	1.00	0.00
5	1.20	0.00	5.00
6	1.20	0.50	5.00
7	1.20	1.00	5.00

一种研究外加剂在抑制碱-二氧化硅膨胀中的作用的方法是将砂浆置于蒸汽养护环境中。表 15-21 中的数据是置于 130℃下 5h 的数据，尽管试样 1～4 号几乎未见膨胀，但 5～7 号样出现了膨胀。7 号样在置于 25 和 38℃时膨胀值很低，意味着 1%的 LiOH 抑制了膨胀。

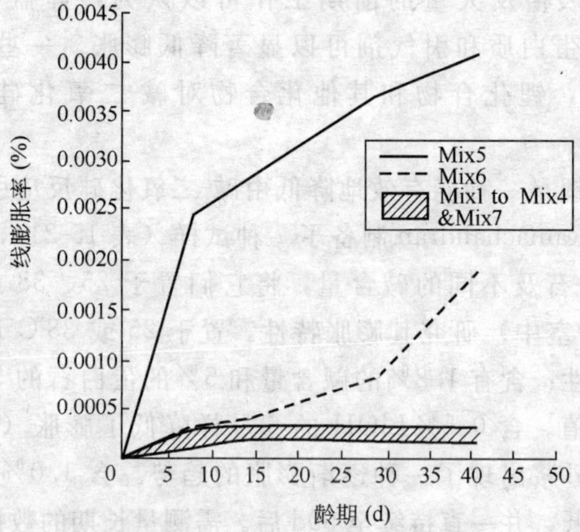

图 15-23 含 LiOH 砂浆的膨胀

然而蒸养处理显示出 1%LiOH 对抑制膨胀是不够的。可能在蒸养处理后 LiOH 改变了微结构并且削弱了砂浆中的物质的键的形成特性。在应用快速试验方法评估砂浆的碱-集料膨胀特性时应该小心谨慎一些。

Stark 等人对氟化锂和碳酸锂在砂浆（含有 1%碱含量）膨胀方面的影响进行了系统的研究，其研究结果示于表 15-22 中。

表 15-22 含不同量 LiF 或 Li_2CO_3 的砂浆的膨胀

试样配比（%）		膨胀（月）				
		6	12	18	24	36
参考样	0.00	0.54	0.62	0.62	0.63	0.63
参考样＋LiF	0.25	0.43	0.59	0.64	0.68	0.71
	0.50	0.04	0.06	0.06	0.06	0.06
	1.00	0.02	0.02	0.02	0.02	0.02
参考样＋Li_2CO_3	0.25	0.46	0.61	0.62	0.62	0.63
	0.50	0.30	0.50	0.54	0.55	0.58
	1.00	0.03	0.04	0.04	0.04	0.05

尽管比 LiOH 的溶解性差，但 LiF 和 Li_2CO_3 都能降低碱-二氧化硅的膨胀。看起来在孔隙溶液中它们可以转化为 LiOH。同样清楚的是为了达到较好的抑制膨胀的效果，至少需要 0.5%LiF 或 1.0%Li_2CO_3。

Stark 等人提出了 LiOH 抑制作用的机理。在有 KOH 和 NaOH 参加的情况下，溶胶中结合了 Li^+ 离子。溶胶中 Li^+ 的数量随它的集中而增加。Na：Li 的极限值为摩尔比 1：0.67 到 1：1，这时由碱-二氧化硅反应引起的膨胀降低到安全水平。Diamond 和 Ong 发现当砂浆中加入 LiOH 时，水泥水化产物可以吸收比 Na 或 K 更多的 Li。

在对 LiOH、$LiNO_3$ 和 Li_2CO_3 的其他的研究中发现，所有这些化合物都能降低碱-集料反应膨胀。在这些化合物中 Li_2CO_3 比其他物质更有效。相应的抑制作用依赖于 Li/Na 比。

Ohama 也对 Li 的碳酸盐、氢氧化物和氟化物的相对影响做了观测。在配比为 0.5、0.7 和 1.0%时，这些化合物降低了膨胀。然而当 LiF 和 LiOH · H_2O 的加入量超过 0.7%时，其有效性降低，尽管在不同配比时砂浆的抗压强度值相同。

迄今为止的研究中可以看出，并非所有的锂盐都对减弱碱-集料膨胀反应有利。必须测定长期影响和确定最佳配比（如氢氧化物、碳酸盐、氟化物、高氢酸盐、氯化物等），在各种锂化合物相对影响被证实以前，许多可信的预测性试验有待开展。

2. 非锂化合物

为找出除锂盐之外的可抑制碱-集料膨胀的化合物已做了许多尝试。一些对二元外加剂体系的研究已在进行。Hudec 测试了许多化合物，包括各种阳离子的磷酸盐、硝酸盐和硼酸盐，并且发现磷酸盐具有非常好的抑制膨胀的潜力，特别是对于碱-二氧化硅型的。

一些研究报告显示混凝土中的引气剂能保护其抵御碱-集料膨胀，可能是引入的微气泡可以容纳反应产物从而减小混凝土中应力的发展。引气3.6%可以使膨胀降低60%。可以设想混凝土中的多孔集料也能减小膨胀。Berube等人所做的工作表明，通常的引气剂不能对碱-集料膨胀起显著的作用。如果凝胶充满了孔隙那么就有可能影响混凝土的抗冻融性。

缓凝剂与引气剂共同使用使膨胀的降低量比它们单独使用要大。图15-24给出了一种引气剂分别与三种缓凝剂，即商用缓凝剂（CR）、柠檬酸（C1）和蔗糖（SU）共同使用所得到的膨胀值。图中数据证明，两种外加剂一起使用比单独使用引气剂所引起的膨胀要低。缓凝剂的作用与下述各点有关：CaO和碱可用性的改变、低C/S比相的产生以及浆体中刚性结构产生的推迟。人们对引气剂-二氧化硅反应的作用也有所研究，得出了如下结论，氯化钙增加了膨胀、加快了水化速率以及浆体结构的快速形成。蔗糖戏剧性地降低了膨胀。另一些外加剂如柠檬酸、EDTA和草酸没有作用。钡盐包括氯化物、氢氯化物、乙酸盐、硝酸盐和铬酸盐，加入混凝土中在不同程度上影响其膨胀。乙酸盐和硝酸盐看来比其他盐类更有效。相类似的是Na和K的硫酸盐、氯化物和碳酸盐是无效的，而Na和K的硝酸盐在降低膨胀上却很有效。

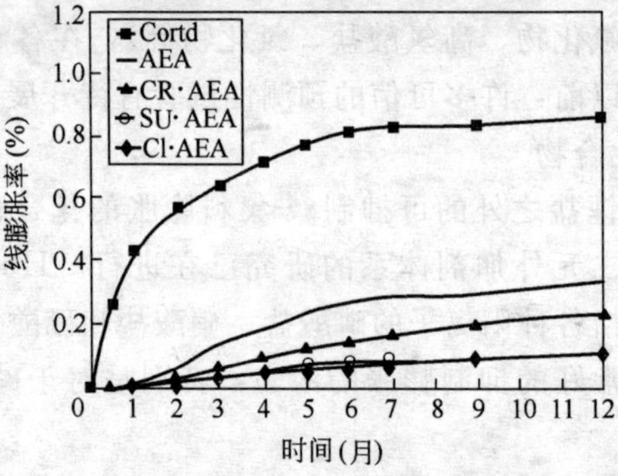

图15-24 二元外加剂对碱-集料膨胀的影响

Ohama 等人发现烷基硅氧烷可以显著地降低碱-集料膨胀。例如甲基二甲氧基硅烷、己基三甲基硅氧烷、辛基三甲基硅氧烷、癸基三甲硅氧烷以及十六烷基二甲硅氧烷等。它们的反应机理是抗水性以及引气。

五、矿物以及相关的外加剂

混凝土中矿物外加剂的使用引起了一系列有利影响，如渗透性较低，抵抗温差裂缝的能力，降低碱-集料反应以及硫酸盐膨胀。广义上矿物外加剂包括天然矿物和工业副产品。加拿大标准（A. 23.5-1986）对矿物外加剂有所描述。N 级是未烧成或煅烧过的天然火山灰质矿物，例如火山灰、硅藻土、页岩、蛋白石、质角页岩。粉煤灰包括 F 级是从燃烧无烟煤或烟煤得到的，而 C 级通常是从燃烧褐煤或次烟煤得到的，并且一般表现出水硬性。G 级或 H 级是粒化高炉矿渣，U 级是凝结的硅灰，是硅或硅铁工业的副产品。至少含有 85%的 SiO_2。含有非晶态的纯 SiO_2 的稻壳灰也被看做是矿物外加剂。具有火山灰性的烧粘土和油页岩尽管在经济上不是矿渣或粉煤灰的理想代替物，但也可作为矿物外加剂。

1. 粉煤灰

大部分粉煤灰的化学组成在下述范围内：SiO_2 42%～50%，Al_2O_3 16%～30%，FeO 和 Fe_2O_3 5%～10%，CaO2%～4%以及5%碱。粉煤灰的平均粒径为 0.5～200μm，比重 2～3，比表面积 F 级 250～325m^2/g、C 级 300～400m^2/g；其火山灰活性依赖于细度和玻璃质含量。

混凝土中的粉煤灰能降低碱-氧化硅和碱-硅酸盐/二氧化硅反应膨胀。图 15-25 是 0～30%的粉煤灰对砂浆中碱-集料膨胀的影响。很显然，粉煤灰的有效性依赖于其在砂浆中的数量。粉煤灰控制膨胀的程度依赖于其物理和化学特性。Pepper 和 Mather（表 15-23）用三种粉煤灰找出了降低膨胀所必须的最小的水泥替代量为 35%。

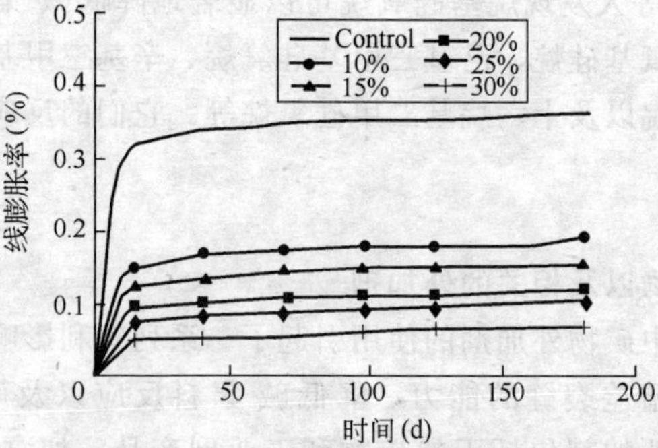

图 15-25 不同含量粉煤灰对膨胀的影响

表 15-23 降低膨胀的粉煤灰最小替代量

物质	最小替代量(%)		
	14d	6周	平均
粉煤灰Ⅰ	48	36	42
粉煤灰Ⅱ	52	36	44
粉煤灰Ⅲ	45	34	40

粉煤灰的有效性与碱浓度有关，三种粉煤灰为A、B和C，所含的碱量（以Na_2O计）分别为2.34、3.07和8.55%，被掺入混凝土中用来确定引起小于0.04%的膨胀所需的量，甚至掺40%的C也不足以满足控制指标。粉煤灰中不定形的或玻璃体含量也是一个影响碱-二氧化硅反应的关键因素。

2. 矿渣

矿渣含有硅酸盐、铝硅酸钙以及其他盐基。粒化矿渣是一种玻璃体物质，是熔融的矿渣急冷而得的。矿渣的化学成分依赖于所制生铁的类型以及铁矿石的类型。平常矿渣的组成为：SiO_2 30%～40%、Al_2O_3 8%～18%、CaO40%～50%、MgO0～8%、FeO0～1%、Mn_2O_3 0～2%以及S 0～2%。

首先报道矿渣对碱-集料膨胀的控制能力的是Cox（于1950

年）。许多后续研究证实了矿渣的有效性。有关矿渣研究方面的重要参考文献在美国混凝土学会组织的国际会议以及其他参考书中。对于矿渣对碱-碳酸盐反应的影响有一些争议。对矿渣作用机理提出了一系列假说。其中包括稀释的影响，火山灰的作用，CSH 相中碱的收集，CSH 相中 C/S 比的变化，氢氧化钙作用的变化以及矿渣水泥混凝土渗透性降低。

采用 ASTM C-441 来测试不同矿渣含量对高碱水泥（1.19% Na_2O）的膨胀的相对有效性（表 15-24）。矿渣的存在使膨胀降低。在掺量为 60% 时膨胀有显著降低，如果假设 1 年膨胀量小于 0.1%，那么至少需要 60% 的矿渣来控制膨胀。

表 15-24　PS9.5 不同矿渣含量对砂浆碱-二氧化硅膨胀

龄期（d）	平均膨胀（%）（矿渣含量）				
	0%	30%	40%	60%	75%
28	0.47	0.15	0.09	0.02	0.01
56	0.51	0.17	0.10	0.02	0.01
180	0.51	0.17	0.11	0.03	0.02
270	0.51	0.16	0.11	0.03	0.02

矿渣中的碱对碱-二氧化硅反应所起的作用决定了总膨胀量。根据 Hobbs 的研究，矿渣提供了反应总碱量的 1/2。Alasaii 最近的工作显示碱的提供量介于 0～100% 之间。表 15-25 是四种碱含量不同的矿渣混凝土的膨胀数据。

表 15-25　碱含量对波特兰水泥矿渣混凝土膨胀的影响

编号	碱（kg/m^3）			
	水泥	加入量	总计	1 年膨胀量（%）
C-1	1.5	0	1.5	0.126
C-2	1.5	1.5	3.0	0.382
C-3	1.5	2.5	4.0	0.553
C-4	1.5	4.5	6.0	0.657

表15-25中50%的水泥被含碱当量为0.65%的矿渣代替，试样C-1含1.5kg/m³的碱，试样C-2、C-3和C-4中的含碱量分别增加至3、4和6kg/m³。试样在38℃中养护。表15-25中的结果同不含矿渣的混凝土所得到的结果进行了对比。这些混凝土的膨胀依据碱含量显示如下结果：C-1～C-3的混凝土的膨胀大于不含矿渣的混凝土，表明在50%水泥被矿渣代替的混凝土中，如果只有波特兰水泥和(或)加入的碱对碱-集料反应起作用的话，有害的膨胀将在比预期低的水平时发生。结果显示矿渣有效地提供了大约1kg/m³的碱给C-1(假没碱含量是膨胀的惟一原因)。总而言之，矿渣给C-1提供了全部的碱，给C-2仅提供了2/3，C-3是1/3，而未给C-4提供。

尽管矿渣对降低由碱-二氧化硅反应引起的膨胀很有效，但它对碱-碳酸盐膨胀反应的影响仍有待研究。

综上所述，可以认为引入大量矿渣（空气冷却的粒化类型的）对降低碱-二氧化硅反应是有效的，并且在某些情况下对碱-碳酸盐反应也是有效的。此作用的机理是由稀释作用、矿渣本身的固有性质以及矿渣中的碱含量确定的。

3. 其他的硅质外加剂

除了硅灰、粉煤灰和矿渣外，还有许多天然的或加工的硅质材料可用于降低碱-二氧化硅反应引起的膨胀。由于这些材料的加入，孔溶液中的OH浓度很快降低。硅藻土已被用于控制碱-集料膨胀。Mehta测试了煅烧稻壳，而得的高活性火山灰质材料的有效性。这种灰的比表面积大约50～60m²/g。表15-26显示了加入15%的这种活性物质使膨胀降低大约95%。

天然火山灰质材料也被用于控制易产生碱-集料反应的混凝土体系的膨胀。Santorin土是一种火山灰，已被发现能降低由碱-二氧化硅反应引起的膨胀。在一项快速测试中，加入30%Santorin土可使膨胀由0.7%降低到大约0.15%。

沸石质材料也被用来抑制膨胀。在一项研究中发现这种外加剂掺入24%是不可接受的，然而它可用在混凝土中阻止临界膨胀。

表 15-26　稻壳灰对砂浆膨胀的影响

稻壳灰（%）	膨胀下降（控制量的%）		
	14d	3个月	6个月
5	52.2	50.2	49.3
10	90.4	87.8	86.6
15	97.4	95.0	94.0
20	98.6	96.6	95.8

烧粘土具有火山灰性，并且一些研究表明它们可以降低碱-二氧化硅膨胀。在 Andrioolo 和 Sgaraboza 的一项研究中发现掺入15%的烧粘土，膨胀可从0.18%降低到0.02%。从煅烧瓷上而得的偏高岭土已被测试了它降低碱-二氧化硅膨胀的能力。偏高岭土的加入量为0.5、10、15、20以及25%（水泥替代量）。观测了18个月的膨胀，不含偏高岭土的混凝土在6～9个月内膨胀了0.45%。而加入10%～15%的偏高岭土膨胀降低至小于0.01%。偏高岭土的加入没有导致抗压强度的下降。

第七节　加气剂和起泡剂

加气剂和起泡剂在混凝土中可以形成无数微小独立的气泡，它们用于生产加气混凝土、多孔混凝土、泡沫混凝土或填石灌浆混凝土的施工中。

一、加气剂

加气剂是在混凝土制备过程中因发生化学反应，放出气体，使混凝土中形成大量气泡的外加剂。常用的加气剂有铝粉、双氧水（H_2O_2）等。加气剂主要用于生产加气混凝土和多孔混凝土。

铝粉用作加气混凝土和泡沫混凝土的加气剂时，与水泥浆中的碱起化学反应，因而产生氢气。其反应式为：

$$2Al+3Ca(OH)_2 \rightarrow 3CaO \cdot Al_2O_3 \cdot 6H_2O + 3H_2\uparrow$$

在与石灰的反应中，气体放出的速度和持续时间取决于含碱量、温度、用水量以及铝粉的细度和粒子形状。铝粉愈细，产气量愈大。例如，1g 全部通过 008 号筛的铝粉（比表面积为 6000～7000cm^2/g），产气量为 500～600cm^3。

双氧水（H_2O_2）由于在碱性介质中发生氧化还原反应，而产生氧气，此反应也能在水泥的碱介质中进行：

$$2H_2O_2 \rightarrow 2H_2O+O_2\uparrow$$

分解 1g30%的双氧水水溶液能放出约 130cm^3 的氧气。如果加入次氯酸钙发气过程将强化，其反应按下式进行：

$$Ca(OCl)_2+H_2O_2 \rightarrow CaCl_2+H_2O+O_2\uparrow$$

这时，1g 双氧水就可以放出约 200cm^3 的氧气。双氧水的分解反应是放热过程，分解 1kg 双氧水所放热量为 2.93MJ（700kcal）。

加气剂主要用于加气混凝土。所谓“铝粉法”生产加气混凝土，首先由瑞典发展起来，现已扩展到欧洲。但在北美仅少量应用。德国曾用另一种方法，就是加双氧水和漂白粉（次氯酸钙），二者反应生成氧气。

我国加气混凝土的生产和应用较为普遍，都采用铝粉加气剂。

加气混凝土的主要品种有水泥矿渣砂加气混凝土、水泥石灰砂加气混凝土、水泥石灰粉煤灰加气混凝土等。

加气混凝土制品的生产有模制和切割两种工艺。20 世纪 80 年代后多采用切割工艺，即原料经磨细、配料、搅拌、灌筑成型、发气、静置至凝固后，按制品规格要求，用切割机切割成材，再在蒸压釜中经蒸压（8 个大气压）养护而成。

加气混凝土在性能上的主要特点是：容重轻（400～800kg/m^3）；保温性能好；可以锯、钉、刨、铣，易于加工；并有良好的防火性能。

我国制造的加气混凝土在干燥状态下的主要物理力学性能见表 15-27。

表 15-27　干燥状态下加气混凝土主要物理力学性能

容重 (kg/m³)	抗压强度 (MPa)	抗拉强度 (MPa)	弹性模量 (MPa)	热导率 [W/(m·K)]
500	3.0～4.0	0.3～0.4	1.4×10^3	0.116
600	4.0～5.0	0.4～0.5	2.0×10^3	0.128
700	5.0～6.0	0.5～0.6	2.2×10^3	0.163

加气混凝土制品有砌块、保温材料和配筋板等。砌块和墙板可用作框架结构建筑和工业厂房的墙体或低层房屋建筑的承重墙。配筋板可做屋面板和楼板，重量轻，适宜于在地震区使用。

在美国加气剂还用于现浇的多孔混凝土。一般情况下，铝粉掺量为水泥重量的0.005％～0.02％，掺加量大时，可用于低强度的多孔混凝土。在温度低（4℃）时，为了产生同样的膨胀，铝粉的掺量比正常温度（21℃）提高一倍。由于铝粉掺量少，易漂浮在搅拌水上，因此一般预先和细砂、水泥、火山灰预拌或加在具有减水、缓凝效果的外加剂中。

在冷天，为了保证在拌合物凝结之前有足够的气体产生，必须加快发气速度，可加入氢氧化钠，水硬石灰或磷酸三钠等碱性材料。

加气剂掺量调节适宜时，放出的气体会使新拌混凝土有稍许膨胀，当这种膨胀受到限制时，将会增加混凝土与水平钢筋的粘结而不会过分降低强度。过多产生气体会形成大孔隙，严重削弱胶结材的结构。对强度的影响很大程度上取决于拌合物膨胀受限制的程度，因此模板要牢固和足够紧密。加气剂不能克服由于干缩或碳化引起的硬化后的收缩。

二、起泡剂

在制备泡沫混凝土时，预先用特殊的方法造成气泡，或者用搅拌机强烈拌搅带进气泡，这种情况下要使用起泡剂。

起泡剂是表面活性剂，如树脂皂类、蛋白质类、皂角甙、高分子表面活性剂等。它们是强泡沫形成剂，在气泡吸附层中生成粘度高和坚固的结构，强烈减缓凝聚和防止膜的破裂。在这种情况下，在吸附层饱和的范围内，泡沫的稳定性随着泡沫形成剂的浓度增加而不断增长，并可达几小时、几天或更长时间。有时，为了提高泡沫的稳定性，应将泡沫形成剂与泡沫稳定剂同时使用。例如，用松香皂起泡时，过去是用骨胶作为泡沫稳定剂，如果采用“尼纳尔”(Ninol——十二酰二乙醇胺的商品名称）作稳泡剂更好。稳定的泡沫存在于硬化混凝土之中，就形成固体泡沫材料——泡沫混凝土。

泡沫混凝土可用于现场制作隔热材料，如层面刮板、冷藏库地板、热水管及蒸汽管周围的隔热材料。我国目前泡沫混凝土使用很少，近几年由于GRC轻质隔墙条板的发展，在制作中采用膨胀珍珠岩轻集料，并同时掺用由松香皂溶液在打泡机生成的泡沫，这样使材料的容重降低到1000kg/m^{3}以下。目前，GRC轻质隔墙板已在高层和多层建筑中广泛使用。

参考文献

1. 徐永模、王子明等. 海工水泥混凝土. 国家建材局科技发展司. 中国建材研究院技术情报中心编. 1992：128～133

2. 美国混凝土学会212委员会报告. 混凝土外加剂. 混凝土外加剂应用指南. 中国建筑研究院混凝土所印，1983

3. 聚合物在建筑材料中的应用. 江西水泥制品研究所，1973：31～41

4. 日本特许公开 昭49～117519

5. 建筑物裂渗控制技术. 建材工业出版社. 1994：7～13

6. 中国大百科全书.（土木工程卷）. 1987：281

7. ［英］F. M. 李. 水泥和混凝土化学. 中国建筑工业出版社，pp722～724，(1980)

8. 游宝坤等. 珠海口岸广场防水施工技术. 中国建材研究院，1999

9. 陈建奎，口岸广场工程混凝土配合比全计算法设计. 武汉工业大学北京研究生部，1999

10. 王栋民. 高性能膨胀混凝（hPEC）组成、结构与性能的研究. 博士论文. 中国建筑材料科学研究院，2002

11. 韩建国. 混凝土减缩剂的研究. 硕士论文. 武汉工业大学北京研究生部，2001

12. 陈建奎，多功能微膨胀复合防水剂的研究. 武汉工业大学北京研究生部，1999

13. 陈建奎，偏铝酸钠液体速凝剂的制法. 北京工业大学，2002

14. 喷射混凝土促凝剂. 混凝土化学外加剂国际研究最新进展. 王栋民等译，2000：118～123

15. J. Rorcero 等. 迁移性阻锈剂研究回顾. 第六届超塑化剂及其他混凝土外加剂国际会议译文集. 中国混凝土外加剂协会译，2001：（下册）73～81

第十六章　混凝土外加剂应用中的几个问题

混凝土外加剂用于提高新拌混凝土的工作性，改善工艺性能，强化生产过程。同时改善和提高硬化混凝土的物理力学性能，提高建筑物或构件的质量和耐久性。此外，还可以节约水泥，降低成本，加快工程进度。一种外加剂只具备一种或某几种性能，即使应用高效能多功能复合外加剂也不一定能完全满足实际混凝土工程的技术要求。因此，必须根据混凝土使用要求，正确地选择和应用外加剂才能取得较好的技术经济效果。

目前，世界上许多国家对混凝土外加剂制定了相应的标准和规范，明确规定了外加剂产品的质量要求、掺外加剂混凝土的性能指标，以及各种外加剂的适用范围，这样为正确使用外加剂提供了指导性的依据。另外，生产外加剂的厂商也备有外加剂产品的性能和使用说明书，对该产品的正确使用提供参考资料。我国混凝土外加剂还处在开发和发展阶段。近几年来也制定了《混凝土外加剂》(GB 8076—97)、《混凝土外加剂应用技术规范》(GB 50119—2003)以及相应几种外加剂标准。这些国家标准和规范的制定推动了混凝土外加剂的生产和应用，并且在我国形成了新兴的产业。

2003 年，我国水泥产量 6 亿多吨，居世界首位。在生产工艺上，有机械化立窑、老的干法和湿法回转窑和新型干法，这样给水泥产品带来多样性，品种有 60 多个。在建筑工业中使用的水泥主要有硅酸盐水泥（波特兰水泥）、普通硅酸盐水泥、矿渣硅酸盐水泥、火山灰质硅酸盐水泥和粉煤灰硅酸盐水泥。同一种水泥的质量和强度等级差别也很大，这样给外加剂的推广、应用带来许多困难。如，同一种外加剂用于不同厂家生产的同类水泥配制的混凝土，会得出不同的效果，有时甚至得到相反的结果。因此，针对我国水泥品种复杂的情况，外加剂对水泥的适应性（相容性）就成为突出的问题。要正确地使用外加剂，必须掌握影响混凝土性能的基本规律。

第一节　混凝土外加剂的选择、掺量和使用方法

混凝土外加剂是天然或合成的化学物质，可以是单一或复合组分。使用外加剂时必须根据工程对混凝土性能要求选择合适的外加剂，注意外加剂的掺量和使用方法。

一、混凝土外加剂的基本性能

混凝土外加剂是一种工业产品，对其基本性能的要求是：

（1）能改混凝土一种或某几种性能，而不产生副作用；

（2）在运输和贮存中保持良好的匀质性和稳定性；

（3）在早期或后期对混凝土中的钢筋及其他预埋件没有有害作用；

（4）使用安全，对环境无污染。

国外，混凝土外加剂90%是以液体产品出售，我国大部分是固体粉状产品。使用时固体产品的掺量以水泥重量百分数表示，而液体产品的掺量以体积计量，即每100kg水泥掺用液体外加剂的毫升数。任何一种外加剂产品都应当符合国家标准或行业标准对产品的匀质性和其混凝土性能的要求。

二、混凝土外加剂的选择

混凝土外加剂的选择根据工程设计对混凝土性能的要求而定，如强度等级、抗渗性、抗冻融性、耐久性、弹性模量等物理力学性能，以及施工工艺、施工季节（冬季或夏季施工）、浇筑的部位和体积等。另外，还要考虑实际工程提供的原材料：水泥品种和强度

等级、砂石质量等。在此基础上选择符合使用要求的外加剂品种和牌号。

在选择外加剂时，必须采用实际工程用的原材料进行混凝土试配试验，并且掺用不同厂家生产的同一种外加剂，根据试配结果从中确定技术经济最合适的外加剂。

试验评定外加剂的理由是：

（1）检测外加剂是否符合使用要求；

（2）根据施工现场条件和现场使用的材料来评定外加剂对混凝土性能的影响；

（3）检查每批产品的匀质性和稳定性；

（4）生产厂家提供的资料是否符合试配检验结果。

选择外加剂的根本原则：第一是性能符合工程使用要求；第二是经济的合理性。在某些情况下，决定外加剂在混凝土工程中使用的主要因素是外加剂的成本，这就要求生产厂家根据平时使用外加剂的经济效果开发和生产新产品。

三、混凝土外加剂的掺量

外加剂的最佳掺量是获得最好的技术效果和经济效果的重要因素。外加剂的最佳掺量是通过混凝土试配结果确定的，根本的原则是在满足混凝土性能要求的前提下，采用最低掺量。生产厂家的产品说明书中提供的是某种外加剂使用时的掺量范围，而使用单位必须通过混凝土试配确定外加剂的合理掺量。

不同类型的外加剂的掺量是有一定规律的，通常，无机盐类早强剂掺量为水泥重量的1%～2%，有机缓凝剂掺量为0.02%～0.1%，引气剂掺量0.002%～0.006%，普通减水剂0.2%～0.3%，高效减水剂0.5%～1.0%。同一种外加剂用于不同混凝土时掺量也不尽相同，例如：高效减水剂用于蒸养混凝土时掺量为0.3%～0.5%，用于普通混凝土掺量为0.5%，用于流态混凝土掺量为0.75%，用于高强混凝土掺量为1.0%。硫酸钠早强剂用于蒸养混凝土时掺量为1.0%，掺量过高（2%），蒸养后的试体胀高、强度降低。硫酸钠用于普通混凝土时掺量为2.0%。氯化钙早强剂用于普通混凝土时掺量为1.0%～2.0%，用于钢筋混凝土时掺量为1%，用作防冻剂时掺量为4.0%，掺量大于9.0%生成过多的水化氯铝酸盐而引起混凝土膨胀，当然使用氯盐外加剂同时要掺阻锈剂。防冻剂掺量是由冰点决定的，但是复合防冻剂在相同负温时掺量减少一半。复合高效减水剂在相同减水率时比单一高效减水剂掺量减少一半。后掺法不但使超塑化剂掺量减少，而且对其他外加剂也有同样效果。

此外，水泥品种、细度、矿物组成、混合材等也影响外加剂的掺量。如对矿渣水泥高效减水剂掺量少于普通硅酸盐水泥。比表面高、C_3A含量高的水泥高效减水剂掺量应多一些。

从以上事实，可以认为决定外加剂掺量的因素如下：

（1）外加剂的品种；

（2）外加剂的应用范围；

（3）水泥品种和活性、比表面积、矿物组成及混合材料等；

（4）混凝土组成材料及其配合比、单位水泥用量、单位用水量等；

（5）外加剂复合方式（成分与比例）；

（6）外加剂掺入方法（同掺或后掺）。

总之，只要掌握了外加剂和混凝土的性能，以及它们变化的规律，并通过试验确定外加剂的合理掺量，就可以以最少掺量获得最好的技术经济效果。

四、混凝土外加剂使用方法

使用外加剂时要仔细阅读产品说明书，其中包括使用方法。

1. 配制和计量

成功地应用外加剂，取决于适宜的配制方法，忽视这个方面，就可能显著地影响混凝土的性能与作用。

外加剂产品有两种形式，即液体和固体粉末。液体产品以体积计量，有时生产厂提供可溶性固体产品，使用前配制成一定浓度的水溶液。固体产品中一般有载体，如粉煤灰、火山灰、矿粉等，其目的是使外加剂计量准确、分散均匀和防止受潮结块。固体外加剂通常是以重量计量。使用外加剂时可采用人工、半自动和自动计量，根本要求是计量准确。外加剂掺量确定后，根据搅拌机一次搅拌混凝土体积和单位水泥用量折算外加剂的用量。超剂量地使用，不但造成浪费，影响混凝土的性能，而且还会造成工程事故。特别是掺缓凝剂、缓凝减水剂和引气剂时一定要剂量准确，一旦超剂量使用就使浇筑的混凝土不凝结硬化或严重降低强度，造成工程事故。另外，在同时使用两种外加剂时应注意它们之间的相容性，特别是引气剂应分别掺用。

2. 混凝土的配合比

任何混凝土工程都要根据要求设计好混凝土配合比，因为掺用外加剂只能使质量好的混凝土变得更好，而不能使品质差的混凝土性能得到改善。所以要掌握掺外加剂的各种混凝土的配合比设计方法，使用符合标准的原材料进行试配和配合比调整，最后确定合适的配合比。

3. 混凝土的养护

掺外加剂的混凝土，同普通混凝土一样，要求正常的养护，现浇混凝土硬化早期要浇水养护。使用膨胀剂配制补偿收缩、防渗抗裂混凝土更要重视早期的养护，否则达不到应有的效果。冬季施工使用防冻剂应当注意覆盖保温，使混凝土尽快达到临界强度、防止冻害。外加剂用于蒸养混凝土构件或制品生产时，除采用合理的蒸养制度之外，蒸养后堆放时也应浇水养护，这样可进一步提高强度和改善性能。

只有正确使用外加剂才能达到预期的效果，这就必须掌握外加剂性能、明确使用目的和正确使用方法。

第二节 减水剂对水泥的适应性

我国水泥产品品种较多，就是五种硅酸盐系列水泥，即硅酸盐水泥、普通硅酸盐水泥、矿渣硅酸盐水泥和粉煤灰硅酸盐水泥，它们的熟料矿物组成的变化也很大。从54个大中型水泥厂的统计结果来看，主要矿物组成的波动范围：C_3S为44%～61%，C_3A为2.5%～15%，碱含量小于2%，其次是混合材的品种性能、水泥的细度、水泥生产工艺等也不相同。这些都影响减水剂的使用效果。下面讨论各种因素对减水剂性能的影响。

一、水泥中C_3A、C_3S的含量

通过对水泥单矿物C_3A、C_4AF、C_3S和C_2S对减水剂溶液等温吸附的研究证明，对减水剂的吸附活性铝酸盐大于硅酸盐，其吸附活性顺序是：$C_3A>C_4AF>C_3S>C_2S$。图16-1中木钙在水泥单矿物上的吸附等温曲线证明了这一规律。由于C_3A对减水剂的选择吸附，使吸附量显著增大，这样就会降低减水剂的减水作用。

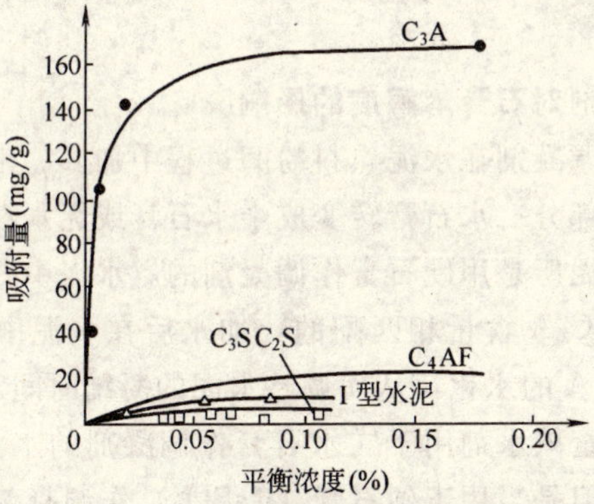

图16-1 木钙在水泥单矿物上的吸附等温曲线

当 C_3A 与二水石膏（$CaSO_4 \cdot 2H_2O$）同时存在时，由于形成钙矾石使减水剂的吸附量有所下降。

高效减水剂在不同 C_3A 含量的水泥上的吸附等温线（图 16-2）也表明随着水泥中 C_3A 含量增高，对减水剂的吸附增大，因此减水作用减小。

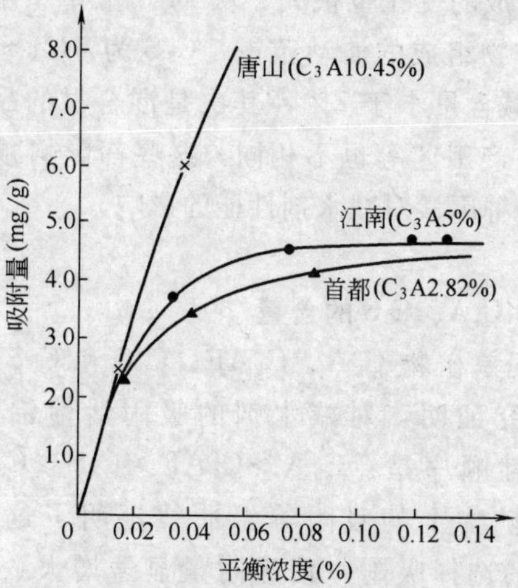

图 16-2 NF 高效减水剂在水泥上的吸附等温线（$W/C=4.0$ 温度 20℃）

二、减水剂对石膏溶解度的影响

石膏作为调凝剂在水泥熟料粉磨过程中加入。由于粉磨过程中温度升高使一部分二水石膏转变成半水石膏或无水石膏（硬石膏）。另外有少数水泥厂是用硬石膏作调凝剂的。水泥中石膏的添加量是与水泥熟料中 C_3A 含量相匹配的，加水后在水泥中形成足够的钙矾石，控制 C_3A 的水化，从而调整水泥的凝结时间。

木钙和糖蜜减水剂用于二水石膏作调凝剂的水泥混凝土中时，其凝结正常，但是当用于硬石膏（$CaSO_4$）作调凝剂的水泥中时就会产生异常凝结（假凝）。其原因是木钙和糖蜜减水剂对二水石膏和硬石膏的溶解度影响程度不同。图 16-3 和图 16-4 分别表示木钙或糖蜜减水剂对二水石膏或硬石膏溶解度的影响。由此可以看出，掺木钙或糖蜜减水剂使硬石膏的溶解度降低更显著（曲线 2、掺量 0.2%时），因此可溶性 SO_3 不足，生成钙矾石减少，使水泥产生假凝。但是，在此情况下 C_3A 含量小于 8%时不会产生假凝；而 C_3A 大于 8%时则会产生假凝。

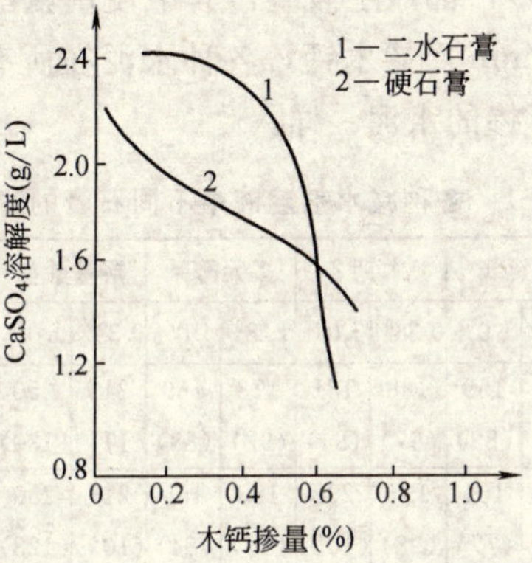

图 16-3 木钙对不同石膏溶解度的影响

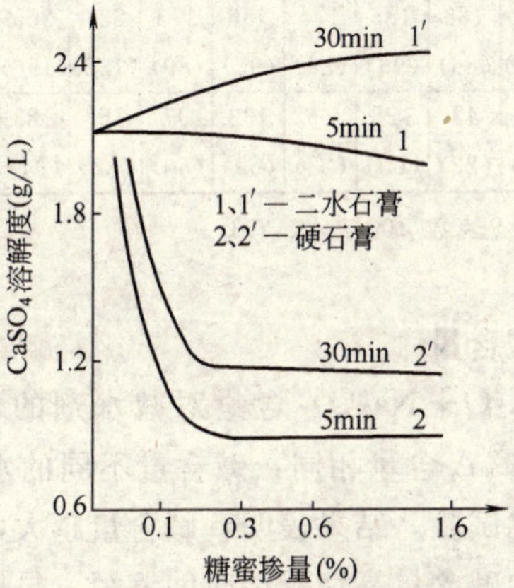

图 16-4 糖蜜对不同石膏溶解度的影响

表 16-1 中列举了各种减水剂对不同石膏的溶解度的影响。由此说明木钙和多元醇系减水剂使所有的石膏溶解度降低；而羟基羧酸盐和醚系减水剂，除氟酸石膏外，使其他石膏的溶解度提高。水泥的假凝与 SO_3 溶解量的试验结果表明，不掺减水剂时，不管哪种水泥，在各种温度下都是正常凝结。掺多元醇后，10min 内凝结正常，到 15min，大体上已经变硬；掺木钙时，所有水泥在各种温度下（20℃、40℃），都产生假凝。其中使用氟酸石膏的水泥变硬的程度最大。但 2min 后掺木钙，各种水泥在所有温度下没发现假凝现象，并且与不掺的水泥一样。

表 16-1 各种减水剂溶液中不同石膏的溶解度

石膏品种	不掺	木钙 1		木钙 2		多元醇系		羟基酸盐		醚系		三甘醇	
		0.38%	1.0%	0.38%	1.0%	0.38%	1.0%	0.38%	1.0%	0.38%	1.0%	0.38%	1.0%
纯石膏	193 (100)	171 (89)	159 (82)	188 (97)	181 (94)	178 (92)	169 (88)	215 (111)	250 (130)	206 (107)	232 (120)	191 (99)	193 (100)
天然石膏	196 (100)	177 (90)	151 (77)	191 (98)	202 (103)	183 (93)	165 (84)	211 (109)	250 (128)	172 (88)	228 (116)	202 (103)	199 (102)
磷酸石膏	208 (100)	197 (95)	165 (79)	204 (98)	170 (62)	190 (91)	174 (84)	242 (116)	253 (121)	210 (100)	240 (115)	211 (101)	200 (96)
氟酸石膏 A	195 (100)	197 (101)	168 (86)	186 (96)	174 (89)	186 (95)	173 (89)	237 (122)	265 (136)	224 (115)	237 (122)	215 (110)	216 (111)
氟酸石膏 B	193 (100)	119 (62)	42 (22)	125 (65)	45 (23)	133 (69)	97 (50)	168 (87)	123 (64)	176 (91)	206 (107)	193 (100)	196 (102)

注：单位为 $CaSO_4$ 毫克数/100 克水、20℃。

三、水泥的碱含量

水泥的碱（K_2O+Na_2O）含量对减水剂的作用有较大影响。表 16-2 中列举了 C_3A 含量相同，碱含量不同的水泥，掺减水剂时的净浆流动度对比试验。结果表明，碱含量越大，流动度越小。

此外，水泥的碱含量高使凝结时间缩短、早期强度提高，而后期强度降低。

表 16-2　水泥碱含量 (R_2O) 对净浆流动度的影响

水泥	C_3A (%)	R_2O (%)	减水剂及掺量 (%)		流动度 (mm)
			FDN	木钙	
琉璃河	5.19	1.32	0.5	—	264
硅酸盐	5.19	2.00	0.5	—	109
水　泥	5.19	1.32	—	0.25	188
	5.19	2.00	—	0.25	114

四、水泥混合材的影响

吸附实验证明，对高效减水剂 NF 的吸附活性：C_3A＞C_3A+石膏＞煤矸石＞C_3S＞矿渣，如图 16-5 所示。

我国的硅酸盐水泥中大多掺有矿渣、火山灰、粉煤灰、煤矸石等混合材。由于混合材的品种和性质不同，影响减水剂的作用。通常掺粉煤灰和矿渣有利于提高水泥净浆流动性，而减水剂对掺煤矸石混合材的水泥分散效果较差。此外，掺膨胀剂时也影响减水剂的作用效果。

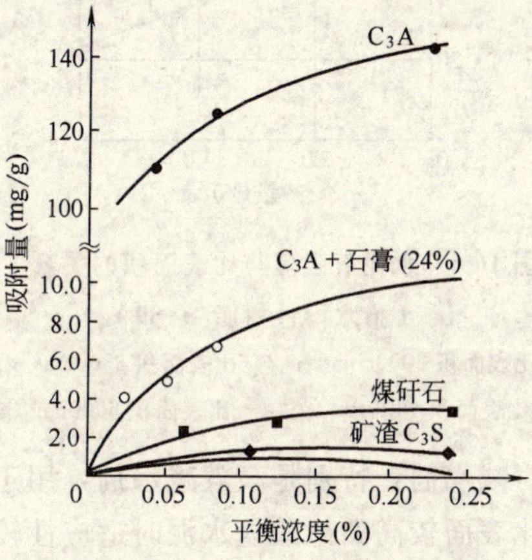

图 16-5　NF 减水剂的吸附等温线

五、水泥的比表面积

水泥的比表面积影响减水剂掺量，比表面积越大，高效减水剂掺量越大，流动性提高越大。

另外，从掺水溶性树脂 э-89 的水泥石强度与比表面积的关系（图 16-6）可以看出，水泥的比表面积影响掺外加剂水泥石强度，随着比表面积增大、水泥石强度提高。掺减水剂时，水泥合适的比表面积应在 4500～6000cm^2/g，这时得到最高的强度。我国铁道科学研究院的研究也证明，用高效减水剂配制高强混凝土时，水泥的比表面积在 5000cm^2/g 较为合适。

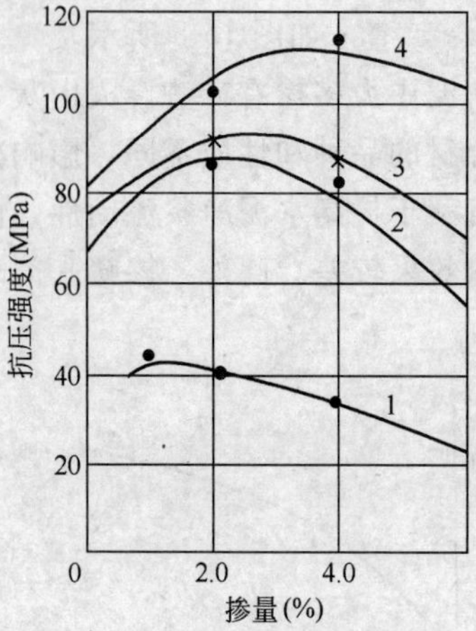

图 16-6 水泥石强度与比表面积的关系

（掺水溶性树脂 э-89）

1—比表面积 2000cm^2/g；2—比表面积 3300cm^2/g；

3—比表面积 4500cm^2/g；4—比表面积 6000cm^2/g

综上所述，对减水剂，特别是高效减水剂，用于 C_3S 高、C_3A 低、含碱量低和比表面较高的硅酸盐水泥时适应性较好。

第三节　高效减水剂对水泥的适应性

一、高效减水剂对水泥的适应性

超塑化剂可提高低水灰比混凝土的工作性，然而有时这种工作性在水泥与水开始接触的1h内就会较快地损失掉，特别是在萘系或三聚氰胺超塑化剂用于所谓不适应的水泥时。但是当了解了水泥、熟料及超塑化剂的物理和化学性能和特性时，我们就可能预测到这种水泥与超塑化剂作用下浆体的流变行为。

在水泥和高效减水剂系统中，高效减水剂在低水灰比的混凝土中不同程度上存在坍落度损失快，是一个突出的问题；而在另一些情况下，水泥和水接触后，在开始60～90min内，大坍落度仍能保持，没有离析和泌水现象。前者，外加剂和水泥是不适应的，后者是适应的。

用莫斯锥研究掺有高效减水剂超塑性水泥浆体时，发现有一个临界掺量，超过这一掺量，增加高效萘系减水剂掺量，水泥浆体的流动性和混凝土的初始坍落度不再增加，这一点称为饱和点，在这一点的萘系减水剂的掺量称为饱和掺量。

当研究通过莫斯锥的流过时间与高效减水剂掺量的关系时，有些水泥在加水后5min和60min时流过时间没有任何差异，而其他的一些水泥流过时间增加很多，即使萘系减水剂是高掺量也是如此。

在有些情况下，在饱和点以上增加萘系减水剂的掺量，可使混凝土在长时间内保持大坍落度，而在另外一些情况下，在饱和点之外增加萘系减水剂的掺量会导致离析和泌水。在第一种情况下，就说水泥和萘系减水剂是适应的；在第二种情况下，就说水泥和萘系减水剂是不适应的。

水泥的组成和物化性能，特别是其中C_3A含量、水泥的细度、熟料粉磨时所用硫酸钙的性能和硫酸盐饱和程度（Sulfatisation degree），是影响水泥和聚磺酸盐高效减水剂之间适应性的重要参数。

目前水泥中的可溶性的碱（实际是碱的硫酸盐）已证明是重要的参数，对于每一种水泥和聚磺酸盐高效减水剂的复合系统，可能存在一个可溶性碱的最佳含量，在低碱水泥中，加入少量的硫酸钠能明显地改善水泥浆体和由这种水泥制备的混凝土的流动性。使用含硫酸盐量较高的高效减水剂也能改善混凝土坍落度损失。

众所周知，运用延迟或二次添加高效减水剂的方法也可改善有些水泥和高效减水剂系统的流动性。实际上，当聚磺酸盐高效减水剂在混凝土开始搅拌时加入，它与水泥中的 C_3A 反应生成有机和无机的络合物，而高效减水剂在混凝土搅拌过程中稍后加入，高效减水剂仅被钙矾石少量的吸附。

为了更好地了解水泥和聚磺酸盐高效减水剂系统中经常发生这种不适应性的原因，有计划的研究了 16 种有明显差异的硅酸盐水泥，其中 C_3A 的含量为 1.3%～11.8%，SO_3 含量为 0.09%～2.90%。这些水泥是用碱含量为 0.07%～0.87%Na_2Oeq 的熟料制备的。

图 16-7 水泥适应性和增强效果与 Na_2Oeq 和其 SO_3sol/C_3A 的关系是根据 16 种普通硅酸盐水泥的有关试验数据得到的。另外，从其他研究资料中应用的 6 种水泥的数据也列入图 16-7 中。由此关系可将水泥分为三类：

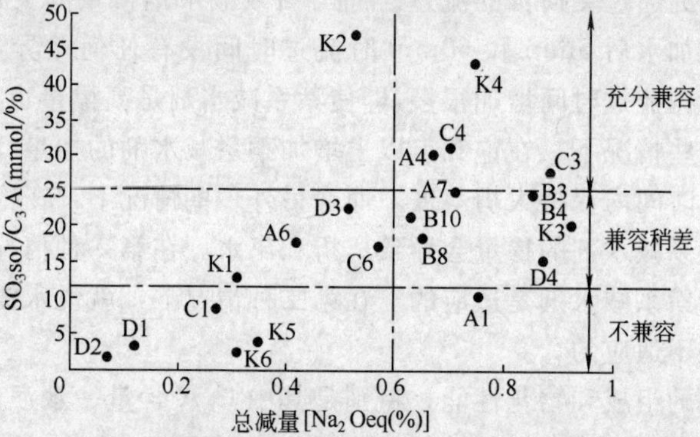

图 16-7 水泥适应性和增强效果与 Na_2Oeq 和其 SO_3sol/C_3A 的关系

(1) 适应性好（充分兼容）：高可溶 SO_3 和高碱量水泥；

(2) 适应性稍差（兼容稍差）：中等可溶性硫酸盐和碱含量的水泥；

(3) 不适应（不兼容）：可溶性硫酸盐少和低碱水泥。

最佳可溶性碱量为0.4%～0.6%。

Kondo等人对不同分子量的超塑化剂研究（见表16-3）发现对于纯 C_3S 的水化，大分子量的PNS的延迟作用要比小分子量的PNS明显。这一现象可以解释为大分子量PNS超塑化剂吸附到 C_3S 上，阻止了其水化。但是，水泥的水化应该有所区别，因为水泥含有几种矿物相如 C_3S、C_2S、C_3A 和 C_4AF 等的含量不同。因此，水泥的水化，尤其是诱导期的时间，应该是由被 C_3A 与 C_4AF 吸附以后保留在溶液中的PNS含量决定的，它将会阻止 C_3S 的水化。

表16-3　萘系超塑化剂的性能

性　能	超塑化剂		
	LMW	MMW	HMW
平均分子量 Mw（g/mol）	6000	14000	16000
数均分子量 Mn（g/mol）	160	360	370
扩散度（Mw/Mn）	38	39	43
Mw＜1kD的百分数	43	21	19
Mw＞1kD的百分数	57	79	81
25度时的粘度	19	65	148
固含量（%）	40.6	40.9	40.8
pH值（10%溶液）	7.9	7.9	7.8
硫酸盐（%）	1.1	1.1	1.2
比重	1.20	1.20	1.21
钙（mmol/L）	26.2	46.9	48.3
硫（mmol/L）	2080	2010	2010
钠（mmol/L）	2240	2200	2200
钾（mmol/L）	2.4	2.1	2.4

在低碱水泥和大分子量PNS超塑化剂的水泥浆体中加入碱金属硫酸盐可以显著提高其流动性，但是不能提高含有小分子量PNS超塑化剂的水泥浆体的流动性。在含有PNS超塑化剂的高碱水泥中加入碱金属硫酸盐对水泥浆体的流动性具有负面影响。因此，为了得到高初始坍落度与低坍落度损失的水泥浆体，应该优化其中的可溶性碱含量并使用大分子量的PNS。

当碱金属硫酸盐添加到低碱水泥调整可溶性碱含量时，含有大分子量PNS超塑化剂（HMW和MMW）的水泥浆体比含小分子量PNS超塑化剂（LMW）的水泥浆体的流动性好。

碱金属硫酸盐添加到低碱水泥中可以显著减少PNS的吸附量，添加到高碱水泥中会略微减少PNS的吸附量。硫酸钠减少PNS的吸附量的效率取决于碱含量而不是PNS的平均分子量大小。

添加碱金属硫酸盐可以延迟含有大分子量PNS超塑化剂的低碱水泥的诱导期内水化，促进加速期内的水化。

当水泥浆体中含有小分子量PNS超塑化剂时，添加碱金属硫酸盐并不能显著影响诱导期。当在高碱水泥中添加碱金属硫酸盐时，只能促进水泥的水化。

超塑化剂的效果取决于水泥和外加剂的性能。对于水泥的性能，其矿物组成（特别是C_3A含量）、比表面积、硫酸钙的形式（二水石膏、半水石膏、无水石膏）、碱含量和游离氧化钙含量都很重要；对于超塑化剂的性能，其化学结构、聚合物的分子量、外加剂的掺量、掺加方法（搅拌前加、搅拌时加、搅拌结束时加）等因素很重要。

不同的超塑化剂与不同的水泥的作用不尽相同，正是由于这种作用的不同导致水泥—外加剂之间有适应和不适应之分。

二、外加剂对水泥早期水化放热过程的影响

现代混凝土工艺要求流态混凝土（FLC）和高性能混凝土（HPC）具有好的工作性，以满足集中搅拌、远距离运输、泵送、

不振捣、自流平、自密实等过程的要求。新拌混凝土的工作性，包括大流动性、坍落度损失小、抗离析性和可泵性。其中最重要的是坍落度损失问题。研究表明，水泥的矿物组成（主要是 C_3A、C_3S）和含碱量、混合材种类和加量、水泥细度和颗粒组成、混凝土配合比和强度等级、掺合料品种和掺量，以及复合超塑化剂（CSP）的组成和掺量等因素都影响坍落度损失速度。传统观点认为掺高效减水剂的同时，掺缓凝剂能减小坍落度损失。我们研究外加剂对水泥早期水化放热过程的影响证明，能延长水化诱导期的外加剂就能延缓坍落度损失，而具有这种作用的不仅是缓凝剂，还有早强剂、特殊高分子化合物等。按此原理配制和生产的 CSP 用于 FLC 和 HPC 时，对水泥的适应性好、工作性好、坍落度损失小，应用范围更广泛。

研究水泥水化及外加剂对水化过程的影响，最简便的方法是测定水化放热曲线。水泥加水后，水化立即进行。图 16-8 描述了硅酸盐水泥的早期水化过程。首先硫酸盐和铝酸盐（C_3A）快速溶解，并形成钙矾石（AFt）。当生成第一批水化产物时，将放出大量的热。由于 AFt 沉淀在矿物的表面上，形成一层不渗透的外壳；它阻碍了 SO_4^{2-}、OH 和 Ca^{2+} 离子的扩散，延缓 C_3A 的反应，导致放热速率很快减慢，进入水化诱导期。在此期间，C_3S 继续水解，液相中 Ca^{2+} 离子浓度逐渐增加并达到过饱和，接着，C—S—H 和

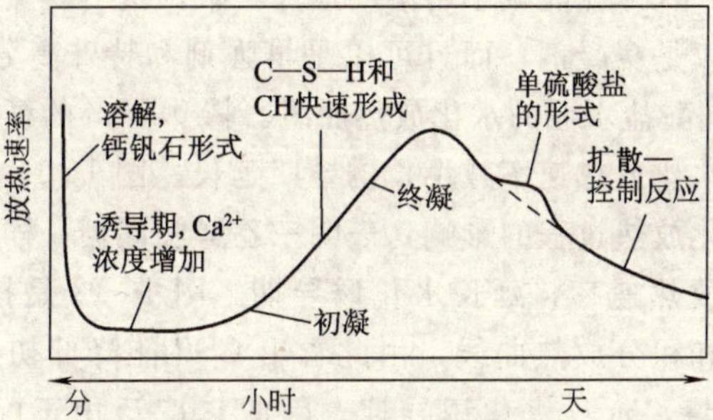

图 16-8　水泥水化的简略示意图

Ca（OH)$_3$ 成核并长大。这种过饱和现象，通常在诱导期的早期阶段能达到。其精确的时间取决于反应条件和化学环境。在这个结构发展阶段中，薄壳状的 C—S—H 和一些棒形的 AFt 相在熟料颗粒周围发展。之后，液相中 Ca^{2+} 离子浓度降低，阿利特的溶解又得到加快，放出大量的热，水化进入加速阶段。

混凝土坍落度损失通常与水泥早期的水化过程有关。在用水量一定时，随着水化进行，结合水和吸附水增加，同时水分产生蒸发，因此游离水逐渐减少，流动性或工作性逐渐下降。掺 CSP，由于分散作用和对初期水化的抑制作用，使吸附水和结合水减少，而游离水增多。因此，在提高浆体流动性的同时，还能减小流动度损失。图 16-9 表示掺 CSP 水泥水化程度与时间的关系。由于 CSP 对早期水化的抑制作用，在 12h 之前水化程度明显低于不掺外加剂的水泥浆体，5h 之前几乎不水化（曲线 2）。因此掺 CSP 能延缓坍落度损失。

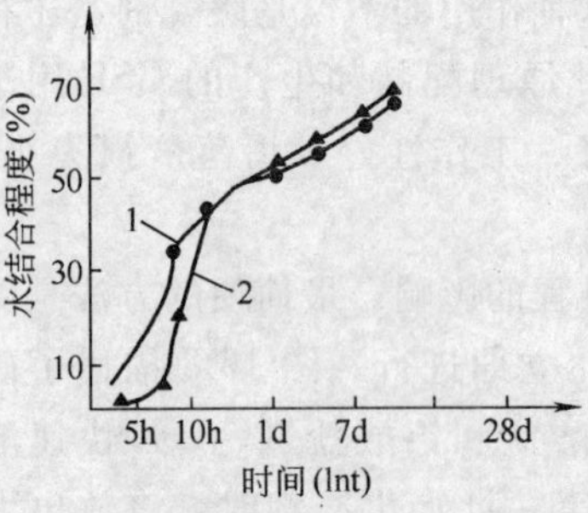

图 16-9 水化程度与时间的关系曲线

1—不掺；2—掺 CSP 1.0%

掺外加剂能控制水泥早期水化过程（预诱导期和诱导期），使诱导期延长，这样就能减小坍落度损失。根据这一观点能延长水化诱导期的不仅是缓凝剂，而且可以是早强剂和特殊高分子化合物。图 16-10 是硅酸盐水泥的水化放热曲线。掺 0.05%的糖或葡萄糖酸钠可使初期水化放热速率减小，诱导期延长。图 16-11 是外加剂对硫铝酸钙水化放热过程的影响，表明三乙醇胺同糖一样，能降低水泥初期水化放热速率，延长水化诱导期。图 16-12 是掺 CSP 时水泥微分放热和积分放热曲线，由此看出 CSP 能降低初期水化放热速率和放热量，延长水化诱导期。因此它广泛用于配制 FLC 和 HPC，具有工作性好。

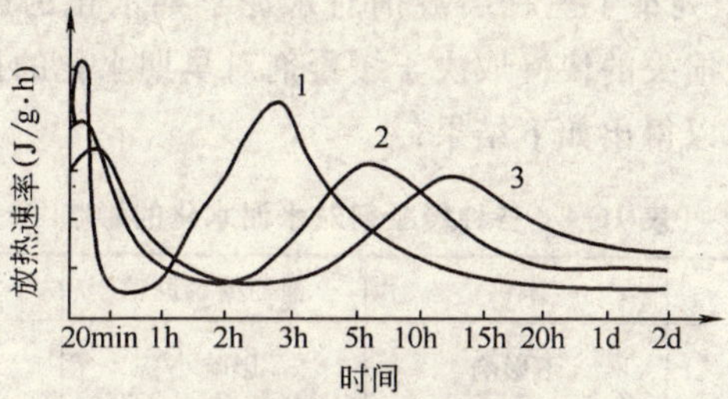

图 16-10　水化放热曲线

1—PC42.5（525）水泥；2—掺 0.05%糖；

3—掺 0.05%葡萄糖酸钠

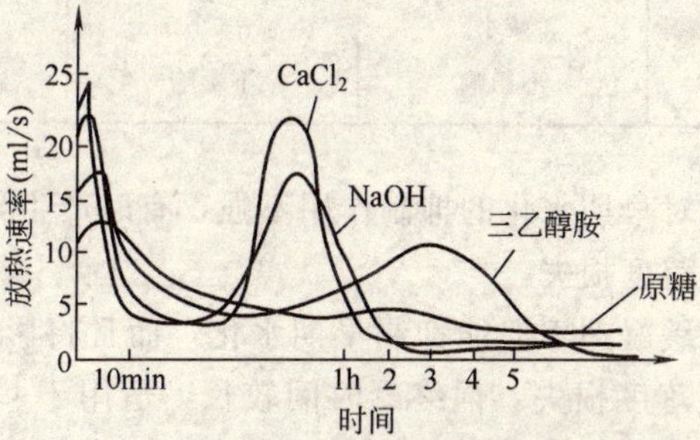

图 16-11　硫铝酸盐水化放热曲线

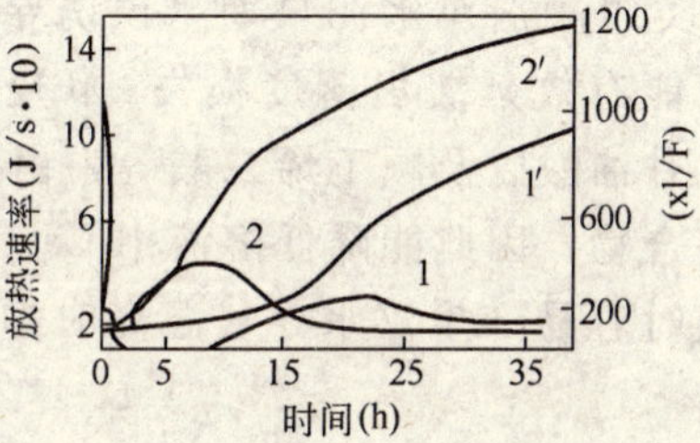

图 16-12　水泥水化放热曲线

1、1′—掺 CSP1.0%，$W/C=0.50$；

2、2′—不掺 $W/C=0.50$

表 16-4 中列举了三种缓凝剂对水泥早期水化的影响，流态混凝土的坍落度损失的快慢取决于缓凝剂对早期水化的抑制能力。从表中的情况可以得出如下结果：

表 16-4　各种缓凝剂对水泥水化的影响

指标	木钙	葡萄糖、蔗糖	葡萄糖酸盐
C_3A 水化	不影响	影响小	明显影响
C_3S 水化	延缓	减慢（长）	减慢（前几分钟）
AF1 形成	不影响	减慢	不影响
石膏溶解度	减小	减小	不影响
Ca^{2+} 离子浓度	减小	减小	减小
放热速率	减小	减小	减小
高温（>32℃）	不影响	不影响	显著降低效果

（1）木钙对早期水化的抑制作用不强，有时产生异常凝结，因此不能延缓坍落度损失。

（2）糖类缓凝剂不但能抑制早期水化，而且将影响中期水化，能有效延缓坍落度损失。但终凝时间较长，适用于 C_3A 高、含碱高、气温高以及掺膨胀剂的防渗抗裂混凝土，大体积混凝土等场合。糖不仅是缓凝剂，而且是缓硬剂。因此避免超剂量掺用。

（3）羟基酸类缓凝剂对水泥早期（预诱导期和诱导期）水化抑制能力强，能有效延缓坍落度损失。β-羟羧基酸如葡萄糖酸钠、酒石酸、甘油酸以及顺丁烯二酸等，由于能与 Ca^{2+} 离子形成六元环的螯合物，因此能降低溶液中 Ca^{2+} 离子浓度。羟基酸用于贫混凝土时容易产生泌水。气温高时抑制作用降低，应增大其掺量。

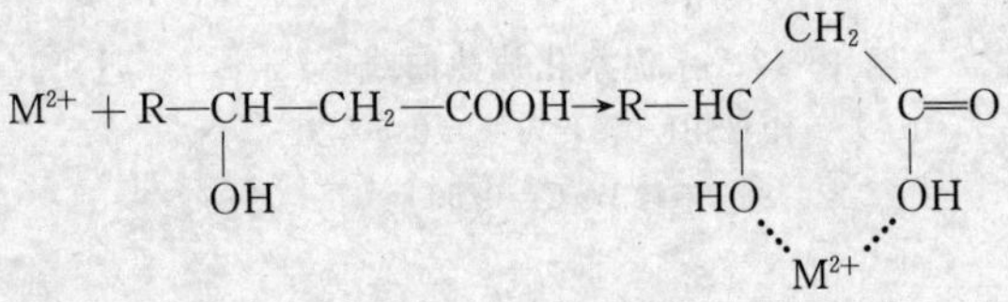

三、坍落度损失与可溶性 SO_3 含量的关系

水泥生产中，石膏的掺量与 C_3A 含量和比表面积有关，为了使石膏与 C_3A 反应生成足够的钙矾石，沉淀在 C_3A 晶体上，延缓 C_3A 的水化。石膏加入硅酸盐水泥，不仅是为了调凝，更重要的还是加速阿里特的水化。其加量影响强度发展的速率和体积稳定性，因此许多家的水泥标准中规定了“最佳石膏量”，并且用三氧化硫（SO_3）含量表示。水泥中最佳石膏量是在水灰比 0.50 时通过胶砂强度和干缩试验确定的。正常的凝结是由于 C_3S 的水化形成 C—S—H 的结果。这时液相中铝酸盐、硫酸盐、Ca^{2+} 离子比例适宜，可形成细粒的钙矾石，而且它能使系统在整个诱导期保持流动性，随着 C_3S 的水化和 C—S—H 的形成，系统将逐渐失去流动性。当 SO_3 不足时，C_3A 水化较快，会产生异常凝结，因此流动度损失很快。在实际应用中，典型的“欠硫化”水泥很少见。但是，用 CSP 配制 FLC 时，有时会出现“欠硫化”现象。特别在北京地区用琉璃河普硅 32.5（425#）水泥和矿渣 32.5（425#）水泥、京都普硅 42.5（525#）水泥，冀东普硅 42.5（525#）水泥等，掺 CSP 配制 FLC。按 CSP 正常配方坍落度损失很难控制，即使改变 CSP 中的缓凝剂品种和计量，坍落度损失还是较快。产生这种“欠硫化”现象的原因是：

（1）CSP 降低了石膏的溶解度，使 SO_3 不足。

（2）最佳石膏量是在 W/C＝0.50 时经强度和干缩试验确定的、而掺 CSP 配制 FLC 时水胶比一般小于 0.50，因此使 SO_3 总量减小。

（3）掺含碱量高的外加剂改变了石膏与 C_3A 的平衡。

采用高浓萘系高效减水剂配制 CSP，使坍落度损失加快，而改用低浓萘系高效减水剂配制的 CSP，坍落度损失减小。因为低浓萘系高效减水剂中硫酸钠含量高（20％左右），补充 SO_3 的不足。另外，CSP 中含增加石膏溶解度或代替石膏作用的辅助剂，也可以减小坍落度损失。因此为了避免欠硫化现象的产生，CSP

应由高效减水剂、缓凝剂和辅助剂组成。

第四节 混凝土外加剂对蒸汽养护的适应性

在混凝土预制构件和制品生产中，通常采用蒸汽养护。其目的是加快模具的周转，缩短生产周期，提高生产效率。蒸养加快了混凝土强度的增长，但对混凝土的内部结构有一定的破坏作用。因此后期强度比自然养护相同配比混凝土强度稍有降低。掺早强剂、早强减水剂或高效减水剂可以提高蒸养混凝土的强度、缩短蒸养时间，降低蒸养温度和改善混凝土质量。

在许多资料中往往提到某种外加剂不适合养护，某种外加剂适合蒸养，这种讲法是不科学的，至少是不够严密的。因为外加剂对蒸汽养护的适应性是与一定的蒸养制度联系在一起的，从这种观点来讲，任何外加剂在一定的蒸养制度下都适于蒸养。当然为了缩短混凝土构件和制品生产的周期，加快模型周转，对蒸养混凝土的外加剂有基本要求：①促进初期强度；②缓凝性小；③减少单位用水量、减水析水；④改善混凝土表面，但又具备可修整性；⑤无引气性，但是抗冻融性要求高时，需掺引气剂。

一、蒸汽养护制度

蒸汽养护制度，分为预养期（前置期）、升温期、恒温期和降温期（见图 16-13）。

(1) 预养期：设置预养期的目的是使混凝土具有一定的初期结构强度，借以抵抗外力或温度应力引起混凝土结构的破坏。预养期是不可缺少的，在工艺允许的范围内预养期越长越有利。

掺外加剂的混凝土成型后预养期的时间长短与外加剂的品种和掺量有关，一般不小于 2h。使用缓凝型减水剂、引气剂时预养期还要长一些，而掺促凝剂、早强剂预养期可短一些。高效减水剂由于减水率高，也具有早强效果。如 SM 减水剂掺量 0.2%～0.5%

时，蒸养混凝土的预养期在1～2h，掺量增加时，由于初期水化抑制作用加强，则预养期应当延长。此外，成型混凝土时拌合物温度低（5～10℃），则预养期应当延长。

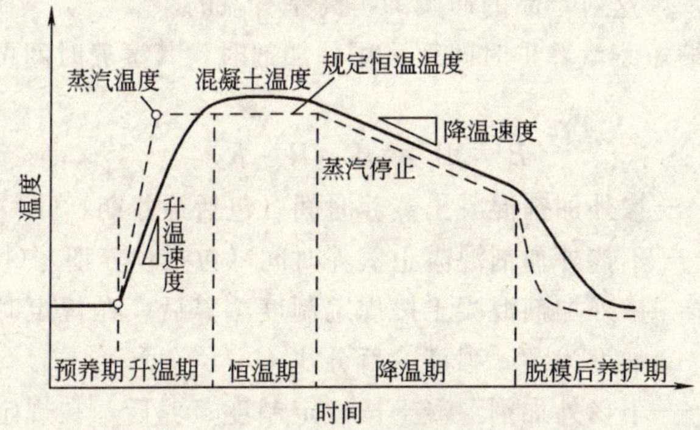

图 16-13　蒸汽养护制度

（2）升温期：蒸汽养护升温速度太快使得混凝土内部和表面产生较大的温差，这样会引起混凝土强度下降。通常升温速度为15～20℃/h。使用木质素系减水剂，升温速度慢一些，而与促凝剂或早强剂复合使用，升温速度同无外加剂混凝土相同。掺早强剂和SM高效减水剂升温速度快一些（25℃/h）。

升温期长（或升温速度慢）对蒸汽混凝土强度的提高是有利的。经过充分预养的混凝土，升温速度可以快一些。

（3）恒温期：恒温期的温度与水泥品种有关，通常普通硅酸盐水泥配制的混凝土蒸养时，最高恒温温度不超过80℃，而矿渣水泥混凝土温度要高一些（90℃）。

不论掺或不掺外加剂，混凝土强度都随恒温期的延长而增加。在满足设计强度要求的情况下，通过掺适当的外加剂，在较低温度（40～60℃）下，进行蒸汽养护是十分有利的。一方面可提高混凝土质量（提高抗渗性、抗冻性等）；另一方面可节省能源。如掺SM减水剂在较低（60℃）温度下，就可以得到很好的增强效果。

（4）降温期：为了使混凝土在降温过程中不致产生大的温差应

力，降温速度不应太快。降温期一般为2～3h。掺外加剂的混凝土和普通混凝土以同样方式降温。

此外，蒸养结束、脱模之后，混凝土构件和制品还需一段时期的浇水养护，这对产品的质量的提高是有益的。

为了缩短蒸汽养护时间而采用外加剂时，其蒸养时间可按下式计算：

$$B = B_0 - aB_0(R - R_0) \tag{16-1}$$

式中 B——掺外加剂混凝土蒸养时间（包括预养期）(h)；

B_0——不掺外加剂混凝土蒸养时间（包括预养期）(h)；

R——掺外加剂混凝土按规定制度蒸养后，在规定时间内的强度为28d强度的百分比；

R_0——不掺外加剂混凝土按规定制度蒸养后，在规定时间内的强度为28d强度百分比；

a——蒸养后强度为28d强度的50%、70%和85%时的系数值为0.02、0.03和0.04。

掺塑化——引气剂的混凝土制造构件和制品的蒸养时间，对于普通硅酸盐水泥混凝土不应小于11h，对矿渣水泥和火山灰水泥混凝土不应小于14h。掺用促凝剂或早强剂、早强减水剂、高效减水剂蒸养时间可缩短为2～3h，或者蒸养制度不变的情况下，提高蒸养后混凝土强度20%～30%。

为了进一步研究合理的蒸养制度，选择了不同的预养（静置）时间进行蒸养试验。SM减水剂掺量0.3%，预养时间分别为0.5、1.0、1.5和2h，升温期2h，75℃恒温5h，降温期lh的情况下，蒸养后试体强度比相应空白混凝土强度分别提高5%、35%、36%和39%，试验结果如表16-5所示。图16-14为掺SM0.3%时，混凝土蒸养的合理制度。

SM高效减水剂曾用于生产ϕ400mm×5m的一阶段预应力压力管生产试验。试验中，掺SM1.0%，水泥用量625kg/m^3，混凝土配合比1∶1.08∶1.75，坍落度7～8cm，采用500$^{\#}$硅酸盐水泥。

在 90～95℃蒸养 6h 后试体抗压强度 40MPa（设计 28d 强度为 40MPa），总共生产 36 根压力管。生产后第二天进行水压和气压试验。水压 20～22kg/cm²5min 后，再进行气压（10 个大气压）试验，结果均无渗水和漏气现象。一次合格率 100%，而且缩短了蒸养时间 2～3h，提高了蒸养后的混凝土强度。

表 16-5　预养期对蒸养混凝土强度的影响

SM 掺量（%）	水灰比	减水率（%）	坍落度（cm）	预养时间（h）	蒸养后抗压强度（MPa）
0	0.43	0	2	0.5	18.0/100
0.3	0.37	14	3	0.5	19.0/105
0	0.43	0	2.4	1.0	17.0/100
0.3	0.37	14	4.0	1.0	23.0/135
0	0.43	0	2.5	1.5	16.5/100
0.3	0.37	14	3.0	1.5	22.4/136
0	0.43	0	3.0	2.0	14.6/100
0.3	0.37	14	4.0	2.0	20.7/139

注：500# 硅酸盐水泥，中砂，碎石：5～20mm，配合比：1∶1.25∶2.40，水泥用量 470kg/m³。

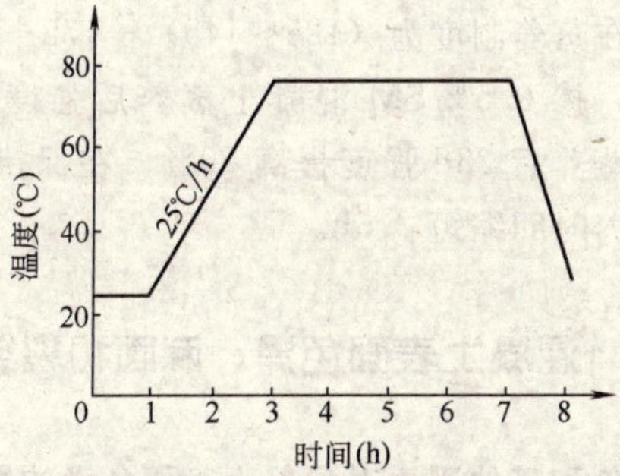

图 16-14　掺 SM 混凝土合理的蒸养制度

[1—2—5　(75℃)　—1h]

二、高效减水剂对蒸汽养护的适应性

高效减水剂具有早强、减水、不引气等特点，因此对蒸汽养护的适应性好。用于蒸养混凝土构件和制品生产时，可以提高蒸养后混凝土强度或缩短蒸养时间，改善产品的性能。

在高效减水剂中，三聚氰胺系对蒸养的适应性更好，表16-6中的数据表示SM高效减水剂对蒸养混凝土强度的影响。

表16-6 SM高效减水剂对蒸养混凝土强度的影响

*SM*掺量（%）	水灰比	减水率（%）	坍落度（cm）	蒸汽养护制度（min）			抗压强度（MPa）	
				预蒸	升温	恒温（75℃）	蒸养后	28d
0	0.41	0	1.5	125	175	360	27.9/100	46.0/100
0.5	0.33	19.6	2.2	125	175	360	40.4/142	55.4/120
0	0.41	0	1.5	145	175	360	26.1/100	42.2/100
0.5	0.33	19.6	1.5	145	175	360	34.2/127	48.1/120
0	0.41	0	2.7	135	180	390	30.5/100	48.1/100
0.5	0.33	19.6	8	135	180	390	36.4/119	—
0.5	0.33	19.6	8	135	180	300	36.8/121	51.8/107
0.5	0.33	19.6	8	135	180	240	34.5/113	—

注：混凝土配比1∶2.20∶2.48；水泥用量490kg/m^3。

由此看出，在蒸养制度为（125～145）－175－360（75℃）－60min的情况下，掺0.5%SM混凝土蒸养后强度比不掺的提高27%～42%，而蒸养后28d强度提高20%。在保持相同蒸养后强度的情况下，蒸养时间缩短2.5h。

第五节　混凝土表面色泽、麻面和裂缝问题

一、超塑化剂和其他因素对混凝土表面色泽的影响

建筑混凝土灰色色泽的均匀性是建筑承包商和业主普遍关心的

问题，其要求也越来越高。混凝土质量控制和外观色泽是重要的经济因素，混凝土表面质量可能受不同成分的色彩或同一种成分局部色泽不均的影响。我们通过检验混凝土中的同一种成分对其表面色泽局部不均的影响，弄清为什么会在混凝土表面产生色彩局部不均的现象，以便能找到解决的方法。这些色泽不均现象以无规则的方式出现，通常是在寒冷和潮湿的环境中，在模板底部已硬化的混凝土表面出现。但是，仔细分析这些情况后，发现这些条件并不能完全解释其色泽不均现象。还有一些其他因素在影响着它的产生如水泥的特性、配合比（用水量、超塑化剂掺量等）、操作条件（浇筑、养护等）以及模板特征（模板种类、隔离剂等），已有文献不能确定这些因素影响的大小，也没有发现导致色泽不均匀的物理化学机理，但是有必要提一下，目前，很少有人探讨这一问题。

对砂浆进行实验研究取得的主要结果表明，只有两个因素对色泽不均匀有重大影响，即胶凝体积含量分布的一致和模板的吸水性能。根据砂浆表面色泽与水泥颗粒早期堆积密度（取决于浇筑过程中胶凝材料体积含量的分布），提出这样一个模型，它假定存在一个起始值 ns（其代表单位体积胶凝材料体积含量），当高于 ns 时，在水泥试样表面易出现黑区，低于 ns 时易出现白区。水灰比值（W/C）的降低会使胶凝材料体积含量增加，因而增加水泥堆积密度，可能导致色泽不匀。加入超塑化剂可使砂浆表面胶凝材料体积含量分布趋于均匀，从而使色泽均匀。

混凝土表面色泽的均匀性取决于水泥堆积密度与胶凝材料体积含量。其他的因素也可能影响其堆积密度，例如水化程度、碳化程度以及水泥颗粒的矿物特性等。然而对于混凝土表面色泽的均匀性，可能取决于在拌合过程加入最细组分（颜料、超细颗粒，如硅灰等）的视觉特点，或由于矿物质（方解石）在混凝土表面沉淀造成的。

研究发现：用具有吸收性能的模具（不带脱模剂）可以吸收水泥砂浆表面的水分，从而使色泽均匀。

二、混凝土表面产生麻面

混凝土表面产生麻面（气泡）现象原因分析：

1. 产生麻面的情况

(1) 泵送时混凝土坍落度在 20cm 以上；

(2) 拌合物粘度小，在搅拌、运输、泵送和浇筑工艺中产生的大气泡稳定地附着在模板壁上，混凝土硬化后形成麻面；

(3) 混凝土表面强度低（用回弹仪测定）；

(4) 用水性脱模剂时容易产生麻面，混凝土表面疏松；

(5) 振捣不足或过分振捣都有可能产生麻面。

2. 表面正常情况

(1) 用吊斗浇筑混凝土时，由于坍落度在 14～16cm，这时不会产生麻面；

(2) 流态混凝土入泵前的坍落度控制在 16～18cm 时不会产生麻面；

(3) 自密实混凝土的坍落度在 22～24cm 时也不会产生麻面；

(4) 用木模时不容易产生麻面。

3. 原因分析

(1) 根本原因是混凝土的工作性差，流动性与粘聚性不平衡。当流动度大时，在工艺过程中容易产生大气泡，同时由于泵送浇筑速度快，气泡来不及破灭就被埋在混凝土中，特别是模板壁表面附吸的大气泡不能被振出来，最终形成麻面。

(2) 混合物长时间保持高流动性状态，其粘聚性小，使混合物产生离析，同时抗振捣能力差，过分振捣更容易离析。这样就破坏了混凝土的均匀性，使混凝土表面与内部、上层与下层的强度不一致。

4. 混凝土工作性要求

现代混凝土不仅要求高性能混凝土具有好的工作性，而且对于流态混凝土、泵送混凝土和自密实混凝土同样也应具有好的工作性。

（1）正确设计混凝土的配合比，使流动性与粘聚性平衡；

（2）正确选择用水量和砂率，提高混凝土的可泵性和抗离析性；

（3）根据混凝土工作性要求，正确设计复合超塑化剂的配方；

（4）研究正确评价混凝土工作性的测定方法。

只有掌握了 HPC 的配合比设计、CSP 配方设计，以及混凝土工作性评价方法才能得到工作性好的混凝土，避免发生泌水、离析、堵泵、麻面、表面裂缝等现象。

三、超塑化剂引起的混凝土不正常开裂

混凝土中的非结构开裂或收缩通常发生在新拌混凝土放置或硬化的最初几小时，即在混凝土的抗拉强度很低和达到明显的强度之前。引起非结构开裂或收缩（塑性收缩或干燥收缩）的主要原因是新拌混凝土中的水分蒸发相当快，如果水分的蒸发速度超过析出水扩散到表面的速度，就可能发生开裂和收缩。在热带国家由于温度、风速和相对湿度的影响，增大了混凝土水分的蒸发速度，因而加大了混凝土开裂和收缩的风险。

尽管混凝土暴露于空气中所引起的水分快速蒸发，是造成混凝土结构开裂最通常的原因，但目前对开裂产生的机理还不完全清楚。许多发表过的关于混凝土收缩和早期开裂的研究论文讨论的都是与此有关的现象，而很少有文章涉及到收缩的基本过程。收缩的机理是当混凝土表面由于水分蒸发而变得干燥时，由水一空气界面的毛细凹液面所引起的毛细管间水负压的增大。就是当混凝土表面变干时，在其表面及附近的颗粒间的水就形成一个毛细凹液面的复杂体系，由毛细作用导致液相内毛细张力的发展。其中一个研究结果表明：毛细压力足以使递增的速率增大直至达到一最大值，而后由于毛细水的重新分布而突然下降。收缩引起的开裂稍滞后于毛细压力的增长，并由此产生足够大的负压而导致混凝土的收缩。在毛细张力达到最大之前，收缩正比于毛细压力，而当毛细管间水压力

释放完成后时，进一步的收缩就停止了。

具体涉及到超塑化剂对混凝土早期塑性收缩或干燥收缩的影响的研究结果还十分有限，而模拟干热环境下的新拌混凝土塑性收缩研究结果表明：混凝土塑性收缩完全与混凝土中非毛细间隙水压力达到初始最大值的时间有关，而此时间又与水泥—水—超塑化剂拌合物的表面张力大小紧密相关。由于超塑化剂降低了拌合物的表面张力而延迟了最初压力值的发展。一般而言，越迟加入超塑化剂，混凝土表面干燥发生的越晚，混凝土中毛细间隙水压力发展也就越滞后，而混凝土塑性收缩就越低。

试验研究显示水泥浆体中掺入超塑化剂增大了水泥浆体的干燥收缩，若干试验数据都证实了在给定水灰比和水泥用量下，超塑化剂的加入都增大了混凝土的干燥收缩。

在低水灰比的高强混凝土中，超塑化剂与混凝土组分的相容性不仅包括水泥和硅灰，而且包括集料尺寸的影响。试验结果证明，掺有硅灰和集料的混凝土脱模，在水中养护后出现了不正常的开裂现象。对所有试块这些裂纹均可在混凝土试块的底面观察到。然而对三种掺有超塑化剂的浆体（水泥＋硅灰、水泥、硅灰），均没观察到这种开裂。不正常开裂在粗集料尺寸较大的混凝土中要比在粗集料尺寸小的混凝土中严重。

四、混凝土产生裂缝问题

在流态混凝土施工中有时会产生裂缝问题，这些裂缝出现的时间快则在浇筑后半小时至数小时，有的则在拆模后发现、养护过程中逐渐发展，以后一段时间内继续发展、慢慢地趋于稳定。裂缝发生的部位通常在梁板柱的变截面处、施工缝处及表面。柱表面呈较密的发丝网状裂缝；梁表面除发丝状裂缝外，还会出现顺箍筋的梭形竖缝或剪力区出现斜向梭形裂缝；剪力墙表面会出现竖向裂缝，甚至会里外贯通；最容易产生裂缝的部位，即裂缝严重的部位往往为楼板、地面的上表面，裂缝宽度可超过 3mm。未拆底模已贯穿厚板，浇水后渗漏。有的顺钢筋、线管、板底隔墙边棱呈直线开裂，其宽度超过 1mm；无梁厚板还会顺短向直裂和在有附加应力部位的配筋不足处开裂。掺膨胀剂的混凝土施工裂缝向下延伸，而裂缝两边因应力松弛而收缩紧密。

1. 混凝土裂缝产生的条件

产生裂缝的情况多种多样，其原因十分复杂，但也有一定的规律：

(1) 凡属加速干燥的条件，如环境温度高、相对湿度低、空气流动快，都会加速裂缝的产生和扩大；

(2) 凡属导致表层混凝土的粘聚性降低的部位，如结构变截面处、振捣抹压不密实不均匀沉陷处，容易产生裂缝；

(3) 长期保持塑性状态的条件，如缓凝组分过多、气温低，都会导致裂缝的产生和扩大；

(4) 混凝土中保塑组分多或保水性强时容易产生裂缝；

(5) 混凝土产生泌水和离析破坏了拌合物的均匀性和稳定性，容易导致裂缝产生和扩大。

2. 裂缝的防止

混凝土裂缝产生的原因十分复杂，为了防止裂缝的产生，必须在材料、施工和设计三方面相结合，采取综合预防措施。

(1) 选用合格的原材料和正确的配合比。原材料中砂石的含泥量要少，在保证混凝土强度的情况下水泥用量要最少，多掺细掺料。传统的配合比设计方法是以强度为基础的，很难满足现代混凝土对工作性、强度和耐久性的要求。而配合比全计算设计法在这方面能发挥其优势，能快捷地得到流态混凝土的最佳配合比。

(2) 正确选择和控制初始坍落度、入泵坍落度和初凝时间，并且通过调整 CSP 组成和掺量满足施工对工作性的要求。流态混凝土的工作性不仅是坍落度及坍落度损失，而且包括抗离析性、粘聚性、抗振性、自流平、抗裂性等。能有效地解决：大坍落度与坍落度损失的矛盾；流动性与粘聚性的矛盾；缓凝与早强的矛盾。

(3) 保持混凝土的均匀性和稳定性。浇筑混凝土振捣不够或过度振捣都将破坏均匀性，同时拌合物应具有一定的抗振性。如果混凝土浇筑后长时间维持高流动状态，容易导致离析和分层，破坏了混凝土的稳定性。

(4) 降低水化放热和控制混凝土的内外温差。为了防止温度应力裂缝的产生，应通过调整CSP的缓凝组分和细掺料（如粉煤灰）掺量降低水化放热速度和控制混凝土内外温差。因此冬季施工时要保温，降低内外温差；夏季施工时更注重降低混凝土的内部温度，使内外温差小于25℃。

(5) 加强养护，防止干缩裂缝的产生。在初凝之后经二次抹压表面裂缝基本消除，此后应即时养护。养护不到位容易产生干缩裂缝，掺膨胀剂时更应加强养护。

(6) 在容易开裂的部位建议加钢丝网配筋，这样可分散应力、防止裂缝产生。

3. 混凝土裂缝的处理

结构混凝土在施工和使用中出现不同程度和不同形式的裂缝是相当普遍的现象。近代科学关于混凝土强度的细观研究以及大量工程实践所提供的经验说明，“混凝土结构物产生裂缝是不可避免的，是一种人们可以接受的材料特征。如果对建筑物的抗裂性要求过高，必将付出巨大的经济代价。科学的要求应是将其有害程度控制在允许的范围内。”根据国内外设计规范和有关试验资料，混凝土最大裂缝宽度的控制标准大致如下：

(1) 无侵蚀介质、无抗渗要求：　0.3～0.4mm；

(2) 轻微侵蚀、无抗渗要求：　0.2～0.3mm；

(3) 严重侵蚀、有抗渗要求：　0.1～0.2mm。

施工过程中出现的裂缝大都属变形裂缝，到受力状态时有的可能闭合、自愈，有的还会发展。对于基本稳定的超控制范围的裂缝，应按要求程度严格进行“灌、堵、嵌、涂、抹”相结合的裂缝治理。

(1)“灌”指化学灌浆，将一定化学材料的浆液，用压送设备将其灌入裂缝，凝固后达到防渗、堵漏、补强、加固的目的。常用的灌浆材料有丙烯酰胺、甲基丙烯酸酯、聚胺酯、环氧树脂、丙烯酸盐等。

(2)“堵”指孔洞或缝面的封堵。在干燥条件下，封堵可用高分子涂料、聚合物水泥砂浆或普通水泥砂浆等。在渗漏条件下，必须先采用快速堵漏材料进行封堵。快速堵漏材料可用堵漏灵、二矾防水胶浆等。堵是渗漏条件下，灌、嵌、涂之前不可少的工序。

(3)“嵌”指在裂缝处开槽，并在槽中嵌填弹性、塑性或刚性密封材料。一般在“活动缝”采用弹性或塑性密封材料嵌填，背水面处理用弹性材料，迎水面处理则用塑性材料；“死缝”可用刚性密封材料。弹性材料包括弹性聚胺酯、丙烯酸酯、硅酮和聚硫橡胶等。塑性材料包括聚氯乙烯胶泥、塑料油膏、SR 型止水材料等。刚性材料包括聚合物水泥砂浆、掺膨胀剂的补偿收缩水泥胶料或砂浆。

(4)“涂”指在裂缝表面涂刷高分子防水涂料。常用的有聚胺酯、环氧、有机硅防水涂料等。

(5)“抹”指在裂缝表面抹一层厚质防护抹面层。如聚合物水泥砂浆、掺膨胀剂的补偿收缩砂浆、水泥砂浆、白灰砂浆等。

参考文献

1. 陈建奎. 混凝土外加剂概论讲义. 1983. 9-1～9-12

2. 减水剂对水泥适应性问题的探讨. 中国建筑科学研究院混凝土所，建材研究院水泥研究所，1984

3. 胡玉初. 减水剂对掺硬石膏硅酸盐水泥的异常凝结. 1982

4. 胡秀春. 减水剂对水泥适应性研究. 1983

5. 减水剂对水泥中石膏溶解量的影响. [日] セメソト技术年报. 1974:

Vo128

6. 陈建奎等. 高效减水剂磺化三聚氰胺甲醛树脂对水泥混凝土物理力学性质的影响. 技术鉴定报告，1979

7. 吴中伟. 从高强混凝土到高性能混凝土. 1994

8. Pierr—Claver Nkinamubanzi. yung—Gi Kim 等. 影响萘系高效减水剂与普通硅酸盐水泥适应性的一些关键的水泥因素. 第六届超塑化剂及其他混凝土外加剂国际会议译文集. 中国混凝土外加剂协会译，2001：（下册）21-31

9. 陈建奎著. 高性能混凝土（HPC）及复合超塑化剂（CSP）. 武汉工业大学北京研究生部，2000

10. 陈建奎. 混凝土产生裂缝的分析. 武汉工业大学北京研究生部，2001

附：

有关水泥混凝土外加剂生产与应用的标准与规范目录

1. 混凝土外加剂的分类、命名与定义（GB 8075—87）
2. 混凝土外加剂（GB 8076—1997）
3. 混凝土外加剂匀质性试验方法（GB/T 8077—2000）
4. 混凝土减水剂质量标准和试验方法（JGJ 56—84）
5. 混凝土外加剂应用技术规范（GB 50119—2003）
6. 水工混凝土外加剂技术规程（DL/T 5100—1999）
7. 混凝土外加剂中释放氨的限量（GB 18588—2001）
8. 混凝土泵送剂（JC 473—2001）
9. 砂浆、混凝土防水剂（JC 474—1999）
10. 混凝土膨胀剂（JC 476—2001）
11. 混凝土防冻剂（JC 475—92）
12. 喷射混凝土用速凝剂（JC 477—92）
13. 混凝土养护剂（JC 901—2002）
14. 用于混凝土养护的液体成膜物质标准（ASTM C309—98）
15. 混凝土养护剂保水性能标准试验方法（ASTM C156—98）
16. 混凝土阻锈剂使用技术规程（YB/T 9231—98）
17. 建筑表面用有机硅防水剂（JC/T 902—2002）
18. 水泥粉磨工艺外加剂（JC/T 667—1997）
19. 加气混凝土用铝粉膏（JC/T 407—91）
20. 混凝土和砂浆用染料及其试验方法（JC/T 539—94）
21. 高强高性能混凝土用矿物外加剂（GB/T 18736—2002）
22. 用于水泥和混凝土中粒化高炉矿渣粉（GB/T 18046—2000）

23. 粉煤灰在混凝土和砂浆中应用技术规程（JGJ 28—86）
24. 混凝土矿物掺合料应用技术规程（DBJ/T 01—64—2002）
25. 混凝土界面处理剂（JC/T 907—2002）
26. 聚合物水泥防水涂料（TC/T 894—2001）
27. 水泥基渗透结晶型防水材料（GB 18445—2001）
28. 水泥基灌浆材料施工技术规程（YB/T 926—98）
29. 无机防水堵漏材料质量检验评定标准（DBJ 01～55—2001）
30. 混凝土地面用水泥基耐磨材料（JC/T 906—2002）
31. 混凝土中有效碱的检验方法（ASTM C311）
32. 混凝土中氯离子渗透的检测方法（ASTM C）
33. 萘灰分的测定方法（GB/T 3069.1—86）
34. 萘结晶点的测定方法（GB/T 3069.2—86）
35. 工业甲醛溶液（GB/T 9009—1998）